计 算 机 科 学 丛 书

原书第5版

现代计算机系统与网络

[美] 埃夫·恩格兰德（Irv Englander） 著

朱利 译

The Architecture of Computer Hardware, Systems Software, & Networking

An Information Technology Approach, **Fifth Edition**

机械工业出版社
China Machine Press

图书在版编目（CIP）数据

现代计算机系统与网络（原书第5版）/（美）埃夫·恩格兰德（Irv Englander）著；朱利译.
—北京：机械工业出版社，2018.11
（计算机科学丛书）
书名原文：The Architecture of Computer Hardware, Systems Software, & Networking:
   An Information Technology Approach, Fifth Edition

ISBN 978-7-111-61140-0

I. 现… II. ①埃… ②朱… III. ①计算机系统 ②计算机网络 IV. TP3

中国版本图书馆 CIP 数据核字（2018）第 234635 号

本书讲解计算机系统与网络的原理及应用，从第 1 版至今的近 20 年里被美国众多高校选作教材。全书共五部分，第一部分为计算机系统概述，第二部分讨论数据的表示方法，第三部分重点介绍硬件体系结构，第四部分讲述计算机网络和数据通信，第五部分探讨操作系统的工作原理。

本书内容全面，实例丰富，适合作为高等院校计算机、信息系统等专业的教材，也可作为相关技术人员的参考书。

出版发行：机械工业出版社（北京市西城区百万庄大街 22 号 邮政编码：100037）
责任编辑：蒋 越   责任校对：殷 虹
印 刷：中国电影出版社印刷厂   版 次：2019 年 1 月第 1 版第 1 次印刷
开 本：185mm×260mm 1/16 印 张：31
书 号：ISBN 978-7-111-61140-0 定 价：139.00 元

凡购本书，如有缺页、倒页、脱页，由本社发行部调换
客服热线：（010）88378991 88361066   投稿热线：（010）88379604
购书热线：（010）68326294 88379649 68995259 读者信箱：hzjsj@hzbook.com

版权所有·侵权必究
封底无防伪标均为盗版
本书法律顾问：北京大成律师事务所 韩光/邹晓东

出版者的话

The Architecture of Computer Hardware, Systems Software, & Networking: An Information Technology Approach, Fifth Edition

文艺复兴以来，源远流长的科学精神和逐步形成的学术规范，使西方国家在自然科学的各个领域取得了垄断性的优势；也正是这样的优势，使美国在信息技术发展的六十多年间名家辈出、独领风骚。在商业化的进程中，美国的产业界与教育界越来越紧密地结合，计算机学科中的许多泰山北斗同时身处科研和教学的最前线，由此而产生的经典科学著作，不仅擘划了研究的范畴，还揭示了学术的源变，既遵循学术规范，又自有学者个性，其价值并不会因年月的流逝而减退。

近年，在全球信息化大潮的推动下，我国的计算机产业发展迅猛，对专业人才的需求日益迫切。这对计算机教育界和出版界都既是机遇，也是挑战；而专业教材的建设在教育战略上显得举足轻重。在我国信息技术发展时间较短的现状下，美国等发达国家在其计算机科学发展的几十年间积淀和发展的经典教材仍有许多值得借鉴之处。因此，引进一批国外优秀计算机教材将对我国计算机教育事业的发展起到积极的推动作用，也是与世界接轨、建设真正的世界一流大学的必由之路。

机械工业出版社华章公司较早意识到"出版要为教育服务"。自1998年开始，我们就将工作重点放在了遴选、移译国外优秀教材上。经过多年的不懈努力，我们与Pearson、McGraw-Hill、Elsevier、MIT、John Wiley & Sons、Cengage等世界著名出版公司建立了良好的合作关系，从它们现有的数百种教材中甄选出Andrew S. Tanenbaum、Bjarne Stroustrup、Brian W. Kernighan、Dennis Ritchie、Jim Gray、Afred V. Aho、John E. Hopcroft、Jeffrey D. Ullman、Abraham Silberschatz、William Stallings、Donald E. Knuth、John L. Hennessy、Larry L. Peterson等大师名家的一批经典作品，以"计算机科学丛书"为总称出版，供读者学习、研究及珍藏。大理石纹理的封面，也正体现了这套丛书的品位和格调。

"计算机科学丛书"的出版工作得到了国内外学者的鼎力相助，国内的专家不仅提供了中肯的选题指导，还不辞劳苦地担任了翻译和审校的工作；而原书的作者也相当关注其作品在中国的传播，有的还专门为其书的中译本作序。迄今，"计算机科学丛书"已经出版了近500个品种，这些书籍在读者中树立了良好的口碑，并被许多高校采用为正式教材和参考书籍。其影印版"经典原版书库"作为姊妹篇也被越来越多实施双语教学的学校所采用。

权威的作者、经典的教材、一流的译者、严格的审校、精细的编辑，这些因素使我们的图书有了质量的保证。随着计算机科学与技术专业学科建设的不断完善和教材改革的逐渐深化，教育界对国外计算机教材的需求和应用都将步入一个新的阶段，我们的目标是尽善尽美，而反馈的意见正是我们达到这一终极目标的重要帮助。华章公司欢迎老师和读者对我们的工作提出建议或给予指正，我们的联系方法如下：

华章网站：www.hzbook.com
电子邮件：hzjsj@hzbook.com
联系电话：（010）88379604
联系地址：北京市西城区百万庄南街1号
邮政编码：100037

华章教育

华章科技图书出版中心

译者序

The Architecture of Computer Hardware, Systems Software, & Networking: An Information Technology Approach, Fifth Edition

这是一本描述现代计算机系统的书籍，内容涵盖了计算机系统运行所需的硬件系统、操作系统以及与外界通信所需的计算机网络系统，详细讲解了这几个系统的构成和工作原理。本书是计算机系统方面难得的综合性教材，和书店里常见的同类书籍不同，它特别有助于帮助读者建立起完整的计算机系统的印象。从第1版到目前的第5版，它保持了浅显易懂的优点，并辅以实际的例子，已经在美国流行了近20年，美国许多大学的计算机科学系都以此作为本科生的教材。

全书共分五个部分，外加网上的补充资源。第一部分为计算机系统概述；第二部分介绍的是计算机中的数据，讲述数值的表示；第三部分讨论计算机体系结构，重点是计算机系统的硬件结构；第四部分讲述基于以太网的局域网和基于TCP/IP的互联网的工作原理；第五部分讲述操作系统的工作原理和组成。补充资源不在本书中，而是位于书中给出的网站上，主要包括"数字逻辑""寻址方式""计算机系统实例"和"编程工具"。本书的内容非常全面，可以作为"红宝书"放在手边，方便信息系统和信息技术的从业人员即时查阅。

值得庆幸的是，我多年来一直从事"计算机组成原理""计算机体系结构""计算机网络"和"高等计算机网络与通信"课程的双语教学工作，对本书的内容十分熟悉。为了保持译文风格的前后一致性和较好的翻译质量，我历经一年有余，独立完成了本书的翻译。因此，本书与读者见面的时间推迟了几个月，我想这是值得的。在翻译过程中，我避免一味地直译，力求一方面遵照作者的原意，另一方面符合国内读者的阅读习惯。全文翻译完成之后，分章让我的博士生和硕士生进行了通读，从读者的角度对译文进行审核，标识出不太符合阅读习惯的句子，然后我再次对这些句子进行了翻译。对原文存在的小错误或错别字，我已经在译文中更正，有些还在译文中给出了注释。由于作者有着极其丰富的实践经验，因此当他想要论述一个问题时，有时会不知不觉地将某些并不明显的东西当作不言而喻的事情，而对于许多初学者而言，这些可能成为学习中的障碍。为了帮助这部分读者，我在书中一些地方加入了极少量的注释，希望不会引起读者的反感。

由于工作繁忙，译文校对可能尚不够充分，会存在一些错误，诚恳欢迎广大读者批评指正，以便及时纠正。

朱 利

2018年7月

| 前 言 |

The Architecture of Computer Hardware, Systems Software, & Networking: An Information Technology Approach, Fifth Edition

目前，世界上有不少便捷、有用的在线学习资源，维基百科、谷歌、各种新闻源、数以百万计的网站和博客，甚至是 YouTube，几乎可以提供任意主题的信息访问，这些主题能触发你的好奇心，激发你的学习兴趣。然而，我仍然认为，要深入理解某个东西，老式的纸质印刷教材仍然是一种综合式的重要方法，并且无可替代。或许电子书可以与之媲美，但它也属于教材。

每当我打开一本新书时，不管什么主题，我想知道的第一件事情就是这本书提供了哪些内容，是否值得去读。对于此刻你手里拿着的或平板电脑上的这本书，我愿意试着回答这个问题。

信息系统和技术领域是一个非常令人兴奋的领域，似乎每天都有新的发展，这些发展能改变我们产生和使用信息的方式。当然，这也带来了挑战。要成为信息系统或信息技术领域的成功人士，我们必须具有适应性和灵活性。

很多变化都是围绕着计算机系统技术而发生的，毕竟计算机是信息技术的基础。因此，深入理解计算机系统是取得成功的基本要素。我们必须掌握每项新技术，评估其价值，并将其放入计算机系统知识体系里。

本书的主题是计算机体系结构。计算机体系结构描述了数字计算机和基于计算机的设备的结构和操作。计算机体系结构关注的是硬件的运行方法，操作系统软件提供的服务，数据的获取、处理、存储和输出，以及基于计算机的设备之间的交互。

有这样一种倾向，就是信息系统和技术领域内的人员常常会忽视计算机体系结构的学习。毕竟，技术变化如此之快——到我写完本书的时候，某些技术可能已经过时，那么是否还值得去理解它们？毫无疑问，计算机技术发展非常快。智能手机的计算能力比 25 年前的大型计算机强很多，内存、硬盘和闪存的容量，显示和多媒体能力以及易用性等在几年前都是不可想象的。更重要的是，现在将系统连接在一起协同工作，也是十分平常和简单的。

然而很有意思的是，在过去的 70 年里，随着技术的快速发展，计算机体系结构的重要概念变化并不大。一些新技术仍然基于多年前提出的基本体系结构概念。现代计算机系统的体系结构是 20 世纪 40 年代开发的。现代个人计算机或智能手机里的指令集和 20 世纪五六十年代的计算机指令集几乎一样。现代操作系统技术开发于 20 世纪 60 年代，图形用户界面是基于 20 世纪 60 年代的一个项目而开发的，互联网的构建也是来自 40 多年前提出的概念。

可见，理解计算机体系结构使我们能够立于技术变化的浪潮之中，处理新技术时会充满安全感、充满乐趣。当你读完本书时，将会掌握大量关于计算机工作原理的知识，能够很好地理解操作概念以及组成计算机的硬件和系统软件。你会明白计算机间以及数据和计算机间的交互。除此之外，你会学到很多专业术语，这在聚会和工作面试时能"炫耀"一下。

本书是面向各个层次的读者设计的，既适合本科生也适合研究生，内容针对信息系统和信息技术专业。尽管本书假定学生已经熟悉个人计算机，但并不要求具有明确的预备知识。

本书也假定学生掌握（并非必须掌握）一定的编程技术，尽管书中并无程序设计。书里的程序代码有时会用作例子来澄清一些思想，程序设计的知识对于理解指令集设计和程序执行概念很有帮助。本书的内容遵照信息技术基础建设课程和核心概念标准，同 ACM、AIS 标准 IS2010 以及 IT2008 描述的一样。尽管作为系统设计和实现方案课程的教材时，本书的内容或许更有用，但在课程计划中本书可放置在任意位置。

大部分老师在一学期内讲不完本书。在组织上，本书允许老师根据经验和学生的需求，选择不同深度的重要模块来讲述。另一方面，我写本书的目的是，在正规课程完成很久以后，它也可以作为学生的参考书。专业人士可借此查阅一些基本概念，了解最新发展。

本书是我在本特利大学给本科生和研究生讲授 30 多年计算机信息系统课程的结晶。总的来说，学生对其内容和方法非常欢迎。很多学生毕业后返校时告诉我，他们的职业发展直接受益于本领域的知识。随着时间的推移，学生的评论对我不断改进本书也有很大的帮助。

熟悉以前版本的人会注意到，近年的版本进行了大幅修订，以反映当前的技术实践和趋势。特别是，不考虑将计算机连接在一起的网络而是一个部件一个部件地论述计算机，这种方法不再合适了。现在，计算机网络技术已完整包含在相应的章节里；同时，作为系统整体，本书进一步强调了计算机系统各部件的集成和协同工作。当然，基本的原理、组成、方法和早期版本中的内容还是大体一样的，这反映了基本原理不变的本质。

第 5 版的组织结构

作为本书的作者，对我来说最大的挑战是既要保持第 1 版建立的指导思想不变，又要反映出计算机使用方式、新技术快速部署的主要变化，以及反映这些变化的信息系统 / 信息技术教程的演变。本书对以前版本进行了重大更新，虽然这种更新是增量式的。这反映了作为重要计算设备的平板电脑和智能手机的使用量的快速增长。网络技术的内容有较大的变动，进行了重新组织。当然，以前版本的读者会发现很多内容是相似的，毕竟计算机体系结构的基本原理本质上保持很多年未变了，虽然在信息系统 / 信息技术中，但计算机的使用方式可能已经改变了。

本书分为五个部分，总共 18 章，外加四个放在网站上的补充章。第一部分是信息系统中计算机导论和作用的概述，介绍系统的概念，简要说明组成现代计算机系统的每个组件。其余四个部分分别讲述计算机体系结构的一个方面。

第二部分论述计算机中数据的作用和表示方法。这里的数据包括数字、文本、语音、图像、视频以及其他数据形式。第三部分呈现硬件体系结构和操作的概念。介绍计算机组件，展示这些组件如何协作执行计算机指令，论述计算机指令集的本质，探讨 CPU、内存和 I/O 外设之间的交互。第四部分对计算机网络的基本原理进行全面介绍。第五部分探讨系统软件，即用户和应用程序可访问的，管理计算机系统、其他互联计算机系统和组件资源的程序。

每组章节里的方法是分层的，每个新层都依赖于前面的内容，以便逐步深入地帮助读者理解知识。一般来说，每个主题开始会先对其在计算机系统中的上下文关系进行简要介绍，然后详细描述各个章节。每个主题都尽可能平缓地推进，使用的思想和例子都是大家已经熟悉的。后续的内容逐步展开，不断扩展。除了书中使用的大量实例外，补充章也提供了很多实例研究，展现了书中知识在重要实践领域的应用。总体而言，组织内容的方法是温和的、渐进的、累积的，每部分都尽可能独立。

每部分的组织结构大致如下。对于熟悉以前版本的读者来说，以下内容说明了第4版和第5版之间的差别。更详细的内容可在每部分的引言中找到。

第一部分包括两章，对计算和信息技术中体系结构的概念进行简短概述。第1章介绍计算机系统的部件，并说明部件间的关系。和以往的读者相比，我假定今天的读者更熟悉计算机技术和专业术语，因此，"IT101"类的内容介绍得很少。第1章给出一个简单的计算模型，讨论在计算机系统发展过程中标准和协议的重要性，最后从体系结构的角度总结计算机的发展简史。第2章以不同计算机系统为实例，重点研究系统的概念、模型和体系结构。这一章有几处相对小的但很重要的增加和更新。在2.2节里，进一步强调了 n 层架构和分布式计算。2.2节还新增了云计算内容，以 C/S 概念的变种形式来展现。同时，还增加了新的 Facebook 应用架构实例。

第二部分包含第 3～5 章。第3章介绍数字系统和基本的数字系统操作，然后探讨不同进制下数字之间的关系以及不同表示之间的转换技术。第4章研究不同类型的数据格式，包括字母数字、图像、视频和音频等格式，也研究数字表示和字符表示之间的关系。在以前的版本里，第4章还介绍用于数据输入、输出的各种设备和数据格式，现在这部分内容大多移到了第10章，因为它们直接和设备本身相关。第5章研究用于表示和执行整型和浮点型数计算的各种格式。

第三部分探讨计算机的硬件架构和操作方面的问题。第6章的研究以介绍"小伙计"（Little Man）计算机开头，这是一个简单的模型，但能提供异常精确的 CPU 和内存表示。该模型用于建立指令集的概念和说明冯·诺依曼体系结构的原理。第7章探讨真实的计算机。首先介绍 CPU 的组成，表明其和"小伙计"计算机模型之间的关系。然后介绍总线的概念，解释内存的操作，展示指令的"取-执行"周期，讨论指令集。第7章会确定重要的指令类型，讨论指令分类的方式，提供 ARM 指令集来说明当前典型的 CPU 模型。

第8章对第7章的内容进行扩展，考虑 CPU 和内存的高级特征。首先对各种 CPU 架构进行概述，然后讨论加快内存特别是 Cache 存储器访问的技术，介绍当前 CPU 的组成、设计和实现技术，其中包括流水线和超标量处理技术。这一章也介绍了多处理技术（当前的术语为多核）的概念。第8章对以前的版本进行了更新，删除了从未流行起来的 VLIW（超长指令字）和 EPIC（明确的并行指令计算）架构。

第9章展示 I/O 操作原理，第10章说明不同 I/O 设备如何执行输入/输出。随着强大的平板电脑和智能手机的出现，第10章的内容有了大幅度的修改。固态存储器的重要性越来越明显，10.2节对这方面的内容进行扩展。10.3节是显示技术，对图形处理单元进行新的探讨，删去了 CRT 的所有内容，并最大程度地减少文字模式显示处理和不同类型的光栅扫描方面的论述。10.4节讨论打印机技术，现在只考虑激光和喷墨技术。10.8节的用户输入设备是从第4章移过来的，现在包含其他字母数字输入设备，外加触摸屏和语音输入。另外增加了一节内容，讨论移动设备上使用的传感器，包括 GPS、加速度计、陀螺仪、磁场传感器和近场通信传感器。

第11章从整体上探讨计算机系统，讨论互连技术和各个硬件组件的集成技术。第11章的更新反映了现代系统的发展，包括移动系统和变化很大的总线架构技术。包含的新内容是刚刚出现的 Intel Haswell 架构和片上系统。删去了火线串口（Firewire）的内容，取而代之的是雷鸟端口（Thunderbird）技术。第11章还讨论计算机互连技术，来提高计算机的性能和可靠性，重点论述机群和网格计算。

网站上的三个补充章为第三部分的各章添加了一些资源支持。针对想进行深入学习的读者，补充第 1 章（SC1）对布尔代数、组合逻辑和时序逻辑进行了简要介绍。补充第 2 章（SC2）提供了三个重点架构的详细实例：Intel x86 系列、Power 计算机和 IBM zSystem。编写本书的时候，网站上的补充内容还在更新。补充第 3 章（SC3）讨论指令寻址的其他方法。

第四部分（第 12 ～ 14 章）对网络技术进行全面介绍。本书对（之前版本的）第 12 章和第 13 章进行了重大重组；一定程度上，第 14 章也受到这种变化的影响。目的是保持统一，能系统地展示网络技术的内容。

第 12 章介绍通信信道的概念，探索信道的特征和构造，包括通信信道模型、链路的概念、分组（包）、基本信道特征、网络拓扑、网络类型（局域网、城域网等）、基本的网络互连和路由。与协议、数据在网络里传输相关的内容都移到了第 13 章。

现在的第 13 章重点研究数据包（分组）在网络中的传输。13.1 节介绍 TCP/IP、OSI 以及分层通信的概念，13.2 节描述程序应用和网络应用的区别。这两节之后的三节详细描述包的传输过程：自底向上，逐层传送。应当注意的是，无线网络已从第 14 章中移出，现在包含在以太网论述里。13.6 节、13.7 节分别讲解 IPv4 和 IPv6 地址技术、DHCP 和 DNS。服务质量和网络安全在 13.8 节和 13.9 节进行简要介绍。本章的结尾部分讨论了其他协议，包括 OSI 和 TCP/IP 的比较、MPLS 浅谈、蜂窝式技术以及其他协议簇。

第 14 章主要探讨通信信道技术，包括模拟和数字信号、调制、模数转换技术以及传输介质的特征。14.1 ～ 14.3 节基本上没什么变化（和上版相比），而 14.4 节的内容绝大部分是新的。这一节对先进的无线通信技术进行介绍，包括 LTE 蜂窝式技术、WiFi 和蓝牙技术。

第五部分探讨系统软件。第 15 章对操作系统进行概述，说明操作系统所扮演的不同角色，介绍所提供的功能和服务。第 16 章从系统用户的视角展示操作系统的作用。本书提供了 Windows 8 和最近版本 Linux 的新截屏。第 17 章讨论文件系统中最重要的问题，包含对微软新"弹性文件系统"的介绍，这个文件系统旨在替换 NTFS。第 18 章从资源管理器的角度论述操作系统，深入探讨内存管理、调度、进程控制、网络服务以及其他基本的操作系统服务。第 18 章对虚拟内存技术进行详细介绍，对虚拟内存技术的内容进行了重写，使用了新的、详细的实例，仔细说明不同的页面替换算法。这一章还包括对虚拟机的介绍。除了该章的硬件论述外，补充第 2 章也会提供当前 Windows、UNIX/Linux 以及 z/OS 的实例研究。

网上的第 4 个补充章对系统开发软件进行介绍，用于程序的准备和执行。

写作本书令我乐在其中。我的主要目的一直是创作并维护一本阐述计算机体系结构的书籍，我认为它能传递给你兴奋和愉悦的感觉，让你对信息系统和技术领域的职业感到满意。希望我做得还不错。

其他资源

学生和教师可以在本书网站上找到其他资源：www.wiley.com/college/englander。也可以

⊖ 关于本书教辅资源，只有使用本书作为教材的教师才可以申请，需要的教师可访问华章网站 www.hzbook.com 下载，也可向约翰·威立出版公司北京代表处申请，电话：010-8418 7969，电子邮件 sliang@wiley.com。——编辑注

通过 e-mail 直接联系我：ienglander@bentley.edu。尽管我很乐于跟大家交流，但不能提供辅导帮助，也不能提供书中复习题和习题的答案。

致谢

我发现写一本专业的、实用的教材是一项可怕的任务。很多人曾帮助过我，使得这个任务得以完成。每当我认为教材真是通过魔力变出来的而不是人写出来的时候，他们的帮助令我能继续工作。对于提供过帮助和支持的人，我无法一一致谢。首先要对帮助我完成所有五个版本的四个人表示特别感谢，他们是 Wilson Wong、Ray Brackett、Luis Fernandez 和 Rich Braun。他们的持续支持令人吃惊！没有比这更好的支持团队了。晚餐已准备好，香槟正在冰镇。再说一遍！

我还要感谢的是 Stuart Madnick。当我努力编写本书第 1 版的时候，Stuart 在技术上的启发和鼓励对我来说是无价之宝。你让我相信，这个项目是可行的、值得做的。这种支持在后续每个版本的撰写中都一直激励着我。

接下来，感谢本特利大学的许多同事，他们提供了理念、经验和鼓励。特别是同事 Wilson Wong、David Yates、Doug Robertson 和 Mary Ann Robbert，他们对五个版本的改进都做出了重大贡献。特别感谢你，David！你对第 4 版和第 5 版的数据通信部分给出了技术讨论和评论。特别感谢你，Wilson！作为后三个版本的技术评审，你提供了很多评论、改写、实例和建议，对本书很多附加内容的选取帮助也很大。

感谢 John Wiley & Sons 的编辑、制作人员和营销人员，感谢 SPi Global 的编辑和制作人员。有时过程很难，但我们总是设法完成，使这本书变得更好。我认为我很幸运，跟这样一群信守承诺的人一起工作。特别感谢 Beth Lang Golub、Katie Singleton 和 Felicia Ruocco，你们持续不断的努力使这本书更完美，尽管我们知道完美是不可能的！

我想对评审者致以谢意，他们对多个版本都付出了很多时间和努力，确保这本书尽量完美。他们是：罗德岛大学的 Stu Westin 博士、亚岗昆学院的 Alan Pinck、谢菲尔德哈勒姆大学的本科生计算计划主任 Mark Jacobi、伦敦南岸大学的 Dave Protheroe 博士、考纳斯科技大学的 Julius Ilinskas、美国陆军信息系统工程指挥部的 Anthony Richardson、欧道明大学的 Renee A. Weather、南十字星大学的 Jack Claff、玛丽斯特学院的 Jan L. Harrington、蒙特雷湾加利福尼亚州立大学的 YoungJoon Byun、贝尔蒙特大学的 William Myers、贝尼迪克坦学院的 Barbara T. Grabowski、宾州约克学院的 G. E. Strouse、坦普尔大学的 Martin J. Doyle、丹佛大都会州立学院的 Richard Socash 以及富兰克林大学的 Fred Cathers。你们的评论、建议和建设性批评，使这本书的质量有了真正的提高。谢谢你们！

也感谢当前版本的审稿人，他们是：南方理工州立大学的 Bob Brown、迪拉德大学的 Ming-Hsing Chiu、南阿拉巴马大学的 Angela Clark、南卡罗来纳大学的 Chin-Tser Huang、凯佩拉大学的 Theresa Kraft、精英大学的 Ng Shu Min、杜兰大学的 Carl Nehlig、马里兰大学大学的 Leasa Perkins 以及明尼苏达州立大学的 Mahbubur Syed。也感谢马里兰州大学的题库作者 Ronald Munsee，以及全世界对 2011 年用户调查做出回应的用户！

许多同事对以前的版本进行了校正，这对当前版本的质量有很大的帮助。感谢你们每个人在消除错误方面的贡献。在这些人中，我尤其想感谢南阿拉巴马大学的 David Feinstein 和他的团队人员、新西兰奥克兰 AIT 的 Gordon Grimsey、罗德岛大学的 Stu Westin，感谢他们在本职工作之外付出的辛苦。Stu 还非常慷慨地开放了其性能卓越的"小伙计"模拟器，对此我真的很感激。谢谢你为我做的一切，Stu。

很多学生，我无法完全叫出名字，他们也对本书的校正做出了贡献，给出了建议。请接受我最深切的谢意！

我希望我没有忘记任何人。如果忘记了，那我向你们道歉！

我竭力使本书在技术上准确无误。然而，我知道错误是在所难免的。如果谁告诉我他发现了需要校正的错误，我会非常感谢。也欢迎你对本书给出批评和建议。

Irv Englander

马萨诸塞州，波士顿

| 目 录 |

The Architecture of Computer Hardware, Systems Software, & Networking: An Information Technology Approach, Fifth Edition

---

⊖ 参考文献为在线资源，请访问华章网站 www.hzbook.com 下载。——编辑注

The Architecture of Computer Hardware, Systems Software, & Networking: An Information Technology Approach, Fifth Edition

计算机系统概述

基于计算机的信息系统是由许多不同元素组成的：

- 数据元素。数据是事实和观察的基本表示。计算机系统处理数据并提供信息，这是计算机存在的根本原因。如你所知，数据有很多不同的形式：数字、文本、图像以及声音。但这些在计算机里都是数字。

- 硬件元素。计算机硬件处理数据涉及执行指令、存储数据，以及在各种输入和输出设备之间传送数据和信息，使得用户可以访问系统和信息。

- 软件元素。软件是由系统程序和应用程序组成的，它们定义了硬件可以执行的指令。软件决定了要做的工作，控制着系统的运行。

- 通信元素。现代计算机信息系统依赖于在不同的计算机和用户之间共享处理操作和数据的能力，这些计算机和用户可能位于本地，也可能距离很远。数据通信提供了这种能力。

硬件、软件、通信和数据的组合构成了计算机系统的体系结构。计算机系统的体系结构是非常相似的，不论是游戏机、工作时放在腿上的个人计算机、控制着手机或汽车功能的嵌入式计算机，还是许多用户从未实际见过却每天都在访问的大型计算机系统。

令人惊奇的是，我们最近几年看到的计算机技术的变化，从根本上来说都是表面的，在过去的 60 年里，计算机系统的基本架构变化非常小。最新的 IBM 大型计算机和 1965 年的大型机执行的指令集基本上是一样的。在今天的系统中使用的基本通信技术还是 20 世纪 70 年代开发的。

看起来互联网好像是新的，可是它在 2010 年庆祝了自己 40 岁的生日。考虑到计算能力的增长、技术的快速变化、性能和功能的增加以及今天系统的易用性，你会对上述内容感到吃惊。这使得学习计算机体系结构变得非常有价值，当新的计算技术出现时，它是理解计算技术新进展的基础。

计算机体系结构是本书的主题。系统的每一个元素在对应的章节里都有专门的阐述，同时也关注着系统整体。

第一部分由两章组成，对系统，特别是计算机系统进行概述。

第 1 章讲述几个问题，包括：

- 作为计算机用户和专业人士，计算机体系结构的知识如何提高我们的能力。
- 一般计算机系统体系结构的简化视图。
- 构成一个计算机系统的基本组件。
- 计算机系统执行的基本操作。

第 1 章的结尾是计算机体系结构的简史。

一个贯穿本书的主题是系统和系统的体系结构。"系统"和"体系结构"这两个词出现在整本书中：我们谈论信息系统、计算机系统、操作系统、文件系统、软件体系结构、I/O 体系结构以及网络体系结构，等等。在你大学生涯的某个时段，你可能会学一门课程：系统分析和设计。

尽管大部分人对什么是系统有直觉的理解，但它对我们更为重要。作为专业人士，要比一般人更深层次地理解系统和体系结构的概念。关于系统和体系结构的概念，第 2 章提供了详细的定义和例子，包括对计算机系统从一般到具体的定义，计算机系统是本书的重点。

计算机和系统

1.0 引言

欢迎来到奇妙的现代计算机世界。在这儿，技术每天都在变化，不是吗？

确实如此，今天的计算机看起来跟 5 年或 10 年以前的计算机一点也不一样。现在，几乎不可能摆脱掉计算机直接和无处不在的影响，也不可能摆脱掉基于计算机的系统和设备的影响。可能你的口袋或桌子上就有智能手机。读这段内容的时候，你们当中很多人的笔记本电脑或平板电脑就在眼前（或者，你可能就在平板电脑或电子书上阅读这一段）。进一步说，智能手机的计算能力，或许超过了 10 年前市场上的大部分计算机。它很容易装在你的口袋或小手提袋里，重量不及老式台式计算机的 1/100，但内存至少大了 10 倍！

但这还不是全部。你的汽车有好几个嵌入式计算机，它们控制着汽车的各种功能，可能是免提电话的触摸屏、导航，也可能是无线电、互联网访问等。这几乎都是没有必要的，因为或许你能口头上告诉它你想要什么。甚至你的微波炉和洗衣机，也依赖于计算机来工作。正如你可能知道的，很多这样的机器通过互联网或其他网络技术能互相通话。图 1-1 展示了几幅典型图片，一幅是 2005 年的笔记本电脑，一幅是 2013 年的智能手机，另一幅是一台当前的嵌入式计算机，它控制着汽车的许多功能。

© 2007 惠普公司

大卫·谢培德拍摄

尽管本书的重点是信息技术（IT）系统，但我们讨论的计算机硬件、软件和网络同样适用于工作场所中的计算机、平板电脑、智能手机，甚至嵌入在其他设备里的计算机。图中，有三个看似非常不同的设备，执行不同类型的应用。然而，对你来说，三个系统有不少相同之处。它们都是基于计算机的，所有的系统至少都包含一个中央处理单元

Delphi 汽车电子

图 1-1　新老计算机设备

（CPU，有些系统包含得更多）和内存。这几个设备都有与存储器、其他设备以及用户进行交互的能力。对你来说，可能不那么明显的是系统运行的程序，这些程序基本上也是相似的，主要差别在于特定系统的不同组件所需的技术细节和应用的本质。例如，系统的内存大小可能不一样，显示器的类型和 I/O 设备可能不同，操作系统或许有差别，还可能运行不同类型的应用和提供不同的服务。

事实上，现代 IT 系统可以包含很多不同类型的系统元素，可通过网络将其紧密联系在一起。

创建 IT 系统时，我们关心的是，各种组件是否能提供用户需要的功能和性能。作为高效的设计师和用户，你必须理解规范及其重要性和含义，必须理解术语和专业词汇。哪些功能对用户很重要？在计算机里将需要的功能组合起来，让其完成你希望做的工作，这对不对？我们需要的功能缺不缺？或许我们在所需的性能上花费太多，或者我们可能需要得更多。系统的什么信息会让你做出更明智的决策？很明显，对于大部分现代基于计算机的系统来说，不需要理解其内部工作就能准确地操作它们。事实上，在很多情况下，计算机的存在对我们来说是隐藏的，或者说是**嵌入式**的，而且作为用户，这些计算机的运行对我们是不可见的。我们不需要知道一台计算机是如何阅读电子书的。

作为经验丰富的用户，我们不需要精确地理解软件是如何工作的，也能在个人计算机上运行标准的软件包，或者在智能手机上运行应用程序；我们能够用高级语言或脚本语言对计算机编程，而不需要理解机器执行每条指令的细节；我们能设计并实现网页，并不需要理解 Web 浏览器如何从服务器获取页面，也不需要理解 Web 服务器是如何产生那些页面的；我们可以从销售人员那里购买平板电脑或笔记本电脑，而无须理解系统的规格。

然而，这里缺了某种东西。或许软件的功能和我们要的不完全一样，或许我们没有充分理解计算机，便盲目地操作了软件的选项。或许，如果我们更好地理解了系统，就能编写并配置出运行更快、效率更高的程序。或许我们能够创建出访问更快、工作更好的网页。或许销售人员没有告诉我们匹配工作环境的最佳系统。或许它只是一种缺失的兴奋感。但那也很重要！

你正在读这本书，因为你是一名正在学习的学生，想要变成计算机专业人士，或者你只是一个用户，想较深入地了解计算机的功能。不管是哪种情况，在今后的生活里，你都会以某种形式跟计算机打交道。知道一些关于交易工具的东西是很好的（也是很有用的）。更重要的是，了解计算机系统的操作有一个直接的好处：它会让你更高效地使用机器。

作为用户，你会更加了解计算机系统的能力、优点和缺点。你能更好地掌握使用的命令。在运行应用程序时，你会明白发生了什么。关于计算机设备和应用程序，你能做出更明智的决策。你会更清楚地理解操作系统是什么，如何高效地使用它，提高你的效率。你会知道什么时候适合手动工作，什么时候应该使用计算机。你会明白最有效的"上网"方式，知道从家庭网络中可以获取什么好处。你会提高同系统分析师、程序员以及其他计算机专家沟通交流的能力。

作为程序员，你会写出更好的程序。你能利用机器特性更有效地运行程序。例如，为变量选择恰当的数据类型，这能显著加快运行速度。不久你就知道为什么会这样，也会知道如何做出恰当的选择。

你会发现，如果索引变量倒置，那么某些计算机会更快地处理嵌套循环。这是一种相当令人惊讶的思想，或许，你会理解为什么如此。

你会明白，为什么用 C++ 这样的编译语言编写的程序，一般要比用 Basic 这样的解释编程语言或 JavaScript 这样的脚本语言编写的程序要快得多。类似地，你会明白，为什么程序的基本结构能对其运行效率产生重大影响。

作为系统架构师或系统分析师，你会负责设计和实现满足某个公司的信息技术（IT）需求的系统，认识到所选组件的成本和功能的不同，或许对这个公司有重大影响。有了在此获取的知识，你能很好地确定和证明一组计算机系统组件和系统架构是否适合特定的工作，并且在其他可能的系统架构之间，你也会很好地做出权衡。

你将会协助管理层，对系统战略做出聪明的决策：对于 Web 服务器，公司会采用大型主机/虚拟机系统方法吗？或者，以现成的刀片服务器网络构成的系统能以较低的成本提供较好的性能吗？你会做好较充分的准备，分析出最好的方法，来提供恰当的设备以满足用户的需求。在技术快速变化的时代，一种技术到底是无法对公司的需求产生重大影响的简单过时的技术，还是需要替换老设备的主流新技术，你会很容易地区别这两者。是使用云计算和还是其他远程服务，你会做出权衡。

当购买计算机的时候，你会选择最能满足公司应用和用户需求的计算机。你必须能阅读并理解技术规范以对比不同的选择，同时必须能将系统和用户的需求匹配起来。本书告诉你需要知道什么以便聪明地描述和购买一套系统。你将了解不同 CPU 之间的差异以及各自的优缺点。你会学到什么样的外设硬件适合公司的文件需求，以及在不同文件系统格式之间如何权衡；构建内联网需要什么；特定系统的速度、大小和性能限制是什么；你将能非常有见解地比较 OS/X、Windows 和 Linux，并判定哪一个对你最为重要。当新技术和新概念出现时，诸如移动 IT、新网络协议、虚拟机和云服务，你会将对计算机的基本理解应用到它们身上。你将学会理解计算机销售人员使用的术语，并判断其销售声明的正确性。

作为网络专业人士，你负责网络的设计、维护、支持和管理，这些网络将计算机系统连接在一起，对外界提供所需的接口。你必须能描述出优化网络设备和网络资源的网络设计。对基本网络配置和协议的理解，使得你能以有效的方式来控制用户的访问，同时给用户提供适当的访问权限。本书提供了基本的工具，可作为从事与网络相关职业的起点。

作为 Web 服务设计者，你必须能做出明智的决策，来优化 Web 系统配置、页面设计、数据格式编排和脚本语言选择，从而优化客户访问 Web 服务的操作系统。

作为系统管理员或管理者，你的工作就是确保系统具有最大的可用性和高效性。你需要理解系统产生的报告，并能使用报告里的信息来对系统进行改变，以优化系统的性能。你需要知道何时需要额外的资源，并且能指定恰当的选择。你需要指定和配置操作系统参数、建立文件系统、选择云服务、在快速变化的环境中管理系统和用户的个人计算机升级、重配网络、提供并确保系统安全的健壮性，以及执行其他诸多系统管理任务。大型系统的配置可能极具挑战性。本书会让你理解操作系统工具，对高效的系统管理来说，这是基本的技能。

简单来说，当你学完本书时，你会知道计算机硬件和软件是什么，以及程序和数据如何同计算机系统交互。你会掌握计算机硬件、软件和通信部件，这些是构成计算机系统所必需的；你会掌握系统中每个部件的作用是什么。

作为用户，当同计算机交互时，你能更好地理解计算机内部发生了什么。你能写出更高效的程序。你能掌握计算机系统中不同部件的功能，能有远见地指定所需的计算机设备和资源。作为系统管理员、网络服务设计师或 Web 设计师，你会理解所拥有的选项。

在技术快速发展的时代，在过去的 60 年间，计算机系统的架构依托在坚实的基础之上，这个基础只有很小的变化，而且是逐渐变化的。理解了计算机体系结构的基础后，就能跟随技术的变化而自如地前行，就能在发展的背景下理解变化和它们所满足的需求。事实上，通过与以前的学生、IT主管和其他IT从业者交谈，清楚地表明深入理解此处给出的基本概念，是IT人员在信息技术和信息技术管理领域长期生存和成长的基础。

这种理解，为成为卓越的系统分析师、系统架构师、系统管理员或程序员奠定了坚实的基础。或许，驾驶汽车并不需要了解汽车发动机的工作原理，但我们认为，一个顶级的赛车手完全了解发动机，并能使用它赢得比赛。就像职业赛车手一样，我们的意图是帮助你高效地使用计算机的发动机，从而成功地使用计算机并赢得胜利。一般的终端用户可能并不关心计算机系统如何工作，但你必须要掌握。

这些就是本书的目标。我们就开始吧！

1.1　起点

在开始学习计算机体系结构之前，让我们简要地复习一下一些基本原理、特征以及指导计算机系统设计和操作的需求。这里描述的基础知识适用于一般计算机，不考虑大小和用途，从最小的嵌入式设备到最大的大型计算机。

在简单的情景里，你使用平板电脑、笔记本电脑或桌面个人计算机来对文档进行文字处理。或许你使用一个诸如鼠标、手写笔或手指这样的点击设备在文档上来回移动，控制文字处理应用软件的功能；你通过键盘或触摸屏来输入和修改文字。文字处理应用程序连同文档一起显示在屏幕上。最后，可能在打印机上打印出文档。你将文档存储在软盘、闪存或者其他某个存储设备上。

一个典型计算机系统的基本组成轻而易举地就显现在这个简单的例子里了。点击设备的移动和点击、文本数据的输入，代表着系统的输入。计算机对输入进行处理，然后将结果输出到屏幕，或许也输出到打印机上。计算机系统也提供某种类型的存储介质（通常是闪存或硬盘）来存储文本，以便将来访问。简单来说，计算机接收输入，处理它，然后将结果输出到屏幕上。输入可采取命令和数据的形式。命令和程序告诉计算机如何处理数据。

现在考察第二个稍微复杂一点的例子。在这个例子中，你的任务是访问互联网上的网页。同样，通过键盘和指针控制设备向计算机提供输入。当输入网页的URL时，你的计算机将报文发送到另一台包含Web服务器软件的计算机上。这台计算机随后发送一个网页文件，在你的计算机上可通过浏览器进行解释，并显示在屏幕上。你可能已经知道，超文本传输协议（HTTP）是一个用作Web报文交换的标准。

这个例子的元素和前一个例子略有不同。命令式输入会告诉你计算机上的Web浏览器应用软件要做什么处理，在这种情况下，你的目的是访问网页。计算机的输出是一个发往Web服务器的报文，该服务器是一台远程计算机，它请求表示网页的数据。你的计算机从网络上接收数据作为输入，浏览器处理这些数据，并以网页的形式输出到屏幕上。图1-2说明了这个例子的设计。

这个例子和上一个例子的主要区别有两处：一是输入数据的源不一样；二是两台计算机之间需要网络连通性。现在，假设本例中网页浏览器要处理的输入数据来自通信信道而非键盘（请注意，在这个讨论中，信道确切的特性并不重要）。在两种情况中，你的计算机接收要处理的数据输入、控制输入（通常是决定如何处理数据的 HTML 或 XML）、执行处理，以及提供输出。

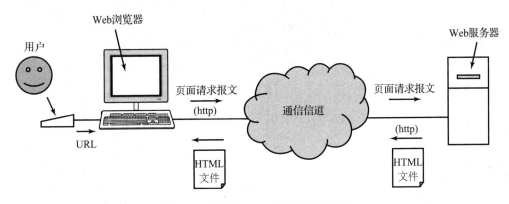

图 1-2　典型的 Web 浏览器应用情况

这两个例子包含了所有的关键元素，这些元素在任何 IT 系统中都能看到，不管大系统还是小系统。

- IT 系统是由一个或多个计算机系统构成的。多个计算机系统通过某种网络连接在一起。显然，网络接口必须遵守名为**协议**的标准约定，以便在两台计算机交换报文期间都能理解报文。如果网络接口需求能得到满足，并由诸如性能、方便性和成本这样的特征来确定，那么网络本身可以有多种形式。
- 在 IT 系统中单独计算机系统所做的工作可以由输入、处理和输出来表征。这种特征描述通常表示为**输入 - 处理 - 输出模型**，如图 1-3 所示。存储也表示在这个模型中。或者，存储可解释为要保存的输出，以用作将来的输入。存储也用来存放软件程序，这些软件决定了要执行的处理操作。对于系统来说，临时、短期或长期存储程序和数据是基本功能。在 2.2 节里我们将说明所有的 IT 系统，不管什么级别，最终都能表征为基本的 IPO 模型，从单个的计算机到复杂的计算机

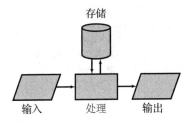

图 1-3　计算机工作过程

集成都如此。当然，大型系统的复杂性可能会模糊这个模型，使确定实际的输入、输出和处理操作较为困难。IPO 模型为系统分析和设计实践提供了一种重要的基本工具。
- 计算机系统的组成包括处理硬件、输入设备、输出设备、存储设备、应用软件和操作系统软件。操作系统软件的任务是对整个系统进行全面控制，包括输入管理、输出管理和文件存储功能。对于较大的系统来说，用户和计算机之间、计算机之间的交换媒介是数据（注意，第二个例子中计算机之间的通信报文就是一种数据）。图 1-4 对较大 IT 系统所包含的计算机系统进行了简单的说明。

图 1-5 概括了在计算机处理期间要执行的基本操作。相应地，这些操作可简化为原语操作，根据对编程语言的理解，你会熟悉这些原语操作。高级编程语言常见的原始处理操作如图 1-6 所示。

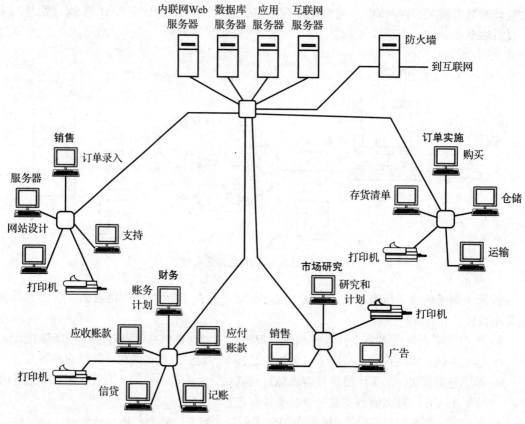

图 1-4   一种简化的 IT 计算机系统布局

- 输入 / 输出
- 基本算术和逻辑运算
- 数据转换或变换（如程序编译、外语翻译、文件更新）
- 数据分类
- 数据匹配的搜索
- 数据存储和检索
- 数据移动（例如，移动文本或文件数据腾出空间以插入其他数据）

图 1-5   基本的计算机操作

- 输入 / 输出（包括文件存储和检索）
- 算术和逻辑赋值语局
- 真假判定分支（IF-THEN-ELSE 或 IF-GOTO）
- 循环体和无条件转移（WHILE-DO、REPEAT-UNTIL、FOR、GOTO）

图 1-6   基本高级语言的构成

1.2   计算机系统的组成

正如前一节所述，实现计算机执行的输入－处理－输出模型需要三个组件：

- 计算机硬件。它分别为输入和输出数据、操作和处理数据，以及电子化控制各种输入、输出和存储部件提供物理机制。
- 软件。它包括应用软件和系统软件，它们提供指令，可准确地告诉硬件要执行什么任务，按什么顺序执行。
- 要操作和处理的数据。数据可以是数字的、文字的、图形的，也可以是其他形式的，但不管是哪种情况，都必须表示为计算机能操作的形式。

在现代系统中，数据的输入、输出显示、存储以及处理使用的软件所发生的位置不同于单台计算机，对单台计算机而言，实际处理就发生在计算机上。在许多系统中，实际处理分布在多台计算机上，具体的结果再传回到需要这些结果的各个系统。因此，我们必须考虑第四个组件：

- 通信组件。它由硬件和软件组成，在互连的计算机系统间传输程序和数据。

硬件和系统软件构成了计算机系统的架构。通信组件将各个计算机系统连接在一起。数据组件和应用软件虽然是计算机系统运行的基础，但它们却是由用户或商家提供的，并不是计算机系统架构本身的一部分。（但是，注意到下面一点是有益的：当人们站在计算机组成的角度来考虑体系结构时，应用软件和数据结构通常会被认为是系统架构的组成部分。我们在第 2 章会简要地探讨这个问题。当然，需要注意的是，本书的重点是计算机体系结构，并不是计算机组成原理。）

1.2.1　硬件组件

很明显，计算机系统中最容易看见的部分就是构成系统的硬件。考察一个计算机系统，你在这台计算机上编写程序并运行程序，通过键盘或触摸屏和点击设备，向计算机**输入**程序、数据和命令。屏幕通常用于观察**输出**。不同于屏幕，打印机是另一种常用的输出设备。这些都是物理组件。

程序中的计算和其他操作由计算机内的一个或多个**中央处理单元（CPU）**或核来执行。当处理正在进行时，**存储器**用来容纳程序和数据。其他输入和输出设备，如磁盘和 SD 卡，用来长期存储程序和数据文件。数据和程序在各种 I/O 设备和存储器之间传送，以备 CPU 使用。

CPU、内存以及所有的 I/O 和存储设备构成了计算机系统的**硬件**部分。硬件是系统的有形部分。它是你能触摸到的物理存在，这就是"有形"这个词的含义。一台计算机典型的硬件框图如图 1-7 所示。除了图中显示的输入和输出设备外，图 1-8 列出了其他一些常见的输入和输出设备，它们也是计算机系统的组成部分。图 1-7 的示意图实际上也适用于大型计算机、个人计算机和平板电脑，甚至嵌入计算机的设备，诸如 PDA、iPod、GPS 和手机。大型计算机和小型计算机的主要差别在核的数量、内存的大小、计算速度、存储容量以及提供的输入和输出设备上。基本的硬件组件和设计是非常相似的。

从概念上说，通常认为 CPU 本身由三个主要的子单元组成：

1. **算术 / 逻辑单元（ALU）**。它执行算术和布尔逻辑运算。

2. **控制单元（CU）**。它控制着指令的处理和 CPU 内数据从一个部分向另一部分的移动。

3. **接口单元**。它在 CPU 和其他硬件部件之间传送程序指令和数据。

（在现代 CPU 中，实际的实现通常需要进行一定的修改，以获得较高的性能，基本概念还在小心地保留着。关于这方面的更多内容参见第 8 章。）

接口单元将 CPU、内存以及各种 I/O 模块互连起来。也可以将多个 CPU 核连接起来。在许多计算机系统中，总线将 CPU、内存和所有的 I/O 模块连接起来。**总线**很简单，就是一束导线，在不同的部件间传送信号和供电。在其他系统中，I/O 模块通过一个或多个独立的名为信道的处理器连接到 CPU。

主存通常称为主存储器、工作存储器或 **RAM**（随机访问存储器），容纳 CPU 访问的程序和数据。**主存储器**是由大量的单元（cell）构成的，每个单元都有编号并能分别寻址。每个单元容纳一个二进制数，代表数据值或一条指令的一部分。在大多数现代计算机中，最小可寻址的单元长度是 8 位，称为 1 **字节**内存。内存的 8 位可容纳 256 种不同的位模式，因此内存相邻的单元几乎总是组合起来形成具有较多位数的编组。例如，在许多系统中，内存的 4 个字节组合成一个 32 位的**字**。现代计算机一次寻址内存至少是 4 个字节（32 位计算机）或 8 个字节（64 位计算机），以适合较长的指令和数据编组。

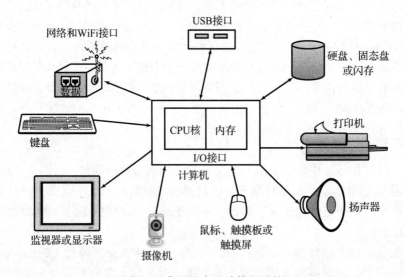

图 1-7 典型的个人计算机系统

- 页面和文档扫描仪
- RFID 和近场通信阅读器
- TV 和无线电调谐器
- GPS 接收器
- 蜂窝和蓝牙通信技术
- SD、智能卡等阅读器
- 指纹阅读器
- 图形输入板
- 其他移动设备：加速度计、陀螺仪等

图 1-8 其他常用的输入 / 输出设备

主存储器的大小决定了一次最多从外设装入内存中指令和数据的字数。例如，一台内存为 2GB 的计算机，内存大小实际是 2 147 483 648 字节[⊖]，它不能运行指令和数据需要 2.7GB 内存的程序，除非计算机提供了某种方法，能分节装入程序，需要程序的哪一节就装入哪一节。

随着计算机技术的进步，典型计算机提供的主存储器的容量得到了快速增长。因而，1980 年 64KB 的内存被认为是大内存，今天，即便最便宜的个人计算机，一般也拥有 2GB 或 2GB 以上的内存。大型计算机可以提供很大的主存储器。市场上，有的程序需要几百兆

⊖ 1KB 实际上等于 1024 字节。因此，1MB = 1024×1024 字节 = 1 048 576 字节；2GB = 2048×1MB = 2048×1 048 576 = 2 147 483 648 字节。

字节或数十亿字节的内存才能执行。增加内存容量的成本很低，但可用性很高，这促生了非常复杂的程序设计，几年前，还不可能设计这些复杂的程序。

辅助存储器也是这样。即便是很小的个人计算机，通过硬盘或固态存储设备都可以提供长期存储，其容量也能达到几十、几百或几千亿字节。尤其是图像和视频的存储，这需要巨大的存储容量。硬盘阵列并不少见，甚至某些个人计算机也能提供几十或几百万亿字节（描述为兆字节）的长期存储容量。

构成特定程序的指令存储在主存储器中，然后送入 CPU 中去执行。从概念上来说，指令读入后，一次执行一条，当然在某种程度上现代系统交叠执行指令。指令必须在主存储器内才能执行。控制单元解释每一条指令，并确定适当的动作过程。

设计的每条指令都用来执行一个简单的任务。指令的存在是为了执行基本的算术运算、将数据从计算机的一个地方移动另一个地方、执行 I/O 操作以及完成许多其他任务。计算机强大的功能来源于以极高速度执行这些简单指令的能力，每秒钟能够执行十亿条或者万亿条指令。正如你已经知道的，为了程序能够执行，必须要将高级语言程序翻译成机器语言。一条高级语言语句可能需要几十、几百，甚至几千条不同的机器指令，这样才能构成功能相同的机器语言。程序指令通常按顺序执行，除非一条指令告诉计算机改变处理的顺序。一款特定 CPU 使用的指令集也是 CPU 设计的一部分，一般不能在不同类型的 CPU 上执行，除非这款 CPU 设计的指令集与前者是兼容的。然而，正如你将要看到的，大部分指令集都有相同类型的操作。因此，用一台计算机的指令集写出程序，然后在另一台指令集不同的计算机上可以仿真，当然，针对原始机器而写的程序，在仿真机上可能执行得慢一点。

这些指令所操作的数据在处理的时候也存储在内存中。程序指令和数据在处理时都存储在内存中，这种思想就是著名的**存储程序**概念。这个重要概念主要归因于著名的计算机科学家约翰·冯·诺依曼。他奠定了计算机体系结构的基础，这几乎是现存每台计算机的标准。

1.2.2 软件组件

除了需要硬件之外，计算机系统还需要**软件**。软件是由程序组成的，它们告诉计算机应该做什么。为了做有用的工作，系统必须执行某个程序的指令。

软件主要有两类：系统软件和应用软件。系统软件帮助你管理文件，加载并执行程序，以及接受命令。管理计算机的系统软件程序统称为**操作系统**，它不同于应用程序，如办公常用的微软字处理、火狐浏览器或者你自己写的程序。Windows、Linux、MAC OS X、iOS 以及 Android 都是著名的操作系统。其他操作系统还有 UNIX、Oracle Solaris 和 IBM z/OS。

操作系统是计算机系统的基本组成部分。跟硬件一样，它也是由许多组件构成的。操作系统的一种简化表示如图 1-9 所示。最明显的元素是用户界面，通过这个界面，可运行程序、输入命令以及操作文件。在大多数现代系统中，用户界面从键盘、鼠标、触摸屏以及其他点击设备上接受输入。用户界面还在显示器上进行展示输出。在有些系统中，输出显示可能是简

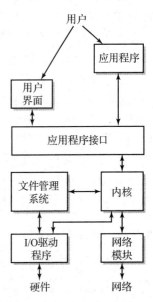

图 1-9　简化的操作系统框图

单的文本，但更有可能的情况是显示一个带视窗系统的图形用户界面，并带有各种控件来操作窗口。

操作系统的**应用程序编程接口（API）**是应用程序和公共程序访问由操作系统提供的内部服务的接口。它包括文件服务、I/O 服务、数据通信服务、用户界面服务、程序执行服务，等等⊖。

内核模块提供了许多内部服务，内核模块包含最重要的操作系统处理功能。剩下的服务由其他模块来提供，这些模块受控于内核。操作系统的内核通过定位和分配程序所需的空间来管理内存，为每一个要执行的应用安排时间，为正在执行的程序之间提供通信，管理和安排由其他模块提供的服务和资源，保证安全性。

文件管理系统分配并管理辅助存储器的空间，并将文件请求从基于名字的形式变换为特定的 I/O 请求。文件的实际存储和检索是由 I/O 驱动程序来完成的，它们含有操作系统的 I/O 组件。每个 I/O 驱动程序控制着一个或多个相似类型的硬件设备。

网络模块控制着计算机系统与其所连网络之间的交互。

传统意义上，操作系统软件几乎总是存储在硬盘上的，但在某些较小的现代系统中，尤其是轻量型的笔记本电脑和嵌入式系统，如手机、平板电脑和电子书，反而会使用固态盘或 SD 卡。在一些系统中，当系统开机后，操作系统实际上提供的是网络服务或基于云的服务。在这种情形中，计算机里的一种称为 **ROM 或只读存储器**的存储器，存储有操作系统中的引导程序或 IPL（初始程序装载）程序。引导程序提供测试系统的工具，并将操作系统的剩余部分从硬盘或网络上装入到内存中。虽然存放软件的物理介质是可触摸的，但软件本身是不可触摸的。

硬件和系统软件一起提供了工作计算机的系统环境，再加上应用软件、通信支持和用户数据，这就构成了完整的系统。

1.2.3 通信组件

现代计算机或基于计算机的设备很少是独立运行的。相反，它们通过调制解调器或某种网络连接跟其他计算机直接联系在一起。这些计算机在物理位置上可以是很近的，也可以是分开的，甚至相距数千英里。为了能协同工作，计算机必须拥有相互通信的方法。为了实现这个目标，通信组件既需要硬件又需要软件。其他硬件组件在物理上将多台计算机连接起来，形成多处理器系统、机群或网络，或者通过电话线、卫星或其他网络技术跟别的远程计算机连接起来。**通信信道**提供了计算机之间的连接。信道可以是电缆、光缆、电话线或者无线技术，如红外光、蜂窝式电话技术或者 WiFi、蓝牙这样的无线电技术。特殊的 I/O 硬件是由**调制解调器**或计算机内的**网络接口卡（NIC）**等设备构成的，NIC 是计算机和通信信道之间的接口。信道自身内还可以有其他硬件。

通信组件也需要计算机操作系统里的其他软件，这使得每台计算机能够理解它所连接的计算机在说什么。这些软件建立连接，控制数据流，并将数据引向合适的应用程序，以便使用。

1.2.4 计算机系统

回顾一下可知，我们对计算机的一般描述适用于所有的通用计算机系统，也适用于大多

⊖ 这个术语（API）有时也用来描述一个应用向另一个应用提供的服务。例如亚马逊和谷歌，其应用软件提供了 API 工具，从而允许用户对原始软件的功能进行扩展。

数内嵌有计算机的设备，不管品牌名称和大小如何。用更一般的术语来说，每个计算机系统包括：至少一个 CPU，所有的处理都发生在这里；处理数据时容纳程序和数据的内存；某些形式的 I/O，通常有一个或多个键盘、点击设备以及平板显示器，再加上一种或多种形式的长期存储设备，一般是硬盘或固态存储器、网络（云）存储、CD、DVD、U 盘或 SD 插卡存储器。许多现代计算机系统内部都拥有多个 CPU（或核）。一个 CPU 一次只能处理一条指令；使用多个 CPU 可以在互相没有影响的情况下并行执行多条指令，从而提高处理速度。

不管计算机系统看起来如何复杂或简单，我们对系统的一般描述都是有效的。

作为一个具体的例子，图 1-10 所示的 zEnterprise IBM 大型计算机能提供复杂的网络服务，一次可以服务数千个用户。IBM 大型机拥有几十个协同工作的 CPU，主存容量最小是 32GB、最大可达 3TB。每秒钟能执行几百亿条指令！强大的 z/OS 操作系统能跟踪几百或几千个并发用户，并将时间在这些用户中进行划分，以满足他们不同的需求。除了 CPU 之外，它还有许多大型的 I/O 设备（包括磁带机和高速打印机）。另外还有硬盘，它的硬盘基本上能存储无限大的数据。单台计算机的质量超过了 5000 磅（约 2200 千克）！

相反，图 1-11 所示的平板电脑的设计目标是供个人使用。所有的东西都封装在一起。这个系统只有 2GB 的内存，运行速度也远不及 zEnterprise。长期存储器是固态存储器，最大容量只有 128GB，再加上显示器就构成了整个系统，显示器内置有网络摄像头并且拥有多个网络连接，其中包括一个可选的蜂窝式连接。还有电池，总重大约 1.5 磅（0.9 千克）。

IBM公司，未经授权不得使用

图 1-10   IBM 系统 z10 EC 大型计算机

尽管这两个系统看起来有很大的不同，但实际上区别只是大小和应用方面，而并非概念方面。大型系统运行得快一些，能支持更大的内存，同时，处理输入和输出也更多和更快一些。其操作系统软件允许更多的用户共享较大的资源。然而，对于这两种情况，基本的系统架构还是非常相似的。甚至 CPU 执行的实际处理过程也是相似的。

作者拍摄

图 1-11   平板电脑

事实上，今天 CPU 运行的基本方式与 60 年前的方式是一样的，即便构造差别很大。由于所有的计算机运行起来都如此相似，无论大小和类型，因此，目前在这些不同的系统间传送数据并不困难，这样可以允许每个系统只做部分处理工作以获得较高的整体效率。这个概念称为**分布式计算**。不同类型的计算机能够协同工作、共享文件以及成功通信，我们称其为**开放式计算**。通信技术实现了这样的需求：它使得开放式计算和分布式计算成为现实，而且十分方便。

有时候计算机可分为几类：大型计算机、中型服务器、工作站、个人台式机、笔记本电脑以及移动计算设备。但这些类型并不重要，这只代表它们曾经是该类机器。今天个人计算机的性能远远超过了几年前那些大型主机的性能。Oracle 公司的 SPARC 计算机是一个常用的工作站，它们和中型服务器甚至体积较小的大型机一样。我们不会试图对一台特定的计算机进行分类，而是将它和正在讨论或考察的其他系统进行比较，这样通常能更有效地描述它的性能。

1.3 虚拟化的概念

在大量的计算机文献里，许多语境中都会频繁出现**虚拟**这个词。本书中出现的有关这个词的应用名称有虚拟计算机、Java 虚拟机（JVM）、虚拟内存和虚拟网络。有时候，同义词**逻辑**可用来代替"虚拟"这个词。在网络技术中，我们有逻辑连接的概念。虚拟存储器由逻辑内存和物理内存之间的关系组成。

在这点上，你是否明白上面提到的任意一个具体概念其实并不重要（实际上，我知道你可能不理解这两个概念）。由于虚拟和逻辑表示了 IT 里的许多重要概念，无论如何，我们也要在这介绍一下。

在光学中，一幅虚拟图像就是你站在标准镜子前所看到的映像。你知道这个映像是不真实的。一方面，它在安装镜子的墙的后面；另一方面，你摸不到它。在早期的分时计算中，一台大型中央计算机通常给很多远程终端用户提供计算服务。在一定程度上，看起来好像用户访问了完全属于自己的计算机。20 世纪 70 年代初开始时，IBM 提供了 VM（虚拟机）操作系统来支持这个概念。（集中式分时方法在很多方面跟今天的云计算都很相似——本书的一个目标就是让你相信今天大多数"新奇、刺激"的技术，只是对已经存在很久的思想进行了简单改编！）

关于虚拟，美国传统字典提供了两个适用的定义，它们共同描述了这个词在现代计算中的应用：

- 本质上存在或产生了结果；或者虽然实际上、形式上或名字上不存在，但效果已经产生。
- 通过计算机或计算机网络产生、模拟或执行。

维基百科将虚拟化定义为"一个广义的术语，指的是计算机资源的抽象"。

从本质上说，虚拟和逻辑是指某种东西，但其呈现的好像是不同的东西。因此，Java 虚拟机使用软件来模拟一台实际的计算机，它非常适合 Java 编程语言，尽管计算机实际执行的是和 JVM 不同的指令集。网络技术中的逻辑连接给人的感觉是它提供了一条直接通信链路，可在两台计算机之间传送数据，尽管实际连接可能会涉及一系列复杂的互连，这包含多台计算机和其他设备，各种各样的软件使得所有这些看起来很简单。计算机的虚拟化使得单台计算机呈现出多台的形式，每台都带有自己的操作系统和硬件资源。作为云服务器的单台大型计算机，可以给世界上的用户提供数百或数千台虚拟计算机。

1.4 协议和标准

标准和协议在计算机系统中非常重要。**标准**就是利益方（一般是制造商）之间的协定，从而保证不同的系统组件相互交换后还能同时工作。有了标准，就可以用不同厂家的组件来组装一台计算机。例如，我们知道，显卡完全可以插到主板的连接器上；我们也知道，在连接器、CPU、内存和显示器之间，图像表示都是相容的。

标准适用于计算机的所有方面：硬件、软件、数据和通信；电源电压；连接器上引脚的物理间隔；文件格式；鼠标产生的脉冲。计算机语言标准，如 Java 和 SQL，使得在一台计算机上编写的程序能正确一致地运行在另一台计算机上，同时也使得程序员能协同工作，一起编写和维护程序。

类似地，数据格式和数据表示标准，如 PNG 和 JPEG 图像格式标准、Unicode 文本格式标准、HTML 和 XML 网站展现标准，使得不同的系统能以同样的方式来操作和显示数据。

标准的产生可以有很多种不同的方式。很多标准是自然产生的：属于某个商家的私有数据标准，由于产品的流行而成为实际标准。PDF 打印描述语言就是这种标准的一个例子。其格式由 Adobe 公司设计，在计算机和打印机之间提供了一种传送高质量打印输出的方式。其他标准的产生是因为意识到了某个领域的需求，但该领域尚没有标准存在。

通常会组织一个委员会来研究需求并产生标准。MPEG-2 和 MPEG-4 标准就是这样产生的，这两个标准建立了传送和处理数字视频图像的方法。标准委员会主要由运动图像工程师和视频研究员组成，随着技术的不断进步，这个标准也一直在发展。JPEG 图像标准、MP3 和 MP4 声音标准是正式开发的另两个标准。类似地，每版 HTTP 是对网络通信感兴趣的多方经过多年的探讨而形成的。非标准的协议或数据格式仅限于其支持者使用，它可能会变成标准，也可能不会变成标准，这依赖于它被普遍接受的程度。例如，由私有 DVD-ROM 格式编码的 DVD 视频能在某些 DVD 播放器上播放，而在其他播放器上则不能播放。

协议对基本规则集进行了具体约定，使得通信能够进行。除了特殊应用之外，绝大部分计算机执行其操作，以便使得每个硬件或软件单元能理解所连接的其他计算机单元在说什么。协议存在的目的是实现计算机之间的通信、I/O 设备和计算机之间的通信以及许多软件程序之间的通信。协议规范定义一些通信功能，如数据表示、信令特征、报文格式、报文含义、识别和认证，以及差错检测等。客户端 – 服务器系统中的协议确保了请求的理解和执行，也确保了响应的正确解释。

由于私有协议只有被许可时才能使用，所以最终几乎总是会变为标准。当然并非所有情况都如此，那些未标准化的协议由于缺少使用而会最终消失。事实上，国际标准常常在创建时就保证了协议是普遍兼容的。作为一个例子，HTTP（超文本传输协议）主导了互联网上 Web 服务器和 Web 浏览器之间的通信。数据通过互联网传送受控于名为 TCP/IP（传输控制协议 / 互联网协议）的**协议簇**。存储设备与计算机之间使用一个名为 SATA 的协议进行通信。有上千个这样的协议。

新的协议和其他标准提出并创建后，随着需求的增加会标准化。XML、RSS 和 SIP 都是最近开发的协议实例，以满足新的和不断变化的需求。卫星电视、几乎所有的电话通信、无线通信和互联网都表明了协议和标准可以带来强大且实用的技术。事实上，互联网就是成功的案例之一：它的协议控制着计算机硬件和软件之间互相通信的协议，它们在全世界都标准化了。对各种协议和标准的讨论会经常出现在本书中。

1.5　本书概览

本书的重点是计算机的体系结构和组成、计算机系统以及基于计算机的 IT 系统，从最小的移动设备到最大的大型机都属于这个 IT 系统。从技术上说，术语"计算机体系结构"和"计算机组成"的定义略有不同。本书将不会区别这两个术语，而会交替地使用它们。

在本书里，我们会关注计算机系统的四个组件：硬件、软件、数据和互连，也关注每个组件之间、同其他系统以及跟用户之间的交互。开始的时候，我们也会看一幅较大的图片：计算机系统组成本身作为一个组件来构成企业 IT 系统。第二部分的第 2 章从整体上关注系统。本书的剩余内容划分为四个附加部分，内容包括：数字系统的讨论、计算机中数据的表示、构成计算机的硬件、互连计算机的网络以及计算机使用的系统软件。

我们的第一步是一般性地考察系统的概念。我们会探究定义系统使用的特征和特征。之后，利用基本理解来看一下基于计算机的 IT 系统的特征，并展示如何将计算机系统的各种元素和要求融入到系统概念里。第一部分通过几个 IT 系统架构的例子说明了基本 IT 架构的概念。

在第二部分里，我们会看到输入数据所使用的不同形式，也会探讨所需的变换过程，即将数据转换为计算机硬件和软件能处理的形式。你会看到，在编程语言里你所熟悉的各种数据类型在计算机内是如何存储和操作的。你会学到执行数学计算的许多不同方式，以及每种方式的优缺点。同时会看到一个数字跟文本表示的数字之间是有区别的，也会明白这种区别对于程序能否工作至关重要。你将会把字处理文本的大小和计算机硬盘的存储容量关联起来。你会理解计算机如何处理多数媒体数据、图形、图像、音频和视频数据。

在第三部分里，我们将仔细查看各种硬件组件，看看它们如何组织在一起。通过一个极其简单的模型，你会知道 CPU、不同的 I/O 设备如何工作，以及如何让文本和图形魔术般地显示在屏幕上。你会学习到什么技术让某些计算机速度更快、功能更强大，同时你也会知道这意味着什么。你会学习到将 I/O 设备连接到计算机上的不同方法，明白为什么某些设备提供的是快速响应，而其他设备提供的是慢速响应。你会学习 USB 端口，我们甚至会解释 PCI 和 PCI-Express 总线的区别。

最重要的是，事实上你有机会看到计算机是一个相当简单的服从于程序的机器。你会明白计算机的局限性。我们大都认为计算机的容量、速度是无限的，甚至可能是智能的，但这是不真实的。作为一个用户或一种描述系统的方法，该系统要满足你的需求，我们将探究这些局限性如何影响你的工作。

第四部分将详细介绍通信和网络的基本原理。我们会考察基本的通信技术、网络硬件、软件、信道、信道介质、协议和方法，这些都是在 IT 系统环境中支持计算机间通信所需要的。

最后一部分，我们会考察用来控制计算机基本处理功能的软件。尽管计算机软件分为操作系统软件和应用软件两类，但我们只关注系统软件。我们会关注计算机硬件的控制和高效使用；关注计算机资源在不同程序上公平、有效的分配；关注安全、存储管理和文件系统结构；也关注系统管理、系统安全和用户界面等。

还有四个补充章，覆盖的主题有点超出本书的范围，但是它们很重要而且有趣。第一个补充章介绍组成计算机的基本逻辑。第二个补充章提供案例研究，它们描述了重要的真实世界中计算机系统的硬件和系统软件；这些例子包括 PC 硬件的 x86 系列、微软 Windows 系列的操作系统、Linux 操作系统、IBM 大型机硬件和软件。剩余的两个补充章是关于 CPU 指令寻址方式和编程工具的，它们对前一版本进行了维护和更新。补充章可以在本书的网站上找到，网址为 www.wiley.com/college/englander。

在这个网站上还可以发现当前有意思的其他相关主题。网站还包含一些参考资料的链接，它们对于本书讨论的计算技术来说是通用的，对于各个主题来说是特定的。

1.6　计算机体系结构简史

尽管学习计算技术的历史一般来说不属于本书的范围，但还是简要介绍一下，这有助于展示广阔又离奇的 IT 发展之路，正是沿着这条道路 IT 才走到今天这个位置。几乎所有定义计算机系统的革命性概念，都是从 40 年前到 65 年前这一段时间提出来的，注意到这一点特别有意思。今天的进步本质上更多地是演化和增加。今天智能手机处理的指令，跟 20 世纪 60 年代大型计算机的指令十分相似。目前一些蜂窝式网络和普通网络技术，还是基于二战期间的发明而建立的。这就意味着，理解本书呈现的基本概念可让你具备良好的能力，未来随着技术的进步，你能理解其重要性和意义。

1.6.1　早期工作

确定具体发明计算机的日期是不大可能的，也没什么特别的用处。实际上，人类一直有一种欲望，就是制造出能减轻人们工作负担的设备。因此，即便在古代，人们也总在幻想能有机械设备可以减轻日常的数据处理和计算工作量，这一点并不令人吃惊。事实上最近有证据表明，在古代用于天文计算的设备是存在的。而这里的讨论只涉及几个与计算机体系结构有关的重大进展。

在这样的背景下，可以认为在公元前 500 年古希腊人和古罗马人就已经使用的算盘，就是一个计算机早期的祖先。当然，算盘能够执行计算并存储数据。实际上，如果要构建一个二进制数的算盘，那么其计算会非常接近于计算机的计算。

算盘一直普遍使用到 16 世纪。事实上，在今天的某些文化里，仍然认为它是一种高效的计算工具。尽管如此，在 16 世纪后期，欧洲发明家开始把注意力放在自动计算问题上。布莱斯·帕斯卡（法国 17 世纪著名的数学家）1642 年在他 19 岁时发明了计算的机器，但他没能搭建出这台机器。1801 年，约塞夫·玛丽·雅卡尔发明了一台织布机，它使用穿孔卡控制织进布里的图案。穿孔卡提供的程序控制着拉杆，拉杆按正确的顺序抬升或降低不同的线，从而印出特定的图案。这是第一个文献记录的使用某种存储形式来存放程序的应用，这个程序用于半自动可编程的机器。

查尔斯·巴贝奇是生活在 19 世纪早期的一位英国数学家，他花了大量的个人财富试图建造一台机械式的计算机器，他把这台机器叫作"分析机"。这台分析机在许多概念方式上类似于现代的计算机。这台分析机早期版本的照片如图 1-12 所示。巴贝奇的机器设想使用了雅卡尔的穿孔卡来输入数据和程序，提供了用于内部存储的内存，根据程序描述由一个叫"磨坊"的中央处理单元来执行计算并打印输出。奥古斯塔·艾达·拜伦（洛夫莱斯伯爵夫人）和诗人劳德·拜伦的女儿与巴贝奇密切合作，开发了许多编程和程序设计的基本思想，包括分支和循环的概念。

资料由IBM公司提供

图 1-12　巴贝奇的分析机

巴贝奇分析机的框图如图 1-13 所示。磨坊能从四个算术操作中选择一个，还能测试一个数字的符号，这个数字可以决定每个结果所指定的不同的程序分支。操作顺序由操作卡上的指令来决定。为了实现一种"goto"指令的方法，操作卡可以前进，也可以后退。第二组卡叫作变量卡，它用来指定计算所涉及的数据在内存里的具体位置。

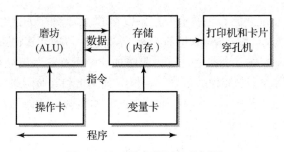

图 1-13 巴贝奇分析机的框图

来源：《计算机体系结构和组成（第 2 版）》，第 14 页，J. 海因斯，1988，版权：麦格劳 – 希尔公司

巴贝奇构想的内存大小可以存放 1000 个 50 位十进制数。每个数字位的存储都使用一个名为计数器轮的十齿齿轮。尽管分析机从未完成，但很明显它包含了今天计算机所有的基本元素。差不多同一时间，另一个英国数学家乔治·布尔发明了二进制逻辑理论，以他的名字命名为"布尔逻辑"。他还认清了二进制算术和布尔逻辑之间的关系，依托这种关系能够造出实现现代电子计算机的电路。

1.6.2　计算机硬件

在 20 世纪 30 年代晚期到 40 年代早期这段时间里，几个不同的研究小组各自开发出了不同的现代电子计算机。1937 年，在 IBM 的帮助和资金支持下，哈佛大学的霍华德·H. 艾肯及其同伴建造了 Mark I 计算机，它使用了数千个机械式继电器（继电器是二进制开关，由电流控制来执行布尔逻辑）。尽管计算中使用了二进制继电器，但基本设计还是十进制的。计数器轮上的存储器能容纳 72 个 23 位的十进制数。另外还有一个计数器轮数字位存放符号位，其中数字 0 表示正，9 表示负。这种设计明显是直接基于巴贝奇原始概念的，同时使用了 IBM 统计机器部分的机械计算器。大约同一时间，在德国，康拉德·楚泽设计和建造了一台类似的电子机械计算机。

第一台完全的电子数字计算机显然是由约翰·V. 安塔纳索夫于 1937 年设计的，他是艾奥瓦州立大学的物理学家。安塔纳索夫和研究生克利福德·贝瑞使用电子真空管作为交换部件，于 1939 年将这台机器建造出来。这台机器称为 ABC，即安塔纳索夫 – 贝瑞计算机。据称安塔纳索夫在一个冬天的深夜从其艾奥瓦的住处一直驾车去往相邻的伊利诺斯州的酒吧，途中解决了最初的细节问题。这台机器并不打算作为一台通用计算机来使用，而是用来求解安塔纳索夫当时正努力解决的物理方程。这台机器最终能不能完全工作还是有些疑问的。

就像今天的计算机一样，ABC 是一个基于二进制的机器。它的组成包括：一个 ALU，它带有执行加减法运算的 30 个单元；一个旋转鼓内存可容纳 30 个长度为 50 位的二进制数，这些数字是通过穿孔卡输入的。每张穿孔卡容纳 5 个 15 位长的十进制数。这些数字在进入机器的时候会转换为二进制数。尽管它有很多不足，但 ABC 却是一个重要的路标，它大大推进了后面的计算机设计。直到最近，安塔纳索夫的成就才开始被认可。

由于战时的需求，对于成功的通用型计算机体系结构方面的许多努力在二战时期达到了顶峰。因为在二战时期，弹道导弹轨迹方面的数学公式求解十分困难，再加上其他研究，这些都需要计算机。ENIAC（电子数字积分器和计算机，信不信由你）一般被认为是第一台全电子数字计算机。它是由宾夕法尼亚大学的约翰·W. 莫克利和 J. 普锐斯博·艾克特在 1943 年至 1946 年设计和建造的，使用了莫克利在安塔纳索夫机器上所看到的一些概念。当然，那时候还没有公开。

ENIAC 的存储容量很有限，只有 20 个存储单元，每个单元可容纳一个 10 位长的十进制数。另外的 100 个数可存放在只读存储器中。它采用十进制进行算术运算。每个数字使用 10 个电子真空管二元交换开关，只有一个开关处于"开"位来代表数字位的值。输入和输出使用了穿孔卡。系统也能提供打印输出。

程序不能在内部存储，而是硬连在外部的"补丁面板"和切换开关上。修改程序需要花费很多时间，当然，调试程序就是更可怕的事情了。然而，ENIAC 仍然是一个重要的机器，有些人说是最重要的机器，尤其是直接导致了 UNIVAC I 的出现，这是一台 1951 年推出的商用计算机。

ENIAC 含有 18 000 个真空管，占地面积超过 15 000 平方英尺（约 1400 平方米），质量超过 30 吨。1946 年 2 月 15 日《纽约时报》上的一张 ENIAC 照片如图 1-14 所示。即便在今天，ENIAC 仍被认为是一项重要的成就。ENIAC 一直成功地运行，直到 1955 年才被拆掉，但并未销毁。这台计算机的一部分在美国西点军校的斯密森尼学院还能看到，一部分在宾夕法尼亚大学的摩尔学院，还有一部分在密西根大学。

照片的使用得到优利系统公司的许可

图 1-14　ENIAC

1945 年，ENIAC 项目的顾问约翰·冯·诺依曼提议搭建另一台计算机，相对于 ENIAC 设计，这台计算机包含了许多重要的改进。最重要的改进是：

1. 有存放程序和数据的内存，这就是所谓的存储程序的概念。这解决了 ENIAC 在修改程序时需要重写控制面板的难题。

2. 二进制数据处理。这简化了计算机的设计，并允许使用二进制存储器来存放指令和数据。由于使用布尔逻辑，它也确认了开关的"开 / 关"本质特性和二进制数字系统中计算之间的关系。

CPU 包含 ALU、内存和 CU 部件。控制单元从内存读取指令并执行指令。也建立了通过控制单元处理 I/O 的方法。指令集中的指令代表了现代计算机的基本特征。换句话说，冯·诺依曼机包含了所有主要特征，这些特征是现代计算机体系结构不可或缺的。现代计算机体系结构仍然称为**冯·诺依曼架构**。

由于一些政治阴谋和争议，当时共设计并构建了两个不同版本的冯·诺依曼架构，一个是宾夕法尼亚大学的 EDVAC，另一个是普林斯顿大学高级研究院的 IAS（由此可见，名字不寻常）。两台机器完成于 1951 年至 1952 年期间。EDVAC 和 IAS 的成功导致了许多后代机的开发，并且大部分都起了奇怪的名字；也导致了几台商用计算机的开发，其中就包括 IBM 计算机。

从重点上看，冯·诺依曼架构的地位牢固地确立了。直到今天，它仍然是流行的标准，为本书的后续材料提供了基础。尽管它在技术上取得了重大进步，也带来了设计上的改进，但今天的计算机设计仍然反映出 1951 年之前在 ABC、ENIAC、EDVAC 和 IAS 上所做的工作。

所有这些早期的电子计算机，其运行都依赖于电子真空管。真空管体积大、易碎、寿命短，运行时耗电量很大并且是由玻璃制造的。真空管需要一个内部电加热器才能工作，加热器往往失效很快，从而导致所谓的"烧坏"管的问题。再者，计算机使用的大量管子会产生很多的热量，这需要一个强大的风冷或水冷系统。计算机历史学者詹姆斯·科尔塔达 [CORT87] 重印的一份报告声明了 ENIAC 的平均无差错运行时间仅为 5.6h。这种庞大的一直需要维护的系统，不可能在今天的社会中流行。技术上的突破是发明了晶体管以及后来的晶体管集成，还有伴随集成电路发展的其他电子元器件，这些突破使得体积小、功能强大的计算机成为可能。

集成电路的发明促生了体积更小、速度更快、功能更强大的计算机，也促生了新的、紧凑的、便宜的内存（即 RAM）。尽管有许多这样的计算机在计算机的演化过程中发挥了重要作用，但还是有两个特殊的进展脱颖而出：（1）个人计算机的发展，IBM 于 1981 年首先推出了获得广泛接受的个人计算机；（2）1972 年 Intel 8008 微处理器的设计，这是 x86 CPU 系列的前身。这两种发展一直影响到今天。甚至智能手机和其他移动设备也反映了这些发展。

许多公司开发出了更好的方法，可在计算机不同部件之间移动数据、处理内存、提高指令的执行速度。正如我们之前指出的，今天最小的移动设备的处理能力，也比 20 世纪 70 年代最大计算机的处理能力强一些。然而，今天机器的基本架构和 20 世纪 40 年代开发的架构是非常相似的。

1.6.3 操作系统

现在由于跟计算机通信非常容易，所以我们很难想象那个遥远的时代：用户必须手动做所有的事情，一次一步。我们认为这是理所当然的，可以通过键盘或移动鼠标输入命令、启动程序、复制文件、发送文本到打印机，以及执行各种各样的其他计算机任务。按下一个开关就可以给系统加电并引导系统。

但也并不是一直如此。早期的计算机没有操作系统。用户（也是一个程序员）要通过设置来输入程序，一次一个字；使用前面板上的开关，每位一个开关；或者将导线插入一个类似于游戏计分板的插线面板上。这并不是令人愉快的操作！不用说，早期的计算机是单用户系统。计算机的大量时间花费在这种落后的程序形式和数据输入上。事实上，直到 20 世纪 70 年代中期，仍然有商家在生产无操作系统的计算机和计算机硬件，这些计算机还需要通过输入引导程序来启动，一次将一条指令送入计算机前面板上的开关上。

关于系统软件尤其是操作系统历史的描绘，远比硬件历史的描绘少得多。根据科尔塔达 [CORT87] 的观点：

如果没有更加复杂的操作系统，那么科学家要想构建今天著名的计算机，就不能充分利用晶体管的功能，也不能充分利用后来的（微处理器）芯片的功能。然而，在整个数字计算机演化过程中，操作系统的贡献却被数据处理的史学工作者忽略了。

毫无疑问，一部分原因是软件演化是个渐进的过程，而不是一系列重要的可逐步识别的步骤。最早的操作系统和高级编程语言出现在 20 世纪 50 年代早期，主要跟 IBM 和 MIT 有关，但也有几个例外，这些努力跟个人或项目没什么关系。

对操作系统软件的需求来源于计算机能力的不断提升，在 20 世纪 50 年代，新型计算机的快速发展导致了计算机性能的持续增加。自那时以来，尽管硬件架构并没有实质性的变化，但技术的进步却导致了计算机能力的不断增长，一直到今天。持续修改和改进操作系统的架构是必要的，以便发挥计算机的能力并让用户能使用计算机的能力。计算方式已经改变了，从单用户批处理（在这种方式下只有一个用户，在某个时间点上只有一个程序在使用机器）到多用户批量作业递交（在这种方式下，每个用户的"作业"由操作员递交给计算机，以便顺序执行）；然后从多用户批量作业递交到多用户批量作业执行（在这种方式下，计算机并发执行几个作业，因此，当另一用户的作业在进行 I/O 操作时，保持 CPU 不空闲）；从多用户批量作业执行到多用户在线计算（在这种方式下，每个用户直接使用计算机）；从多用户在线计算到单用户交互式个人计算，再到今天强大的交互式网络系统。交互式网络系统支持多个任务，具有方便使用的触摸屏和图形界面，具有在应用程序间传送数据的能力以及几乎可以实时访问世界上其他计算机的能力。

所有这些发展再加上硬件的发展（小型计算机、PC、新的 I/O 设备、多媒体）对操作系统的复杂性都提出了额外的要求。对于每一种情况，设计师都满足了需求。

早期的计算机主要是科学家和工程师来使用，以解决技术上的难题。20 世纪 50 年代后期的第二代计算机提供了用于输入的穿孔卡阅读器和用于输出的打印机。此后不久，磁带机变得可用了。第一代"高级"语言主要是汇编语言，之后是 Fortran，这使得程序编写不再使用二进制语言了。离线的卡片穿孔机允许程序员输入程序时不再占用计算机。此后不久，出现了 Algol、COBOL 和 Lisp 语言。新的技术提高了计算机的可靠性。所有这些进展组合起来，使得计算机系统在商业领域得到了实际应用，大型企业尤其如此。

然而这些计算机还是单用户批处理系统。最初，用户将准备好的卡片**递交**给计算机执行。后来，独立离线的系统开发出来了，它允许卡片组合在一起，放到一个磁带上一起处理。随后，程序以**作业**的形式递交给计算机机房。一个作业是由一个或多个程序卡**舱板**，以及每个程序所需的**数据舱板**构成的。输出磁带也可支持离线打印。图 1-15 展示了一个作业的例子，它编译并执行一个 Fortran 程序。

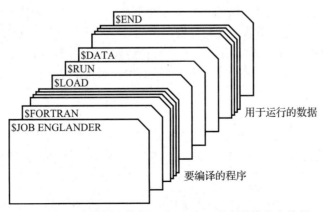

图 1-15　用来编译和执行一个 Fortran 程序的作业卡舱板

运行卡片阅读器、磁带机和打印机需要 I/O 程序。最早的操作系统只是由 I/O 程序组成的，但在发展过程中，它逐渐执行了其他服务。计算机的时间十分昂贵，每分钟数百美元，而且需求还在不断增加。为了增加可用性，计算机的控制由操作员完成，他送入穿孔卡、安放磁带，通常会使系统保持忙碌、高效。操作系统包含监视程序，它给系统输入作业，对操作员提供支持，提示操作员必须执行的动作，如插入新的磁带、设置面板上的开关、取消打印，等等。随着需求的增长，监视程序的功能进一步扩展，包括记账、简单的基于优先级的作业调度。

人们普遍认为，第一个操作系统是通用汽车研究实验室在 1953 年至 1954 年期间开发的，并用在了他们的 IBM 701 计算机上。另外，早期的操作系统还有 Fortran 监视系统（FMS）、IBSYS 和共享操作系统（SOS）⊖。操作系统设计方面的很多突破发生在 20 世纪 60 年代早期。这些突破为今天我们所熟知的操作系统奠定了基础。

- 1963 年，伯乐斯发布了其主控程序（Master Control Program，MCP）。MCP 含有许多现代操作系统的特征，包括高级语言工具，并且支持多处理技术（两个一样的 CPU）。最重要的是，MCP 支持虚拟存储，还有强大的多任务处理能力。

- 1964 年，IBM 推出了 OS/360，并将其作为新的 System/360 机器的操作系统。OS/360 提供了强大的语言来加快批处理，即作业控制语言（JCL）；提供了简单形式的多程序功能，它可以将几个作业装入内存，以便当一个作业忙于输入 / 输出时，其他作业能够使用 CPU。此时，硬盘也变得可用了，当 CPU 执行作业时，系统能将穿孔卡读入硬盘；当一个作业完成后，操作系统能从硬盘上将另一个作业读入内存，然后准备执行。这提高了 OS 的调度能力。在批处理中 JCL 仍然还在使用！作为计算机的基本组成部分，IBM OS/360 及其后续版本的巨大成功奠定了操作系统的基础。

- 1962 年，MIT 的 Project MAC 小组提出了时间共享的概念，并编写了一个带有实验性的叫作 CTSS 的操作系统。Project MAC 是计算机科学发展方面有重大影响的种子中心之一。此后不久，MIT、贝尔实验室以及 GE 组成了协作伙伴，联合开发了一个重要的时间共享系统。这个系统叫作"复用的信息和计算服务"（Multiplexed Information and Computing Service，MULTICS），尽管 MULTICS 从未完全实现其成为重要计算机公用软件的梦想，但这个团队还是提出了许多重要的多任务概念和算法。MULTICS 作为霍尼韦尔计算机系统的操作系统，一直服务了很多年。

- 当贝尔实验室退出 MULTICS 项目时，一个名为肯·汤普森的研究员转而去开发小型个人操作系统，对比于 MULTICS，他称其为 Unics，后来叫作 UNIX。再后来丹尼斯·里奇加入了他的团队。最初开发出来的 UNIX 运行在数字 PDP-7 小型计算机上，后来移到 PDP-11 小型计算机上，之后又移到数字 VAX 计算机上。这些都是 DEC 公司在 1964 年至 1992 年期间研发的非常流行的计算机系统。最初，这个操作系统是用汇编语言写的，但里奇开发了一种新的高级语言，他称其为 C。随后这个操作系统的绝大部分都用 C 语言进行了重写。

    UNIX 引入了很多重要的操作系统概念，这些概念在今天都是标准的概念，包括分层文件系统、壳（shell）的概念、重定向、管道，以及使用简单可以组合的命令来执行强大的操作。这个操作系统包含了文档产生和版面设计的功能，其中还有拼写检

⊖ 共享就是系统程序员联盟，他们使用 IBM 系统，一起讨论问题，研究解决方案。SOS 是由联盟成员团队研发的。

查器、语法检查器这样的新事物。他们创造性地设计出许多算法来提高操作系统的性能，开发出了进程间的通信技术，甚至还提供了网络与分布式处理的工具。今天公认的操作系统中的许多方面都来源于 UNIX 开发。

UNIX 因功能强大和很好的灵活性而赢得了声誉。由于它是用 C 语言编写的，所以很容易移植，也就是说，可将其修改后用到其他计算机上。由于这些因素，UNIX 成为大学里一个重要的操作系统，最终，它的许多版本也被商业市场所接受。特别是由于 UNIX 在网络和分布式系统领域具有灵活性，所以 UNIX 及其直接的衍生系统（FreeBSD、Linux 和 Android）一直都很重要。

- 另一个重要的创新是开发了**图形用户界面**的概念，某些人认为这是让非专业用户能使用计算机的最重要的进展。大部分史学工作者认为视窗界面和鼠标接口是道格·恩格尔巴特发明的。令人异常惊讶的是，这项工作是 20 世纪 60 年代在斯坦福研究所完成的。实际的视窗系统作为"动态书"项目中智慧计算机概念的一部分，是 20 世纪 70 年代帕洛阿尔托研究中心的阿兰·凯和其他人一同建立的。从概念上说，动态书就是今天的智能手机、平板电脑和电子书的前身。动态书最初的目的就是开发一台书本大小的个人计算机，它带有高分辨率彩显和无线通信，这能提供计算机的功能（特别是秘书功能）、游戏、电子邮件以及参考文献图书馆等功能。尽管当时的技术还不足以完全实现"动态书"，但施乐的工程师在 20 世纪 70 年代晚期，还是研制出了一台个人计算机工作站，它带有的图形用户界面称为"星"。据说，斯蒂夫·乔布斯（苹果公司的创始人）1979 年参观了施乐的帕洛阿尔托研究中心，这激发了他开发"苹果丽莎"，后来又开发了苹果机。

计算机应用的下一个重要突破发生在 1982 年，即 IBM 个人计算机开始投入使用。IBM PC 是一台面向大众市场的、独立的、单用户个人计算机。它安装有非常容易使用的操作系统：PC-DOS。该操作系统是由微软开发的，也是由微软销售的，后来的名字为 MS-DOS。PC-DOS 实际上来自早期的个人计算机操作系统 CP/M（微机控制程序），但它非常重要，因为 IBM PC 及其衍生产品获得了巨大成功。逐渐地，PC-DOS 和 MS-DOS 成为那个时代最流行的操作系统。在后来的版本中，微软进行了许多改进，包括分层目录文件存储、文件重定向、更好的内存管理以及改进和扩展的命令集。在这些改进中，有许多是来源于 UNIX 的创新。随着恩格尔伯特和凯在用户界面方面的创新，MS-DOS 逐渐演化为 Windows NT、Windows XP，最近又发展到 Windows 8。

即便出现了这些早期的创新，操作系统软件还在继续取得巨大的进步。今天的操作系统，如 Windows 7 和 8、Linux 和 Android、Macintosh OS X 和 iOS，一方面增加了很多功能，另一方面也提高了用户友好性和易用性。主要的几个原因是：

- 计算机的速度和功能都有了很大的增长。更强大的集成电路允许使用多个 CPU 核、更快的时钟和更宽的内部数据路径，再加上加速指令执行技术，从而能够设计出速度更快的计算机。即便很小的个人计算机也支持 GB 级的内存以及 GB 级或 TB 级的永久存储。一台现代个人计算机和 1965 年的 IBM OS/360 大型机相比，拥有的内存增加了 1 万倍或以上，指令执行速度提高了百万倍。因此，操作系统在不牺牲性能的情况下，可以内置更多的功能。
- 计算机硬件设计方面有重大改进。许多现代计算机都是集成化设计的，操作系统软件集成在硬件里。大部分计算机硬件都包含专门的技术，旨在支持强大的操作系统。这些技术有高速缓存、向量处理以及虚拟存储管理硬件，它们主要都是针对操作系统来应用的。过去这些技术只能在大型机中使用。只能由操作系统使用的硬件指令保护方式，给操作系统提供了安全和保护，并且允许操作系统保护系统资源和用户。单独、辅助的图形处理单元减轻了 CPU 的负担，提供了复杂的显示功能。

- 操作系统软件设计方面有了重大改进。操作系统程序在大小和复杂度上都有增加。内存容量的增加使更大的操作系统具有了可行性。速度的增加又使其具有实用性。逐渐地，在大型计算机上创新的操作系统技术逐级向下转移，一直到了最小计算设备级。另外，程序设计本身也助推了这一进程。针对操作系统编程而精心设计的新语言，以及更好的程序设计方法（如面向对象的程序设计）对这一进程也有贡献。

- 人们的关注点已转移到设计能更好地服务端用户的操作系统。这导致在人机界面以及工作和使用计算机方式方面出现了大量的最新研究。基于面向对象的编程和通信技术的新工作模式和新界面继续扩展操作系统的作用。一个新的意愿是让操作系统包含一些功能，这些功能是早期的操作系统所没有的，并且以不同的方式将操作系统模块化，以提高向用户和用户的应用程序传递服务的能力。

- 网络技术给分布式计算提供了创新研究和开发的机会，具体包括：客户端－服务器技术、共享处理技术以及云计算技术。为了响应现代分布式系统不断变化的需求，新的操作系统技术还会持续发展，更新的操作系统还会不断地研发出来。

- 互联网的快速成长以及电子邮件的使用，网站特别是多媒体的应用，产生了很多机会，也带来了追求更好访问和检查方法的需求，以及系统间的信息共享。它们影响了网络设计、用户界面设计、分布式处理技术和开放系统标准化，从而影响了操作系统的设计。

尽管今天的操作系统异常复杂和精细，现代技术使许多功能成为现实，尤其是快速处理器、大容量内存、改进的图形 I/O 设计，但有意思的是，今天我们习以为常的操作系统的主要功能都是在 30 多年前的创新基础上发展而来的。

1.6.4　通信、网络和互联网

在 20 世纪 60、70 年代随着大型多终端计算机系统的开发，用户很自然地就会使用计算机来相互通信和协同工作。数据集中存储在大家都可以访问的地方，因此，同一系统内的用户之间很容易共享数据。不久，软件开发人员就有了一个想法：以实时和消息存储的方式，让用户之间能进行直接的讨论，这将会受到欢迎。在消息存储方式中，消息存储在系统中，用户登录后可以访问。由于数据是集中存储的，所以增加的消息存储量不大。后来又增加了允许用户实时通信的"交谈"功能。这些和今天的短信很相似，虽然有些人有分屏功能，允许两个用户同时发送消息。到了 1965 年，这些系统中有一些已经支持电子邮件了；1971 年，雷·汤姆林森创造了标准的 username@hostname 格式，直到今天我们还在使用它。随着调制解调器的出现，用户可以在家里登录到其办公系统中，同时计算机也更加便宜，软件创新者开发出了公告板系统、新闻组和论坛，在这些地方用户可以拨号加入、离开和检索消息。逐渐地，多条线支持的调制解调器成为现实，同时负担得起的实时"聊天室"也变为现实。

在同一时期出现了各种技术进步，这使得将不同的计算机连接起来形成简单网络变为了可能。有些是基于每台计算机上的调制解调器之间的直接链路，其他的是基于早期的协议，特别是 X.25 协议，这是一个使用电话线的分组交换协议。到了 1980 年，各种各样的创新逐渐发展成为若干个国际网络，还有三个公司：Compuserve、AOL 和 Prodigy，它们提供电子邮件、网络新闻、聊天室以及提供给个人计算机用户的其他服务（最终，这些发展都形成了服务，如 Picasa、Facebook、Twitter、Gmail 以及 outlook.com）。

当然，所有这些活动都是互联网的初期形式。网络技术和通信近代史的很多内容可追溯到两个特殊的进展：（1）ARPANET 研究项目，其目的是把各个大学和研究中心里的计算机连接起来，在 1969 年受到美国国防部的资助，后来是美国国家科学基金会和其他组织给予资助；（2）罗伯特·梅特卡夫、大卫·博格等开发的以太网。1973 年，在施乐的帕洛阿尔托研究中心，他们开始了以太网的研究。ARPANET 项目主要是对 TCP/IP 的设计，1974 年进行了第一次测试，1981 年颁布为国际标准。为了全面理解本书所讨论的计算机基本概念的寿命，呼吁你注意这个事实——1974 年这个日期，在后续 17 章中，它就意味着最新的主要架构。（对此疑惑吗？继续阅读吧！）

由于 ARPANET 以及其后继者 CSNet 和 NSFNet 都受到了美国政府的资助，所以最初的应用仅限于非商业活动。逐渐地，其他网络也加入到这个网络中以交换电子邮件和其他数据，这些网络中有些是商业性的，而 NSFNet 的管理员却视而不见。最终，政府于 1995 年将互联网资源转化为私人财产，从此互联网就商业化了，并快速扩大为我们今天所熟悉的形式。

尽管它只是跟本书所解决的架构问题在外围上有些关联，但如果没有完成下面的讨论，我们就会失职。必须要提一下欧洲粒子物理研究所（欧洲的原子能研究组织）的提姆·伯纳·李，他在 1989 年至 1991 年期间同罗伯特·卡里奥一起提出了万维网的重要概念。还要提下伊利诺伊大学的马克·安德森，他在 1993 年开发了第一个图形网络浏览器 Mosaic。

小结与回顾

本章简要回顾了计算机的基本知识。我们是从回顾 "输入－处理－输出" 计算模型开始的。然后，说明了模型和计算机系统组件之间的连接。我们注意到，实现这个模型需要四个组件：硬件、软件、通信和数据。计算机的体系结构是由硬件和系统软件构成的。此外，还有一个通信组件，它将不同的系统互连起来。我们讨论了计算机的一般架构并指出不管是现代 CPU 还是早期的 CPU，不管是大型计算机还是小型计算机，都使用同样的描述方法。我们介绍了虚拟化、标准和协议等重要概念，并说明这些思想在本书中会多次出现。本章的结尾部分从架构的视角介绍了计算机简史。

扩展阅读

对计算机进行一般性介绍的好书还有很多，如果你需要，都可以拿来学习。新书的出现如此之快，以至于我们不太愿意推荐某本特定的书。对于本书其他方面的内容，你会发现最近出版的由斯托林（例如，STAL09）或塔嫩鲍姆（例如，TANE07）编写的各种书很有帮助。针对每章具体适用的材料，各章都附加有建议。网站也是一个丰富的知识源。我们发现两个网站特别有用：wikipedia.org 和 howstuffworks.org。除了广泛的内容外，这些网站还提供了不少网址，以便进一步的学习。其他有用的网站还有 arstechnica.com 和 realworldtech.com。

罗切斯特和甘茨 [ROCH83] 编写的书使用了一种有趣的方式来探讨计算的历史。历史事实中混合有其他事实、趣闻、幽默以及有关计算机的杂录。尽管这本书已不再出版（悲伤），但在很多图书馆还能找到。在本书中你能学到冯·诺依曼的社交习惯、变为视频游戏的电影、计算机诈骗和偷窃，还有很多其他很有意思的内容。在科尔塔达 [CORT87] 编写的三卷字典中可以找到关于计算机历史可能最全面的讨论。虽然科尔塔达并不是针对休闲阅读设计的，但它容易阅读，对于特定的兴趣主题提供了详实的信息。本章中的不少历史讨论都来自科尔塔达字典。

如果你在一个拥有计算机博物馆的城市生活或度假，对于计算机历史的学习，你可以使用另一种方法。计算机博物馆甚至允许你操作一些老式计算机。美国著名的博物馆在山景城、加利福尼亚州、华盛顿特区以及波士顿的科学博物馆内均可以找得到。维基百科的计算机博物馆记录提供有多个链接，对应于散布在世界各地的计算机博物馆目录。

复习题

1.1 对于任何计算机系统，不管大小，都可以用 IPO 模型的四要素来表示。请画出 IPO 模型，在你画的图中清楚地标出每个要素。

1.2 观察信息技术系统的一种方式是，将其看作由四个主要组件或构建块组成。本书按这种方法将后面的内容分为若干个部分，每部分专注于一种主要组件类型。本书中你将要学习的 IT 系统的四个组件是什么？

1.3 解释一下主存储器和辅助存储器的不同。每种类型的用途是什么？

1.4 本书将计算机系统的软件组件分为两个主要类型。请你确定每种类型，并给出一个你所熟悉的例子。简要解释每种类型软件的作用。

1.5 本书将大型计算机和智能手机或平板电脑进行了比较，并认为它们的差异只是数量级上的，而非概念上的。请解释一下这种陈述的含义。

1.6 虚拟化这个概念在 21 世纪早期发挥了重要作用。请解释虚拟化意味着什么。

1.7 什么是协议？什么是标准？所有的协议必须要标准化吗？请解释。所有的标准都是协议吗？请解释。

习题

1.1 查阅大型日报商业版面上的计算机广告，将所有使用的且你不熟悉的专业术语列成一个表。保存好这个表，在学习本书期间经常查看一下。划掉现在已经掌握的术语，查找（学习内容）已经覆盖到但你还没理解的术语。

1.2 对于你经常使用的计算机，确定哪些部分构成了硬件、哪些部分构成了系统软件。现在思考一下计算机的文件系统，文件系统中的哪些部分是硬件、哪些部分是软件、哪些部分是数据？

1.3 假定你要买一台计算机。在你的决定中，主要的考虑和重要的因素是什么？在技术上什么因素会影响你的决定？现在尝试对你的机器进行描述。考察并解释期望你的计算机拥有的功能和选项。

1.4 用你喜欢的高级语言编写一个小程序，然后编译它。高级语言语句与机器语言语句的比值是多少？作为一个大概估计，假定每一条机器语言语句大约需要 4 个字节的文件存储空间。在你的程序中，各种语句一次增加一条，注意观察一下对应的机器语言程序的大小变化情况。

1.5 请你查找一个最近的参考文献，列出重要的且属于 TCP/IP 协议簇的协议。解释一下每种协议如何对互联网的操作和使用做出贡献。

1.6 协议和标准是网络的一个重要特征。为什么？

1.7 尽管协议和标准有些重叠，但有些协议并不是标准，有些标准也不是协议。借助于字典，区别一下协议和标准在定义上的不同，然后给出一个是标准但不是协议的具体例子，给出一个是协议但不是标准的具体例子。

第 2 章

系统概念和系统架构简介

2.0 引言

在本书中我们讨论系统：计算机系统、操作系统、文件系统、输入/输出（I/O）系统或子系统、网络系统等。每个系统也是信息技术（IT）系统中的一个元素，它们具有重要的功能，都是现代结构的骨干。实际上，这些元素（计算机硬件、软件、数据和通信）一起表示每个 IT 系统的基础设施。如果要想理解不同系统的类型（这些是本书的重点），那么首先要理解"系统"本身的概念，这一点很重要。进而，同样重要的是理解使用这些元素的 IT 系统的基本架构。只有这样，当我们依次访问这些系统时，才有可能清楚地看到较大 IT 系统中各种系统元素的作用。

很明显，"系统"这个词并不仅限于 IT 使用。在日常生活中，我们也会经常使用"系统"这个词来描绘日常语言中的事物。在家里，有电气系统、管道系统、供热和空调系统，或许对于有些家庭来说，甚至还有家庭影院系统。在汽车里，有点火系统、制动系统、燃料系统、排气系统和电气系统。我们的城市有供水系统、排水系统、交通系统，等等。哲学家和社会学家谈论社会系统和语言系统。经济领域涉及银行系统、金融系统和交易系统，就事论事，还有经济系统。"系统"这个词甚至出现在成千上万个公司的名字中。

因此，似乎每个人都知道系统是什么，但系统究竟是什么呢？我们利用直觉使用"系统"这个词，并没有考虑它的含义，因此，对于系统的含义，我们明显是通过直觉来理解的。然而，IT 专业人士在其整个职业生涯中，每天都在分析系统、设计系统、开发系统、实现系统、升级系统、维护系统、管理系统和使用系统。因此，更深层次、更正规地理解系统的概念很重要。

在本章中，从 IT 的视角来考察系统的概念。我们研究系统的特征和组成，解释系统架构的含义，从业务上揭示系统的基本功能，特别是不同类型 IT 系统的功能。我们提供了不同类型 IT 系统的例子，并展示多个 IT 系统是如何协同工作来完成任务、解决问题的。我们揭示系统本身由子系统构成的方式，其中的子系统也要满足系统的定义。

学习完本章后，你应当清晰地掌握系统是什么、在 IT 中使用什么类型的系统、每个系统的目的和目标；你还应掌握这些系统是如何集成在一起、互相交互，以及与环境交互的。你会理解系统架构的概念。这里的讨论将为本书的其余部分奠定基础，我们单个考察和整体考察特定的基于计算机的系统和子系统，这些系统构成了商业 IT 的主要工具和组件。

2.1 系统的一般概念

上面提到的所有系统，它们都具有的最重要的特征是：每个系统都是由一组组件构建的，组件之间相互连接形成我们认为的单一单元。实际上，所有的系统都是这样。例如，房屋的管道系统就是由水池、水龙头、马桶、热水器、浴缸或喷头、阀门等组成的，所有这些组件通过管道连在一起。一个 IT 系统是由一组计算机硬件、各种 I/O 设备，以及应用和系统软件组成的，它们通过网络连接在一起。

通常，系统都要有用途或能产生结果。房屋管道系统的用途是让家庭成员使用水来清洗、洗澡和饮用。IT 系统的用途是让多个组织来处理、访问和共享信息。一个成功的 IT 系统产生的结果是文档、信息、改进的商业过程和生产率、利润、战略规划，等等。事实上，这就是第 1 章描述的 IPO 模型的"输出"。尽管如此，在一般情况下，并不要求一个系统具有某个特定的可定义的用途。把一组组件看成是单一单元这个事实足以满足系统的概念了。太阳系就是这样一个例子，它的用途并没有指定。

不要求系统组件必须是物理的。组件之间的连接可以是物理的，也可以是概念的。事实上，系统本身也可以是概念的，并非必须是物理的。数字系统就是概念系统的一个例子。计算机操作系统也是概念的，而不是物理的。商业系统也是概念的，尽管它们包含的某些组件可能是物理的。有形和无形这两个词，有时候用来分别替代"物理的"和"概念的"这两个词。无形或概念上的组件和系统有思想、方法、原理和策略、过程、软件，以及其他抽象事物。例如，如果系统中的组件表示多步骤过程中的步骤（无形的），那么连接可以表示在下一步开始前要完成某个步骤的需求（也是无形的）。

图 2-1 所示为一些不同的系统，它向你展示了某些可能的系统。图 2-1a 是一个家庭管道系统的模型。这是一个物理系统。组件是管道装置，通过管道连接起来。图 2-1b 是太阳系的一个简化表示。太阳和行星是物理的，系统内的连接是概念的。具体来说，太阳系内的连接涉及的内容有：每颗行星距太阳的距离、行星际和太阳的引力、轨道关系、特定时间点上行星间的距离，以及其他属性。图 2-1c 所示为一个家庭网络系统图。这里的连接就是物理导线和无线连接（无形）的混合。有时候，链路性质的重要性只体现在提供正确的组件接口连接上。图 2-1d 所示为销售系统中库存控制部分的简化图。在这种情况下，组件间的关系是临时的（即与时间有关）。例如，以前售出的库存，必须在我们处理下一个订单之前从库存中扣除，否则，不能保证新订单上的货物可以发送，因为不知道是否还有足够的存货来完成订单。

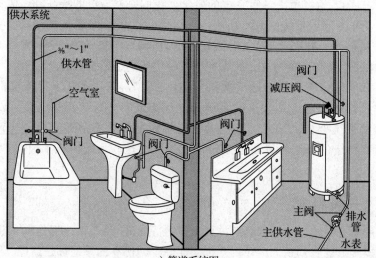

a）管道系统图

图 2-1   不同的系统

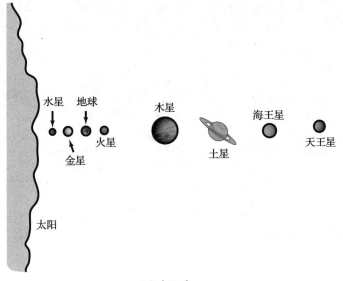

b）太阳系

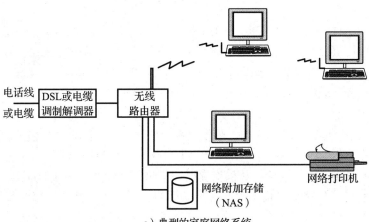

c）典型的家庭网络系统

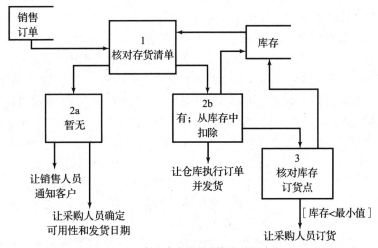

d）部分库存控制系统的流程图

图 2-1 （续）

脑海中有了关于系统的图画和思想，我们定义一个**系统**如下：

系统就是一个连接在一起的组件集合，这些组件组织为可识别的单一单元。

系统的一般表示如图2-2所示。

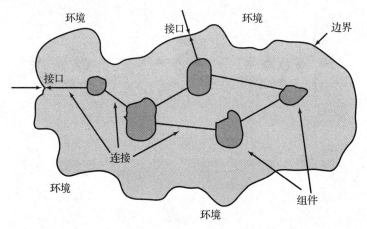

图 2-2　系统的一般表示

连接起来的组件构成一个系统，也为系统定义了边界。边界外的部分表示系统运行或所处的**环境**。环境可以各种方式与系统交互并影响着系统，反过来也如此。系统和环境之间的**接口**是系统的一个重要特性。如果接口定义良好，通常可以用另一个系统将现在的系统替换掉，只要系统和环境间的接口保持不变。这种思想在设计 IT 系统时具有重要意义。例如，在一个特定的 IT 配置中，单台大型计算机在功能上等同于用网络连接起来的一组小型计算机。当我们定义系统的输入和输出时，环境是系统的输入源，同时也是输出的接收者。

作为系统和环境之间关系的一个例子，我们看一个相当简单的电子商务系统视图，如图 2-3 所示。图中表示的某个单位从供应商购买货物，并使其可供销售（图中的增值组件包含各种操作，它使得从这个单位购买商品是值得的，而不是直接从供应商那里购买。例如，我们可以从亚马逊购买各种各样的书籍，而不是向很多不同的供应商独立下订单）。这个系统的环境由以下元素构成：从系统购买货物的客户、系统的供应商、控制着交易合法性和税收的政府、雇员和可能的雇员、外部支持人员（如维修人员）、金融资源，以及其他方面。这个系统的主要接口是来自供应商的系统输入和到购买者的系统输出；然而，还有更精细的其他接口需要考虑，包括同系统交互的法律、文化和金融接口。例如，冒犯网站上潜在客户的敏感文化和语言问题，或许它对单位的销售会产生重大的影响。

分析一个系统时，系统的组件可以视为不能简化的，或者它们本身就可以表示系统。放在特定系统的背景中考察时，这些组件会更精确地看作**子系统**。例如，一个商业 IT 系统，其中可能包含销售子系统、制造子系统、采购子系统、库存子系统、金融子系统以及财务子系统。甚至还可以对这些组件进行扩展。有可能的话，销售子系统可以进一步拆分为销售组件、开发组件以及广告组件。详细程度依赖于所考察、讨论、评价或使用的系统背景。系统或子系统划分为组件和连接，这个过程叫作**分解**。分解本质上是分层的，将系统分层分解为组件和子系统的能力是系统的一个重要属性。

组件之间，以及系统和环境之间的基本特性、关系模式、连接、约束、关联等统称为系统的**架构**。有些人喜欢将系统架构和系统组成加以区别。我们认为架构是系统的基础含义和价值，而组成是组件和关联的众多可能组合中的一种，这些组合要满足架构的需求。这种差别很细微，通常并不重要。

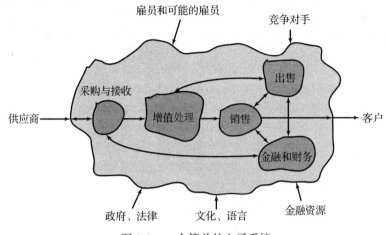

图 2-3　一个简单的电子系统

通常用模型、纸制图纸或计算机程序里的对象来表示系统及其组件。这些表示就叫作**抽象**。它们表示真实的系统但实际上并不是真实的系统（例如，太阳系就不方便安装在一台计算机内）。对你来说，很明显图 2-1、图 2-2 和图 2-3 里的系统都是抽象的。

人们将组件组成系统并进行抽象表示的主要原因是简化理解和分析，尤其是组件很多又很复杂时。我们可以专注研究不同组件之间的关系，而不会被各个组件的细节分心。必要的时候，我们可以分解、隔离各个组件，然后再研究它们。可以从整体上来研究环境和系统的交互。事实上，通过去除那些我们不感兴趣的无关因素，可以简化分析。例如，在一个大型计算机网络中，我们可以主要关注计算机之间的数据流。各个计算机的细节并不重要。总的来说，在系统级上处理模型，使得我们能够更容易地隔离和专注我们感兴趣的特定元素，然后统一处理其他元素。

我们暂时离开一下对 IT 系统的专注，为了放松一下，来观察我以前作为例子使用过的太阳系。如果要研究银河系，把太阳系看成是银河系中不可简化的单一组件方便又实用。例如，我们可能对银河系中太阳的位置和运动感兴趣，而此时的行星结构和我们的研究并不相关。另一方面，如果我们有兴趣研究潮汐对海岸的影响，我们正计划在那儿度假，作为分析的一部分，那就不得不将地球组件扩展，来看看月球和附近其他星球的具体影响。

也来观察一下分解所起的作用以及隔离和研究各个组件的能力。一个复杂的系统可以分解为相对独立的多个组件，然后由多个不同的人来分析，这些人都是其领域内的专家。因此，一个水管工能够创建家庭供水系统组件，并且无须关心电工的工作细节。对于二人都关心的部分，他们可以共同工作。例如，给热水加热系统中的锅炉布线。系统架构师负责协调不同的工作。IT 系统架构师的作用是相似的：在金融组件上同金融专家一起工作，在销售组件上同销售专家一起工作，等等。

当一个项目的目标是实现某种形式的系统时，将系统里的组件看成可独立实现的模块，这会很方便。然后将这些模块连接起来以产生最终的结果。这种技术能够简化分析、设计、装配、升级、甚至能简化修复。在设计过程中，它也支持协作，因为通过使用接口规范，各个组件可以由不同的人来设计。

例如，一部手机可以包含几个部分：计算机控制模块、内存模块、显示模块、语音 I/O 模块、无线收 / 发模块、键盘 / 文本输入模块，以及无线网络模块。每一个组件可能由不同的团队来开发。这些模块作为独立的组件来设计、构造和制造，正确地接合，并通过线路连接在一起，然后安放在机壳里。这些构成了典型的手机设计。它们还表示可能出现在手机系统图里的那些组件。计算机系统可以采用相同的方法，有中央处理器模块、图形显示模块、语音模块、网络模块、硬盘控制器模块，等等。图 2-4 展示了组成一部 iPhone 手机的基本系统硬件组件。

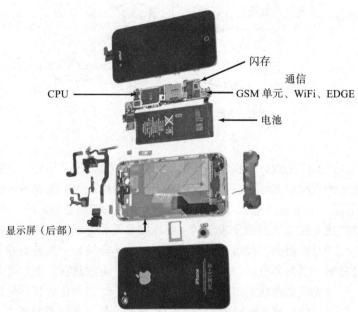

iFixit 图来源，请浏览 iFixit.com 上数以千计的免费维修手册

图 2-4　iPhone 的组件

认识到这一点很重要：一个系统可以有许多不同的表示，以反映系统模型的不同使用方式。返回到信息技术的根本上，例如，图 2-5a 所示的商业系统就是一个传统的分层组织图，组件就是公司内执行各种功能的部门。相反，图 2-5b 所示为同一公司的部分模型，表示了公司内部 IT 系统的应用架构。再看一下图 1-4，这是业务的另一种表示。作为另一个简单的例子，你可以将房屋按照其外部的物理外观来表示，也可以按照其房间的功能和布局来表示，或者按照房屋所需的不同子系统、电气、供水、供热等来表示。每种表示对不同的参与者可能都是有用的。事实上，我们期望建筑师提供这些全部资料，以供业主、建筑商和各类承包商使用。

2.2　IT 系统的架构

当讨论不同类型的 IT 系统时，使用系统这个概念特别合适。总体上说，IT 系统的目标是帮助单位满足企业的战略需求。毫不奇怪，IT 系统通常是很复杂的。将其自然地分解成子系统或大小可管理的组件的能力从整体上简化了对系统的理解。IT 系统的分析、设计和实现必须针对不同的细节层次，而且，常常需要多个分析师和设计师协作完成。这对应于将系统按层次分解为组件的能力，这使得我们在前进的每一步上都专注于相应的细节等级。这种方法称为**自顶向下的方法**。自顶向下的方法使得我们专注于某个兴趣区域，不会被和研究层无关的细节所困扰。按照这种方式，系统架构师能够从整体上分析和研究 IT 系统，将代表组件的计算机系统、软件系统、网络系统以及 Web 架构封装起来，从而关注大的画面：每个组件的作用、接口需求以及连接和集成组件的关联。IT 系统架构稳固地建立起来后，我们就能考察各个业务功能、计算机系统以及将它们连在一起的网络了。对于 IT 系统分析来说，假定系统架构师确实理解了在较低层次上通过细节强加的条件和约束，通常这就足够了，至少表面上看是如此。

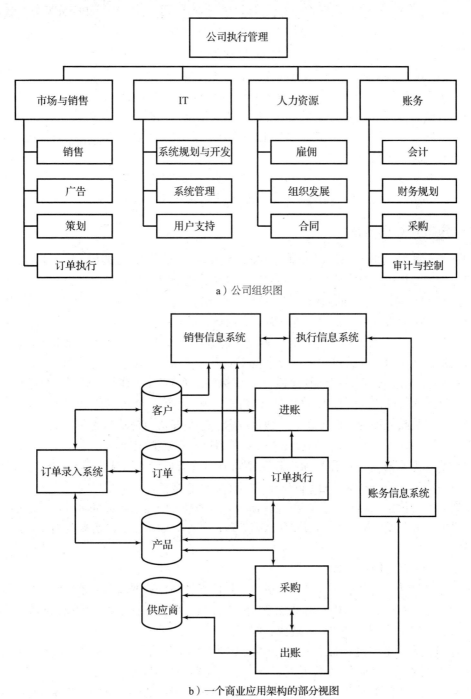

a）公司组织图

b）一个商业应用架构的部分视图

图 2-5 公司组织图及其商业应用架构

对于 IT 系统分析和设计来说，尽管还有其他同样有效的方法，也有许多其他的重要考虑因素，但这种方法非常符合本书的要求。因为它允许我们建立 IT 系统的一般需求，然后揭示计算机硬件、操作系统、网络和数据的具体功能和特征，看它们是如何完成这些需求的。

有了这些思想，我们再回看第 1 章的简单字处理例子，从系统架构的视角考察一下。回忆一下可知，在这个例子中你坐在计算机（或许是平板电脑）旁，将文本输入字处理软件中。我们注意到，计算机从鼠标和键盘接受输入，按照应用软件建立的规则进行处理，产生输出，即在显示器上显示出来。现在，站在系统的角度，我们可以将整个计算机、键盘、显示器、打印机、存储器、软件等都看作单个组件。对于这个讨论，你就是环境中的相关部分。现在，忘掉控制问题，系统只有一个输入和一个输出。这两者同你（环境）进行交互。这个接口数据就是人类可读的字母数字文本。文档的其他输入数据可能还有用鼠标画的图、数码相机中的照片、条形码、来自 iPod 或其他音频源的音乐。在第 1 章里，我们将这一场景描述为"输入 – 处理 – 输出"。

对于这样简单的一个系统，即便是最小的企业或者最不懂计算机的人，也不可能满足其全部需求。但是，它确实是一个起点，以便能利用系统的方法来理解信息技术的价值。

2.2.1 分布式处理系统

当展望有效的 IT 系统时，设计师通常必须创建相当复杂的系统架构，它包含数量众多的计算机，这些计算机通过通信信道的网络互相连接，它们可能分布在范围很大的区域内，以支持单位的目标。除了平常的商业功能（销售、市场营销、会计、财务、库存、战略规划，等等），系统还必须向多个群体提供服务：管理、雇员、供应商、客户等，他们代表系统的环境。

由于现代计算机硬件、存储设备、网络设备以及外部 IT 资源（如云服务）充足而又便宜，所以将计算能力分配给单位内每一个需要的人是可行的，不管他们在哪，无论是在现场还是不在现场。此外，互联网和其他系统（如移动和卫星通信）使得全球数据通信成为基本方式。网络访问、单位的内联网、电子邮件功能、视频会议、分析工具（如微软的 Excel）以及文档编写工具随处可用，而且在大多数单位内，这些都认为是基本的业务工具。不同单位之间的协作特别平常，尤其是自动 B2B 采购和销售。系统必须能可靠地存储和保护大量的单位内数据，要具有备份、存档和应急恢复能力。系统必须支持 Web 显示，还要最大可能地支持移动访问。必须要通过适当的安全措施保护对系统的访问。

在所有的单位里（最小的单位除外），输入数据都是从外部数据源和单位内不同的位置收集的，可能十分分散。输入的数据被存储和处理，并作为信息分发到需要的地方，这些地方同样可能很分散。

考察几个典型的简单场景：

- 一个全球快餐连锁店每天从位于世界各地的餐馆收集数据以创建销售图并判断销售趋势。这使得公司能够确定哪些连锁店最有成效，哪些连锁店需要帮助，哪些产品卖得最好，哪些产品需要调整或替换，等等。
- 通过遍布世界各地的旅行社，一个大型旅游公司在线组织了大量的业务。它维护着 Web 服务器，Web 服务器可直接访问有大型客户信息和旅游信息的数据库，也持续和实时地访问航空公司和酒店预订系统，以确定当前的机票价格、空闲座位和宾馆房间。所有这样的信息对于每个旅行社都必须是可及时获取的，必须时时刻刻进行更新，即便是短暂的系统故障，代价都很大。

- 一个大型的基于网络的零售公司出售大量各种各样的商品（想一下亚马逊和沃尔玛）。订单最初进入中央设备，在那里记账开单。货物存放在不同国家和地区的仓库中，以加快运输和减少运输成本。这个系统必须能高效地向不同地区的仓库分配订单，还必须能让每个仓库保持合适的货物量，以匹配销售。同时，当订单到达时，为了响应订单它必须能定位商品并安排运输。

  库存补给由一个自动采购 IT 系统组件来执行，这个系统和供应商的 IT 系统集成在一起。采购订单的数据从零售商传送到供应商，然后它触发供应商系统里的订单安排、记账和发货组件。网络技术常常用来满足系统间的数据和通信兼容需求。

- 即便是处理传统的商业订单，在一个公司内部本质上也是分布式的。例如，采购订单可能由尚在路上的销售人员输入到系统，库存订单执行组件对其进行审核，然后分配到财务部门进行信用审核和记账，最后发送到仓储区进行打包和装运。延迟订单和库存补给发送到采购部门。为了计划和市场营销，数据会收集到一个集中的位置并整理成销售图表、库存规划和采购需求数据，等等。对于一个大型公司，这些功能可能广泛地分散在一个城市内、一个国家内，甚至整个世界。

在每种场景中，强调的都是公司内、公司之间或者公司和环境之间的数据流动和处理。这类操作的系统架构表示叫作**应用架构**。应用架构主要关心的是应用程序的活动和处理，以及应用程序之间的通信。由于应用架构解决了公司的基本业务需求，所以在 IT 系统设计中，一般主要考虑应用架构。因此，应用架构设置的系统需求和约束，对系统的硬件架构需求和网络架构需求有着重大影响。在应用架构领域内，主要关注计算机系统和通信网络的选择和布局，它们要达到充分支持应用软件和功能的程度。然而，在计算机和网络架构设计中，其他因素也很重要，如可扩展性、方便性、信息有效性、数据安全性、系统管理、电源和空间需求、成本等。

客户端－服务器计算。众多的应用架构都能满足现代公司的需求。然而，绝大部分都是基于简单技术概念的不同应用，这就是**客户端－服务器模型**。

在一个客户端－服务器配置中，客户端计算机上的程序从服务器计算机上的对应程序中接受服务和资源。这些服务和资源可以包括应用程序、处理服务、数据库服务、网络服务、文件服务、打印服务、目录服务、电子邮件、远程访问服务，甚至还有计算机系统初始启动服务。在大多数情况下，客户端－服务器关系存在于对应的应用程序之间。在某种情况下，特别是对于文件服务和打印机共享，服务是由操作系统中的程序提供的。基本通信和网络服务也是由操作系统程序提供的。

基本的客户端－服务器架构如图 2-6 所示。注意，在系统的应用架构视图中，客户端和服务器之间的连接基本上是不相关的。图中的"云"只是想表示客户端和服务器之间存在某种形式的连接。这里的连接可以是网络连接（内联网或互联网连接），或者是某种直接连接。实际上，必要时单台计算机可以同时作为服务器和客户端（在第 16 章里描述了这样一个例子）。反之，服务器实际上可以是一个巨大的计算机机群，正如本章结尾处所描述的 Facebook 架构一样。

客户端－服务器模型描述了在特定环境中一个或两个计算机系统中程序的关系和行为。客户端－服务器模型并不需要任何特殊的计算机硬件，明白这一点很重要。再者，每台计算机操作系统内的网络软件通常都提供基本的通信功能。所需的唯一特殊软件是对应应用程序内的软件，它提供了程序间的通信。客户端和服务器之间的请求和响应采取的是数据报文的形式，双方的应用程序都能够理解它们。作为一个例子（略微简化一下），HTTP 请求报文通过 Web 浏览器发向 Web 服务器，它请求的网页是由 "get" 字和跟随的 URL 组成的。如果请求成功，服务器返回的报文包含页面的 HTML 文本。

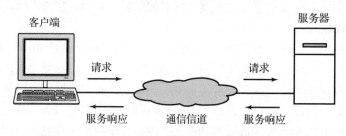

图 2-6　基本的客户端 – 服务器架构

根据这个描述和图形，你会明白第 1 章里作为例子描述的 Web 浏览器 –Web 服务器的应用也和客户端 – 服务器的应用描述相吻合。我们马上会返回这个例子。

某个公司内典型使用的客户端 – 服务器概念如图 2-7 所示。在这种情形中，多个客户端共享多个服务器，展示出客户端 – 服务器计算**共享服务器**的特性，也展示出同一网络内可以有多个服务器提供不同的服务。还要注意一下，图中标号为 S2 的服务器运行两个不同的服务器应用程序。由于计算机能同时执行多个任务，所以就出现了这种可能的情形。在单台服务器上运行多个应用带来的唯一不足是潜在的速度下降，可能引起的原因是服务器上的负载和网络到服务器的流量过大。总的来说，客户端和服务器之间存在一种多对多的关系：一个服务器可以服务多个客户端，一个客户端也可以从多个服务器上请求服务。

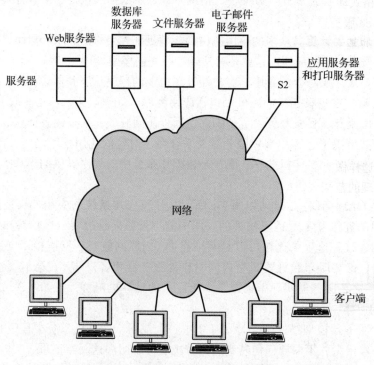

图 2-7　网络上的客户端和服务器

将客户端－服务器处理作为 IT 系统架构的基础有几个优点：

- 单台计算机或少数几台计算机在集中位置上提供服务，这使得资源和服务容易定位，每个人都容易访问；同时，IT 管理员能够保护资源，也能控制和管理它们的使用，也能够管理和保证文件与数据的一致性。

  例如，客户端－服务器技术能确保从服务器上请求特定程序的每一个用户都会接收到相同版本的程序。另外一个例子是假定一个程序有许可证来限制同时使用的用户数量。程序服务器可以很容易地限制该程序的分发。

- 要存储、处理和管理的数据量可能非常大。装备少量能满足需求的计算机，要比每个站都使用功能强大的计算机更加有效。一个例子是一部智能手机上的有限内存将不足以存储所有的地图数据来支持全球定位系统（GPS）的应用。

- 一般来说，人们在需要的时候才从知识源处请求信息。因此，客户端－服务器方法与人类获取和使用信息的方法本质上是一致的。

使用客户端－服务器技术最熟悉的例子莫过于内联网和互联网上使用的 Web 浏览器－Web 服务器模型。在其最简单的形式中，该模型是一个**两层架构**的例子。两层架构只是意味着有两台计算机参与服务。这种架构的关键特征是：一台客户端计算机运行 Web 浏览器应用程序，一台服务器计算机运行 Web 服务器应用程序，两者之间有一条通信链路，还有一组标准协议。这种情况下的标准协议是：用于网络应用程序之间的 HTTP，数据表示所需的 HTML，以及通常情况下网络通信使用的 TCP/IP 协议簇。

在最简单的情况下，一个 Web 浏览器请求一个网页，该页面作为一个预先产生的 HTML 文件存储在服务器上。更常见的是，用户正在寻找特定的信息，而且定制的网页必须在这个过程中产生。这需要使用一个应用程序在数据库中查找所需的数据，根据需要处理数据，然后按照格式动态地构建出所期望的页面。

尽管在 Web 服务器计算机上维护数据库以及执行其他的数据库处理和产生页面也是可以的，但大型的基于互联网业务的 Web 服务器可能需要同时响应数千个请求。由于响应时间被大多数网络用户认为是一个重要的性能参数，所以通常更实际的情况是将数据库同页面处理分开，形成第三个计算机系统。这种形式叫作**三层架构**，如图 2-8 所示。请注意，在这种情况下，Web 服务器计算机对于数据库应用来说就是一个客户端；而数据库服务器在第三台计算机上。公共网关接口（CGI）是一个协议，可以实现 Web 服务器和数据库应用之间的通信。（在这个图中，我们把页面产生应用软件放在了数据库机器上。它也可以放在 Web 服务器上，如果这样做能更好地平衡两台机器的负载。）在某些情况下，甚至期望进一步扩展这个思想。在合理的范围内，将不同的应用和处理分离开可以更好地进行全面控制、简化系统升级、最小化可扩展性问题。最一般的情形是 **n 层架构**。

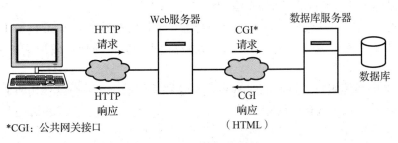

图 2-8　三层数据库架构

客户端－服务器架构属于分布式处理方法，其中有些处理是在客户端系统上执行的，有些是在服务器系统上执行的。为了更清楚地了解这一点，我们考察一下在数据库应用中客户端和服务器之间的处理分布情况。其中，客户端从数据库中请求特定的信息，这个数据库存储在数据库服务器上。

一种极端情况是客户端应用只提供一种请求形式和一种显示结果的方法。所有的处理都放在服务器上执行。如果客户端的计算能力很弱，这种方式是很合适的。某些所谓的“瘦”客户端或者“终端用户”以及移动客户端或许适合这种情况，尤其是对于那些 CPU 密集的应用。由于这种极端情况会将处理的全部负载放在服务器上，所以系统设计师必须使用更高性能的计算机作为服务器，或者将应用部署在包租的云服务上（参见相关部分）；另外，数据库服务器的需求可能会限制服务器执行其他任务的能力，或者说在使用量增加时不容易扩展。

另一种极端情况是数据库服务器应用只是简单地访问数据库里的数据，将所有的数据传送到客户端，客户端应用程序执行所有的处理。这种方式减轻了服务器的负担，合理的假设是现代的客户端计算机能相对容易地执行绝大部分数据库处理任务。然而，这可能会导致从服务器传送大量的原始数据到客户端进行处理，从而加重网络负担。这就要求系统设计师使用更高速的网络组件，这可能会增加成本和实现的难度。

详细的系统分析会考虑不同的因素：应用的复杂度，预期的网络流量，使用模式，等等。最佳的解决方案可能是折中的，一部分应用放在服务器上，另一部分放在客户端上。

客户端－服务器架构的一个优点是，它能使不同的计算机硬件和软件协同工作。在服务器和客户端选择方面，这就提供了灵活性，可以根据单位和个人用户的需求来选择。当不同的计算机必须协同工作时，有时会出现的一个难题是运行在不同设备上的应用软件有可能会不兼容。这个问题通常使用名为**中间件**的软件来解决。逻辑上，中间件位于服务器和客户端之间。一般来说，在物理上中间件会跟其他应用程序一起驻留在服务器端，但在大型系统中，它也可能安装在自己的服务器上。不管哪种方法，客户端和服务器都会把所有的请求和响应报文发送给中间件。中间件解决了转发报文前报文和数据格式之间不兼容的问题。它也管理系统的变迁，例如，服务器应用程序从一台服务器迁移到另一台服务器上。在这种情况下，中间件会透明地将报文转发至新的服务器。因此，中间件确保了连续的系统访问和稳定性。总的来说，使用中间件可以提高系统性能，方便系统管理。

基于 Web 的计算。万维网的巨大成功产生了庞大的熟悉 Web 技术的计算机用户，他们利用强大的开发工具建立网站和网页，并将其与其他应用、协议和标准关联起来。这些应用和协议能提供广泛又灵活多样的技术，它们可以采集、处理和显示数据和信息。另外，对于绝大多数的现代机构来说，强大的网站已是系统策略中一个关键组件。提供给网站的许多数据来自此机构中已经运行的系统架构组件。

毫不奇怪，这些因素会导致设计师对现有的系统进行改造，将 Web 技术集成到新的和现有的系统中，从而形成充分利用 Web 技术的现代系统，以便更高效地采集和处理数据，并将数据展示给系统用户。

基于 Web 的系统用户通过标准的 Web 浏览器跟系统进行交互。这些用户通过填写 Web 格式的表格向系统输入数据，使用系统产生的网页来访问数据，方式和访问互联网基本一样。单位内部的网络通常叫作**内联网**，它是使用 Web 技术实现的。对于用户来说，内联网和互联网的集成相对来说是无缝的，只是系统里所设计的安全措施有所不同。这样的系统架构向用户提供了一个一致且熟悉的界面；网络应用通过网络来访问机构里的传统应用。使用互联网作为通信信道，网络技术甚至可以将这些应用扩展到世界上其他地方的员工。

由于 Web 技术基于客户端－服务器模型，所以只需要对 n 层架构进行简单的扩展就能实现基于 Web 的应用。作为一个例子，图 2-9 展示了一个可能的系统架构，它可以实现基于 Web 的电子邮件系统。注意这个例子跟图 2-8 展示的三层数据库应用之间的相似性。

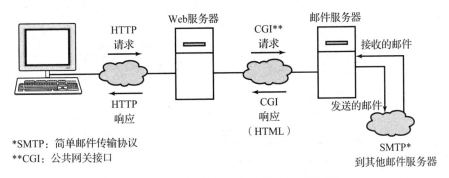

图 2-9　基于 Web 的电子邮件系统的三层架构

许多机构也发现，以 Web 技术和 Web 标准为通信介质，将其部分系统跟其他单位的系统集成起来产生这样的系统架构是可能的，也是有优点的。例如，一个企业可以将采购系统同其供应商的订单系统集成起来实现自动采购，从而自动控制其库存。这样能降低库存成本并且能在需要的时候快速替换和建立可靠的库存清单。互联网标准——如扩展标记语言（XML），使得互连系统之间数据流里的数据很容易识别，这就使得这些应用既可能又可行。这种自动化是现代"企业对企业"（B2B）经营的基础组件。

云计算。云计算可以看作对客户端－服务器计算的一种简单但功能可能很强大的概念性扩展。云计算的基本前提是在某个单位的数据中心内许多功能可以移植为互联网上的服务，即移到云上。作为服务的一种来源，云的概念出自传统"教材"的网络视图。事实上，本书的图 2-6、图 2-7、图 2-8 和图 2-9 都反映了这种传统视图。在这种视图中，一个客户端从位于网络中某处的服务器上请求服务，但用户对客户端和服务器之间的内部连接细节并不感兴趣（就此来说，对服务器的配置也不感兴趣）。因此，我们把连接发生的区域称为云。

在最简单的形式中，云服务为某个机构提供非现场的存储设施。例如，这种服务可以用作备份资源，或者及时应急恢复。它也可以使用户从任何地方访问互联网中的文件。所需的云存储空间可以很容易地获得（当然，需要付费），因此，使用机构在需要的时候只是简单地购买文件空间即可。

无论何时何地，在需要计算的时候，云计算也可提供额外的计算能力。**软件即服务**（SaaS）提供了运行在服务器上的软件应用程序，它可将执行结果传送到客户端显示器上。在某些情况下，在云服务器和客户端可将任务处理划分，各自都将有对应的应用程序，任务处理在两者之间进行划分。

平台即服务（PaaS）将云服务扩展到软件设施上，人们期望在开发人员的计算机上就能发现这些设施：Web 和编程开发工具、设施、Web 服务器以及操作系统应用程序编程接口（API）。这提供了开发人员在云平台上产生和运行应用软件需要的所有支持，这样就不会有支持本地开发所需的硬件和软件投资。

最后，**基础设施即服务（IaaS）**以虚拟机、网络等类似形式提供了基于云的硬件仿真。

用户或开发人员，通过客户端应用程序或者更常见的 Web 浏览器同虚拟机进行交互。用户可以添加其他虚拟机，以便用不同的系统配置进行测试，例如，提供较好的灵活性。从本质上说，用户的计算机已经完全移到了云上，而且可以按照意愿配置为不同的计算机。

图 2-10 对不同级别的云服务和在图 1-9 里说明的计算机模型进行了直接比较。

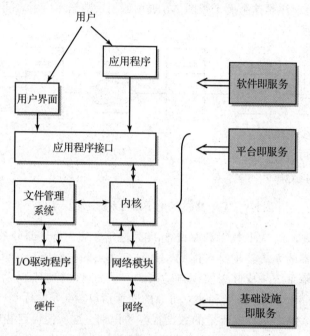

图 2-10　云服务级别和计算机系统层之间的比较

这和我们前面讨论的客户端–服务器概念有何不同呢？从技术上说，差别微乎其微。在某种程度上，你可以将诸如 Picasa、YouTube 和 Facebook 这样的服务看作云服务。在每一种情况里，它们都提供了信息存储服务和应用程序服务，你可以使用该程序同服务进行交互。不管你在什么地方，你的计算机、智能手机或者平板电脑都能通过网络来访问这些服务，重复一遍：这和云服务很类似。你可以通过谷歌 APP 或 Dropbox 跟同事进行协作。

毫不奇怪，云计算存在一定程度的炒作。简单地说，云计算是一种倒退，回到了计算的最早时期。在 20 世纪 60 年代和 70 年代，商业系统都是围绕一个单独的大型计算机设备构建的，大型计算机给整个单位提供集中式的软件和计算处理能力。用户工作在终端，这些终端是计算机的输入和显示，但它本身没有计算机处理能力。所有的处理都是在大型计算机上进行的。

炒作之外，还存在着一些优点和风险。对于一个单位来说，当决定系统设计采用云服务时，IT 系统架构师需要考虑这些优点和风险。有利的方面：

- 简化了客户端的数据中心，也减少了成本。不需要为每个用户都提供、支持和维护一份同样的软件；云服务商已经有的软件，也不需要开发；对于偶尔使用的软件，也不需要购买。硬件购置、配置、功耗管理和维护都有可能减少和简化。
- 云服务给用户协作提供了强有力的支持，因为多个用户可以从云中很容易地访问相同的软件、数据库、工具和数据文件。
- 对于良好的客户端应用程序，正确设计的云服务可以通过各种各样的客户端设备在任何互联网可用的地方来访问，无论是固定或移动设备，还是厚或薄的设备。

- 本质上一个基于云的系统是可扩展的。其他功能和服务可以根据需要快速地供给。客户端所在的单位可以给虚拟机增加更多的内存、增加更多的虚拟机、增加更多的存储设备，等等。
- 基于云的系统能够持续地提供服务，而且，在客户端出现突发事件时也能恢复。例如，客户端所处的建筑发生了火灾，对于工作在楼外的人们来说，这不会引起服务中断，同时也消除了数据丢失的风险。这样维修的停机时间和服务中断时间减少或消除了。
- 对于计算密集型的短期项目，基于云的服务可能很有用。R. Metz[METZ12] 认为，对于企业家来说，云服务可以大大减少开发一个新 IT 产品所需要的投资，在 IT 创业阶段，它能减少或消除对风险投资的需求。
- IaaS 的使用可以使得开发人员只对其虚拟机环境做出冒险的改变，而不会威胁到生产设备的安全。

一些重大风险是：

- 云服务的安全质量是非常重要的。即便是最小的数据泄露或数据窃取也会影响客户所在单位的未来发展。
- 断开云服务器或客户端和云服务之间链路上任意点的连接丢失，都会阻碍用户的工作进程。客户端上的操作可能完全依赖于每条链路连接的可靠性。
- 客户所在的单位依赖于云服务的长期委托和可用。已经有云服务关闭了，这会导致客户数据的丢失。云服务操作过程的改变也可能导致数据丢失。

对等计算。 有一种架构不同于客户端－服务器架构，那就是**对等架构**（peer-to-peer architecture）。对等架构将网络中的计算机看作是对等的，具有共享文件和其他资源的能力，并能将其在计算机间传送。有了适当权限后，网络中的任何一台计算机都能看到网上其他计算机的资源，也能共享这些资源。由于每台计算机本质上是独立的，所以很难或者说不可能通过集中式控制来限制不当访问和确保数据的完整性。即便某个地方可以保证系统的完整性，但可能也很难知道某个具体文件在什么地方，当需要文件的时候，也不能保证存放文件的资源实际上可以访问（存放该文件的特定计算机可能关机了）。系统也可能拥有好几个版本的文件，每个文件存放在不同的计算机上。同步不同版本的文件是很难控制的，也很难维护。最后，由于数据可能是公开地通过许多不同的计算机，所以这些计算机的用户可能会窃取数据，或者当数据通过时注入病毒。人们普遍认为，在那些网络中的计算机由多人或多组控制的情形中，所有这些原因都足以淘汰对等计算。换句话说，所有的单位几乎都这么认为。

也有一个例外，就是在小型办公室网络或家庭网络中，对于个人计算机之间传送文件或者共享打印机这样的应用来说，对等计算还是可以的。这也是比较合适和有用的方式。

超出单位范围之外，事实证明作为一种互联网文件共享方法的对等技术也是可行的，尤其是对于下载音乐和视频等应用。感觉它的优点是，消除了服务器上的重负载和大的网络流量（对于一个服务器来说，非法共享受版权保护的信息也要承担法律责任）。这个技术基于这样的假设：计算机在互联网上通过广播请求来寻找一个文件，并且找到了某处的另一台计算机。然后，与附近能提供该文件的一台计算机建立连接。根据推测，这台计算机也跟其他系统建立了连接。所有这些系统聚集起来会形成一个对等网络，之后在这个网络上能够共享文件。上面提到的这种方法的一个严重缺点是：在一个本质上是开放的随机的对等网络中，计算机也可能被操纵来传播病毒和窃取身份信息。对于这两种情况，都有不少的记录。

另一种方法是混合模型，它使用客户端－服务器技术来定位系统和文件，之后，这些系统或文件会参与到对等事务中。混合模型用在及时通信系统中，如 Skype 和其他在线电话系统、Napster 和其他合法文件下载系统。

对于在一个单位里是否可以使用对等技术已经有了一些研究，但对等计算的安全风险很高、可控制程度低，总体上它没有太大用途。迄今为止，结果是令人失望的。

2.2.2 系统架构师的作用

在 2.1 节里，我们认为观察系统有多种不同的方式。根据本节的讨论你可以看到，IT 系统架构师必须从多个角度来考察系统：应用架构、网络架构和计算机架构。在不同的角度，从整体上解决 IT 系统的不同方面。例如，我们考察不同的一般应用架构时（客户端－服务器、基于 Web 的架构、对等架构），忽略掉了将不同计算机连接在一起的链路。类似地，当我们从应用架构的角度探讨系统的各种需求时，会努力弱化各个计算机系统具体细节的影响。

最终，还是要由系统架构师来确定一个单位的具体需求，产生一个满足这些需求的系统，同时努力在计算机性能、网络性能、用户使用方便性和预算之间获得最好的平衡。为此，架构师将会考虑系统的每个方面：应用架构、网络需求、计算机系统规格、数据需求。就像建筑师设计一座房屋要考虑通过房屋的人流、空间的整体使用和房间布局、各个房间的布局、力学系统，以及从不同视角观察房屋整体架构的美学设计。

相对于决定一个基本 IT 系统架构的业务需求来说，由计算机硬件、系统软件和通信信道所定义的基础设施设计是次要的，尽管如此，系统架构师必须要理解基础设施的特征和约束，从而灵活地配置满足要求的具体基础设施。

2.2.3 谷歌：系统架构实例

到目前为止，我们已经探讨了基本的系统概念，也给出了简单的系统架构实例。大部分 IT 业务系统主要在单位内部运行，与其他合作单位只进行有限的协作，并对公共访问进行精心的控制。另一个相反的极端是对公共广泛开放的庞大系统。谷歌就是这种系统的一个代表。

谷歌的主要任务是给世界上数十亿的互联网用户提供强大快速的信息搜索功能。它的收入来自广告——基于用户搜索的具体特征向每个用户有针对性地提供广告。很明显，谷歌的 IT 系统架构设计是其系统能力的基础，以便能完成其使命并实现合理的收入。为了跟本书的重点一致，我们的主要兴趣是谷歌为了满足系统需求所使用的计算机和网络架构。然而，我们会使用这个例子来探讨基本的系统需求，满足这些需求所产生的 IT 系统架构，以及从这些系统架构演化出来的具体计算机和网络架构之间的关系。

谷歌的 IT 系统必须满足的一些基本需求包括以下几个方面：

- 它必须能对全世界数百万个并发请求做出响应，给出切题的且排好序的搜索结果，并适当地推送有针对性的广告。最为期望的是，搜索结果和广告在语言上是匹配的，在地理上是合适的，在文化上也尽可能和用户的位置匹配起来。
- 系统必须有序、全面地浏览互联网以获取数据，并将数据按某种方式组织起来，使其能够很容易地响应用户的请求。因此必须有一种处理机制可以对请求的结果进行排序。

- 技术上，系统必须尽可能地以接近 100% 的可靠性来响应请求。系统里个别的硬件和软件故障对系统的性能不能有大的影响。
- 系统必须容易扩展，以处理不断增长的请求，还必须要追求成本效益。

在应用级上的需求是，系统必须完成 3 个具体的处理任务：

1. 系统必须接受用户的搜索请求，确定匹配并对匹配进行排序，然后产生一个网页，以提供给用户。

2. 系统必须采集数据——大量的数据！这个"爬取网页"的任务会确定出每个网页所遇到的搜索词（非常重要的词），并维护一个将每个索引词和对应的页面关联起来的索引数据库。同样，它将每个网页存储在一个网页数据库中，每项分配一个排序值。

3. 系统必须管理广告，确定合适的广告响应用户的搜索请求，并为在任务 1 中所提到的网页生成应用提供有效的广告。

针对这个讨论，我们将重点关注搜索请求的处理。当一个用户在浏览器中输入谷歌的 URLwww.google.com 时，Web 浏览器使用域名服务（DNS）来确定 Web 服务器的 IP 地址，请求就是发向这个服务器的。由于谷歌每小时必须处理几百万个请求，所以它提供了很多表示不同站点的其他 IP 地址，请求可以重定向到这些不同的站点。基于发出请求的大概位置，这个请求被 DNS 路由到该位置附近的某个谷歌数据中心。在全世界，谷歌维护了 40 多个数据中心以服务用户的请求。

谷歌数据中心的应用架构的简化系统图如图 2-11 所示。所有的数据中心在架构上都是一样的，不同之处仅在于一些细节，如处理器的数量和每款处理器的硬件规格。每个数据中心独立地处理请求。所有的索引词数据和网页数据复制多份，然后在每个数据中心进行本地存储，并按照规定的时间间隔由主数据（中心）进行更新。

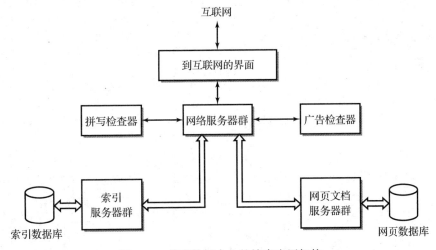

图 2-11 谷歌数据中心的搜索应用架构

一个请求通过互联网进入系统，并分配到一个谷歌服务器上进行处理。请求是由字和短语组成的。由于许多独立的 Web 服务器都是可用的，因此，很多请求可以并行处理。索引词送入拼写检查器，之后送入一个广告服务器，然后送入由大量索引服务器构成的机群中。

拼写检查器对每个词进行检查，如果它认为用户可能有其他不同的意思，检查器会考虑到所有可能的选择。适当的时候，拼写检查器的输出会成为响应的一部分发给用户（对于许多谷歌用户来说，都很熟悉"你的意思是……"这句话）。广告检查器搜索广告数据库里和用户请求相匹配的词，并在信息中加入相应的广告，这样的信息用来产生响应页面。

索引服务器在索引数据库中查找请求里的每一个词，然后，对于每个词都编制一个匹配页面表。然后对这个表进行调整使其适合于多个词和短语，并根据谷歌排序算法按照相关性进行排序。之后，这个表返回 Web 服务器。

接下来，Web 服务器驱动文档服务器在网页数据库中查找匹配的页面。对于每个文档，文档服务器都向 Web 服务器返回一个 URL、一个标题和简短的文字片段。最后，Web 服务器根据拼写、广告和页面匹配结果产生一个 HTML 文档，并将这个页面返回到用户的 Web 浏览器。

尽管刚才描述的应用处理相对来说比较直接，但这个系统的实现对系统架构师来说还有很多挑战。索引数据库和文档数据库都是巨型的。很多搜索将会产生大量的"命中"，对每个命中都必须进行评价和排序。每个命中都需要从文档数据库中检索和处理一个独立的页面。所有这些处理必须很快完成。另外，并发搜索的数量也可能是巨大的。

谷歌的系统架构师是这样应对这些挑战的，他们认识到除了某些瓶颈问题之外，每个搜索都可以放在不同的计算机上独立处理。例如，来自互联网的每个搜索请求可以通过一台计算机引导到不同的 Web 服务器中。他们也观察到主要的瓶颈是访问磁盘上数据库所需要的时间，这些数据库在所发生的搜索中必须是共享的。由于作为搜索结果的数据库中的数据从不会改变，所以他们认为数据库也能够并行复制和访问。

这种方案的简化硬件表示如图 2-12 所示。在一个网络中，多达 80 台计算机连接在一起，然后，64 个这样的网络连接在一起，形成一个更大的网络，有点像一个小型的互联网，它包含的计算机多达 5120 台（这些计算机内置有额外的交换机和连接以增加可靠性，图中并未显示这些）。每台计算机就是一个服务器，不同的计算机被指派给应用架构的不同部分。每个数据中心的配置都类似。

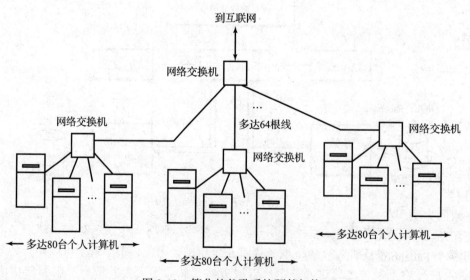

图 2-12   简化的谷歌系统硬件架构

尽管这些计算机是专门为谷歌制造的，但本质上还是便宜的商用个人计算机（PC），类似于标准的、中等性能的、非最先进的、现成的个人计算机。每台计算机都有一个容量相当大的现成的硬盘。索引和文档数据库分布在多台计算机的硬盘上（谷歌将这些不完全的数据库称为碎片）。这种设计使得不同的搜索可同时访问数据库的不同部分。每个数据库都有多个副本，因此，一台 PC 或一个硬盘有故障不会影响系统执行搜索的整体能力。每台计算机都运行标准的 Linux 操作系统软件，但应用软件是由谷歌程序员专门开发的。

总体而言，这种设计能并行执行大量的搜索。使用便宜的 PC 硬件解决了成本问题。加入更多的计算机可以很容易地对这个系统进行扩展。最后，一台计算机发生故障不会导致整个系统故障，事实上，这对整个系统性能的影响也很小。因此，这种解决方案很好地满足了原始需求。值得注意的是，对计算机基础设施的深入理解是系统架构师设计方案的关键。

这个讨论对谷歌系统进行了简单的概述。我们希望即便只对其进行了简单的审视，你也发现了谷歌系统是很有意思的，因为它包含丰富的信息。谷歌系统架构还有其他要考虑的因素，现在，我们对其进行了忽略。然而，为了更好地理解谷歌架构，首先要继续探讨谷歌系统的硬件、软件和网络组件，以及其他 IT 组件。在补充第 2 章中，我们对谷歌系统的架构还会进行更深入的讨论。

2.2.4 另一个实例：Facebook 的应用架构

只是为了好玩，我们简单地看一看 Facebook 的应用架构，并以此来结束我们对系统和系统架构的表示。Facebook 的应用架构描述了它和那些独立开发、独立管理的应用之间的操作和交互，这些应用能跟 Facebook 协同工作，例如，Farmville 系统和 Living Social 系统。图 2-13 所示为基本平台架构的一个简化系统图。

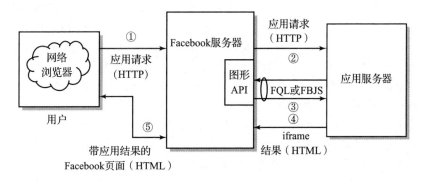

FQL：Facebook 查询语言
FBJS：Facebook Java 脚本语言

图 2-13 Facebook 的应用架构

在这个图中，体系结构是一个稍加修改的 n 层架构，Facebook 的工程总监艾迪亚·阿加瓦尔将其表述为"标准的 Web 服务，带有访问和贡献 Facebook 数据的方法……。它提供了可靠一致的方法，在其和第三方之间交换信息，处理 Facebook 用户之间的关系，提供用户间的交互方法"[AGAR11]。

同一个 Facebook 应用的交互来自用户的 Web 浏览器，它使用 HTTP 并转发至一个Facebook 服务器（见图 2-13 中的①）。然而请注意，Facebook 的应用并没有存储在 Facebook服务器上。相反，Facebook 作为一个位于用户的 Web 浏览器和应用供应商的 Web 服务之间的中介在工作。Facebook 给应用服务器提供了专门的接口。这个接口包含一个叫作图形 API

的应用程序接口，还有两个专门的协议：Facebook 查询语言（FQL）和 Facebook Java 脚本语言（FBJS），它们用于 Facebook 服务器和应用服务器之间的信息交换。

因此，Facebook 服务器实际上并没有处理应用请求，而是简单地将用户的应用请求直接传递给对应的应用服务器（如图 2-13 中②所示）。

通过 FQL 和 Java 脚本语言（FBJS），应用服务器可以利用图形 API 请求信息和服务（如图 2-13 中③所示）。API 提供了广泛的用户信息和工具，这些工具可用来搜索页面、处理页面、张贴故事等。当应用拥有了所需的信息并准备好发布后，它通过 HTML 和 iframe 标签为网页产生一个内部的框架（如图 2-13 中④所示）。Facebook 引入了标准的"Facebook 页面特征"，并作为 HTML 响应将结果返回给用户（如图 2-13 中⑤所示）。

当然，这种描述并没有充分说明这个系统的整体复杂性。Facebook 每天要处理几十亿个用户点赞、评论和请求，每天处理数百兆字节的存储信息。截止到 2012 年 4 月，有超过 200 万的第三方应用使用了 Facebook 的图形服务。Facebook 的架构完全基于开源软件，在架构上和技术上 Facebook 是非常开放的。如果你对此感兴趣，网站上有不少这方面的信息，其中有书面描述的、PPT 展示的，也有视频授课，Facebook 设计工程师们将这些放在了 YouTube 或其他网站上。一个很好的起点是 www.wikipedia.org/wiki/Facebook_Platform。在 Facebook 应用构建方面，如果想了解更多，可以从 developers.facebook.com/docs/reference/api/ 中所写的内容开始。

小结与回顾

当我们处理带有定义边界的大概念时，通常最容易将其看作系统。一个系统可以定义为相互关联的组件集合，这些组件组织起来后，对外以单一单元的形式呈现。组件本身也可以看作子系统，在合适的时候，每个组件可以进一步简化为多个更小的组件。系统边界之外的区域是环境。系统影响着环境里的各个要素，也受这些要素的影响。在很多情形里，环境给系统提供输入，同时也从系统接收输出。系统组件之间以及系统和其环境之间的关系模式、连接、约束和联系合起来称为系统架构。

信息技术系统是支撑单位的战略和操作的系统。一个 IT 系统的技术组件包括计算机硬件、应用软件、操作系统、网络和数据，其他组件包括人员、策略等。

观察一个 IT 系统有很多不同的方式，包括应用架构、网络架构、软件架构和硬件架构。一个 IT 系统的整体架构包括所有这些要素。

几乎所有的现代 IT 系统都依赖于分布式处理。数据源有很多，用户需要的信息分布在整个单位内外。支撑分布式处理最常用的应用架构是客户端-服务器架构，其中，服务器系统给客户端系统提供各种服务——网站、数据库、文件、打印、处理等。客户端-服务器系统对用户来说十分方便。对一个单位来说，它提供了集中式控制。客户端-服务器架构通常分层组织，从两层到 *n* 层。还有一种与客户端-服务器计算不同的架构是对等计算，作为一种在互联网上共享文件的方法，它的使用超出了单位的范围，但由于建立固定的数据源比较困难，存在安全风险以及缺少集中控制，它仍限制在单位环境中使用。产生一个混合架构也是可能的，它既具有客户端-服务器的特征，又具有对等计算的特征。

客户端-服务器架构的一种特殊类型是基于 Web 的计算，它在 IT 应用中占统治地位，主要因为用户都比较熟悉 Web 浏览器的使用，这个技术成了标准，绝大部分单位都已经使用了。而且，用于设计网页和访问数据的很好的开发工具也很容易获取。用户对内联网和互联网都能访问。Web 服务器提供的服务可以使用基于云的服务来扩展。除了简单的异地存储，云提供的服务还有软件、平台和基础设施级的服务。使用基于云的服务有很多优点，但也存在很多风险。

协议是在计算机之间进行通信使用的方法。我们感兴趣的 IT 系统协议包括网络协议（如 TCP/IP），

I/O 协议（如通用串行总线（USB）和外围组件快速互连（PCIE）），以及应用协议（如 HTTP）。标准协议使不同的系统组件协同工作成为可能。大部分现代标准都是全球性的，除了一些由兴趣小组定义的标准外，还有一些为满足共同使用需求而提出的事实性标准。

对于一个特定的商业背景来说，IT 系统分析和设计的第一步就是寻找合适的架构。这个任务是很困难的，也具有挑战性。我们很容易明白为什么系统架构师需要深入理解组成现代 IT 系统的计算机系统和网络组件，从而做出正确的设计、选择和权衡。

希望这个简短而又浓缩的一章为你学习本书的后续部分做好了准备，它详细考察了数据、计算机系统硬件、操作系统以及构成一个 IT 系统技术基础设施的网络。

扩展阅读

令人吃惊的是，鲜见有书籍用真正通用的方法来讨论系统概念和系统架构。许多声称关于系统架构的书实际上针对的是特定的领域，通常是信息系统领域。一本通用的关于系统的书是拉兹洛 [LASZ96] 写的。有些信息系统设计和分析的教材对一般的系统概念进行了简要介绍。（遗憾的是，很多教材没这么做！）对系统概念进行了很好介绍的是斯顿夫 [STAM05] 编写的书，其第 1 章很好地覆盖了本章的许多主题。关于系统这个主题，维基百科提供了其他的参考信息。除了维基百科上的许多基于云的主题外，瓦利特 [VELT10] 对云计算提供了精彩又全面的介绍。

复习题

2.1　在"系统"的定义里，最重要的思想、关键词和短语分别是什么？

2.2　请你解释下列术语之间的关系：系统、环境、边界和接口。

2.3　关于系统，请你解释下面的陈述："分解本质上是分层的。"

2.4　请你解释系统架构是什么意思。

2.5　"自顶向下的方法"能够让系统架构师做什么，其他方法可能会更难吗？

2.6　应用架构主要关心哪些内容？请给出一个例子，可以是你自己的例子，也可以是书中的一个例子。解释这个例子是如何满足应用架构概念的特征和需求的。

2.7　在单位中绝大部分现代计算都是基于客户端 – 服务器模型的。请解释为什么会出现这种情况。给出一个你所熟悉的客户端 – 服务器计算的例子，并解释该例符合客户端 – 服务器计算概念的特征。

2.8　对于许多单位的系统来说，基于 Web 的系统架构是流行的方法，因为相对于其他类型的系统，它给用户和单位提供了很多优势。请你讨论一下这种方法的优点。

2.9　系统架构师的主要职责是什么？

2.10　许多系统架构师将其 IT 系统设计为 n 层架构，其中 n 是大于等于 2 的一个整数。请你解释单层架构和 n 层架构之间的差异。n 层架构有哪些主要优点？

2.11　请你用简单的术语解释云计算。对于一个单位来说，如果考虑构建云计算系统，请简单地讨论一下主要的优点和风险。

2.12　对于 SaaS，请给出一个简单的解释和例子。对于 PaaS 和 IaaS，也分别给出一个简单的解释和例子。

习题

2.1　人体是一个可表示为系统的对象实例。考虑一下你能够将人体表示为系统的各种方法。选择其中一种表示方法，识别出构成这个系统的组件。选择其中一个组件，并将其分解为一个子系统。对于人体，现在考察另一种完全不同的系统表示方法，并重复上面的练习。

2.2　考察一个你所熟悉的工作单位或学校的表示。确定出单位内描述主要业务特征的主要组件，并画出表示系统组成的图形。展示并确定连接不同组件的链路。识别出影响单位的主要环境要素。

2.3 考察一下本书，参考详细的目录，我们可以将本书表示为一个分层的系统。第一步，可以将本书定义为五个部分组件，它们构成了本书的主体。按照一般的名称，识别出构成下一级分解的部分组件之下的对象。如此这般，至少可以分解为三个或更多个层次。

2.4 从系统角度思考问题，使得我们能够分析整体考虑过于复杂且很难理解的情形。系统思维有哪些具体特性和特征使我们可以分析复杂的情形？

2.5 图 2-8 展示了一个三层数据库系统的基本架构。这个系统可以看作一个 IPO 系统。这个系统的输入是什么？产生该输入的环境要素是什么？（提示：运行 Web 浏览器的计算机位于系统边界内。）这个系统期望的输出是什么？接收该输出的环境要素是什么？简单描述一下系统中发生的任务处理。

2.6 根据图 2-4 所展示的 iPhone 说明，画出一个 iPhone 的系统模型。

2.7 通常用云来表示 IT 系统中的网络连接（参见图 2-6、图 2-7、图 2-8 和图 2-9）。正如本章我们定义的抽象，云明显就是一种抽象。云抽象实际上表示什么？

2.8 假定你受雇于一个大型国际零售公司，开发基于 Web 的销售系统。针对该系统的 Web 设计，讨论某些环境问题。如果你的系统想具有吸引力，一直保持大量的客户购买商品，那么这些环境问题是你必须要考虑的。

2.9 考察一个家庭影院系统，它包括一台电视机、一台接收机、一台 DVD 播放器、音箱以及其他你所需要的设备。画出它的系统图，包括组件和链接。这个系统的输入是什么？输出是什么？（请记住，DVD 播放器和接收机在系统内都是组件。）现在画出接收机子系统的系统图，包括其主要组件和组件间的链接。这个接收机子系统的输入和输出分别是什么？在最初的系统图中，这些输入和输出跟连接到接收机的链接一致吗？

The Architecture of Computer Hardware, Systems Software, & Networking: An Information Technology Approach, Fifth Edition

计算机中的数据

　　或许你已经知道，计算机和其他数字设备中的所有数据都是以二进制数字的形式存储的，只使用 0 和 1。然而，实际情形比这要复杂，因为那些二进制数字既表示程序指令又表示数据，而且还以很多不同的形式来表示数据。编程语言（如 Java）允许程序员按照原始的形式将数据描述为整型数、实型数、字符或者布尔型数。除此之外，毫无疑问计算机里的文件还包括图形、语音、照片和视频表示的，以及其他格式。

　　在计算机里，众多的数据类型和对象都使用自己的格式或存储格式。对于某个特定的数据集，处理中的数据需要记录所使用的格式。每种数据格式需要不同的算术计算方法，图像等数据有很多不同的表示方法，它们具有不同的功能和处理需求，这使得数据处理变得更为复杂。当然，计算机必须能在对等但类型不同的数据之间进行格式转换。大部分"数据－类型"记录保存都必须在程序里处理；对于计算机来说，所有位看起来都一样。只有程序知道这些位实际代表什么。

　　每种数据类型和格式都有其用途、优点和缺点，这取决于数据使用的上下文关系。不存在单一理想的数据类型。要想知道每种数据类型何时使用，需要理解计算机内数据如何处理。当你明白了"数据－类型"的选择对所需处理有什么影响时，就能写出更好更高效的程序。

　　本部分的每一章分别处理数据的一个不同方面。我们从第 3 章开始，通过回顾数值系统的基础知识，让你更好地理解数值是如何工作的、计数的本质是什么，以及计算是如何执行的。你将学习到如何从一个进制转换为另一进制。尽管计算机内使用的是二进制系统，我们也必须能够在计算机使用的二进制系统和我们使用的更为熟悉的十进制系统之间进行数据转换。你也有机会接触到八进制和十六进制数值系统，它们和二进制系统的关系非常密切。它们经常用来表示计算机数据和机器形式的程序，因为它们易读且很容易与二进制形式进行相互转换。

在第 4 章里，我们将首先探讨数据进入计算机的方式以及数据在计算机内的不同形式。我们会考察文本、声音和图像数据。你会看到字符和其他符号作为文本存储和图像存储之间的不同。你会看到用于表示文本符号的不同二进制码。我们也将考察，作为数字字符组存储的数值与以实际数字形式存储的数值之间的不同。这一章也会研究图形、图像和声音形式的数据。我们给出几种不同的格式，用于处理和存储图像和声音数据。

第 5 章里我们将会看到在计算机内处理和存储数值的各种方法。我们考察各种形式的整型、实型或浮点型数值的表示和计算。我们讨论实型数表示和整型数表示之间的转换过程。从数据存储需求和计算要求的角度来研究每种数据类型的优点和缺点。对于每种不同的数值类型，第 5 章最后将探究何时使用它们才是恰当的。

第 3 章

The Architecture of Computer Hardware, Systems Software, & Networking: An Information Technology Approach, Fifth Edition

数值系统

3.0 引言

作为人类，我们一般使用**十进制**或以 10 为基数的数值系统来进行计数和算术运算。一个数值系统的**基数**就是存在于数值系统中的不同数字位的个数，也包括 0 在内。在任何特定的情况下，为了方便、高效、或者技术等原因，可以选择特定的基数。从历史上看，我们以 10 为基数的主要原因似乎是人类有 10 个手指，这是一个很好的理由。

任意一个数值都可以等价地用任何一个基数来表示，而且，一个数值总可以从一个基数转换为另一个基数，而不改变其含义或实际数值，尽管其呈现的结果会有所不同。

计算机使用**二进制**或以 2 为基数的**数值**系统来执行它们的操作，所有程序代码和数据的存储和处理均采用二进制形式，执行计算使用的是**二进制算术运算**。二进制中的每个数字叫作**位**（对于二进制数字而言），只能是两个值（0 或 1）中的一个。通常按 8 位（称为字节）、16 位（称为半字）、32 位（字）或 64 位（双字）来将位分组，并按组来存储和处理它们。有时候也使用其他的分组方式。

计算中使用的位数影响着计算机处理数值的精度和大小。事实上，在有些编程语言中，所使用的位数实际上可由程序员通过声明语句来指定。例如，在 Java 语言中，程序员可以将一个有符号的整型变量定义为短整型（16 位）、整型（32 位）或长整型（64 位），这依赖于所使用数值的预期大小和计算要求的精度。

有时候，对于一个特定编程语言，了解参与计算的数值大小限制是十分重要的，因为某些计算可能会导致数值结果超出所使用位数能表达的数值范围。在某些情况下，这会产生错误的结果，并且不会对程序的最终用户进行警告。

理解二进制数值系统在计算机内是如何使用的，这一点很有用。通常，有必要按照二进制或等价的十六进制形式阅读计算机里的数字。例如，Visual Basic、Java 以及其他很多编程语言里的颜色，可以描述为一个 6 位长的**十六进制数**，它表示一个 24 位的二进制数。

本章非正式一般性地研究了数值系统，探讨了普通的十进制数值系统和其他进制的数值系统之间的关系。当然，我们的重点是以 2 为基数，也就是二进制数值系统。然而，有可能还会用到**八进制**或十六进制来表示的计算机数值，事实上，这也很常见。我们对此仍保持一般性地讨论。有时候，甚至会考察其他进制的数值，这只是为了好玩，或许也是为了强调这些技术完全通用的思想。

3.1 作为物理表示的数值

在我们着手探究数值系统时，重要的是要注意到数值一般表示某种物理含义，例如，薪水里的美元数量或者宇宙中的星球数量。不同的数值系统是等效的。物理对象可以等价地用任意一种形式来表示，并可以在它们之间进行转换。

如图 3-1 所示，有许多橘子，你认出的数值是 5。在古代，这个数值可以表示为

I I I I I

或者用罗马数字表示为：

V

类似地，在以 2 为基数中，图 3-1 所示的橘子数表示为：

101_2

在以 3 为基数中，表示看起来是：

12_3

我们强调的是，前面的每个数值仅是相同橘子数的不同表示方法。或许，你曾经在标准的十进制数值系统与罗马数字之间进行过转换（或许你还写过这种转换程序）！一旦理解了这些方法，那么以 10 为基数和我们将要使用的其他基数之间的转换就很容易了。

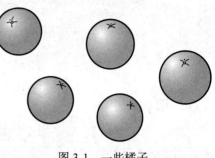

图 3-1   一些橘子

3.2   不同进制的计数

让我们考察一下在十进制下如何计数，每一个数字位含义是什么。我们从个位数开始，0、1、2、3、4、5、6、7、8、9。当数到 9 的时候，在十进制数值系统中，我们就用完了所有可能的数字位；若再要进一步的话，就需要将数字扩展到十位：10、11、12…。考察十位的真正含义是富有创造性的。

"10 位"只是表示，对于整组 10 个可能的数字位，我们循环通过它的次数计数。因此，继续计数，我们有

1 组 10 + 0（额外）

1 组 10 + 1（额外）

1 组 10 + 2

…

1 组 10 + 9

2 组 10 + 0

…

9 组 10 + 9

到了这一点，我们已经用完了两位数字的所有组合，需要再向左移一位。然而在这么做之前，我们应当注意这里展示的每个组表示多少个 10，因为组里面有十位数。因此，数值 43 的真正含义是

$$4 \times 10 + 3$$

我们左移到下一位（即百位），现在统计最右边两个数字位的循环次数，换句话说是 10×10，或 10^2，或 100。因此，数值 527，实际上表示为：

$$5 \text{ 组}（10 \times 10）+ 2 \text{ 组 } 10 + 7$$

这也可以表示为

$$5 \times 10^2 + 2 \times 10^1 + 7 \times 10^0$$

当然，这种方法可以无限扩展。

确切地说，同样的方法适用于任何基数，只是其组的大小不一样。例如，在八进制中，只有 8 个可用的不同的数字位（0、1、2、3、4、5、6、7）。因此，每左移一位，代表紧接

在后面的 8 个最右边的分组。数值

$$624_8$$

对应于

$$6 \times 8^2 + 2 \times 8^1 + 4 \times 8^0。$$

由于 $8^2 = 64_{10}$、$8^1 = 8_{10}$，$8^0 = 1$，所以

$$624_8 = 6 \times 64 + 2 \times 8 + 4 = 404_{10}。$$

数值中每一个数字位相对于其左右邻居都有一个权重或重要性。数值中某个数字位的权重就是乘法因子，它用来决定这个数字位的整体值。例如，在八进制中数字位的权重，从右向左分别是 1，8，64，512，…，或者，如果你喜欢的话，可以表示为 8^0，8^1，8^2，8^3，…。正如你所期望的那样，在任意的 n 进制中一个数字位的权重，是其右侧数字位的 n 次方，同时是其右侧数字位的 $1/n$ 次方。

图 3-2 揭示了二进制的计数方法。请注意，每一位的权重是其右边邻居权重的 2 倍，就像在十进制中，每一位的权重是其右边邻居权重的 10 倍那样。如果你认为在二进制循环中只有两个不同的数字，这就是你所期望的。那么你应该花足够的时间来研究这个表，直到你完全理解了每一个细节。

也要注意一下，我们所遵循的步骤实际上并不依赖于所使用的基数。我们只是简单地遍历一个完整的循环，用尽基数组中所有可能且不同的数字位，然后向左移一位，再计数一个循环。我们根据要表示的数值，重复这个过程。

数值	等价值	十进制值
0	0×2^0	0
1	1×2^0	1
10	$1 \times 2^1 + 0 \times 2^0$	2
11	$1 \times 2^1 + 1 \times 2^0$	3
100	1×2^2	4
101	$1 \times 2^2 \qquad + 1 \times 2^0$	5
110	$1 \times 2^2 + 1 \times 2^1$	6
111	$1 \times 2^2 + 1 \times 2^1 + 1 \times 2^0$	7
1000	1×2^3	8
1001	$1 \times 2^3 \qquad + 1 \times 2^0$	9
1010	$1 \times 2^3 \qquad + 1 \times 2^1$	10

图 3-2   二进制计数

总的来讲，对于 B 进制中的任意一个数值，每个数字位的位置代表的权重为 B 的若干次方，其中，幂数从最右边的数字位开始（即 B^0），当然，对于任意进制来说，B^0 的权重都是 1（称为"个位"）。

因此，对于任意进制的一个数值来说，确定其对应的十进制数值的一种简单方法就是，在给定进制下，每一个数字位乘以该位置的权重。看一个例子。

例子

$$142305_6 =$$
$$1 \times 6^5 + 4 \times 6^4 + 2 \times 6^3 + 3 \times 6^2 + 0 \times 6 + 5 =$$
$$7776 + 5184 + 432 + 108 + 0 + 5 = 13505_{10}$$

…

类似地，

$$110010100_2 =$$
$$1 \times 2^8 + 1 \times 2^7 + 0 \times 2^6 + 0 \times 2^5 + 1 \times 2^4 + 0 \times 2^3 + 1 \times 2^2 + 0 \times 2 + 0 =$$
$$256 + 128 + 16 + 4 = 404_{10}$$

或许你该求解一下这两个例子，然后和我们的结果比较一下。

通常，能够快速估算二进制的数值是很有用途的。随着向左移动，二进制数中每个位置的权重都会翻倍，我们只考察最左边的一两位，就能大致估计出这个值的量级。从 1 开始，对于数值中的每一位权重都会翻倍，你会看到，上面例子里最高有效位对应的值是 256。对于下一个最高有效位，通过加上一半的值（128）我们可以改进这个估计值，它大约是 384；对于剩余的位，再多加一点值。稍加练习，就能很容易地快速估计出二进制数的估计值。在调试程序时，通常这种技术完全可以用来检查计算的结果。（或许，你也想把它看作一种快速检查试题答案的方法！）

本章后续部分我们会更仔细地讨论不同进制之间数值的转换。

从前面的讨论可以看出，对于给定的数值，在特定的进制下确定其总范围是相当容易的，（或者，等价地确定其最大和最小的整型数）。由于每位的权重比其右边所有数字位能表示的最大值还要大 1，所以很简单，对于一个 n 位数，其可能值的范围就是第 n 位数字的权重，由下面的值来表示：

$$范围 = 基数\,^n$$

因此，如果我们想知道两个十进制的数字位能表示多少个不同的数，那么答案就是 10^2。用两个十进制数字位，我们可以表示 100 个不同的数（0…99）。

这个公式非常容易记住。如果有人告诉你，你正在使用四位的八进制数，从公式可以知道，它可以表示 8^4 或 4096 个不同的数，范围是 $0 \sim 7777_8$，等价的十进制数范围是（$0 \sim 4095$）。

就像袖珍计算器将数值存储、计算和显示为一组数字一样，计算机也按位组来存储和处理数值。大多数计算机使用 16 位、32 位，或者 64 位的数字。将前面的公式应用到一个"16 位"的数值中，对于每个 16 位的位置，它可以表示出 2^{16}=65 536 个不同的数。如果你希望扩大这个范围，那么需要使用某种技术来增加存放数字的位数，比如，同时使用两个 16 位的存储位置来存放一个 32 位数。还可以使用其他方法，这些方法在第 5 章里进行讨论，但是，请注意，不管使用哪种技术，使用 16 位是无法存储超过 65 536 个不同数值的。

图 3-3 给出了几个常见的计算机"字长"对应的十进制数范围表。对于给定的一些位，计算对应的大致范围是有简单方法的，因为 2^{10} 大约是 1000。若想做到这一点，我们要把总位数拆分成一个由多个值构成的且范围容易计算的和。整个范围等于每个值的子范围之积。通过实例，非常容易理解这个方法。

例如，如果你需要知道 18 位数（二进制）的范围，可以将数字 18 拆分为 10 和 8 的和，然后，用 10 位的范围乘以 8 位的范围。由于 10 位数的范围大约是 1K（实际上是 1024），8 位的范围是 256，因此 18 位数的范围大约是 256K。类似地，32 位的范围将会是（10 位的范围）×（10 位的范围）×（10 位的范围）

位长	数字	十进制数范围
1	0+	2（0 和 1）
4	1+	16（0 ～ 15）
8	2+	256
10	3	1024
16	4+	65 536（64K）
20	6	1 048 576（1M）
32	9+	4 294 967 296（4G）
64	19+	大约 1.6×10^{19}
128	38+	大约 2.6×10^{38}

图 3-3 某些位长的十进制范围

×（2 位的范围）= 1 K×1 K×1 K× 4 = 4G（原文有误，原文是 GB）。稍加练习，这种技巧很容易掌握。

请注意，表示超过 5 位的十进制数需要 18 位。总的来说，每个十进制数字位大约需要 3.3 个二进制位。确实如此，因为 $2^{3.3}$ 大约等于 10。

3.3 不同进制下的算术运算

接下来，考察在不同进制下简单的算术操作。让我们先来看看简单的十进制加法表，如图 3-4 所示。

+	0	1	2	3	4	5	6	7	8	9
0	0	1	2	3	4	5	6	7	8	9
1	1	2	3	4	5	6	7	8	9	10
2	2	3	4	5	6	7	8	9	10	11
3	3	4	5	6	7	8	9	10	11	12
4	4	5	6	7	8	9	10	11	12	13

等

图 3-4　十进制加法表

我们在行中找一个数，然后在列中找另一个数，两者相加，表中交叉处的值就是结果。例如，我们使用这个表来说明 3 与 6 的和是 9。注意，在加法过程中，有时候需要额外的位变成进位，得到的进位添加到紧挨着的左边一列中。

实际上我们感兴趣的是这个加法表是如何产生的。每一列（或行）表示前一列（或行）增加 1，这等价于计数。因此，从表中最左边一列开始，只需要加 1 就得到下一个值。由于 3 + 6 = 9，所以下一列进位到下一个位置，或者 10。就像我们前面说明十进制计数发生的那样，这种知识会令你很容易地产生一个八进制的加法表。在查看图 3-5 之前，试着产生你自己的加法表。

+	0	1	2	3	4	5	6	7
0	0	1	2	3	4	5	6	7
1	1	2	3	4	5	6	7	10
2	2	3	4	5	6	7	10	11
3	3	4	5	6	7	10	11	12
4	4	5	6	7	10	11	12	13
5	5	6	7	10	11	12	13	14
6	6	7	10	11	12	13	14	15
7	7	10	11	12	13	14	15	16

当然，没有8和9

图 3-5　八进制加法表

我们特别感兴趣的还是二进制加法表：

+	0	1
0	0	1
1	1	10

很明显，二进制加法更加容易！

二进制加法（或者是其他进制）采用普通的你熟悉的加法方法，包括你已经知道的进位处理。唯一的不同是所使用的具体加法表。本章的习题里有多位二进制运算和列运算（column arithmatic）（见习题 3.8）。

例子　11100001_2 和 101011_2 相加（上标文字是进位量）。

^{1}	1^1	1^1	1	0	0	0^1	0^1	1
+			1	0	1	0	1	1
1	0	0	0	0	1	1	0	0

让我们使用估计技术来看一下结果是否大致正确。11 100 001 近似等于 128 + 64 + 32，或者 224。101 011 大约是 32。因此，它们的和应当近似为 256；实际上，100 001 100 近似为 256，因此，我们的计算大致是正确的。

顺便说一下，有些读者可能会疑惑如何只使用布尔逻辑而不进行实际的算术运算就能实现这个加法表：结果（对应于输入列的位）可由两个输入位的“异或”函数来表示。只有当两个输入的其中一个为 1 时（但不能两个输入均为 1），“异或”函数的输出才为 1。类似地，进位位表示为两个输入位的“与”函数（当且仅当两个输入位都是 1 时，结果才是 1）。这种方法会在补充第 1 章中进行更详细的讨论。

从概念上说，乘法过程可以简化为多次加法，因此，你不应当吃惊不同进制下的乘法表也是相当直接的。呈现的主要差异是进位发生在不同的地方。

最容易产生乘法表的方法是将乘法看作多次加法：每一列（或行）表示创建行（或列）中对应值的加法。因此，你会看到 5 × 8 = 5 × 7 + 5 = 40。你所熟悉的十进制乘法表连同刚才给出的例子，如图 3-6 所示。

×	0	1	2	3	4	5	6	7	8	9
0					← 0 →					
1		1	2	3	4	5	6	7	8	9
2		2	4	6	8	10	12	14	16	18
3	↑	3	6	9	12	15	18	21	24	27
4	0	4	8	12	16	20	24	28	32	36
5	↓	5	10	15	20	25	30	35	40	45
6		6	12	18	24	30	36	42	48	54
7		7	14	21	28	35	42	49	56	63
8		8	16	24	32	40	48	56	64	72
9		9	18	27	36	45	54	63	72	81

图 3-6　十进制乘法表

相同的技术可应用于八进制的乘法表中（见图 3-7）。

×	0	1	2	3	4	5	6	7
0				← 0 →				
1		1	2	3	4	5	6	7
2	↑	2	4	6	10	12	14	16
3	0	3	6	11	14	17	22	25
4	↓	4	10	14	20	24	30	34
5		5	12	17	24	31	36	43
6		6	14	22	30	36	44	52
7		7	16	25	34	43	52	61

图 3-7　八进制乘法表

注意图 3-7 表中的 3 × 3=3 × 2 + 3。值得注意的是，3 和 6 加起来（或者 3 加 6）超过 7 后会产生一个进位：6 → 7 → 10 → 11。

二进制乘法表是最简单的，因为 0 乘以任何数还是 0，1 乘以 1 就是 1：

×	0	1
0	0	0
1	0	1

由于二进制乘法表非常简单，因此在计算机中实现乘法相当容易。只有两种可能的结果：如果乘数是 0，结果就是 0，即便被乘数是一个非 0 的多位数；如果乘数是 1，被乘数自

然就是结果。你可以将乘法表看作一个布尔"与"函数。

如果你回忆一下便会想起，十进制多位数乘法运算是乘数的每位乘以被乘数，然后将每次得到的结果移位使之与乘数对齐，并将结果加起来。这样你就意识到，二进制多位数乘法运算就是简单地将被乘数移位到乘数中是 1 的地方，并加到结果上。这通过一个例子很容易说明。

> **例子** 相乘。
>
> ```
>           1101101    [被乘数]
>   ×        100110    [乘数]
>           1101101    移位，与乘数中 2 的位置对齐
>          1101101     4 的位置
>        1101101       32 的位置
>   1000000101110      结果（注意尾部的 0，因为 1
>                      的位置是 0，别漏掉）
> ```

我们顺便注意一下，若将一个二进制数左移一位，效果就是其值翻一倍。这会是你期望的结果，因为移位等价于该值乘以乘数中 2 位置上的 1。这个结果跟十进制数**左移**一位等于其值乘以 10 这个事实是一致的。一般来说，任意进制下的一个数**左移**一位，结果就是该值乘以基数；反之，**右移**一位就等于该值除以基数。然而，右移会丢失小数值（小数）部分。

虽然我们没有提及减法和除法，但是，其方法与已经讨论过的方法是相似的。事实上，加法表和乘法表分别可以直接用于减法和除法运算。

3.4　不同进制下的数值转换

十进制（基数为 10）和其他进制之间的转换相对比较简单。3.6 节讨论的一种特殊情况除外，两个非十进制数之间很难直接转换。取而代之的方法是将十进制用作中间转换进制。

十进制和其他进制之间最容易、最直观的转换方法是，识别出两种进制下每个数字位的权重，然后使该位置上的数值乘以这个权重。所有数字位的总和就表示该数值的十进制值。通过一个例子很容易弄明白这个过程。

> **例子** 将数值 13754_8 转换位十进制。通过下面的图我们可以很容易地看出结果：
>
>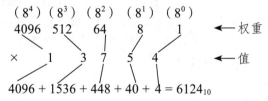
>
> $$4096 + 1536 + 448 + 40 + 4 = 6124_{10}$$

我们可以反过来使用相同的方法将十进制转换为其他进制，虽然技术上并不太简单。在这种情况下，就变为这样一个问题：寻找每个数字位上权重的对应值，使得总值等于要转换的十进制数。

请注意，每个数字位对应的值不能大于被转换值的最大值。如果不是这样，那么，下一个不重要数字位的完整分组将会多于一个。下面的例子最好地说明了这个思想。

> **例子** 假定我们要反向转换前面的例子，我们还假设有 6 组而不是 7 组 64。此时，8 的位置和 1 的位置合起来肯定超过 64，我们已经看到，这是不可能的。

这提供了一种简单的转换方法。以权重最不可能超过所转换数值的数字位开始。确定不

超过所转换数值权重的最大值。然后，对后续的数字位从左向右进行同样的操作。

例子 作为一个例子，我们将 6124_{10} 转换为五进制。五进制中每个数字位的权重如下所示：

$$15625 \quad 3125 \quad 625 \quad 125 \quad 25 \quad 5 \quad 1$$

很明显，15625 这个数字太大了，因此，结果会是一个 6 位数的五进制值。数值 3125 只适配 6124 一次，因此第一个数字位是 1，要转换的余数是 2999。行进到下一位，2999 除以 625 得到结果是 4，余数为 499；499 除以 125 得到结果是 3，余数为 124；124 除以 25 得到结果是 4，一直这么操作下去。我们得到最终的结果：

$$143444_5$$

你可将这个结果转换回十进制，对这个答案进行确认，这会很有用。

如果从十进制转换为二进制，使用这种方法就特别简单，因为对应于一个具体位，要么适配（1），要么不适配（0）。考察下面的例子：

例子 将 3193_{10} 转换为二进制。二进制中每个数字位的权重为：4096、2048、1024、512、256、128、64、32、16、8、4、2、1。

跟前面的操作过程一样，在这个转换中，最大位的权重值是 2048。3193 减去 2048 后，剩余 1145 仍需要转换；因此，1024 对应的位置为 1。现在的余数的是 1145 - 1024=121。这意味着在 512、256 和 128 对应的位置上都是 0。继续下去，你应当能确定最终的结果是

$$110001111001_2$$

请注意，一般来说，基数越小表示一个值需要的位就越多，这个值看起来就越大。

另一种转换方法

虽然前面所给的方法很容易理解，但计算比较困难，而且容易出错。本节我们将考察一般来说更为简单但不那么直观的方法。理解这些方法的工作原理是大有裨益的，因为它能帮助我们进一步领悟数值处理的完整概念。

十进制到其他进制。请注意，当我们把一个数值除以 B 时，余数必须位于 $[0，B-1]$ 之间，它对应于 B 进制下的数字范围。假定我们将数值除以基数 B 进行连续转换，B 是我们要转换到的进制，并且查看每次进行除法操作后的余数。我们会一直这么做，直到没有余数可除。每个后续的余数都表示新基数中一个数字位的值，在新基数中，从下向上读取转换后的值。让我们再次将 6124_{10} 转换为五进制：

例子

```
5）  6124  （4   最不重要的数字位
5）  1224  （4        ↑
5）   244  （4        |
5）    48  （3        |
5）     9  （4        |
5）     1  （1   最重要的数字位
         0
```

这个答案就是 143444_5，跟前面所得的结果是一样的。

我们进行第一次除法实际上是为了确定原始数值中包含多少组 5（或者说，一般情况下

的 B)。余数是剩下的单一单元数，换句话说，就是被转换数值的单元位置。

最初的数值现在已经除以 5 了，因此，第二次除以 5 可以确定该数值中有多少组 5^2 或 25。这种情况下的余数就是剩余数值中 5 的组数，它是从右向左数的第二个数字位。

我们每除以一次基数，测试组的指数就会加 1，我们一直这么做，直到没有剩余的组为止。由于余数对应于不能精确适配到某个组的数值部分，通过自底向上读取余数，我们可以很容易地读取转换后的数值。

这里给出另一个例子：

例子 将 8151_{10} 转换为基数为 16 的值，也称为十六进制：

$$
\begin{array}{r}
16\,)\underline{\quad 8151\quad}\,(\,7 \\
16\,)\underline{\quad 509\quad}\,(\,13 \\
16\,)\underline{\quad 31\quad}\,(\,15 \\
1
\end{array}
$$

在十六进制中，它由字母 D 来表示

在十六进制中，它由字母 F 来表示

答案是 $1FD7_{16}$。我们建议你验证这个答案，方法是使用数字位权重相乘技术将这个答案转换回十进制形式。

其他进制转换为十进制。也可以使用另一种方法，将其他进制的数转换为十进制数。这种技术的计算也很简单：从最高有效位开始，我们乘以基数 B，然后在右边加上下一个数字位。重复这个过程，直到最不重要的数字位相加完毕。

例子 将 13754_8 转换为十进制的值。

$$
\begin{array}{r}
1 \\
\times 8 \\
\hline
8 + 3 = 11 \\
\times 8 \\
\hline
88 + 7 = 95 \\
\times 8 \\
\hline
760 + 5 = 765 \\
\times 8 \\
\hline
6120 + 4 = 6124_{10}
\end{array}
$$

如果你数一下这个例子中每个数字位乘以基数的次数（这个例子中基数是 8）会发现最左边的数字位乘以 8 四次，或者说是 8^4；此后每一个后续的数字位乘以 8 的次数都会少一次，直到到达最右边的数字位，最右边的数字位根本就不乘以基数。因此，每个数字位乘以其对应的权重，就是我们所期待的结果。在下一章中，你会看到这种方法对于由字母数字组成的数字序列转换为实际数值也是很有用的。

现在已向你介绍了两种不同的方法，用于执行每个方向上的转换，一种是直观的，另一种是形式的或算法的。你应当对这四种方法都加以练习；然后，你可以使用任意两种最容易记住的方法。

3.5 十六进制数和算术

十六进制或基数为 16 的数值表示系统是十分重要的，因为它常常用来对二进制数进行速记。十六进制和二进制数之间的转换特别简单，因为两者之间存在直接的关系。每个十六进制数精确地表示 4 个二进制位。许多计算机使用字长来存储、操作指令和数据，字长通常为多个 4 位。因此，表示计算机中的字，十六进制是一种很方便的方法。并且，它的读和写也比二进制表示容易很多。对于二进制和十六进制之间的转换技术，本章稍后会给出。

尽管十六进制数的表示和操作方法跟其他进制是一样的，但我们必须首先提供一些符号来表示 9 以后的数字位，我们需要用单个的整型数来表示 16 个不同的数字。

按照习惯，我们使用数字 0～9，以及前 6 个拉丁字母 A～F。数字 0～9 具有其熟悉的含义，字母 A～F 分别对应于十进制数的 10～15。为了对十六进制数进行计数，我们先从 0 数到 9，然后是 A 到 F，之后左移到下一个数字。由于有 16 个数字，所以每个位置都表示为 16 的幂。因此，数值

$$2A4F_{16}$$

就等于

$$2 \times 16^3 + 10 \times 16^2 + 4 \times 16 + 15，或者$$

$$10831_{10}$$

对于十六进制数值系统，其加法表和乘法表是可以创建出来的。正如你所期望的，这些表都有 16 行 16 列。加法表如图 3-8 所示。在你阅读这些表之前，你应当尝试着自己写出十六进制的加法表和乘法表（见习题 3.7）。

+	0	1	2	3	4	5	6	7	8	9	A	B	C	D	E	F
0	0	1	2	3	4	5	6	7	8	9	A	B	C	D	E	F
1	1	2	3	4	5	6	7	8	9	A	B	C	D	E	F	10
2	2	3	4	5	6	7	8	9	A	B	C	D	E	F	10	11
3	3	4	5	6	7	8	9	A	B	C	D	E	F	10	11	12
4	4	5	6	7	8	9	A	B	C	D	E	F	10	11	12	13
5	5	6	7	8	9	A	B	C	D	E	F	10	11	12	13	14
6	6	7	8	9	A	B	C	D	E	F	10	11	12	13	14	15
7	7	8	9	A	B	C	D	E	F	10	11	12	13	14	15	16
8	8	9	A	B	C	D	E	F	10	11	12	13	14	15	16	17
9	9	A	B	C	D	E	F	10	11	12	13	14	15	16	17	18
A	A	B	C	D	E	F	10	11	12	13	14	15	16	17	18	19
B	B	C	D	E	F	10	11	12	13	14	15	16	17	18	19	1A
C	C	D	E	F	10	11	12	13	14	15	16	17	18	19	1A	1B
D	D	E	F	10	11	12	13	14	15	16	17	18	19	1A	1B	1C
E	E	F	10	11	12	13	14	15	16	17	18	19	1A	1B	1C	1D
F	F	10	11	12	13	14	15	16	17	18	19	1A	1B	1C	1D	1E

图 3-8 十六进制加法表

3.6 特殊转换情况——相关的进制

当一个基数是另一基数的整数幂时，存在着一种特殊的转换情况。在这种情况下，可以很容易进行直接转换。实际上，稍加练习就能心算，然后直接写出答案。这些转换之所以如此简单，是因为较小进制里的几个数字位精确地对应或者映射于较大进制里的一个数字位。

使用计算机的两个非常有用的例子是：二进制和八进制之间的转换以及二进制和十六进制之间的转换。由于 $8=2^3$，所以在八进制中，我们可以直接表示二进制数：一个**八进制**数字位对应于 3 个二进制数字位。类似地，一个十六进制数字位可以精确地表示为 4 个二进制数字位。

用十六进制或八进制来表示二进制数有很明显的优点：显然 4 位十六进制数的读和操作要比 16 位的二进制数容易得多。由于二进制与八进制、二进制与十六进制之间的转换如此简单，所以常常用十六进制或八进制表示作为二进制的速写形式（请注意，八进制和十六进制并不是直接互为指数关系，但以二进制为中介可以很容易地进行转换）。

由于二进制和八进制或十六进制之间的对应是精确的，所以转换处理就是简单地将二进制数划分为 3 位或 4 位为一组，从最低有效位（个位）开始，独立地转换每个组。数字的左边有可能需要添加一些 0 来转换最高有效位。通过一个例子，这非常容易说明。

例子　让我们将 11 010 111 011 000 转换为十六进制数。
从右边开始，将这个二进制数每四位分为一组，我们得到

$$0011 \quad 0101 \quad 1101 \quad 1000$$

或

$$35D8_{16}$$

请注意，在这个二进制数的最左边增添了两个 0，以产生 4 位的组。
反过来的转换也是一样的。因此，

$$275331_8$$

变为

$$010 \quad 111 \quad 101 \quad 011 \quad 011 \quad 001_2$$

作为练习，现在将这个值转换为十六进制。你得到的答案应该是 $17AD9_{16}$。

今天，许多计算机制造商喜欢使用十六进制，因为一个 16 位或 32 位的二进制数，可以精确地由 4 位或 8 位的十六进制数来表示。（在八进制情况下，需要多少位？）对于某些应用，有些制造商仍然在使用八进制表示。

或许你会问，为什么要以二进制形式来表示数据。毕竟，计算机内使用的二进制形式，用户通常是看不见的。然而，在很多场合下，读取二进制数据的能力是非常有用的。记住，计算机以二进制形式来存储指令和数据。当调试程序的时候，或许希望能读取程序指令和确定计算机正在使用的中间数据步骤。为此，较老的计算机常常提供有二进制转储。当请求转储时，二进制转储就是内存中所有内容完整的 8 位列表。即便是今天，有时候这也很重要。例如，能够读取磁盘里的二进制数据，以恢复某个丢失或受损的文件。现代计算机操作系统和网络以十六进制的形式来展示各种故障数据。

二进制和十六进制表示之间的转换也是经常使用的。我们强烈地建议，你多加练习，熟练地使用十六进制表示。

3.7　小数

至此，我们仅限于讨论正整数，或者你喜欢的话，叫整型数（负数在第 5 章进行讨论）。小数的表示和转换有点困难，因为在不同的进制下，小数之间不一定有精确的关系。更具体地说，一种进制下能精确表示的小数，在另一进制里或许不能精确地表示。因此，精确地转换或许是不可能的。两个简单的例子就足以说明这个问题：

例子　十进制小数

$$0.1_{10} \text{ 或 } 1/10$$

不能精确地用二进制形式来表示。不存在加起来等于这个小数位的组合。等价的二进制数开始部分为：

$$0.0001100110011_2\cdots$$

这个二进制小数按 4 位循环无穷无尽地重复下去。类似地，小数 1/3 在十进制下也不能精确地表示为小数。实际上，我们在十进制下表示这个数的小数形成是这样的

$$0.3333333\cdots$$

你很快就会意识到，这个小数在三进制下可以精确表示为

$$0.1_3$$

回顾一下可知，在十进制中，**小数点**左边的值都是右边邻居的 10 倍。这是显而易见的，因为你已经知道每位表示一组，组内有 10 个紧接在后右邻的对象。正如你已经看到的，对于任意进制相同的基本关系都是成立的：每一位的权重 B 倍于其右邻的权重。这种事实有两个重要的含义：

1. 如果我们将数值中的小数点右移一位，就等于这个数值乘以基数。一个具体的例子会使你清楚地看到这一点：

$$1390_{10} \text{ 十倍于 } 139.0_{10}$$

$$139_{\llcorner}0.$$

因此，小数点右移一位，数值就会乘以 10。仅有一点点不太明显（双关语），

$$100_2 \text{ 两倍于 } 10_2$$

注意：由于单词"decimal"特定是指十进制，所以我们使用了"小数点"（number point）的用语。更一般地，还要使用基数名来表达小数点，例如，**二进制小数点**或**十六进制小数点**。有时候也称为小数点（radix point）。

2. 反过来也是一样。如果我们将小数点左移一位，就等于这个值除以基数。因此，每个数字的强度（strength）是其左邻的 $1/B$。小数点的两边也都是这样。

$$246.8_{\times}$$

小数点左移一位，该值除以 10。

因此，对于小数点右边的数字来说，相继的数字位值分别是 $1/B$，$1/B^2$，$1/B^3\cdots$。那么，在十进制中，数字位对应的值为

$$.D_1\ D_2\ D_3\ D_4$$
$$10^{-1}\ 10^{-2}\ 10^{-3}\ 10^{-4}$$

等价于 1/10、1/100、1/1000、1/10 000。

这对你来说并不奇怪，因为 1/10 = 0.1、1/100 = 0.01，以此类推。（从代数公式中可知，$B^{-k} = 1/B^k$。）

那么，十进制数如 0.2589 的值为

$$2 \times (1/10) + 5 \times (1/100) + 8 \times (1/1000) + 9 \times (1/10\ 000)$$

类似地，在二进制中，小数点右边的每个位置都是其左侧邻居权重的 1/2。因此，我们有

$$.B_1\ B_2\ B_3\ B_4$$
$$1/2\ 1/4\ 1/8\ 1/16$$

作为一个例子，0.101 011 就等于

$$1/2 + 1/8 + 1/32 + 1/64$$

十进制的值为

$$0.5 + 0.125 + 0.031\ 25 + 0.015\ 625 = 0.671\ 875_{10}$$

由于小数类型 $1/10^k$ 和 $1/2^k$ 之间没有一般的关系，因此，没有理由假设一个用十进制可表示的数值在二进制中也能表示。一般情况下并不是这样的。（反之则不然，由于所有以 $1/2^k$ 形式表示的小数都能用十进制来表示，并且每一位都可表示这种形式的一个小数，所以，二进制小数总能精确地转换为十进制小数。）正如我们用值 0.1_{10} 所展示的，许多十进制小数会产生除不尽的二进制小数。

作为复习，顺便考察一下表示 0.1_{10} 的二进制小数的十六进制表示。从小数点开始，这是所有进制的都相同之处（在所有进制中，$B^0 = 1$），你可将其分成 4 位的组：

$$0.0001\quad 1001\quad 1001\quad 1001 = 0.1999_{16}$$

在这种特殊情况下，4 位循环恰巧和十六进制的 4 位分组相同，因此，数字位"9"无限循环下去。

当执行**小数转换**从一个进制到另一个进制时，如果达到了期望的精度，就应简单地终止（当然，除非存在合理的答案）。

小数转换方法

前面讨论的直观转换方法可用于小数转换。对于小数，计算方法必须进行一点修改。

首先观察一下直观的方法。将一个小数从 B 进制转换为十进制最简单的方法就是确定每个数字位恰当的权重，然后每个数字位乘以权重，再加上对应的值。你会注意到，这和前面我们介绍的整型数转换方法是一样的。

例子 将 0.12201_3 转换为十进制数。

三进制小数的权重（提示一下，对于任意进制规则是一样的）是

$$1/3\quad 1/9\quad 1/27\quad 1/81\quad 1/243$$

那么，结果是

$$1 \times 1/3 + 2 \times 1/9 + 2 \times 1/27 + 1 \times 1/243$$

在这一点上，可以采用两种不同的方法。任何一种都能将其转换为十进制，这两种方法是乘和加，

$$值 = 0.333\ 33 + 0.222\ 22 + 0.074\ 07 + 0.004\ 12 = 0.633\ 74_{10}$$

或者更容易的方法是，我们可以找到一个公分母，将每个小数转换为以公分母为分母的形式，相加，然后再除以公分母。最容易的是，我们可以选择最小有效数字（本例中是 243）的分母作为公分母：

$$值 = \frac{81 + 2 \times 2 \times 27 + 2 \times 9 + 1}{243} = \frac{154}{243} = 0.633\ 74$$

如果你仔细看一下最后那个等式的分母，或许会注意到这个分母是由加权的数字位构成的，其中数字位对应于小数的权重，就好像小数点右移 5 位，使小数变为整数一样（三进制的小数点叫作**三进制点**）。右移 5 位，分别将对应的数字乘以 $3 \to 9 \to 27 \to 81 \to 243$，因

此，我们必须除以 243 以恢复为原始的小数。

我们用另一个或许更加实际的例子来重复这个练习，这会有助于你巩固这种方法。

例子 将 0.110011_2 转换为十进制数。

右移小数点 6 位并转换，我们有

$$分子值 = 32 + 16 + 2 + 1 = 51$$

将小数点移回来等价于除以 2^6 或者 64。分子 51 除以 64，得到

$$值 = 0.796875$$

直观的方法也可以将十进制数转换为其他进制。这是较早前所展示的方法，在这种方法中，对于每个数字位权重之积，你要选择不超过原始数值的最大的那个。然而在小数情况下，除了简单情形，还要处理十进制小数，实际计算可能费时又费力。

例子 将数 0.1_{10} 转换为二进制表示。二进制小数的权重为

$$1/2 \quad 1/4 \quad 1/8 \quad 1/16 \quad 1/32 \quad \cdots$$

转换为十进制形式时使用这些权重更容易，它们分别为：0.5、0.25、0.125、0.0625 和 0.031 25。和 0.1_{10} 匹配的最大值是 0.0625，它的对应值是 0.0001_2。要转换的剩余部分是 $0.1 - 0.0625 = 0.0375$。由于 0.031 25 和这个余数匹配，所以下一位也是 1，结果为 0.00011_2，如此这般。作为练习，你可能想将这种转换用在更多的地方。

为了将十进制小数转换为其他进制，使用前面所展示的除法的变异方法通常会更容易一些。回忆一下可知，对于一个整型数，这会涉及使这个数重复地除以基数并保留余数。事实上，这种方法的工作原理是，我们每除以基数一次就将小数点左移一位，并注意落在小数点外的是什么，这就是余数。初始时，假定小数点位于数值的右边。

当正转换的值处于小数点的右边时，这个过程完全相反。我们将小数重复地乘以基数，记录然后丢弃移动到小数点左边的值。重复这个过程，直到获得所期望的精度，或者所乘的值等于 0。每乘一次，就能有效地揭示出下一个数字。

例如，十进制数 0.5 乘以 2 会得到 1.0。这说明在二进制中，1/2 位的位置上将会有一个 1。类似地，0.25 乘以 2 两次会达到值 1.0，表明在 1/4 位的位置上是 1。关于这个过程，通过一个例子应该能使这种解释很清楚：

例子 将 $0.828\ 125_{10}$ 转换为二进制。乘以 2，我们得到

```
     .828125
  ×        2
  1.656250  1 作为结果保存起来，然后
  ×        2  丢弃，重复这个过程
  1.312500
  ×        2
  0.625000
  ×        2
  1.250000
  ×        2
  0.500000
  ×        2
  1.000000
```

自顶向下读取溢出值就是最终的结果 0.110101_2。这是达到闭合转换的例子。你会记得，我们前面说过 0.1_{10} 是不能精确转换为二进制数。这种情况的过程如下所示。

$$
\begin{array}{r}
.100000 \\
\times \quad 2 \\
\hline
0.200000 \\
\times \quad 2 \\
\hline
0.400000 \\
\times \quad 2 \\
\hline
0.800000 \\
\times \quad 2 \\
\hline
1.600000 \\
\times \quad 2 \\
\hline
1.200000 \\
\times \quad 2 \\
\hline
0.400000
\end{array}
$$

这种转换的重复性，在这点上是很清楚的。

最后，我们注意一下这种进制转换，其中一个基数是另一基数的整数次幂，此时，小数的转换跟以前一样，将数字位按较小的基数分组。对于小数，必须从左向右进行分组，否则方法就是一样的。

例子 为了将 0.1011_2 转换为八进制，将数字位每 3 位分为一组（因为 $2^3=8$），然后如往常一样转换每个组。请注意，第二组需要补充一些 0。正如你所期待的，0 附加在小数的右边。

因此，有

$$0.101\ 100_2 = 0.54_8$$

3.8　混合数值转换

一般的算术规则可应用于小数和混合数中。当加减这些数值时，小数点必须对齐。在进行乘除运算时，确定小数点的位置跟十进制的方法完全一样。例如，对于八进制的乘法，你会在小数点的右边增加乘数和被乘数的位数，总位数就是结果中小数点右边的位数。

当对既有整数又有小数的数值进行进制转换时，需要格外小心。这两部分必须分开转换。

在转换中小数点是固定的参考点。它不会移动，因为在每种进制中，其左边的数字都是个位数字，也就是说，不管 B 是多少，B^0 总是 1。

有可能需要移动**混合数**使其成为一个整型数。遗憾地是，人们总倾向于忘记移位要发生在一个具体的进制中。例如，在二进制中移位的数值是不能转换后再在十进制中移回的，因为移位使用的因子是 2^k，显然不同于 10^k。当然，可以执行移位，然后用被转换的数值除以原始移位值，但这通常比较麻烦，不值得这么做。

相反，将每一部分分别转换，保持小数点固定在其原来的位置上，这样做一般会更容易一些。

小结与回顾

非十进制计数本质上和熟悉的计数方法是类似的。每个数字的位置表示一组数字的计数，这组数字源于紧挨着的次要数字位。组大小是 B，它是所使用数字系统的基数。当然，最不重要的数字位表示个位。对于任何进制来说，加减乘除跟十进制都是类似的，尽管算术表看起来不一样。

　　将 B 进制的数值转换为十进制，有几个方法可以使用。不太正式的方法是，识别出每个数字位上的十进制值，然后将每个数字的加权值加在一起。一种更正式的 B 进制转十进制方法是，利用当前基数逐次相乘，并和下一数字位相加。最后的总数就是转换为十进制的结果。从十进制转换为某个不同进制，方法是类似的。

　　对于一个基数是另一个基数整数幂的情况，可以这样进行转换：识别出大基数的一位数字可表示为小基数的多少位数字。然后，将小基数的数值分组，分别对每组进行转换。

　　小数和混合数值必须要小心处理，整数和小数部分要分开处理。尽管转换方法是相同的，但对于小数部分，选择乘法或除法操作的方向是相反的。同样，直接相关的进制可以这样转换：将一种进制的数字位分组，然后独立转换每一组。

扩展阅读

　　不同进制方面的工作在 20 世纪六七十年代的数学教学中是一种趋势，称为"新数学"。许多小学还在教这方面的内容。

　　许多图书馆有名字为"小学数学"这样的教材。一本简要复习的应用于计算机的算术书，可以在绍姆大纲系列书《基础计算机数学》[LIPS82] 中找到。对"新数学"的有趣介绍可以在汤姆·莱勒的录音带"就是那年"[LEHR65] 中找到。这首歌的各种动画可以在 YouTube 上找到。另外，很多关于计算机运算的书籍都对本章的论题有详细的讨论。典型的计算机算术书籍的斯帕尼奥尔 [SPAN81] 编写的书，以及库里赫和马兰柯 [KULI81] 编写的书。有关这方面内容的一种清晰全面的讨论，可参见帕特森和亨尼斯的《计算机体系结构》[PATT12] 一书。

复习题

3.1　在本书中我们说明了 527_{10} 表示为 $5 \times 10^2 + 2 \times 10^1 + 7 \times 10^0$。那么 527_8 表示什么呢？等价的十进制值是什么？

3.2　在六进制中你期望找到多少个不同的数字位？在六进制中最大的数字位是什么？令 z 表示最大的数字位，如果你在执行增 1 计数，那么 $21z$ 后的下一个值是什么？如果你在执行增 1 计数，那么 $4zz$ 后的下一个值是什么？

3.3　用图 3-5 所示的表格，将 21_8 和 33_8 加起来。使用图 3-5 所示的表，将 46_8 和 43_8 加起来。

3.4　使用二进制加法表将 10101_2 和 1110_2 加起来。使用二进制乘法表，计算 $10\,101_2 \times 1110_2$。

3.5　在二进制中前 6 个数字位的权重分别是什么？使用这些权重将 $100\,101_2$ 转换为十进制。

3.6　在十六进制中，前 3 个数字位的权重分别是什么？使用这些权重将 359_{16} 转换为十进制。（请注意，对于任意进制工作原理都是一样的，即便基数大于 10。）

3.7　使用八进制中的权重，将 212_{10} 转换为八进制。将 3212_{10} 转换为八进制。

3.8　使用十六进制中的权重，将 117_{10} 转换为十六进制。将 1170_{10} 转换为十六进制。

3.9　使用除法转换方法将 3212_{10} 转换为八进制。确认一下你的答案跟上面问题 7 的是否相同。

3.10　使用除法方法将 1170_{10} 转换为十六进制。确认一下你的答案跟上面问题 8 的是否相同。

3.11　使用除法方法将 $12\,345_{10}$ 转换为十六进制。使用权重方法将你的答案转换回十进制。

3.12　使用除法方法将 $12\,345_{10}$ 转换为二进制。使用权重方法将你的答案转换回十进制。

3.13　使用乘法方法将 1011_2 转换为十进制。使用权重方法将你的答案转换回二进制。

3.14　使用乘法方法将 1357_{16} 转换为十进制。使用除法方法将你的答案转换回十六进制，来验证答案是否正确。

3.15　十进制中的什么数等于十六进制中的 D？十六进制中的什么数等于十进制的 10？使用权重方法

将数值 $5D_{16}$ 转换为十进制。使用除法方法将你的答案转换回十六进制。

3.16 将数值 101000101100_2 直接从二进制转换为十六进制。不看原来的值，再将你的答案直接转换回二进制，将答案和原来的数值进行比较。

3.17 将数值 1111001101100_2 直接从二进制转换为十六进制。不看原来的值，再将你的答案直接转换回二进制，将答案和原来的数值进行比较。

习题

3.1 a. 对于 5 位的六进制数，确定每个数字位的幂。

b. 使用你从（a）中得到的结果，将六进制数 $24\,531_6$ 转换为十进制。

3.2 对于 4 位的十六进制数，确定每个数字位的幂。二进制中哪些数字位具有这些相同的幂。

3.3 将下列十六进制数转换为十进制数：

a. 4E

b. 3D7

c. 3D70

3.4 有些较老的计算机使用 18 位字长来存储数值。这个字长能表示的十进制数范围是多少？

3.5 表示十进制数 3 175 000 需要多少位？存储这个数值需要多少字节？

3.6 a. 创建十二进制的加法表和乘法表。使用字母来表示 10 和 10 以上的数字。

b. 使用从（a）中得到的表格，执行下面的加法：

$$
\begin{array}{r}
25A84_{12} \\
+ \quad 70396_{12} \\
\hline
\end{array}
$$

c. 将下列数相乘：

$$
\begin{array}{r}
2A6_{12} \\
+ \quad B1_{12} \\
\hline
\end{array}
$$

3.7 a. 创建十六进制的乘法表。

b. 使用图 3-8 所示的十六进制加法表，执行下面的加法：

$$
\begin{array}{r}
2AB3 \\
+ \quad 35DC \\
\hline
\end{array}
$$

c. 将下面的数加起来：

$$
\begin{array}{r}
1FF9 \\
+ \quad F7 \\
\hline
\end{array}
$$

d. 将下面的数相乘：

$$
\begin{array}{r}
2E26 \\
\times \quad 4A \\
\hline
\end{array}
$$

3.8 将下列二进制数执行加法操作：

a.

$$
\begin{array}{r}
101\ 101\ 101 \\
+ \quad 10\ 011\ 011 \\
\hline
\end{array}
$$

b.

$$
\begin{array}{r}
110\ 111\ 111 \\
+ \quad 110\ 111\ 111 \\
\hline
\end{array}
$$

c.

$$
\begin{array}{r}
11\ 010\ 011 \\
+ \quad 10\ 001\ 010 \\
\hline
\end{array}
$$

d.

$$\begin{array}{r} 1101 \\ 1010 \\ 111 \\ + \quad 101 \end{array}$$

e. 将每个数值转换为十六进制，重复前面的加法，再将相加后的结果转换回二进制。

3.9　将下列二进制数相乘：

a.

$$\begin{array}{r} 1101 \\ \times \quad 101 \end{array}$$

b.

$$\begin{array}{r} 11011 \\ \times \quad 1011 \end{array}$$

3.10　将下列二进制数执行除法运算：

a.

$$110\overline{\smash{)}1\,010\,001\,001}$$

b.

$$1011\overline{\smash{)}11\,000\,000\,000}$$

3.11　使用八进制中每个数字位的幂将十进制数 6026 转换为八进制。

3.12　使用十六进制中每个数字位的幂，将十进制数 6026 转换为十六进制。

3.13　使用除法方法，转换下列十进制数：

a. 13 750 转换为十二进制

b. 6026 转换为十六进制

c. 3175 转换为五进制

3.14　使用除法方法，将下列十进制数转换为二进制：

a. 4098

b. 71 269

c. 37

对于每种情况，使用每个数字位的幂将结果转换回十进制，来校验你的答案。

3.15　使用乘法方法，将下列数值转换为十进制：

a. 1100010100100001_2

b. $C521_{16}$

c. $3ADF_{16}$

d. $24\,556_7$

3.16　将下列二进制数直接转换为十六进制：

a. 101 101 110 111 010

b. 1 111 111 111 110 001

c. 1 111 111 101 111

d. 110 001 100 011 001

3.17　将下列十六进制数转换为二进制：

a. 4F6A

b. 9902

c. A3AB

d. 1000

3.18　选择一个适合于将三进制直接转换的进制，然后将数值 22 011 210$_3$ 转换为该进制。

3.19　a. 将四进制数 13 023 031$_4$ 直接转换为十六进制。将原始的数值和你的答案都转换为十进制，来校验结果。

b. 将十六进制数 9B62$_{16}$ 直接转换为四进制，然后将原始数和你的答案都转换为二进制的值，来校验结果。

3.20　将三进制数 210 102$_3$ 转换为八进制。你使用什么过程来进行这个转换？

3.21　**将八进制数** 27 745$_8$ 转换为十六进制。在转换中不要使用十进制作为中介。为什么在这种情况下，不能直接进行八进制－十六进制转换？你能用什么来代替？

3.22　使用任何一种适合你的编程语言，编写一个程序，将用户输入全部的八进制数转换为十进制。你的程序应当对包含 8 或 9 的任何错误输入进行标记。

3.23　使用任何一种适合你的编程语言，编写一个程序，将输入的全部十进制数转换为十六进制。

3.24　使用任何一种适合你的编程语言，编写一个程序，它能进行二进制和十六进制数间的直接转换。

3.25　将下列数值从十进制转换为十六进制。如果答案是无理数，保留 4 个十六进制的数字位：

a. 0.664 062 5

b. 0.3333

c. 69/256

3.26　将下列数值从给定的进制转换为十进制：

a. 0.1001001$_2$

b. 0.3A2$_{16}$

c. 0.2A1$_{12}$

3.27　将下列数值从十进制转换为二进制，然后再转换为十六进制：

a. 27.625

b. 4 192.377 61

3.28　下列二进制数的十进制值是什么？

a. 1100101.1

b. 1110010.11

c. 11100101.1

3.29　画出一个流程图，逐步展示将一个混合数从非十进制转换为十进制的过程。

3.30　用你喜欢的计算机编程语言写一个程序，将混合数在十进制和二进制之间进行双向转换。

数据格式

4.0 引言

在第 3 章里，已经探究了二进制数值系统的一些属性。你已经知道对于所有的计算机和基于计算机的设备，二进制数值系统，对于所有的数据存储形式和操作的内部处理，就是一个选择的系统。我们一般不选择使用二进制形式来执行相关的工作。我们的通信是由语言、图像和声音构成的。对于书面通信以及数据存储最常使用字母字符和符号来表示英语或某种其他语言。其他时候，我们的通信也使用照片、视频、图表或者某种别的图像。图像可以是黑白的，也可以是彩色的；它们可以是静止的，也可以是运动的。声音往往代表一种不同的口头的书面语言形式，也可以表示其他一些情形，比如音乐、发动机的轰鸣，或者满意的呼噜。我们使用由一组数字字符构成的数值进行计算。提醒一下，在现代世界里如果需要数据共享，标准化是一个重要的考虑因素。

过去，绝大部分商业数据处理采用的是文本和数值形式。今天，多媒体数据也同样重要了。构成的多媒体数据有：视频会议中图像和语音、PPT 演示文稿、VoIP 电话、网络广告、YouTube、基于智能手机的新闻剪辑和电视照片，等等。由于计算机内的数据仅限于二进制数，所以为了存储和处理多媒体数据，几乎总是需要将文字、数值、图像和语音转换为不同的形式。

本章里，我们将考察用什么方法可将不同类型的数据变为计算机可使用的形式，也要考察数据表示、存储和处理的不同方式。

4.1 概述

有些时候，原始的数据，不管是字符、图像、语音还是其他形式的数据，开始时都必须送入计算机，并转换为适当的计算机表示，以便计算机系统能处理、存储和使用。基本过程如图 4-1 所示。

不同的输入设备可用于这个目的。输入设备的具体选择反映了数据的原始形式，也反映了计算机所期望的数据表示。有些设备在输入

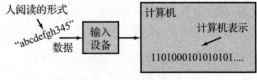

图 4-1　数据转换和表示

设备内可将外部形式的数据转换为内部表示。在其他情况下，输入设备仅仅是将数据变换为原始的计算机能处理的二进制形式。进一步的转换由计算机内的软件来执行。

数据输入的难易程度是不一样的。例如，普通的键盘输入相对来说就比较直接。由于键盘上有离散的数字键，所以只需要键盘为每个键产生二进制数码即可，这些二进制码可以看成是响应字符的简单表示形式。另一方面，表示连续数据的设备所输入的模拟数据带来了更为艰巨的任务，尤其是数据随时间一直在变化，如摄像机或传声器等情形。

从传声器输入的声音具有足够的代表性，它需要专门的硬件将声音转换为二进制数，这可能需要成百上千个数据块，每个数据块都表示瞬间的一个声音样本。如果声音在计算机内要处理成文档中单词的形式，那么这个任务就变得更具挑战性了，因为将声音变换为字符形

式非常复杂和困难，这需要复杂和专门的软件。

在计算机内数据的内部表示反映了输入源的复杂性，也反映了要处理的类型。例如，如果目标仅是提取和处理出现在页面上的字符，那么就没有必要保存构成摄影图像的所有单个点；只需要输入和表示整个数据集就足够提取要用的或要保存的实际数据。另一方面，如果图像用作艺术书籍里的插图，那么就需要尽可能精确地表示为带有所有细节的图像。对于表示连续值的输入形式，如摄影图像、视频和声音，在要求精确表示输入数据的每种情形里，二进制数的数量和位数会随着精度和分辨率的增加而急剧地上升。事实上，通常会需要使用某种形式的数据压缩算法，来将数据量降低到可管理的级别，特别是要下载数据，或者数据在低速设备（例如，有限带宽的网络）上流动时。

当然，一旦输入的数据变为了计算机形式，它就可以存储在便携式计算机介质上了，如CD-ROM、闪存，或许是iPod，以备将来使用；也可以通过网络在计算机间传输。例如，图像和声音可以从网站上下载或者作为邮件的附件。假设接收计算机拥有合适的软件，它可以存储、显示和处理下载的图像，就好像是直接连接到输入的图像扫描仪自己产生的一样。你或许知道，从你的智能手机上将一张照片复制到朋友的平板电脑上，这几乎是件微不足道的事情。

对于数据的存储和传输，通常需要不同于内部处理的表示方法。在一幅图像或显示字符中，除了表示点的实际数据之外，系统还必须存储和传递其他信息，这些信息描述或解释数据的含义。这样的信息称为**元数据**。在很多情况下，这种描述都很简单：读取一个纯文本文件可能只需要一条信息，这条信息用来指示字符的个数或者标记文本的结尾。一幅绘画图像或一段声音则需要更详细的数据描述。为了重现图像，系统必须知道绘画图像的类型，每个数据点所表示的颜色数，表示每种颜色的方法，水平和垂直数据点的个数，数据点存储的顺序，每个坐标轴的相对比例，图像在屏幕上位置，等等。对于声音，系统必须知道每个样本表示的时间周期是多长或者采样率是多少、每个样本的位数，甚至如何使用这段声音，以及如何跟其他声音协调等。

每个程序可以以它们想要的格式来存储和处理数据。例如，一种编辑软件（如WordPad）可用来处理和存储文本数据的格式，它不同于微软Word使用的格式。每个程序使用的格式称为**私有格式**。私有格式一般适合于单个用户或使用相同计算机系统的一组用户。正如第1章指出的，随着大量用户的接受，私有标准有时候会成为真正的标准。

然而需要注意的是，区别各自软件的数据表示和用于输入、输出、存储和数据交换的数据表示，是十分重要的。现代计算机系统和网络将许多不同类型的计算机、输入和输出设备以及计算机程序互连起来。例如，一个显示在iPad上的网页，它可能包含一幅由惠普图像扫描仪扫描的图像，带有戴尔个人计算机产生的超文本标记语言（HTML），并由IBM主机来服务。

因此，对于整个讨论，标准的数据表示都是至关重要的，它可用作不同程序之间的接口、程序和其所使用的I/O设备之间的接口、互连硬件之间的接口、共享数据的系统之间的接口，这些系统使用不同类型的网络互连或传输介质，如CD-ROM。这些数据表示必须能被很多硬件和软件识别，以便能为工作在不同计算机环境里的用户来使用。

一种精心设计的数据表示会反映和简化处理数据的方式，并会拥有最广泛的用户群体。例如，字母表中的字母顺序常用于字符业务数据的分类和选择。那么，明智地选择一种字母字符的计算机表示方法会简化计算机内的这些操作。此外，字母字符的表示将会包容尽可能多的语言，这有助于国际交流。

有许多不同的标准可用于不同类型的数据。图4-2给出了一些常用的标准。我们并没有包括数字数据的标准表示，这些在下一章讨论。

数据类型	标准
字母数字	Unicode, ASCII, EBCDIC
图像（位图）	GIF (graphical image format), TIFF(tagged image file format), PNG(portable network graphics), JPEG,
图像（目标）	PostScript, SWF (Adobe Flash), SVG
轮廓图形和字体	PostScript, TrueType
声音	WAV, AVI, MP3 or 4, MIDI, WMA, AAC
页面描述与标记	pdf (Adobe Portable Document Format),HTML, XML
视频	Quicktime, MPEG-2 or -4, H.264,WMV, DivX, WebM

图 4-2　一些常用的数据表示

本节描述了控制数据输入和表示的一般原理。接下来，我们分别考察一些重要的数据格式。

4.2　字母字符数据

计算机内使用的许多数据最初是以人类可读的形式提供的，特别是字母表中的字母、表示单词的符号、音节或声音元素、数值以及标点符号等，不论是英语还是其他语言。字处理文档文本，用作计算输入的数值，数据库中的名字和地址，购买信用卡的交易数据、关键字、变量名，以及组成计算机程序的公式，这些都是数据输入的例子，都是由字母、符号、数字和标点组成的。

大部分数据最初是通过键盘输入到计算机中的，尽管也可以使用其他方法，如磁卡条纹、带光学字符识别的文档扫描仪、射频识别（RFID）和近场通信技术、条形码和二维码扫描，以及语音到文本的转换等。键盘可以直接连到计算机上，它也可以是独立设备的一部分，如视频终端、在线收银机、智能手机或平板电脑上的虚拟键盘，甚至是银行的 ATM。作为字符、符号、数字位以及标点输入的数据称为**字母数据**。用来产生字母数据的输入设备和方法会在第 10 章中讨论。

很容易想到，**数字字符**跟其他字符还是有所不同的，因为**数字**的处理和文本的处理是不一样的。还有，数字可以由多个数字位构成，你可从程序设计课程中知道，在计算机内数字是按照数值的形式存储和处理的。键盘本身并没有处理能力。因此，数字必须像其他字符一样输入到计算机中，一次一个数字位。输入的时候，数值 1234.5 是由数字字符"1""2""3""4""."和"5"组成的。在计算机内通过专门软件可将其转换为数值形式。显示的时候，数值会转换换回字符形式。

字符与数值之间的转换在计算机内也不是自动的。例如，当数值代表要按照文本标准存储和处理的电话号码和地址时。我们喜欢将数据保存为字符形式。由于这种选择依赖于程序里的使用，所以这个决定是由程序员做出的，决策时要使用编程语言所描述的规则，或者由数据库设计者通过指定特定的实体数据类型来做出决定。在 C++ 或 Java 语言中，变量在使用之前必须先声明。当正在读取的数据变量是数值型时，编译器会在程序中构建一个接受数字字符的转换例程，并将其转换为合适的数值变量。一般情况下，在要进行计算时，数字字符必须转换为数值形式。某些编程语言可以自动执行。

由于字符数据在计算机内必须以二进制形式来存储和处理，所以每一个字符在输入到计算机时，必须转换为对应的二进制码表示。所使用的二进制码是任意选择的。由于计算机不能"识别"字母，只能识别二进制数，所以计算机选择什么二进制码并没什么关系。

　　重要的是一致性。大多数数据的输出（包括数值）在计算机内也是以字符形式存在的，通过打印机输出或者输出在显示器上。因此，输出设备必须反向进行相同的转换。很显然，输入设备和输出设备能识别出相同的二进制码是很重要的。尽管在理论上可以写一个程序来改变输入码，以便不同的输出码能产生期望的字母数字的输出，但在实践中很少这么做。由于在网络上不同计算机之间常常共享数据，不同类型的计算机之间使用标准的二进制码是非常值得期待的。

　　存储数据也使用相同的字母码形式。需要一致地使用相同的二进制码，从而允许后面的数据检索和使用数据的操作，这些数据是在不同的时间输入到计算机的，如归并操作期间。

　　同样重要的是，计算机内的程序应了解用作输入的特定数据码，以便能正确地将组成数值的字符转换为数值本身，它也可以执行排序这样的操作。例如，挑选字母表中的混乱字母的二进制码是没有意义的。通过选取这样的编码，其中表示字符的二进制数值对应于字母表里的字符位置，我们可以提供程序将数据排序，甚至不需要知道是什么数据，只需要按照数值将对应每个字符的编码进行排序。

　　常用的字母数字编码有 3 个。这 3 个编码称为 Unicode、ASCII（美国信息交换标准码，读作"as-key"，"s"要读轻一点）和 EBCDIC（扩展二进制编码的十进制交换码，读作"ebb-see-dick"）。EBCDIC 是由 IBM 开发的，其使用主要限于 IBM 以及 IBM 兼容的大型主机和终端计算机。网络的出现，使得 EBCDIC 特别不适合当前的工作。今天，差不多所有的人都使用 Unicode 或 ASCII。不过，EBCDIC 要完全退出市场还需要一些时间。

　　ASCII 码的变换表如图 4-3 所示。EBCDIC 码的标准化差一些，其标点符号（编码）随着时间变化了。最新的 EBCDIC 码表如图 4-4 所示。每个符号的编码都用十六进制表示，最高有效位在顶端，最低有效位在底端。ASCII 码和 EBCDIC 码都可以用一个字节来存储。例如，"G"的 ASCII 码为 47_{16}，EBCDIC 码是 $C7_{16}$。将这两个表比较一下，你会注意到，标准的 ASCII 码最初是按照 7 位定义的，ASCII 码表中只有 128 项，EBCDIC 定义为 8 位码。在两个表中额外的一些特殊字符用作处理和通信控制字符。

LSD↘MSD	0	1	2	3	4	5	6	7
0	NUL	DLE	space	0	@	P	`	p
1	SOH	DC1	!	1	A	Q	a	q
2	STX	DC2	"	2	B	R	b	r
3	ETX	DC3	#	3	C	S	c	s
4	EOT	DC4	$	4	D	T	d	t
5	ENQ	NAK	%	5	E	U	e	u
6	ACK	SYN	&	6	F	V	f	v
7	BEL	ETB	'	7	G	W	g	w
8	BS	CAN	(	8	H	X	h	x
9	HT	EM	)	9	I	Y	i	y
A	LF	SUB	*	:	J	Z	j	z
B	VT	ESC	+	;	K	[	k	{
C	FF	FS	,	<	L	\	l	|
D	CR	GS	-	=	M	]	m	}
E	SO	RS	.	>	N	^	n	~
F	SI	US	/	?	O	_	o	DEL

MSD：最高有效位
LSD：最低有效位

图 4-3　ASCII 码表

	0	1	2	3	4	5	6	7
0	NUL	DLE	DS		space	&	-	
1	SOH	DC1	SOS		RSP		/	
2	STX	DC2	FS	SYN				
3	ETX	DC3	WUS	IR				
4	SEL	ENP	BYP/INP	PP				
5	HT	NL	LF	TRN				
6	RNL	BS	ETB	NBS				
7	DEL	POC	ESC	EOT				
8	GE	CAN	SA	SBS				
9	SPS	EM	SFE	IT				`
A	RPT	UBS	SM/SW	RFF	¢	!	|	:
B	VT	CU1	CSP	CU3	.	$	,	#
C	FF	IFS	MFA	DC4	<	*	%	@
D	CR	IGS	ENQ	NAK	(	)	_	'
E	SO	IRS	ACK		+	;	>	=
F	SI	IUS	BEL	SUB	|	¬	?	"

	8	9	A	BC		D	E	F
0		°		^	{	}	÷	0
1	a	j	~		A	J	%	1
2	b	k	s		B	K	S	2
3	c	l	t		C	L	T	3
4	d	m	u		D	M	U	4
5	e	n	v		E	N	V	5
6	f	o	w		F	O	W	6
7	g	p	x		G	P	X	7
8	h	q	y		H	Q	Y	8
9	i	r	z		I	R	Z	9
A	"			[	SHY			
B	"			]				
C								
D								
E								
F	±							EO

图 4-4 EBCDIC 码表

ASCII 码作为一个标准最初是美国国家标准协会（ANSI）开发的。ANSI 对原始的 ASCII 码也定义了 8 位扩展，外加的 128 项提供了各种符号、线的形状和重音外文字母符号，这些未在图中给出。合在一起的 8 位编码称为 Latin-1。Latin-1 是一个 ISO（国际标准化组织）标准。

ASCII 和 EBCDIC 都有局限性，它们只反映了起源。8 位字支持的 256 个编码值严重地限制了可能的字符数量。两种编码都只提供了拉丁字母表、阿拉伯数字和在英文中使用的标准的标点符号；Latin-1 ASCII 也包含一小部分重音和一些将码集扩展到西欧的主要特殊字符。较早的 EBCDIC 遗漏了某些特殊的字符，特别是"［"和"］"符号，这在 C 和 Java 编程语言中是用来表示下标的；还有在许多语言中表示数学运算的"∧"符号、在许多语言中封闭代码块的"｛"和"｝"符号，以及用于 UNIX 系统命令、互联网和互联网 URL 的"～"符号。这些缺点促生了新的国际标准的开发，主要是 16 位的 Unicode。对于现代系统中的字符表示，它很快取代了 ASCII 和 EBCDIC。使用 8 位、16 位和 32 位字的组合，Unicode 大约支持 100 万个字符。ASCII Latin-1 码集是 Unicode 的一个子集，在 Unicode 表中占据的值是 0 ~ 255。因此，从 ASCII 转换到 Unicode 特别简单：只需要将 8 个最高有效位置 0，便可从 8 位扩展到 16 位。如果使用的字符仅限于 ASCII 子集，Unicode 到 ASCII 的转换也很简单。

Unicode 将其字符编码分为 16 个 16 位名为位面的编码页。一个基位面外加 15 个辅助位面，允许的空间可容纳大约 100 万个字符。Unicode 定义了 3 个编码方法：UTF-8、UTF-16 和 UTF32。UTF-8 和 UTF-16 使用可变的字节数来对字符进行编码。UTF-32 使用 32 位的字对所有的字符进行编码，每个字符都是 32 位。最常用的 Unicode 形式是 UTF-16，它能直接表示 65 536 个基位面的字符，其中，大约 49 000 个是世界上最常用的字符。另外 6400 个 16 位编码永久地保留为私用。辅助位面上的字符使用 32 位的字进行编码，使用的方法是在 D800 ~ DFFF 范围内，将每个码变换为一对 16 位的代替码（surrogate code）。撰写本书时，最新的标准是 Unicode 6.1，它定义了大约 11 万个不同的字符。

从全球化的意义上说，Unicode 是多语种的。对于世界上的现代应用，它定义了差不多所有基于字母的字符编码；还为中文、日语、韩语定义了大量的象形文字编码；定义了大量的标点和符号编码、许多过时的或古老的语言编码，以及各种控制字符编码。它支持复合字符和音节群。复合字符由两个或两个以上的不同部分构成，但只有一个部分会导致间隔的发生。例如，在希伯来语中，一些元音出现在对应的辅音下面。某种语言里的音节群是单字符的，有时候由复合部分组成，它们一起构成一个完整的音节。私有部分的编码主要针对用户定义的和特定软件的字符、控制字符和一些符号。图 4-5 展示了常用的 2 字节的 Unicode 的一般码表结构。

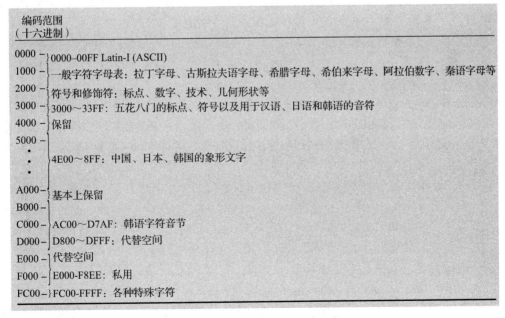

图 4-5　2 字节的 Unicode 分配表

反映国际通信的普遍性，Unicode 正在替代 ASCII 作为绝大部分系统和应用程序选择的字母编码。甚至 IBM 的较小机型也几乎都使用了 Unicode，并为其大型主机提供了基于硬件的双向 Unicode–EBCDIC 转换表。Unicode 是当前操作系统采用的标准，包括 Windows、Linux、OS X、iOS 和 Android。然而，存储和应用中的大量档案数据，还会令 ASCII 和 EBCDIC 存在一段时间。

回到 ASCII 和 EBCDIC 表，一起看一下这两个表会发现几个有趣的想法。首先不要惊讶，注意特殊字母字符的编码在两个表中是不一样的。这只是再次强调，如果我们使用 ASCII 终端作为输入，输出也将是 ASCII 形式，除非在计算机内进行一些变换。换句话说，在 EBCDIC 终端上显示 ASCII 字符会产生垃圾信息。

更重要地，注意观察 ASCII 和 EBCDIC 的设计，其字母顺序是这样的：在计算机内可以对编码使用简单的数值排序，从而实现字母排序，假如软件将大小写混合的编码转换为一种形式或另一种形式。在表示表中编码的顺序叫作**排序序列**。排序序列在普通字符处理中是非常重要的，因为许多字符的处理都是围绕排序和选择数据来进行的。

大小写字母以及字母和数据，在 ASCII 和 EBCDIC 中具有不同的排序序列。因此，当输入是 EBCDIC 时，一个为 ASCII 字符排序设计的计算机程序，在运行时将会产生不同的，或许是不期望的结果。特别要注意的是，在 EBCDIC 中，小写字母位于大写字母之前，而在 ASCII 中，这是反过来的。对于由字符和数字构成的字符串也会出现同样的情况。在 ASCII 码中数字排在前面，在 EBCDIC 码中数字排在后面。

两个表都将编码分为两类，具体来说就是打印字符和控制字符。打印字符实际产生的输出是在屏幕或打印机上。控制字符用来控制输出在屏幕或纸上的位置，从而引起某种动作的发生，例如，振铃、删除一个字符、计算机和 I/O 设备之间的状态通信，如 Control 和 "C" 键组合在许多计算机中用于中断程序的执行。除了位置控制字符之外，ASCII 码表中的控制字符是这样产生的：按住控制键的同时再敲击一个字符。在表中执行编码的位置对应于相同文字字符的位置。因此，SOH 的编码是通过 Control + A 键组合产生的，SUB 是由 Control + Z 键组合产生的。看一下 ASCII 和 EBCDIC 表，你能确定 tab 键产生什么控制码吗？ASCII 表中每个控制字符的解释如图 4-6 所示。在这个表中，许多编码的名字和描述反映了这些编码在数据通信中的使用。在 EBCDIC 中，也有一些另外的控制码，它们为 IBM 大型主机所专用，但我们在这里不会定义它们。

除非处理文本的应用程序重定义格式或以某种方式修改数据，否则文本数据通常都是按字符串来存储的，包括数字字符、空格、制表符、回车键，外加其他控制字符和文本有关的换码序列（escape sequence）。某些应用程序，特别是字处理软件和一些文本标记语言，为格式化文本添加了属于自己的特殊的字符序列。

在 Unicode 中，每个标准的 UTF-16 字母字符都按两个字节来存储。因此，在一个纯文本文件（没有图像的文件）中，字节数的一半大约就是其字符数。类似地，有效的字节数也定义了设备存储文本和数值数据的容量。只需要一小部分存储空间来记录各种文件的信息，因此，几乎所有的空间都用在了文本自身上。所以，1GB 的闪存可存放大约 5 亿个字符（包括空格——请注意，空格当然也是字符）。如果一页有 50 行且每行有 60 个字符，那么，这个闪存大约可以存放 16 万页的文本或数字。

实际上，闪存可能存放不了那么多内容，因为许多现代的字处理软件都能将文本与图形、页面布局、字体选择以及其他功能组合起来。它也可能包含一两个 YouTube 视频。图形和视频尤其消耗磁盘空间。尽管如此，本书包括图形和所有文本，刚好占据 1GB 的闪存容量。

NUL	（空）无字符，用于填空格	DLE	（数据通信换码）类似于换码键，但用于改变数据控制字制的含义，允许发送带任意组合的数据字符
SOH	（头起始）指示传输使用的头的开始	DC1, DC2,DC3, DC4	（设备控制）用于设备或特殊终端功能的控制
STX	（文本的超始）指示传输期间文本的开始	NAK	（负确认）和 ACK 相反
ETX	（文本的结尾）和上面类似	SYN	（同步）用于对一个同步传输系统进行同步
EOT	（传输结束）	STB	（传输快结束）指示一个传输数据块的结束
ENQ	（询问）请求远程站点的响应，响应一般是身份	CAN	（取消）取消以前的数据
ACK	（确认）接收设备发生的一个字符作为对发送端查询的肯定响应	EM	（介质末端）指示介质的物理终端，如磁带
BEL	（铃声）振铃	SUB	（替换）替换一个错误发送的字符
BS	（退格键）	ESC	（换码）通过改变连续字符中特定数字的含义，对编码进行扩展
HT	（横表）	FS, GS,RS, US	（文件、组、记录和统一分隔符）系统可选，用来对数据集提供分隔符
LF	（换行）	DEL	（删除）删除当前的字符
VT	（纵表）		
FF	（换页）将光标移动下一页、表或屏幕的开始位置		
CR	（回车）		
SD	（移出）移动到下一字符集，直到遇到 SI		
SI	（移入）见上面		

图 4-6　控制定义 [ISTAL96]

4.3　可视数据

　　长期以来字母数据是传统的业务媒介，但计算机图形技术的进步，网络技术的增长，图像与视频在智能手机和平板电脑上的创建、显示及通信的灵活性，这些都提升了企业计算环境中可视数据的重要性。图像可以从纸上扫描得到，也可以使用软件绘制出来，或者用数码相机，以及手机和平板电脑上的相机拍摄出来。智能手机、平板电脑以及许多计算机通常都有视频采集功能。

　　照片和生物图像可以存储在计算机内，用于员工身份的快速识别。使用工具可以快速精确地产生出图纸。制图工具有很多，简单的有制图和绘画软件包，复杂的有计算机辅助设计 / 计算机辅助制造（CAD/CAM）系统。对于业务数据和趋势，图表和图形提供了容易理解的展示方式。演示文稿和报告包含了加强效果的图像和视频。各种各样的多媒体信息成为了网站的核心内容。对于商业销售、网上营销以及移动应用而言，视频和照片是主要的组成部分。

　　我们首先还是考察图像。图像有多种多样，其形状、大小、纹理、颜色、阴影以及细节级别都可能不一样。不同的图像数据需要不同的处理方法。所有这些差异使得很难像标准字母编码用于文本那样，定义一个统一的图像格式。相反，图像的格式应当根据处理、显示、应用、存储、通信和用户需求来定义。

计算机内使用的图像分为两个不同的类型。每一类使用不同的计算机表示方法、处理技术和工具：

- 图像（如照片和绘画）是通过阴影、颜色、形状和纹理的连续变化来描述的。可以使用图像扫描仪、数码相机、移动设备，或者视频摄像机帧接收器，将这类图像输入到计算机中。也可以使用计算机内的绘图程序产生。为了维护和重现这些图像的细节，需要表示和存储图像内的各个点。我们将这样的图像称为**位图**（bitmap image）。图形交换格式（GIF）、便携式网络图形（PNG），以及联合图像专家组（JPEG）格式，这些网站上常用的图像格式都是位图格式的例子。
- 由图形形状（如直线和曲线）构成的图像可定义几何图像。形状本身可以很复杂。许多计算机专家将这些形状称为**图形对象**。对于这些图像，存储每个对象的几何信息和在其图像中的相对位置就够了。我们将把这些图像称为**对象图像**。它们有时也被错误地称为**矢量图像**，因为这种图像通常（但不总是）是由称为矢量的直线线段构成的。对象图像在计算机内通常是用某种绘图或设计软件画出来的。它们也可以通过其他处理技术产生，如数据绘图或电子表格里表示数据的图。更罕见地是，它们可以通过特殊的扫描位图图像软件变换出来的，使用这种软件产生对象图像非常简单。

绝大部分对象图像的格式都是专有的。然而，W3C 这个监视网站的国际联盟，基于扩展标记语言（XML）网站描述的语言标签定义了一个名为 SVG（可扩展的矢量图形）的标准。Adobe Flash 将对象图像和位图图像结合起来，这种使用也很流行。

只有极少数例外[⊖]，显示技术的本质使得将所有的图像都作为位图来显示和打印更为方便，效能成本也更为合算。对象图像可以转换为位图进行显示。只看一幅图像，有时候很难确定其原始格式是位图还是对象图像。例如，在几何上描述一幅图像颜色的细微变化是有可能的。在计算机动画图像中，创建运动所需的处理技术可以决定对象图像的使用，即便对象本身非常复杂。图像表示的类型通常是根据计算机对图像执行的处理来选择的。电影《怪物史莱克》和《玩具总动员》就是应用对象图像惊人的例子（参见图 4-12）。

有时候，这两种类型的图像数据出现在同一幅图像中。将图形对象存储为位图格式总是可以的，但在这种情形下，通常期望分别维护各自的图像类型。大部分对象图像表示都可以包含位图图像。

4.3.1 位图图像

绝大多数图像——照片、图形图像等——使用位图图像格式来描述是最容易的。将一幅图像表示为数字位图的基本原理非常简单。矩形图像划分为行和列，如图 4-7 所示。在图像中，每行和每列的交叉处是一个点（实际上，是一个很小的区域），称为**像素**（pixel），它是 *pi*[*x*]cture element 的字头缩写。每个像素对应于一组二进制数值，可以是一个二进制数，也可以是多个二进制数，它们定义了该点的视觉特征。在通常情况下，颜色和颜色强度是关注点的主要特征，但像透明度这样的次要特征也可能存在。图像中还包含元数据，图像元数据定义了这些值的含义和范围，此外还有行数和列数、使用的位图格式识别符，以及和这个图像有关的其他关联信息。

⊖ 例外是用于雷达显示的循环扫屏和用于建筑与工程制图的喷墨绘图机。

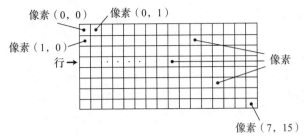

像素存储顺序：p(0, 0), p(0, 1), …p(0, 15), p(1, 0), …p(1, 15), …p(7, 15)

图 4-7　一个 16×8 的位图图像格式

图像特征中还可能包含像素宽高比值，如果图像是矩形而非正方形的，这个比值可用来调整图像的显示。对于一个特定的位图格式，包含在图像中的特定元数据属于定义的一部分。

像素数据通常是自顶向下存储的，一次一行，从像素（0，0）开始到像素（$n_{row} - 1$，$n_{col} - 1$），即从图像左上角的像素到右下角的像素（比较奇怪，这个图像被称为 $n_{col} \times n_{row}$ 图像，而不是 $n_{row} \times n_{col}$）。由于这种表示和电视图像的产生方式类似，因此这种布局叫作光栅。像素的输入或输出是按顺序进行的，一次一个像素，这种展现方式叫作**光栅扫描**，如图 4-8 所示。实际的像素坐标，像素（行，列）不需要跟像素值一起存储，因为像素是按序存储的，而且行数和列数是已知的，并且是跟图像一起存储的。

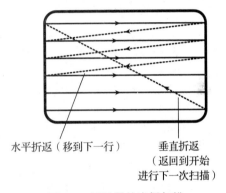

水平折返（移到下一行）　　垂直折返（返回到开始进行下一次扫描）

图 4-8　显示器的光栅扫描

对于黑白图像（如 0 表示黑，1 表示白）而言，表示一个像素的实际数据可以简单到一位，而对于彩色图像则相当复杂。例如，在一幅高质量的彩色图像中，每个像素可以由多个字节的数据组成：一个字节表示红色、一个字节表示绿色、一个字节表示蓝色，另外的一些字节表示其他特征，如透明度和色彩校正等。

作为一个简单的例子，看一下图 4-9 所示的图像。左边照片中的每个点用 4 位码来表示，对应于 16 个灰度级中的一个灰度级。对于这幅图像，十六进制的 F 表示黑色，十六进制的 0 表示白色。右边的图展示了在这种图像表示中，每个像素所对应的值。

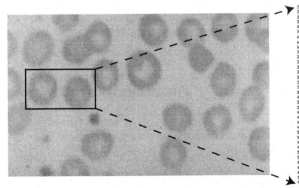

图 4-9　图像像素数据

位图图像的存储和处理通常需要大量的存储空间，也需要处理很大的数据阵列。对于一张包含 768 行、每行 1024 个像素（即一张 1024×768 的图像）的单色图片，每个像素有 3 种颜色，存储每种颜色需要单独的一个字节，这总共将需要将近 2.4MB 的存储空间。当不同颜色数很少时，用于显示的另一种表示方法，可以降低内存需求，因为它存储的是每个像素的编码，而不是实际的颜色值。每个像素的编码，通过一个名为**调色板**的颜色变换表变换为实际的颜色值，调色板作为图像元数据的一部分进行存储。这种方法在第 10 章进行讨论。数据压缩也可以用来减少存储和进行数据传输。

计算机内的图像表示实际上只是原始图像的一个近似，因为原始图像展现了连续的强度范围，或许也展示了颜色的连续范围。计算机表示的真实度依赖于像素的大小和每个像素的表示级数。在给定的图像区域中，减少每个像素的大小，能增加每英寸范围内的像素数，这样就可能提高表示的**分辨率**或细节级。也减弱了对角线上所看到的"步进"（stepping）效应。增加每个像素可用值的描述范围，就能增加不同灰度级或可用颜色的数量，从而提高图像中颜色或灰度色调的整体精度。当然，存储需求、处理时间和传输时间，需要对分辨率进行一定的折中。

当图像中存在大量的细节且处理需求相当简单的时候，位图表示特别有用。典型的位图图像处理包括：存储和显示、图像片的切割和粘贴、图像的简单变换（如亮度和对比度变化、维度或者颜色的变化）。大部分位图处理技术很少涉及或者不直接处理图像内插入的对象。

例子 作为位图图像存储格式的一个例子，我们考察一下存储图像的流行方法：**图形交换格式（GIF）**。GIF 最早是由 CompuServe 于 1987 年开发出来的，它作为一种私有格式允许在线服务的用户在各种不同的计算平台上进行位图存储和交换。第 2 版 GIF 更加灵活，发布于 1989 年。后来的版本 GIF89a 支持一系列图像按一定的间隔顺序显示，从而产生"运动的 GIF 图像"。GIF 格式广泛地用在网站上。

GIF 假定一个矩形"屏幕"的存在，一个或多个大小可能不同的矩形图像位于这个屏幕上。图像未覆盖的区域涂上背景色。图 4-10 说明了屏幕及其图像的布局。这个格式将图像信息和数据划分为若干个块，每个块描述图像的不同部分。第一个块叫作头块，它确定文件为 GIF 文件，还指定所使用的 GIF 版本。

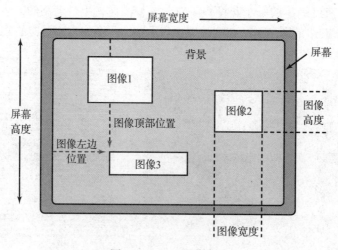

图 4-10 GIF 屏幕布局

　　紧随头块后面的是一个逻辑屏幕描述符块。它确定屏幕的宽度和高度，为屏幕上的图像描述可选的颜色表（调色板），指示每种有效颜色的位数，确定背景屏幕的颜色，并指定像素的宽高比。

　　然后，屏幕上的每幅图像按自己的块进行存储，并以图像描述符块作为头块。图像描述符块确定图像在屏幕上的大小和位置，必要时，还允许调色板指定图像。这个块还包含可以以不同分辨率显示各自图像的信息，后跟图像的实际像素数据。像素数据使用 LZW 算法进行压缩。LZW 称为无损压缩算法，因为它是可逆的，在原始数据扩展时它能准确地恢复。基本的 GIF 格式结构如图 4-11 所示。

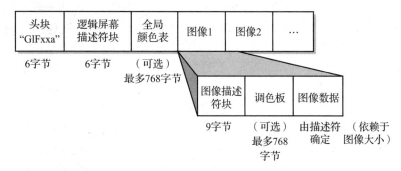

图 4-11　GIF 文件格式结构

　　尽管我们已经简化了描述，但你可以看到图像数据格式却仍是非常复杂的。这种复杂性是提供所有信息所必需的，这些信息使得图像可用在各种不同的设备上。

　　有许多可以替代 GIF 格式的方法。特别是 GIF 格式只有 256 种颜色，比如用来显示绘画或照片的细节时，这通常是不够的。**PNG(便携式网络图形)** 格式是最著名的无损压缩方法，可替代 GIF。PNG 可为每个像素存储的颜色多达 48 位，另外还能存储透明度的百分比值以及显示器或打印机上的色彩校正因子。其压缩算法一般也比 GIF 使用的压缩算法更高效。和 GIF 不同，PNG 在文件中只存储单一的图像。

　　第三种流行的方法是 **JEPG（联合图像专家组）格式**，它使用有损压缩算法来减少存储或传输的数据量，但在某些情况下，特别是锐利边缘和线条，所使用的算法也降低了图像分辨率。这使得 JPEG 更适合表示高度详细的照片和油画，而 GIF 和 PNG 更适合于线条画和简单图像。

　　网站上的图像绝大多数是 JPEG、PNG 或 GIF 格式的。其他位图格式包括主要用于 Macintosh 平台的 TIFF 和 Windows 中的 BMP 格式。

4.3.2　对象图像

　　当一幅图像是由几何定义的形状组成时，它可以灵活高效地处理并以压缩的形式来存储。虽然看起来这种图像好像很少，但事实并非如此。

　　对象图像由简单的元素组成，如直线、曲线（称为贝塞尔曲线）、圆、圆弧、椭圆等。其中每个元素可以用少量的数学参数来定义。例如，一个圆只需要 3 个参数，具体是定位圆的 x 和 y 坐标，再加上圆的半径。一条直线需要确定端点的 x 和 y 坐标，或者是起始点、长度和方向。对象图像通过线条绘图软件产生，而不是颜料绘画软件。也可以通过各种显示特殊图形图像的软件包生成，如微软 Excel 中的图表或者项目管理软件中的流程图。

　　由于对象是在数学上定义的，所以它可以很容易地移动、缩放和旋转，却不会丢失形状和同一性。例如，通过使用不同的尺度缩放一个圆的水平和垂直尺寸，可以简单地构建一个椭圆。封闭的对象可以加阴影、填充图案颜色，这也可通过数学来描述。对象元素可以组合或者连接在一起，形成更加复杂的元素，然后，对这些复杂的元素进行操作和组合。图 4-12 所示的"怪物史莱克"就是一个对象图像的例子，你也许会惊讶。

相对于位图图像，对象图像有很多优点。它们需要的存储空间更少，可以很容易处理并且不丢失同一性。相反，请注意，如果位图图像缩小后再放大，图像细节会永久地丢失。当对位图格式的直线执行这样的操作时，结果就是"锯齿状图形"。相反，照片和使用颜料绘画生成的图像根本就不能表示为对象图像，必须表示为位图。

梦工厂公司 /photofest

图 4-12　一幅对象图像

由于常规的打印机和显示器是从屏幕或纸的顶端向底端逐行产生图像的，所以对象图像不能直接显示或打印，除非是在绘图仪上。相反，为了显示和打印，对象图像必须转换为位图图像。这种转换可以在计算机内进行，也可以传送到具有这种转换功能的输出设备上进行。PostScript 打印机就是这样的一个设备。例如，为了在屏幕上显示一条直线，程序将会计算该直线经过屏幕的每一个像素并标记为显示。这是计算机执行的简单计算。如果这条直线移动了或者长度改变了，只需要重新执行计算显示新的图像即可。

例子　PostScript 页面描述语言是一个格式的例子，这个格式可存储、传送、显示和打印对象图像。页面描述是一个过程和语句的列表，它描述页面上的每一个对象。PostScript 嵌在编程语言的页面描述中。因此，一幅图像就是一个由 PostScript 语言编写的程序。

编程语言存储为 ASCII 或 Unicode 文本形式。因此，PostScript 文件可以作为任意其他文本文件来存储和传送。计算机或输出设备里的解释器程序读取 PostScript 语句，并借此产生可打印或显示的页面。解释器产生的图像是相同的，不必考虑用于图像显示或打印的设备。解释器内包含设备分辨率和形状差异的补偿。

PostScript 有大量的库函数，所以对于一幅基于对象的图像，它的每个方面都很容易处理。有画直线、贝塞尔曲线和圆弧的函数；有将简单对象组合为复杂对象的函数；有将一个对象变换到页面不同位置，以及缩放或扭曲对象、旋转对象和产生对象镜像的函数；也有给对象填充图案或者调整线宽度和颜色的函数。PostScript 包含过程建立和调用的方法、IF-THEN-ELSE 和循环编程结构。这样的清单还可以一直继续下去。

一个简单的程序如图 4-13 所示，它在尺寸为 $8\frac{1}{2}$ in（1in = 0.0254m）×11in 页面中央的矩形内画一对带阴影的同心圆。这个例子展示了编程语言的许多特征。这个页面布有 X、Y 网格，原点位于左下角。网格中每个单位的长度是 1/72in，这对应于出版物上的一个点。每行包含一个函数，这个函数带有一些提供该函数特定细节的参数。参数位于函数调用之前。在 % 符号后面的是注释。

第一行包含一个 translate 函数，它将 X、Y 的原点移到页面的中央。这个函数的参数：288 和 396，它们表示 X 和 Y 移动的距离，单位是点数（注意，在原方向上，288in/72=4in；在 Y 方向上，396in/72=5in）。每个圆通过 arc 函数来创建。arc 函数的参数是弧的 X 和 Y 起点、半径、开始和结束角度（0 和 360 产生一个完整的圆）。你应该能写出剩余部分。请注意，语句是按顺序解释的：第二个（即灰色的圆）位于第一个圆的上层。

288 396 translate	%	将原点移到页面中央
0 0 144 0 360 arc	%	定义黑色圆的半径为 1in
fill		
0.5 setgray	%	定义灰色圆的半径为 1in
0 0 72 0 360 arc		
fill		
0 setgray	%	颜色置位为黑色
-216 -180 moveto	%	从左下角开始
0 360 rmoveto	%	并定义矩形
432 0 rmoveto	%	……一次一行
0 -360 rmoveto		
closepath	%	完成矩形的绘制
stroke	%	绘制轮廓替代填充
showpage	%	产生图像

图 4-13　一个 PostScript 程序

可以说，PostScript 最重要的特征就是包含可扩展的**字体**，以支持文本的显示。字体轮廓对象跟其他对象的描述方式是一样的。在可扩展的 ASCII 字符集中，每个字体都包含一个可打印字符的对象。PostScript 包含 35 个代表 8 个字体家族的标准字体，另外还有两个符号字体，而且其他字体也可以添加进来。Unicode 字体也是可用的。字体可以像处理其他对象那样来操作。文本和图形可以混在一幅图像中。文本的图形显示在下一小节进一步探讨。

图 4-14 展示了另一个更为复杂的 PostScript 程序。这个例子展现了一个带扩展片和标记的饼图。为了改善显示效果，扩展片带有阴影。饼图中的每个片是通过一个名为 wedge 的程序画出的。阴影是通过三次画楔形得到的，一次用黑色画，然后移动一点，用白色画出轮廓。

PostScript 是一种格式，用于以对象形式存储图像。然而，有时候需要将位图嵌入到一幅以对象为主的图像中。PostScript 提供了这种功能。对于嵌入的位图图像，它甚至还提供了修剪、放大、收缩、变换和旋转的功能，当然，这些操作是在位图格式的界限内进行的。

4.3.3　将字符表示为图像

在典型的以图形为基础的现代系统中，基于字符数据的表示提出了额外的挑战。在以图形为基础的系统中，有必要区分字符和基于图像的字符对象，基于图像的字符表示叫作象形字（glyphs）。各个象形字都是基于某个字体的特定字符的。在有些情况下，一个象形字也可能依赖于相邻的字符。数据应当按字符或象形字来表示和存储吗？这个答案取决于文本的用途。大多数文本的处理和存储主要是为了其内容。如字处理软件，它将文本存储为 Unicode 格式的字符数据；使用与数据一起存储的特殊字符序列，可将字体嵌入在文本文件中，这通常是特定应用软件支持的专有文件格式。字符数据转换为用于展示的象形字，称为**渲染**，这可由一个渲染引擎程序来执行。之后，根据显示器或打印机的特性，象形字转换为位图图形进行展示。在少数场合里，文本实际上嵌入在图像中，此时表示字符的象形字可以作为对象图像进行组合、存储和操作。

```
% 画饼片过程                                    % 加入文本

% 参数：灰度级、起始角度、结束角度              0 setgray
/wedge {                                       144 144 moveto
    0 0 moveto                                 (baseball cards) show
    setgray                                    –30 200 (cash) show
    /angle1 exch def                           –216 108 (stocks) show
    /angle2 exch def                           32 scalefont
    0 0 144 angle1 angle2 arc                  (Personal Assets) show
    0 0 lineto
    closepath } def                            showpage
% 设置打印用的文本字体
/Helvetica-Bold findfont
    16 scalefont
    setfont
.4 72 108 wedge fill % 108–72 = 36 = .1 circle
.8 108 360 wedge fill % 70%
% 按三部分打印楔形
32 12 translate
0 0 72 wedge fill
gsave
–8 8 translate
1 0 72 wedge fill
0 setgray stroke
grestore
```

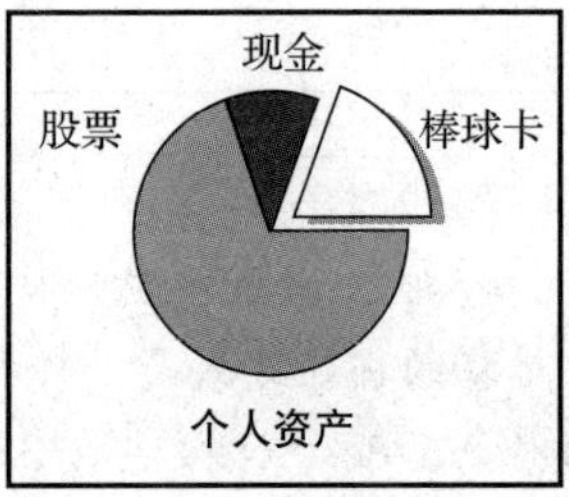

图 4-14　另一个 PostScript 程序

4.3.4　视频图像

GIF 只能偶尔用于简单的动画循环中，对于真实视频的存储、传输和显示要有一些其他的考虑。最重要的考虑是视频应用所产生的海量数据。例如，有这样一台摄像机，其图像是全屏 1024×768 像素的真彩色，帧率为 30 帧 /s，每秒钟产生的数据量是：1024 像素 ×768 像素 ×3 字节的颜色空间 / 帧 ×30 帧 /s= 70.8MB！一分钟的电影短片将占据 4.25GB 的存储空间。

可能的解决方法有这样几种：减小图像的大小、限制颜色的数量或者降低帧率，每种方法都有明显的缺点。尽管有时候我们也会使用这些方法，但在一般情况下，实际采取的方法是压缩视频数据。

如果把视频看作位图图像帧序列，你很快就会认识到帧到帧的图像一般变化不大。进一步说，大多数变化只发生在图像的一小部分上。即便是像足球这样的快速运动的体育项目，在帧间的 1/30s 内，移动一点的唯一物体就是球。在那么短的时间跨度内，球员的移动相对很小。

这就说明，大幅度地减少重现视频所需的数据量是有可能的。事实上，也确实如此。

结果就是将视频数据"重新包装"为另一种格式。在这种格式下，数据通过看是不大容易识别的。相反，视频是在输入阶段形成的，显示时，通过软件再转换回光栅扫描顺序的位图形式，进行显示。这个显示过程会在第 10 章里给出。

视频格式由**编解码器**（codec），或者编码器 / 解码器算法来确定。有许多不同的标准可以使用。最著名的编解码器标准是 MPEG-2、MPEG-4 和 H.264。微软视窗媒体视频格式、On2 VP8 和 Ogg Theora 都是流行的专有编解码器。编解码器通常嵌入在专有的"容器"内。容器作为一个超结构（superstructure），对视频进行编码、解码、保存和播放。它既提供视频又提供音频，也可以支持多个编解码器。苹果公司的 Quicktime、谷歌的 WebM 以及 Adobe 的 Flash Video 都是著名的容器。

MPEG-2 和 MPEG-4 格式存储和传送实时视频，这些视频能产生电影质量的图像，即便是高清图像，也能将视频数据压缩到每分钟 10 ～ 60MB 或更少一些。这种数据缩减对于**流式视频**非常重要，它是通过网络传送并且一边传送一边实时显示的视频。如果不进行深度压缩的话，很少有网络能传输高质量的视频。

4.4　音频数据

声音是现代计算机应用的一个重要组成部分。声音可以用作教育工具、多媒体展示的一个元素、基于计算机的电话——IP 网络电话（VoIP）工具、Skype 等，在计算机内通知事件，以及增加游戏的娱乐性。声音可以以数字形式存储在 CD-ROM 以及其他介质上，它可以给电影短片伴奏、揭示交响乐的细微差别，或者再现狮子的吼声。声音可以在计算机内进行处理从而谱曲、产生不同乐器甚至整个管弦乐队的声音。

来自音频源如传声器的声音，通常是数字化的，尽管也可以购买设备将计算机跟音乐键盘、合成器直接连接起来。对于大多数用户来说，声音都是事先数字化好的，从 CD-ROM 上获取，或者从网站或其他应用上下载的。

由于本质上原始的声音波是模拟量，所以需要转换为数字形式用于计算机。所使用的技术跟用于音乐 CD 和其他类型的模拟波技术是一样的，以一定的时间间隔对模拟波进行电子采样。每次采样一个样本，电子电路对样本的幅值进行测量，并将模拟值转换为等价的二进制值。执行这个功能的电路称为**模 - 数转换器**。表示最大的可能声音正峰值的样本，设置为正在使用的最大正二进制数；最大的负峰值设置为最大的负二进制数；二进制 0 位于中间。幅值范围在这两个极限之间均匀地划分。选择的采样率要足够高，以便能采集到转换信号的每一个细微差别。对于语音信号来说，采样率一般在 50kHz 左右，或者说每秒 5 万次。图 4-15 所示为基本的技术说明。典型的语音信号如图 4-15 的上部所示。信号的一部分以放大形式展现在图 4-15 的下部。在这个图中，信号值的范围为 -64 ～ 64。尽管我们还没有讨论负数的表示，但图中信号的连续值将是二进制的，等价于 -22、-7、+26、52、49 和 2。第 14 章会对模拟到数字的转换方法进行更详细的讨论。

在计算机内，大多数程序可能会将数据视为一维整数数组。然而，对于图形图像来说，除了波形本身外，还需要维护、存储和传送波形的元数据。为了处理和重现波形，程序至少要知道最大可能的幅值、采样率和总样本数。如果几个波形存储在一起，那么在一定程度上系统必须要识别出每个单独的波形，并建立起不同波形间的关系。例如，波形是一起播放还是一个接一个地播放？

正如你可能期望的，存储音频波形有许多不同的编解码器和格式，它们各自有各自的特征、优点和缺点。如 .MOD 格式主要用于存储声音样本，对这些样本进行操作和组合后可以产生新的声音。一个 .MOD 文件可以存储一段钢琴曲的样本。之后，软件能处理这个样本，从而再现键盘上所有不同的键；它能改变每个音调的音量，还能将它们组合起来合成出一段音乐里的钢琴部分。其他乐器也能进行类似的合成。MIDI 格式用于协调计算机和所连接的乐器，尤其是键盘之间的声音和信号。MIDI 软件能够读取键盘并能再现原声。.VOC 格式是通用的声音格式，它包含许多特殊功能，如文件里的标记器可以重复（循环）一个块或者合成一段多媒体演示的不同成分。块循环通过不断地重复能够扩展一段声音。.WAV 格式是通用格式，主要用于存储和重现声音片段。MP3 和 AAC 是 MPEG-2 和 MPEG-4 规范的衍生物，用于音乐的传送和存储。由于网站上发布了大量的 MP3 和 ACC 编码格式的记录，也由于便宜的便携式设备能下载、存储、解码和重现 MP3 和 AAC 数据，并且它们随处可用，因而，这两种格式已经变得非常流行了。

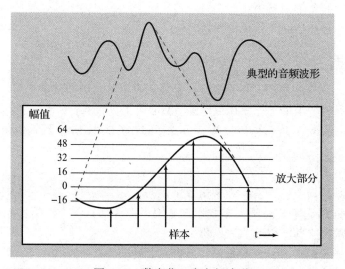

图 4-15   数字化一个音频波形

就像视频那样，音频数据也可以本地生成和存储，在网络或网站上传送。然而，音频数据的传输和处理需求没有视频那样严格，所以音频常常能从网站上传送出来。有许多网站能够利用广播站和其他源广播音频，流式音频也可用于互联网电话。

例子 .WAV 格式是微软设计的，作为其多媒体规范的一部分。它支持 8 位或 16 位的声音采样，对于单声道或立体声，它的采样率分别是 11.025 kHz、22.05 kHz 或 44.1 kHz。.WAV 格式非常简单，并且不支持许多功能，如声音块的循环。.WAV 数据没有压缩。

这个格式有一个通用的文件头，它标识数据块和指定文件中数据块的长度。头后面是数据块。这个通用的文件头可用于许多不同的多媒体数据类型。

.WAV 文件的结构如图 4-16 所示。数据块本身可拆分为 3 个部分。首先，4 字节的头通过 ASCII 的"WAVE"来识别声音文件。格式信息块紧随其后，这个块包含的信息有：数字化声音的方法、采样率（每秒采样数）、数据传输率（平均每秒传输的字节数）、每个样本的位数、声音是单声道还是立体声。后面是实际数据。

如果你有一台运行 Windows 操作系统并支持声音的个人计算机，那么在 Windows 目录下或许会发现 .WAV 文件。查找一下 tada.wav 文件，这是一个简短的小号曲，Windows 启动时会播放它。

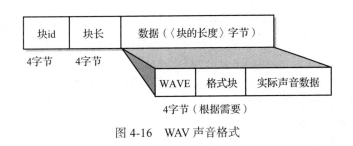

图 4-16 WAV 声音格式

例子 对于音乐的存储和传输，MP3 是主要的数字音频数据格式。它具有音质合理、文件很小的特点。MP3 使用许多不同的策略和选项，这使得文件很小。这些选项包括不同的音频采样率、固定或可变的位率、表示不同压缩级的宽范围位率。当然，位率的单位为 Kbit/s，这跟文件的大小直接相关，较低的位率会导致较低的音质。对可容忍的音质、传输率或文件大小之间进行权衡，文件的创建者在编码过程中对选项做出选择。一个 MP3 播放器必须能正确地解码，它必须也能播放 MP3 标准指定的任何变化的格式。

MP3 文件较小的主要原因是使用了"心理声学有损压缩"方法。MP3 文件的大小一般大约是未压缩的同等 .WAV 文件大小的 1/10。心理声学压缩基于这样的假设：尽管听众听不到或者不会察觉的声音是存在的，但是这样的声音可以去除掉。例如，相对于大的前景声音，背景中的软声音通常是不被察觉的。压缩级不仅依赖于所容忍的音质等级，也依赖于压缩音频的特征。典型的 MP3 文件每秒钟采样音频数据 44 100 次，这跟音频 CD 使用的数据率是一样的，以 128Kbit/s 或 192Kbit/s 速率将数据播放给听众。

图 4-17 展示了一个 MP3 文件的结构。文件由一个可选的 ID 字段和多个数据帧组成，可选的 ID 字段包含这样信息，如歌曲名、歌手等。每个数据帧有一个 32 字节的描述帧数据的头，后面是一个可选的 2 字节长的差错校验码，随后是数据本身。头中包含 2 字节的同步信息、MP3 版本号、位率、音频采样率、数据类型（例如，立体声或单声道音频）、版权保护和其他信息。MP3 标准要求每一帧包含 384 576 或 1152 个音频样本。请注意，这种格式允许每一帧的位率可变，允许更高效的压缩，但需要编码程序更困难。

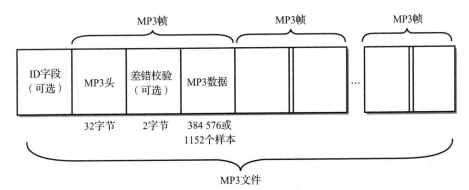

图 4-17 MP3 音频数据格式

4.5 数据压缩

多媒体的数据量很大，尤其是视频、声音，甚至高清晰静止图像，通常不可能或不现实以原始的形式来存储、传输和操作。相反，在许多情况下，期望或者有必要对数据进行压缩。对于视频片段、带声音的实时流式视频、较长的声音片段以及通过现代连接跨越互联网传输的图像，尤其如此。（对于大数据和各种程序文件也是这样，如 .zip 文件。）

有许多数据压缩算法，但总体上分为两类：**无损压缩**和**有损压缩**。无损算法压缩数据的方式是：匹配逆向算法的应用程序精确地将压缩数据恢复为原始形式。有损数据压缩算法基于这样的假设：出于节省关键资源（如存储空间或数据传输时间）的权衡，用户能够接受某种程度的数据削减。当然，对于必须要保持原始数据的文本文件、程序文件和数值数据文件等，只能使用无损数据压缩；而有损数据压缩常用于多媒体应用中。在绝大多数应用中，有损数据压缩比要远高于无损数据压缩比。

无损数据算法是通过视图去除数据中的冗余来工作的。例如，假定你有以下的数据字符串：

0 5 5 7 3 2 0 0 0 0 1 4 7 3 2 9 1 0 0 0 0 0 6 6 8 2 7 3 2 7 3 2…

你可以采取两个简单的步骤来减小这个字符串。首先，统计字符串中连续 0 的个数并保持该计数而非字符串，你可以降低数据量。重新产生一次 0 字符，后跟它的计数：

0 1 5 5 7 3 2 0 4 1 4 7 3 2 9 1 0 5 6 6 8 2 7 3 2 7 3 2…

请注意，在字符串中当一个单独的 0 出现时，我们实际上不得不增加一个字符。否则，解压缩算法会假设第一个 0 出现 5 次，而不认为数据是单个 0 后面的数字 5。

第二步，算法尝试识别出字符串内较大的序列，这些序列可以用单个可识别的值来替换。在示例的字符串中，序列"7 3 2"重复出现。我们用字符"Z"替换掉每一个这样的序列：

0 1 5 5 Z 0 3 1 4 Z 9 1 0 5 6 6 8 2 Z Z…

应用这两个步骤，样本字符串缩减了 35% 以上。数据后的单独附件会识别出我们所做的替换，以便能无损地恢复原始数据。例如，附件将表明：0 序列替换为单个 0，后跟其计数；序列"7 3 2"替换"Z"。作为练习，你或许希望恢复例子中的原始字符串。

示例中展示的方法有许多变种。你也应当注意一下，第二步要求提前访问整个数据序列，以确定重复序列。因此，这对于流式数据是没有用的。然而，还有其他变种，它们是基于可使用数据流已知特性的。例如，像我们前面提到的，视频编解码器使用这样的知识：图像按一定的帧率重复，即每秒 30 帧。在大多数情况下，连续帧之间只有一小部分图像发生微小的运动。GIF 图像和 ZIP 文件都是无损压缩。

有损算法基于这样的假设：根据应用和已知的人类感知特性牺牲掉某些数据而不会有重大影响。例如，我们已经知道，在纹理特别清晰的图像区域中，细微的颜色变化是不会觉察到的。因此，在这种情况下简化颜色数据是可以接受的。并且不会尝试恢复丢失的数据。在特定情况下可能减少的数据量是通过实验确定的。通常，有损算法以 10∶1 或更大的因子来减少数据量。JPEG 和 MP3 都是有损算法的例子。

视频编解码器同时使用（有损和无损）两种压缩形式的两个变种方法。某些视频编解码器甚至从帧到帧预测运动，以进一步压缩数据。根据报告可知，对于高清视频 H.264 可以使用近 1000∶1 的压缩比，并且图像质量也没有明显的降低。

总之，数据压缩的使用是一种折中，即在处理能力的使用与减少数据量以便传输和存储需求之间进行权衡。在大多数情况下，压缩比越高，对计算机处理能力的需求就越大。有时候，压缩比有一定程度的提高时，不表明处理成本会增加，也不表明图像质量会降低。

4.6 页面描述语言

页面描述语言是一种描述显示或打印页面上的对象结构的语言（在上下文中，我们从更一般的面向对象编程的意义上来使用"对象"这个词，而指的不是对象图像）。页面描述语言包含了不同数据格式中的各类对象，通常包括：文本、对象图像和位图图像。页面描述语言提供了一种方法来定位页面上的各种"零部件"。大多数页面描述语言也能扩展，使用叫作**插件程序**的语言桩来包容新的数据格式和对象。大多数音频和视频扩展都属于这一类。尽管有一点细微的差别，**页面标记语言**和**排版语言**在功能上和页面描述语言还是非常相似的。这 3 种表达经常交替使用。

有些页面描述语言极其简单，内在的功能很有限。如 HTML（超文本标记语言）几乎就提供了一个壳。除了文本之外，许多对象存储在独立的文件中，版面布局的细节部分都留给了再生页面的浏览器，而且，编程语言功能和其他功能都是以扩展的形式来提供的。已经展示了许多和 HTML 一起使用的数据格式。如 PDF（便携式文档格式）和 PostScript 提供了重现复杂页面的能力，这跟原来页面设计师的意图惊人地一致。

例如，PDF 包含自己的位图格式、对象图像格式和文本格式，所有这些都是经过优化的便于快速页面创建和展现。通常很难从原始的 PDF 文件中提取出原来的数据格式。有意思的是，PDF 并没有提供编程语言功能。相反，PDF 看作一种文件格式。这个文件里包含对象，每一个对象伴随有页面定位信息。据推测，为了展现对象需要程序对其进行预处理，所有这些都是在文件产生之前完成的。

另一方面，PostScript 包含一个全功能的编程语言，它可以在显示的时候处理。从这个意义上说，PDF 有点像是 PostScript 的一个子集，尽管它们的目标和优点有所差异。PDF 的许多功能源自于执行处理后的 PostScript。尤其是 PDF 里的对象图像描述，它是基于 PostScript 格式的，作为例子本章在前面已经展示过它。

4.7 计算机内部的数据格式

到此，对于到达计算机的各种数据格式，你已经有了概念。然而，一旦进入计算机，所有的数据都简单地存储为不同大小的二进制数值。解释这些二进制数依赖于两个因素：

- 计算机处理器能执行的实际操作。
- 创建应用程序的编程语言所支持的数据类型。

正如你在后面的章中要看到的，计算机处理器提供指令来操作数据（如搜索和排序），也对有符号和无符号整型数执行基本的算术操作。它们也提供了指向数据的方法：用一个存储的二进制值作为指针或定位符指向另一个存储的二进制数。由于这些指针本身是作为数字存储的，所以也可以对其进行操作和用于计算中。例如，指针值可以代表数组的索引。大多数近期的计算机也提供直接操作浮点数或实数的指令。在其他计算机中，使用软件程序对浮点数进行操作。

对于所支持的每种数据类型，处理器的指令集也都建立了格式。例如，如果计算机中的一个数应该是浮点数，那么设计的指令认为这个数值会按特殊的格式存放。整型数和浮点数的具体格式在第 5 章中讨论。

因此，存储在计算机内的原始二进制数可以很容易地解释，它们表示各种不同类型和格式的数据。C、Java、Visual Basic 以及其他语言，都给程序员提供了通过具体数据类型识别二进制数的功能。一般来说，有 5 种不同的简单数据类型：

- 布尔型：带有真值、假值的二值变量或常量。
- 字符型：字符数据类型。每个变量或常量容纳一个单独的字母字符表示，例如，单击一个键。也常常将一组字符看作字符串来一起处理。字符串就是单个字符的数组。Visual Basic 中的 ASC 函数显示了表示一个具体字符的实际二进制数编码。因此，在基于 ASCII 的系统中 ASC（"A"）展示的值跟 EBCDIC 系统展示的值将是不一样的。
- 枚举数据类型：用户定义的简单数据类型，其中，定义里的每个可能的值都会列出来，例如

  ```
  type DayOfWeek = Mon, Tues, Wed, Thurs, Fri, Sat
  ```

- 整型：正或负的整数。表示数字的字符串由编译器内置到程序中的转换例程进行内部转换，并按数值进行存储和操作。
- 实数或浮点数：带有小数点的数值，或者是大小程度超出了计算机作为整数处理和存储能力的数值。同样，将字符串转换为实数的例程也内置在程序中。

除了简单的数据类型之外，包括 C 在内的许多编程语言（但不包括 Java）都支持明确的指针变量数据类型。在计算机里，存储在指针变量里的值是一个内存地址。其他更复杂的数据类型，例如，结构、数组、记录以及其他对象，是由简单的数据类型组合而成的。

刚才列出的数据类型和处理器指令集的功能密切相关。整型数和实型数都能够直接处理。字符类型变换为指令，这些指令针对基本的字符操作处理数据，基本的字符操作就是你从程序设计课上学习到的那些字符操作。在计算机内，布尔型和枚举型数据的处理方式和整型数的处理方式类似。许多编程语言不接受布尔型和枚举型的数据输入，但其转换相对比较简单。只需要测试输入字符串的各种可能性，然后将值设置为正确的选项即可（见习题 4.10）。

其他语言可能支持完全不同的数据类型集。甚至有些语言根本不明确地识别任何数据类型，只是以适合操作执行的方式来处理数据。

数字字符到整型数的转换

例子 正如你已经看到的，典型的高级语言数值输入语句

```
READ(value)
```

需要一个转换软件将其从实际的字母输入转换为该值指定的数字形式，其中，value 是整型变量的名字。这种转换通常是由编译器编写的程序代码提供的，它已经变成你程序的一部分。相反，有些程序员选择接受字符型的输入数据，并通过自己编写的代码将其转换为数字形式。这允许更多的程序员对过程进行控制。例如，相比于内部转换程序，程序员可能选择提供更广泛的差错校验和恢复。（当需要一个数字时，如果用户输入了一个非法字符或者是一个字母，那么许多内部转换程序只是简单地崩溃。）

不管是内部程序还是程序员编写的程序，转换过程都是相似的。这些都是为了加深你对转换过程的理解，图 4-18 是一个简单的伪代码程序，它将一个无符号整型数的字符串转换为数值形式。这段代码包含简单的差错校验，并假定数值以空格（ASCII 32）、逗号（ASCII 44）或者回车键（ASCII 13）结束。

针对其他数据类型的转换程序也是类似的。

```
执行字符串转换的一个伪代码程序
// 使用的变量
char key;
int number = 0;
boolean error, stop;
{
  stop = false;
  error = false;
  ReadAKey;
  while (NOT stop && NOT error) {
    number = 10 * number + (ASCIIVALUE(key) – 48);
    ReadAKey;
  } // while 结束
  if (error == true) {
    printout('Illegal Character in Input');
  else printout('input number is ' number);
  } // if 结束
} // 程序结束

function ReadAKey(); {
  read(key);
  if (ASCIIVALUE(key) == 13 or ASCIIVALUE(key) == 32 or ASCIIVALUE(key) == 44)
    stop = true;
  else if ((key < '0' ) or (key > '9' )) error = true;
} // ReadAKey 函数结束
```

图 4-18　执行字符串转换的一个伪代码程序

小结与回顾

字母数据的输入和输出可以用编码表示，每个数据值对应一个编码。对于交互式的输入和输出，3个常用的编码系统是 Unicode、ASCII 和 EBCDIC。在这些编码中，每个字符表示一个二进制数，每个字符的存储通常占一个或两个字节。

编码的设计和选择是任意的，但在排序序列中的编码跟语言表示的搜索和排序操作一致是非常有用的。在计算机内，程序必须知道用于确保数据排序、数值转换的编码和正确处理其他类型字符操作的编码。输入、输出设备之间也必须要有约定，以便能正确地显示数据。如果有必要，变换程序可用来将一种表示变换为另一种表示。在必要的时候，计算机内的转换程序可将数字字符串转换为其他的数值形式。然而，数值数据必须转换回 Unicode、ASCII 和 EBCDIC 形式，以进行输出显示。最常用的字符数据输入源是键盘。

来自键盘的数据以字符流的形式进入计算机，它包括非打印字符和打印字符。带光学字符识别的图像扫描、声音输入以及各种专用设备（如条码阅读器），也可以产生字母数据。

有两种不同的方法可以表示计算机里的图像。位图图像是由像素值阵列组成的。每一个像素表示图片中一小块区域的采样。对象图像是由单个的几何元素组成的。每个元素由其几何参数、在图片中的位置以及其他细节来描述。

对象图像必须用几何方式来构建，在这种约束条件下，它们存储起来更为高效且处理起来更为灵活。它们可以缩放、旋转以及进行其他操作，并且不会丢失形状和细节。带有纹理和阴影的图像，如照片和绘画，必须按位图图像形式存储。一般来说，图像必须按位图来打印和显示；因此，对象图像在打印或显示之前，必须由页面描述语言的解释器转换为位图形式。存储图形图像有许多不同的格式。

由于涉及的数据量很大，视频图像很难管理。视频可以存储在本地系统中，也可以从网络或网站上流式传送下来。编解码器用来压缩视频，以便存储、传输和恢复视频进行显示。流式视频的质量受限于网络连接的能力。有些系统提供辅助硬件来处理视频。

在计算机里，音频信号是通过信号数字化产生的值序列来表示的。信号以一定的时间间隔进行采样。然后，将每个样本转换为等价的二进制值，这个值跟样本的幅值成正比。同样，不同的格式都可以用来存储音频数据，这依赖于应用。

音频信号可以流式传输或本地存储。音频的传输和处理需求远没有视频的那样严格。

对于静止的图像和视频以及音频，通常需要数据压缩。无损数据压缩能够完全恢复为原始的未压缩数据。有损数据压缩不能恢复原始的数据，但能不会被用户察觉到。

页面描述语言将各种具体数据格式的特征和数据组合在一起，指示出页面上的位置，以产生可显示和打印版面的数据格式。

在计算机内部，所有的数据不管用途如何都按二进制数存储。计算机里的指令支持这些数值的解释，它们可解释为字符、整数、指针，在许多情况下，还有浮点数。

扩展阅读

数据格式的一般概念相当简单，而额外的基于字符的练习和实践在韶姆大纲 [LIPS82] 中可以找到。关于各种编码，在许多文献里都有。映射到键盘的实际字符，通过 Windows 里的 *Character Map* 附件或 Macintosh 的 *Key Caps* 桌面附件可以直接看到。关于 Unicode 的其他信息，Unicode 网站 www.unicode.org 上面都有。

对于图形格式，有许多关于图像的好书。其中的大部分都清晰地描述了位图和对象图形的差异，许多也讨论了某些不同的图像文件格式以及它们之间的折中。另外，还有更多专业的书籍在这个方面通常很有用。默里和范·里珀 [MURR96] 提供了详细的图像格式目录。里默 [RIMM93] 详细讨论了位图图像。

关于 PostScript 语言，斯密斯 [SMIT90] 给出了一种很容易理解的方法。3 本有关 Adobe 的书：[ADOB93]、[ADOB99] 和 [ADOB85]，通常分别称为绿皮书、红皮书和蓝皮书，它们详细又清晰地解释了 PostScript。Adobe 还提供有 PDF 参考书 [ADOB06]。关于 PDF 简单介绍的一个文献是普拉莫的白皮书 [PDFP05]。

关于视频和数字声音的各个方面有许多书籍，但大部分很难读懂；网站是比较好的资源。类似地，随着需求的增长，所有的类型都出现了新的数据格式。由于当今的需求似乎一直在增长，所以对你来说，最好最新的信息源无疑就是网站。

复习题

4.1 当数据输入到一台计算机中时，几乎总是以某种标准的数据格式来操作和存储的。在这种情形中，为什么会认为数据标准的使用很重要，或者说非常关键？

4.2 对于字母字符，说出 3 个常用的标准。哪一个标准是用来支持世界书写语言的？哪一个主要用于在大型主机上运行遗留程序的？

4.3 ASCII Latin-1 字符集和对应的 Unicode（统一码）之间有什么关系？两者之间的转换容易吗？

4.4 什么是排序序列？

4.5 位图图像的主要特征是什么？对象图像或矢量图像的主要特征是什么？哪一个用于显示？什么类型的图像必须按位图图像来存储和操作？为什么？

4.6 什么是图像的元数据？请你举例给出至少 3 个位图图像需要元数据的例子。

4.7 说出使用对象图像的两个优点。

4.8 视频编解码器的功能是什么？视频容器的功能是什么？请至少说出两个不同的编解码器和两个不同的容器。

4.9 请简要解释一个模－数转换器如何将音频数据转换为二进制数据。

4.10　请简要描述 MP3 音频文件的最重要特征和功能。

4.11　请解释有损和无损数据压缩之间的不同。哪一个通常产生较小的文件？在有损音频数据压缩中，
　　　"丢失"的含义是什么？在什么情况下，不可能使用有损数据压缩？

4.12　什么是页面描述语言？请给出一个页面描述语言的例子。

4.13　在大多数高级编程语言中，请给出它们可以提供的 5 个简单的数据类型。

4.14　请解释数字字符和数字之间的不同。在什么条件下，你会期望计算机使用数字字符？什么时候
　　　你会期望计算机使用数字？当数值数据通过键盘输入时，使用哪一种形式？哪一种形式用于计
　　　算？哪一种形式用于显示？

习题

4.1　a. 创建一个展现 ASCII 和 EBCDIC 表示的表，并排展示每个大写字母、小写字母和数字。

　　b. 为了将各个数字字符转换为对应的数字值，对你来说十六进制表示是简单的方法吗？

　　c. 为了将小写字母转换为对应的大写字母，十六进制表示是一种简单的方法吗？

　　d. 处理 ASCII 的方法能同样用于处理 EBCDIC ？如果能，你需要在程序中进行什么改变，使得
　　　（b）和（c）工作？

4.2　a. 数值 –3.1415 的二进制、八进制、十六进制、十进制的 ASCII 表示分别是什么？

　　b. 数值 +1,250.1 的 EBCDIC 表示是什么？（包括逗号）

4.3　下列二进制 ASCII 码表示什么字符串？

　　　　1 010 100　1 101 000　1 101 001　1 110 011　0 100 000　1 101 001　1 110 011
　　　　0 100 000　1 000 101　1 000 001　1 010 011　1 011 001　0 100 001

4.4　ASCII、Unicode 和 EBCDIC 并非唯一可能的编码。行星协会的 Sophomites 使用非常奇特的编码，
　　　如图 E4-1 所示。在 Sophomites 字母表中，只有 13 个字符，每个字符使用 5 位编码。另外，有 4
　　　个数值数字位，因为 Sophomites 每只手有两个手指，所以算术运算使用四进制。

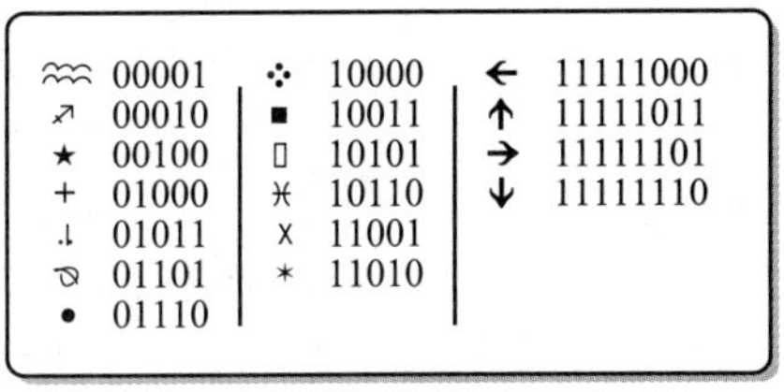

图　E4-1

　　a. 对于下面的二进制码，Sophomites 正在发送的信息是什么？

　　　　11001110100000111111000000100110111111110111110000000100100

　　b. 在（a）中，你可能注意到这个码没有定义字符之间的边界。如何对这个码定义边界？假定在
　　　传输中丢掉了一位，会发生了什么？假定某一位发生改变了（0 变成 1 或 1 变成 0），会发生
　　　什么？

4.5　作为另外一种字符编码方法，考察一种编码形式，其中在卡片的各列上穿孔表示字母编码。有孔
　　　的地方表示 1；其他所有位是 0。图 E4-2 所示的霍勒瑞斯码就是这种编码的一个例子。这种码曾
　　　用来表示图 E4-3 所示卡片上的信息。每行表示从 0 到 12 中的一个码级。级 12 和级 11 未在卡片
　　　上标出，它们分别表示最顶行和次顶行。每列表示一个字符，因此，这张卡片能够容纳一个 80
　　　列的文本行（这种卡片作为一种数据输入方法，在 20 世纪六七十年代非常流行，这就是为什么基
　　　于文本的显示仍然限制在每行有 80 个字符的原因）。请你变换图 E4-3 里的卡片。

字符	穿孔码	字符	穿孔码	字符	穿孔码	字符	穿孔码	字符	穿孔码
A	12,1	L	11,3	W	0,6	7	7	<	12,8,4
B	12,2	M	11,4	X	0,7	8	8	(	12,8,5
C	12,3	N	11,5	Y	0,8	9	9	+	12,8,6
D	12,4	O	11,6	Z	0,9	&	12	$	11,8,3
E	12,5	P	11,7	0	0	–	11	*	11,8,4
F	12,6	Q	11,8	1	1	/	0,1	)	11,8,5
G	12,7	R	11,9	2	2	#	8,3	,	0,8,3
H	12,8	S	0,2	3	3	@	8,4	%	0,8,4
I	12,9	T	0,3	4	4	'	8,5	空格	空
J	11,1	U	0,4	5	5	=	8,6		
K	11,2	V	0,5	6	6	.	12,8,3		

图   E4-2

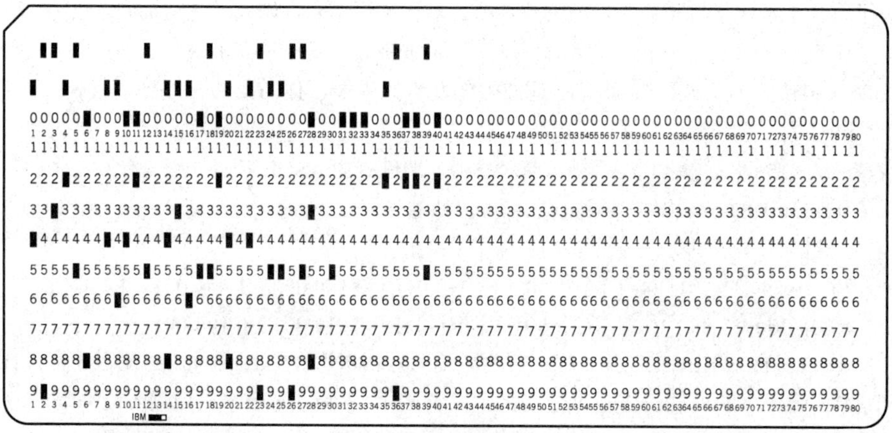

图   E4-3

4.6 无须编程，预测一下计算机系统中字母 A、B 和 C 的 ORD（二进制）值。你是如何知道的？对于不同的系统，值有可能不一样吗？为什么一样或者为什么不一样？

4.7 用你最喜欢的语言编写一个程序，将 ASCII 中的所有大写和小写字母转换为 EBCDIC 码。作为一个额外的挑战，将 EBCDIC 系统中不能表示的标点符号也转换一下，给出"转换失败"的信息。

4.8 如果你使用用调试（debug）程序，那么请将一个文本文件从你的硬盘读入计算机内存，然后通过变换 ASCII 码，从计算机内存中读取这个文本。

4.9 假定有一个读取整型数并且后跟一个字符的程序，使用下面的提示符和 READ 语句：

```
WRITE(Enter an integer and a character  :
READ (intval, charval);
```

当你运行这个程序时，作为对提示符的响应输入下列内容，

```
Enter an integer and a character  :
1257
z
```

当检查 charval 的值时，你会发现没有包含"z"。为什么？这里你期望发现什么？

4.10 编写一个程序，将 7 个值"MON""TUE""WED""THU""FRI""SAT"和"SUN"中的一个作为输入，将名为 TODAY 的变量设置为正确的类型值 DayOfWeek，然后将 TODAY 的 ORD 值输出到屏幕上。（关于枚举数据类型的内部表示，ORD 值给你提示了吗？）

4.11 编写一个和 Convert 程序类似的程序，将一个有符号的整型数转换为一个字符串输出。

4.12 一个 650MB 的 CD-ROM 大约能存放多少页纯 16 位的 Unicode 文本？

4.13 找一本描述不同位图图像格式的书或文章，比较一下 .GIF、.PNG，和 .BMP。

4.14 找一本描述不同位图图像格式的书或文章，比较一下 .GIF 和 .RLE。对于习题 4.13 和习题 4.14，有几本详细描述图像格式的书。其中一本是默里编写的 [MURR96]。

4.15 研究几个音频格式，讨论一下每一种格式提供的不同特征。并讨论选择由不同格式提供的特征对处理类型有何影响，该格式应用到这种处理中。

4.16 如果你学习过 COBOL，讨论一下在 COBOL 程序上下文中数字字符和数字的区别。COBOL 对两者进行了明显的区分吗？如果做了，是用什么方式区分的？

4.17 对于图 4-14 所示的 PostScript 代码，请你逐行解释。

4.18 Unicode 向下兼容 8 位 ASCII 的 Latin-1 版本，从这个意义上说，只包含 Latin-1 字符集的一个 Unicode 文本文件，在不支持 Unicode 的系统中也能正确地读取，条件是使用结束定界符，而不是用字符统计作为信息长度的测量方法。为什么是这样呢（提示：考虑一下 ASCII 中 NUL 字符的作用）？

4.19 使用网站作为资源来研究 MPEG-2（或 MPEG-4）。解释 MPEG-2（或 MPEG-4）使用的数据压缩算法。

4.20 MP3 音频格式被描述为"几乎等同于 CD 质量"。MP3 的什么特征使得这种描述是准确的？

4.21 使用网站作为学习 PDF 格式的资源。

 a. 描述一下 PDF 是如何提供输出的，这个输出应在不同类型的设备上都一样，包括打印机以及各种分辨率的显示器。

 b. 描述一下用于存储、排版和管理页面对象的格式。相对于其他格式，如 HTML 使用的格式，解释一下这种格式的优点。

 c. 解释一下 PDF 如何管理文档中可能出现的多个不同类型的字体。

 d. PDF 是如何管理位图图像的？是如何管理对象图像的？

 e. 解释 PDF 和 PostScript 之间的不同。

 f. 对于 PDF 文档的终端用户来说，PDF 有哪些限制，请至少描述出 3 个主要的限制。

4.22 使用网站作为资源创建一个表，比较一下 .PNG、.GIF 和 .JPEG 的主要特征和功能。

第 5 章

数值数据表示

5.0 引言

正如我们前面提到的，计算机以二进制形式存储所有的数据和程序指令，只使用 0、1 两个数字。对于和数值相关的代数符号和小数点，并不需要特别的规定。解释这些 0 和 1 的所有职责都留给了程序员，由程序对这些二进制数进行存储和处理。因此，计算机中的二进制数可以表示字符、数值、图形、图像视频、音频、程序指令或者其他含义。

当然，计算机操作各种数据的能力对用户来说特别重要。第 4 章里，我们看到几乎每一种高级编程语言都有存储、操作和计算有符号整型数和**实数**的方法。本章讨论限定在计算机内的 0 和 1 的数值表示和操作方法。

在第 3 章里，我们看到无符号**整型数**可以直接用二进制形式来表示，这给我们如何表示计算机里的整型数提供了一个线索。然而，存在一个明显的限制：我们只能用无符号的方法来处理与计算机能力相适应的负数。本章里，我们会探讨几种不同的存储和操作整型数的方法，它们既可以是正整型数，也可以是负整型数。

再者正如你所知道的，不太可能用整数形式表达所有的数值。当要表达的**数值**超出计算机的整型数范围（太大或太小）时，或者当数值中包含小数点时，计算机要使用**实数**或者浮点数。

浮点数允许计算机维护一个有限且位数固定的精度，它还带有一个指数，这个指数可以根据需要调整数值内的小数点左移或右移，从而使其变大或变小。按照这种方式，计算机能处理的数值范围非常大。例如，在个人计算机中，这种方式可表达的数值范围是 $\pm[10^{-38} < 数值 < 10^{+38}]$ 或更大。

浮点数的计算带来了额外的挑战。为了方便地使用浮点数计算，需要进行些折中：按照有效数字、较大的存储需求和较慢的计算速度来衡量，这可能要损失一些精度。本章里，我们也将探讨浮点数的性质，说明它们在计算机里的表示方法，考察如何执行计算，学习整型数和浮点数之间如何转换。我们也会研究使用浮点数所需权衡的重要性，尝试提出某些合理的基本规则，来决定在不同的编程情形下应指定什么样的数值格式。

我们提醒你一下，数值通常是以字符的形式输入的，在用于计算之前必须转换为数值形式。不用于计算的数值，如邮编或信用卡号，直接按照字符来操作即可。

5.1 无符号二进制数和二进制编码的十进制表示

在传统的表示方法中，数值可表示为值（或量级）、符号（正号或者负号）以及小数点（如果需要的话）的组合。作为讨论的第一步，对于计算机中存储的数值，让我们考察两种不同的方法。

最明显的方法就是简单地认识到，任意的十进制整数都有一个直接等价的二进制值。对于任意正整数或者无符号整数，我们可以简单地以其二进制表示来存储。这就是我们在第 3 章里所讨论的方法。按这种方式，我们能存储的整数范围可由有效位数来决定。因此，8 位存储单元能存储的**无符号整型数**的范围是 0 ～ 255；16 位存储单元对应的无符号整数的范围是 0 ～ 65 535。如果必须扩展要处理的整数范围，可以通过提供更多的位来实现。常用的一种方法是使用多个存储单元。例如，在图 5-1 中，4 个连续的 1 字节长的存储单元可以提供 32 位的范围。一起使用这 4 个单元可以容纳 2^{32} 个即 4 294 967 296 个不同的值。

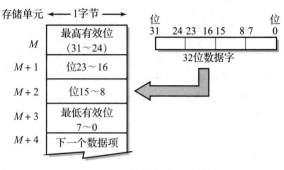

图 5-1　32 位数据字的存储

使用多个存储单元来存储单个二进制数会增加数值计算和操作的难度，因为计算有可能需要分步执行，一次一个部分，部分之间可能会有进位或借位，但额外的难度并非不合理。大多数现代计算机提供了内置（built-in）指令，一次执行 32 位或 64 位的数据计算，按连续的字节自动存储数据。对于其他数值范围以及没有这种能力的计算机来说，这些计算可通过计算机内的软件程序来完成。

另一种方法称为**二进制编码的十进制（BCD）**，它可以用在某些应用里。在这种方法中，数值逐数字位存储，即按原始十进制整数中各个数字位对应的二进制数来存储。每个十进制数字位分别转换为 4 位二进制数。因此，8 位存储单元可以容纳两个二进制编码形式的十进制数字位，换句话说，是 100 个不同的值（从 00 到 99）中的一个。例如，十进制数 68，BCD 表示是 01101000（当然，你要记得 $0110_2 = 6_{10}$、$1000_2 = 8_{10}$）。在十六进制表示中，4 位可以容纳 16 个不同的值，即 0 到 F；但在 BCD 中，A 到 F 的值根本不使用。十六进制中的 0 ～ 9 和十进制是一样的。

如图 5-2 所示，它比较了二进制和 BCD 形式能够存储的十进制值的范围。注意对于给定的位数，使用 BCD 方法能容纳的范围比使用通常二进制表示的范围实质上要小一些。你会预料到这一点，因为由 4 位组成的组抛弃了 A ～ F。总位数越多，差异就越明显。对于 20 位，二进制的范围比 BCD 的范围整体上多一个十进制数字位。

位数	BCD 范围		二进制范围	
4	0 ～ 9	1 位	0 ～ 15	1 + 位
8	0 ～ 99	2 位	0 ～ 255	2 + 位
12	0 ～ 999	3 位	0 ～ 4095	3 + 位
16	0 ～ 9999	4 位	0 ～ 65 535	4 + 位
20	0 ～ 99 999	5 位	0 ～ 100 万	6 位
24	0 ～ 999 999	6 位	0 ～ 1600 万	7 + 位
32	0 ～ 9 999 999	8 位	0 ～ 40 亿	9 + 位
64	0 ～ (10^{16} − 1)	16 位	0 ～ 1600 亿亿（即 16×10^{18}）	19 + 位

图 5-2　二进制范围与 BCD 范围的比较

BCD 的计算也更难，因为计算机必须将数值拆分成 4 位一组的二进制分组，每个分组对应于一个十进制数字位，并使用转换为二进制的十进制算术来进行计算。换句话说，每个 4 位分组的计算必须分别处理，并应有从分组到分组传送的算术进位。两个 BCD 整型数的积或和若超过 9 的话，每次必须再转换回 BCD，执行从数字到数字的进位。

例子　图 5-3 展示了一种执行简单的 1 位数 ×2 位数的方法。第一步是被乘数的每个数字位乘以乘数的单个数字位。个位上产生的结果是 7×6 = 42，十位上的结果是 7×7 = 49。从数值上说，这相当于执行十进制乘得到的结果，如图 5-3 的左边所示。

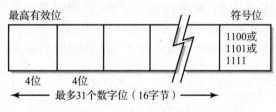

图 5-3　一个简单的 BCD 乘法

接着，42 和 49 的二进制值必须转换回 BCD，这在第二步里执行。现在执行 BCD 加法。就像十进制计算那样，9＋4 产生一个进位。13 的二进制值必须转换成 BCD 的 3，同时，1 加到百位的 4 上。最终的结果是 BCD 值 532。

如果数值中包含小数点，那么使用的方法也是相同的，但应用程序必须记录小数点的位置。例如，许多商业应用程序必须保证数字为完全精确的实数。许多情况下，所使用的实数表示美元数和美分数。根据第 3 章可知，当十进制有理实数转换为二进制时，不必保持这样的精度。因此，一个数值从十进制转换为二进制再转换回来后，跟原始的数值有可能不完全一样。你不想将两个财务数值相加后，得到的结果还带有美分。（实际上对于早期版本的电子表格程序，这是个问题。）

正因为如此，像 COBOL 这样的面向商业的高级语言允许用户精确地指定所需的小数位数。大型计算机支持这些操作，它们提供额外的指令来对以 BCD 格式存储的数值进行转换和处理并执行算术操作。

例子　如图 5-4 所示，IBM z 系列计算机支持按 BCD 格式存储的数值，称为紧缩十进制格式。每个十进制数字位都存储为 BCD 形式，每字节存储两个数字位。最高有效位首先存储在第一个字节的高位中。符号位存储在最后一个字节的低位中。最多可以存储 31 个数字位。二进制值 1100 和 1101 用于符号位，分别表示"＋"和"－"。值 1111 用来指示无符号数值。由于这几个值不表示任何实际的十进制数，所以，检测错误和确定数值的边界就很容易。正如我们前面指出的，小数点的位置是不存储的，它必须由应用程序来维护。Intel 的 CPU 提供了更有限的紧缩格式，每个字节存储两个数字位（00 ～ 99）。例如，十进制数－324.6，其紧缩十进制形式为

0000 0011 0010 0100 0110 1101

前导位的几个 0 是必需的，它们使得数值刚好是 3 个字节。IBM 提供的另外的数据存储格式是一个字节存储一个数字位，但没有提供这种格式的计算指令。这种格式主要便于文本和紧缩十进制格式的转换。IBM 还提供了紧缩十进制格式的压缩版本，以便节省存储空间。

即便拥有了执行 BCD 算术的计算机指令，BCD 算术几乎总是要慢一些。作为一种替代方法，有些计算机将每个 BCD 值转换为二进制形式执行计算，然后再将结果转换回 BCD 码。

尽管有缺点，但 BCD 表示有时候还是很有用的，尤其在商业应用中。商业应用为了模拟十进制运算，通常需要精确的逐位的十进制对等值，还要维护小数的取舍和精度。BCD 和字符之间的转换也比较容易，因为 ASCII、EBCDIC 和 Unicode 数字字符形式的后 4 位与该数字位的 BCD 形式是精确对应的。因此，从字符形式转换到 BCD，你只需保留字符最右边的 4 位，然后其余的都去掉，就能得到 BCD 值。当应用涉及大量的输入、输出而计算很少时，常常使用 BCD。许多商业应用适合这种情况。尽管如此，在绝大多数情况下，首选的还是二进制表示。

5.2　有符号整型数的表示

由于 BCD 存在缺点，**整型数**几乎总是按二进制数存储的，这一点不会令你感到惊讶。正如你已经看到的，无符号整型数可以直接转换为二进制数来处理，不需要特别的考虑。然而，符号位的增加使得问题变得复杂了，因为在二进制表示中并没有明显直接的方法来表示符号。在实际中，根据要进行的处理，有几种不同的方法可用来表示二进制形式的负数。其中最常用的方法称为 2 的补码表示法。在研究 2 的补码表示法之前，我们先看一下其他两种更简单的方法：**符号 – 幅值表示法**和 **1 的补码表示法**。后面这两种方法对于计算机用户来说，都有一定的局限性，但了解这些方法及其局限性会使我们更加清楚地理解如何使用 2 的补码方法。

5.2.1　符号 – 幅值表示法

在日常使用中，我们将**有符号整型数**表示为"+"或"–"和一个数值的形式。毫不奇怪，这种表示方法就是**符号 – 幅值**表示法。

在计算机中，我们不能使用符号，只能使用 0 和 1。然而，我们可以选择一个特定位并将约定好的值分配给它，使这些值用来表示正号和负号。例如，我们可以选定最左边的位，并约定这个位置上的 0 表示正号，1 表示负号。这种选择完全是任意的，但如果一致地使用，就会跟使用其他方法一样合理。事实上，这是常用的表示方法。图 5-5 展示了这种表示。

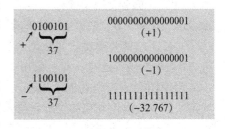

图 5-5　符号 – 幅值表示

注意，由于最左边的数字位用作符号，所以它不能表示值。这就意味着使用这种技术，在相同的位数下，有符号整型数的正数范围是对应的无符号整型数的一半。另一方面，对于有符号整型数，其负数范围和正数范围在个数上是相同的，因此，我们并没有损失任何容量，只是简单地将其移到负数区域。总的范围保持相同，但重新进行了分布以表示正数和负数，尽管幅值只有一半大小。

假定存储和处理的数值是 32 位的。在这种情况里，我们将用 1 位表示符号，31 位表示数值的幅值。习惯上，最左边的位或最高有效位一般用作符号位，0 对应于正号、1 对应于负号。32 位（正整型数）的二进制范围是 0 ～ 4 294 967 295；按照这种方式我们能表示的数值（负整型数）范围是 − 2 147 483 647 ～ + 2 147 483 647。

使用符号 − 幅值表示在执行计算时存在几个固有的困难。由于加法结果依赖于输入的符号和相对幅值，这就带来了许多难题。从下面的十进制例子中很容易看到这一点。由于数值是精确相等的，所以相同的问题自然也会出现在二进制加法里。

例子　考察一下十进制数 4 + 2 的和：

$$
\begin{array}{r}
4 \\
+2 \\
\hline
6
\end{array}
$$

然而 4 +（− 2）的和就有不同的数值结果：

$$
\begin{array}{r}
4 \\
-2 \\
\hline
2
\end{array}
$$

注意，使用的加法方法依赖于操作数的符号。如果两个符号相同，使用一种方法；如果符号不同，则使用不同的方法。更糟糕的情况是，进位或借位的存在也会改变结果：

$$
\begin{array}{r}
2 \\
-4 \\
\hline
-2
\end{array}
$$

但是

$$
\begin{array}{r}
12 \\
-4 \\
\hline
8
\end{array}
$$

十分有趣的是，我们受过良好的训练以至于可以改变我们的心智算法来适应这种特殊的情形，甚至都不用思考。因此，这种情形或许压根就没有出现在你的脑海里。然而，计算机却需要严格定义每种可能的条件，因此，算法必须包括所有的可能性。遗憾的是，符号 − 幅值计算算法非常复杂，很难用硬件来实现。

除了前面提到的困难，0 也有两个不同的二进制值：00000000 和 10 000 000，它们分别表示 + 0 和 − 0。这似乎有点麻烦，但系统必须在每个计算结束时进行测试，以确保只有一个 0 值。这就要求比较或测试 0 值的程序代码要正确地工作。大家更喜欢使用正 0，因为将 − 0 表示为输出结果，对一般用户来说也会感觉有些混乱。

当使用二进制编码的十进制时，符号 − 幅值表示法还是有用的。尽管其计算算法肯定复杂，但本章向你介绍的表示有符号整型数的其他算法，在使用 BCD 时更不切实际。此外，正如我们已经讨论过的，在任何情况下 BCD 计算都很复杂，因此，处理符号 − 幅值表示所带来的额外复杂度大体是相同的。

对于 BCD，最左边的位用作符号，跟二进制情况一样。然而，对于二进制来说，使用符号位使得数值范围削减了一半，但 BCD 的符号位对范围的影响没有那么明显。（尽管如此，请记住在相同位数的情况下 BCD 的数值范围要比二进制的小很多。）在无符号的 BCD 整型数中，最左边的位只表示值 8 或值 9；因此，将这一位用作符号位，仍然允许计算机用剩余的 3 位表示最左边的数字位，它是 0 ～ 7 中的一个数值。

例如，16 位有符号 BCD 整型数的范围是：− 7999 ≤ 数值 ≤ + 7999。

5.2.2　以 9 为基的十进制补码表示和以 1 为基的二进制补码表示

在绝大多数情况下，计算机使用一种不同的方法来表示有符号整型数，这就是补码表示。当使用这种方法时，数值的符号是该方法的自然结果，不需要单独处理。此外，对于所有不同的有符号的输入数值组合，使用补码表示的计算都是一样的。常用的补码表示有两种形式。一种叫作基数补码，我们在下一节里讨论。本节我们介绍的表示方法叫作反码（diminished radix complementary）表示。之所以这么命名，是因为在补码操作中用作基值的数值从基值（或者称为基）中减去了 1。因此，十进制反码表示使用的基是 9，二进制反码表示使用的基是 1。尽管计算机很明显使用以 1 为基的二进制表示，但我们还是先介绍以 9 为基的十进制表示，因为我们发现，对于大多数学生来说，在较熟悉的十进制系统中理解这些概念更容易一些。

以 9 为基的十进制表示　在十进制数值系统中，我们先考察一下表示正整型数和负整型数的不同方法。假定我们处理的是三位的十进制数值系统，在中间值 500 处将三位十进制的范围划分开。我们令 0 ～ 499 之间的数值为正数。正数可以简单地用其本身来表示。这会使得正数的数值能直接识别出来。最高有效位以 5、6、7、8 或 9 开头的数值，会看作负数的表示。图 5-6 展示了范围的转换。

给负数分配数值的一种方便方法是，用基数中的最大数字减去这个数字位。因此不会有借位，而且每个数字位独立转换不依赖于其他位。从某个标准基值中减去一个值称为该数的**补码**。一个数值的补码有点像是将基值看作一面镜子。在十进制情形中最大的数字是 9，因此，这种方法称为 9 的补码表示。

下面展示了这种技术的几个例子。

现在，如果我们使用 9 的补码技术来给图 5-6 所示的数值分配负值，那么你会看到 998 对应于 - 1，500 对应于 - 499。其结果如图 5-7 所示。

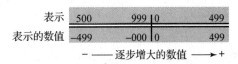

图 5-6　十进制整型数的范围转换

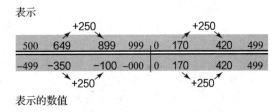

图 5-7　加法就像一个计数过程

选择表示方法的一个重要考虑因素是，它与算术运算的一般规则要一致。为了使表示方法有效，对于范围内的任意值必须有

$$-(-值) = 值$$

简单地说，这意味着如果我们对这个值两次求补码，那么它应当回归到原始值。因为补码就是

$$补码 = 基值 - 值$$

那么，求补两次，

$$基值 - (基值 - 值) = 值$$

因此可以证实这种要求是能满足的。

例子　对于 3 个数字位的数值 - 467，求其 9 的补码表示。

$$
\begin{array}{r}
999 \\
-467 \\
\hline
532
\end{array}
$$

532 代表 − 467。请注意，3 个数字位的范围是 0 ～ 499，因为任意一个以 5 或 5 以上的数字开头的更大的值都意味着它是一个负数。

■■■

对于 4 个数字位的数值 −467，求其 9 的补码表示。

$$
\begin{array}{r}
9999 \\
-467 \\
\hline
9532
\end{array}
$$

请注意在这个系统中，必须要指定所使用的数字位数即字长。在 4 个数字位表示中，数值 (0)532 表示一个正的整型数，因为它小于 4999 这个值，所以需要小心地维持正确的位数。

■■■

一个 4 位数的 9 的补码表示是 3789，其符号 − 幅值表示是什么？

在这种情况下，最左边数字位的范围为 0 ～ 4。因此，数值是正的且已处于正确的形式。答案是 + 3789。

这个例子强调了数值的补码表示和求补码操作之间的差异。补码表示只是告诉我们这个数值在补码形式中看起来像什么。而求补码操作包括一些执行步骤，这些步骤需要改变数值符号。请注意，如果是一个负数，并且我们又希望将其转换为符号 − 幅值形式，那就需要执行这个操作。

■■■

对于四位数 9990，其符号 − 幅值表示是什么？

这个数是负数。为了得到其符号 − 幅值表示，我们对它求 9 的补码：

$$
\begin{array}{r}
9999 \\
-9990 \\
\hline
9
\end{array}
$$

因此，9990 表示 − 9 这个值。

接下来，我们来考察在 9 的补码形式下数值的加法操作。在学习编程语言的时候，你知道了"模运算"可以用来求解一个整数除法的余数。回想一下模运算，当超过称为模数的极限时，重新从 0 开始计数。因此，4 对 4 取模，其值是 0；5 对 4 取模，其值为 1。

图 5-6 所示为 9 的补码范围，它们都有"模运算"最重要的特征，即在向上计数过程中（标尺自左向右），在到达 999 时，接下来的计数会产生模循环，回到 0 值（当到达标尺的最右端时，它又循环流向左端）。

计数对应于加法，因此，将一个数值和另一个数值相加就是向上计数，即从一个数值跨越到另一数值。这个思想在图 5-7 中进行了说明。从图中的例子可以看到，简单的加法直接明了且执行正确。为了弄清楚这个过程在"环绕"情形下是如何工作的，我们来考察一下图 5-8 展示的例子。在这个例子里可以看到，200 和 699 相加，通过环绕右端到达 899 的位置。由于 699 等价于 − 300、899 等价于 − 100，所以 200 + 699 就等价于（− 300）+ 200，加法的结果是正确的。

在这个图中，还可以看出这种技术有效的原因。**环绕**等价于将范围进行扩展，以包含标尺范围内的加法。

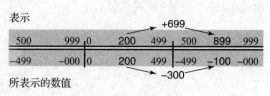

图 5-8 带环绕的加法

通过左移 300 个单位也能到达相同的终点，这等价于减去 300。实际上，结果还相差 1 个单位。之所以出现这种情况，是因为我们在标尺上选取了两个 0，即代表 + 0 的 0 和代表 − 0 的 999。这就意味着任何跨模数（cross modulus）的计数都会少一次计数，因为会遇到 0 两次。在这个特定的例子中，向右计数，也就是 200 + 699，会产生正确的结果，因为没有跨越模数。向左计数，执行减法 200 − 300，由于会遇到两个 0，就会差 1。我们可以对图中的这种情形进行校正：每当减法需要从模数上借位时，便向左多移一位。例如，减法 200 − 300 就需要对 200 进行处理，好像它是 1200，但处于 0 ~ 999 范围内。可以使用借位来指示应该多减一位。

接下来，我们考察图 5-9 所示的情形。在这种情况中，向右计数或执行加法运算也会产生跨模数的问题，因此，必须多加一位，以获得正确的结果。然而，这是一种比较容易处理的情形。由于任意跨模数求和的结果，在开始时都包含一个进位（图 5-9 中 1099 里的 1），之后在模加法中将其丢弃，这就很容易识别出何时模数已经跨越到右端了。那么，在这种情形中，我们就可以简单地多加个 1 解决这个问题了。

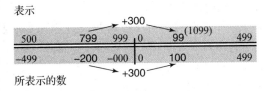

图 5-9　跨模表示的加法

这使得在 9 的补码算术运算中，两个数相加的过程变得十分简单：将两个数加起来。如果结果超出了指定的数字位数，就将进位加到结果中。这就是**首尾循环进位**（end-around carry）。图 5-10 说明了这个过程。请注意，现在两个例子的结果都是正确的。

图 5-10　首尾循环进位的过程

虽然我们可以设计出类似的减法算法，但实际上也没有这么做的理由。取而代之的是在执行减法时，求出减数的补码（被减掉部分），然后加到被减数上（从中减掉部分）。在这种方式里，对于所有的情况计算机都可以使用单一的加法算法。

深入地考察会发现，固定字长会产生某种固定大小的数据范围，数值相加的结果总有可能会超出这个范围。这种情况就叫作**溢出**。在符号 − 幅值系统中，如果有符号的字长是三位，那么在执行 500 + 500 时，结果就会溢出，因为 1000 已经超出了范围。第四位将会是溢出的证据。

尽管使用模运算保证了不会产生额外的数字位，但在 9 的补码系统中，也很容易检测溢出。在补码算术中，超出范围的数值表示为相反的符号。因此，如果我们执行加法运算：

$$300 + 300 = 600（即 − 399）$$

两个输入是正数，但相加的结果却是负数。那么，溢出测试是这样的：*如果在执行加法操作时两个输入的符号相同且输出的符号与之不同，则发生了溢出。*相反，如果加法的两个输入符号不一样，就不会发生溢出，因为输出结果总是小于最大的那个输入。

1 的补码。对于我们刚刚讨论过的表示方法，计算机可以使用相同的二进制形式。在二进制中，最大的数字位是 1。如前所述，我们将数值范围从中间分开，以 0 开头的数值定义为正值；以 1 开头的数值为负值。由于 1 − 0 = 1、1 − 1 = 0，所以求一个（负）数的补码就变得很简单：将 0 变为 1、1 变为 0。多么简洁啊！这种 0 和 1 的交换也称为**取反**。（当然，按照特性，这意味着 000… 和 111… 都表示 0，分别是 + 0 和 − 0。）对于一个 8 位的二进制数值，1 的补码表示的范围如图 5-11 所示。

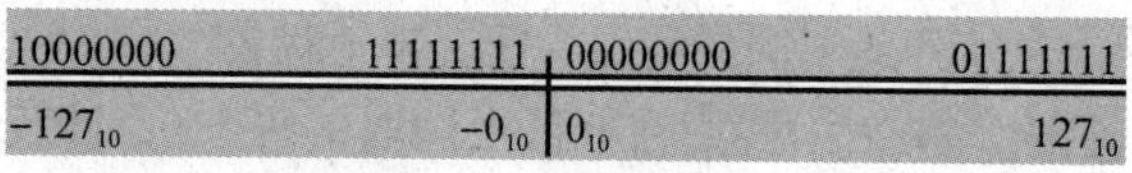

10000000	11111111	00000000	01111111
-127_{10}	-0_{10}	0_{10}	127_{10}

图 5-11　1 的补码表示

加法的过程和之前也是一样的。将两个数加起来不考虑这两个数所带的符号，计算机只是简单地将数值加起来，就好像它们是无符号整型数一样。如果有进位，需要进位到下一位，若又超出了最左边的指定位，则遵循通常的首尾循环进位规则，在结果里再加个 1。减法的执行过程是将减数取反（即将每个 0 变为 1，每个 1 变为 0），然后与被减数相加。按照前面讨论的方法进行溢出检测：如果两个输入的符号相同而结果的符号不同，则发生了溢出，结果超出了（能表达的数值）范围。请注意，这种检测可以简单地这样操作：看一下两个输入以及结果的最左边的位。

在补码形式下对于有符号二进制和十进制整型数之间的转换，需要重点说明的是，尽管 9 的补码十进制和 1 的补码二进制使用的技术是一样的，但两个系统中所使用的模数显然是不一样的！例如，3 位十进制数的模数是 999，其正数范围是 499。8 位二进制的模数是 11111111 或 255_{10}，其正数的范围是 01111111 或 127_{10}。

这就意味着，在 9 的补码十进制和 1 的补码二进制之间，你不能直接转换。相反，你必须将数值转换为符号－幅值表示，然后进行转换，再将结果变换为新的补码形式。当然，如果是正数，这个过程就很简单了。因为正数的补码形式和符号－幅值形式是一样的。但如果是负数，你必须遵循这个流程。同时，你还要牢记，必须检查溢出以确保在新的进制里你的数值仍然在范围之内。

这里给出几个使用 1 的补码执行加减法的例子，以及 3 个等价的十进制结果：

例子　加法：

$$\begin{array}{r} 00101101 = 45 \\ \underline{00111010 = 58} \\ 01100111 = 103 \end{array}$$

∎∎∎

16 位数的加法：

$$\begin{array}{r} 0000000000101101 = \quad 45 \\ \underline{1111111111000101 = -58} \\ 1111111111110010 = -13 \end{array}$$

请注意，加数 1111111111000101 就是前面例子中加数的（按位）取反，这个加数需要在高位补 8 个 0，扩展到 16 位。十进制结果 −13 是这么得到的：将 1111111111110010 按位取反为 0000000000001101 得到正的幅值，然后将各位对应值加起来。

例子　加法：

$$\begin{array}{r} 01101010 = 106 \\ \underline{11111101 = -2} \\ ①\,01100111 \end{array}$$

（首尾循环进位）　└──→ + 1

$$01101000 = 104$$

∎∎∎

减法：

$$01101010 = 106$$
$$-\ 01011010 = \ \ 90$$

通过取反，改变加数的符号位：

$$01101010$$
$$10100101$$

（首尾循环进位）① 00001111

$$\longrightarrow +1$$
$$00010000 = 16$$

∎∎∎

加法：

$$01000000 = \ \ \ 64$$
$$+\ 01000001 = \ \ \ 65$$
$$10000001 = -126$$

这明显是一个溢出的例子。正确的结果应该是 + 129，它超出了 8 位表示的范围。8 位能存储 256 个数值；从中间将范围分开，正值只能是在 0 ～ 127 之间。

最后一个例子展示的溢出情况在计算机中经常发生，对此，某些高级语言并没有进行充分检查。例如，在 Basic 的某些早期版本中，16 384 + 16 386 的和就会显示一个错误的结果：- 32 765 或者 - 32 766。（后一个结果来自不同的补码表示，对此，我们下一节进行讨论。）所发生的情况是使用 16 位进行整型数计算的系统出现了溢出。对于 16 位，最大的正数是 + 32 767（一个 0 表示符号，外加 15 个 1）。由于 16 384 与 16 386 的和是 32 770，所以计算产生了溢出。令人遗憾的是，用户对此可能从不注意，尤其是当溢出计算被埋藏在一长串计算里时。一个好的程序员在写程序时会考虑到这些可能发生的情况。（在微软 Excel 的早期版本中，出现过这种有些令人尴尬的错误。）

5.2.3　10 的补码和 2 的补码

10 的补码。 你已经看到，对于有符号整型数的表示和计算来说，补码表示可能是有效的。也正如你已经知道的，我们所描述的系统用进制中的最大数作为其补码反射点（complementary reflection point），这存在着某些缺点，这些缺点是由标尺上的双 0 所导致的。

将负数的标尺右移一位，我们可以产生一个单 0 的补码系统。这可以通过使用基数作为补码操作的基准来实现。在十进制中，这称为 10 的补码表示。使用这种表示将会使计算变得简单。使用 10 的补码表示的代价是求一个数的补码稍有困难。一个三位的十进制数的尺度如图 5-12 所示。请务必注意这个图和图 5-6 的区别。

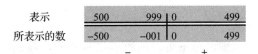

表示	500	999	0	499
所表示的数	-500	-001	0	499
		-		+

图 5-12　10 的补码标尺

10 的补码和 9 的补码在理论上和基础技术上是一样的。10 的补码表示使用模数作为其反射点。三位的十进制表示的模数是 1000，比系统中最大的数 999 大 1 个单位。

通过从模数中减去这个值可以求补码，此时，模数是 1000。这种方法确保只有一个 0，因为（1000 – 0）对 1000 取模（余）就是 0。同样，跟前面所讨论的补码方法一样，请注意，补码的补码就是原始值。看下面几个例子。

还有一种方法可以用来求 10 的补码数。首先，我们看到

$$1000 = 999 + 1$$

回想一下可知，求 9 的补码是通过 9 减去每个数字位得到的：

$$9 \text{ 的补码} = 999 - \text{值}$$

根据前面的方程可知，10 的补码可以重写为：

$$10 \text{ 的补码} = 1000 - \text{值} = 999 + 1 - \text{值} = 999 - \text{值} + 1$$

最终即

$$10 \text{ 补码} = 9 \text{ 补码} + 1$$

这里给出了一种简单的计算 10 的补码方法：很容易求出 9 的补码，然后在结果里加 1。两种方法的结果是一样的。你发现哪一种方法更方便，就可以使用哪一种。正如你将要看到的那样，这种替代方法通常计算起来更容易，尤其是处理二进制数时。

在 10 的补码中加法特别简单。由于在 10 的补码中只有一个 0，所以跨越模数的求和不受影响。因此，当相加跨过 0 时，产生的进位可以简单地忽略掉。将两个 10 的补码数相加，只需简单地将数字位相加即可；去掉超出指定数字位的任何进位。（实际上，在计算机中进位保存在一个特殊的"进位位"中，以防在多字加法中，将加法扩展到另一位组时用到它。）减法的过程仍是将减数取反，然后跟被减数相加。

例子　求 247 的 10 的补码。作为提醒，请注意问题是问 247 的 10 的补码，不是 10 的**补码表示**。由于 247 表示一个正数，所以其 10 的补码表示当然还是 247。

247 的 10 的补码是

$$1000 - 247 = 753$$

由于 247 是一个正数，所以 753 表示值 – 247。

■■■

求 17 的 10 的补码

就像 9 的补码运算一样，我们总是要小心指定的数字位。由于到目前为止所有的运算都是假设数值是三位的，所以根据这个假设，让我们来对这个问题进行求解：

$$1\,000 - 017 = 983$$

■■■

对于 10 的补码表示 777，求其三位的符号 – 幅值表示值。

由于这个数以 7 开头，所以它一定是负数。因此，

$$1000 - 777 = 223$$

其符号 – 幅值表示值是 – 223。

在三位 10 的补码中，数值的范围可以从图 5-12 中看到。我们特别感兴趣的是，正数区域和负数区域大小不一样：有一个负数 500 在正数区域内不能表示（500 的 10 的补码是其本身）。这种特性是因为在任意偶数基（进制）中，不论字长多少，数值的总范围总是偶数（在这种情况里是 10^w）。由于一个值为 0 保留，剩余的数划分为正的和负的，它是奇数，因此，

不可能相等。

2 的补码。当然，用于二进制的 2 的补码表示类似于用于十进制的 10 的补码表示。在二进制形式中，模数是由二进制的 1 及其后面若干个 0 组成的。例如，对于 16 位，模数就是

$$1000\ 0000\ 0000\ 0000\ 0$$

正如 10 的补码那样，求一个数的 2 的补码也有两种方法：一种是模数减去该数；另一种是通过对该数按位取反求出 1 的补码，然后在结果里加 1。

第二种方法特别适合于计算机实现，但你可以使用任何一种你感觉更为方便的方法。

图 5-13 展示了 8 位尺度的 2 的补码表示。

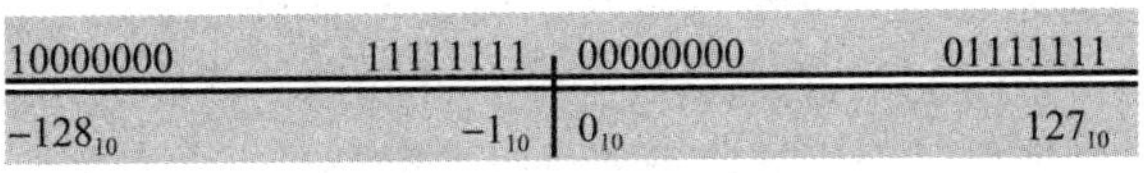

10000000	11111111	00000000	01111111
-128_{10}	-1_{10}	0_{10}	127_{10}

图 5-13　2 的补码表示

像十进制中 10 的补码加法那样，2 的补码加法也是由两个数相加然后对模数取模这两步组成的。对计算机来说，这个过程特别简单，因为它只是意味着将字中超出位数的 1 去掉。减法和溢出的处理，与我们已经讨论的方法是一样的。

正如 10 的补码那样，2 的补码数值范围的正负划分也不均衡。例如，对于 16 位二进制数，其范围是 $-32\ 768\leqslant$ 数值 $\leqslant 32\ 767$。

本章结尾处有很多 2 的补码问题，供你练习。

在计算机中，2 的补码要比 1 的补码更常用一些，但这两种方法都在使用。特定计算机的设计师需要对此进行权衡：1 的补码改变数的符号更容易一些，但加法需要一步额外的首尾循环进位。1 的补码还有一个缺点，那就是在每个操作的结尾算法必须对 -0 进行检测，并将其转换为 0。2 的补码使加法运算更为简单，但代价是每当需要改变符号时，就要再进行一次加法运算。

最后一点，在我们总结二进制补码的结论之前，不经过转换就能预测出以补码形式表示的整型数的近似大小是有益处的。几个提示对你会有所帮助：

1. 正数总是用其本身来表示。由于正整型数总是以 0 开头的，所以它们很容易识别出来。

2. 小的负数（即接近于 0 的负数）其表示总是以众多个 1 开头。例如，在 8 位 2 的补码中，-2 表示为：

$$11111110$$

而对于 -128 来说，最大负的 2 的补码数表示为：

$$10000000$$

这在图 5-13 所示的尺度上十分明显。

3. 对于一个负数，由于其 1 的补码和 2 的补码表示只相差 1（当然，正数在这两种表示中是一样的），所以在任何一种表示中，通过简单地按位求反和结果近似，你可以快速地了解这个数值。

5.2.4　溢出条件和进位条件

我们在前面曾注意到在这个论述中，当计算结果超出了固定的位长且这个位长对结果不再有效时，就发生了溢出。在 2 的补码中，当加法或减法的结果溢出到符号位时，就发生了

溢出。因此，只有当两个操作数的符号相同时才会发生溢出，而且通过结果的符号和操作数的符号相反这个事实能检测出溢出。

计算机提供的一个标记位可使程序员检测溢出条件。在计算机每次执行一个计算时，都对溢出标记位置位或复位。另外，计算机还提供了一个**进（借）位标记位**，当大的数值必须分成若干个部分来执行加法或减法运算时，它用于校正产生的进位或借位。例如，如果计算机只有能将两个 32 位的数值相加的指令，那么就必须将一个 64 位的数分成两个部分，先将不重要的部分相加，然后再将重要的部分连同前一个加法产生的任何进位一起相加。对于普通单精度的 2 的补码加法和减法，一般都忽略掉进（借）位。

尽管溢出和进位过程的操作类似，但它们还是不一样的，它们彼此可以相互独立地发生。当加法或减法的结果超出所分配的固定位长时，不管符号如何，进（借）位标记位都会置位。通过一个例子或许可以很容易地看出溢出条件和进位条件之间的区别了。对于两个 4 位的 2 的补码数相加，这个例子分别展示了 4 种可能的结果。

例子

(＋4) + (＋2)		(＋4) + (＋6)	
0100	没有溢出	0100	溢出
0010	没有进位	0110	没有进位
0110 = (＋6)	结果正确	1010 = (－6)	结果错误
(－4) + (－2)		(－4) + (－6)	
1100	没有溢出，有进位	1100	有溢出，有进位
1110	忽略进位，结果正确	1010	忽略进位，结果错误
11010 = (－6)		10110 = (＋6)	

对于多部分加法，如果溢出不是发生在最高有效部分，则忽略该溢出（参见习题 5.13）。

5.2.5　其他进制

任何偶数基都可以按照同样方式拆分，以表示该进制下的有符号整型数。模数或最大数字位的数值可用作补码表示的镜像。奇数基更为困难一些，其数值范围必须非均匀划分，以便使用最左边的数字位作为指示符（indicator）；或者左边第二位必须跟第一位一起用来指示所表示的数是正数还是负数。我们将不再进一步探讨奇数基。

特别感兴趣的是在八进制下相应的 7 和 8 的补码，还有在十六进制下 15 和 16 的补码。它们精确地对应于二进制下的 1 和 2 的补码，因此，你可以将八进制或十六进制下的计算作为二进制的速记。

作为一个例子，我们考察一下用 4 位的十六进制数来替代 16 位的二进制数。数值从中间分开，因此，以 $0 \sim 7_{16}$ 开头的数为正；以 $8 \sim F$ 开头的数为负。但是，注意一下对于以 $8 \sim F$ 开头的十六进制数对应的二进制数在其最左边的位置上都是 1；而以 $0 \sim 7$ 开头的十六进制数对应的二进制数都是以 0 开头的。因此，它们完全符合 16 位二进制数的划分。

根据我们前面的探讨，你可以进行剩余的讨论，如确定如何使用补码和如何执行加法运算。本章结尾处有实践的例子。

最后注意，由于二进制编码的十进制数在本质上就是十进制形式，所以使用 BCD 的补码表示需要在算法分析首位，以确定符号，然后执行 9 或 10 的补码运算过程。由于 BCD

表示的目的通常是简化转换过程，所以对于由 BCD 表示的有符号的整型数一般不使用补码表示。

5.2.6　补码数值的规则小结

下列几点概括了补码数表示和操作的规则，这些补码数在偶数进制下可以是基数也可以是缩减的基数。在大多数情况下，你只会对 2 的补码和 16 的补码感兴趣：

1. 记住，"补码"这个词有两种不同的使用方式。对一个数求补码或求一个数的补码，意味着改变符号。求一个数的补码表示意味着变换或确定这个数的表示，就像给出的那样。

2. 正数的补码表示与符号 – 幅值表示是一样的。这些数以 0，1，…，$N/2 - 1$ 开头。对于二进制数来说，正数以 0 开头，负数以 1 开头。

3. 要想将负的符号 – 幅值数变换为补码形式，或者改变一个数的符号，就是简单地让进制（缩减的基数）中最大的数减去每个数，即从值 100…中减去这个数，其中，每个 0 对应于一个数的位置（基数）。记住，隐含的 0 必须包含在这个过程中。在另一种方法中通过缩减的基数形式加 1 可以计算基数形式。对于 2 的补码，这通常是最容易的：按位求反，结果再加 1。

4. 为了获得负数的符号 – 幅值表示，使用步骤 2 的方法获取幅值。当然，符号将会是负的。记住，字长是固定的。在一个数的开头可以有一个或多个隐含的 0，这意味着该数是正的。

5. 两个数相加，按通常的方式简单地相加，不必考虑符号。超出最左边位的进位在基数形式里被忽略掉；在缩减的基数形式里，将其加到结果中。对于减法，求出减数的补码然后与被减数相加。

6. 如果将两个同符号的补码数相加，而结果的符号却是相反的，那么，结果一定是错误的。产生了溢出。

5.3　实数

5.3.1　指数记数法回顾

实数将复杂度又提高了一层。因为数值中包含一个小数点（radix point，在十进制中是 decimal point，二进制中是 binary point），使用补码的算术运算必须要修改一下以包容数值的分数部分。按指数计数法来表示实数使问题变得简单了，它将数值分离为整数部分和正确放置**小数点**的独立的**指数**部分。跟前面一样，我们首先给出十进制的技术，因为对你来说，处理十进制数更为熟悉。一旦你理解了浮点数的存储和处理方法，我们接着会将论述扩展到二进制系统。这个论述会包括十进制与二进制之间浮点数的转换（这部分需要小心一些）以及在实际计算机系统中使用的浮点数格式。

考察一下整数 12 345。如果允许我们使用指数，那么表示这个数可以有多种不同的方法。不做任何改变，这个数可表示为：

$$12\,345 \times 10^{0}$$

如果是介绍十进制，那么我们可以很容易地给出其他可能的表示。对于这些不同的表示方法，每一种都是通过从起始位置移动小数点来实现的。由于每移动一位相当于这个数乘以或除以基数一次，所以我们可以通过减少或增加指数来抵消这种移位。例如，我们现在将这个数写成小数点在开头的十进制小数：

$$0.123\,45 \times 10^{5}$$

或者写成另外一种形式，

$$123\,450\,000 \times 10^{-4}$$

或者，甚至是：

$$0.001\,234\,5 \times 10^{7}$$

当然，如果限制小数点后有五位数，那么最后一种表示就会是一个糟糕的选择，

$$0.001\,23 \times 10^{7}$$

因为我们会牺牲掉两位的精度，取而代之的是这个数值开头的两个 0，这两个 0 对数值的精度没有任何贡献（你回忆一下以前的数学课可知，它们称为无效数字位）。其他的表示都保留了完整的精度，而且，在理论上这些表示都一样好。因此在某种程度上，我们选择的表示是任意的，更多的是基于实用的考虑。

这里描述的数值表示方法叫作**指数记数法**，或者是另一个名字科学记数法。使用指数记数法来定义数值，需要说明 4 个独立的组件。这些是：

1. 数值的符号（对于我们原始的例子，符号是"+"）；
2. 数值的幅值，称为**尾数**（12345）；
3. 指数的符号（"+"）；
4. 指数的幅值（"3"，参见下面）。

还需要另外两个信息，以完成整个定义；

5. 指数的进制（在这个例子中，是十进制）；
6. 十进制小数点（或在其他进制下小数点）的位置。

后面的两个因子通常不被提及，但非常重要。例如，在计算机中，指数的进制通常是二进制，但并非总是如此。在有些计算机中，使用的是十六进制或十进制，如果你以前不得不读取以二进制表示的数值，那么，知道现在使用的是哪一种进制，显然是很重要的。十进制小数点（如果我们在二进制中工作，那么它是二进制小数点）的位置也是信息的基本组成部分。在计算机中，二进制小数点放在数值中的特殊位置上，最常见的是在数值的头部或尾部。由于它的位置从不变化，所以实际上并不需要存储小数点。换句话说，二进制小数点的位置是隐含的。

当然要知道小数点的位置。在刚才给出的例子中，没有指定十进制小数点的位置。阅读这个数据，认为数值可能是

$$+12345 \times 10^{+3}$$

当然，如果我们仍使用原始例子中的数值，那么上面这个数值是不正确的。小数点的实际位置应当是

$$12.345 \times 10^{3}$$

让我们通过另一个例子来总结一下这些规则，在这个例子中，每个组成成分都进行了标注。假定要表示的数值是

$$-0.000\,000\,357\,9$$

对此，一种可能的表示是：

$$\underset{\substack{\text{十进制小数}\\ \text{点的位置}\quad\ \text{尾数}\quad\text{基}\quad\text{指数}}}{\overset{\substack{\text{尾数的符号}\qquad\quad\text{指数的符号}}}{-0.357\,90 \times 10^{-6}}}$$

5.3.2　浮点数格式

跟整型数的情形一样，在计算机中浮点数的存储和操作也会使用"标准的"预先定义的格式。出于实际的考虑，通常选择 8 位的倍数来作为字长。这会使操作和处理这些数值要执行的算术运算变得简单。

在整型数中，整个字分配给整型数的幅值和符号。对于浮点数，字必须要分开：部分空间留给指数和其符号；剩余的分配给尾数和其符号。作为格式的一部分，指数的基、二进制小数点的隐含位置都是标准的，因此，根本不需要存储。

你会明白所选择的格式在一定程度上是任意的，因为你已经看到，表示一个浮点数有很多不同的方法。格式设计师做出的众多决策包括：使用的位数、（十进制或二进制）小数点的隐含位置、指数的进制（基），以及尾数和指数的符号处理方法。

例如，假定标准的字长是 7 个十进制的数字位和 1 个符号位：

$$\text{S M M M M M M M}$$

这种格式允许存储的整型数范围是：

$$-\,9\ 999\ 999 < I < +\,9\ 999\ 999$$

幅值大于 9 999 999 的数会溢出。除了 0 外，不能表示幅值小于 1 的数值。

对于浮点数，我们可以按照下面的方式来分配数字位：

$$\text{S E E M M M M M}$$

尾数的符号　两位指数位　剩余的 5 位表示尾数

此外，我们还必须指定十进制小数点的隐含位置。

在这个例子中，我们牺牲了两位的精度，"换"来两位指数。强调一下，我们没有增加 7 位所能表示的值的数量。无论如何使用，7 个数字位只能准确地表示 10 000 000 个不同的数值。对于这些数字位，我们简单地区别使用，以增加可表达的数值范围，但在整个范围上还是放弃了一定的精度。如果我们希望增加精度，一种方法是增加数字的位数。

还可以有其他的权衡。例如，我们将指数位数限制到 1 位，从而增加数字位数，这会提高精度。这样表达的数值范围可能跟第一次的不太一样。由于指数位的增加或减少，会按基数（在这里是 10）比例来改变数值的大小，所以，即便是 1 位，也能包含相当可观的数值范围，在此是 10^9 到 10^0 即 10 亿到 1。

符号位用来存放尾数的符号。本章前面给出的任何存放整型数符号和幅值的方法均适用于尾数。用符号–幅值形式来存放尾数是最为常见的。有些计算机使用的是补码表示。

请注意，在上面所建议的格式里，还没有对指数的符号进行具体的规定。因此，我们必须采用某种方法使得指数位自身包含指数的符号。对此，一种你已经看到的方法是补码表示。（由于指数和尾数相互独立，并且在计算中的使用也不同，所以没有理由认为两者会使用相同的表示。）

使用指数算术操作可以使我们采用简单的方法来解决这个问题。对于指数部分，如果在所有可能的值中我们选取一个中间值（如当指数的取值范围是 0 ～ 99 时，选取 50），并定义其为指数 0，那么小于这个值会是负的，大于这个值会是正的。图 5-14 展示了这种偏移技术的尺度。

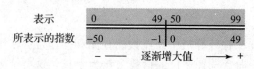

图 5-14   余 50 表示

我们所指的偏移量（offset）或偏值（bias）技术，由我们选择的总量来确定指数值。因此，从指数形式转换到示例中使用的形式，我们对指数增加了偏移量，并按此种形式来存储。类似地，通过减掉偏移量，所存储的指数形式可以恢复到平常的指数计数法。

这种存储指数的方法就是著名的**余 N 表示法**，其中，N 是所选择的中间值。这种方法用于指数形式中比补码形式要简单一些，而且适合于需要计算的指数中。在我们的例子中，使用了余 50 表示法。这使得指数的存储范围是 − 50 ～ + 49，对应的存储值是 00 ～ 99。如果我们希望的话，还可以选择不同的偏移量以扩展我们的能力，使得能以较小的数来处理较大的数值，反之亦然。

如果我们假定隐含的小数点位于五位尾数的开头，余 50 表示法允许的幅值范围是

$$0.000\ 01 \times 10^{-50} < 数值 < 0.999\ 99 \times 10^{+49}$$

很明显，这比整型数所表达的数值范围大很多，同时，也给了我们表达小数的能力。在实际应用当中，范围可能会稍微小一点，因为许多格式设计要求最高有效数字位不能是 0，即便对非常小的数值也是如此。在这种情况下，可表达的最小的数变为 $0.100\ 00 \times 10^{-50}$，极限值并不是很大。全部由 0 构成的字常常保留起来，用来表示特殊的值：0.0。

如果我们选用大一点（或小一点）的值作为偏移量，就可以调整范围以存储较小（或较大）的数值。一般来说，位于范围中间的值似乎满足了大多数用户的需求，好像也没有理由选用其他的偏移值。

请注意就像整型数一样，尽管可能性很低，但如果使用的数值的幅值太大，以至于无法存储，它仍有可能溢出。对于浮点数，也有可能产生**下溢**（underflow），原因是小数的幅值太小了，以至于无法存储。对于我们所给的例子，图 5-15 揭示了下溢和上溢的区域。注意在这个图中，$0.000\ 01 \times 10^{-50}$ 在表达上等价于 10^{-55}。

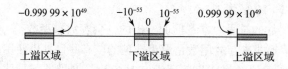

图 5-15   上溢和下溢区域

还有一个因素需要考虑。正如你已经知道的，实际上计算机只能存储数值，不能存储符号和小数点。我们通过建立固定隐含的小数点，已经解决了小数点问题。考虑到计算机的这种局限性，我们还必须采用某种方式来表示数值的符号。

下面是几个十进制浮点数表示的例子。所使用的格式如前所述：一个符号位、两个按余 50 存储的指数位，以及五位尾数。0 表示"＋"号，选取 5 表示"－"号，就像计算机内通常选择 1 表示负号一样。基数当然是 10；隐含的小数点在尾数的开头。你应当仔细看一看这

些例子，以确保你对**浮点数格式**的所有细节都已经理解。

例子
$$05\ 324\ 657 = 0.246\ 57 \times 10^3 = 246.57$$
$$54\ 810\ 000 = -0.100\ 00 \times 10^{-2} = -0.001\ 000\ 0$$

（注意，需保持有 5 位有效数字）
$$55\ 555\ 555 = -0.555\ 55 \times 10^5 = -55\ 555$$
$$04\ 925\ 000 = 0.250\ 00 \times 10^{-1} = 0.025\ 000$$

5.3.3　规格化和浮点数的格式化

通常是根据期望的数值精度来确定使用的数字位数的。对于给定的数字位数，为了使精度最高，在数值存储时，应尽可能不带前导 0。这意味着在必要时应将指数减小，左移数值，直到消除前导 0。这个过程称为**规格化**。

那么，在我们的标准格式中将包含一个预先确定了长度的固定尾数，小数点的位置也是固定且预先确定好的。指数部分会进行调整，使得数值按照这个格式存储时不带前导 0。

作为一个例子，让我们建立一个标准格式，使它能反映前面一节所建议的存储能力。格式会由一个符号位和五个数字位组成，小数点位于数值的开头：

$$.M\ M\ M\ M\ M \times 10^{EE}$$

将十进制数值转换为标准格式需要四步：

1. 如果指数并没有指定为数值的一部分，那么应为该数值提供一个 0 指数。

2. 分别通过增加或减小指数来将小数点左移或右移，直到小数点处于合适的位置。

3. 如果需要的话，将小数点右移从而减小指数，直到尾数中没有前导 0。

4. 按需添加或丢弃数字位，从而校正精度以满足标准要求。通过去除最低有效位，将超过指定精度的数字位丢弃或取舍。如果数值的位数少于指定的位数，应在其尾部补 0。

一旦我们规格化了数值，并将其放入标准的指数形式中，就可以执行第五步，即将结果转换为期望的字格式。为此，我们将指数改变为余 50 表示，并将数字放在字中正确的位置。

整型数格式和浮点数格式的转换是相似的。整型数看作小数点隐含在尾部的一个数值。在计算机中，可能需要一个额外的步骤将整型数在补码和符号－幅值形式之间进行转换，使其与浮点数格式兼容。

下面是一些将十进制数转换为浮点数的例子：

例子　将数值 246.8035 转换为我们的标准格式。

1. 引入一个指数，使得数值为：
$$246.8035 \times 10^0$$

2. 将小数点左移三位，从而使指数变为 3：
$$0.2468035 \times 10^3$$

3. 由于数值已经规格化了（没有前导 0），所以不需要进一步调整了。

4. 现在有 7 位数字，因此，我们丢弃两个最低有效位，最终的指数表示是：
$$0.24680 \times 10^3$$

5. 指数为 3，它的余 50 表示为 53。如果我们用 0 表示"＋"号，用数字 5（这种选择完全是任意的，但我们需要选择一些数字位，因为符号本身是不能存储的）表示"－"号，最后的存储结果变为

$$
\begin{array}{c}
\text{符号} \quad \text{尾数} \\
05324680 \\
\text{余 50 指数}
\end{array}
$$

■ ■ ■

假定要转换的数值是

$$1255 \times 10^{-3}$$

1. 数值已经是指数形式。
2. 我们必须左移小数点 4 位，因此，数值变为

$$0.1255 \times 10^{+1}$$

正指数源于原始指数加上 4（－3 ＋ 4 ＝ ＋ 1）。

3. 这个数是规格化的，因此不需要再调整了。
4. 再增加一个 0，以提供 5 位的精度。最后的指数形式是

$$0.12550 \times 10^{1}$$

5. 指数按余 50 表示变为 51，字格式中的结果是

$$05112550$$

■ ■ ■

假定要转换的数值是

$$-0.00000075$$

1. 转换为指数表示，得到的结果：

$$-0.00000075 \times 10^{0}$$

2. 小数点已处于正确的位置，因此不需要调整了。
3. 对其规格化，数值变为

$$-0.75 \times 10^{-6}$$

4. 最终的指数结果是

$$-0.75000 \times 10^{-6}$$

5. 按我们的字格式，它变为

$$54475000$$

尽管这个技术简单明了，但你仍需要进行一定的练习来适应它。我们建议你和朋友一起练习，互相编造数值并将其置入标准格式里。

一些学生可能记不住当左移或右移数值时是增加还是减少指数。有一个简单方法可以帮助你记住：当你右移小数点时，会使结果变大（例如，1.5 变为 15）。因此，指数必须变小以保持数值跟原始值一样。

5.3.4 编程实例

或许将这些步骤表示为伪代码会进一步了解这些概念。图 5-16 所示的程序将十进制格式转换为浮点格式

$$SEEMMMMM$$

隐含的小数点位于尾数的开头，存储的符号为 0 表示正，为 5 表示负。尾数按符号－幅值格式存储。指数按余 50 格式存储。值 0.0 看作特殊情形，为全 0 格式。

```
function ConvertToFloat();
//使用的变量
real decimalin; //要转换的十进制数
//输出部分
integer sign, exponent, integermantissa;
float mantissa; //用于规格化
integer floatout; // 输出的最终形式
{
    if (decimalin == 0.0) floatout = 0;
    else {
        if (decimalin > 0.0) sign = 0;
        else sign = 50000000;
        exponent = 50;
        StandardizeNumber;
        floatout = sign + exponent * 100000 + integermantissa;
        } //else 结束

function StandardizeNumber(); {
    mantissa = abs (mantissa);
    // 调整小数点, 使其位于0.1~1.0之间
        while (mantissa >= 1.00) {
            mantissa = mantissa / 10.0;
            exponent = exponent + 1;
        } //while 结束
        while (mantissa < 0.1) {
            mantissa = mantissa * 10.0;
            exponent = exponent - 1;
        } //while 结束
        integermantissa = round (10000.0 * mantissa)
    } //函数StandardizeNumber结束
} //ConvertToFloat 结束
```

图 5-16　一个将十进制数转换为浮点数的程序

5.3.5　浮点数计算

浮点数算术明显比整型数算术要复杂一些。首先，指数和尾数必须要单独处理。因此，每一部分必须要从处理的数值中提取出来。

加法和减法。回忆一下可知为了对包含小数的数值进行加减运算，小数点必须要对齐。因此，当使用指数记数法时，要求在两个数值中隐含的小数点要处于同一位置，两个数值的指数还必须相同。

对齐两个数最简单的方法是，将指数较小的数值右移足够多的位数从而增大指数以和较大的指数相匹配。这个过程在数值的开始处要插入若干个无关紧要的 0。请注意，这个过程通过维持较大数值的所有位数保护了结果的精度。较小数值的最低有效位将会消失。

一旦完成了对齐，就可以进行尾数的加减了。加减有可能导致最高有效位溢出。在这种情况下，必须将数值右移并增加指数以容纳溢出。否则，指数保持不变。

注意到在"余"形式中指数可以直接处理，这是很有用的，因为我们感兴趣的是两个指数的差异，而不是指数值本身。因此，为了进行加减运算，没有必要将指数变回原始值。

例子 两个浮点数相加

$$05199520$$
$$\underline{04967850}$$

假定这些数值都是格式化好的，并且尾数使用了符号–幅值表示，指数使用了余50表示。隐含的小数点在尾数的开头，指数使用了十进制。

将较小的尾数右移两位以使指数对齐，这两个数值变为

$$05199520$$
$$\underline{0510067850}$$

将尾数相加，新的尾数变为

$$(1)0019850$$

我们在圆括号内放入了1，强调一下这是进位，它超出了尾数最左边的起始位置。因此，我们必须将尾数再次右移一位来增大指数，以包容这个位：

$$05210019(850)$$

将结果取舍以保留5位精度，我们最终得到

$$05210020$$

检查结果，

$$05199520 = 0.99520 \times 10^1 = 9.9520$$
$$04967850 = 0.67850 \times 10^{-1} = \underline{0.06785}$$
$$10.01985 = 0.1001985 \times 10^2$$

它已经转换为我们前面曾获得的结果了。

乘法和除法　进行乘法或除法运算时不需要对齐。带指数的数值进行乘（或除）时，应将两个尾数相乘（除），然后两个指数相加（减）。符号按通常的方式单独处理。相对来说，这个过程比较直接。然而，还是有两个特殊的问题需要处理：

1. 乘法或除法经常会导致小数点移位（例如，$0.2 \times 0.2 = 0.04$），必须要对数值规格化以复原小数点的位置，同时维持结果的精度。

2. 我们必须调整结果指数里的余值。在两个指数相加时，每个指数中都包含一个余值，从而导致余值本身也相加，因此最终的指数必须调整一下，要从结果中减去余值。类似地，当我们对指数执行减法操作时，余值本身也相减了，必须在结果中加上它以恢复余值。

例子 通过一个例子很容易明白这一点。假定我们有两个带有指数为3的数值。在余50表示法中表示为53。将两个指数相加

$$53$$
$$\underline{53}$$
$$106$$

我们将50加了两次，因此必须减去它以获得正确的余50结果：

$$106$$
$$\underline{-50}$$
$$56$$

3. 两个规格化后的5位尾数相乘，会产生10位的结果。然而，在这个结果中只有5位

是有效的。为了维持完整的 5 位精度，我们必须首先规格化，然后将规格化后的结果取舍至 5 位数字。

例子 两个数值相乘：

$$05220000$$
$$\times 04712500$$

指数部分相加并减去偏移量，得到一个新的余 50 指数

$$52 + 47 - 50 = 49$$

将两个尾数相乘

$$0.20000 \times 0.12500 = 0.025000000$$

将小数点右移一位使指数减 1，将结果规格化，最后的结果为

$$04825000$$

验证我们的工作，

$$05220000 = 0.20000 \times 10^2,$$
$$04712500 = 0.12500 \times 10^{-3}$$

两者相乘，结果为

$$0.0250000000 \times 10^{-1}$$

规格化和取舍后，得到

$$0.0250000000 \times 10^{-1} = 0.25000 \times 10^{-2}$$

这和我们以前得到的结果是一致的。

5.3.6 计算机中的浮点数

前面一节讨论的将数字位替换为位的技术，在计算机内可以直接应用于浮点数值的存储。一个浮点数使用的字节数一般为 4、8 或 16 字节。事实上，这确实存在一点差异，这些差异来自当 "0" 和 "1" 是唯一选项时能玩的 "把戏"。

典型的浮点数格式可能类似于图 5-17 所示的内容。在这个例子中，32 位（4 字节）提供的数值范围大约是 $10^{-38} \sim 10^{+38}$。对于 8 位数值，我们可以提供 256 个不同的指数，因此，用余 128 表示来存储指数显然是比较好的。

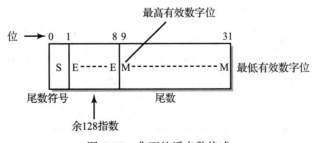

图 5-17 典型的浮点数格式

例子 下面是一些使用这种表示的二进制浮点数的例子。我们再次假定小数点位于尾数的开头且指数是二进制的。

$$0\ 10000001 \quad 11001100000000000000000 =$$
$$+\ 11001100000000000000000$$

$$1\ 10000100 \quad 10000111100000000000000 =$$
$$-\ 10000111100000000000000$$
$$1\ 01111110 \quad 10101010101010101010101 =$$
$$-\ 0.0010101010101010101010101$$

感谢二进制系统的性质，可以将 23 位的尾数延展以提供 24 位的精度，这大约对应于 7 位十进制数的精度。如果数值是规格化的，那么其尾数的前导位必须是 1，因此不必显式地存储最高有效数字位。相反，前导位可以隐式处理，这和小数点的处理类似。

使用这种技术有 3 个潜在的缺点。首先，前导位总为 1 这个假设意味着我们不能存储那些太小无法规格化的数值，这对数值范围小的一端稍微有些限制。其次，不管是什么原因，要求最高有效数字位为 0 的任何格式都不能使用这个方法。最后，这种方法要求我们提供一个独立的方式来存储数值 0.0，因为前导位必须为 1 的要求使得尾数 0.0 不可能出现。

由于额外的位使得所有数值中尾数的有效精度增加了一倍，所以数值范围会稍微变窄，通常这认为是一种可接受的折中。数值 0.0 的处理方式是：选取一个特殊的 32 位字，给其赋值 0.0。24 位的尾数大约对应于 7 位十进制数的精度。

不要忘记基数，隐含的小数点位置也必须指定。

有许多变异的方法提供了不同的精度和指数范围，但在计算机中处理浮点数的基本技术跟本章前面几节所讨论的技术还是相同的。

IEEE 754 标准。目前，大部分计算机遵循 IEEE 754 标准格式。IEEE 计算机学会是一个计算机专业协会。在其众多任务中，一项是开发用于工业的技术标准。IEEE 754 标准为 16、32、64 和 128 位浮点数算术定义了格式，它们使用二进制指数，同时还定义了使用十进制指数的 64 位和 128 位格式。现代计算机所建立的指令都利用了这个标准，从而在程序控制下执行浮点算术、规格化，以及整型数和浮点数表示的内部转换。这个标准在支持此标准的不同计算机间进行程序移植时也提供了方便。

典型标准是 32 位的二进制格式，如图 5-18 所示。这个标准定义了一个 32 位的格式，它由一个符号位、8 位指数和 23 位尾数构成。由于规格化后的数值必须恒以 1 开头，所以不存储前导位，但它隐含于小数点的左边。因此，规格化后的数值形式为

$$1.M\ M\ M\ M\ M\ M\ M\cdots$$

指数	尾数	值
0	± 0	0
0	非 0	$\pm 2^{-126} \times 0.M$
$1 \sim 254$	任意	$\pm 2^{E-127} \times 1.M$
255	± 0	$\pm \infty$
255	非 0	NaN（不是一个数）

图 5-18   IEEE 标准 32 位浮点值的定义

使用余 127 表示法来对指数格式化，隐含的基数是 2。理论上，允许的指数范围是 $2^{-127} \sim 2^{128}$。实际上，存储的指数值 0 和 255 用于标识特殊值，因此这种格式的指数范围限制为

$$2^{-126} \sim 2^{127}$$

数值 0.0 是由尾数 0 以及特殊的指数值 0 来定义的。IEEE 标准也允许 $\pm \infty$ 这样的值、

非常小的非规格化数值，以及各种各样的其他特殊状况。总体而言，这个标准大约允许有 7 位十进制有效数字，数值的范围大约是 $10^{-45} \sim 10^{38}$。

64 位标准大约支持 16 位十进制有效数字，数值范围超过 $10^{-300} \sim 10^{300}$。128 位标准支持 34 位十进制有效数字，数值范围超过 $10^{-4900} \sim 10^{4900}$！16 位格式在范围和精度上都受到了极大的限制，但对于简单的图形应用来说它还是很有用的。

5.3.7　十进制和二进制之间的转换

有时候，你会发现在十进制表示和二进制表示之间转换实数是很有用的。但必须小心地执行这个任务。主要有两个地方有时会令学生（或其他人）感觉有困难：

1. 嵌有小数点的整数部分和小数部分必须单独转换。
2. 指数形式的数值在执行转换之前，必须简化为纯十进制或二进制混合数或小数。

我们在 3.8 节里解决了第一个问题。回想一下可知，当从一个进制转换为另一进制时，必须处理与每一个后续数字位相关联的不同乘数。在小数点的左边，乘数是整型数，不同进制之间存在直接关系。在小数点的右边，乘数是小数，不同进制的乘数之间或许存在，或许不存在合理的关系。

解决方法是，使用第 3 章论述的技术分别转换小数点的每一侧。另一种方法是你可以在一种进制中将整个数值乘以所需的任意数，以使整个数值变为一个整型数；然后将数值按整型数形式进行转换。但是，完成这个转换之后，你必须在新的进制中将转换结果除以相同的乘数。简单地移回小数点是不正确的，因为在新的进制中每次移位得到的是不同的值！因此，如果你将二进制小数点右移 7 位，实际上是将这个数值乘以了 128，那么在新的进制中你必须再将转换后的数值除以 128。通过一个例子，能很好地说明这种方法。

例子　将十进制数 253.75 转换为二进制浮点形式。首先将数值乘以 100，得到整型数 25375。转换成二进制，等于 110001100011111 或 $1.10001100011111 \times 2^{14}$。它的 IEEE 754 浮点表示是

完成这个转换还需要一个步骤。结果必须要除以和 100_{10} 等价的二进制浮点值，以恢复为原始的十进制值。100_{10} 转换为二进制是 1100100_2，在 IEEE 754 形式中是 010000101100100。最后一步是通过浮点除法让原始值除以这个值。我们将忽略掉这一步，因为它很难而且与本例也不相关。尽管这种方法看起来比直接将数值转换为混合小数要难很多，但有时候，它在计算机中实现起来比较容易。

以指数形式表示的浮点数在转换问题上本质是一样的，但会更困难一些，因为看起来好像可以转换一个数值，并且保持指数相同，但并非如此。

如果你总是记得，指数实际上表示了值为 B^e 的一个乘数，这里 B 是基数，e 是实际的指数，那么你就会少犯这种错误。对于不同的基数 B，若认为乘数会是相同的值很明显是不正确的。

相反，必须要遵循刚刚描述的两种方法中的一种：将指数记数法简化为标准的混合小数

并分别转换（小数点的）每一侧；或者使用值 B^e 作为一个乘数，在转换结束时使用新的进制再相除一下。

5.4 编程注意事项

对于存储和处理数值，你已经接触到了一些不同的方法。考虑一下程序员如何在多个有效的方法之间做出聪明的选择，这应当是你感兴趣的。

整型数和浮点数之间明显需要权衡。对计算机来说，执行整型数计算更为容易，整型数计算也有潜力提供更高的精度，并且执行速度明显快很多。整型数通常占据更少的存储单元。正如你稍后要看到的，它花费一定的时间来访问每个存储单元，因此使用的存储单元越少就越节省时间和空间。

很明显，可能的时候要尽量使用整型算术。很多现代高级语言提供了两个或更多个不同字长的整型数，一般至少有 16 位的"短"整型数和 64 位的"长"整型数。现在，你已经了解了整型算术的范围限制，因此能够确定一个特定变量或常量是否使用整型数格式了，也能确定在你的程序中是否需要特殊的差错检查。

较长的整型数格式可能需要多字计算算法，因此，执行起来会比短格式慢一些。当短格式能满足你的期望值时，最好用短格式。可能也有必要考虑一下其他系统的限制，在这些系统上需要运行相同的程序。

每当变量或常量有小数时，每当数的取值很大或很小以至于超出整型数范围时，每当所需的精度超出了你能使用的最长整型格式所能提供的不同值数时，都要使用实数。（正如你已经看到的，许多系统提供了精度很高的浮点格式。）当然，有时可能会将某个混合的数值乘以某个乘数使其变为整型数，执行整型计算之后再除回来。如果计算量很大，并且数值可以调整为整型数来操作，那么这可能是一个值得考虑的选项，尤其是需要快速计算时。

和整型数一样，在能满足任务需求的情况下，最好使用最低精度的实数。高精度的格式需要更多的存储空间，通常必须使用多字浮点或紧缩十进制（BCD）计算算法，这些算法比低精度格式要慢很多。

回忆一下可知，十进制小数可以转换为二进制无理小数。对于具有这种功能的编程语言来说，如果商业应用需要精确的浮点计算，又涉及混合十进制数，那么使用紧缩十进制是一种很有吸引力的方法，

小结与回顾

计算机按二进制来存储所有的数据。有很多不同的方法来格式化这些二进制数以表示计算机处理所需的不同类型的数值。从概念上说，最简单的格式是符号–幅值形式和二进制编码的十进制。尽管有时候 BCD 也用于商业程序设计，但两种格式化方法在数值处理和计算方面都有缺点。

当然，无符号整型数可直接用二进制形式来表示。对于有符号整型数，通常选择补码算术方法。9 的十进制补码和其等价的 1 的二进制补码都是将数值范围划分为两部分，使用数值范围的上半部分表示负数，正数表示它们自身。这些表示十分方便，使用起来特别简单。求补码是这样的：在进制中一行中的最大数字位减去这个数。二进制补码的求解方法是简单地将数值中 0 和 1 取反。由于存在正 0 和负 0，所以计算稍微困难一点，但首尾循环进位可以解决这个问题。

10 的补码和 2 的补码将数值范围进行类似的划分，但只使用一个 0 值。这要求使用基于值的补码，在给定数字位数下这个值比进制中最大的数还要大。这个"基值"总是由一个 1 和后面的 N 个 0

组成的，这里，N 是使用的数字位数。跟前面一样，可以将数字按位取反并对结果加 1 来求补码；或者从基值中减去这个数。使用模运算计算很简洁。许多计算机的算术指令是基于 2 的补码运算的。

1 的补码和 2 的补码表示还有另外的方便性，那就是数的符号可以很容易地识别出来，因为负数总是以"1"开头。小的负数拥有大的值，反之亦然。其他偶数进制的补码表示的构建方式也是类似的。

带有小数的数值以及那些特别大以至于整型数约束无法满足的数值，在计算机中按实数或浮点数存储和处理。实际上，在精度和可接受的数值范围之间存在着权衡。

一般的浮点数格式是由符号位、指数和尾数构成的。指数的符号和值通常是按余 N 格式表示的。对于大多数系统指数都是二进制的，但有些系统对于指数使用别的进制。小数点是隐含的。如果有可能尾数应规格化。

在一些系统中，前导位也是隐含的，因为规格化要求尾数的前导位为 1。

浮点数会出现上溢或下溢，数值的指数太大或太小，很难表示出来。将 0 看作特殊情况。有时候，对 ∞（无穷）也有特殊的表示。

加法和减法运算要求每个数值中的指数要一样。这等价于传统十进制算术中的小数点对齐。在乘法和除法中，应对指数分别进行加和减操作。必须特别注意按余 N 表示法表达的指数。

大部分计算机都遵循 IEEE 754 标准定义的格式。使用的其他格式还有额外精度（extra-precision）格式和遗留格式（legacy formats）。

扩展阅读

对于计算机内整型数、实数的表示和操作大多数关于计算机体系结构的教材都有论述。印象特别深刻的一个论述是 Stallings 编写的书籍 [STAL09]。对于各种整型数操作，该论述都给出了详细的算法和硬件实现。Lipschutz 编写的教材 [LIPS82] 中有相对简单的带有许多例子的论述。对于计算机算法，在 Swartzlander 主编的两卷论文集 [SWAR90] 中有更为综合的处理方法；另外，Kulisch and Maranker [KUL81] 编著的和 Spaniol [SPAN81] 编著的关于这个主题的各种教材，对计算机算术都有综合论述。一本经典的计算机算法参考书是 Knuth 的书 [KNUT97]，它有对计算机算法的详细论述。还有一篇有趣的文章，标题是"每个计算机科学家应当知道的浮点算术"[GOLD91]。

复习题

5.1 16 位数值可存储的最大无符号整型数是什么？

5.2 BCD 的含义是什么？请至少说出两个按 BCD 格式存储数值的主要缺点。请说出按 BCD 格式存储数值的一个优点。

5.3 请你给出一个例子来说明使用符号 – 幅值格式处理有符号整型数的缺点。

5.4 当使用 1 的补码执行算术运算时，快速识别负数的方法是什么？

5.5 如何改变一个按 1 的补码形式存储的整型数符号？例如，值 19 的 8 位表示是 00010011_2。– 19 的 1 的补码表示什么？

5.6 当你将两个以 1 的补码形式表示的数进行相加时，如何识别溢出条件？

5.7 将两个以 1 的补码形式表示的数相加，请你解释一下相加的过程。例如，将 + 38 和 – 24 转换为 8 位 1 的补码形式，然后相加。将结果转换回十进制并确认你的答案是否正确。

5.8 如果你看到一个 2 的补码是 11111110_2，对这个数，你能做出什么样的粗略估计？

5.9 如何改变一个按 2 的补码形式存储的整型数符号？例如，值 19 的 8 位表示是 00010011_2。那么 – 19 的 2 的补码表示是多少？

5.10 在 2 的补码形式中，当两个数相加时你如何检测溢出？

5.11 在 2 的补码形式中，解释一下两个数相加的过程。例如，将 + 38 和 – 24 转换为 8 位的 2 的补码形式，并将其加起来。将结果转换回十进制数，确定你的答案是否正确。

5.12　对于一个正数，其补码表示和符号 – 幅值表示之间的关系是什么？

5.13　在计算机中，实数（或者叫浮点数，如果你喜欢的话）通常按指数记数法表示。按这种形式表示数值需要有 4 个独立的部分。对于数值 1.2345×10^{-5}，请你识别出每部分。这样表示而不是存储为 0.000 012 345，其优点是什么？

5.14　为了在计算机中按指数形式表示一个数，对这个数还需要有两个假定。这两个假定是什么？

5.15　指数通常按余 N 表示法来存储。解释一下余 N 记数法。如果一个数值是按余 31 形式存储的且实际指数是 2^{+12}，那么这个指数在计算机中存储的是什么值？

5.16　当两个浮点数相加时，两个数的指数必须满足什么条件？

5.17　对于浮点数，IEEE 提供了一个标准的 32 位格式。其数值格式描述为 $\pm 1.M \times 2^{E-127}$。请解释这个格式的每个部分。

习题

5.1　在数字 PDP-9 计算机中，存储数据使用 6 个数字位的八进制表示。负数按 8 的补码形式存储。

　　a. 6 个八进制的数字位可表示多少位？说明一下 8 的补码八进制数和 2 的补码二进制数是精确相等的。

　　b. 在这个计算机中，能存储的最大的正八进制数是多少？

　　c. 对于（b）中的答案，对应的十进制数是多少？

　　d. 可能的最大负数是多少？将你的答案分别按八进制和十进制形式给出。

5.2　a. 对于十进制数 1987，求其 16 位 2 的补码的二进制表示。

　　b. 对于十进制数 – 1987，求其 16 位 2 的补码的二进制表示。

　　c. 根据（b）的答案，对于十进制数 –1987，求 6 位 16 的补码的十六进制表示。

5.3　在 R4–D4 计算机中，数据使用 8 位四进制表示存储。负数使用 4 的补码形式来存储。

　　a. 下面所示为某个数的 4 的补码数，它对应的符号 – 幅值表示值是多少？

$$33333210_4$$

将你的答案按四进制给出。

　　b. 将下面 8 位 4 的补码数相加。然后，对于每个输入数和结果，给出对应的符号 – 幅值表示值（按四进制）。

$$\frac{13220231}{120000}$$

5.4　将十进制数 – 19575 转换为 15 位 2 的补码的二进制数。当你进行这个转换时发生了什么？转换完成之后，计算机认为它具有什么值（二进制和十进制）？

5.5　对于下列二进制数，对应的 16 位 1 的补码和 2 的补码分别是什么？

　　a. 10000

　　b. 100111100001001

　　c. 0100111000100100

5.6　将下列十进制数分别转换为 5 位 10 的补码形式然后进行相加，再将结果转换为符号 – 幅值形式。

　　a.

$$\frac{24379}{5098}$$

　　b.

$$24379$$
$$-5098$$

c.

$$-24379$$
$$5098$$

5.7 将第二个数求 6 位 10 的补码形式然后跟第一个数相加，从而实现两数相减。如果需要的话，将结果转换回符号 – 幅值形式。

a.

$$37968$$
$$(-)\ 24109$$

b.

$$37968$$
$$(-)\ -70925$$

c.

$$-10255$$
$$(-)\ -7586$$

5.8 下列十进制数已经是 6 位 10 的补码形式。将这些数相加，并将每个数以及结果转换为符号 – 幅值形式，并对结果进行确认。

a.

$$1250$$
$$772950$$

b.

$$899211$$
$$999998$$

c.

$$970000$$
$$30000$$

5.9 将下列两个 12 位 2 的补码的二进制数相加。然后，将每个数转换为十进制，并对结果进行校验。

a.

$$11001101101$$
$$111010111011$$

b.

$$101011001100$$
$$111111111100$$

5.10 对于给定的正数 2468，在 4 位 10 的补码十进制系统中，在不引起溢出的情况下，你能相加的最大的正数是什么？

5.11 在 12 的补码十二进制中，你如何知道一个数是正数还是负数？

5.12 许多计算机为执行无符号加法和补码加法提供了独立的指令。对于无符号加法，请说明进位和溢出是一样的（提示：考虑一下溢出的定义）。

5.13 考虑一个每次执行 4 位计算的计算机。通过添加 4 位最低有效位后跟 4 位最高有效位，8 位的 2

的补码数也可以相加。最左边的位通常用作符号位。每个数都是 8 位，使用 4 位 2 的补码的二进制算术，将 − 4 和 − 6 相加。这会发生溢出吗？会产生进位吗？验证你的数值结果。

5.14　将下列以 16 的补码表示的十六进制数相加

$$4F09$$

$$\underline{D3A5}$$

你的结果是正还是负？你是如何知道的？将每个数转换为二进制并将二进制数相加，然后将结果转换回十六进制。结果一样吗？

5.15　在 Pink-Lemon-8 计算机中，实数的存储格式是

$$SEEM\ M\ M\ M8$$

其中所有的数字位（包括指数）都是八进制的。指数按余 40_8 的格式存储。尾数按符号 − 幅值形式存储，其中，0 表示正数、4 表示负数。隐含的小数点在尾数的尾部：M M M M。

观察一下按这种格式存储的实数

$$4366621$$

a. 它表示的实数是多少？将你的答案按八进制的形式给出。

b. 将（a）中的答案转换为十进制。如果你喜欢，可以将答案按小数形式给出。

c. 将原始的指数从 36 改变为 37，这对数值的幅值有何影响（要求：小数点左右移不是充分的答案）？新的幅值在十进制中是多少？

5.16　a. 将十进制数 19557 转换为浮点数，使用的格式为 SEEMMMM。所有的数字位都是十进制的。指数按余 40 格式存储（不是余 50）。隐含的小数点在尾数的开头。在符号位中 1 表示正数，7 表示负数。提示：特别注意尾数里的位数！

b. 按这种格式能存储的数值范围是多少？

c. − 19557 的浮点表示是什么？

d. − 19557 的 6 位 10 的补码表示是什么？

e. 0.000 001 955 7 的浮点表示是以什么？

5.17　a. 将数值 123.57×10^{15} 转换为 SEEMMMM 格式，指数按余 49 格式存储。隐含的小数点位于尾数第一个数字位的右侧。

b. 在发生溢出之前，你能使用这种格式的最小数值是多少？

5.18　在 R4-D4 计算机中，实数的存储格式为

$$SEEM\ M\ M\ M\ M_4$$

其中，所有的数字位（包括指数位）都是四进制的。尾数存储为符号 − 幅值形式，在符号位中 0 表示正数、3 表示负数。隐含的小数点（四进制）在尾数的开头：

$$.M\ M\ M\ M\ M$$

a. 如果你知道了指数是按照余 X 格式存储的，那么 X 的值选多大为好？

b. 将十进制的实数 16.5 转换为四进制且与 R4-D4 计算机存储数据相同的格式，使用（a）中确定的余值，给出其表示。

5.19　将下列二进制数和十六进制数转换为浮点格式。假定二进制的格式为：一个符号位（1 表示负数）、一个二进制的 8 位余 128 形式的指数、23 位尾数、隐含的小数点在尾数第一位数的右边。

a. 110110.011011_2

b. 1.1111001_2

c. $4F7F_{16}$

d. 0.00000000111111_2

e. 0.1100×2^{36}

f. 0.1100×2^{-36}

5.20 对于习题 5.19 中的格式，下列每个浮点数表示的十进制数是多少？

a. C2F00000_{16}

b. 3C540000_{16}

5.21 将十进制数 171.625 表示为 32 位的 IEEE 754 格式。

5.22 对于十进制数 – 129 975，给出其紧缩十进制格式。

5.23 下列十进制数是按余 50 格式存储的浮点数，小数点在第一个尾数位的左侧。将它们相加，其中 9 表示负号。将你的结果按标准的十进制符号 – 幅值表示给出。

a.

$$05225731$$
$$04833300$$

b.

$$05012500$$
$$95325750$$

5.24 使用与习题 5.23 相同的表示，将下列数值相乘。将你的答案按标准的十进制表示给出。

a.

$$05452500$$
$$04822200$$

b.

$$94650000$$
$$94450000$$

5.25 使用与习题 5.19 同样的格式，将下列浮点数进行相加和相乘。按浮点和符号 – 幅值格式给出你的答案。

$$\text{3DEC0000}_{16}$$
$$\text{C24C0000}_{16}$$

5.26 用你喜欢的编程语言写一个程序，将十进制浮点表示的数值

$$\text{SEEM M M M M}$$

转换为以 10 的补码表示的整型数。对小数部分的十进制值进行适当取舍。

第三部分

The Architecture of Computer Hardware, Systems Software, & Networking: An Information Technology Approach, Fifth Edition

计算机体系结构和硬件操作

不管大小和类型，计算机的基本操作都是由其硬件架构定义的。硬件架构建立了 CPU 指令集和允许的操作类型，定义了从计算机的一个部件到另一个部件的数据传递，建立了输入和输出操作的基本规则。

接下来的六章会介绍基本架构的概念，这些概念定义了计算机的操作和硬件组成。我们会努力表达出计算机指令集的简洁性。我们将揭示计算机外设的内部工作原理，揭示不同部分是如何装配在一起来产生一个系统的。

在过去的 60 多年以及可预见的将来，基本计算机架构遵循第 1 章介绍的由冯·诺依曼建立的一般原理。在第 6 章里，以"小伙计"计算机这个经典的计算机模型为实例，介绍冯·诺依曼架构的原理。对"小伙计"计算机的介绍展现了存储程序的概念，说明了存储的作用，描述了构成计算机指令集的基本指令，解释了实现指令集的简单操作集。我们也会展示计算机的基本指令是如何一起工作来构成一个程序的。

在第 7 章中，我们将第 6 章里介绍的思想扩展到实际计算机的操作中。我们考察 CPU 的基本组件，解释总线的概念，讨论存储器的操作，展示这些架构组件如何装配在一起来组成一个计算机系统。我们还展示构成指令执行的各个操作，即所谓的"取－执行"周期。我们还讨论指令字的格式，给出指令集的一般类型。

在第 8 章中，我们考察不同的 CPU 架构以区分彼此。这一章的主题是 CPU 设计和组成。我们给出不同的 CPU 模型并对其进行了比较。我们研究传统 CPU 组成的变化，解释获得的好处。我们查看存储技术的进步，尤其是 Cache 存储器的使用。

在第 9 章中，我们将焦点移到 I/O 上。本章介绍用于在计算机外设和内存之间移动数据的各种方法，包括中断的使用、外设和内存之间的直接访问路径等有效执行 I/O 的方法，这些方法对处理单元的影响很小。我们还会介绍 I/O 模块的概念，这些模块是各种 I/O 设备与 CPU 和内存部件连接的接口。

第 10 章对各种 I/O 外设的需求和操作进行了说明，包括闪存、磁盘、磁带、显示器、打印机以及其他设备。这一章也会给出存储的分层模型。

第 11 章将前面五章的主要思想集成起来，然后在系统级上探讨其他特征和创新技术，这些拓展了计算机的性能和能力。虽然这些技术对基本设计进行了实质性的拓展，但它们并没有改变前面所讨论的基本概念和操作方法。除了讨论基本的计算机系统硬件架构之外，本章最重要的主题是介绍用于扩展 I/O 能力的现代总线和 I/O 信道，以及计算机系统互连成机群来提高计算能力和增强可靠性。

在网站 www.wiley.com/college/englander 里，还有四个补充章。其中的三章对第三部分出现的材料提供了其他的见解。补充第 1 章包含布尔代数和数字逻辑电路的概述，它们用于实现 CPU 硬件电路。补充第 2 章通过实例说明了以前的许多概念，实例包括三个流行的重要的系统，它们代表着计算机设计的三种不同方法。补充第 3 章进一步阐述了 CPU 寻址技术，这些在第 8 章里只是简单触及了一下。

第 6 章

"小伙计"计算机

6.0 引言

一台计算机的功能是否强大并不是源于复杂度。相反，计算机具有以极高的速度执行简单操作的能力。这些操作可以组合起来提供你所熟悉的计算机能力。

正如你将要看到的，跟这种思想一致，计算机的实际设计也很简单。（设计之美在于这些简单的操作可用来解决极度复杂的问题。当然，程序员的挑战是如何产生精确的操作序列，以在所有可能的情况下正确地执行特定的任务，因为选择或操作序列上的任何错误都将导致一个"有漏洞的"（bug）程序。由于现代程序需要大量的指令，所以今天的程序很少能真正地没有"臭虫"。）

在本章里，我们将开始探讨计算机可执行的操作，看一看这些操作如何协同工作以给计算机提供强大的能力。为了简化探讨，我们将介绍一个计算机模型，以此作为开始。这个模型的运行方式跟真实计算机非常类似，但更容易理解。（尽管真实计算机使用二进制数，但为了容易理解，这个模型使用十进制数。）

我们将要使用的模型叫**"小伙计"计算机**（Little Man Computer，LMC）。原始的 LMC 是 MIT 的 Stuart Madnick 博士在 1965 年创造的。1979 年，Madnick 博士生产一台新版的 LMC，他稍微对指令集进行了修改，本书使用的是后面的版本。原始模型的一个优点是和真实计算机的操作非常类似，因此，在出现超过 45 年后，它仍能准确地表示计算机的工作方式。

通过这个模型，我们将介绍一个简化却经典的且计算机能执行的指令集。我们将准确地向你展示这些指令在"小伙计"计算机中是如何执行的。然后，我们会说明这些指令是如何组合起来形成程序的。

6.1 "小伙计"计算机的结构

作为开始，我们描述一下"小伙计"计算机的物理结构。关于"小伙计"计算机的图示见图 6-1。

LMC 由一个有墙的邮件收发室组成，图中用围绕这个模型的黑线来表示。邮件收发室里面是几个物体。

首先，有一连串邮箱，共计 100 个，每个邮箱编号使用的地址范围为 00～99。选择这种编号系统是因为每个邮箱的地址可以用两位数字来表示，而且这是两位十进制数能表示的最大邮箱编号。

每个邮箱设计为可容纳一张纸条，纸条上写着一个三位的十进制数。特别注意观察一下，邮箱里的内容与该邮箱的地址是不一样的。这种思想和你已经知道的邮政信箱是一致的：你的邮政信箱编号决定了你从哪儿取邮件，但这和邮件的实际内容没有关系。

接下来有一个计算器，它基本上就是一个简单的袖珍计算器。这个计算器可用来输入和临时存放数值，也能用来做加法和减法运算。计算器的显示器是三位宽。至少针对本讨论，没有对负数和大于三位的数值做出的规定。正如你已经知道的，10 的补码算术可用于此，但这儿对其不感兴趣。

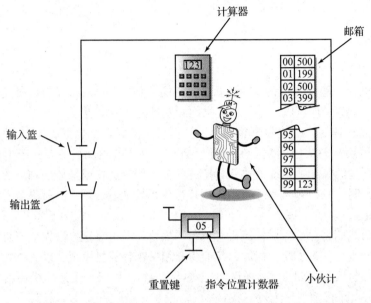

图 6-1　"小伙计"计算机

第三，有一个两位的手动计数器，通过你的点击可增加计数。手动计数器的重置键（复位键）位于邮件收发室之外。（还有一套指轮，"小伙计"用其可直接修改计数器的值。这些将用于扩展指令，它们将在 6.4 节里描述。）我们将手动计数器称为指令位置计数器。

最后，有一个"小伙计"。他的角色是执行马上要定义的某些任务。

除了手动计数器的重置键，"小伙计"计算机同外界环境的唯一交互是输入篮和输出篮。

邮件收发室之外的用户可以跟内部的"小伙计"进行通信，把带有三位数字的纸条放入输入篮内，在合适的时间"小伙计"会读取它。类似地，"小伙计"也能在纸条上写上三位数字，并将其放入输出篮内由用户提取。

请注意，"小伙计"计算机同外界的所有通信都是通过三位数字进行的。除了指令位置上的重置键，其他形式的通信都是不可能的。邮件收发室的内部也一样："小伙计"的所有指令都是通过三位数字来表达的。

6.2　"小伙计"计算机的操作

我们期望"小伙计"做一些有用的工作。为此，编制了一组它可以执行的指令。每个指令将由单一的数字构成。我们将使用三位数字中的第一位来告诉"小伙计"执行哪个操作。

在某些情况下，操作会要求"小伙计"使用特殊的邮箱来存储或提取数据。（当然，是三位数形式的！）由于指令只需要一位数字，所以我们可以使用其他两位来表示合适的邮箱地址，作为指令的一部分，邮箱地址是要用到的。因此，使用纸条上的三位数，按照下图，我们可以描述"小伙计"的指令：

三位编码的指令部分也称为操作码，缩写为"op code"。分配给某条特定指令的操作码数是任意的，这是计算机设计师根据不同的架构和实现因素来决定的。作者使用的操作码遵循 1979 年版的"小伙计"计算机模型。

现在，我们来为"小伙计"定义一些要执行的指令：

LOAD 指令——**操作码 5**。"小伙计"走到由指令指定的邮箱地址前。他读取位于邮箱里的三位数字，然后走到计算器，将该数值输入到计算器中。邮箱里的三位数保持不变，当然，原来计算器里的那个数会被新的数替换掉。

STORE 指令——**操作码 3**。这条指令和 LOAD 指令相反。"小伙计"走到计算器那儿，读取其数值。他将数值写到纸条上并放入邮箱中，邮箱地址是由指令的地址部分指定的。计算器里的数值保持不变，而邮箱里原来的数值替换为新的值。

ADD 指令——**操作码 1**。这条指令和 LOAD 指令非常类似。"小伙计"走到由指令指定的邮箱地址旁，读取邮箱里的三位数，然后走到计算器旁，将其加到计算器里已存的数值上。邮箱里的数保持不变。

SUBTRACT 指令——**操作码 2**。除了"小伙计"用计算器里的值减去邮箱里的值外，这条指令和 ADD 指令一样。减法的结果有可能使计算器里的值是负数。第 5 章论述了使用补码来实现负值的方法，但为简单起见，LMC 模型忽略掉这个方法。为了达到 LMC 模型的目的，我们简单地假定计算器会正确地保存和处理负数，并提供一个"－"号来标识该值为负数。然而，"小伙计"不能处理计算器之外的负数，因为在模型系统使用的三位数内，没有提供负号的存储。

INPUT 指令（如果你喜欢，或者叫 READ 指令）——**操作码 9、"地址"01**。"小伙计"走到输入篮旁，取走篮里的纸条。然后他走到计算器旁，将数值输入到计算器里。这时输入篮里不再有数值了，计算器里原来的值被新值所替代。如果篮里有多张纸条，"小伙计"按照纸条递交的顺序取走它们，但每个 INPUT 指令只能处理一张纸条，其他输入值必须等待后续 INPUT 指令来执行。有些作者使用传送带的概念来替代输入篮，以强调这一点。

OUTPUT 指令（或者叫 print 指令）——**操作码 9、"地址"02**。"小伙计"走到计算器旁，在纸条上写下看到的数值。然后走到输出篮旁，把纸条放在那，以备邮件收发室外部的用户提取。计算器中原来的数值保持不变。每个 OUTPUT 指令在输出篮中放入一张纸条。多个输出将需要使用多条 OUTPUT 指令。

请注意，INPUT 和 OUTPUT 指令在执行过程中都不使用任何邮箱，因为各自的过程只涉及输入篮或输出篮跟计算器之间的数据传送。由于这个原因，指令的地址部分可用来扩展指令集的功能，相同的操作码不同的"地址"值会产生不同的指令。在 LMC 中，901 是 INPUT 指令的编码，而 902 则用于 OUTPUT 指令。例如，在真实计算机中，指令地址可用来指定用于输入或输出的特定的 I/O 设备。

COFFEE BREAK（或 HALT）**指令**——**操作码 0**。"小伙计"休息一下。"小伙计"会忽

略掉指令的地址部分。

到此为止，我们定义的指令分为四类：

- 从 LMC 的一个部分将数据移动到另一部分的指令（LOAD，STORE）。
- 执行简单算术运算的指令（ADD，SUBTRACT）。
- 执行输入和输出的指令（INPUT，OUTPUT）。
- 控制机器的指令（COFFEE BREAK）。

现在已经够用了。在本章后面我们将讨论指令 6、7 和指令 8。

6.3   一个简单的程序

现在看一下，我们如何将这些指令组合成一个程序，让"小伙计"做些有用的工作。

在做这个之前，我们需要将指令存储在某个地方，而且我们还需要一种方法来告诉"小伙计"在哪儿可以找到特定的指令，他应该在某个时间点上执行这条指令。

现在假定指令存储在邮箱中，邮箱编号从 00 开始，我们不讨论它们是如何放在那儿的。"小伙计"查看指令位置计数器里的值，找到这个值对应的邮箱，执行邮箱里找到的指令。每完成一条指令后，他会走到指令位置计数器旁，将其加 1。然后他会再次执行计数器指定的指令。因此，"小伙计"将从邮箱 00 开始顺序执行邮箱里的指令。由于指令位置计数器是由邮件收发室外部复位的，因此，用户只需简单地将计数器重置为 00，就能重新启动程序。

现在通过一个指令步骤程序，我们有了指导"小伙计"的方法，接下来考察一个简单的程序，它将允许邮件收发室外部的用户使用"小伙计"计算机将两个数加起来。用户会在输入篮里放置两个数。两个数的和作为结果将放在输出篮里。问题是我们需要提供什么样的指令，让"小伙计"执行这个操作。

INPUT　901。 由于"小伙计"必须访问数据，所以很明显第一步是让"小伙计"从输入篮中将第一个数读到计算器里。这条指令将会使第一个数加到计算器里。

STORE 99　399。 请注意，让"小伙计"简单地将另一个数值读到计算器里是不可能的。这样做会破坏第一个数值。取而代之的是将第一个数值保存在某个地方。

之所以简单地选择邮箱 99，是因为它明显不会影响程序。只要是在程序尾部之外，任何别的位置都是可以接受的。

将这个数存储在程序内部的某个位置中会破坏该位置上的指令。这意味着，当"小伙计"要执行那条指令时，指令将不在那里。

更为重要的是，"小伙计"没办法区别一条指令和一条数据，两者都是由三位数构成的。因此，如果我们将数据存储在"小伙计"当作指令的位置上，他会简单地去执行这个数据，就好像它是指令一样。由于没有办法可以预测数据可能包含什么内容，所以也没有办法来预测程序可能会做什么。

除了根据使用的上下文来区分，没有办法区别指令和数据，这在计算中是一个非常重要的概念。例如，允许程序员将一条指令当作数据去修改，然后执行修改后的指令。

INPUT　901。 第一个数存储到别处后，我们就可以让"小伙计"将第二个数读到计算器里。

ADD 99　199。 这条指令将以前存储在邮箱 99 里的数跟输入到计算器里的数相加。

请注意，没有特别的理由可以保存第二个数。如果我们后面要执行的某个操作还需要使用第二个数，那么应当把它存储在某个地方。

　　然而，在这个程序中，我们有两个准备好的数来做加法运算。当然，结果还是保留在计算器中。

　　OUTPUT　902。对我们来说，剩下的事情就是让"小伙计"将结果输出到输出篮里。

　　COFFEE BREAK　000。程序执行完成了，因此，我们允许"小伙计"休息一会。

　　这些指令从邮箱 00 开始顺序存储，在那里，"小伙计"提取并执行它们，一次一条，按序执行。图 6-2 重新给出了这个程序。

邮箱	编码	指令描述
00	901	输入
01	399	存储数据
02	901	输入第二个数据
03	199	与第一个数据相加
04	902	输出结果
05	000	停止
99		数据

图 6-2　两个数相加的程序

　　由于我们小心地放置了程序外部的数据，因此只需简单地告诉"小伙计"重新开始，这个程序就能再次运行了。

6.4　一个扩展的指令集

　　我们定义的指令必须总能按精确指定的序列来执行。尽管对于执行几个操作的简单程序段是可以的，但它并没有提供转移或循环的手段，因此这两个结构在程序中非常重要。为此，我们扩展一下指令集，再增加三条指令。

　　无条件转移指令（有时叫 JUMP）——操作码 6。这条指令告诉"小伙计"要走到指令位置计数器旁，真正地将计数器里的位置值变为指令中给出的两位的地址值。为此，要使用手动计数器的"指轮"。这意味着"小伙计"要执行的下一条指令应按照该邮箱的地址来访问。从概念上说，这条指令类似于 Basic 语言中的 GOTO 指令。它的执行总是会导致当前程序序列的中断，使其转移到程序的另一部分去执行。请注意，这条指令也是以不寻常的方式来使用地址数字位的，因为"小伙计"并没有使用该地址所对应的数据。实际上，"小伙计"期望在该地址对应的存储空间中找到一条接下来要执行的指令，

　　为 0 转移指令——操作码 7。"小伙计"会走到计算器旁，观察那里所存储的数值。如果当前值是 0，那么他会走到指令位置计数器旁，将其值修改为指令中指定的地址。"小伙计"要执行的下一条指令会位于该地址对应的存储空间中。如果计算器中的值不是 0，那么他会简单地处理当前序列中的下一条指令。

　　为正转移指令——操作码 8。"小伙计"会走到计算器旁，观察那里所存储的数值。如果当前值为正数，那么他会走到指令位置计数器旁，将其值修改为指令中指定的地址。"小伙计"要执行的下一条指令会位于该地址对应的存储空间中。如果计算器中的值为负数，那么他会简单地处理当前序列中的下一条指令。这里将 0 看作正值。

　　请注意，没有必要提供"为负转移"或"为非零转移"的指令。因为以上所提供的指令可以结合起来使用以获得同样的结果。

这三条指令使得打破指令的正常顺序处理成为可能。这种类型的指令可用于执行转移和循环。例如，考察下面的"WHILE-DO"循环，它在许多编程语言中都是很常见的：

```
WHILE Value = 0 DO
        Task;
    NextStatement
```

这个循环可以通过"小伙计"的 BRANCH 指令来实现，过程如下所示。假定这些指令从邮箱 45 开始存储（每行右侧有注释）：

```
45   LDA 90   590        假定 90 中有值
46   BRZ 48   748        如果值为 0，则转移
47   BR 60    660        退出循环，跳转到 NextStatement 语句
48    ⋮                   这是任务所在的地方
59   BR 45    645        任务结束，再次循环测试
60                       下一语句
```

为方便起见，对于上面例子中的每条指令，我们引入了一组缩写。这些缩写称为**助记符**（mnemonics，第一个 m 不发音）。一旦学会这些助记符，你会发现用这些助记符编写的程序一般来说都很容易读。用这种方式编写程序比较常见。暂时我们会继续给出助记符和数字码，但最终会取消数字码。大部分程序在编写时都带有注释，这有助于说明代码的作用。我们要使用的助记符指令如图 6-3 所示。

LDA	5xx	加载
STO	3xx	存储
ADD	1xx	加
SUB	2xx	减
IN	901	输入
OUT	902	输出
COB 或 HLT	000	茶歇或暂停
BRZ	7xx	如果为 0，则转移
BRP	8xx	如果为正或 0，则转移
BR	6xx	无条件转移
DAT		数据存储位置

图 6-3　带对应操作码的"小伙计"助记符指令码

图 6-3 所示的 DAT 缩写是一个伪代码，有时也称为**伪码**（pseudocode），它用来指定某个特定的邮箱将用于存储数据。回忆一下可知，在邮箱中"小伙计"无法区别指令和数据，两者都被看作三位的数值。为了在邮箱里放置一个常量，在编写程序时我们可以简单地在邮箱里放入一个数值。程序中可以包含 DAT 伪码，使得程序更易读。

例子　这里是一个"小伙计"程序的例子，它使用 BRANCH 指令来改变程序流。这个程序求两个数值的正差值（有时候将差值称为绝对值）。

程序如图 6-4 所示，工作过程如下：最开始的四条指令简单地输入和存储两个数值。位于邮箱 04 中的第五条指令，将从第二个数中减去第一个数。指令 05 对结果进行测试。如果

结果为正，则剩余工作就是打印出答案。因此，这条指令可用来转移到打印指令。如果答案为负，那么按照其他顺序执行减法操作。之后，输出结果，然后"小伙计"暂停一下。请注意，如果遗漏掉（如被遗忘，这是很常见的一个错误！）COB 指令，那么"小伙计"会尝试执行存储在位置 10 和 11 里的数据。这个程序的主要部分是与"小伙计"等价的 IF-THEN-ELSE 语句，在大部分高级编程语言中你都会看到它。请研究这个例子，一直到你理解了每一个细节是如何工作的。

00	IN		901	
01	STO	10	310	
02	IN		901	
03	STO	11	311	
04	SUB	10	210	
05	BRP	08	808	测试
06	LDA	10	510	为负，逆序
07	SUB	11	211	
08	OUT		902	打印结果并停止
09	COB		000	
10	DAT	00	000	用于数据
11	DAT	00	000	

图 6-4　求两个数相减的绝对值的 LMC 程序

这 9 条指令构成了我们所展示的指令集，它足以用来执行任何计算机程序，尽管其执行方式不一定是最高效的。认识到这一点很重要："小伙计"指令集尽管是简化的，但它非常类似于在许多真实计算机中出现的指令集。像"小伙计"计算机一样，在真实的计算机中，大多数指令步骤都会涉及邮箱位置和计算器之间的数据移动和非常简单的计算和程序转移。

真实的计算机和"小伙计"计算机的主要差别在于提供的指令不同，真实的计算机增加一些方便编程的指令，尤其是乘法和除法指令，还提供了将字内的数据左移或右移的指令。（请注意，在计算机中执行传统的乘法运算时可以使用"SHIFT"和"ADD"指令来实现。）

当我们查看某些真实计算机的指令集时，会探讨其中的不同，我们会在第 7 章、第 9 章和第 11 章以及补充第 2、3 章里对此进行讨论。

6.5　指令周期

我们将"小伙计"执行一条指令所采取的步骤称为**指令周期**。对于所有的指令，这个周期都是类似的，它可以分为两个部分：

1. 周期的取部分，在此期间，"小伙计"寻找要执行什么指令；
2. 周期的执行部分，在此期间，他实际执行指令所指定的工作。

对于每条指令来说，"取"部分的周期是一样的。"小伙计"走到位置计数器旁，读取它的值。然后，他走到另一个邮箱旁，这个邮箱的地址对应于所读取的值。再然后读取存储在那里的三位数值。这个三位数值就是要执行的指令。这个过程描述如图 6-5 所示。

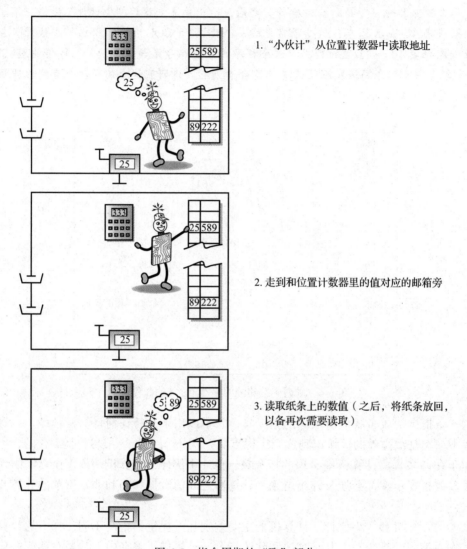

1. "小伙计"从位置计数器中读取地址

2. 走到和位置计数器里的值对应的邮箱旁

3. 读取纸条上的数值（之后，将纸条放回，以备再次需要读取）

图 6-5   指令周期的"取"部分

周期的"取"部分必须首先发生：在"小伙计"执行完"取"操作之前，他甚至不知道将要执行什么指令！

当然，对于每条指令来说，执行部分是不一样的。尽管如此，仍有许多相似性。图 6-3 所示的前 6 条指令都需要"小伙计"将数据从邮件收发室的一个地方移动到另一个地方。开始的 4 条指令均涉及使用数据的第二个邮箱位置。

典型的是 LOAD 指令。首先，"小伙计"取这条指令。在 LOAD 指令的执行阶段，"小伙计"首先查看指令中包含的地址所对应的邮箱。从该邮箱中的纸条上读取三位数值，然后将纸条放回原位。之后，他走到计算器旁，将数值输入到计算器里。最后，他走到指令位置计数器旁，将其加 1。他完成了一个指令周期，并准备好开始执行下一指令周期。这些步骤如图 6-6 所示。

除了"小伙计"对位置计数器加 1 的步骤外，所有的步骤必须按所给的精确顺序执行。

（在"取"发生后的任意时间，位置计数器都可以加 1。）"取"步骤必须在"执行"步骤之前发生。在"取"阶段，"小伙计"从邮箱里取指令之前，必须先查看位置计数器。

正如程序中指令的顺序是非常重要的一样（对于任何语言，如 Java、Fortran、"小伙计"或者别的语言，确实如此），每条指令中的步骤也必须按特定的顺序执行。

请注意，ADD 和 SUBTRACT 指令几乎和 LOAD 指令是一样的。唯一的区别发生在执行过程中"小伙计"给计算器输入数值的时候。对于算术指令来说，"小伙计"对输入到计算器里的数值进行加减运算，而不是简单地将其输入进去。

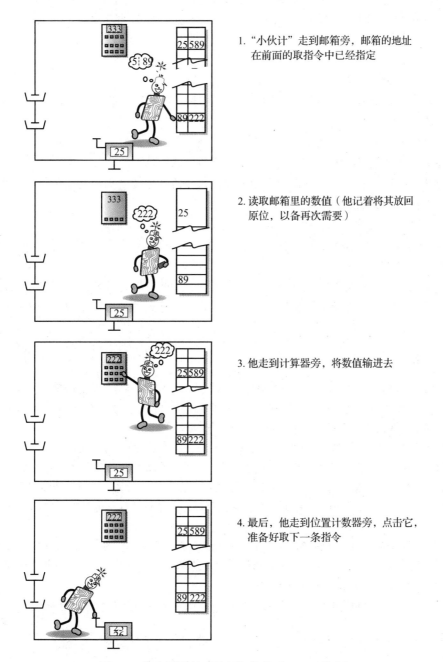

1. "小伙计"走到邮箱旁，邮箱的地址在前面的取指令中已经指定

2. 读取邮箱里的数值（他记着将其放回原位，以备再次需要）

3. 他走到计算器旁，将数值输进去

4. 最后，他走到位置计数器旁，点击它，准备好取下一条指令

图 6-6　指令周期的"执行"部分（LOAD 指令）

其他指令还是有点差别的，尽管跟踪和理解起来也没有多大的困难。为了加强理解，你应当通过剩余的 6 条指令，跟踪一下"小伙计"的执行步骤。

6.6　关于计算机体系结构的说明

正如在第 1 章里说明的，今天我们一般都认为冯·诺依曼是计算机的发明者。1945 ～ 1951 年期间，冯·诺依曼制定了一系列指导方针，后来称为**冯·诺依曼计算机体系结构**。尽管也开发和建造了其他实验性的计算机体系结构，但对于所有的计算机和基于计算机的设备来说，冯·诺依曼体系结构一直是标准的架构；迄今为止，在商业方面，别的架构没有一个获得成功。有一点很重要，在这个几乎一夜之间就会发生技术变革的领域中，自 1951 年以来，计算机的体系结构几乎没什么变化。

定义冯·诺依曼体系结构的主要指导方针包括以下内容：

- 存储器存放程序和数据。这称为**存储式程序概念**。存储式程序概念使得程序很容易修改。
- 存储器**线性**编址。也就是说，对于每个存储器位置，都有一个唯一顺序的数字地址。
- 存储器按位置号寻址，而不用考虑里面所包含的数据。

指令是顺序执行的，除非一条指令或一个外部事件（例如，用户对指令位置计算器进行了复位）引起了转移的发生。

另外，冯·诺依曼定义了计算机的功能组成，其组成部件包括：执行指令的控制单元、执行算术和逻辑运算的算术 / 逻辑单元，以及存储器。控制单元和算术 / 逻辑单元合起来构成了 CPU 或者中央处理单元。

如果检查一下刚刚给出的指导方针，你会发现"小伙计"计算机就是冯·诺依曼架构的一个实例。事实上，在讨论"小伙计"计算机期间，我们刻意地指出了冯·诺依曼体系结构的特征。

小结与回顾

计算机的工作过程可以通过一个简单的模型来模拟。"小伙计"计算机模型的组成包括：位于邮件收发室里的带邮箱的一个"小伙计"、计算器和计数器。输入和输出篮提供了与外界的通信。"小伙计"计算机符合冯·诺依曼体系结构的所有条件。

"小伙计"按照简单的指令来完成工作，这些指令是通过三位的数值来描述的。第一位定义了操作，后两位有不同的用途，但最常见的是代表一个地址。指令提供的操作包括：在邮箱和计算器之间移动数据、在计算器和输入 / 输出篮之间移动数据、执行加减运算、允许"小伙计"停止工作。也有让"小伙计"改变指令执行顺序的指令，它们可以是无条件转移，也可以是基于计算器里值的转移。

数据和指令均存储在各自的邮箱里。这两个概念之间并没有区别，除非是在发生特定操作的背景中。"小伙计"一般顺序执行邮箱里的指令，除非遇到转移指令。在那种情况下，如果需要的话，他记下计算器里的值并从适当的位置重新开始执行指令。

"小伙计"执行的精确步骤很重要，因为它们近似反映了真实 CPU 执行一条指令的步骤。

复习题

6.1　不要看书，画出"小伙计"计算机并在你的画中标出每个组件。

6.2 "小伙计"计算机的指令是三位长，分为两个部分。请给出 LMC 指令的格式。

6.3 请逐步描述"小伙计"执行 STORE 指令时做了些什么。

6.4 请逐步描述"小伙计"执行 INPUT 指令时做了些什么。

6.5 将 6.3 节中的简单程序进行扩展，使其从用户那里接受三个输入，将其相加，并输出结果。

6.6 如果用户想输入两个数，那么在其输入第二个数之前，"小伙计"程序必须做什么？为什么？

6.7 编写一个"小伙计"程序，输入两个数值并按相反的顺序输出数值。

6.8 编写一个"小伙计"程序，输入两个数值，让第二个数减去第一个数，然后输出结果。

6.9 请详细解释当"小伙计"执行一条 JUMP 指令时，他会做什么？

6.10 请逐步详细地解释，当"小伙计"执行一条 BRANCH ON ZERO 指令时，他会做什么？

6.11 为什么将指令周期称为一个周期？

6.12 即便"小伙计"用尽了执行的指令，在某个条件下，他也只能停止执行指令。这个条件是什么？如果"小伙计"用尽了执行的指令且这个条件也没有满足，那么会发生什么？

6.13 指令周期分为两个阶段，请给两个阶段命名。对于每条指令来说，第一个阶段都是一样的。使这个说法成立的第一个阶段的目的是什么？请解释一下，在第一个阶段里"小伙计"要做什么？

6.14 在 COFFEE BREAK 或 HALT 指令的第二个阶段里，"小伙计"要做什么？

习题

6.1 "小伙计"执行的步骤跟 CPU 实际执行指令的方式密切相关。画出一个流程图，详细描述"小伙计"接着执行一条转移指令的步骤。

6.2 对于减法指令，重复习题 6.1。

6.3 对于"为正转移"指令，重复习题 6.1。

6.4 定义冯·诺依曼体系结构的标准是什么？当我们输入两个数并将其相加时，本章中的例子是如何说明每个标准的？

6.5 考察一下本章中所给的例子，在这个例子中，我们输入两个数并将其相加。假定我们在邮箱位置 00 已经存储了第一个数。这个程序会产生相同的结果吗？如果程序再执行一次，会发生什么？计算机的什么特征使其这样？

6.6 编写一个"小伙计"程序，输入为 3 个值，使输出为 3 个数中最大的那个数。

6.7 编写一个"小伙计"程序，使其输入有若干个值，输出是输入中的最大值。你应该用 0 作为输入结束的标记。

6.8 写一个"小伙计"程序，使其输入为 3 个值，按照由大到小的顺序输出这 3 个值（这是习题 6.6 的一个变种，但更具有挑战性）。

6.9 写一个"小伙计"程序，使其输入是一串数值，将它们加起来，输出为所得之和。第一个输入值为要相加的输入值的个数。

6.10 写一个"小伙计"程序，打印出 1 ~ 99 中的奇数。不需要输入。

6.11 写一个"小伙计"程序，打印出 1 ~ 39 中的奇数之和。输出将是 1、1 + 3、1 + 3 + 5、1 + 3 + 5 + 7……不需要输入。说句闲话，关于这个序列产生的输出结果，你注意到了有趣的东西吗？（提示：有时候这个序列会作为求数值平方根算法的一部分。）

6.12 下面的"小伙计"程序将两个输入数相加，然后从和中减去第三个输入数，最后输出结果，

$$OUT = IN1 + IN2 - IN3$$

邮箱	助记符	数值
00	IN	901
01	STO 99	399
02	IN	901
03	ADD 99	199
04	STO 99	399
05	IN	901
06	SUB 99	299
07	OUT	902
08	COB	000

这个程序有什么问题？修改这个程序使之产生正确的结果。

6.13 假定对各种条件转移指令进行简单的测试之后，我们需要处理超过范围的负数和正数。一种解决方法是用 10 的补码指令替换减法指令。COMP 指令对计算器里的值求补码，然后仍将此值保持在计算器里。

a. 在这种情况下，如何执行减法？

b. 详细跟踪"小伙计"执行新 COMP 指令的步骤。

c. 进行了这种修改后，新的可能值的范围是什么？这些值在"小伙计"计算机中是如何表示的？

d. 为了执行 BRANCH ON POSITIVE（为正转移）指令，"小伙计"将要做什么？

6.14 本章我们讨论的程序，似乎魔法般地出现在邮箱里。观察一个更为现实的方法：

假定一个小程序永久地存储在最后几个邮箱里。位于位置 00 的一条 BRANCH 指令也是永久存储的，它将启动这个程序。程序会接受输入值并将其存储在位置连续的邮箱里，从邮箱 01 开始。你可以假定这些值表示要执行的用户程序的指令和数据。当输入数据是 999 时，程序跳转到位置 01，在这里会处理刚输入的值。

这里描述的小程序称为程序装载器，在某些情况下称为引导程序。请你编写一个"小伙计"程序装载器。（提示：请牢记指令和数据是不可区分的，这很有用。因此，如果需要的话可以将指令当作数据来处理。）

6.15 详细地说明你如何使用小伙计指令来实现一条"IF-ELSE"语句。

6.16 说明你如何使用小伙计指令来实现一条"DO-WHILE"语句。

6.17 在我们的程序中，数据已经按照要使用的顺序进行了输入。总是这样不太可能，也不太方便。你能想到一种简单的方法使按错误顺序输入的数据能正确地使用吗？

6.18 假定"小伙计"计算机可作为 16 位的二进制机器。假定二进制的 LMC 提供相同的指令集，并拥有相同的操作码（当然是二进制）和相同的指令格式（地址在操作码后）。指令操作码部分将需要多少位？这台二进制机器能容纳多少个邮箱？这台机器能处理的 2 的补码数据范围是多少？

6.19 最初的"小伙计"计算机用操作码 7（即指令 700）而不是操作码 0 来表示"COFFEE BREAK"指令。使用 000 表示 COB 指令而不是 700 的优点是什么？（提示：考虑一下，如果程序员忘记在程序结尾处放置一条 COB 指令会发生什么？）

6.20 在我们讨论条件转移时，曾声明"BRANCH NEGATIVE"（为负转移）指令不是必需的。请给出一段转移指令程序，使其执行的操作是如果计算器里的值为负数，则会引起程序转移到位置 50。

6.21 请给出一段程序，使其执行的操作是如果计算器里的值大于 0，那么程序会转移到位置 75。

| 第 7 章 |

The Architecture of Computer Hardware, Systems Software, & Networking: An Information Technology Approach, Fifth Edition

CPU 和内存

7.0 引言

前面一章给出了"小伙计"计算机模型的详细介绍。在那一章里,对于计算机能够执行的指令,我们介绍了一种三位的格式,它分为操作码和地址字段。我们介绍了一个指令集,它代表了在真实计算机中找到的指令集。我们还给出了"小伙计"按序执行一条指令时历经的详细步骤。

本章和下一章,我们会将这些概念扩展到真实计算机中。本章主要强调的是中央处理单元(CPU)和内存。实际上在真实计算机中,内存和 CPU 在物理和功能上都是分开的。然而,内存和 CPU 在计算机的运行过程中是紧密关联的,因此为方便讨论,我们将内存和 CPU 一起处理。由于每条指令都需要内存访问⊖,所以将两者放在一起讨论是情理之中的事情。

我们将使用"小伙计"计算机模型和它的指令集作为讨论的指导原则。从根本上说,"小伙计"计算机的指令集和许多不同计算机的指令集是类似的。当然,"小伙计"计算机的指令集是基于十进制数系统的,而真实计算机则是二进制,但这个细节问题不会影响我们对大多数问题的讨论。我们要讨论的 CPU 架构模型,不是基于特定样式和模型的,而是大多数典型计算机的。第 8 章将会讨论用现代技术实现这个模型。在补充第 2 章中,我们会特别关注几个流行的计算机模型。

在本章里你会看到,CPU 和内存里执行的指令在功能上跟"小伙计"计算机几乎是一样的。邮件收发室的各个部件与 CPU 及内存的各功能部件存在着一一对应的关系。主要的不同是:CPU 的指令集用二进制产生,而不是十进制;CPU 指令是以简单的电子方式来执行的,这个电子方式使用基于布尔代数的逻辑,而"小伙计"计算机是在邮件收发室范围内运行的。

7.1 ~ 7.3 节,对 CPU 和内存的构成进行了系统的介绍,跟"小伙计"计算机的部件进行了直接比较。作为 CPU 运行的基本部件,本节还强调了寄存器的概念。在 7.4 节里,作为实现真实计算机指令集的基本方法,我们展示了简单的 CPU 和存储寄存器操作。

在 7.5 节里,我们将注意力转向计算机系统的第三个重要部件:总线部件。总线提供了CPU 内各部分之间的互连、CPU 和内存之间的互连,还提供了输入和输出设备、CPU 以及内存之间的连接。在计算机系统中有许多不同类型的总线,每个总线都针对一类不同的任务。总线可以按照点对点的结构将两个部件连接起来,也可以按照多点结构将几个模块互连起来。总的来说,总线里的多根传递信号的导线表示了数据、地址和控制功能。我们考察了总线的一般需求、不同类型总线的特征、总线的优点和缺点。在第 11 章里,我们会关注将计算机系统内各个部件互连起来的专门总线,并且展示总线将整个计算机系统的不同部分连接在一起的方法。

⊖ 回忆一下可知在 LMC 中,每条指令必须从邮箱里取出来执行。在真实计算机中也是如此。

在 7.6 节、7.7 节和 7.8 节里，我们将注意力转向 CPU，讨论在真实计算机里指令集的性质和特征，它包括不同类型的指令、指令字的格式、指令字的一般要求及所需的限制。

在第 6 章里，你已经了解了如何将简单的指令组合起来以形成你编写的程序。学完本章后，对于在计算机内如何执行那些指令，你会有更好的理解。

在我们开始之前，对主存和辅存之间的差别有所了解是很重要的。在程序的执行过程中，主存存放程序指令和数据，它与 CPU 进行直接交互。它等同于"小伙计"计算机里的邮箱。辅存用于长时间存储，并按 I/O 方式来管理。CPU 不对辅存里的位置进行直接访问，不能直接执行辅存里的指令。辅存里的程序代码和数据必须移动到主存才能用于 CPU 执行。辅存的速度比主存慢得多，它使用与主存不同的技术，通常是按块访问的，而不是按位置访问的。

主存和辅存比较容易混淆，这主要是因为有些制造商没有提供充分的说明，尤其是在智能手机和平板电脑领域。例如，平板电脑中的"16G 内存"是指辅存，而不是主存。事实上，一般平板电脑的主存为 256MB ～ 2GB，用户所看到的说明书中可能有说明也可能没说明这个。

在本章里，我们只关心主存。辅存会在第 9 章和第 10 章里进行深入的讨论。

7.1　CPU 的组成

一个在概念上简化的 CPU 和内存的框图，如图 7-1 所示[⊖]。为了进行比较，图 7-2 再次给出了"小伙计"计算机的框图并带有标注，以方便跟图 7-1 所示的部件对应。

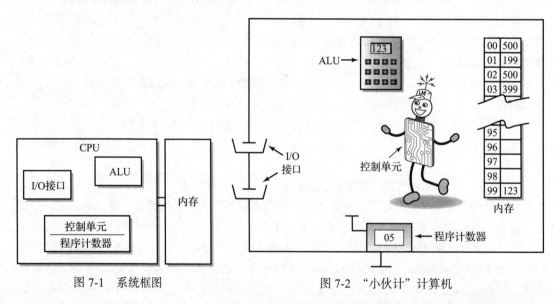

图 7-1　系统框图　　　　　　　　图 7-2　"小伙计"计算机

请注意这两张图之间的相似性。正如第 1 章里指出的，在概念上计算机单元由 3 个主要部件组成，**算术 / 逻辑单元（ALU）**、**控制单元（CU）** 和**内存**。ALU 和 CU 合在一起称为**中央处理单元（CPU）**。图 7-1 中还包含一个输入 / 输出（I/O）接口。I/O 接口在功能上大致对应于输入和输出篮，尽管在许多方面它的实现和操作与"小伙计"计算机不太一样。

⊖　这张图是 1945 年约翰·冯·诺依曼首先给出的。正如在第 8 章里讨论的，当前的技术导致模型中的部件在内部组成方面有所差异，然而，指令的基本执行方式跟原始的模型还是一样的。

算术 / 逻辑单元是 CPU 的组成部分，它临时存放数据并执行计算。它直接对应于"小伙计"计算机的计算器。

控制单元控制并解释指令的执行。它是通过执行与"取 – 执行"指令周期相对应的一系列动作来完成这一过程的。"取 – 执行"指令周期在第 6 章里已经描述过。大部分这些动作是提取内存里的指令，接着将数据或地址从 CPU 的一个部件移动到另一个部件。

控制单元通过读取**程序计数器（PC）**中的内容来确定要执行的具体指令，程序计数器有时候也叫**指令指针（IP）**，它是控制单元的一个组成部分，类似于"小伙计"计算机的位置计数器。程序计数器包含当前指令或下一条指令的地址。通常，指令是顺序执行的。通过执行改变程序计数器内容的指令可以修改指令的执行顺序。"小伙计"计算机的转移指令就是这类指令。控制单元里的**内存管理部件**对从内存中取指令和数据进行管理。I/O 接口也是控制单元的组成部分。在有些 CPU 中，这两个功能组合成**总线接口部件**。很明显，CPU 里的程序计数器对应于"小伙计"计算机里的位置计数器，控制单元本身对应于"小伙计"。

当然，内存直接对应于 LMC 里的邮箱。

7.2　寄存器的概念

在我们讨论 CPU 执行指令的方式之前，有必要解释一下寄存器的概念。一个**寄存器**就是 CPU 里一个单一永久的存储单元，它的用途是特定的、明确的。针对存储、操作或简单计算，寄存器可临时存放一个二进制的值。请注意，每个寄存器都是烧结在 CPU 内以执行特定功能。也就是说，跟内存不一样，内存的每个地址跟其他地址是一样的，而每个寄存器都有特定的用途。寄存器的大小、烧结方式，甚至寄存器内产生的操作都反映了计算机中寄存器完成的特定功能。

寄存器和内存相比还有一个不同的地方，它不是按位置寻址的，而内存是按位置寻址的；相反，在指令执行期间它直接由控制单元来操作。寄存器可以小到一位，也可以大到几个字节，通常其范围是 1 ～ 128 位。

在计算机中，寄存器有许多不同的使用方式。根据寄存器的特定用法，一个寄存器可以存放要处理的数据、要执行的指令、要访问的内存或 I/O 地址，甚至可存放用于其他用途的特殊二进制码，如跟踪计算机状态的编码、条件转移指令中的计算条件码（条件码）。有些寄存器有许多不同的用途，而其他一些寄存器则设计用来执行单一专门的任务。甚至有些寄存器专门设计用来存放浮点数，或者表示一个列表或向量的一组相关值，如一幅图像中的多个像素。

寄存器是 CPU 的基本工作部件。在第 6 章里你已经看到，除非是在当前使用的上下文中，否则计算机不能区分程序里的数值和用作指令或地址的值。当提及寄存器里的"数据"时，我们或许在讨论这些可能性中的一个。

在"小伙计"计算机中，你已经熟悉了两个"寄存器"，它们是计算器和位置计数器。

在 CPU 中，等同于计算器的是**累加器**。第 6 章里的将两个数相加的短例子表明，通常需要向累加器移入或移出数据，以便为其他数据腾出空间。因此，现代 CPU 有多个累加器，它们通常称为**通用寄存器**。有些商家也将通用寄存器称为**用户可见的寄存器**或**程序可见的寄存器**，以表明用户程序里的指令可以访问它们。类似的寄存器组有时候也统称为**寄存器文件夹**（register file）。通用寄存器或累加器通常认为是算术 / 逻辑单元的一部分，尽管有些计算机制造商喜欢将其看作独立的寄存器部件。就像在"小伙计"计算机里一样，累加器或通用寄存器存放的数据可用于算术运算和结果数据。大部分计算机同样和LMC类似，这些寄存器也用来在不同内存位置之间、在I/O和内存之间传送数据。正如你在第8章将要看到的，它们还可以有其他的用途。

控制单元包含几个重要的寄存器。

- 正如已经指出的，**程序计数器寄存器**（PC或IP）存放当前要执行指令的地址。
- **指令寄存器**（IR）存放计算机当前正在执行的实际指令。在"小伙计"计算机中，没有使用这个寄存器。"小伙计"记住了正在执行的指令。从某种意义上说，他的大脑发挥了指令寄存器的功能。
- **内存地址寄存器**（MAR）存放某个内存单元的地址。
- **内存数据寄存器**（MDR），有时候也叫内存缓存寄存器，将存放一个数据值，这个数据值是要存储到由内存地址寄存器指向的内存单元中的，或者是从该单元里读取的。

最后两个寄存器会在下一节里解释内存工作原理时，进行更详细的讨论。尽管内存地址寄存器和内存数据寄存器都是CPU的组成部分，但在操作上，这两个寄存器跟内存本身关联得更紧密一些。

控制单元也会包含几个1位寄存器，有时候称为标记位，它可令计算机跟踪一些特殊条件，如算术运算的进位和溢出、电源故障、计算机内部错误等。通常，几个标记位组合在一起构成一个或多个**状态寄存器**。

另外，典型的CPU会包含一个I/O接口，当输入和输出数据在CPU和各种I/O设备之间传送时，这个接口会处理它们，很像LMC的输入和输出篮。为简单起见，我们会将I/O接口看作一对I/O寄存器，一个存放I/O地址以便对特定的I/O设备寻址；另一个存放I/O数据。这些寄存器的操作跟内存地址和数据寄存器类似。在第9章里，我们会讨论更常见的一种I/O处理方法，它使用内存作为I/O数据的中间存储空间。

在ALU和CU的不同寄存器之间顺序移动数据可执行大多数指令。每条指令都有自己的顺序。

大多数寄存器支持4种主要类型的操作：

1. 可以将其他存储空间里的值装入寄存器，尤其是从其他寄存器或内存空间中装入数据。这种操作破坏了先前存储在目的寄存器里的值，但源寄存器或内存里的值保持不变。

2. 来自其他存储空间的值可以跟一个寄存器先前存储的值相加，或者从这个寄存器里减去它，将和或差留在寄存器里。

3. 寄存器里的数据可以移位，也可以循环左移或右移一位或多位。这种操作在实现乘除法方面非常重要。移位操作的详细内容会在7.6节里讨论。

4. 可以针对某些条件测试寄存器里的数据值，例如，为0、正数或负数，或者值太大以至于寄存器存不下。

另外，经常有专门的规定将0装入寄存器中，也就是清除寄存器，也可以对寄存器里的0和1求反（即对值求1的补码），这是在补码运算时一种很重要的操作。将寄存器里的值加1也是很常见的。这种寄存器增1的功能有很多好处，具体包括：令程序计数器累计计数、循环计数，以及访问程序里的数组。有时候也提供递减1或减去1的功能。"按位求反并加1"的操作组合在一起，就是对寄存器里的值求2的补码。针对这一用途，大多数计算机都提供了专门的指令，也提供了对通用寄存器清除、求反、增 1 和减 1 的指令。

指令在执行过程中会引起条件的变化，这会令控制单元对状态寄存器进行置位（"1"）或复位（"0"）操作。

例如，图 7-3 标识了 IBM z 系列计算机中程序员可访问的寄存器，这个系列包括了多种 IBM 大型机模型。对于指令寄存器、内存地址寄存器和内存缓存寄存器这样的内部寄存器，表中没有专门标识，因为它们依赖于系列中具体机型的实现。

寄存器类型	数量	长度（位）	说明
通用	16	64	用于算术、逻辑和寻址操作；组合相邻的寄存器可形成多达 8 个 128 位的寄存器
浮点数	16	64	浮点算术运算，寄存器可以组合以形成多个 128 位的寄存器
程序状态字	1	128	程序计数器、状态标记位寄存器的组合，称为**程序状态字（PSW）**
控制	16	64	操作系统使用的各种内部功能和参数；只能由系统程序员来访问
浮点控制	1	32	浮点数的状态、标记等
访问	16	32	对于虚拟存储可用于访问不同的地址区域

图 7-3　IBM z 系列计算机中程序员可访问的寄存器

7.3　内存单元

7.3.1　内存的操作

为了理解真实 CPU 执行指令的细节，你首先需要明白如何从内存中提取指令和数据。像"小伙计"计算机里的邮箱一样，真实的内存是由存储元（cell）构成的，每个存储元可以存储一个值，每一个存储元都拥有一个唯一的地址。

内存地址寄存器和内存数据寄存器可以充当 CPU 和内存之间的接口。有些计算机制造商把内存数据寄存器叫作内存缓冲寄存器。

图 7-4 所示为 MAR、MDR 和内存之间关系的一种简化表示。内存单元里的每个存储元容纳 1 位数据。图 7-4 里的存储元是按行组织的。每行由一个或多个字节构成。每行表示多个数据存储元，它们带有一个或多个连续的内存地址，图中所示的地址为 000，001，$\cdots$，$2^n - 1$。

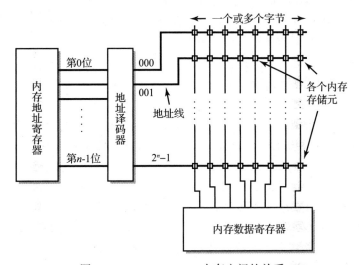

图 7-4　MDR、MAR、内存之间的关系

内存地址寄存器存放要"打开"数据的内存单元的地址。MAR 跟解码器相连，解码器解释地址并激活每根连到内存的地址线。在内存中每行存储元都有一根独立的地址线，因此，如果地址是 n 位的，就会有 2^n 根地址线。就是图 7-4 中的水平线。（实际上，译码过程有些复杂，它会涉及几级地址译码，因为涉及的地址可能有数百万个或数十亿个，但这里所描述的概念是正确的。）

内存数据寄存器在设计上有效地连接到内存单元的每个存储元上。MDR 中的每一位按列连接到内存空间的对应位上（垂直线）。然而，寻址方法确保了在任意时间点上只能激活一行存储元。因此，MDR 只访问某一行里的值。具体的例子，如图 7-5 所示。（注意，图中的 msb 表示最高有效位，lsb 表示最低有效位。）

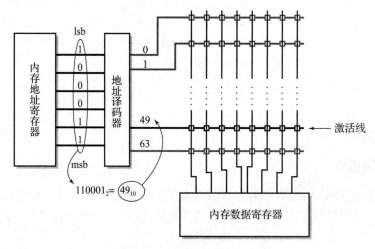

图 7-5   MAR-MDR 例子

作为对刚刚描述的操作的一种简单模拟，我们将内存看作放在一个玻璃箱内，如图 7-6 所示。内存数据寄存器有一个进入箱子的窗口。代表内存数据寄存器中每个存储元的观众通过窗口可以看到在每个内存单元里相应位置上的存储元。存储元本身是灯泡，可以开（1）或关（0）。内存地址寄存器的输出传送给地址解码器。在我们的模拟中，地址解码器的输出是由若干根线组成的，每根线可以点亮一行存储元里的灯泡。一次只能激活一根线，具体来说，就是和译码地址相对应的那根线。激活线会点亮对应为"1"的所有灯泡，而对应为"0"的灯泡保持不亮。因此，观众只能看到一组存储元，也就是内存地址寄存器当前寻址的那一组。我们可以将这个模拟扩展使其包含一个"主开关"，它控制着所有的灯泡，这样，就只能在合适的时刻读取数据了。

每个内存存储元更详细的说明如图 7-7 所示。尽管这幅图稍微复杂一点，但它可能有助于你弄清楚数据在 MDR 和内存之间是如何传送的。有 3 根线控制内存存储元：一根地址线、一根读写线、一根激活线。只有当计算机寻址存储元内的数据时，连接到该存储元的地址线才打开。当地址变化时，地址线可能暂时波动一下，因此，只有地址线稳定后，激活的地址线才打开。存储元本身仅在地址线和激活线都打开时才能短暂地激活一下（打开通常用 1 来表示，关闭用 0 来表示）。读 / 写线决定了数据是从存储元传送到 MDR（读），还是从 MDR 传送到存储元（写）。这根线的工作过程是：将读 / 写开关设置为两个位置中的一个，在读位置上，开关将存储元的输出连接到 MDR 线上；在写位置上，开关将 MDR 线连接到存储元

的输入上，将 MDR 线上的数据位传送到存储元上进行存储。（我们将开关画成熟悉的灯开
关，使得这张图清晰明了，当然实际的开关是电子的。）

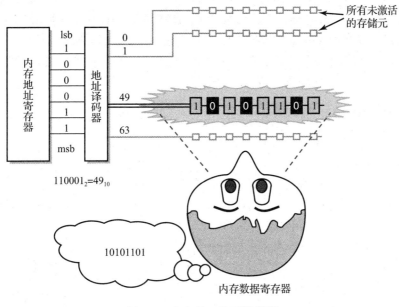

图 7-6 内存的一种可视模拟

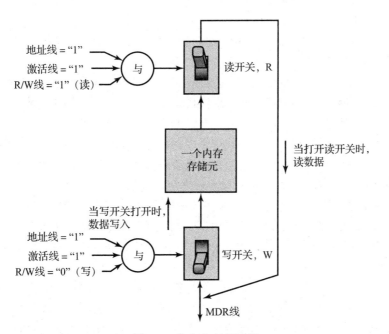

图 7-7 单个内存存储元

CPU 和内存寄存器的交互过程如下所示：为了从一个特定内存空间中提取数据或者向其
存储数据，CPU 从某个寄存器里将地址复制到内存地址寄存器中。请注意，地址总是传送到
MAR；决没有理由将地址从 MAR 传送到 CPU 里另一个寄存器，因为 CPU 控制着内存传送，
所以很明显它知道所使用的内存地址。在装入 MAR 的同时，CPU 将控制信息发送到内存单

元，以表明内存传送是读操作还是写操作。通过正确地设置读/写线可以发送控制信息。

在合适的时刻，CPU 通过使用激活线可以立即打开连接 MDR 和寄存器的开关，在内存和 MDR 之间进行数据传送。MDR 是一个双向寄存器。当要执行的指令是存储数据时，数据会从 CPU 里的另一个寄存器传送到 MDR，从那里再传送到内存。该位置上的原始数据会被破坏，被来自 MDR 的新数据替换掉。相反，当是从内存中读数据的指令时，数据从内存传送到 MDR，接着传送到 CPU 的合适寄存器里。在这种情况下，内存数据保持不变，但在 MDR 里以前的数据值会被新的内存数据替换掉。

7.3.2   内存容量和寻址限制

在"小伙计"计算机中，可能的内存位置数是 100 个，这是通过每条指令中两位的地址空间来建立的。位置计数器也对 100 个空间进行寻址。本质上没有内存地址寄存器，但"小伙计"肯定知道每个内存位置需要两位数字（地址）。理论上，更大的位置计数器（比如说 3 位）能使"小伙计"取更多条指令，请注意，由于指令字中两位的地址域只能寻址 100 个位置，所以其数据取和存储仍然限制在 100 个空间。

类似地，在真实计算机中，有两个因素决定内存容量。内存地址寄存器的位数决定了可以译码多少个不同的地址位置，例如，在"小伙计"计算机中，两位地址最多产生 100 个邮箱。对于 k 位宽的内存地址寄存器，可能的内存地址数是

$$M = 2^k$$

建立内存容量的另一个因素是指令集中地址字段的位数，它决定了有多少个内存位置可以直接从指令中寻址。

在"小伙计"计算机中，我们假定了这两者的大小是一样的，但在真实计算机中，未必如此。即便指令地址字段足够长足能支持较大容量的内存，但实际上，物理内存空间的个数也是由内存地址寄存器的长度来决定的。在真实计算机中，还有其他的方法可以扩展指令所描述的地址数，所以，我们能获得的地址数比指令地址字段允许的地址数要多很多。在一条指令中，构建内存地址数的不同方法称为**寻址方式**。一种常见的方法是考察一台能使用通用寄存器来存放地址的计算机。为了寻找一个内存位置，计算机会使用该寄存器里的值作为指向地址的指针。作为地址字段的替代，指令需要表明哪一个寄存器包含该地址。使用这种技术时，计算机的寻址能力由寄存器的长度来决定。例如，对于拥有 64 位寄存器的一台计算机，如果 MAR 足够长（且可以安放那么多的物理内存），那么它能寻址的地址数可以达到 2^{64} 个。这样的扩展意味着 MAR 以及实际内存的容量通常至少跟指令地址字段一样大，但实际上可以大很多。在 7.8 节里，对简单的寻址方法还有简要的讨论。其他更复杂的寻址方法在补充第 3 章里给出。

从根本上说，在计算机中，MAR 的长度决定了最多可寻址的内存单元数。今天，典型的内存地址寄存器至少是 32 位长，或许会更长。许多现代 CPU 支持 64 位的内存地址。32 位内存地址的内存容量是 4GB（4×10^9 字节的空间），而 64 位的内存地址允许的内存容量是 16×10^{18} 字节（16EB 或 160 亿 GB）。在现代计算机中，内存的最终大小更可能受限于内存芯片的物理空间，或者在大内存中译码以及访问地址所需的时间，而不是 CPU 寻址这种大内存的能力。

当然，内存的大小也会影响访问速度。地址解码器从 40 亿行中确定一行所需的时间肯定要比较小的内存长得多。

　　说句闲话，值得注意的是，早期的 IBM 大型机系统的总内存容量只有 512KB（是现代典型有 4GB 内存计算机的 1/8000）；最初的 IBM PC 提供了 64KB 的内存，最大容量也只有 640KB。实际上，微软的名人比尔·盖茨在当时曾经说过，他认为永远不需要大于 640KB 的内存！今天，即便是手机或平板电脑，一般也都提供了 256MB 或更多的可操作内存。

　　在单次操作中，要读写的数据的字长是由内存数据寄存器的大小以及内存和 CPU 之间的连接宽度决定的。在大多数现代计算机中，读写内存中的数据和指令是按多个 8 位的字节来寻址的。所以将最短的指令设定为 8 位。实际上，8 位无法容纳大多数指令。如果一条指令允许有 3 位的操作码（8 条指令），那么只有 5 位留给寻址字段了。5 位允许 $2^5 = 32$ 个不同的地址，显然，地址空间是不足的。因此，较长的指令（如 16 位、24 位、32 位或更长）会存储在连续的内存空间里。出于速度的考虑，一般来说，如果可能的话最好一次就读取整条指令。另外，算术运算使用的数据常常需要几个字节长的精度。因此，大多数现代计算机的内存在设计上都允许单次操作至少可读写连续的 4 个字节，更常见的是 8 或 16 字节的内容。所以，内存数据寄存器通常设计为一次从若干个连续的地址中读取数据或指令，MDR 会是几字节长。然而，在需要的时候，CPU 仍能从（数据或指令）组中分离出各个字节以供自己使用。

7.3.3　主存的特征和实现

　　在计算的历史进程中，曾经使用过几种不同类型的主存，这反映了不同时代的技术、系统需求和功能需求。在 20 世纪六七十年代，主导的内存技术是磁心存储器，用一个微小的磁心来存放一位数据，最大的机器可以拥有 512KB 的内存。今天，大多数计算机系统的主存是动态 RAM，计算机系统中，RAM 的容量变化很大：在智能手机和平板电脑中，从 256MB 到 2GB；在一般的现代个人计算机中为 4 ～ 8GB；在大型计算机中，可以达到或超过 1TB。RAM 是一个首字母缩写词，代表着随机访问存储器（random access memory），这个名字有点不太恰当，因为其他类型的半导体存储器也可以是随机访问的（也就是说，其地址可以按任意顺序访问）。更为合适的名字应当是读 - 写存储器。

　　今天，存储器的特征是通过两个主要的操作因素和一些技术上的考量来描述的。在操作上，最重要的存储器特征是该存储器是可读写的还是只读的。几乎同样重要的特征是存储器是**易失性**的还是**非易失性**的。非易失性存储器在不供电时仍能保存它的值，易失性存储器在断电时会丢失掉原来的值。磁心存储器就是非易失性的。用作常规内存的 RAM 就是易失性的。

　　技术上的重要考量包括：存储器的访问速度、可寻址的总存储容量、数据宽度、功耗和发热，以及位密度（按照每平方厘米的位数来描述）。成本是另一个因素。

　　目前，大多数计算机使用静态和动态 RAM 混合的内存。静态 RAM 和动态 RAM 的区别是在技术设计方面，在这里它不太重要。然而，**动态 RAM** 要便宜一些，所需的功耗小一些，产生的热量也少一些，可以做得很小，在单个集成电路中可拥有更多的存储位数。动态 RAM 也需要额外周期性刷新内存的电路，否则，数据不久就会衰减，而且会丢失。**静态 RAM** 不需要刷新。静态 RAM 的访问速度也比动态 RAM 快，因此，在非常高速的计算机以及小容量的高速内存中很有用，但静态 RAM 的位密度较低，也更贵一些。动态和静态 RAM 都是易失性的：关掉电源后，内容就丢失了。

　　在写这本书时，动态 RAM 对于大多数应用还是标准的。在过去的一些年中，单个动态 RAM 芯片能存储的数据量快速增加了，不到 20 年，从 64KB 上升到 4GB。4 个 2GB 的芯片可以实现 8GB[⊖]的动态内存。大多数现代系统也提供少量的静态 RAM，用于高速访问。这种内存称为 Cache 存储器。Cache 存储器的使用在第 8 章里讨论。

尽管当前的 RAM 技术执行速度快、价格便宜而且高效，但其易失性使得一些应用变得困难或者不可能。例如，非易失性的 RAM 可以在计算机关机时不丢失存储器里的程序和数据。这会让计算机重新进入以前的状态而无须重启，会消除电源故障和笔记本电脑电池放电的不良影响，会简化节能要求非常严格情形里的计算机使用，比如长距离的太空任务。对非易失性 RAM 的渴求在创造和生产非易失性 RAM 的其他技术方面，产生了相当多的研究。

在当前的应用中，有少量的存储技术能够进行非易失性随机访问，但在目前的大规模生产中，还没有能替代 SRAM 和 DRAM 的非易失性存储器用作主存的。

至少，启动计算机的一些程序代码必须放在主存的非易失部分中。（否则，当计算机上电时，内存中将没有要执行的程序！）这个代码称为**固件**。在个人计算机中，这个程序区可能是你熟悉的 BIOS 或"基本输入输出系统"，尽管新的版本叫作 EFI 或 SEFI（安全的可扩展的固件接口），在较新的计算机中它正在替代 BIOS。

ROM 或**只读存储器**用于这样的情况，作为计算机软件所需的一部分，软件半永久地装入在计算机中，在计算机的生命中不期望改变，或者改变的次数很少。早期的 ROM 由内部带熔体的集成电路制成，熔体是可以熔断的。这些熔体跟家用的熔体相似，但可能小很多。熔断的熔体或许表示"0"，完好的熔体代表"1"。它一旦熔断了，就不能再修改这些设备了。

在当前非易失性存储器技术中，最主要的是**闪存**。闪存是一种廉价的非易失性辅存，用于便携式计算机存储、数码相机、平板电脑、智能手机以及其他电子设备。然而，除了可用于系统启动的程序存储（参见后面）之外，一般认为它不适合主存，因为它不可能对单个内存位置写入。相反，必须擦除和重写一大块存储区域以便对闪存中的内容进行修改。和标准的 RAM 相比，其改写时间要慢很多，而且在闪存的生命周期中，改写次数也有一定的限制。这种限制对于辅存来说不太重要。

大部分闪存都是按块读取的，但也有一种闪存是逐字节读取的。由于固件很少能改变，所以这类闪存适合用在系统启动中，其优点是，需要的时候可以改变（启动程序）。

7.4 "取 – 执行"指令周期

"取 – 执行"指令周期是计算机各个功能的基础。这似乎是一个强有力的声明，但请思考一下：计算机的目的是执行指令，那些指令和我们介绍过的指令是类似的。正如你从"小伙计"计算机中已经看到的那样，每条指令的操作是由"取 – 执行"指令周期来定义的。从根本上说，计算机的操作一般是由主要操作定义的，跟 7.2 节解释的一样，这些主要操作的执行涉及寄存器，主要包括：寄存器之间移动数据、将数据加到寄存器或从寄存器里减去数据、寄存器内数据移位，以及测试寄存器里的值是否满足某些条件，如为负数、正数或者 0。

考虑到指令周期的重要性，我们可以考察一下这几个操作是如何组合起来的。实现计算机里的每条指令。这个讨论中最重要的是寄存器。它可以是用来存放指令间的数据值的通用寄存器或累加器（A 或 GR）；可以是存放当前指令地址的程序计数器（PC）；可以是存放正在

　　⊖　原文是 1GB，有误。——译者注。

执行当前指令的指令寄存器（IR）；也可以是用于内存访问的内存地址寄存器和内存数据寄存器（MAR 和 MDR）。

现在，我们回顾一下"小伙计"计算机执行一条指令的步骤。（你可能想重读一下 6.6 节以刷新你的记忆。）你会记得这个过程有两个阶段。首先，"小伙计"从内存取指令并读取它。这个阶段对于每条指令都是一样的。然后，他为这条指令解释并执行所需的动作。

他不停地重复这个周期，直到给出停止指令。

在 CPU 中，**"取 – 执行"指令周期的**工作过程是相似的。如前所述，大部分过程是将数据从一个寄存器复制到另一个寄存器。你应该始终意识到数据复制不会影响"源"寄存器，但很明显，"目的"寄存器里以前的数据会被要复制的新数据替换掉。

请记住，每条指令在执行之前必须要从内存里取出来。因此，指令周期的第一步总是需要从内存中取出指令。（否则的话，计算机怎么会知道要执行什么指令？）由于要执行的当前指令的地址是由程序计数器里的值确定的，所以第一步会将这个值传送到内存地址寄存器中，以便计算机能读取该位置上的指令。

我们用下面的表示来说明从一个寄存器到另一个寄存器的数据值传送过程：

$$REG_a \rightarrow REG_b$$

那么，按照这种表示每条指令执行的第一步是

(step 1)　PC → MAR

正如内存描述中解释的，这会导致指令从指定的内存位置传送到内存数据寄存器中。下一步就是将这条指令传送到指令寄存器中：

(step 2)　MDR → IR

在剩余的指令周期中，指令将存放在指令寄存器中。正是在 IR 中的特定指令，将控制着构成指令周期剩余部分的特定步骤。这两步组成了指令周期的取阶段。

当然，剩余步骤跟指令有关。让我们考察一下完成 LOAD 指令所需的步骤。

"小伙计"接下来所做的事情是读取 LOAD 指令中的地址部分。然后走到该地址指定的邮箱旁，读取数据，并将其复制到计算器中。真实的 CPU 也会进行类似的操作，当然，寄存器传送替代了"小伙计"。因此，

(step 3)　IR[address] → MAR

IR[address] 这个表达用来指示只有指令寄存器内容中的地址部分要传送。这一步为内存模块读取实际数据做好了准备，该数据将复制到"计算器"中，在此情形下，它将是累加器：

(step 4)　MDR → A

（在具有多个通用寄存器的现代计算机中，目的寄存器 A 会被合适的寄存器替代，但概念是一样的。）

CPU 将程序计数器加 1，完成这个周期，并准备开始下一周期（实际上，在读取前一指令后的任何时间，执行这一步都是可以的，这通常是在指令周期的早期，与其他步骤并行执行）。

(step 5)　PC + 1 → PC

请注意，这个过程多么简洁啊！执行 LOAD 指令只需要 5 步。前 4 步只是简单地在寄存器之间移动数据。第 5 步同样简单，它要求寄存器的内容加 1，新值还回到这个寄存器中。在计算机中这种加法很常见。在大部分情况下，加或减的结果还返回到原始寄存器中。

其余指令的操作类似。例如，前面曾讨论过执行 STORE 和 ADD 指令所需的步骤与

LOAD 指令的比较。

STORE 指令

$$PC \rightarrow MAR$$
$$MDR \rightarrow IR$$
$$IR[address] \rightarrow MAR$$
$$A \rightarrow MDR$$
$$PC + 1 \rightarrow PC$$

ADD 指令

$$PC \rightarrow MAR$$
$$MDR \rightarrow IR$$
$$IR[address] \rightarrow MAR$$
$$A + MDR \rightarrow A$$
$$PC + 1 \rightarrow PC$$

请仔细研究这些例子。为了练习，将其与"小伙计"执行相应指令的步骤关联起来。注意，在这三条指令中唯一变化的步骤是第 4 步。

其他指令的"取 - 执行"周期留作练习（参见本章后面的习题 7.5）。

下面带有注解的例子，在三指令程序段的背景下，扼要地重述了上面的讨论。这个程序段是从内存读取一个数，然后与第二个数相加，将结果存回到第一个内存位置里。请注意，每条指令都是由相应的"取 - 执行"周期组成的。程序段的执行就是按序处理每个"取 - 执行"周期的各个步骤。

假定这个程序段在执行之前给出了下列各值：

程序计数器：65
内存位置 65 里的值：590（LOAD 90）
内存位置 66 里的值：192（ADD 92）
内存位置 67 里的值：390（STORE 90）
内存位置 90 里的值：111
内存位置 92 里的值：222

例子　第一条指令 LOAD 90：

PC → MAR	MAR 中现在的值是 65
MDR → IR	IR 里存放指令：590

------------←取结束

IR [address] → MAR	MAR 中现在的值是 90，数据的位置
MDR → A	从 MDR 中将 111 传送到 A
PC + 1 → PC	PC 现在指向 66

------------------执行结束，第一条指令结束

第二条指令 ADD 92：

PC → MAR	MAR 中现在的值是 66
MDR → IR	IR 包含指令：192

------------←取结束

IR [address] → MAR	MAR 中现在是 92

	A ＋ MDR → A	在 A 中 111 ＋ 222=333
	PC ＋ 1 → PC	PC 现在指向 67

------------------ 执行结束，第二条指令结束

第三条指令 STORE 90：	PC → MAR	MAR 中现在的值是 67
	MDR → IR	IR 的内容是 390

------------ ← 取结束

	IR [address] → MAR	MAR 中现在的值是 90
	A → MDR	将 A 中的值 333 传送到内存位置 90
	PC ＋ 1 → PC	PC 现在指向 68

------------------ 执行结束，第三条指令结束

← 　　　　　　准备下一条指令

7.5　总线

总线的特征

　　你已经看到，在 CPU 内通过移动多种不同形式的"数据"可以执行指令，这种移动包括从寄存器到寄存器以及寄存器和内存之间的数据移动。除了实际的数值之外，"数据"的不同形式还包括指令和地址。"数据"以类似的方式在各种 I/O 模块、内存和 CPU 之间移动。在计算机系统中，使得数据从一个位置传送到另一个位置的物理连接叫作总线。根据我们以前对 CPU 和内存协同工作方式的讨论，你或许已经很明显地感觉到，那就是必须有某种类型的总线来连接 CPU 和内存；类似地，CPU 内部的总线可以与电子开关一起在合适的时间将寄存器联系起来，以实现 7.4 节所介绍的"取－执行"周期。

　　具体来说，总线可以定义为一组电子的或者不太常见的光学导体，适合将计算机信号从一个位置传递到另一个位置。电子导体可以是金属线，也可以是集成电路或印制电路内的导体。光学导体的工作原理是类似的，用到的光在特殊透明的细玻璃纤维内进行点对点传输。光学导体传递数据能比电子导体快一些，但其造价高，所以到目前为止，使用还很有限。尽管如此，在实验室内，关于将更多的光学电路集成到计算机的方法仍有相当多的研究。

　　总线最常用于以下几个方面：计算机外设和 CPU 之间传送数据；CPU 和内存之间传送数据；CPU 内不同点之间传送数据。一根总线的长度可能不到 1mm，它在集成电路芯片中 CPU 的不同部分之间传递数据；也可以几毫米长，在 CPU 芯片和内存之间传递数据；甚至可以是几英尺长，在计算机与打印机或显示器之间、在不同计算机之间传递数据（例如，想一下你的手机和笔记本电脑之间的数据传送）。

　　总线的特征和计算机环境的具体应用有关。总线的特征参数包括：总线内部独立导线或光学导体的数量；吞吐率，也就是以 bit/s 为单位测量的数据传输率；传送的数据宽度（单位是 bit）；可支持设备的数量和类型；两个端点之间的距离；所需控制的类型；定义的总线目的；寻址能力；总线的导线是针对单类信号分别定义还是共享定义的；总线提供的各种特性和功能。总线的描述也必须包括电气和机械特性：使用的电压；总线可提供和需要的时序与控制

信号；用于操作和控制总线的协议；连接器的引脚数，要是有的话，甚至还包括连接器中插卡的尺寸。如果要连接的插卡不适合插槽，总线就没多大用途了！遗憾的是，针对标准化概念，有几十种不同的总线在使用，但常见的总线并不太多。

为什么要描述总线，是因为总线必须要与其他部件连接，这些部件又是计算机系统的组成部分。CPU内的总线通常不进行形式化的描述，因为它们是专用的，跟外界不相连。按这种方式使用的总线，有时候称为专用总线。更为通用的总线必须符合明确的标准；标准总线一般都有一个名字。PCI Express、通用串行总线（USB）、集成驱动电子设备（IDE）以及串行高级技术附件（SATA）等，都是有名字的总线。

总线上的每个导体一般称为**线**。总线上的线通常都有名字，这样使得各条线容易识别。在最简单的情况里，每根线传递一位电子信号。信号可以表示一位内存地址、一串数据位，也可以表示在合适的时间开关设备的时序控制。有时候，总线内的一个导体也用来给模块供电。在其他情况下，一根线可以表示功能的某种组合。

总线上的线可以分组，最多可分为4个一般的类型：数据线、地址线、控制线和电源线。数据线将数据从一个位置传送到另一个位置。地址线指定总线上的数据接收端。控制线为总线、连接到总线上的模块及其他部件的正确同步和操作提供控制和时序信号。例如，CPU内连接两个专用32位寄存器的内部总线只需要32根数据线外加一根控制线，它在合适的时间打开总线。连接64位数据宽的CPU、大内存以及多种不同外设的背板，可能需要几百根线来执行其功能。

例如，连接CPU和内存的总线需要地址线将存储在MAR里的地址传送到内存里的解码器中；在CPU和内存MDR间传送数据需要数据线。控制线为数据传送提供时序信号，定义这个传送是读还是写，指定要传送的字节数，并执行其他一些功能。

在现实当中，除了电源线，总线里所有的线都可以以不同的方式来使用。总线里的每根线都可以提供单一专门的用途，例如，传递第十二位地址的那根线。或者，对一根线进行配置使其在不同的时间具有不同的用途。例如，一根线可以用来按序传递每个地址位，后面是数据位。在其两个极端上，总线可以是**并行**或**串行**的。根据定义可知，并行总线就是一个简单的总线，其中每个数据位、地址位和使用的控制位都有一根单独的线。这意味着总线上所有正在传送的位可以同时传送。串行总线是通过一个数据线能串行传送数据的总线，一次一位。（需要一根数据返回线来完成这个电路，就像标准的110V供电电路有两根导线一样。多根数据线可以共享一根数据返回线，通常称为地线，但在某些情况下。每根数据线各使用一根独立的返回线，这可以降低噪声和其他干扰。）

一根线可以单向传递数据，也可以双向传递数据。单向线叫做**双工线**（simplex line）。双向线一次只可沿一个方向传递数据，这种情况叫做**半双工线**（half-duplex line），若在两个方向上同时可以传送数据，则称为**全双工线**（full-duplex line）。相同的命名规则也用来描述数据通信信道，因为从根本上来说，总线和通信信道的基本概念在本质上是相似的。

总线也可以通过互连其各种部件的方式进行描述。从一个特定源到一个特定目的传递信号的总线认为是**点对点总线**。将外部设备连接到连接器上的点对点总线通常称为**电缆**，如打印机线或网线。因此，将个人计算机上的USB端口和打印机连接起来的电缆，就是一个点对点总线的例子。可以插入外部电缆的内部连接器通常叫作**端口**。个人计算机上的典型端口有USB端口、网络端口、显示器端口或者HDMI端口。所有这些端口都是数字的。还可以有VGA端口，它用来连接老式模拟显示器。

　　另外，总线可以将多个点连接在一起。这样的总线称为**多点总线**，有时也叫多站总线（multidrop bus）。它也称为**广播总线**，因为总线上某个源产生的信号会广播给总线上的其他点，这跟广播电台广播给每一个收听人的方式一样。传统以太网里的总线就是广播总线的一个例子：网络上某个特定计算机发出信号，连接到网络上的其他计算机都接收到了它（以太网的操作在第 12 章里讨论）。在许多情况下，多点总线需要总线上的寻址信号来识别所期望的接收端，也就是发送端在特定的时间正在寻址的接收端。点对点的总线是不需要寻址的，因为接收端是已知的，但如果消息是通过目的端传送到另一个位置，则可能需要地址。对于多点总线来说，如果信号是想一次到达所有位置，也不需要寻址；对于 CPU 内部总线来说，有时候就是这种情况。寻址可以是总线本身的一部分线，也可以是协议的一部分，该协议定义了通过总线传输的数据信号的含义。

　　典型的点对点和多点总线的结构，如图 7-8 所示。

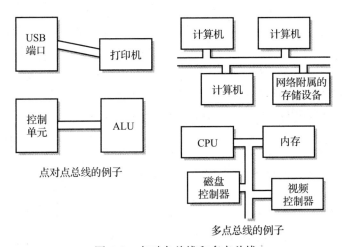

点对点总线的例子　　　　　　多点总线的例子

图 7-8　点对点总线和多点总线

　　一个拥有独立 64 位数据线和 32 位地址线的并行总线（即便是在未考虑控制线的情况下）所需的总线宽度是 96 根线。并行总线的一个特征是具有高吞吐率能力，因为它一次传送数据字的所有位。实际上，CPU 的内部总线就是并行总线，因为高速度是 CPU 操作的基本要求。绝大部分内部操作和寄存器操作在本质上也是并行的，使用串行总线将需要额外的转换电路，将并行数据转换为串行数据，然后再转回并行。直到最近，由于类似的原因，连接 CPU 和内存以及各种高速 I/O 模块（如磁盘控制器和显示器）的总线也是并行的。

　　尽管如此，并行总线确实存在一些缺点。并行总线价格昂贵而且占据大量的空间。并行总线使用的连接器也很贵，因为它包含了大量的引脚。更为严重的是，并行总线在高数据传输率的情况下会遭受由不同导线之间的无线电信号产生的电子干扰。数据速率越高，干扰就越严重，最终，这会限制并行总线的运行速度。另外，随着信号穿越总线，不同导线的延时会略有差别，这称为**扭曲**（skew）。因此，总线的传输率以及时钟速度也会受到限制，这要求数据变化不能快于最大扭曲时间。这两个问题会导致数据损坏。最后，光纤技术的高成本使得并行光缆不太现实。

　　串行总线上的数据是串行传输的，一次一位。尽管你可能会认为，当理论上每根线具有相同的传输率时，串行总线的吞吐率将低于并行总线，但由于上述的限制，在很多情况下，串行总线的传输也很具吸引力。实际上，随着串行总线技术的发展，对于大多数应用来说，现在串行总线更受欢迎，即便是那些需要高数据传输率的应用。

一般来说，串行总线只有一个数据线对，或许有几根控制线（为了同时双向通信，可以引入第二个数据线对）。在串行总线中没有单独的地址线。串行总线通常建立点对点的连接，在这种情况下，不需要寻址。在串行总线的应用中，如果需要寻址，地址可以同数据**复用**。这意味着，地址和数据在不同的时间使用相同的线；例如，如果需要地址，则必须先发送地址，一次一位，后面跟随数据。在最简单的情形里，串行总线可以缩减为单个数据线对用于数据、控制和寻址。使用诸如光纤这样的现代材料，可以获得非常高的传输率。一般来说，控制通过总线协议来处理，对于连接到线上各个部件之间的每个信号，总线协议对其含义和时序进行了约定。

为了使用总线，与总线相连接的电路必须支持**总线协议**。回忆一下第 1 章可知，协议是两个或多个实体之间的一种约定，它在实体之间建立了一条明确共同的通信和理解路径。针对这一目的，总线只是一个规范，它阐述了每条线以及线上每个信号的含义。因此，在总线上一条特定的控制线可以定义为这样一根线，它决定总线是用于读内存还是写内存。例如，CPU 和内存都必须同意特定线上的"0"意味着"读内存"，而"1"意味着"写内存"。这根线可以有一个像 MREAD/$\overline{\text{MWRITE}}$ 这样的名字，其中，MWRITE 上面的横线表示"0"为激活状态。横线本身代表"非"⊖的意思。

在一些现代串行总线中，协议定义了信号序列的含义，并将这些信号处理为组或数据包。例如，数据包中可以包含显示器上的一个像素标识，随后是它的 3 个颜色值。PCI Express 就是"打包"式总线的一个实例。第 11 章会对 PCI Express 进行讨论。一般地，串行总线中使用的数据包概念和网络中使用的分组概念非常类似。第 12 章我们对分组会进行更详细的讨论。

一般在图中使用加宽的线来表示总线。有时候，图里还给出数字，数字表示总线里独立导线的根数。另外两种用图表示总线的方法如图 7-9 所示。

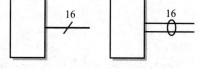

图 7-9　其他总线表示方法

7.6　指令类型

在计算机中，大多数指令对一个或多个源数据执行某种操作，产生一个或多个结果数据。这些操作可以是数据移动或装入操作，也可以是加减法操作；可以是输入/输出操作，还可以是我们讨论过的其他操作。

实际上，想一下我们讨论过的指令类型，你会发现只有很少的指令不操作数据。其中，有些指令只涉及程序本身的流程，如无条件 JUMP 指令。还有一些指令，对计算机本身进行控制和管理；在"小伙计"计算机的指令集中，唯一的例子是 COFFEE BREAK 或 HALT 指令，它可以让计算机停止执行指令。另一个例子是有些计算机里的 NO OPERATION 指令，它除了浪费时间，什么也不做（当程序员由于某种原因需要产生延时的时候，这是有用的）。

现代计算机也提供了帮助操作系统工作的指令，它提供了安全性、控制内存访问以及执行其他功能。由于操作系统经常会控制许多任务和用户，所以这些指令对于用户的应用程序来说是不能使用的。只有操作系统才能执行这些指令。这些指令称为**特权指令**。通常，HALT 指令就是特权指令，因为你不期望其他用户仍在执行其任务的时候，某个用户停止计

⊖　名字后的磅字符（＃）有时反而代表"非"的意思。

算机。I/O 指令也属于这一类。其他的特权指令还有内存管理指令、加密和解密指令、系统管理指令。有些计算机提供了多级保护。用户可以使用的指令有时称为**应用级指令**或**用户可访问的指令**，后者不太常用。不执行特权指令的程序在**用户空间**里执行。

计算机制造商通常将指令集分为不同的指令类型，例如，数据移动指令、整型算术指令、浮点算术指令、移位和循环移位指令、输入/输出指令、转移指令、SIMD（对多数据操作的单指令）指令，以及专用指令。

在每一类中，指令字格式通常是类似的，支持类似的寻址方式并以类似的方式执行。图 7-10 展示了一个典型指令集的代表性指令。图中包含了 ARM 指令集中大部分用户可访问的指令。ARM 是大多数基于计算机的移动设备所使用的微处理器，其中移动设备包括：平板电脑、智能手机、GPS 系统以及许多其他嵌入式计算机设备。SIMD 指令和浮点指令是基本指令集扩展的。然而，特权指令并没有在图中列出，它也不是主要由系统程序员使用的异常处理指令。我们也没有试图列出特定指令的所有变化，如不同数据字长的指令，或者不同寻址模式的指令。取而代之的是，我们对那些指令附加了"xx"或"[xx]"，它们表示存在具有类似助记符的相关指令。特别要注意，这种分类跟"小伙计"计算机的指令集相当吻合。我们对指令的分组，跟 ARM 官方描述的有所不同，以强调 ARM 指令集和"小伙计"计算机指令集的相似性。

7.6.1　数据移动指令

由于移动指令是最常用的，因此对于计算机来说，它是最基本的，计算机设计师在这些指令里试图提供一些灵活性。MOVE 类里通常包括这样一些指令：将数据从内存移动到通用寄存器、从通用寄存器移到内存、从通用寄存器移到另一个通用寄存器。在有些计算机里，数据直接在不同的内存之间移动，且不会影响任何通用寄存器。在单台计算机里，也可以有多种不同可用的寻址方式。

另外，由这些指令演变的指令常常用来处理不同大小的数据。因此，在同一个指令集内，可以有 LOAD BYTE 指令、LOAD HALF-WORD（2 字节）指令、LOAD WORD（4 字节）指令和 LOAD DOUBLE WORD（8 字节）指令。（顺便说一下，"字"的概念在不同的制造商之间并不一样。对有些制造商来说，字长是 16 位；对另一些来说，是 32 位，甚至是 64 位。）

"小伙计"计算机中的 LOAD 和 STORE 指令就是 MOVE 指令的例子，尽管它足够用了。除了我们讨论过的寻址能力扩展和多字长能力增加外，"小伙计"计算机中的 LOAD 和 STORE 指令的主要不足就是，在设计上只能使用单个累加器进行操作。

当扩展累加器或通用寄存器的个数时，必须对指令进行扩展，以确定我们希望使用哪个寄存器。因此，指令必须为特定寄存器提供一个字段。幸运的是，描述一个寄存器只需要很少的几位。即便是 16 个寄存器，也只需要 4 位。另一方面，如果计算机使用寄存器来存放指针，那么就像标准的寻址方式一样，它指向实际的内存地址，那么所需的指令实际上可以变短，因为在这种情况下，地址域所需的位数更少了。指令集的格式在 7.8 节里进行讨论。

此外，最好还是在寄存器之间有直接移动数据的功能，因为这种移动不需要内存访问，因此执行起来更快一些。事实上，一些现代的 CPU，包括 Oracle 的 SPARC CPU 和 ARM 架构的 CPU，针对 CPU 和内存之间的数据移动只提供了最小的 LOAD/STORE 或 MOVE 指令集。这些 CPU 的其他所有指令只能在寄存器之间移动和操作数据。这使得指令集执行得更快了。在补充第 2 章里，关于 ARM 架构和其变体有更详细的探究。

助记符	操作	助记符	操作
	数据移动指令		**移位、循环移位和寄存器操作指令**
MOV	Copy operand to destination	LSL	Logical Shift Left
MSR	Move Status Register to Register	LSR	Logical Shift Right
MRS	Move Register to Status Register	ASR	Arithmetic Shift Right
LDR[xx]	Load	ROR	Rotate Right
STR[xx]	Store	RRX	Rotate Right with Extend
LDM[xx]	Load Multiple, Increment	ROL	Rotate Left
LDMD[xx]	Load Multiple Decrement		
STM[xx]	Store Multiple Increment		**浮点指令**
STMD[xx]	Store Multiple Decrement		
PUSH	Push Multiple Registers to Stack	VABS	Absolute value
POP	Pop Multiple Registers	VADD	Add
PKH	Pack Halfwords	VCVT[R]	Convert between Int and Float
SXTx	Signed Extend (e.g. byte to word)	VSUB	Subtract
UXTx	Unsigned Extend	VMUL	Multiply
	整型算术指令	VDIV	Divide
ADD	Add	V[F][N]Mxx	various Multiplies with Adds & Negates
ADC	Add with Carry	VMOVx	Copy to target; also used with SIMD
SXTAx	Signed Extend and Add	VSQRT	Square Root
UXTAx	Unsigned Extend and Add		
QADD	Saturating ADD		**程序流指令**
QDADD	Saturating Double and ADD	ADR	Form PC-Relative Address
CMN	Compare Negative (subtracts but saves only flags)	B	Branch to target address
		BL, BLX	Call Subprogram
CMP	Compare Positive (adds but saves only flags)	IT	If-Then
			使下面1~4条有条件指令可执行条件转移
SUB	Subtract	SVC	Supervisor Call
SBC	Subtract with Carry		**SIMD和向量指令**
QSUB	Saturating Subtract	VLDR	Vector Load Register
QDSUB	Saturating Double and Subtract	VLDM	Vector Load Multiple
RSB	Reverse Subtract	VSTR	Vector Store Register
RSC	Reverse Subtract with Carry	VSTM	Vector Store Multiple
MUL	Multiply	VLDn	Vector Load Structure, Multiple
MLA	Multiply and Accumulate		Element, n = 1, 2, 3, or 4
MLS	Multiply and Subtract	VSTn	Vector Store Structure
SMUxxx	Signed Multiply	VMOV,	various MOVEs between core and
SLMxxx	Signed Multiply Accumulate	VMSR	
SMLSLD	Signed Multiply and Subtract		SIMD registers
SMLAD	Signed Multiply Dual Accumulate	VADD[xx]	Vector Add, Integer or Floating
SMUAD	Signed Dual Multiply and Add	VPADD[xx]	Vector Pairwise Add
SMUSD	Signed Dual Multiply and Subtract	VQADD	Vector Saturating Add
UMxxx	Unsigned Multiply	VHADD	Vector Halving Add
SDIV, UDIV	Signed Divide, Unsigned Divide	VRADD	Vector Rounding Add
	[可选指令，与实现有关]	VSUB[xx]	Vector Subtract, Integer or Floating
USAD8	Unsigned Sum of Absolute Differences	VQSUB	Vector Saturating Subtract
USADA8	Unsigned Sum of Absolute Diff and Accumulate	VHSUB	Vector Halving Subtract
		VRSUB]	Vector Rounding Subtract
SSAT	Saturate		并行加减指令也有36种不同的组合
USAT	Unsigned Saturate	VAND, VEOR, VORR, VMVN, VORN	Vector Bitwise Booleans
	布尔运算指令	VMxx	Vector Multiply
AND	Bitwise AND	VQDMxxx	Vector Saturating Double Multiply
ORR	Bitwise OR	VACyy	Vector Absolute Compare (yy=GE, GT, LE, LT)
MVN	Bitwise NOT	VCxx	Vector Compare (yy=GE, GT, LE, LT, EQ)
EOR	Bitwise Exclusive Or	VSxx	Vector Shift
TST	Test (AND but only sets flags)	VRSxx	Vector Rounding Shift
TEQ	Test Equivalent (EOR but only sets flags)	VQSxx, VQRSxx	Vector Saturating Shift, Saturating Round Shift
	位操作指令		这只是向量指令的节选
BIC	Bitwise Bit Clear		
BFC	Bit Field Clear		
BFI	Bit Field Insert		
CLZ	Count Leading Zeros		
MOVT	Move Top		
RBIT	Reverse Bits		
REVxx	Reverse Bytes		
SBFX	Signed Bit Field Extend		
UBFX	Unsigned Bit Field Extend		

图 7-10 ARM 应用级指令集

7.6.2　算术指令

每个 CPU 指令集都包含整型数加减指令。今天除了少数专用 CPU 外，每个 CPU 也提供整型数乘除指令。很多指令集都提供几种不同字长的整型算术指令。就 MOVE 指令而言，它可以有几种不同的整型算术指令格式，在不同的寻址方式下，提供了各种组合的寄存器和内存访问。

另外，当前大部分 CPU 也提供有浮点算术，尽管有些 CPU 提供的浮点算术是对基本架构的一个扩展。浮点指令通常在一组独立的浮点数据寄存器里操作，字长有 32 位的、64 位的和 128 位的，格式上遵循第 5 章所描述的 IEEE 754 标准。指令集提供标准的算术运算，以及在各种整型和浮点格式之间数据转换的指令。有些架构为其他更专门的操作也提供了指令，如求平方根、取对数以及三角函数等。对于一些图形应用（如 CAD/CAM 程序、动画和计算机游戏）也需要扩展的浮点计算；对于求解科学、经济以及商业分析领域里复杂的数学问题，情况也是如此。对于这样的计算，浮点指令的存在大大减少了处理时间。

正如第 5 章指出的，大部分现代 CPU 至少也为 BCD 或紧缩十进制格式提供了一个最小的算术指令集，这能简化商业数据处理应用的程序设计。

当然，并不是绝对要提供所有不同的指令选项。乘法和除法可以分别用重复的加法和减法来实现。在计算机中，甚至还有更容易的技术。在小学里，你可能学过"长"乘法和除法，在这种方法中，一次乘以或除以一位数字，并将结果移位，直到整个运算完成。由于二进制乘法比较简单（1×1 = 1，其他结果都是 0），所以计算机只使用加、减以及移位指令就可以实现这个方法。实际上，乘法和除法指令只是用硬件实现这种方法的一个变种。由于在理论上，这个过程对于乘数中的每一位都要求有一次移位和一次寄存器加法，因而，相比于其他指令，乘除指令的执行速度稍微慢一些，尽管现代计算机提供的并行计算的捷径消除了大部分差异。

即便是减法指令，在理论上也不是必需的，因为第 5 章我们曾经说明过，整型数减法本质上是通过求补码和相加来实现的。

正如我们已经指出的，BCD 和浮点指令的情况也是如此。目前，在未提供浮点指令的少数计算机里，一般会有一个软件程序库用来模拟浮点指令。

7.6.3　布尔逻辑指令

大部分现代指令集都提供了执行布尔代数的指令。概括起来有"取非"指令，它对一个操作数上的每一位取反；还有"与"指令、"（同）或"和"异或"指令，这几条指令都需要两个源参数和一个结果。

7.6.4　单操作数操作指令

除了前面描述的"取非"指令外，大多数计算机还提供了其他方便的单操作指令。大部分这种指令都是对寄存器里的值进行操作的，但也有些指令集提供了类似的对内存值的操作。最常见的指令集会包含这样一些指令：对一个值取负、将一个值增 1、将一个值减 1，以及将寄存器清 0。有时还有其他指令。在有些计算机上，增 1 或减 1 指令当值到达 0 时会引起自动转移。这使得循环体的设计变得简单了，它允许程序员将测试和转移组成一条指令。

7.6.5　位操作指令

大部分指令集提供了对数据字中每位进行置位和复位的指令。有些指令集还提供了一次操作多位的指令。也可以对位进行测试来控制程序流。除了常见的负 / 正、0/ 非 0、进位 / 借位、以及溢出算术标记外，这些指令允许程序员设计自己的"标记位"。

7.6.6　移位和循环移位指令

作为实现乘法和除法的一种方法，前面曾提到过**移位**和**循环移位**。它们还可以用在其他方面的编程上，CPU 指令集通常会提供各种不同的移位和循环移位指令，以供程序员使用。如图 7-11 所示，移位指令将数据位左移或右移一位或多位。循环移位指令也是将数据位左移或右移，但字尾移出的数据位会放入另一端腾出的空间内。依赖于特定指令集的设计，移出字尾的数据位可以移进一个不同的寄存器里，也可以移入进位或溢出标记位里，或者简单地"掉落"出尾部并丢弃。循环移位指令可用来处理数据，一次一位，也可以用在许多加密算法里。

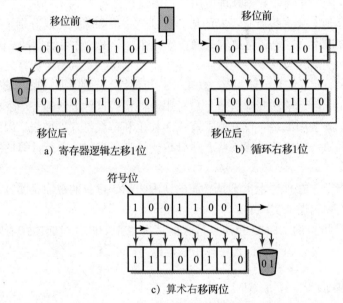

a）寄存器逻辑左移1位　　b）循环右移1位

c）算术右移两位

图 7-11　典型的寄存器移位和循环移位

通常提供两种不同类型的移位。移位的数据字可以是逻辑的，也可以是数值的。**逻辑移位**指令按照你的期望简单地将数据进行移位，将 0 移进空出的空间里以替代原来的位。**算术移位**指令常用来将原始值乘以或除以 2 的 n 次方。因此，指令不能移最左边的位，因为那一位通常表示数值的代数符号（很明显，必须保持数值的符号不变）。算术左移不移动最左边的一位，但随着位左移，右边要补 0。每次左移，相当于将数值翻一倍。另一方面，算术右移，腾出的空间用符号位填充，而不是填充 0。每右移一位，在保持数值符号不变的同时，相当于将数值除以 2。可能不太明显能看出它在正确地工作，但是，如果你回想一下补码算术中的负数可知，从 −1（−1 在 2 的补码中用全 1 表示）开始倒数，它就变得比较明显了。

循环移位指令将移出的位循环回寄存器的另一端。有些指令将进位和溢出位也作为循环的内容。有些 CPU 还允许在两个寄存器之间进行循环移位。例如，通过将 16 位的数据循环移位 8 位，循环移位指令可交换该数据的两个字节。

7.6.7　程序控制指令

程序控制指令控制着程序的流程。它包括有条件和无条件的跳转和转移指令，还有子程序调用（CALL）和返回（RETURN）指令。各种条件测试提供给转移，包括你所熟悉的为 0转移、非 0 转移、为正转移、为负转移、有进位或借位转移，等等。

子程序调用指令（CALL），有时候称为跳转到子程序指令，用来实现函数、子程序、过程和方法调用。因此，作为实现程序模块化的一种手段，子程序调用指令十分重要。

根据你的编程经验，回想一下可知当你的程序调用一个函数、子程序或过程时，发生了什么。程序跳转到子程序的起始位置，并执行那里的代码。子程序执行完后，程序返回到调用程序，继续执行调用之后的指令。机器语言 CALL 指令就是这么工作的。跳转到子程序的起始位置，并从该点继续执行。调用指令和普通的转移指令之间的唯一区别是，调用指令必须将跳转发生处的程序计数器里的地址保存在某个地方，以便子程序执行完后，程序可以返回到调用程序中调用指令后面的那条指令。返回指令将原来的值恢复到程序计数器里，调用程序从离开之处继续执行。调用指令和返回指令的操作如图 7-12所示。

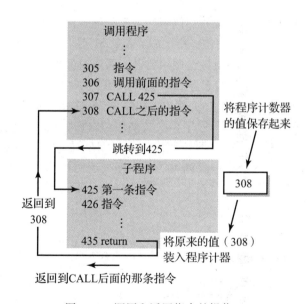

图 7-12　调用和返回指令的操作

不同的计算机使用不同的方法来保存返回地址。一种常用的方法是将返回地址保存在内存栈中；返回指令的操作是将地址从栈里传送到程序计数器里。下一节将对栈的使用进行简单的讨论。作为另一种方法，有些计算机提供了专用的 LINK 寄存器来保存返回地址。执行调用和返回指令的另一种方法，在练习 S3.14 里进行探讨。

7.6.8　栈指令

在程序设计中，**栈**是最重要的数据存储结构之一。当最近使用的数据也将是最先需要的

数据时，可用栈来存储数据。由于这个原因，栈也称为 LIFO（后进先出）结构。作为类比，
常常用自助餐厅里存储和使用盘子的方式来描述栈。新盘子加到或压入栈的顶端，已经在栈
里的盘子向下移动为新盘子腾出空间。从栈的顶端取或**弹出**盘子，因此，最后放入栈里的盘
子最先取出来。类似地，当接下来要访问栈的时候，最后进入计算机内存栈的数值，就是第
一个可用的数值。对于栈的使用，按入栈的逆序提取的数据就是候选数据。图 7-13 展示了
数值入栈和出栈的过程。

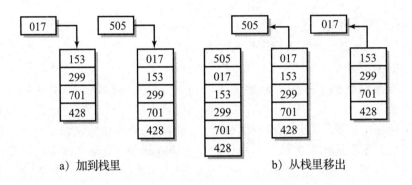

图 7-13　使用栈

在复杂的计算中，栈是一种有效存储中间数据值的方法。事实上，HP 计算器中的存储
就是围绕内存栈组织的。正如我们已经指出的，存储子程序返回地址和调用中的参数，栈也
是一种很好的方法。递归函数必须自己调用自己。假定返回地址存储在某个固定的位置上，
如图 7-14a 所示。如果子程序被自己第二次调用，见图 7-14b，那么初始的返回地址（56）
就会丢失，它会被新的返回地址（76）替代。程序在 76 和 85 之间进入了死循环。在图 7-15
中，返回地址存储在栈里面。当子程序再次被调用的时候，初始地址简单地压入栈中，位
于最新地址之下。请注意，程序按照子程序进入的相反顺序"从缠绕中解开自己"。这正
是我们想要的：我们总是从最后一次调用的子程序处返回到前一子程序。宾利大学的 J. 林
德曼指出，相同的技术可用来走出迷宫，在此迷宫中，探险者记录下她进入后每次经过的
转向。

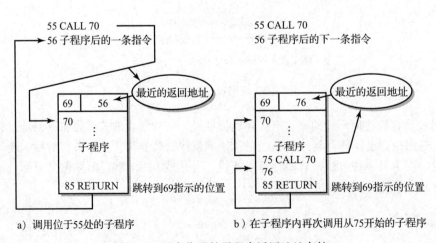

图 7-14　固定位置的子程序返回地址存储

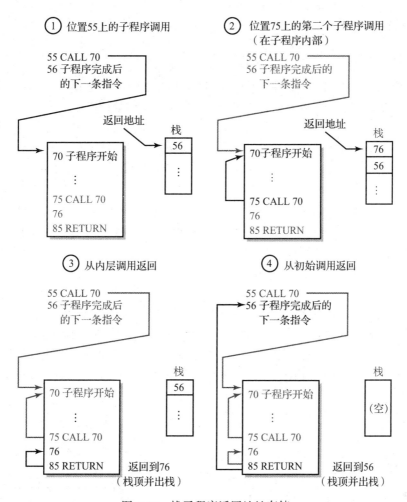

图 7-15　栈子程序返回地址存储

在计算机中，栈还有许多其他有意思的应用，但进一步的讨论超出了本书的范围。好奇的读者请参考"扩展阅读"里的文献。

尽管许多计算机提供的特殊栈指令使得"记账"任务简单化，但在一般情况下，计算机不为栈提供专门的内存。相反，针对这一用途，程序员留出了一个或多个普通的内存块。栈底是一固定的内存位置，**栈指针**指向栈顶，也就是最近的记录项。这种结构如图 7-16 所示。通过栈指针增 1，一个新的记录项加到或压入栈里，然后将数据存储在该位置上。通过复制指针指向的数据，从栈中可以去除或弹出一个记录项，然后栈指针减 1。如果栈指针使用一个寄存器，那么寄存器间接寻址可用于这个目的（你应当注意到，图 7-16 所示的内存是颠倒的，这样可使在栈指针增 1 时指针朝上移动）。

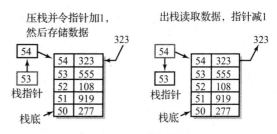

图 7-16　内存块用作栈

作为对栈的直接支持，许多指令集提供了 PUSH 和 POP 指令。栈容量的增加非常容易，不需要特殊的指令（练习 S3.15 说明了一个解决方法）。有些计算机也指定一个特定的通用寄存器用作栈指针寄存器。

7.6.9 多数据指令

在现代个人计算机和工作站中，多媒体应用对 CPU 的计算需求要求很高。为了应对这种需求，CPU 设计师创造了专门的指令来加速和简化多媒体处理操作。

多媒体操作的一般特征是，一些简单的操作统一应用到数据集里的每片数据上。作为一个简单的例子，一幅图像的亮度可以这样修改：图像里的每个像素值乘以一个公共的比例因子。两幅图像之间的相似性度量可以这样做：一幅图像里的所有像素值减去第二幅图像里对应的像素值，并将结果平均。

多个数据指令对多份数据同时执行单个操作。由于这个原因，通常它们也称为 SIMD 指令。正如我们前面指出的，SIMD 表示"单指令、多数据"。典型的 SIMD 指令是由当前 Intel 处理器提供的。针对 SIMD 指令的使用，最新的处理器提供 16 个 256 位的寄存器，为此，还允许使用前一代的 128 位寄存器和标准的 64 位浮点寄存器。SIMD 指令可以处理一组 8 位、16 位、32 位、64 位或者 128 位的整型数；可以同时并行处理多达 4 个 64 位的浮点数操作，还提供对数值进行紧缩和解紧缩的指令、寄存器和内存之间数据移动的指令，以及其他各种相关指令。其他供应商包括 AMD、IBM、Oracle 以及 ARM 都可提供类似的功能。IBM 的 Cell 处理器用在索尼 Playstation 3 中作为 CPU，它提供了特别强大的 SIMD 功能，大大增强了 Playstation 3 的图形处理能力。图 7-17 展示了 SIMD ADD 指令的操作。

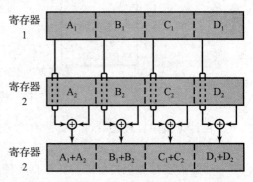

一些多媒体算术操作的一个有趣的特征是，当计算结果等于或超过某个最大值时，直接将最大值设置为结果，而不是产生溢出。这个特征称为**饱和**。为此，在大部分计算机里，SIMD 指令提供带有饱和的整型算术操作来替代溢出。

尽管多媒体操作是 SIMD 指令的主要应用，但这些指令还可应用于向量或数组处理中。除了多媒体处理外，这些指令在许多方面都很有用，具体包括语音到文本的转换处理、大规模经济问题的求解、天气预报，以及数据加密和解密等。

图 7-17 宽度为 4 的 SIMD ADD 指令的操作

7.6.10 其他指令

其余的指令包括输入 / 输出指令和机器控制指令。在大部分系统中，这两组指令属于特权指令。输入 / 输出指令是一般的特权指令，因为我们不希望来自不同用户和程序的输入和输出请求互相冲突。例如，考察一下共享打印机的两个用户，若同时请求打印机输出，则会使输出的每一页在两个用户之间来回分离。很明显，这种输出是不可接受的。相反，这些请求将传给控制打印机的操作系统，它会设置优先级，维护队列并服务这些请求。

我们顺便提一下，有些计算机不提供 I/O 指令。相反，普通内存之外的内存地址可用作各种设备的 I/O 地址。然后，分别自动地将 LOAD 和 STORE 指令重定向到合适的设备中，进行输入和输出。这种 I/O 叫作**内存映射式 I/O**。

我们会在第 9 章和第 10 章里讨论输入 / 输出这个话题，在第 15 ～第 18 章讨论操作系统。

7.7　指令字格式

"小伙计"计算机里的指令完全由三位的十进制数组成，它是一位的操作码和两位的**地址域**。地址域的使用方式有多种。对于大多数指令，地址域包含一个两位的地址，通过它可以找到该指令包含的数据（例如，LOAD）或指令要放置的地方（STORE）。在有些指令中，地址域是不用的（例如，HALT）。转移指令要使用地址域空间，而不是存放要执行的下一条指令的地址。对于 I/O 指令，地址域变为操作码的一种扩展。实际当中，I/O 地址域包含一个 I/O 设备的地址。在我们的例子中，输入篮是 01、输出篮是 02。

在典型真实的 CPU 里指令集都是类似的。再次强调，指令字可划分为一个操作码和 0 个或多个地址域。一个简单 32 位的单地址指令格式如图 7-18 所示。在这个例子中，32 位划分为一个 8 位的操作码和 24 位的地址域。

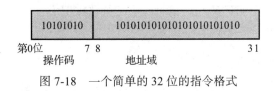

图 7-18　一个简单的 32 位的指令格式

在"小伙计"计算机中，访问地址具体指的是内存地址。然而，我们已经注意到计算机可能有几个通用寄存器，程序员必须要选择一个具体的寄存器作为指令的一部分来使用。更一般情况是我们将使用"地址"这个词来代表任意的数据位置，不管它们是用户可访问的寄存器还是内存位置。当要描述实际上是内存位置的地址时，我们会使用更明确的表示：内存地址。

一般情况下，处理数据的计算机指令至少需要明确两个数据位置：一个或多个源位置以及一个目的位置。这些位置可以作为指令字的地址域明确地表达出来；也可以作为指令本身定义的一部分隐含地表达出来。例如，"小伙计"中 LOAD 指令的格式可作为**明确的源地址**，从单个地址域来获取数据。在"小伙计"计算机中，明确的地址都是内存地址。在这种情形里目的地址是**隐含的**：这条指令总是使用累加器作为目的地址。"小伙计"的"加减"指令需要两个源数据和一个目的数据。源数据通过指令中单一明确的地址域来寻址，然后跟累加器里的值相加，这时累加器处于隐含状态；相加的结果，隐含地放置在累加器里。

对于一条特定指令来说，源和目的可以相同也可以不同。例如，对一个值求补码可以改变其符号的一条指令，通常会"原地"执行；也就是说，源和目的寄存器或者内存位置通常是同一个。"小伙计"的加法指令将累加器里的数值作为要加的一个数值源，也作为目的来存放相加的结果。另一方面，当我们使用 LOAD、STORE 或其他类型的移动操作来移动数据时，需要两个操作数。源操作数和目的操作数明显是不同的，否则的话，移动就没有意义了！例如，寄存器到寄存器的移动可以使用图 7-19 所示的指令格式。图中，指令字是由操作码和两个指向寄存器的字段构成的。如图 7-19 所示，这条指令会将寄存器 5 里的数据移到寄存器 10 里。除非操作是在原地执行，否则，指令会保持源里的值不变，而目的里的值几乎总是要改变的。

操作码	源寄存器	目的寄存器
MOVE	5	10

图 7-19　典型的两操作寄存器移动指令格式

源地址和目的地址既可以是寄存器位置，也可以是内存位置。由于现代计算机拥有多个用户可用的寄存器，所以它通常至少需要提供两个明确的地址字段，即便是一个"地址－寄存器"移动指令也是如此，因为指令必须指定具体寄存器的个数。

不管是明确的还是隐含的，一条指令中的源数据和目的数据也称为**操作数**。因此，将数据从一个位置移动到另一个位置的指令有两个操作数：一个源操作数和一个目的操作数。像加和减这样的算术操作，需要 3 个操作数。明确的地址字段也叫操作数字段。

最常见地，对于"原地"发生的操作，处理数据的指令会有一个地址字段；对于移动和算术运算则有两个或三个地址字段。在有些计算机中，一个或多个地址可以是隐含的。对于隐含地址，不需要地址字段。然而，在现代计算机中，大多数地址访问是明确的，即便是寄存器地址，因为这增强了指令的通用性和灵活性。因此，大多数计算机指令会由一个操作码，以及一个、两个或三个明确的地址域组成。有些教材把带有一个、两个或三个明确地址域的指令，分别称为一元、二元或三元指令。

7.8　指令字的需求和约束

指令字的长度有多少位，依赖于具体 CPU 的架构，特别是其指令集的设计。指令字长可以是固定的，比如 32 位，也可以是变化的，这依赖于使用的地址字段数。例如，Oracle 的 SPARC CPU 采取的就是前一种方法：每个指令字都精确地为 32 位长。相反，例如在普通个人计算机使用的 x86 CPU 中，某些基本指令字短到一个或两个字节，而有些指令则长到 15 个字节。IBM z 系列架构是向上兼容的 CPU 架构的革命性扩展，这可追溯到 20 世纪 60 年代。在 IBM z 系列 CPU 中遗留指令大部分是 4 字节或 32 位长，也包含少量的 2 字节和 6 字节长的指令。为了将架构扩展到 64 位寻址和数据，IBM 增加了一些新指令。这些新指令都是 6 字节长。

建立指令字长的挑战，一是需要提供足够的操作码位数来支持一组合理的不同的指令；二是提供足够的地址域位数来满足对可寻址内存不断增长的需求。例如，再次考察那个极其直接的指令格式，如图 7-18 所示。这种格式假定一个 32 位的定长指令只带一个地址域。对于所展示的这种划分，我们拥有了 256（2^8）条不同的指令、约 1600 万（2^{24}）个内存地址。

即便设计师创建一个较小的指令集，并且具有的操作码数更少。按照现代标准，32 位的指令字可以指定的内存量也是极其有限的。今天大部分的计算机至少支持 32 位地址。有些较新的机器支持 64 位地址。

更进一步，有了另外的寄存器，图 7-18 所示的简单指令格式必须扩展以处理明确的多寄存器寻址，包括寄存器之间的数据移动，以及在寄存器和内存之间的操作中确定正确的寄存器。总之，对于现代计算机的指令集来说，"小伙计"计算机所使用的简单指令格式是远远不够的。

使用不同长度的指令是指令集设计师开发的几个技术之一，这在指令集的设计上允许有更多的灵活性。简单的指令可用短字表示，甚至可能是一个字节，而更复杂的指令会需要多字节长的指令字。较长的指令存储在内存的连续字节里。因此，"小伙计"计算机中的 HALT、IN 或 OUT 指令将存储在单个位置里。LOAD 指令可能需要两个连续的位置来存储 5 位的内存地址，或者需要 3 个位置来存储一个 8 位的地址。使用可变长指令在内存使用方面效率很高，因为每条指令仅在需要时才存在。

然而，可变长指令存在一些重大缺点。现代计算机通过指令"流水"来增加 CPU 的处理速度，也就是说，前一条指令在执行的时候，就取一条新的指令，类似于汽车装配线上的处理。可变长指令使流水技术变得复杂了，因为直到前一条指令的长度确定后，才能知道新指令的开始点。如果将这个思路扩展到多指令情况，你会明白维持流畅装配线的困难。第 8 章会对这个问题进行更详细的讨论。由于在现代计算机中流水技术已经变得非常重要，所以对于新的 CPU 设计，使用可变长指令已经失宠了。几乎所有新的 CPU 设计都使用定长指令。

正如我们前面讨论内存大小时曾提到，对于长指令或可变长指令字，一种有效的方法是将原本位于指令字地址域里的地址存储到某个特殊的位置上，该位置可以存放长地址，如一个通用寄存器；在指令中，使用短地址域可指向这个寄存器位置。关于这个话题有许多变种。这个技术甚至可用在提供可变长指令的系统中。单个 CPU 可以提供许多不同的变化以增加指令集的灵活性。这种灵活性也包括更高效地处理数据表的编程能力。对寄存器和内存寻址的各种方式称为"寻址方式"。"小伙计"计算机只提供一种直接寻址的方式。刚刚描述的这种方法叫作"寄存器间接寻址"。间接加载指令的一个例子，如图 7-20 所示。这条指令会将存储在内存地址 3BD421 处的数据读入到通用寄存器 7 里。在补充第 3 章里，对一些寻址方式有更详细的讨论。使用不同的寻址方式是缩短指令字最重要的方法，也是编写高效程序的最重要方法。

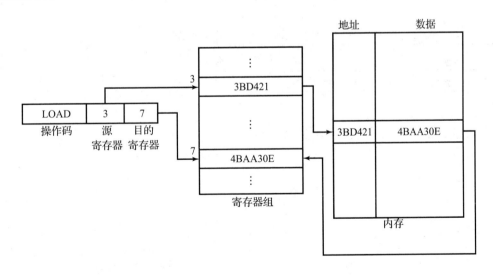

图 7-20 寄存器间接录址

来自两个不同 CPU 的指令格式如图 7-21 所示。在同一个 CPU 里，可能有几种不同的格式。对于每台计算机，我们只展示了部分指令集，尽管除了很小的变化外，SPARC 指令集是完整的（IBM 计算机总共有 33 种不同的指令格式）。你不需要详细理解图 7-21 所示的每一个细节，但注意到不同计算机指令集之间的基本相似性又是很有用的。

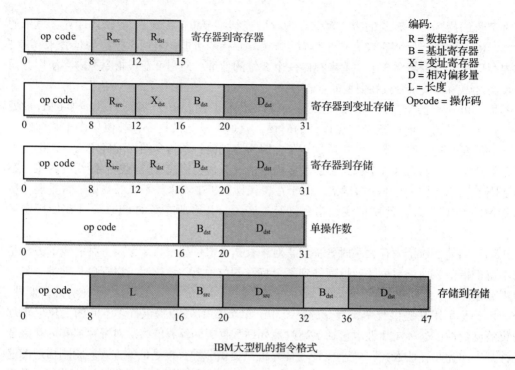

编码:
R = 数据寄存器
B = 基址寄存器
X = 变址寄存器
D = 相对偏移量
L = 长度
Opcode = 操作码

IBM大型机的指令格式

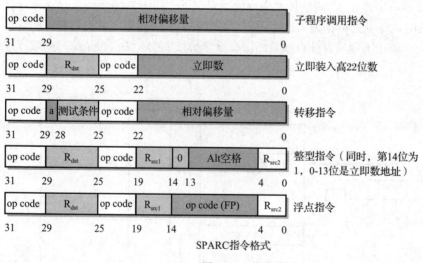

SPARC指令格式

图 7-21　指令格式

小结与回顾

从功能上说，CPU 连同内存的操作本质上跟"小伙计"计算机是一样的。它的每个部件在常规计算机中都有一个对应的部件。

在 CPU 里，最重要的部件是寄存器组。数据可以在寄存器之间移动，可以对当前寄存器里的内容进行加减，可以在寄存器内或寄存器之间移位或循环移位。在指令集中每条指令就是通过使用这些简单的操作来执行的；对于具体的指令，就是使用合适的寄存器和按照正确的顺序执行这些操作。具体指令的操作顺序称为"取－执行"周期。指令集中的每条指令都存在"取－执行"周期。它是计算机中所有程序运行的基础。一条指令的执行序列近似对应于"小伙计"执行类似指令时所采取的动作。

内存的操作跟两个寄存器密切相关，具体来说就是内存地址寄存器和内存数据寄存器。放入 MAR 里的地址在内存里译码，从而激活单个内存的地址线。之后，在适当的时刻数据在内存位置和 MDR 之间沿任意方向传送。传送方向由读 / 写控制线来确定。可用的内存空间数量取决于 MAR 的大小；数据的字长取决于 MDR 的大小。

计算机的不同部分由总线互连起来。有许多不同类型的总线。总线连接 CPU 内不同的模块，它们也连接 CPU 与内存和 I/O 外设。总线可以以点对点结构连接两个部件，也可以以多点结构连接若干个模块。总线可以是并行的，也可以是串行的。一般来说，总线上的线传递的信号表示数据、地址和控制功能。

指令很自然地分为不太多的几类：移动指令、整型运算指令、浮点运算指令、数据流控制指令等。也有特权指令，它控制着 CPU 内部的功能，只能由操作系统来访问。

在真实 CPU 中，指令是由一个操作码和多达三个地址字段的操作数构成的。指令字的长度是和 CPU 有关的。有些计算机使用可变长的指令字，其他计算机则使用定长指令，最常用的是 32 位长。

扩展阅读

有很多优秀的教材描述了计算机系统部件的实现和操作。简明扼要地说，"取 – 执行"周期的解释可以参见 Davis 和 Rajkumar 编写的书籍 [DAV02]。详细讨论本章主题的 3 本经典的工程教材是：Stallings [STAL09] 编著的教材、Patterson 和 Hennessy [PATT11] 编著的教材以及 Tanenbaum [TAN05] 编著的教材。维基百科对冯·诺依曼架构的主要概念提供了简明扼要的介绍。对于跟 CPU 和内存实现及操作有关的各种部件和技术，有许多书和学术论文对其进行了描述。另外，更多的建议，请参见第 8 章的"扩展阅读"部分。

复习题

7.1 ALU 表示什么？在"小伙计"计算机中，与 ALU 相对应的部件是什么？CU 表示什么？其对应的 LMC 部件是什么？

7.2 请精确地描述寄存器是什么？至少说出在 LMC 中两个满足寄存器条件的部件。请说出寄存器可以存放的几个不同类型的值。

7.3 指令寄存器的目的（作用）是什么。在 LMC 中对应于指令寄存器的是哪个部件？

7.4 当一个值从一个寄存器复制到另一个寄存器时，源寄存器中的值发生了什么变化？目的寄存器中的值发生了什么变化？

7.5 寄存器中通常执行的操作主要有 4 个。请描述每一个操作。

7.6 请解释内存地址寄存器、内存数据寄存器和内存本身之间的关系。

7.7 如果一个特定计算机的内存地址寄存器是 32 位的，那么这台计算机能支持多大的内存？

7.8 易失性和非易失性存储器之间的不同是什么？RAM 是易失性的还是非易失性的？ROM 是易失性的还是非易失性的？

7.9 寄存器在"取 – 执行"周期中扮演着很重要的角色。在"取 – 执行"周期中，寄存器的功能是什么？

7.10 请解释"取 – 执行"周期中"取"部分的每个步骤。在"取"操作结束时，指令的状态是什么？具体地说，"取"操作为执行指令做准备，它取到了什么？请解释一下，这个操作与"小伙计"执行相应的操作步骤之间的相似性。

7.11 一旦"取"操作完成，对于访问数据的内存地址的任意指令（例如，LOAD、STORE），执行阶段的第一步是什么？

7.12 使用 ADD 指令作为模型，给出 SUBTRACT 指令的"取 – 执行"周期。

7.13 假定在某个时间点上，各种寄存器和内存位置里的值如下所示：PC：20；A：150；内存位置20：160[ADD 60]；内存位置 60：30。当这条指令完成时，请给出存储在下面每个寄存器里的值：PC、MAR、MDR、IR 和 A。

7.14 请给出总线的定义。总线的作用是什么？

7.15 总线能传递的三类"数据"分别是什么？

7.16 当总线是单工、半双工、全双工时，请解释数据是如何分别在总线上传输的。

7.17 多点总线和点对点总线之间的区别是什么？画图说明这种区别。

7.18 请简要描述并行总线的每个主要的缺点。

7.19 "小伙计"计算机的哪条指令可分类为数据移动指令？

7.20 你期望算术指令执行什么操作？

7.21 解释一下移位指令和循环移位指令之间的区别。

7.22 程序控制指令的作用是什么？ LMC 的哪条指令可分类为程序控制指令。

7.23 什么是栈？解释一下栈是如何工作的。画图说明 PUSH 和 POP 指令是如何实现栈的。

7.24 什么是特权指令？ LMC 的哪些指令一般来说是特权指令？

7.25 画出一个 32 位的指令格式，让它能包容 32 个不同的操作码。在你设计的格式中，多少位可用于寻址？

7.26 画出一个指令格式，让它能在两个寄存器之间移动数据或执行算术运算。假定指令是 32 位长，计算机有 16 个通用数据寄存器。如果操作码使用 8 位，那么有多少位是空闲的可用于其他目的，如特殊寻址技术？

习题

7.1 并排绘制"小伙计"执行存储指令和对应 CPU 的"取 – 执行"周期的流程图。

7.2 假定在给定的内存位置上找到下列指令[⊖]：

   a. 请给出在指令 20 结束时 IR、PC、MAR、MDR 和寄存器 A 中的内容；

   b. 对于指令 21，随着"取 – 执行"周期的执行，给出每个寄存器的内容。

7.3 一台现代大型计算机拥有 48 位的内存地址寄存器。这台计算机能寻址多大的内存？

7.4 为什么有两个不同的寄存器（MAR 和 MDR）同内存相关联？在"小伙计"计算机中，与它们对等的部件是什么？

7.5 对于"小伙计"指令集里的其他指令，请给出在 CPU 中"取 – 执行"周期的步骤。

7.6 在计算机中，大部分寄存器具有双向复制的能力。也就是说，你可以从其他寄存器复制到这些寄存器，也可以从这些寄存器复制到其他寄存器。但是，MAR 总是用作目的寄存器，你只能复制到 MAR。请清楚地解释为什么会这样？

7.7 a. 将寄存器里的一个无符号整型数左移 2 位的效果是什么？右移 1 位呢？假定，由于移位寄存器尾部会空出位置，这些空出位置上填 0。

   b. 假定数值是有符号的，也就是用 2 的补码来存储的。现在，数值移位的效果是什么？

   c. 假定符号位不移位，因此，符号位总保持不变。更进一步，假定在右移期间，符号位总是在数值的左端（代替 0）用作插入位。现在，这些移位的效果又是什么？

7.8 如果你正在构建一台在外太空使用的计算机，你会使用某种形式的闪存或 RAM 作为主存吗？为什么？

7.9 使用本章给出的寄存器操作，对于寄存器 A 里的数值给出求其 2 的补码指令的"取 – 执行"周期。给出清除 A（即将 A 设置为 0）指令的"取 – 执行"周期。

⊖ 原文缺具体指令。——译者注

7.10　对于条件转移指令，有些老式的计算机使用另一种方法，叫作"SKIP ON CONDITION"（满足条件，跳过）。其工作过程如下：如果条件为真，计算机将跳过下面的指令，转到它之后的指令；否则，顺序执行接下来的指令。程序员通常在"夹缝"位置上放置一条跳转指令，当满足假条件时就转移。一般来说，转移指令用来跳过一个内存位置。然而，如果指令集使用了可变长指令，那么这个任务会更加困难，因为这个"跳过"仍须跳过整个指令。假定变异的"小伙计"使用可变长指令。操作码在第一个字中，后面最多还可以有三个字。为简单起见，假定操作码字的第三位是 1～4 里的一个整数，它表示指令里的字数。请写出这个计算机的"取 - 执行"周期。

7.11　假定在修改的"小伙计"计算机中每条指令的指令格式需要两个连续的存储单元。指令的高位位于第一个邮箱里，后跟低位。IR 很长足以容纳整条指令，在装入时可以用 IR[高] 和 IR[低] 来寻址。你可以假定，指令的操作码部分使用 IR[高]，地址可以在 IR[低] 中找得到。写出该机器"加"指令的"取 - 执行"周期。

7.12　"小王子"计算机（LPC）是 LMC 的一个变种（LPC 之所以这么命名，是因为差异是一种皇家的痛）。LPC 有一条附加的指令。这条附加指令需要两个连续的字：

0XX

0YY

这条指令称为移动指令，它将数据直接从位置 XX 移动到位置 YY，却并不影响累加器里的值。为了执行这条指令，小王子需要临时存储 XX 数据。他可以将这个值写到一张纸上，并保持到提取第二个地址时为止。在真实 CPU 中，类似的设备叫作"中间地址寄存器"或者 IAR。请写出 LPC MOVE 指令的"取 - 执行"周期。

7.13　一般情况下，程序员希望从当前的指令"BRANCH ON CONDITION"位置移开的距离相当短。这意味着最好这样设计转移指令：新的位置是相对于当前指令的位置来计算的。例如，我们可以设计一条不同的 LMC 指令 8CX。"C"这位将用来描述转移发生的条件，而 X 将是表示相对地址的单一数字位。使用 10 的补码表示，这会允许从当前位置转移到某个位置，即从 − 5 到 + 4 这 10 个位置中的一个。如果我们目前正在执行位置 24 处的指令，803 会引起"为负转移"，转移到位置 27。请写出这条"为负相对转移"指令的"取 - 执行"周期。你可以不考虑这个练习的条件码，你也可以假定正确地处理了补码加法。单数字位地址 X 仍能在 IR[地址] 中找到。

7.14　随着计算机字长的逐渐增大，存在一个"收益递减定律"：事实上，实际应用程序的执行速度并没有提高，并且还有可能降低。你认为为什么会这样？

7.15　大部分现代计算机都提供大量的通用寄存器且内存访问指令很少。大部分指令使用这些寄存器而不是内存来存放数据。这样的架构有何优点？

7.16　对于将一个值从通用寄存器 1 移动到通用寄存器 2 的指令，请你给出其"取 - 执行"周期。将这个周期跟 LOAD 指令的周期进行比较。这种 MOVE 指令相对于 LOAD 指令，主要优点是什么？

7.17　将数据从一个地方移动另一个地方，使用串行总线还是并行总线，其间的权衡是什么？

7.18　直到最近，大部分个人计算机都使用并行 PCI 总线作为互连计算机内各种部件的背板，但即便曾经有过，PCI 总线也很少用来将外设连接到计算机。现代计算机通常使用 PCI 总线的串行适配器，它称为"PCI Express"，有时它可用作连接外设的端口。原始的 PCI 总线用作连接外设不太现实，请至少识别出其 3 个缺点。对于每一个不足，解释 PCI Express 分别是如何克服的？

7.19　请解释为什么扭曲在串行总线里不能作为一个因子？

7.20　一般来说点对点总线不考虑地址线。为什么是这样？假定一个点对点总线将两个部件连接在一起，其中一个部件实际上有多个地址。在这种情形里，一个没有地址线的总线如何能满足不同地址的需求？

第 8 章

CPU 和内存：设计、增强和实现

8.0 引言

如果用二进制形式来实现"小伙计"计算机的设计，可能足以运行任何程序，但这不一定是一种方便的方法。这就像乘货船而不是快速的飞机去海外旅行：可能比较有意思，但肯定不是完成这个工作最容易的方法！今天的计算机更加复杂和灵活，提供各种各样的指令，改进了内存寻址和数据处理的方法，改进了实现技术，允许指令快速高效地执行。

在第 7 章里，我们讨论了 CPU 的主要特征：基本架构、寄存器的概念、指令集、指令格式、内存寻址方法以及"取 – 执行"周期。在本章里，我们将探究一些其他设计特征和实现技术，以帮助我们理解现代 CPU 强大的功能。

或许你不会吃惊，完成这些任务有很多不同的方法。同时重要的是，从一开始就要认识到，这些额外的特征和特殊的组织方法不会改变计算机的基本操作，正如我们所描述过的。相反，它们代表着我们描述过的那些思想和技术的演变。这些演变可以简化程序员的任务，通过创建常用操作的快捷方式还可以加快程序的执行。然而，本章所介绍的内容不会改变最主要的思想：计算机就是一台机器，它能以很高的速度执行简单的操作。

8.1 节探究不同的 CPU 架构，特别强调传统架构的现代表现和组织。

在 8.2 节我们考察各种 CPU 的特征和增强方法，强调传统控制单元、算术 / 逻辑单元 CPU 组织的其他方法。我们会解释这些特殊的组织方法是如何解决限制 CPU 速度的主要瓶颈问题的，说明一些提高 CPU 性能的革新性技术。

8.3 节审视内存增强方法。在内存访问速度方面最主要的改进是 Cache 存储器（高速缓存）。会对 Cache 存储器进行相当深入的讨论。

在 8.4 节我们给出一个通用模型，它包括 8.2 节里所描述的特征、增强方法和技术。这个模型代表着当前大部分 CPU 的组织。

8.5 节考察多处理技术的概念：由多个直接相连的 CPU 构成的计算机组织共享内存、主要的总线和 I/O 模块。这种组织加强了性能，也增加了设计挑战。我们也会简要介绍一个补充特征——同时多线程处理技术（STM）。给出了两类多处理器技术，其中对称多处理器更为常见。在现代系统中，多处理技术实际上搭建在单个集成电路里，每个 CPU 称为"核"，整个芯片称为多核处理器。它尤其适用于通用计算。

另一种技术是主从式多处理器，对于计算密集、重复操作（如图形处理）这样的计算机应用特别有用。

最后，在 8.6 节对前几节讨论过的 CPU 组织的实现给出一个简要的补充。

在本章里，将你淹没在无数要记住的细节里不是我们的意图，这也无助于你成为汇编程序员或计算机硬件工程师，但本章至少会向你介绍现代计算机使用的主要概念、方法以及术语。当阅读本章时，记得将你的注意力放在较宏观的方面：细节只是主题的变化。

8.1 CPU 的架构

8.1.1 概述

CPU 架构是通过 CPU 的基本特征和主要功能来定义的。[CPU 架构有时候也称**指令集架构（ISA）**。] 这些特征包括：寄存器的个数和类型、内存寻址方法、指令集的基本设计和结构。它不包括实现问题、指令执行速度、CPU 与相关计算机电路之间的接口细节，以及各种可选的功能。这些细节通常是指计算机的**组织**。架构可以包括也可以不包括特殊指令、可寻址的内存大小或者 CPU 惯常处理的数据长度。有些架构定义得严格一些，有些则不那么严格。

计算机架构的这种思想应当不会令你吃惊。考察一个房屋的结构。例如，错层式平房很容易通过其一般特征认出来，即便在功能、组成和设计方面与另一错层式平房可能有很大的差别。相反，一个框架式房屋或者一个乔治亚房屋则要通过具体明确的特点来识别，这些特点必须出现在设计里，以便让大家认出是框架还是乔治亚房屋。

在过去的一些年里，出现过许多 CPU 架构，但只有少数几个存活下来。在大多数情况下，这种长寿源于架构的演变和扩展包含了新的特征，改进了架构的设计、技术和实现，又总能保留原始架构的完整性。

现在，主要的 CPU 架构家族包括 IBM 大型机系列、Intel x86 家族、IBM POWER/PowerPC 架构、ARM 架构以及 Oracle 的 SPARC 家族。在这些架构中，每个架构的寿命都超过了 20 年。最初的 IBM 大型机架构超过了 45 岁。长寿的架构保护了用户的投资，用户可以通过系统升级和替换来连续使用应用程序。

今天市场上的 CPU 架构是第 7 章所描述的传统设计的变种。这些架构大体可分为两类：**CISC（复杂指令集计算机）**和 **RISC（精简指令集计算机）**。现在，CISC 和 RISC 架构之间的分界线逐渐变得模糊了，因为各自的许多特征已经跨过分界线了。在上面的清单中，IBM 大型机和 x86 CPU 被认为是 CISC。其他的则认为是 RISC。

曾有一些有意思的尝试来创建其他类型的架构，包括基于栈的无通用寄存器的 CPU，超长指令字架构，以及明确的并行指令架构。对于今天通用的计算应用来说，这些无一获得成功。

应当指出的是，这些架构都符合定义冯·诺依曼计算机的广泛特征。

8.1.2 传统的现代架构

早期 CPU 架构的特征是有较少的通用寄存器、各种各样的内存寻址技术、大量的专用指令以及可变长的指令字。20 世纪 70 年代后期和 80 年代早期的研究人员得出结论，这些特征妨碍了 CPU 的高效组织。尤其是，他们的研究表明：

- 专用指令很少使用，但却增加了指令译码器的硬件复杂度，降低了常用指令的执行速度。
- 增加通用寄存器的数量并使用这些寄存器来操作数据、执行计算，这样可以减少数据内存的访问次数和 MOVE 指令总的使用数。定位并访问内存里的数据，所花费的时间要比在寄存器里处理数据所需的时间长得多，访问内存指令的"取 – 执行"周期所需的步骤要多于非访存指令的步骤。
- 允许使用通用寄存器来存放内存的地址，这可以寻址大量的内存，同时还可以缩短指令的字长，降低寻址的复杂度与指令的执行时间，还能简化需要变址的程序设计。减少可变寻址方法的个数能大大简化 CPU 的设计。

● 每条指令使用固定长度、固定格式的指令字，并且操作码和地址域都在相同的位置上，这使得取指令和译码可以独立和并行。为了确定可变长指令的长度和指令格式，需要等前一条指令译码结束。

Intel x86 具有早期 CISC 架构的特征。通用寄存器的数量相对较少、寻址方法众多、专用指令数很多，指令字格式的长度从 1 字节到 15 字节。相反，在较新的 SPARC RISC 架构中，每条指令都是 32 位长；只有 5 个主要的指令字格式，如图 7-21 所示；只有一条基于寄存器的 LOAD/STORE 内存寻址方式。

正如我们前面指出的，RISC 和 CISC 架构的分界线是模糊的。随着硬件技术的发展，RISC 指令集的大小和复杂度也逐渐增加了，以求在大部分领域里能跟其对手 CISC 的能力相抗衡。反过来，CISC 设计里的寄存器在数量和灵活性方面也提高了。更进一步说，一种叫作**代码变形**的技术可将复杂可变长的指令字变换为一组较简单的固定长度的内部指令，以便更快速地执行。这种技术允许保留传统架构，同时还能使用现代处理技术。现代的 x86 实现使用了这种方法。

8.2 CPU 的特征与增强

8.2.1 概述

我们已经向你介绍了传统 CPU 的基本模型，它是通过指令集、寄存器和"取-执行"指令周期来表示的。另外，我们还给出了一些花哨的方法以增强 CPU 功能和性能。第 7 章介绍的一些增强方法包括：对浮点算术的直接支持，BCD 算术，多媒体或向量处理。还包含其他寻址方式，它们能简化数据访问，维持合理的指令字长，同时增加潜在的内存大小，加快表和数组的处理。本章里，我们已经给出了架构方面的一些增强方法，它们能提高性能，具体包括面向寄存器的指令、定长指令的使用，以及在早期 CSIC 架构中内置的整体代码变形。

由于计算机的目的是执行程序，所以 CPU 快速执行指令的能力是性能的一个重要因素。特殊的架构一经确定，剩余的就是一些提高计算机指令执行速度的不同方法。一种方法是使计算机具有多个 CPU 而不是只有一个。由于一个 CPU 一次只能处理一条指令，从理论上说，每多一个 CPU 都会提高计算机的性能，有多少 CPU 就提高多少倍。在后面的 8.5 节，我们还会对这个技术进行讨论。

此刻我们更感兴趣的是用来提高单个 CPU 性能的方法。在 CPU 架构的介绍中，我们提出了一些可能性。有些需要新的设计，如大量的寄存器、符合较新架构特征的寄存器到寄存器的指令。正如我们已经指出的，即便是较早的指令集，通常也可以使用代码变形技术来产生一个中间指令集，从而使其在 CPU 内替代更复杂原始的指令集。

当进行系统优化时，另一个要克服的困难是有些计算机指令在本质上需要很多的"取-执行"步骤。整型除法和浮点算术指令就属于这一类。很明显，CPU 架构师不能创建现代的指令集时删掉这些指令。

在本节里，我们考察一些不同但互相关联的方法来优化 CPU，这几乎对于任何 CPU 设计都能适用。非常有趣的是，你会看到在汽车装配厂和饭店的各种操作里，也可以发现类似的方法。

在第 7 章里，你知道了"取 – 执行"周期是执行指令的基本操作。你也看到在一般的"取 – 执行"周期里步骤必须按照特定的顺序来执行：例如，一条指令在执行之前必须先取过来并确认。否则，机器无法知道要干什么。诸如此类，一步一步地通过整个指令周期。（煮意大利面的第一步是向锅里加水。）更快更高效地执行"取 – 执行"周期步骤的任何方法都可以提高 CPU 的性能。

按照指定的顺序执行"取 – 执行"周期可以执行程序，其中，执行顺序有时候是在执行过程中由程序本身来确定的。为了保证程序执行过程的正确性，必须要保持顺序，并按正确的次序消解数据依赖。（"煮意大利面""滤水""准备酱汁"指令必须在酱汁与面条混合之前完成。）

我们观察到，CPU 串行处理的本质带来了性能限制：每条指令都需要一系列"取 – 执行"周期，而且程序需要执行一系列这样的指令。因此，提高性能的关键必须依赖于这样的方法：要么减少"取 – 执行"周期里的步骤数，要么减少周期中每一步所需的时间，从而最终减少程序里每条指令的执行时间。

8.2.2 "取 – 执行"周期的时序问题

作为第一步，考察一下在"取 – 执行"周期里每一步所需的时序控制问题，以保证完美的 CPU 操作，从而确保每一步都按照完美的次序紧跟前一步。每步之间必须有足够的时间来确保完成每个操作，在下一步发生之前数据应该在那里。正如你在第 7 章里看到的，在"取 – 执行"周期里，大部分的工作步骤是在不同寄存器之间复制、合并或移动数据。当在寄存器之间复制、合并或移动数据时，只需要花一点有限的时间，让数据在新寄存器里稳定下来，也就是说，要保证操作的结果正确。这种情况跟我们在第 7 章里讨论的并行总线扭曲问题类似。在这种情况里，若发生问题，某种程度上是因为连接寄存器的电子开关的运行速度稍有差异（实际上，这里我们在谈论纳秒级别的差异）。同时，由于某些操作比其他操作用时要长，所以在设计上对此要有考虑。例如，加法比简单的数据移动耗时要长。存储在 MAR 里的地址激活内存里正确的地址所花的时间要更多。后者的时间因素来源于复杂的电子电路，它从几百万或者数十亿个可能性里，确定一组内存存储元。这意味着，对于大部分数据操作使用寄存器来减少内存访问次数，在本质上会提高性能（在 8.3 节，我们会讨论减少内存访问时间的方法）。为了确保每一步都有充足的时间，不同事件发生的时间要跟一个电子时钟的脉冲同步。关于指令周期里的每一步何时发生，**时钟**提供了准确控制。时钟脉冲是充分分离的以确保每一步都有时间来完成，在下一步需要该步的结果之前，使数据稳定下来。因此，如果电路跟不上，那么单使用更快的时钟是没有用途的。

"小伙计"的 ADD 指令的时序周期如图 8-1 所示。图中的每个方块表示"取 – 执行"周期的一个步骤。不需要访问内存的某些步骤和不依赖于前一步的步骤实际上可以同时执行。这样可以减少指令所需的总周期数，从而提高计算机的速度。在这个图中，程序计数器里的数据在第一步就已经复制到内存地址寄存器里，所以不再需要了。在第一步结束后的任何时间程序计数器都可以加 1。在图 8-1 里，PC 加 1 跟 MDR → IR 步骤并行。如图 8-1 所示，ADD 指令用 4 个时钟周期来完成。

图 8-2 展示了可能的改进，它通过使用多个数据寄存器来实现 ADD 指令。由于寄存器到寄存器的相加可以直接执行，所以周期里的步骤数从 4 减少到 3，只有单个执行步骤，内存访问所需的额外时间消除掉了。

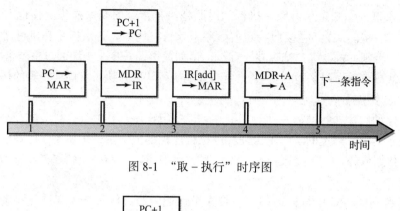

图 8-1 "取 – 执行"时序图

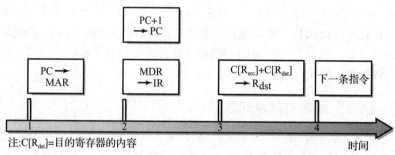

注:C[R$_{dst}$]=目的寄存器的内容

图 8-2 寄存器到寄存器 ADD 指令的"取 – 执行"周期

不管计算机是否开机,内置时钟都会持续地运转。其脉冲频率由一个石英晶体来控制,这可能和控制手表的装置类似。时钟频率和每条指令所需的步骤数决定了计算机完成有用工作的速度。

时钟脉冲结合指令寄存器里的数据一起控制电子开关。电子开关按正确的顺序打开和关闭,并且依照具体的指令周期将数据在寄存器之间移动。7.3 节所描述的内存激活线就是时序线的一个例子。设置激活线后,一直到 MAR 里正确的地址译码线稳定下来,它都不会打开。如果不是这种情况,几根地址线可能会有一部分打开,那么内存和 MDR 之间的数据传送可能不正确。这样的错误明显是不能容忍的,因此,精确地控制时序是很重要的。

从概念上说,时钟的每个脉冲控制序列中的一个步骤,尽管有时候在一个步骤里有可能执行多个操作。例如,在最初的 IBM PC 里时钟频率是 4.77MHz(MHz 读作兆赫兹),这意味着这台机器每秒钟可以执行 477 万步。如果 IBM PC 里执行一条典型指令大约需要 10 步,那么,最初的 IBM PC 每秒钟大约能执行(4.77/10)或 50 万条指令。以 8MHz 运行的一台个人计算机,当其他条件一样时,其指令的执行速度大约快一倍。

有几个因素可以决定一台计算机 1s 能执行多少条指令。很明显,时钟速度是一个主要因素。将当前的时钟速度与过去的时钟速度进行比较是很有意思的。今天的智能手机和平板电脑,其时钟速度在 800MHz ~ 1.5GHz 之间。较大的计算机(包括笔记本电脑),其时钟速度在 1.5 ~ 3.5GHz 之间,甚至可达到更高的指令周期速率。

8.2.3 一种改进 CPU 性能的模型

当前的 CPU 组织模型主要使用 3 种相关的技术来解决传统 CU/ALU 模型的局限性,从而提高性能。

- "取－执行"周期的实现划分为两个独立的部件：一个取部件取指令并进行译码；一个执行部件执行实际的指令操作。CU 和 ALU 部件的简单再组织，使得"取－执行"周期的两部分可以独立和同时操作。
- 这个模型使用叫作流水线的装配线技术，允许不同指令的"取－执行"序列之间有交叠。这减少了完成一条指令所需的平均时间。
- 这个模型为不同类型的指令分别提供了执行部件。这样使指令划分为不同数量的执行步骤以进行更高效的处理成为可能。通过引导每条指令进入自己的执行部件，不相关的指令也可以并行执行。在有些 CPU 中，甚至每一类"执行"都可以有多个执行部件。例如，图 8-3 列出了 IBM POWER7 CPU 里出现的12 个执行部件。

> - 整型部件（2）
> - 读／写部件（2）
> - 双精度浮点部件（4）
> - 十进制浮点部件
> - 转移部件
> - 条件寄存器部件
> - 支持向量－标量（高级 SIMD）扩展的向量部件

图 8-3 POWER7 CPU 的执行部件

接下来，我们依次考察这些技术。

独立的取部件／执行部件。画一幅修改"小伙计"计算机的图画，其中给"小伙计"配一个助手。助手将从邮箱里一个接一个地取指令并进行译码，所花的时间与"小伙计"执行指令的时间一样。请注意，类似的劳动划分也用在饭店里：男服务员和女服务员从顾客那里收集食物订单，并送给厨师进行处理。

当前首选的 CPU 实现模型类似地将 CPU 划分为两个部件，大致对应于指令周期的取部分和执行部分。为了获得最大的性能，这两部分应尽可能相互独立地操作，当然要认识到，一条指令在译码和执行之前必须先取出来。图 8-4 说明了这种不同的 CPU 组织。

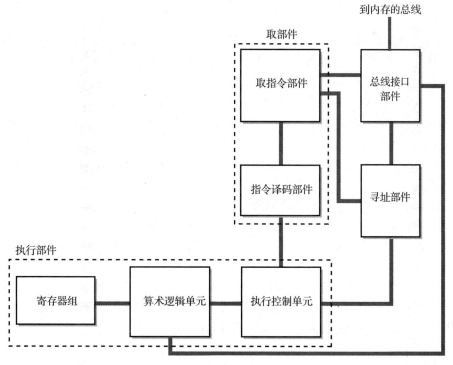

图 8-4 另一种 CPU 组织

CPU 的**取部件**部分由一个指令取部件和一个指令译码部件构成。基于存储在指令指针（IP）寄存器里的当前地址，取部件从内存里取出指令。在设计上，取部件可以一次并行地取出几条指令。IP 寄存器实际上扮演着程序计数器的角色，但之所以给出不同的名字，是为了强调在流水线中同时有多条指令。有一个总线接口部件，它提供了通过总线寻址内存所需的逻辑和存储寄存器。一旦一条指令取出来后就会放在缓存部件中直到它能译码和执行。缓存容纳的指令数依赖于每条指令的大小、内存总线和内存数据寄存器的宽度[⊖]，以及缓存的大小。当执行指令时，取部件充分利用总线上未占用的时间，努力使缓存充满指令。一般来说，现代内存总线足够宽也足够快，所以它不会成为取指令的瓶颈。

回忆一下可知，我们表明在"取 – 执行"周期的"取"部分，单次内存访问可以实现寄存器之间的多个操作，如图 8-2 所示。提前取指令可使这些指令能够很快地执行，没有访问内存所需的延时。

取部件缓存里的指令发送给指令解码器部件，解码器部件识别出操作码。根据操作码，它确定出指令的类型。如果指令集是由可变长指令组成的，那么它也确定具体指令的长度。然后，解码器将带操作数的完整指令汇集起来，准备执行。

执行部件包含算术 / 逻辑单元和一部分控制单元，对于每条不同的指令，控制单元确定并控制其所有的步骤，包括执行部分在内。我们以前称为控制单元的其余部分分布在整个模型中，它们在正确的时间、按正确的顺序控制着取指令和译码，控制着指令和操作数的地址产生，等等。ALU 为一般寄存器和条件标记提供了普通的计算功能。

当执行部件准备好执行一条指令时，指令解码器将下一条指令传送给控制单元去执行，需要内存访问的指令操作数发送给寻址部件。寻址部件确定所需的内存地址，然后，由总线接口部件处理相应数据的读或写请求。

总线接口和寻址部件独立于流水线指令运行，按照每个部件的请求，它们给取、译码和执行部件提供服务。

流水线。再次看一下图 8-1。在这幅图中，指令周期的执行阶段有两个阶段。如果每一个阶段都独立实现，那么当指令执行时它就会简单地从一个阶段传递到下一个阶段，在任意给定时间点上，只有一个阶段在使用。如果周期中有更多的步骤，情况仍然如此。因此，为了进一步加快处理速度，现代计算机将指令交叠起来，使得在一个时间上有多条指令在处理。这种方法叫作**流水线**。流水线的概念是现代计算机设计的主要进展之一，大幅度地提高了程序的执行速度。

流水线的思想在最简单的形式中就是，随着一条指令完成一个步骤，后续的指令进入刚空出来的流水段。因此，当第一条指令完成时，下一条指令也快要完成了。如果"取 – 执行"周期有很多步骤，那么在一个周期的不同点上，我们可以有几条指令。这种方法类似于汽车装配线，在汽车装配线上，几辆汽车同时存在，但处于不同程度的生产状态。流水线和串行执行完成一个指令周期（或一辆小汽车）花费的时间是相同的，但在给定时间内，完成的平均指令会大幅度地增加。

当然，转移指令在转移发生的瞬间会使流水线里的所有指令成为无效指令。并且，如果一条指令需要数据的话，那么为了继续前进，计算机还必须有前一条指令的数据。现代计算机使用多种技术来补偿转移问题。一种常用的方法是维持两个或多个独立的流水线，以便

⊖　回忆一下第 7 章可知，我们曾指出一次内存访问从内存中取出几个字节是现代常见的作法。

能处理来自两个可能输出的指令，直到确定了转移方向。另一种方法是基于这条指令先前的历史执行信息，尝试预测可能的转移路径。等待来自前一条指令的数据问题，可以通过分离指令的方法来缓解，让这些指令不是一个接着一个地执行。许多现代计算机设计包含随着指令的执行能对指令再排序的逻辑，以保持流水线充盈并尽量减少需要延时的情况。**指令再排序**也可以提供并行的流水线，它带有多套CPU逻辑，以便在实际当中多条指令能同时执行。这种技术等价于提供多条汽车装配线。这就是超标量技术。我们会在下一节再次审视超标量处理技术。

流水线和再排序技术使计算机所需的电子电路更复杂了，也需要精心设计以消除在不寻常指令序列下发生差错的可能性（记住，程序员必须要始终认为指令是按指定的顺序执行的）。尽管这增加了复杂度，但作为满足计算机性能越来越高需求的一种手段，这些方法还是被普遍地采用了。其他任务，如分析、管理以及将指令在正确的时间调度到正确的执行部件，通常跟取指令和译码组合在一起形成单个的**指令部件**，它为指令执行做好了所有的准备工作。

图8-5说明了流水线技术。为简单起见，没有包括指令再排序。这幅图给出了3条指令，每条在图里占一行。图里的"步骤"表示每条指令在"取－执行"周期里的步骤序列。水平轴给出了时序标志。指令3的F-E周期揭示了步骤1和步骤2之间的延时，这种延时有可能出现，因为指令的第二步需要前一条指令第三步的结果，比如，特定寄存器里的数据。

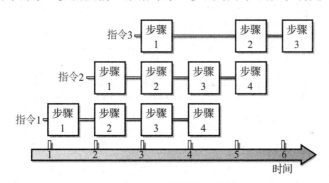

图 8-5　流水线技术

多个并行的执行部件。将不同类型的指令送入流水线是没有什么用的。不同的指令在其周期里有不同的步骤数，同时，每个步骤也有差别。相反，指令译码部件将指令送入特定的执行部件中。每个执行部件中提供一条流水线，它对于一般类型的指令是最优的。典型地，现代CPU会拥有LOAD/STORE部件、整型算术单元、浮点算术单元和转移部件。更强大的CPU可以拥有多个执行部件，用于更多条常用的指令类型；或许还提供其他类型的执行部件。同样，类比可以帮助你理解多个并行执行部件的概念。通过类比一个简单的汽车制造厂，就会发现许多汽车制造厂对于不同的汽车型号都有一条独立的装配线。最流行的型号可以有多条装配线，它们并行运行。

使用多个执行部件并行操作可以真正同时执行几条指令。

8.2.4　标量和超标量处理器的组成

前面的讨论已经向你表明，通过将"取－执行"周期的两个阶段分成独立的部件，然后再将执行段分解为若干个独立的执行部件，每个部件都具有流水线的能力，这使现代CPU

获得了很高的性能。流水线一旦被装满，执行部件在每个时钟周期内可以完成一条指令。对于单个执行部件流水线来说，不考虑来自不同的指令类型和转移条件导致的停滞，CPU 平均执行一条指令的时间大致等于计算机的时钟频率。满足这个条件的处理器叫作**标量处理器**。多个执行部件可以并行处理指令，其平均速率是在每个时钟周期内能处理超过一条指令。每个时钟周期能处理多条指令的能力称为**超标量处理**。在现代 CPU 中，超标量处理是一个标准的特征。超标量处理可以翻番或更多地提高吞吐率。一般来说，当前 CPU 设计的速度提高 2～5 倍。

　　请记住有一点很重要，流水线和超标量处理技术对单条指令的周期都没有影响。如果一条指令的"取-执行"周期从开始到结束需要 6 个时钟周期，那么，不管是串行执行还是以流水方式跟其他十几条指令并行执行，它都需要 6 个时钟周期。使用某种形式的并行执行，改进的是平均指令周期时间。如果出于某种原因单条指令必须在另一条指令执行之前完成，那么，在执行第一条指令的整个周期内，CPU 必须停滞。

　　图 8-6 说明了在执行部件中含有流水线技术的标量和超标量处理之间的区别。在这幅图中，"取-执行"周期的执行段划分为 3 个部分，这 3 个部分都可以独立执行。因此，这幅图分为以下几步：取指令、译码、执行、回写执行操作的结果。想必，每一步都是由执行部件内的独立部分来执行的。为了简化说明，我们还假设在每种情况里流水线都是满的。一般来说，一个"取"部件流水线足以取多条指令，即便是存在多个执行部件，它也是够用的。

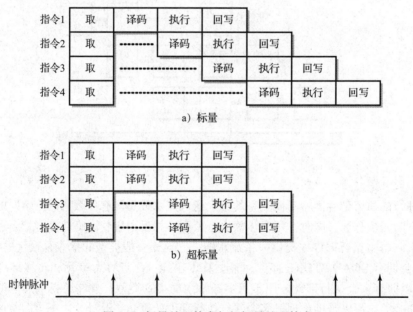

图 8-6　标量处理技术与超标量处理技术

　　在标量处理器中（见图 8-6a），假定执行每一步需花费一个时钟周期。如果所有指令的长度都是一样的，那么它们会连续完成，正如图 8-6 所示。指令集中更为复杂的指令会在流水线中产生"气泡"，但不会改变我们正在说明的基本思想。在图 8-6b 中假定有两个执行部件。同时还假定并行执行的指令彼此是无关的；也就是说，一条指令的执行不依赖于其他指令的结果。因此，两条指令可以并行执行，从而在整体指令完成方面，明显地提高了性能。

　　超标量处理技术导致 CPU 的设计变得相当复杂。并且存在一些必须要解决的技术难题，以便能同时执行多条指令。最重要的是：

- 按错误顺序完成的指令所引起的问题
- 由于转移指令造成的程序流程的改变
- CPU 内部资源冲突，特别是通用寄存器冲突

乱序处理。指令乱序执行可能会引起问题，因为后面的指令可能会依赖前面指令产生的结果。这种情况称为冲突或依赖。如果后面的指令先于前面的指令完成，那么后面指令依赖前面指令的结果就不能满足。最常见的依赖类型是**数据依赖**。它是这样一种情况：在计算中，后一条指令需要使用前一条指令的结果。也存在其他类型的依赖。

对于多个执行部件，指令有可能按错误的顺序完成。发生这种情况的方式可能有多种。在最简单的情形里，一条指令在其周期内会包含多个步骤，即便提前启动，它的完成也有可能晚于只有几个步骤的指令。一条乘法指令的完成时间要长于 MOVE 或 ADD 指令，就是一个简单的例子。在程序中，如果乘法指令后跟一条加法指令，那么该指令会将一个常量与乘法的结果相加，如果允许这条加法指令先于乘法指令完成，那么结果将会是错误的。这就是一个数据依赖的例子。数据依赖可以有几种不同的形式。

许多数据依赖是十分明显的，CPU 能够检测出来。在这种情形里，依赖指令的执行被挂起，直到前一条指令的结果可以使用。挂起本身可能会导致乱序执行，因为它可能会允许后面的另一条指令先于挂起的指令完成。有些 CPU 在每个执行部件内提供置留站或通用指令池，来存放挂起的指令，以便执行部件可以继续处理其他指令。

最后，某些系统会有意允许指令乱序的执行。实际上，这些 CPU 能够提前搜寻到没有明显依赖的指令，令执行部件保持繁忙。如当前流行的 Intel x86 CPU，在需要的时候，它能提前搜寻 20 ～ 30 条指令，以寻找可以用于执行的指令。

转移指令的处理。处理转移指令必须要先于随后的指令，因为能否正确地获取后面指令的地址取决于相应的转移指令。对于无条件转移指令来说，这比较简单。（无条件）转移指令一进入指令取流水线，立即就会被识别出来。指令中的地址译码后，与新位置上的指令一起用于填充指令取流水线。通常情况下，这不会引起延时。

遗憾地是，条件转移指令要更难一些，因为条件决策有可能依赖于尚未执行完毕的指令的结果。这种情形称为**控制依赖**，有时候也叫流或转移依赖。如果在流水线中选择了错误的分支，那么流水线必须要刷新和再充满，这会浪费一些时间。更糟糕的是，错误分支中的一条指令，也就是不应当执行的那条指令，可能会改变以前的结果，而这个结果却然是需要的。

条件转移指令的解决方法可以拆分为两个部分：优化正确分支选择的方法和防止条件转移指令导致错误的方法。选择错误的分支是浪费时间，但这还不是致命的错误。相反，必须要防止不正确的结果。

通过设定以下指导方针可以防止错误：尽管指令可以乱序执行，但必须按正确的顺序完成。由于可能会发生转移和敏感的数据依赖，一条乱序执行的指令可能有效也可能无效，因此，这条指令是按推测执行的，也就是说，假设它的执行是有用的。为此，采用一个独立的寄存器堆（bank of register）来存放这些指令的结果，直到前面的指令完成。之后，只能按正确的指令顺序，将结果传送到实际的寄存器和内存单元里。这种处理技术称为**推测执行**。有时候，某些推测执行的指令结果必须要扔掉，但总的来说，推测执行还是带来了性能的提升，但这需要增加复杂度。

一些系统将错误预防的负担交给了汇编语言程序员或程序语言编译器，这要求条件转移指令之后的若干条指令和转移指令没有依赖关系。在这些系统中，不管转移的结果如何，转移指令之后的一条或多条指令总是要执行的。

有多种创造性的方法可应用在CPU中来优化条件转移处理。针对这个问题，一种可能的方法是维持两条独立的指令取流水线，每个代表一个可能的结果。指令沿着转移的两个方向可以推测地执行，直到知道了正确的流水线。另一种方法是，让CPU根据程序执行或过去的性能来尝试预测正确的路径。例如，一个循环在退出之前，可能会执行很多次。因此，CPU可以认定回到循环体的开头的转移通常会发生。有些系统提供了一个**转移历史表**，它是内置在CPU里的一个小型专用存储器，对于运行程序中使用过的几条转移指令，它可以记录下每条指令以前的方向选择以帮助预测。有些系统的转移指令字甚至还包含一个"提示"位，程序员可以对其设置，并将更有可能的转移结果告诉CPU。当然，当转移预测不正确时，需要一点时间来清除和再装入"取"流水线和推测指令，但总的来说，转移预测还是有效的。

资源冲突。在指令之间使用相同寄存器的冲突可以这样预防：使用相同的寄存器堆来存放推测指令的结果，一直到指令完成。不同的商家对这个寄存器堆有不同的命名，分别称为**重命名寄存器**、**逻辑寄存器**或**寄存器别名表**。堆中的寄存器可以重新命名以在逻辑上对应于任意物理寄存器，也可以分配给任意执行部件。这就使得使用"相同"寄存器的两条指令可以同时执行，而不会妨碍彼此的工作。当一条指令完成时，CPU就会选择相应的物理寄存器，并将结果复制进去。这种操作必须按照指定的程序指令顺序来进行。

8.3　内存增强

在指令"取－执行"周期中，最慢的是那些需要内存访问的步骤。因此，内存访问方面的任何改进都会对程序的执行速度产生重大的影响。

现代计算机中的内存通常都是由动态随机访问存储器（DRAM）电路芯片组成的，DRAM很便宜。每片DRAM芯片能存储数百万位数据。然而，动态DRAM也有一个主要缺点。对于今天的快速CPU来说，DRAM的访问时间（称为**内存延时**）太长了，无法与CPU同步；在LOAD/STORE执行流水线中也必须引入延时以使内存能跟上CPU。因此，使用DRAM是处理中的潜在瓶颈。指令必须从内存里取出来，数据也必须从内存移动到寄存器里才能进行处理。

8.2节里介绍的"取－执行"CPU实现，通过现代指令预取和转移控制技术将取指令延时减少到了最小程度；同时，增加了寄存器到寄存器间指令的使用，也减少了延时。然而，内存访问总归还是需要的，以使数据在内存和寄存器之间来回移动。内存访问方面的改进仍然对处理速度有着影响。

正如第7章提到的，静态RAM或SDRAM是另一种类型的随机访问存储器，它的速度是DRAM的两到三倍。然而，SRAM固有的存储容量相当有限。相比于DRAM，SRAM的设计需要大的芯片面积，这是因为SRAM电路更为复杂，产生的大量热量需要散发。1MB或2MB的SRAM比64MB的DRAM需要的空间要大，也要贵很多。

考虑今天的内存需求，对于大容量内存来说，SRAM不是一种可行的解决方案，除非是在特别昂贵的计算机中；因此，设计师创造了替代的方法来满足快速内存访问的需求。3种不同的方法常用于增强内存的性能：

- 宽路径内存访问
- 内存交叉
- Cache 存储器

这 3 种方法是互补的。每一种面向的应用都稍微有些差异，也可以任意组合使用来达到特定的目标。在这些技术当中，Cache 存储器的使用对系统的性能具有最深远的影响。

8.3.1　宽路径内存访问

正如在 7.3 节里提及的，提高内存访问速度最简单的方法是加宽数据路径，使得在 CPU 和内存之间的每一次访问能够读 / 写几个字节或几个字。这种技术称为**宽路径内存访问**。例如，和一次读 1 个字节相反，系统可以同时读取 2、4、8 甚至 16 个字节。在任何情况下，大部分指令都是几个字节长的，大部分数据至少是两个字节长，往往会更长一些。通过加宽总线数据路径并使用较大的内存数据寄存器，这种方法很容易实现。例如，大部分现代 CPU 上的系统总线拥有 64 位的数据路径，常常在单次内存访问中读 / 写 8 个字节的数据。

在 CPU 内，这些字节可以根据需要分开，并用正常的方式来处理。随着现代 CPU 的实现，指令组能够直接传送给指令部件，以进行并行处理。随着同时访问字节数的不断增加，会存在一个收益递减定律，这是因为将字节分离并传送到正确的位置所需的电路会增加其复杂度；快速内存访问变得更为困难，而由于有过多的字节所以其实际使用的可能性也降低了。即便是 64 位的数据路径，也足以确保流水线维持充满状态，确保突发的连续的 64 位读 / 写，能够处理需要高速访问大块数据的情况。只有很少的系统一次读写超过 8 个字节。大部分系统都是一次读写固定数量的字节，但也有些系统实际上能读写可变数量的字节。

现代计算机都是标准化建造的，使用现成的内存电路和芯片，这些电路和芯片具有宽路径访问的标准特征。

8.3.2　内存交叉

另一种增加内存访问效率的方法是将内存分为多个部分，称为**内存交叉**，以便一次能访问多个位置。并且，每一部分拥有自己的地址寄存器和数据寄存器，每一部分能独立访问。那么，内存能够从每一部分同时接受读 / 写请求。尽管对你来说，明显的内存划分方式可能是按块划分，例如，高地址位构成一个块、低地址位构成另一个块。但事实证明，作为一个实际问题，划分内存会使连续的访问点（例如，参见上面的 8 字节组）位于不同的块内，这常常更有用。用这种方式划分内存称为 *n* **路交叉**，这里，*n* 的值为 2、4 或某个其他值，这依赖于独立的块数。例如，两路交叉设计可以并发地访问一个奇数内存地址和一个偶数内存地址。如果提供的是 8 字节宽的访问，那么这会允许一次并发访问 16 个连续的字节。一个 8 路交叉的内存允许同时访问 8 个不同的位置，但系统不能同时访问诸如 0、8、16 或 24 这样的位置，也不能同时访问位置 1、9、17 或 25。然而，它能够并发访问位置 16、25，或者 30、31。由于内存访问趋向于连续的，所以内存交叉很有效。一个 4 路交叉的内存如图 8-7 所示。

当多个设备需要访问同一内存时，这种方法特别有用。例如，IBM 大型机的架构设计允许多个 CPU 访问一个公共内存区域，I/O 信道子系统也访问这个存储区域。因此，几个不同部件可以同时进行内存请求。例如，IBM S/3033 计算机将内存划分为 8 个**逻辑存储部分**。每个部分可以独立接受一个内存请求。因此，8 个内存请求可以并发处理。

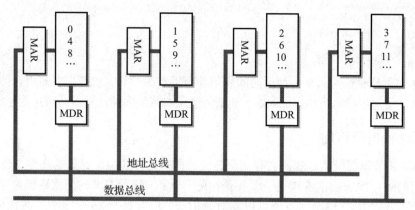

图 8-7 4 路内存交叉

另一个例子是显示图像时存放图像的个人计算机内存，称为"视频 RAM"。它可以对视频 RAM 的部分内容进行更变，同时另一部分内容将在显示器上实际显示出来。

8.3.3 Cache 存储器

在 CPU 和主存之间放置一个小容量的高速存储器（如 SRAM）这是一个不同的策略。这个高速存储器对于程序员是不可见的，CPU 也不能按照通常的方式对其进行寻址。由于它代表一个"秘密"存储区域，所以它叫作 Cache **存储器**。这个概念如图 8-8 所示。

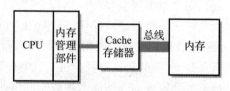

图 8-8 Cache 存储器

由于 Cache 存储器的容量相对于主存来说是很小的，它也具有快速的优点，而非使用更快的内存技术：就像在一个小镇的一条主街道上更快、更容易找到一个特定的地址一样，因此，Cache 存储器的地址定位更快、更容易。

Cache 存储器的组织结构跟普通的内存是不一样的，它按块组织。每个块提供一个小的存储容量，或许位于 8 ～ 64 个字节之间，也称其为 **Cache 行**。每个块所存储的内容是，来自主存某个地方的相应数量的精确副本。每个块还保存一个**标记**。这个标记确定主存的位置，该块所存放的数据就对应于主存的这个位置。换句话说，一并考虑起来，标记就像一个目录，可用来精确地确定主存中的哪些存储单元在 Cache 里也是有效的。一个典型的 64KB 的 Cache 存储器可以由 8000（实际上 8192 或 8K）个 8 字节的块组成，每个块带有一个标记。

一个简化逐步的说明展示了 Cache 存储器的使用，如图 8-9 所示。每次 CPU 对主存的请求首先被 Cache 存储器看见，不管是数据还是指令。**Cache 控制器**的硬件检查标记来确定所请求的主存内容目前是否存储在 Cache 里。如果在，访问 Cache 存储器，就好像它是主存一样。如果请求是"读"操作，则 Cache 里相应的字就简单地传送给 CPU。类似地，如果请求是"写"操作，则 CPU 里的数据就存储在 Cache 存储器合适的位置上。按照这种方式，满足一个请求就叫作**命中**（hit）。

如果所需的内存数据没有在 Cache 存储器里，则需要一个另外的步骤。在这种情况下，对应于请求位置的 Cache 行内容就从内存拷入 Cache 中。一旦完成这个步骤，就像以前一样，向 Cache 或者从 Cache 里传送数据。请求未出现在 Cache 里情况称为**未中**（miss）。相对于总请求数的命中比率称为**命中率**（hit ratio）。

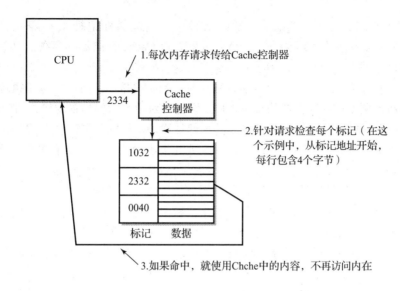

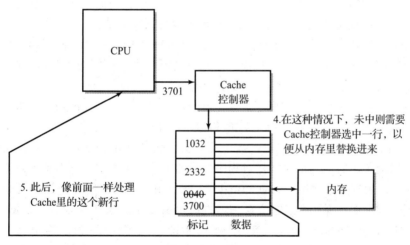

图 8-9　Cache 的逐步使用

当 Cache 存储器满时，必须选定其中的某个块进行替换。不同的计算机设计师实现不同的替换算法来进行这个选择，但最常用的是**最近最少使用或 LRU** 算法的某些变种算法。顾名思义，LRU 算法跟踪每一个块的使用次数和时间，替换最后一次使用时间最长的块。

对于没有修改过但读过的 Cache 块，替换时可以简单地直接读进来。内存写请求对 Cache 存储器操作增加了额外的负担，因为写入的数据也必须写进主存以保护程序和数据的完整性。将修改过的数据从 Cache 返回主存，处理这个过程通常有两种不同的方法。第一种方法叫**写直达**（write-through），根据 Cache 里的变化立即将数据写回主存。这种方法的优点是 Cache 和主存里的两份数据始终保持一致。有些设计师使用另外一种技术，这种技术有多种叫法，如保存在、写回／回写或拷回。对于这种技术，变化后的数据简单地保存在 Cache 里，直到该 Cache 行被替换。**回写**的方法速度会快一些，因为只有在实际替换 Cache 行时才能进行写主存，但设计上需要更加小心以确保没有发生数据丢失的情况。例如，如果两个不同的程序正在使用独立 Cache 块中相同的数据，那么一个程序修改数据，在设计上必须确保另一个程序能够访问更新后的数据。

整个 Cache 操作由 Cache 控制器来管理。这包括标记搜索和匹配、写直达或回写、Cache 块替换算法的实现。CPU 和软件并不知道 Cache 存储器的存在，也不知道 Cache 控制器的活动。我们顺便指出，为了效率更高，这些操作必须完全由硬件来控制。例如，可以臆想一下用程序来实现 Cache 块替换算法，但实际中这是不可行的。由于执行程序需要访问内存，这将削弱 Cache 存储器的整个作用，即提供对单个内存位置的快速访问。

Cache 存储器的工作原理是**访问的局部性**原理。访问的局部性原理是在任何给定的时间内，大部分内存访问会局限在内存的一个或几个小的区域内。如果你考虑所学的编写程序的方法，那么这个原理还是很有道理的。指令一般是顺序执行的，因此，相邻的字很可能会被访问。在一个编写得很好的程序中，大部分执行指令在特定的时间内是小循环体、小过程或小函数。同样，程序使用的数据很可能来自数组。程序里的变量全部存储在一起。研究表明局部性原理是有效的。即便是一个小容量的 Cache 存储器，其命中率往往也超过 90%。由于 Cache 存储器完成的服务请求要快很多，所以 Cache 存储器技术对系统的整体性能有着重要的影响。程序的执行速度提高 50% 或更多，这是常见的事情。

命中率是系统性能的一个主要参数。当 Cache 命中时，内存数据的访问速度达到或接近于指令执行的速度，即便是在复杂的指令控制和多个执行部件的情况下。然而，当未中时，新数据装入 Cache 时需要一定的延时。将数据传送到 Cache 的时间称为**停滞时间**。相对于指令执行时间，停滞时间一般很长。这就可能出现这种情况：没有可用的指令送入执行部件，流水线变空和指令执行停滞，直到所需的 Cache 行可用，这降低了性能。

有些现代架构甚至提供了这样的程序指令：提前装入很快就要使用的数据或指令，这大大提高了执行速度。另外，有些设计师对数据和指令使用交叉 Cache 或实现分离的 Cache。这加快了访问速度，因为在多数时间里，指令及其操作数可以并行访问。再者，独立指令的 Cache 设计也变简单了，因为如果架构对程序员强加了纯编码要求，那么就不需要将指令 Cache 写回主存。使用独立指令的 Cache 和数据 Cache，其代价是增加了电路的复杂度。因此，许多系统设计师反而选择一个组合或者统一的 Cache，它既存放指令又存放数据。

也有可能提供多级 Cache 存储器。考察一下图 8-10 所示的两级 Cache 存储器。它的工作原理如下。当 CPU 请求从主存读或写一个指令或数据时，Cache 的操作就开始了。如果靠近 CPU 的那级 Cache（我们将称为一级，通常缩写为 L1）控制器判定出所请求的主存内容在一级 Cache 里，那么就将指令立即读进 CPU。

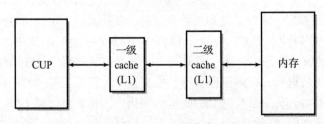

图 8-10   两级 Cache

然而，设想一下指令目前没有在一级 Cache 里。在这种情况下，请求传递给二级 Cache 控制器。二级 Cache 和一级 Cache 的工作方式完全相同。如果指令目前在二级 Cache 里，那么包含这条指令的 Cache 行就传送到一级 Cache 里，然后传送给 CPU。如果指令未在二级 Cache 里，那么，二级 Cache 控制器从主存里请求一个二级 Cache 行，一级 Cache 从二级

Cache 里接收该行指令，并传送给 CPU。这种技术可以扩展到多级 Cache，但若这种扩展超过了三级，一般就没有什么好处了。

第二级 Cache 给我们带来了什么呢？大部分设计师认为更多的 Cache 会提高性能，所以这还是非常值得的。在这种情况下，系统设计师提供的二级 Cache 放在 CPU 之外。在个人计算机中二级 Cache 提供的容量通常为 512KB ～ 2MB。举一个例子，典型的 Intel Atom 处理器在同一 CPU 芯片内，提供了 24KB 的 L1 数据 Cache、32KB 的 L1 指令 Cache 以及 512KB 或 1MB 的 L2 Cache。更强大的 Intel i7 拥有 2MB 的 L2 Cache，另外还有一个 6 ～ 8MB 的 L3 Cache。每个核还有自己的 L1 Cache（参见 8.5 节）。在 L1 Cache 和 L2 Cache 之间，使用专用的片上总线，其响应速度要快于连接 L1 Cache 和主存或 L2 Cache 的普通内存总线。

为了有用，二级 Cache 的容量必须远大于一级 Cache 的容量。否则，两级 Cache 将包含相同的数据，二级 Cache 将起不到作用。二级 Cache 通常提供的 Cache 行也比较大。这增加了二级 Cache 请求命中的可能性，不需要每次都访问主存。

在离开 Cache 存储技术这个主题之前，顺便提一下，Cache 技术的概念也出现在无关但有用的计算机系统设计的其他领域中。例如，Cache 技术可用来减少访问磁盘数据的时间。在这种情形里，部分主存可用作**磁盘 Cache**。当一个磁盘有读写请求时，系统首先检查磁盘 Cache。如果所需要的数据存在，那么就不需要访问磁盘了。否则，由几个关联的磁盘数据块构成的一个磁盘 Cache 行从磁盘传送到主存的磁盘 Cache 区域里。现在，大部分磁盘制造商为此提供了独立缓存。这个功能实现在磁盘控制器的硬件里。另一个例子是以前的网页 Cache，它是由网页浏览器应用软件提供的。

所有 Cache 技术的例子有一个共同的属性，那就是通过使用较快的数据访问、提前预测其潜在需求、在快速有效的情况下临时存储数据，提高性能。

8.4 现代超标量 CPU

图 8-11 所示为一个 CPU 模型的框图，它包含了刚刚讨论过的所有思想。图中展示的设计跟 Oracle SPARC、IBM POWER 以及 PowerPC 处理器使用的设计非常类似，只有一点点改变；跟各代 Intel 奔腾处理器、安腾系列处理器以及各种 IBM 大型机处理器使用的设计也很类似。正如你所期待的，CPU 组织成模块，这些模块反映了架构的超标量、流水线特征。尽管从图中我们难以识别出第 7 章所介绍的那些熟悉的部件、控制单元、算术 / 逻辑单元、程序计数器等，但它们确实内置在设计中，正如你在图 8-4 里看到的那样。控制单元的操作分布在图中的大部分里，伴随着指令流过 CPU 里不同的块，控制着普通"取 – 执行"周期的每个步骤。算术 / 逻辑单元的功能在整数型部件中能看到。程序计数器是指令部件的一个组成部分。

在操作上，当需要执行指令时，内存管理部件将指令从内存里取出来，送入指令部件里的流水线。在指令部件内，指令会进行部分译码，以确定要执行指令的类型。这允许转移指令快速地传送到转移处理部件中，以便对未来的指令流进行分析。

指令实际上是由几类执行部件中的一个部件执行的。每个执行部件都有一条流水线，在设计上针对某类指令，它可以优化其执行周期的步骤。

正如你从框图中看到的，转移指令、整型指令、浮点指令以及读写指令，都存在单独的执行部件。有些处理器提供了多个整型执行部件，以便进一步提高 CPU 的处理能力。有些模型还拥有单独的系统寄存器部件，它们可以执行系统级的指令。有些 CPU 将读 / 写指令合并在整型数部件里。POWER CPU 在每个执行部件里都提供置留站。Intel 的奔腾 x86 处理器提供了一个通用指令池以存放译码后的指令，因为这些指令在等待来自内存的操作数据以及来自未消解数据依赖的操作数据。x86 指令池也用来存放执行完毕后已完成的指令，直到它们能按序回收。x86 也将 LOAD 和 STORE 执行部件分开了。

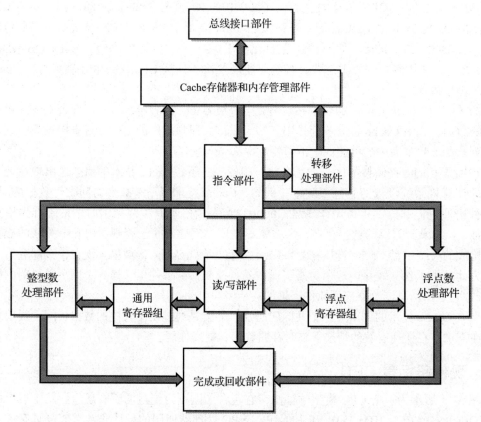

图 8-11　现代 CPU 框图

　　指令部件负责维持"取"流水线和派遣指令。由于转移指令影响着流水线中后续指令的地址，所以要立即处理。随着执行部件的空间变为可用，就开始处理其他相应的指令。转移预测通常是在转移部件中处理的。当条件转移指令发生时，指令沿着预测的分支继续推测执行，直到条件明确出来。另外，使用多个执行部件有可能造成指令按错误的顺序执行，这是因为某些指令可能需要等待其他指令的操作数，也因为每个执行部件里的流水线长度不同。正如我们较早指出的，有些流行的超标量处理器能够提前审视几条指令以发现可以独立于程序顺序而执行的指令，从而防止由数据依赖引起的延时或差错。乱序处理指令的能力是考量这些处理器高效性的一个重要因素。完成或"回收"部件接受或丢弃推测执行的指令，将结果存储在对应的物理寄存器和 Cache 存储器里，并按正确的程序顺序回收指令，以确保正确的程序流程。

　　从这个讨论中你可以看到，现代 CPU 包含很多精巧的特征，总的来说，它的设计是针对高性能处理，用来加速简单的"取－执行"周期。现代 CPU 具有不同类型的执行部件，以针对不同类型指令的需求；还具有复杂的控制系统，控制指令通过指令部件到达可用的执行部件；管理操作数并按正确的程序顺序回收指令。在这些技术中，每个技术的目标都会增加指令执行的并行度，同时又保持冯·诺依曼架构的基本串行特征。

作为短暂的消遣，我们考察一下现代 CPU 操作和中等饭店操作的相似性。每个服务员获取点菜订单代表着"取部件"取指令。顾客的订单送给厨房，在那里进行分类：汤类订单交给做汤的厨师、色拉订单交给色拉师傅、主菜订单交给主菜厨师等。一般来说，主菜师傅将会拥有要处理的最复杂的订单，这相当于 CPU 里最长的流水线。如果厨房很大，那主菜区将进一步细分为多个执行区域：煎炸、烘烤等，在这个最忙的区域里还可以有多个厨师在工作。与计算机里正在执行的程序一样，不同的厨师之间存在依赖关系。例如，青豆在放入色拉里之前，必须先烫一下。最后，我们看到就像计算机的程序指令一样，饭店必须将食物从厨房里取出，按合适的顺序和正确的时序，提供给顾客，以满足顾客的需求。

在本节里，我们介绍了超标量处理技术的基本思想，简要地说明了难点并解释了其使用的合理性。如果你对超标量处理技术和现代 CPU 设计的更多细节感兴趣，那么"扩展阅读"中列出了很多优秀的参考文献。

8.5　多处理技术

增加计算机系统性能的一种明显方法是增加 CPU 的个数。拥有多个 CPU 的单台计算机共享部分或全部系统内存和 I/O 设备，这样的计算机称为**多处理器系统**，有时也叫**紧耦合系统**。如果多个处理器集成在单个芯片内，那么通常称其为**多核处理器**，其中每个 CPU 叫**核**。图 8-12 展示了一个典型的多处理器结构。在多处理器结构中，所有的处理器可以访问共享内存里的相同程序和数据，也可以访问相同的 I/O 设备，因此，可以将程序分开执行，使它们分布到不同的 CPU 上。再者，在多处理器系统中，程序或部分程序可以运行在任意一个可用的 CPU 上，以便其他处理器将可用的能力扩展到多个任务上，至少在共享部件、内存、总线和 I/O 控制器内，是这样的。

理想条件下，每个 CPU 独立地处理所分配的程序指令序列。因此，一个双核的处理器在给定的时间内可以将执行的指令数有效地增加一倍；四核处理器会将这个速率提高四倍，依次类推。当然，这要假设有多个独立的有效任务正在执行。由于现代计算机系统通常并发地执行许多程序和程序段，所以这个假设差不多总是成立的。

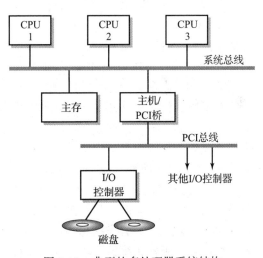

图 8-12　典型的多处理器系统结构

在实践当中，增加 CPU 的个数通常是有效的，但随着 CPU 个数的增加，其他 CPU 的价值在减小。这种收益递减是由于将指令按照有用的方式分布到不同的 CPU 上需要一定的开销，CPU 之间共享资源（如内存、I/O），访问共享总线等有可能发生冲突。除了某些专用的系统外，在一个多处理器计算机中，共享负载的 CPU 个数很少有超过 16 个的；今天更为常见的多核处理器，在单个芯片内可以有 2、4 或 8 个核。当然，芯片内的每个核仍是成熟的超标量 CPU，这在本章的前几节已经讨论过。

尽管增加计算能力是多处理器技术的主要动机，但多处理器技术具有吸引力也存在其他方面的考虑：

- 由于 CPU 的执行速度跟时钟速度直接相关，（多处理器技术）用较低的时钟速度可获得同样的处理能力，同时又降低功耗和发热，减少各种计算机部件之间的压力。
- 程序可以划分成多个独立的程序段，不同部分可在多个 CPU 上同时执行。
- 使用多处理器技术，通过加入更多的 CPU 可提高计算能力，在成本上这相对不高。
- 在单个 CPU 中，数据依赖和 Cache 存储器未中可能会让流水线停滞。多处理器技术允许计算机在其他 CPU 中继续执行指令，这在整体上提高了吞吐率。一般情况下，多核处理器除了有所有核共享的 L2 Cache 外，还为每个核提供一个独立的 L1 Cache。这使得在需要的时候可以在核之间高效地传送数据。

给不同的处理器分配工作是操作系统的职责。工作是从可执行的程序中分配的，或者更常见的就是这些程序中称为**线程**的独立程序段。由于每一个 CPU 访问共享的内存和 I/O，所以在理论上，任何 CPU 都可以执行当前内存里的任何线程或程序，也包括操作系统。这带来了系统控制的问题。构造一个多处理器系统有两种基本的方法：

- **对称多处理器系统（SMP）**。在此系统中，每个 CPU 完全相同地访问操作系统、所有的系统资源，包括内存。在由操作系统设置的参数、约束和优先级范围内，每个 CPU 调度自己的工作。在正规的 SMP 结构中，每个 CPU 都是一样的。
- **主从多处理器系统**。在此系统中，一个主 CPU 管理着系统，并控制着所有的资源和调度。只有主 CPU 才能执行操作系统。其他从 CPU 执行主 CPU 分配给它们的工作。

有些 CPU 在单 CPU 内使用并行执行部件，这也实现了一个简化有限的多任务处理形式，并能同时处理两个或更多个线程。这种技术叫作**同时多线程处理**（STM）。STM 也称为超线程技术。STM 在处理 Cache 停滞方面特别有用，因为它可以让 CPU 忙于另外一个或者另外几个线程。操作系统管理 STM 的方式和 SMP 中的类似。由于 STM 运行在单个 CPU 内，SMP 运行在多个 CPU 之间，所以 STM 和 SMP 可以一起使用。

对于通用计算，对称的结构有很多优点。由于每个 CPU 都是一样的，所以，其使用的操作系统也是一样的。任意一个 CPU 都可以执行任何任务，都能处理任意中断[⊖]。处理器都保持一样的忙，因为每个处理器都是按照自己的需要派遣自己的任务。因此，工作负载均衡良好。对称结构很容易实现容错计算——关键操作简单同时分派到所有的 CPU 里。再者，单个 CPU 故障可能会降低系统的整体性能，但不会引起整个系统出现故障。说句有趣的离题话，请注意，一个程序在每次派遣的时候，有可能是在不同 CPU 上执行的，尽管大部分 SMP 系统只提供了一种方法以在期望的时候将程序锁定在某个特定的 CPU 上。因此，对称的结构为多处理器系统提供了一些重要性能：最大化利用每一个 CPU，灵活性好，可靠性高，随意支持容错计算。大部分现代通用多处理器系统都是 SMP 系统。

由于工作负载在分布方面的灵活性存在一定的限制，所以主从式结构通常认为不太适合通用计算。在主从式结构中，主节点可能是系统中最忙的 CPU。如果一个从节点需要一个工作安排，而主节点又很忙，那么从节点将不得不等待，直到主节点空闲下来。此外，由于主节点处理所有的 I/O 请求和中断，所以过载的系统会引起主节点里的卸载。如果从节点依赖这些请求的结果，那么系统实际上就停滞了。

⊖ 中断是 CPU 的特殊功能，在这个功能里，外部事件（如鼠标移动和掉电）会影响 CPU 处理的指令序列。中断将在第 9 章里精心详细讨论。

相反，主从式结构特别适合于一些专门的计算应用。这些应用的特征需要有一个主控程序，它管理着重复或连续的、计算或数据密集型、时间要求严格的一些任务。例如，一个游戏控制器里的处理器必须执行玩游戏的代码。同时，根据图像中的物体运动，它还需要能够快速地计算和显示新图像的一些支持，计算运动导致的阴影和光反射；通常情况下，对于图像中的每个像素值，处理器都必须产生新的像素值。为了响应发生的事件，它还必须能产生相应的反应和显示，如爆炸、起火或者从墙上弹回物体等。

在经济学、生物学、物理学以及金融学领域里，许多重要的应用，特别是基于仿真和建模的应用，都有类似的需求。

例子　Cell 宽带引擎处理器是按主从结构组织的。它是由 IBM、索尼和东芝联合开发的第一代处理器，打算用在高性能密集计算的应用里。它是 Sony PlayStation 使用的主要处理器[⊖]。

Cell 处理器的框图如图 8-13 所示。主处理器类似于 64 位的 PowerPC CPU。它有 8 个从处理器。高速总线将主处理器和每个从处理器互连起来。关于 PowerPC Cell 处理器的更详细的描述可以参见 Gschwind 等人的著作 [GSCH06]。

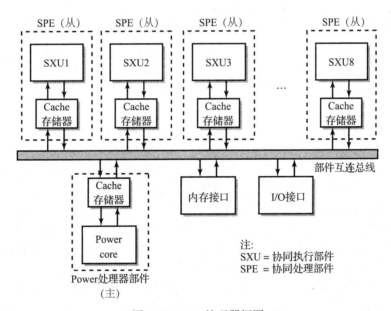

图 8-13　Cell 处理器框图

8.6　关于实现的几点评述

详细讨论计算机的电子实现并不是本书的目的。补充第 1 章里提供了一个简要介绍，但这个讨论的细节最好还是留给工程教材。如果你有兴趣想学习更多的关于计算机如何工作，有几本很好的计算机工程教材列在"扩展阅读"里作为补充章。

尽管目前集成电路技术水平的提高使得计算机设计师可以选择使用非常复杂具有数十亿晶体管的电路，但大部分技术目前主要用于多执行部件形式中性能的提高、Cache 存储器容

⊖　PlayStation 4 使用了更传统的 8 核 x86 SMP 结构，内置有集成图形处理器。

量的增加以及多核处理技术；处理器的基本设计和实现比你想象得要简单。

如果你再看一下构成 CPU 操作的指令类型和构成每条指令的"取－执行"周期，你会看到 CPU 内大部分操作都是寄存器之间的数据移动。步骤

$$PC \rightarrow MAR \quad 以及$$

$$MDR \rightarrow IR$$

就是这种操作的例子。

另外，我们必须具有将数据与一个寄存器中数据相加的能力，数据可以来自另一寄存器，也可以是一个常量（通常是 1 或 –1）；具有对寄存器里的数据执行简单布尔函数（与、或、非）的能力；还要具有将寄存器里的数据左移、右移的能力。最后，基于存储在标记和寄存器（条件转移）里的值，CPU 必须具有进行简单决策的能力。所有这些操作都是在时钟的时序控制之下进行的。控制单元逻辑在正确的时间打开和关闭开关，来控制 CPU 内的各个操作和部件之间的数据移动。

实际上就是这样。CPU 使用的少数几个操作表明 CPU 可以直接用电子硬件来实现，事实上就是如此。在补充第 1 章里，对于好奇的读者，我们简单地说明了所有前面的功能都可以用执行布尔代数的逻辑门来实现。寄存器、标记、控制时序的计数器都是由名为触发器的电子设备制作而成的，这些设备本身也是由逻辑门构成的。

因此，正如你能看到的，CPU 的基本硬件实现相对简单明了。尽管流水线、超标量和其他功能的引入使得设计变得复杂了，但如果精心设计，还是有可能实现和生产出低成本、大批量、极快、极高效的 CPU。

小结与回顾

本章里，我们给出了许多不同的技术，这些技术用来增强 CPU 性能和灵活性。我们先讨论了 CPU 架构的 3 种不同方法，特别强调了传统的计算机架构。我们指出了每种架构的优点、缺点和权衡取舍。

接着，我们审视了 CPU 内指令执行的各个方面，目的是为了提高性能。这个讨论最终导致另一种组织模型的出现，它保留了执行的基本规则，但使指令的执行更加快速。这个模型的主要特征包括将"取－执行"周期分为两个独立的"取"部件和"执行"部件，这两个部件可以并行流水地操作，以使指令在装配线内执行，多个执行部件允许不相关的指令并行执行。大量革新性技术有助于减少瓶颈数并提高性能，这些技术包括重命名寄存器、推测执行、乱序执行和转移预测。我们注意到，最终的模型具有超标量处理能力，平均指令处理速率远远超过了时钟速率。

之后，我们将注意力转到内存增强，尤其是 Cache 存储器的技术和优点，它是 CPU 和主存之间的一种快速及时且能作为中介的存储器。接下来，我们给出了一种成熟的超标量 CPU 模型，它包含了到这一点为止我们所展示的所有特征。

为了进一步提高性能，可以将一些 CPU 组合成多个部件，共享内存、总线、I/O 和其他资源，这个概念叫作多处理器技术。我们给出了两个不同的多处理器结构。

我们通过简要介绍实现现代处理器的技术来对本章进行了总结。

本章我们介绍了技术、架构和组织，随着它们的发展和变迁，尽管今天的计算机类型、应用和使用有所不同，但重要的是，不论细节如何，目前每一款 CPU 都符合半个多世纪以前冯·诺依曼创建的基本模型。鲜有证据表明控制 CPU 操作的基本概念在不远的将来会发生改变。

扩展阅读

本书的末尾列出了撰写本章所使用的文献。下列的书籍和文章特别有用，它们清楚地描述和解释

了这些话题。Stallings [STAL09] 和 Tanenbaum [TANE05] 描述了不同类型的架构，重点强调了 CISC 和 RISC 架构之间的区别。IBM 网站有丰富的关于 z 系列、POWER 和 Cell 架构的信息，其中包括红皮书，它是可以免费下载的，详细阐述了各种计算机话题。其难度分布从适合初学者到适合高技术人才。Intel 网站（关于 x86 系列）和 Oracle 网站（关于 SPARC 架构）也是有用的专门网站。

指令集、指令格式和寻址方式在每本计算机架构的教材中都有详尽的讨论。帕特森和亨尼斯 [PATT12] 的书全面涵盖了第 7 章和第 8 章的话题，还具有非常易读的优点。这两个作者撰写的更高级方法参见 [HENN12]。关于多处理器技术的优秀讨论，在帕特森和亨尼斯的书以及塔嫩鲍姆的书中也可以找到。介绍 Cell 处理器的两个易读的网站在格施温德等 [GSCH06] 和摩尔 [MOOR06] 的书中可以找到。

关于这个素材，一个不同的方法是比较各种机器的架构。塔巴克 [TABA95] 编写的书详细审视了几种不同的 CPU。这些 CPU 大部分都是老旧的，但为了比较不同架构它们还是很有用途的。有些教材和商业书专门介绍每个主流 CPU 的架构。最全面讨论 x86 架构的是米勒的书 [MUEL08]。对于 x86 系列，我还推荐布雷 [BREY08]、梅斯默 [MESS01] 的书，还有萨金特和休梅克的书。PC 系统架构丛书是描述计算机各部分架构的短篇书选集。第 5 卷 [SHAN04] 描述了奔腾Ⅳ的架构和发展历程。补充第 2 章提供的案例研究是额外的信息资源。

斯托林斯编写的教材中有完整的一章描述了超标量处理器。若想清晰、详细地讨论 CPU 和内存设计的所有方面，可参见帕特森和亨尼斯的两本书 [PATT12，HENN12]。在这些书中，还有很多其他文献。对于特定的一些 CPU，超标量处理技术的具体讨论可参见李普泰 [LIPT92] 书中的 IBM ES/9000 大型机；贝克尔及其同事 [BECK93]，汤普森和赖安 [THOM94]、伯吉斯及其同事 [BURG94]，以及赖安 [RYAN93] 书中的 PowerPC；和 "P6 漫游" [THOR95] 中的 P6。

本章话题的另一种方法可见于任意一本汇编语言教材。关于这些话题有很多好书，每天都会出现一些新书。关于是否当前能买到最好的书，像亚马逊这样的网站就是一个很好的资源。

复习题

8.1 x86 系列是 CPU 架构的一个例子。正如你可能知道的，有很多不同的芯片，其中一些甚至来自不同的厂商，这些都满足 x86 CPU 架构。那么，x86 架构的确切定义是什么。什么词语能定义具有相同架构的不同 CPU 之间的区别？至少说出一个不同的 CPU 架构。

8.2 使用多个通用数据寄存器的主要性能优点是什么？

8.3 解释在 CPU 中实现分离 "取" 和 "执行" 部件的优点。作为性能增强的方法，"取" 部件实现了什么额外任务？

8.4 解释流水线技术如何用来减少 "取 – 执行" 周期中 "执行" 部分的平均步骤数。

8.5 哪类指令在流水线里可能会变为无效指令，从而会降低性能？确定两个可以部分解决这个问题的方法。

8.6 现在大部分 CPU 都是超标量的，这是什么意思呢？

8.7 多个执行部件的使用可以改善性能，但是也会引发冲突或者依赖的问题。解释冲突是如何发生的，冲突如何管理？

8.8 什么是重命名寄存器？它是用来做什么的？

8.9 存储器交叉访问可以提供什么样的性能提高？

8.10 Cache 存储器对于特定性能可以提供什么样的提高？

8.11 描述 Cache 存储器是如何组织的。什么是 Cache 行？如何使用它？

8.12 解释 Cache 存储器的命中率。

8.13 解释 Cache 写直达和回写的不同。哪个方法更安全？那个方法更快？

8.14　解释当 Cache 存储器满的时候会发生什么？

8.15　解释访问的局部性原理，并解释它与 Cache 存储器性能、命中率之间的关系。

8.16　当一个系统拥有多级 Cache 存储器时，L2 总是比 L1 有更大的存储空间，为什么必须这样？

8.17　现代计算机通常称为多核。这表示什么？在理想条件下，使用四核处理器会比使用单核处理器带来什么样的性能提高？

8.18　确定并简单解释配置多处理器系统的两种不同方式。对于通用计算，哪种结构更高效？对于一些特定的处理工作，比如游戏应用，哪种结构更高效？

习题

8.1　找一本描述 x86 芯片的好书。讨论在这个芯片中可以使用超标量处理技术的架构特征。奔腾架构对其超标量处理有哪些限制？

8.2　对于标量处理，一个 CPU 实现了一条指令的"获取 - 解码 - 执行 - 回写"流水线。假设这个流水线执行部件的执行阶段只需要一步。描述并以图的形式展示：当一条需要执行一步的指令跟随在一条需要执行四步的指令之后，这会发生什么？

8.3　a. 考察一个 CPU，它有两个并行的整数型执行部件。一条加法指令需要 2 个时钟脉冲才能完成执行，乘法需要 15 个时钟脉冲。现在假设如下的情景：程序是将位于寄存器 R2 和 R4 内的两个数相乘，结果存储在 R5 中。接下来的指令是 R5 中的数和 R2 中的数相加，结果存在 R5 中。CPU 不会为因数据依赖而停滞，两个指令需要同时访问一个执行部件。R2、R4 和 R5 的初始值分别是 3、8 和 0，结果是多少？现在假设 CPU 能正确地处理数据依赖，结果是多少？如果我们定义执行部件空闲的时间为"浪费的时间"，在这个例子中浪费了多少时间？

　　b. 现在假设之后的一条指令在"取流水线"中没有数据依赖。这条指令将 R1（初始值为 4）和 R4 中的值相加，结果存储在 R5 中。正确处理了数据依赖。没有重命名寄存器，CPU 按序回收指令。将会发生什么？如果 CPU 提供了重命名寄存器，又将会发生什么？乱序执行对于这个程序在所需的执行时间上会有什么影响？

8.4　假设一个 CPU 总是在一个转移指令后执行两条指令，无论转移指令是否发生。在这个流水线 CPU 中，解释一下如何能消除转移依赖带来的大部分延迟。在这台机器上执行此程序，会带来什么损失或强加什么限制？

8.5　一些系统使用一种叫作静态转移预测的转移预测方法，之所以如此命名，是因为预测执行是基于指令的，并且不关心历史。一种可能的预测场景是所有的后向条件转移都发生了，而所有的前向条件转移都没有发生。回顾一下你在"小伙计"计算机编程语言方面的经历。这个算法有效吗？为什么有效或者为什么无效？在任意一种编程语言中，正常编程的哪个方面支持你的结论？

8.6　如何修改"小伙计"计算机来实现本章描述的流水线式的指令"取 - 执行"部件模型？它会采取什么方法来支持多个执行部件？详细描述你所修改的 LMC，并说明一条指令如何流经它。

8.7　a. 假设我们正在尝试确定一个执行"小伙计"指令集的计算机速度。在一个典型的程序中，LOAD 和 STORE 指令各占 25%，加、减、输入和输出指令各占 10%，各种转移指令各占 5%。停止指令几乎从未用过（当然，每个程序最少会使用一次）。如果时钟频率是 100MHz，确定每秒执行的平均指令数。

　　b. 假设 CPU 是流水线式的，要求一条指令在执行的时候，可以取另一条指令（可以忽略在转移和程序执行开始时重新填充流水线所需的时间）。此时，在相同的时钟下，每秒可执行的平均指令数是多少？

8.8　标量处理技术的目标是平均每个时钟周期执行一条指令。如果时钟频率是 2GHz，那么这台计算机每秒钟可以执行多少条指令？若每个时钟周期可以执行三条指令的 2GHz 超标量处理器，可以执行多少条指令？

8.9　考察一个 Cache 存储器，它提供 300 个 16 位的块。现在假设你正在通过一对嵌套循环处理二维数组里面的所有数据，这个二维数组有 400 行、400 列。假设程序逐列存储数组。你可以编写按照任意方向嵌套循环的程序，也就是说，逐行或者逐列。解释你将用什么方式处理数据？优点是什么？相反，按照另一种方式处理数据的缺点是什么？选择不正确的方式对系统性能有什么影响？

8.10　仔细讨论一下，当一个 Cache 未中发生时，会发生什么。这将大幅度降低指令的执行速度吗？如果是，为什么？

8.11　在 Cache 存储系统中，标记的作用是什么？

8.12　描述一下，Cache 写直达和回写技术的利与弊。

8.13　详细描述主从式多处理器和对称多处理器的优缺点。在容错型计算中，你将选择哪一个？为什么？

8.14　给出 Cell 处理器的有关信息。描述各种从处理器执行的任务。主处理器的主要作用是什么？在应用中解释一下，主从多处理器技术相对于其他形式的处理技术的优点。你可以想出一些受益于这种方法的其他类型的计算机问题吗？

8.15　正如你知道的，单个 CPU 一次只能处理一条指令。再添加一个 CPU（或者按现在的话说是核）允许系统可以一次同时处理两条指令，这使系统的处理能力增加了一倍。3 个核可以使处理能力增加到单个 CPU 的 3 倍，依次类推。可是研究表明，当核数增加太多且超过 8 个的时候，所期望的计算能力的增加就开始下降了。你认为为什么是这样的？对于什么类型的计算问题，这可能不正确？

第 9 章

输入 / 输出

9.0　引言

　　你知道不管 CPU 功能多强大，计算机系统的可用性最终还是依赖于其输入和输出设备。没有 I/O，就不可能有键盘输入、屏幕输出、打印输出，甚至也不可能有磁盘存储和检索。但是，你可能倾向于根据用户输入和输出来认定 I/O，因此既不会有计算机网络，也不会有互联网访问。对于 CPU 和其应用程序来说，所有设备都需要专门的输入和输出处理能力和输入输出例程。

　　事实上，对于大部分商业程序、几乎所有的多媒体应用来说，I/O 是主要因素。电子商务应用程序对此提出了更大的挑战：网络服务一般要求大量的快速 I/O，当其发生时，可以处理 I/O 请求。大部分这类程序的运行速度都取决于其 I/O 操作领先于处理器的能力。个人计算机的 CPU 处理能力正在快速提高，但 I/O 处理技术仍有一定的局限性，直到最近它的 I/O 处理能力才有了提高。相对于个人计算机，大型机在商业事务处理方面的优点就是维持了较强的 I/O 处理能力。

　　在"小伙计"计算机中，我们通过使用输入和输出篮来处理 I/O。每条输入指令将一个三位的数值从输入篮传送到计算器中；类似地，输出指令将一个数值从计算器传送到输出篮。例如，如果我们想输入 3 个数，一条输入指令不得不执行 3 次。这可以用 3 条单独的输入指令或一个循环体来完成，但不管哪种方式，每个数据都需要一条独立的输入指令。如果输入是大的数据文件，那么会需要大量的输入指令来处理数据。

　　在真实的计算机中，输入 / 输出设备和 CPU 之间传送数据的方式可能是类似的，尽管可能不总是如此。在真实的计算机中，输入篮和输出篮通常替换为一个总线接口，它允许 CPU 里的寄存器和 I/O 控制器里的寄存器之间直接传送数据，I/O 控制器控制着特定的设备。输入和输出的处理方式是类似的。这种技术称为编程式 I/O。

　　在真实计算机中，处理输入 / 输出进程（通常，我们会简单地称之为 I/O）存在多种复杂的因素。尽管一次一个字的数据传送方法确实存在，而且对于某些慢速 I/O 设备来说，这种方法是合适和足够用了，但是，通常 I/O 设备传送的数据量很大，比如磁盘和磁带，对于这样的应用，这种方法就太慢太麻烦了，以至于在现代高速计算机中它们不能用作唯一的 I/O 传送方法。我们需要考虑某种按块传送数据的方法，而不是每个单独的数据执行一条指令。

　　问题进一步复杂了，因为在真实计算机中可能会有许多输入和输出设备，所有设备都会进行 I/O 操作，有时候，还同时进行 I/O 操作。这就需要有一种不同的方式从这些不同的设备中分离出 I/O 操作。另外，设备之间的运行速度是不同的，与 CPU 的速度也是不一样的。一台喷墨打印机每秒钟可能输出 150 个字符，而磁盘的数据传输率每秒钟可能是几万、几十万，甚至几百万个字节。必须对这些不同的操作进行同步，以防数据丢失。

　　最后应当注意一下，I/O 操作要花费不少的计算机时间。即便是在 CPU 和磁盘之间使用单条指令传送一块数据可能也会有许多时间浪费在等待任务完成上。在打印一个字符的时间里，CPU 可以执行数百万条指令。在现代大型机中，I/O 操作的数量可能会很大。当进行这些 I/O 操作时，其他任务能够使用 CPU 将是一件既实用又有益的事情。

在计算机中，大量不同的 I/O 设备以不同的速度传送不同数量的数据，将几种不同的技术结合起来以解决它们之间的 I/O 同步和处理问题。本章里，我们首先考察某些常用设备的 I/O 需求问题。9.1 节里的讨论将引出一组 I/O-CPU 接口应当满足的需求，以优化系统的性能。接下来，在 9.2 节里我们简单地回顾一下编程式 I/O，"小伙计"计算机使用了这个方法并考察一下其局限性。9.3 节解决中断这个重要问题，这种方法用于传递 CPU 需要特别注意的事件。中断是用户与计算机交互的主要手段，也是 CPU 与连接在系统上的各种设备之间进行通信使用的方法。在 9.4 节里，我们审视一下**直接存储器访问（DMA）**，这是另一种更高效的技术，它用来进行计算机内的 I/O 操作。DMA 提供了这样的能力：在进行 I/O 操作的同时，更充分地利用 CPU。最后，9.5 节考察了 I/O 控制器，它提供了 I/O 设备控制设备与 CPU 和主存交互的功能。

9.1 典型 I/O 设备的特性

在讨论真实计算机执行 I/O 技术之前，考察一下计算机连接的一些设备的特性是会有帮助的。本章里，我们对这些设备的内部工作方式不感兴趣，对各种计算机部件与 I/O 设备（它们构成了完整的计算机系统）如何互连也不感兴趣，我们将其分别留到第 10 章和第 11 章里进行讨论。现在，我们只对那些设备的特性感兴趣，它们会影响计算机的 I/O 性能，尤其是影响高效完全地使用计算机所需的数据传送速度和传送量。这个研究意图很直观：根据实践经验和你已经知道的一些特定设备，I/O 操作的相关方法必须是正确的。尽管这个讨论看起来有点离题，但目的是建立一套基本原则和要求，从而帮助你更好地理解计算机内执行 I/O 方法背后的原因。

例如，考察一下键盘这个输入设备。键盘基本上是一个基于字符的设备。从第 4 章可知，敲击计算机的键盘就会给计算机产生一个 Unicode（统一码）或 ASCII 输入，一次一个字符。（如果你敲击平板电脑或智能手机触摸屏上的虚拟键盘，情况是一样的。）甚至有些大型机的终端一次能向计算机发送一个文本页，但也只是偶尔发送一个页面，因此，相比于 CPU 处理数据的速率，键盘的数据输入率明显很低。

键盘的输入速度很慢，因为它依赖于用户的打字速度和思考时间。突发的输入之间通常有长时间的思考停顿，但是，和计算机执行输入指令的能力相比，计算机的实际输入需求也非常慢。因此，我们必须这样认为，如果计算机只是简单地执行一个依赖于用户输入的任务，那么其大部分时间会花在等待键盘输入上。

注意有两种不同的键盘输入形式也是很有用的。有一种是应用程序等待的输入，对应于程序中某种请求数据的"输入"语句。然后，有时候用户希望中断计算机正做的事情。在许多计算机中，可以输入诸如"Control-C""Control-D"或者"Control-Q"这样的字符，停止正在运行的程序。在平板电脑和智能手机上，单击"home"键具有相同的效果。许多程序使用 F1 键来创建"帮助"屏。单击计算机上的"Control-Alt-Delete"键将会终止正常的处理，并打开一个管理窗口，它可以杀掉一个程序或关闭计算机。这些都是输入不可预测的例子，因为那时候正在执行的程序不需要等待输入。使用前面我们已经描述的输入方法将不会起作用：可能很长时间都不会注意到有意外的输入，一直到执行下一条输入指令为止，这条输入指令对应于某个稍后期待的输入。

最后，在多用户系统上单台计算机上可以连接多个键盘。计算机必须能够区别它们，即便几个键盘同时发送数据，也不能丢失数据；必须能快速地响应每个键盘。从计算机到这些键盘的物理距离可能很长。

另一个产生意外输入的输入设备是鼠标。当移动鼠标时，你期望光标在屏幕上移动。点击鼠标键可以产生程序期待的输入，也可以是意外的输入，或者改变程序的执行方式。事实上，对于现代事件驱动语言（如 Visual Basic 和 Java）来说，意外输入是基本的。当用户选择下拉菜单里的一个选项或者点击一个工具栏图标时，她期待一个实时的响应。同样，数据率很低。

打印机和显示器必须在一个较宽的数据率范围内工作。尽管大部分显示器和打印机都能处理纯 ASCII 或 Unicode 文本，但许多现代输出是图形化的，或者是混合的，包括字体描述符、文本、位图、对象图形、页面等，使用页面描述语言一次一个页面或一屏。选择使用页面描述语言还是多种元素混合，取决于打印机或显卡的功能。显然，不管使用什么形式的输出方法，如果只是偶尔向打印机输出一个页面或两个文本，肯定不需要很高的数据率。

高分辨率位图和视频图像在显示器上的输出是完全不同的情形。如果图形必须按照位图格式发送给显卡，即便是压缩格式，它包含生成每个像素的数据，那么一幅图可能也会产生大量的数据，高速的数据传送是必不可少的。高分辨率屏幕上的一幅彩色图像需要几兆字节的数据，而且希望尽快地显示在屏幕上。如果是视频的话，就需要极高的数据传输率。这就意味着即便是使用数据压缩方法来传输，屏幕更新可能也需要每秒钟几兆字节的突发数据率。这也可能告诉你，为什么在低带宽网络上或者在带调制解调器的话音级电话线上，快速传送高质量的图像几乎是不可能的。

对比一下键盘、屏幕、打印机的 I/O 需求和磁盘、DVD 的 I/O 需求。由于磁盘是用来存储程序和数据的，所以对于一个程序来说，它很少只需要磁盘上的一个数据字或一个程序字。磁盘是用来加载整个程序或者存储数据文件的。因此，磁盘数据总是按块传送，从不会按单个字节或单个字来传送。磁盘操作的数据传输率可以是每秒钟几十兆字节，甚至是几百兆字节。作为存储设备，磁盘必须既能输入又能输出，但不是同时的。在一个大系统中，可以有几个磁盘试图同时与 CPU 交互传送数据块。若想按照电影的速率且全屏显示且不丢失数据，则 DVD 必须以每秒接近 10MB 的输入率来持续地提供数据，其瞬间数据率或高清视频数据率甚至会更高。另外，视频和音频设备需要长时间稳定的数据流。我们将这个需求同偶尔出现的突发数据进行了对比，突发数据是大部分 I/O 设备的特性。

因此，对于磁盘和图像的 I/O 操作，计算机在 CPU 和磁盘之间或者在 CPU 和图像设备之间，必须能极快地传送大批量的数据。显然，对于磁盘和图像的 I/O 操作，一条指令执行一个字节数据是不能接受的，所以必须使用不同的方法。再者，你会看到提供这个方法的重要性，在进行这些大型 I/O 操作时，它允许其他任务充分利用 CPU。

最近一些年随着网络的快速发展，网络接口也变成了一种重要的 I/O 源。从计算机的视角来看，网络就是另一种 I/O 设备。在许多情况下，网络替代了磁盘，数据和程序存储在远程计算机上或者存储在"云"上，给本地节点提供服务。用作服务器的计算机可能会有大量的 I/O 服务需求。诸如 X Windows 这样的用户界面，可以将图形信息从计算机上传送到位于网络别处的显示器上，这对 I/O 能力要求很高。若简单的对象图形或本地存储的位图图像对大文件的传送需求很小，那么一台带调制解调器的小型计算机，按照每秒钟 3000 字节的速率来进行 I/O 传输可能就够用了；但对 I/O 需求更强烈的计算机可能需要每秒 50MB 或更高的传输率。

　　应当指出，磁盘、打印机、屏幕，以及大部分其他 I/O 设备，几乎都是在 CPU 程序的完全控制之下运行的。当然，打印机和屏幕是严格的输出设备，它们产生的输出完全取决于所执行的程序。尽管磁盘既可以作为输入设备也可以作为输出设备，但两者的情形是类似的。输入处读取什么文件、输出存在何处，这些必须由执行程序来确定。因此，总是通过执行 CPU 中的程序来启动 I/O 数据传送，即便 CPU 在等待特定 I/O 操作完成时可以执行其他任务，也是如此。

　　有些输入设备必须能产生独立于程序控制的 CPU 输入。在此背景中，前面提到的键盘和鼠标，以及语音输入设备都属于这一类。某些设备，如 CD-ROM 和 USB 设备通过向操作系统软件中的程序发送存在信号，能够自启动。局域网也能产生这类输入，因为不同 CPU 里的程序可以请求存储在磁盘上的文件。需求相似但类型略有不同的一类输入设备是输入在程序控制之下，但其数据到达的时间延时是不可预测的，而且可能会很长。（你可以考虑一下这一类中普通的键盘输入，尤其是使用字处理器写一篇论文时。）如果数据通过某类测量设备正在遥测传送，就会如此。例如，计算机可以用来监视水库的水位，输入是遥测的水位数据，它是测量设备每小时测量一次而得到的。必须做出规定来接受不可预测的输入，并按照某种合理的方式进行处理，最好不要过度地束缚 CPU。

　　另外会有这样的情况出现：正在寻址的 I/O 设备处于"忙"或"未就绪"状态。最明显的例子是缺纸的打印机、里面没有光盘的 DVD 播放器或正在处理其他请求的硬盘。期望设备能够向 CPU 提供状态信息，以便采取相应的动作。

　　图 9-1 给出了我们讨论过的各种 I/O 设备特征的一个简纲，它按照设备类型进行了分类：输入设备、产生输出的设备、标准存储设备，以及长期主要用作备份的可移动存储设备。

设备	输入 / 输出	数据库 *	控制	类型
键盘	输入	很低	外部＆程序	字符型
鼠标	输入	低	外部	字符型
触摸板				
触摸屏				
扫描仪	输入	中等	外部＆程序 **	块突发
语音	输入	低到中	外部＆程序	块突发
声音	输入 / 输出	中等	程序	块突发或稳定
USB	输入 / 输出	低到高	外部＆程序 **	块突发
网络	输入 / 输出	高到很高	外部＆程序 **	块突发
打印机	输出	低到中等	程序	块突发
图形显示器	输出	高	程序	稳定
闪存	存储	中等	外部＆程序 **	块突发
磁盘	存储	中等	程序	块突发
固态盘	存储	中到高	程序	块突发
光盘	存储	中到高	外部＆程序 **	块突发或稳定
磁带	存储	低到中等	外部＆程序 **	块突发或稳定

图 9-1　典型 I/O 设备特征的简纲

* 很低 <500bit/s；低 <500Kbit/s；中等 <10Mbit/s；高 10 ～ 100Mbit/s；很高 100 ～ 5000Mbit/s

** 外部启动功能，主要是程序控制

对于计算机系统以充分有效的方式处理 I/O，本节的讨论确定了几个必须要满足的需求：

1. 必须有一种方法可分别寻址不同的外设。

2. 必须有一种方式，外设使用这种方式能够启动同 CPU 的通信。需要这种能力使得 CPU 响应来自外设（如键盘、鼠标、网络）的意外输入，以便打印机和软盘驱动器等设备能够向执行程序传递紧急状态信息。

3. 编程式 I/O 仅适用于慢速设备，逐字传送。对于按块传送的相对快速的设备，在 I/O 和内存之间必须有更高效的数据传送方法。对于直接的块传送，内存是一种合适的介质，因为数据必须在内存里程序才能访问它。传送数据最好不要涉及 CPU，因为这会解放 CPU，使其能执行其他任务。

4. 将高速 I/O 设备和计算机互连起来的总线，必须具有现代系统高速传送数据特征的能力。我们将这个问题放到第 11 章里讨论。

5. I/O 系统必须能够处理运行速度和延时变化大的设备。这包括 I/O 与使用数据的程序之间合适的同步方法，并要求对系统的整体性能影响要最小。

6. 最后，必须有一种方法可以处理控制需求差异极大的设备。如果每台设备都能通过 CPU 里的程序用简单类似的方式来处理，这将是令人满意的。

这些需求表明，不经过某种接口模块将 I/O 设备直接连接到 CPU 上是不可行的，对于每台设备，这个接口模块是唯一的。为了使这种需求更为清楚，注意根据前面讨论所确定的条件：

1. 不同的设备要求的格式不同。有些设备需要一条数据，并且在另一条数据接收完毕之前，必须要等待。另一些设备期望的是数据块。有些设备期望一次传送 8 位数据；另一些设备则需要一次传送 16、32 或 64 位数据。有些设备期望在单条数据线上串行传输数据。另一些设备则期望使用一个并行接口。这些差别意味着对于每台设备，系统需要本质上不同的接口硬件和软件。

2. 不同设备与 CPU 之间的速度不匹配带来了同步的困难，尤其是多台设备同时都要试图执行 I/O 的时候。可能需要先将数据缓存（即存放数据，然后在特定的时间释放部分数据）起来，然后再使用它。**缓存**的工作原理有点像水库或水塔。当水变得可用时，它进入水库或水塔，将其存储起来，在需要使用的时候释放出去。计算机的缓存按相同的方式使用寄存器组或内存。

3. 尽管大多数设备的 I/O 需求是突发性发生的，有些媒体，特别是视频和音频，提供了持续的数据流，这些数据流必须有规律地传送以防数据丢失，以免让用户感觉不舒服。支持多媒体业务的 I/O 设备和互连方式必须能提供稳定的性能。由于网络常常用来支持音频和视频，所以这样的设备通常包括网络接口、高速通信设备以及摄像机等（想一下，从网站上下载视频流）。

4. 磁盘驱动器等设备必须要满足机电控制需求，它会占用很多的 CPU 时间来提供这种控制。例如，磁盘驱动器里的磁头电机，必须要移动到正确的磁道上来读取数据，一旦到达磁道，必须要保持当前磁头的位置位于该磁道上。在喷墨打印机中，必须有一个电机控制器将喷头移动到正确的位置，然后在纸上打印一个字符。诸如此类。当然，每台设备的需求是不同的。

每台 I/O 设备有不同的需求，还需要提供设备寻址、同步、状态和外部控制能力，这些意味着必须要给每台设备提供专用的接口。因此在一般情况下，I/O 设备都是通过某种 I/O

控制器跟 CPU 相连的。I/O 控制器包含专门的硬件电路，它会满足我们所确定的所有 I/O 需求，具体包括带有相应缓存技术和标准的数据块传送能力、与 CPU 相连的简单接口。在另一个接口上，I/O 控制器有能力控制特定的设备，或者控制为其专门设计的一些设备。

最简单的结构如图 9-2 所示。I/O 控制器可以很简单，只控制一台设备；也可以很复杂，内含大量的智能，控制着很多设备。稍微复杂一点的结构如图 9-3 所示。这种复杂一点的 I/O 控制器需要寻址技术来相互区别。图中下面所示的模块实际上会识别所连接的任何一台 I/O 设备的地址。控制单一类型设备的 I/O 控制器通常称为**设备控制器**。例如，控制磁盘的 I/O 控制器会是磁盘控制器。我们在 9.5 节里会更详细地审视 I/O 控制器。

图 9-2　简单的 I/O 结构

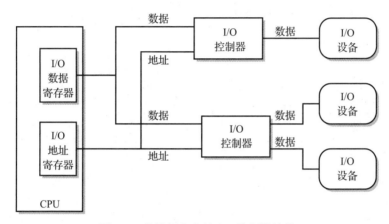

图 9-3　稍微复杂点的 I/O 控制器结构

9.2　编程式 I/O

在最简单的执行 I/O 方法中，一个 I/O 控制器通过总线跟 CPU 里的一对 I/O 寄存器相连。在真实 CPU 里，I/O 数据寄存器的作用跟"小伙计"计算机中输入和输出篮的作用是一样的。此外，也可以将 I/O 篮看作缓存，存放多个输入或输出，它带有 I/O 数据寄存器用作 CPU 和缓存之间的接口。I/O 操作跟"小伙计"计算机的 I/O 操作类似。来自外设的输入，从 I/O 控制器或者该外设的缓存传送到 I/O 数据寄存器，一次一个字；然后再传到一个程序控制下的累加器或通用寄存器，就像"小伙计"计算机里发生的过程一样。类似地，输出数据中的每个字从一个寄存器传到 I/O 数据寄存器，在这里，可以由相应的 I/O 控制器读取，同样它也是在程序的控制之下。每条指令产生一个输入或输出。这种方法称为**编程式 I/O**。

实践当中，很可能会有多台设备连接到 CPU。由于每台设备都要分别识别出来，所以以地址信息必须要伴随着 I/O 指令一起发送。I/O 指令里的地址字段可以用于这个目的。CPU 里的一个 I/O 地址寄存器存放这个地址，以便将其传送到总线。每个 I/O 控制器都会有一个识别地址，它可以识别寻址它的 I/O 指令，而不管未寻址它的其他 I/O。

正如已经指出的，通常一个 I/O 控制器拥有几个地址，每个地址表示一个不同的控制命令、状态请求，或者说当一个特定模块支持多台设备时，每个地址寻址一个不同的设备。例如，"小伙计"的输入和输出指令的地址字段，可以用来寻址多达百台设备、状态请求或控制命令的组合。图 9-4 说明了编程式 I/O 的概念。实际上，LMC 使用地址字段来选择 I 篮（901）或 O 篮（902），作为指令 900 里的 I/O 设备。

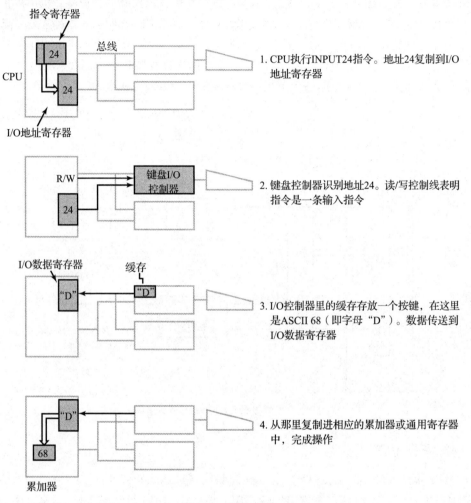

指令寄存器
总线
24
24
CPU
I/O 地址寄存器

1. CPU 执行 INPUT24 指令。地址 24 复制到 I/O 地址寄存器

R/W
键盘 I/O 控制器
24

2. 键盘控制器识别地址 24。读/写控制线表明指令是一条输入指令

I/O 数据寄存器　缓存
"D"　"D"

3. I/O 控制器里的缓存存放一个按键，在这里是 ASCII 68（即字母"D"）。数据传送到 I/O 数据寄存器

"D"
68
累加器

4. 从那里复制进相应的累加器或通用寄存器中，完成操作

图 9-4　编程式 I/O

I/O 数据寄存器和地址寄存器的工作原理类似于内存地址寄存器（MAR）和内存数据寄存器（MDR）。事实上，在一些系统中它们甚至可以连接到同一总线上。CPU 在总线上放置一个控制信号来指示是 I/O 传送还是内存访问。

编程式 I/O 明显很慢，因为每传送一个 I/O 数据字都必须执行一个完整的"取 – 执行"指令周期。今天，编程式 I/O 主要用来从键盘及类似的设备上读取数据，偶尔也应用到其他简单的基于字符的数据传送方面，比如通过网络控制器的命令传送。和计算机相比，这些操作很慢，只能处理少量的数据，一次一个字符。一个不足（在本章后面我们要加以解决）是，对于编程式 I/O，键盘输入只有在程序控制下才能接受。必须寻找另一种方法从键盘上接受意外的输入。

编程式 I/O 有一个重要的应用是作为一种 I/O 方法，它使用 I/O 控制器来控制某种类型不依赖于 CPU 的 I/O 操作，它使用内存作为数据传送的中间站点。编程式 I/O 由 CPU 里的程序来使用，向 I/O 控制器发送必要的命令，建立数据传送的参数，并启动 I/O 操作。我们将在 9.4 节里再回到这个话题。

9.3 中断

正如从以前的讨论中你所知道的，存在很多需要中断计算机正常程序流程的情况，目的是响应特殊事件。实际上，若一个现代程序在运行的时候与外界没有任何交互，这是不正常的。来自键盘的一个意外的用户命令，点击鼠标或者用手指触摸一下屏幕，需要关注的设备上有一个外部输入，异常情况（如需要计算机立即处理的电源故障等）试图执行一条非法指令，来自网络控制器的一个服务请求，完成一个程序启动的 I/O 任务，所有这些都意味着需要采用一些方法在必要时让计算机采取特殊的动作。正如你随后要看到的，中断功能也可以让几个不同的程序或程序段一起分时共享 CPU。

通过提供一条或多条特殊的到中央处理器的控制线，计算机可提供中断功能，这些特殊的控制线称为**中断线**。例如，现代计算机中标准的 I/O 可以包含 32 根之多的中断线，标号从 IRQ0 到 IRQ31（IRQ 表示中断请求）。在这些线上发给计算机的消息就叫作**中断**。在一条中断线上出现的一条消息，会引起计算机挂起正在执行的程序，并跳转到一个特殊的中断处理程序中。中断消息主要由系统里各种 I/O 控制器来引发的。

9.3.1 服务中断

由于计算机只能执行程序，所以中断动作应采取特殊的程序形式，每当被中断信号触发时就执行。中断过程遵循图 9-5 所示的形式。

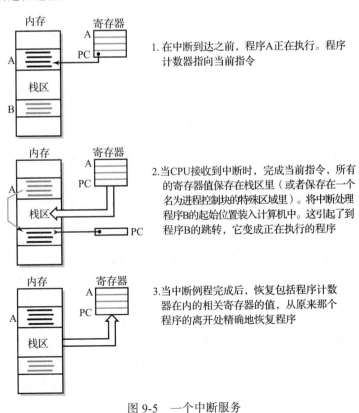

图 9-5 一个中断服务

具体地说，中断引起当前程序的暂时挂起。跟挂起程序有关的所有信息，包括最后执行的那条指令的位置、各种寄存器里的数据值，都保存在内存的已知区域里，或者保存在一个跟程序有关的名为**进程控制块**的特殊区域里，或者保存在名为栈区的内存区域里。这些信息称为程序的**上下文**，可以在程序离开处准确地重新启动程序，不会丢失任何数据或程序状态。许多计算机都有一条单独的指令，它可将所有的关键信息一次保存起来。属于原先程序的内存完整无缺地保持不变。然后，计算机转移到位于内存别处的一个特殊的中断处理程序中，这个**中断处理**程序也称为**中断例程**或**中断服务例程**。中断处理程序决定了相应的动作过程。这个过程就叫服务中断。由于存在许多中断可以支持 I/O 设备，所以大部分中断处理程序也叫**设备驱动程序**。

当中断例程完成任务后，通常会将控制返回到被中断的程序中，它有些像一个子程序。在这种情况下，原先的寄存器值会恢复回来，原先的程序也将在断开处精确地恢复执行，并且跟原先的状态是一样的，因为所有的寄存器都恢复为原先的值。然而，有些情况下并非如此，因为中断例程所采取的动作有可能会改变原先程序应该做的事情。例如，指示打印机缺纸的打印机中断会需要一个跟原先程序不同的动作。（原先的程序动作可能是一条到屏幕的消息，以通知用户多装一些纸。）程序发送更多的字符并没有什么用。

直观地说，中断服务的工作方式和你期望的一样。设想一下，你正在班里演讲，有人提问，你会怎么做？通常，你会保持当前思路并回答问题。当回答完问题后，你再继续演讲，重拾你的思路继续演讲，就像没发生过中断一样。这就是你的正常中断服务例程。然而，设想中断是下课铃声或者是老师告诉你时间到了。在这种情况下，你的响应是不一样的。你不会返回到你的演讲了。相反，你可能会快速结束演讲，走出教室。

换句话说，你的反应方式和中断服务例程的工作方式非常类似。

9.3.2 中断的使用

中断使用的方式依赖于设备特征。你已经看到，内外部控制的输入（如点击鼠标）在需要操作时，通过中断来处理是最好的。在其他情况下，当某个动作完成后就产生中断。本节介绍几种使用中断的不同方法。

中断作为外部事件通知方法。正如前面讨论的，将需要处理的**外部事件**通知给 CPU，这时中断是很有用的。它避免了 CPU 不断地检查各种输入设备（这种方法叫作**轮询**），以确定输入数据是否就绪。

例子 键盘输入处理可以使用编程式 I/O 和中断的组合。假定在键盘上敲击一个键会引起中断的发生。当前程序被挂起，控制转到键盘中断处理程序。键盘中断处理程序首先使用编程式 I/O 输入字符，并确定接收的是什么字符。接下来，它将确定这个输入是否需要特殊处理。如果需要，它将执行所需的处理，比如关闭程序或冻结屏幕上的数据。否则，它会将输入数据传递给期待从键盘上输入的程序中。一般情况下，输入的字符会存储在已知的寄存器或内存空间里，准备在其重新激活时使用。

当处理完成后，也就是说，中断服务完毕后，计算机通常恢复相关寄存器的值，将控制交给挂起的程序，除非中断请求指定了其他处理过程。例如，如果用户输入的一个命令是挂起正在运行的程序，就会是这种情形。

图 9-6 展示了一个键盘输入中断的处理步骤。

例子　实时系统是一个计算机系统，主要用来测量实时发生的外部事件。也就是说，当事件发生时，它需要快速处理，因为数据是对时间极其敏感的。

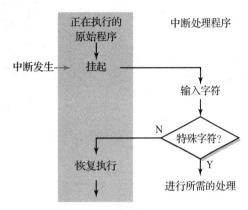

图 9-6　使用键盘处理中断

例如，考察一个计算机系统，它监控着核电站反应堆中心的冷却剂温度。温度测量传感器每分钟向计算机传送一次温度。

在这种特殊情况中，期待传感器的输入，但一旦有输入，需要立即进行评价。我们假定计算机系统用作其他用途是合理的。在理论上，它可能反复地读取传感器，直到数据到达（另一个例子说明了轮询的效率不高）。实际上，这没什么意义：在等待传感器数据到达的循环中，让 CPU 没有空闲，显然是不可取的。

这是中断的一个完美应用。将传感器输入分配给一个中断。这种情况里的中断服务例程可以处理传感器输入数据。当中断发生时，中断例程评价这个输入。如果所有的事情都是正常的，那么中断例程将控制返回给计算机正在做的事情。紧急情况下，中断例程反而会将控制传送给处理紧急情况的程序。

中断作为完成信号。作为用户控制有输入设备的计算机的一种手段，键盘和传感器的例子说明了中断的有用性。在这里，输入设备是键盘和传感器。接下来，我们考察一下中断技术，它是数据流向输出设备的一种控制方法。这里，中断用来通知计算机某个特定的执行过程完成了。

例子　正如前面指出的，打印机是慢速输出设备。计算机向打印机输出数据的速度要快于打印机处理数据的速度。中断可以高效地控制送往打印机的数据流。

计算机一次向打印机发送一个数据块。数据块的大小依赖于打印机的类型和打印机的内存大小。当打印机准备好再次接收数据时，它向计算机发出中断请求。这个中断表明打印机已经完成了前面接收的数据打印，做好了再接收数据的准备。

在这种情况下，中断功能防止了输出的丢失，因为它允许打印机按照其能接收的速率来控制数据流。若没有中断功能，还需要使用轮询方法，或者以很低的速率输出数据，以确保计算机不超过打印机接收输出的能力。中断的使用非常有效。在等待打印机完成打印任务时，它允许 CPU 执行其他任务。

顺便提一下，你可能注意到了，当打印机的缓存满时，作为通知计算机暂时停止发送数据的一种方法，它能够使用第二个不同的中断。

这个应用如图 9-7 所示。另一种作为完成信号的中断应用在 9.4 节里讨论，它是直接内存访问技术的一个组成部分。

中断作为分配 CPU 时间的一种方法。中断的第三个主要应用是将中断作为给不同的共享 CPU 的程序或线程分配 CPU 时间的一种方法。（线程是一小段可以独立执行的程序，如字处理程序中的拼写检查程序。）

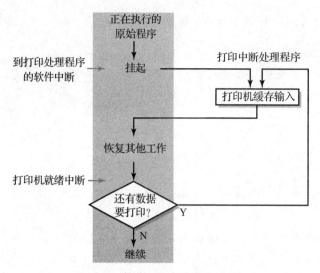

图 9-7　使用一个打印处理中断

由于 CPU 一次只能执行一系列指令，所以多个程序或线程分时共享的能力意味着计算机系统必须共享 CPU，并以快速轮转的方式给每个程序或线程分配一个小的时段。允许每个程序段执行一部分指令。过一段时间后，中断这个程序段，将控制权交给操作系统里的调度程序，它会将下一段时间分配给另一程序段。这个过程如图 9-8 所示。

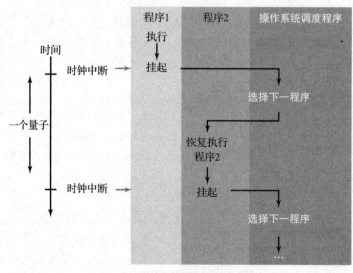

图 9-8　分时共享中的中断使用

系统不能指望指令序列自愿放弃控制，因为陷入死循环的程序做不到这一点。相反，计算机系统提供了一个内部时钟，它周期性地向 CPU 发出中断请求。中断脉冲的间隔称为一个**量子**，这表示分配给每个程序或线程的时间。当时钟中断发生时，中断例程将控制返回给操作系统，由操作系统来决定哪个程序或线程使用接下来的 CPU 时间。中断是一种既简单又高效的方法，允许操作系统在几个程序间同时共享 CPU 资源。

更深入的分时共享技术在第 15 章和第 18 章里进行讨论。

中断作为异常事件指示器。中断的第四个主要应用是处理**异常事件**，这些事件影响着计算机系统本身的运行。在某些条件下，我们希望计算机快速有效地通过特定的动作过程来响应。这种响应和其他外部输入事件的响应类似，但在这里，事件是指问题或计算机系统本身里的特定条件。

一个明显需要计算机特别处理的外部事件是电源故障。大部分计算机提供足够的内部电力存储，如果计算机具有快速通知电源故障的能力，那么可以保存正在执行的工作，并优雅地将计算机关掉。连接中断设备的电源线监控器提供了这种能力。中断例程会保存内存中的程序状态，将打开的文件关闭，并执行其他内务操作，使计算机重启后不丢失任何数据。然后它会停止计算机。

另一个重要应用是在以下情况下可以使用异常事件中断。当一个程序试图执行一条非法指令时，如除以 0；试图执行一个不存在的操作码；检测到一个硬件错误时，如内存校验错误。当错误发生时，程序的执行是不可能完成的。然而，系统尝试从错误中恢复或者通知相关人员，还是很重要的。简单地停止计算机是不可接受的。尤其是在现代多任务计算机系统中，这是不期望的，因为这会终止其他正在执行的程序，而这些程序可能没有受到错误的影响，如果系统是一个多用户系统，这会影响到其他用户。相反，中断例程能够将错误通知给用户，并将 CPU 的控制转交给操作系统程序。你应该注意到，这些中断实际上是从 CPU 内部产生的，而到目前为止我们所讨论的其他中断都是外部产生的。内部中断有时候称为**陷阱**或**异常**。

例子 正如我们在第 6 章里指出的，现代计算机有一组指令叫作**特权指令**。这些指令由操作系统来使用，而非应用程序。"停止"指令就是一个明显的例子。设计特权指令是为了给系统提供安全性，防止应用程序改变超出自己区域的内存，防止计算机停止工作，防止直接寻址由多个程序或用户共享的 I/O 设备。（例如，假定有共享计算机的两个程序，每个程序都向一台打印机发送文本。打印出来的东西会乱七八糟，是两个程序输出的混合物。）若一个用户程序试图执行一条特权指令，则会引起一个非法指令中断。

根据上面的例子你或许认为，异常事件中断总是起源于主要错误或计算机系统内灾难性的故障，但情况未必如此。虚拟存储是一种内存管理技术，它呈现出来的是计算机系统拥有的内存要比所配置的物理内存大很多（在第 18 章里，有虚拟存储的详细讨论）。作为设计的一个组成部分和虚拟存储的正常操作，一个特别重要的中断事件[⊖]并不表示错误或灾难性故障。其他的内部和外部事件也会使用中断功能。图 9-9 所示的表格列出了 IBM 系统 z 系列计算机固有的中断。

软件中断。除了已经讨论的实际的硬件中断之外，现代的 CPU 指令集都包含一条模拟中断的指令。例如，在 Intel 的 x86 架构中，这条指令的助记符是 INT，表示中断的意思。IBM 系统 z 系列使用助记符 SVC 表示"管程调用"。中断指令的工作方式跟硬件中断一样，都是保存相应寄存器的值，将控制转交给一个中断处理程序。中断指令的地址空间可以用来提供一个参数，它指定要执行哪一个中断。**软件中断**类似于子程序跳转，它要跳转到已知的固定位置。

软件中断可以让其他程序使用中断例程。通过执行带相应参数的"中断指令"，程序能够简单地访问这些例程。

⊖ 缺页中断。——译者注

优先级	中断类	具体中断类型
最高	机器校验	不可恢复的硬件错误
	管程调用	程序发出的软件中断请求
	程序校验	硬件可检测的软件错误；非法指令、受保护的指令、除以 0、溢出、地址变换错误
	机器校验	可恢复的硬件错误
	外部	操作员干预、间隔计时器触发、设置计时器触发
	I/O	I/O 完成信号或其他与 I/O 有关的事件
最低	重启	重启键，或者当使用多个 CPU 时，来自其他 CPU 的重启信号

图 9-9　z 系列家族的中断表

　　软件中断的一个重要应用是将 I/O 操作集中起来。确保多个程序不会无意地修改其他程序的文件或者将打印输出混在一起的一种方法是，为每台设备提供单独的 I/O 路径。一般情况下，I/O 路径就是中断例程，它也是操作系统软件的一部分。每个程序使用软件中断，并通过操作系统软件来请求 I/O。例如，图 9-7 所示的软件中断就是用来启动打印的。

9.3.3　多重中断和优先次序

　　正如你现在看到的，可以有多个不同的输入和输出设备以及连接到中断线上的事件指示器。这意味着可能同时需要处理许多不同的事件。不可避免地，多重中断会时常发生。

　　当一个中断发生的时候，有两个问题需要解决。第一个，有其他已经在等待服务的中断吗？如果有，计算机如何确定服务中断的次序？第二个，计算机如何识别发出中断请求的设备？

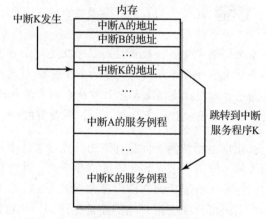

图 9-10　向量式中断处理

　　两个不同的处理方法常用来确定哪台设备启动了中断。有些计算机使用一种叫作**向量式中断**的方法，在这种方法中，中断的一部分包含中断设备的地址。另一种方法提供了所有设备共享的一般中断。当中断发生时，计算机轮询每台设备来确定发出中断请求的设备。这两种方法的说明如图 9-10 和图 9-11 所示。向量式中断方法明显要快一些，但需要额外的硬件来实现。有些系统对于每个中断使用不同的中断线；另一些使用一种叫作"菊花链"的

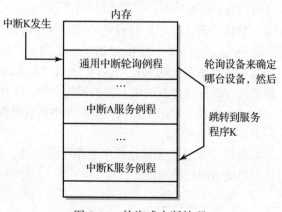

图 9-11　轮询式中断处理

方法，它将中断请求放到单条 CPU 的中断线上，这样就能首先识别最高优先级的中断。

多重中断可以通过给每个中断分配**优先级**来处理。一般情况下，首先处理最高优先级的中断。高优先级的中断可以中断低优先级的中断，但低优先级的中断必须等待，直到高优先级的中断完成。

这导致了中断分层，在这种层次结构中，优先级高的中断能够中断其他优先级低的中断，来来回回，最终将控制返回给正在运行的原始程序。尽管这种技术听起来很复杂，但实际上是很常用的，也相当容易实现。图 9-12 展示了这种情形的一个简单例子。在这个图中，中断例程 C 的优先级最高，其次是 B，然后是 A。

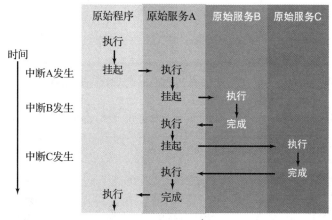

图 9-12 多重中断

许多计算机系统允许系统管理员对各种中断设置优先级。优先级按照逻辑方式来设置。最高的优先级保留给时间敏感的情形，如电源故障、用时间测量的外部事件。键盘事件通常也认为是高优先级事件，因为如果不快速读取键盘输入的话，可能会丢失数据。任务完成中断通常有较低的优先级，因为正常条件下，延时不会影响数据的完整性。

优先级可以用软件或硬件来设置，这依赖于系统。在有些系统中，I/O 设备中断的优先级取决于 I/O 控制卡在计算机背板上的物理放置方式。菊花链式的中断线可以用于这个目的：优先级最高的设备放置在离 CPU 最近的地方，并阻塞线上较远处的低优先级设备的信号。在其他系统中，通过给每一个中断分配一个优先级数字可以设置优先级。

当程序执行一个重要任务时，如果发生中断则会对任务产生负面影响，这时可以通过程序指令将大部分中断临时禁止。对于时间敏感的任务尤其如此。在许多系统中，中断都是**可屏蔽的**；也就是说，可以选择性地禁用它们。某类中断（如电源故障）永远不会被禁用，有时称其为不可屏蔽的中断。当中断禁用时，大多数现代计算机系统将发生的中断保存起来，以便当中断重新启用时，可以处理挂起的中断。

例子 在 IBM 系统 z 架构中，中断分为 6 类，优先级如图 9-9 所示。在每一类中，所有不同的中断都由该类的中断服务例程来处理。每个中断类都有两个跟它永久关联的向量式地址。第一个是为当前程序的程序状态字保留的空间，按 IBM 的行话，叫作 OLD PSW。程序状态字是一个 64 位的字，包含程序计数器和程序的其他重要信息。第二个向量式地址是一个指向中断例程的指针。这个地址称为 "NEW PSW"。从原始程序切换到服务例程，再切换回来的方法，如图 9-13 所示。

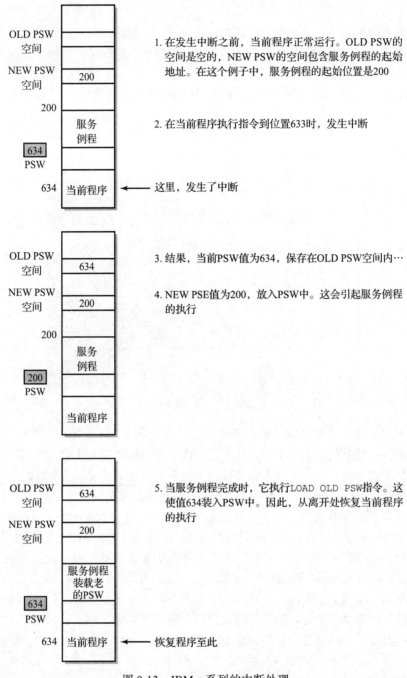

1. 在发生中断之前，当前程序正常运行。OLD PSW的空间是空的，NEW PSW的空间包含服务例程的起始地址。在这个例子中，服务例程的起始位置是200

2. 在当前程序执行指令到位置633时，发生中断

这里，发生了中断

3. 结果，当前PSW值为634，保存在OLD PSW空间内…

4. NEW PSE值为200，放入PSW中。这会引起服务例程的执行

5. 当服务例程完成时，它执行LOAD OLD PSW指令。这使值634装入PSW中。因此，从离开处恢复当前程序的执行

恢复程序至此

图 9-13   IBM z 系列的中断处理

当中断发生时，当前程序的 PSW 自动保存在 LOD PSW 的空间内，并装载 NEW PSW。结果就是跳转到由 NEW PSW 指向的内存位置，这也是该中断类的中断服务例程的起始位置。顺便注意一下，这个过程并没有保存其他寄存器内的值。每个中断服务例程保存和恢复它所使用的寄存器。

z 架构的 CPU 有一条指令：LOAD OLD PSW。当中断服务例程完成后，它简单地使用这条指令返回到原始的程序。较低优先级的中断被屏蔽，但有较高优先级的中断可以在较低

优先级的服务例程执行的时候，中断它。最重要的是，属于同一类的中断必须要屏蔽掉。因为对于每一类中断，只有一个地址空间可存储 OLD PSW，第二个同类型的中断会破坏原始程序的返回地址。而更糟糕的是，第二个中断会将正在执行的当前地址保存在 OLD PSW 空间里。因为该地址本身就在服务例程里，这会导致无限循环。为了明白这一点，再看一下图 9-13。在服务例程中选定一个位置，比如说是 205，然后在该点引起中断。现在，浏览一遍这幅图，注意观察结果。

前面的例子说明了如何从中断返回访问的一种方法。x86 系列的计算机则使用另一种方法。x86 的中断结构也是向量式的，但上下文信息存储在一个中断栈里。在这种方式中，栈的使用在本质上类似于子程序跳转和返回的方式。第 7 章里对此进行了详细的讨论。用于中断的栈存储使得中断可以嵌套，尽管这种条件似乎不太常见。

中断通常是在每条指令执行完毕后进行检查的。也就是说，通常在一条指令完成后，另一条指令开始前，检查中断。这保证在一条指令执行的中间，条件不会改变，不会影响这条指令的执行。然而，在 z 和 x86 系统中，某些长指令可以在"取 - 执行"周期的中间中断。这些指令中的一些使用通用寄存器来保存中间值，因此，在中断期间保存通用寄存器以便后面取回，是十分重要的。否则的话，有些指令就不能正确重启了。当中断发生的时候，z 系统的计算机不会自动保存寄存器。因此，要小心编写中断程序，保证当例程重新启动时，被中断的指令不会崩溃。在 x86 计算机中，一般来说，寄存器也是保存在栈中的，这使得取回十分简单，即便中断例程本身再被中断。虚拟存储也要求具有在一条指令中间可进行中断的能力。

9.4　直接内存访问

对于大多数应用来说，使用编程式 I/O，甚至使用中断，从外设将数据传送给 CPU 是不现实的。实际上，磁盘、磁带和闪存里的数据只能按块传送，对块里的每条数据都单独执行一条指令是不太明智的。在设备的 I/O 控制器和内存之间直接传送数据块更为合理，因为大部分数据都是按块处理的。这就意味着，如果有可能的话应绕过 CPU 寄存器，然后从内存里按组来处理数据块。

举个简单的例子，考察一个对一组数值进行分类的程序。为了高效地运行，整块数值必须存储在内存里以分类处理，因为 CPU 里的指令只能对内存里的数据进行处理。因此，将整个块一次从磁盘都移动到内存是明智的。

为此，计算机系统提供了一种更高效的 I/O 方法，在 I/O 控制器的控制之下，在 I/O 控制器和计算机内存之间直接传送数据块。这个传送使用编程式 I/O，由 CPU 里的程序来启动，但启动之后的传送就会绕过 CPU。当传送完成后，I/O 控制器就会通过中断通知 CPU。一旦传送完毕，内存里的数据就可以由程序使用了。这个 I/O- 内存数据传送技术就叫作**直接内存访问**，常常简称为 DMA。

在"小伙计"时期，可以这样看待直接内存访问：通过后门直接将数据装入邮箱里，绕过"小伙计"的 I/O 指令程序，为"小伙计"提供数据。为了再次强调"操作只能在程序控制下发生"这个事实，我们必须为"小伙计"提供一种启动传送的方法，还必须提供一种当数据传送完成后通知"小伙计"的方法。

要进行直接内存访问，必须满足 3 个主要的条件：

1. 必须有一种方法将 I/O 接口和内存连接起来。在有些系统中，两者都已经连在同一条总线上了，因此，这种需求很容易满足。在其他情况下，在设计上必须要有连接两者的配置。系统配置问题在第 11 章里讨论。

2. 与特定设备关联的 I/O 控制器必须能读写内存。这是通过模拟 CPU 与内存的接口来实现的。具体地说，I/O 控制器必须能装载内存地址寄存器、读写内存数据寄存器，不管是自己的寄存器还是 I/O 控制器外面的寄存器。

3. 必须有一种方法可避免 CPU 和 I/O 控制器之间的冲突。例如，CPU 和控制磁盘 I/O 的模块不可能同时将不同的地址装入 MAR 中；两个不同的 I/O 控制器也不可能同时在相同的总线上在 I/O 和内存之间传送数据。简单地说，这种需求意味着同一时间只能有一台设备使用内存，尽管我们在 8.3 节里曾提到过，有些系统以某种方式将内存交叉，使得 CPU 和 I/O 控制器可以同时访问内存的不同部分。但这必须包含特定的控制电路来指示在某个时间点上系统的某一部分是 CPU 还是某个 I/O 控制器在使用内存和总线。

除了具有几个优点之外，DMA 还特别适合于高速磁盘传送。由于在传送过程中 CPU 没有主动参与，因此，当发生 I/O 传送时，在传送期间 CPU 可以执行其他任务。对于 Web 服务器这样的大系统，这特别有用。当然，DMA 并不仅限于磁盘到内存的传送，也可用于其他高速设备，而且，在两个方向上都可以进行传送。例如，将视频数据从内存传送到视频 I/O 系统进行快速显示，DMA 就是一种很高效的方法。

CPU 启动 DMA 的传送过程是简单明了的。对于特定的 I/O 设备启动传送，4 条数据必须提供给 I/O 控制器。I/O 控制器控制 DMA 传送必须拥有的 4 条数据如下所示：

1. 在 I/O 设备上数据的位置（例如，磁盘上数据块的位置）。

2. 内存中数据块的起始位置。

3. 要传送的数据块的大小。

4. 传送的方向，读（I/O→内存）或者写（内存→I/O）。

通常，I/O 控制器会有 4 个不同的寄存器，每个寄存器都存放自己的、可用于这个目的的 I/O 地址。在大部分现代系统中，正常的编程式 I/O 输出指令可以启动一个 DMA 传送。在有些系统中，第五条编程式 I/O 指令实际上启动传送，而另一些系统当第四条数据到达 I/O 控制器时，就启动 DMA 传送。

IBM 大型机的工作方式有点不同，尽管原理是一样的。单条编程式指令"I/O START CHANNEL"启动这个过程。一个独立的**通道程序**存储在内存中。I/O 控制器使用这个通道程序来执行其 DMA 控制。这四条数据是通道程序的组成部分，由 I/O 控制器来启动 DMA 传送。我们会在第 11 章里对 I/O 通道的概念进行更详细的探究。

一旦启动了 DMA 传送，CPU 就可以空闲出来去执行其他处理了。然而，请注意，在此期间所传送的数据不应被修改，因为这样做会导致传送错误和处理错误。

例如，如果一个程序可以改变内存空间里的数值，这个数值是要传送到磁盘的，那么所传送的数值就是不确定的，这取决于改变是发生在该数值传送之前还是传送之后。类似地，传送到内存中的数值的使用取决于该空间的传送是否已经发生。

这就相当于让"小伙计"从内存区域读一条数据，该区域正在从邮箱的后部装载数据。这条数据的数值将依赖于新值从后部装入的时间是在"小伙计"读取它之前还是之后。很明显，这种情形是不可接受的。

因此，假定内存里的数据是稳定的，CPU 知道何时完成传送是十分重要的。中断技术就是用于这个目的的。在传送期间，等待数据传送的程序被挂起或者执行其他不相关的处理。当传送完成时，控制器发送一个完成信号以中断 CPU。中断服务例程通知程序可以继续处理受影响的数据了。

最后，请注意，需要几条编程式输出指令来启动一个 DMA 传送。实事求是地说，这意味着对于非常少量的数据执行 DMA 传送是没有多大用途的。对于少量的数据，使用编程式 I/O 明显效率会更高一些。还需要指出，如果一台计算机只能执行单个任务，那么，实际上并不能利用由 DMA 空闲出来的时间，因此使用 DMA 几乎没什么优点。

到此值得中断一下这个讨论了（是的，有意使用了双关语），提醒你一下，在现实中应用程序不会直接执行 I/O，因为这样做可能跟同时执行 I/O 的其他程序发生冲突。相反，应用程序会通过操作系统软件请求 I/O 服务，它会调用操作系统里的一个程序来执行这里所描述的 I/O 操作。当然，I/O 指令和中断程序是特权指令和特权程序，因为只有操作系统软件才能访问这些指令和程序。

例子　将一块数据从内存写到磁盘，考虑一下所需的步骤。执行程序已经在内存的某个地方产生了这块数据。

首先，I/O 服务程序使用编程式 I/O 向磁盘控制器发送 4 条数据：内存中数据块的位置、数据在磁盘上存储的位置、数据块的大小（如果在特定的系统上总是使用固定的磁盘大小，那么这一步可能就没有必要了）以及传送方向，在这个例子里，是向磁盘写。

其次，同样是使用编程式 I/O，服务程序向磁盘控制器发送一个"就绪"消息。此时，DMA 传送过程就开始了，不再受 CPU、I/O 服务或请求 I/O 服务的程序所控制。根据操作系统程序的设计，当前的应用程序可以继续执行其他任务或者可以将其挂起，直到 DMA 传送结束。

当传送完成时，磁盘控制器向 CPU 发出中断。中断处理程序要么将控制返还给启动请求的程序，要么通知操作系统该程序可以恢复了，这依赖于系统设计。

这个例子揭示了编程式 I/O、DMA 和中断方法，在最重要、最常见的 I/O 执行方式中是如何协同工作的。这个技术如图 9-14 所示。

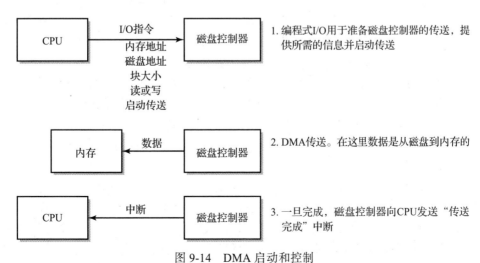

图 9-14　DMA 启动和控制

9.5　I/O 控制器

在图 9-14 所示的例子中，磁盘控制器扮演了主要的角色。当然，磁盘控制器只是 I/O 控制器的一个实例。I/O 控制器是 CPU 和具体设备之间的接口，本例中是磁盘驱动器，它从一边的 CPU 那里接受命令，控制另一边的设备。在这个例子中，磁盘控制器提供了下列功能：

- 磁盘控制器可识别对其寻址的消息并从 CPU 处接受命令，确定磁盘驱动器要做什么。在这个例子中，磁盘控制器确定通过 DMA 方式将一个数据块从内存写到磁盘上。
- 磁盘控制器提供一个缓存以存放来自内存的数据，直到它传送给磁盘。
- 磁盘控制器提供必要的寄存器，并控制着直接内存传送的执行。这要求磁盘控制器访问内存地址寄存器和内存数据寄存器，这些寄存器不同于 CPU 的内存地址寄存器和内存数据寄存器，它位于磁盘控制器内或者独立的 DMA 控制器内。
- 磁盘控制器控制着磁盘驱动器，将磁头移动到要写数据的磁盘物理位置上。
- 磁盘控制器将数据从缓存复制到磁盘上。
- 磁盘控制器具有中断功能，当传送完成时，通过中断来通知 CPU。在传送期间，若出现了差错或问题时，它也会中断 CPU 以进行通知。

可以将特定的 I/O 操作任务从 CPU 卸载到独立的控制器里，这些控制器是专门设计的，用于数据传送和设备控制。在有些情况下，I/O 控制器甚至还拥有自己的处理器来分担系统 CPU 里与 I/O 相关的处理任务。

使用独立的 I/O 控制器有几个好处：

- 控制器可以设计用来提供特定设备所需的专门控制。
- 当进行较慢的 I/O 操作时，控制器解放了 CPU 以执行其他任务。
- I/O 控制器的存在允许同时对几个不同的 I/O 设备进行控制。
- 基于处理器的控制器能够提供专门的服务，否则的话，对于 CPU 时耗敏感的工作，这些服务会令系统 CPU 过载。例如，一个高端图形显示控制器可以对压缩加密的 MPEG 视频进行解码，或者对图像的亮度和阴影效果进行调整。

正如图 9-15 里所看到的，I/O 控制器执行两个不同的功能。在 CPU 接口处，控制器执行"CPU–接口"任务：从 CPU 接受 I/O 命令；在控制器和 CPU 或内存之间传送数据；向 CPU 发送中断和状态信息。在设备接口处，控制器对设备进行控制，例如，将磁盘驱

图 9-15　I/O 控制器接口

动器的磁头移到正确的磁道上、磁带倒带。大部分 I/O 控制器提供数据缓存功能以同步 CPU 和各种 I/O 设备之间的不同速度。有些控制器还必须具有接受设备请求独立于计算机的功能，必须能将这个请求以中断的形式传递给计算机。对于能引起意外中断的任何设备都是如此，包括在计算机操作期间可以安装和移走的设备（有时候称为热插拔或即插即用）、拥有可移动介质的设备以及带网络控制器。

正如我们前面指出的，设备控制器是为系统中的大部分 I/O 设备提供的。前一个例子说明了磁盘控制器的特征。类似地，几乎所有的现代系统都提供了网络控制器，有时也叫网络接口控制器或网络接口卡，甚至叫 NIC。当然，你或许已经熟悉了显卡。一个设备控制器接受 I/O 请求，并同满足这些请求的设备进行直接交互。设备控制器是独立设计的，拥有专门

的内置电路，这些电路用来控制特定类型的设备。这种能力很重要，因为不同的外设有各种各样的需求。磁带驱动器必须具有打开和关闭电源的功能，必须具有在快进、正常播放和倒带之间进行相互切换的功能。磁头必须移动到正确的磁道上。显示器需要稳定的数据传送，这些数据表示屏幕上的每个点；还需要专门的电路来维持每个点显示在屏幕的正确位置上。（显示控制器的操作在第 10 章里进行讨论。）

通过编程 CPU 以提供正确类型的信号从而操作这类和其他类型的 I/O 设备，是一件困难的事情，控制这些设备所需的 CPU 时间也会大大降低系统的使用性。对于一个设备控制器来说，简单的 CPU I/O 指令就能控制相当复杂的操作。一个简单的控制器通常用来控制多台同类型的设备。

在一个小型系统中，大部分 I/O 控制器是设备控制器，用作一般系统总线和每台系统外设之间的直接接口。也有些 I/O 控制器可以用作系统总线和其他模块之间的额外接口，通过这些模块可再连接设备。例如，在典型的个人计算机中，磁盘控制器通常安装在计算机里面，直接连到系统总线上。而打印机则是间接控制的。例如，一个 I/O 控制器一端连接到系统总线上，另一端连接一个 USB 端口；实际的打印机控制器位于打印机里面，在总线的另一端。

总之，I/O 控制器使外设和 CPU 之间的连接任务变得简单了。I/O 控制器替 CPU 分担了相当多的工作。这使通过 CPU 里一些简单的 I/O 命令来控制外设的 I/O 成为可能。它们支持 DMA，以便将 CPU 解放出来去执行其他任务。正如我们已经指出的，设备控制器有专门的电路，用来将不同类型的外设连接到计算机上。

现代计算机的许多功能源自于将 CPU 操作同其他个性化的 I/O 功能分离，并允许各自并行进行处理的能力。事实上，计算机越强大，这种分离就越需要，从而使整体系统的运行令人满意。

小结与回顾

本章描述了两种 I/O 方法：编程式 I/O 和 DMA，介绍了实现这两种方法的各种组件和结构。在简单描述了大部分常用外设的 I/O 需求之后，本书描述了编程式 I/O 的过程，描述了这种技术的优点和缺点。一般情况下，编程式 I/O 仅用于慢速设备，比如键盘、鼠标这样的非面向数据块的设备。

接着，我们介绍了中断的概念，它是引起 CPU 执行特定动作的一种方法。我们介绍了使用中断的各种方式，包括需要关注的外部事件通知、I/O 的完成信号、CPU 时间的分配方法、异常事件指示器以及引起 CPU 执行特定动作的软件。我们解释了由中断引起 CPU 关注所使用的方法以及 CPU 服务中断的方式。我们考察了多重中断发生的情形，讨论了中断的优先级问题。

不同于编程式 I/O，直接内存访问允许在 I/O 设备和内存之间直接传送数据块。我们讨论了实现 DMA 的硬件需求，说明了 DMA 是如何工作的。我们解释了 DMA 跟中断如何协调工作。

我们以对 I/O 控制器的讨论作为本章的结束，I/O 控制器用于控制 I/O 设备，并用作外设、CPU 和内存之间的接口。它从 CPU 接收消息，对设备进行控制、启动并在必要时控制 DMA，以及产生中断。通道架构中的 I/O 控制器也是用来将 I/O 请求指向正确的通道，并提供独立智能的 I/O 操作控制。

扩展阅读

I/O 概念和技术（包括中断和 DMA 的概念）的详细论述参见前面提到的工程教材，特别是由斯托

林斯 [STAL09] 和塔嫩鲍姆 [TAN05] 编著的那些教材。在 IBM 大型机架构中著名的 I/O 处理方法可参见普拉萨德 [PRAS94]、柯米尔等人 [CORM83] 的著作。很多优秀的书都讨论了个人计算机的 I/O，其中包括每斯默 [MESS01]、萨金特和苏梅科尔 [SARG95] 的书。组织有些欠缺但仍有价值的 I/O 处理方法可参见亨利的书 [HENL92]。

复习题

9.1　从数据类型的角度看，键盘和硬盘作为输入设备有什么不同？

9.2　至少给出两个可以产生异常输入的设备。

9.3　解释缓存的作用。

9.4　解释一下，为什么当 I/O 设备是硬盘或者图像显示器的时候，编程式 I/O 不能很好地工作？

9.5　当发生中断时，此时正在执行的程序会发生什么？

9.6　什么是上下文？它包含哪些内容？它是用来做什么的？

9.7　本书列出了 4 种主要中断的使用方法。至少说明并解释其中的 3 种。

9.8　当用户程序试图执行一个特权指令时，会发生什么类型的中断？

9.9　DMA 表示什么？DMA 给计算机增加了什么能力？

9.10　执行 DMA 时需要的 3 个主要条件是什么？

9.11　当 DMA 传送发生之前，I/O 控制器必须有什么数据？这个数据是如何发送到控制器的？

9.12　在 DMA 传送结束的时候，"完成"中断的目的是什么？

9.13　显卡是一个 I/O 控制器的例子。一个 I/O 控制器至少有两个接口。显卡的两个接口与什么设备连接？

9.14　至少说出 I/O 控制器有的 3 个优点。

习题

9.1　如果计算机没有中断能力，为什么 DMA 会没有什么用处？

9.2　使用硬盘控制器控制硬盘的优点是什么？对于硬盘控制器所做的工作，你还能怎么做？

9.3　DMA 很少用于哑计算机终端，为什么？

9.4　考察一下硬盘传送完成时发生的中断：

　　a. "谁"中断了"谁"？

　　b. 在这种情形下为什么要使用中断？如果这个计算机没有中断能力，那么必须要什么？

　　c. 解释这个中断发生后的步骤。

9.5　假设你希望使用 DMA 将数据块发送到磁带机进行存储。在 DMA 传送之前，必须向磁带控制器发送什么信息？

9.6　什么是中断向量？

9.7　轮询的作用是什么？轮询的缺点是什么？执行相同工作，更好的方法是什么？

9.8　使用计算机处理多媒体（移动视频和声音）时，I/O 效率最大化十分重要。假设电影的数据块连续存储在 CD-ROM 上。请描述一下电影播放软件读取数据块所使用的步骤。讨论你会用什么方式优化 I/O 传送的性能。

9.9　考察一下计算机和打印机之间的接口。一个典型的打印输出一次一个字节或一个字（尤其是在网上）地将输出数据发送到打印机上，这明显是不现实的。相反，要打印的数据存储在缓存里，其位置在内存里是明确的，并且按块传到打印机中的内存里。然后，打印机中的控制器处理来自打印机内存的实际打印。

打印机的内存并不总能一下子保存完整个打印输出数据，打印机问题（如"缺纸"情况），也可能引起延时。应尽可能详细地设计并描述一种中断或 DMA 方案以确保所有文档都能成功打印。

9.10　UNIX 操作系统将面向块和面向字符的设备区别处理。分别给出一个例子，解释它们之间的不同，解释它们之间的 I/O 过程是如何不同的。

9.11　描述一个在事件开始时发生中断的情形。描述一个在事件结束时发生中断的情形。这两种事件类型之间有什么不同？

9.12　一般来说，中断的作用是什么？换句话说，假设计算机不提供中断，那么将会缺失什么功能？

9.13　轮询和轮询式中断处理有什么区别？

9.14　当一个系统收到多个中断时，描述一下发生的步骤。

The Architecture of Computer Hardware, Systems Software, & Networking: An Information Technology Approach, Fifth Edition

计算机外设

10.0　引言

典型的笔记本电脑和台式机系统的构成部件都包括 CPU、内存、硬盘和固态硬盘（SSD），键盘、鼠标、触摸板或触摸屏、无线和有线网路接口（或许还带有蓝牙功能）、语音和视频输入输出系统部件，有时还有可读写的 DVD 驱动器，以及显示器、USB 组件、显示端口、HDMI，或许还有 SD 卡及连接外部监视器和其他外加 I/O 部件的端口。其他可以使用的组件包括各种类型的扫描仪、打印机、电视盒以及外部磁盘驱动器。

平板电脑和智能手机为移动应用添加了各种各样的小工具：加速度计、陀螺仪、全球定位系统（GPS）组件、光电传感器、罗盘，以及蜂窝式技术，或许还应加上近场通信技术。每台计算机或基于计算机的设备内部也都有一个电源，即电池或供电系统，供电系统能将墙电转换为合适的电压给计算机供电。

在上述的部件中，除了 CPU、内存和电源，其余的都可认为是计算机本身主要处理功能的外围（也就是外部），因此称为**外设**。有些外设使用网络技术或一个端口，作为连接到计算机的互连点。其他外设拥有自己的接口连接到内部的系统总线上，系统总线将计算机的各个部分互连在一起。

大型服务器或大型机的外设与上面所提的外设是类似的，或许功能更强大、速度更快、容量更大。大量的硬盘或 SSD 可以组合成阵列以提供几十或几百兆兆字节（TB）的存储容量。一个或多个高速网络接口将是主要部件。很可能也需要具有处理大量 I/O 的能力。需要有实现大规模可靠备份的方法。相反，大型高清显示、高端图形和音频卡，以及其他多媒体设备可能都不太需要。

尽管外形和细节不太一样，但这些设备的基本操作都是类似的，不论计算机的类型如何。在前面的几章中，我们已经审视了 CPU 之外的控制设备的 I/O 操作。现在我们将注意力转向设备本身的操作上。本章里，我们学习最重要的计算机外设。我们看一下每台设备的使用、主要特征、基本物理构造及其内部操作。我们也会简要地考察一下这些设备的接口特征。只对网络技术进行很少的介绍；由于其重要性，第 12 ～ 14 章都讨论这个话题。

外设分为输入设备、输出设备和存储设备。如你所想，输入数据就是从外界输入到 CPU 里的数据，输出数据就是从 CPU 移动到外界的数据。当然，网络和存储设备既是输入设备又是输出设备，尽管不一定是同时输入或输出。你回想一下第 1 章里的"输入 - 处理 - 输出"的概念可知，程序需要输入数据、处理数据，然后产生输出。使用网络或存储设备存储的输出数据将来会用作输入。例如，在一个事务处理系统中，数据库文件就是在线存储的。当一个事务发生时，事务处理程序会使用新的事务和数据库里的数据来更新相应的数据库记录并作为输出。更新后的数据库保留在存储设备上，用作下一个事务。

我们将在 10.1 节里对存储设备进行一般的讨论。接着，在 10.2 ～ 10.5 节里分别给出具体的存储设备：固态存储、磁盘、光盘以及磁带。10.6 节详细介绍了计算机显示子系统，包括显示接口的工作原理、图形处理技术的需求和各种实现，以及图形显示技术。这一节也简要审视一下典型 GPU 或图形处理单元的架构，这个超多核处理器是专门针对现代图形要求的大规模并行计算来设计的。10.7 节介绍激光和喷墨打印机技术。10.8 节概述一下几个不同的用户输入设备。最后，10.9 节简单介绍网络接口，为后面介绍网络的那几章预备一下材料。

应当注意的是，许多外部设备所使用的技术非常复杂，甚至可以说有些设备是施过魔法的！当看到某些设备的描述时，你会同意这个说法的。（将数百万细微的墨水滴分布到一张纸上，并且每滴墨水在正确的时间处于精确的位置上，一台喷墨打印机真的能产生完美的照片吗？）一台外部设备拥有比计算机本身还复杂的控制和技术，这很寻常。或许你对这些设备如何工作感到疑惑。这里将提供给你寻找答案的机会。

我们没有试图详细解释计算机系统中的每台外设。相反，我们选择了几台有意思的设备，它们代表了许多技术。

到本章结束时，你会接触到计算机系统中每个重要的硬件组件，但不包括系统互连部分以及将计算机系统扩展到网络的部分。对于我们所讨论的每一台设备，你都会看到其功能和内部工作原理，你将看到不同的部件如何装配在一起形成一台完整的计算机系统。你会比较好地理解如何选择特定的部件来满足特定的系统需求，比较好地理解如何确定设备的容量和功能。

10.1 存储的层次

基于数据访问的速度，计算机存储通常在概念上是分层的。图 10-1 所示的表格展示了这种分层，也给出了某些典型的访问时间和数据吞吐率。

	典型的访问时间	典型的数据吞吐率	
CPU 寄存器	0.25ns	NA	
Cache 存储器（SRAM）	1 ~ 10ns	（参见教材）	
主存（DRAM）	10 ~ 20ns	（参见教材）	增加访问时间
闪存 / 固态硬盘	25 ~ 100μs 读 /250μs 写	200MB ~ 5GB/s	一般会增加存储容
硬盘	3 ~ 15ms	100MB ~ 1GB/s	量 / 单位成本
光盘	100 ~ 500ms	500KB ~ 4.5MB/s	
磁带机	0.5s 或更长	160MB/s	

图 10-1　存储分层

层次的顶层是 CPU 寄存器，在进行处理时它用来短时存放数据。因为寄存器是 CPU 的一部分，所以访问寄存器本质上是瞬时的。Cache 存储器，如果有的话，是 CPU 之外最快的存储器。你回忆一下第 8 章可知，Cache 存储器是小容量的快速存储器，可用来存放当前的数据和指令。CPU 在查看传统的内存之前，总是先尝试访问 Cache 里的当前指令和数据。可以有多达 3 个不同级别的 Cache。如果要访问的数据或指令不在 Cache 里，那么 CPU 就访问传统的内存。下一层是传统的内存。传统的内存和 Cache 存储器都叫**主存**。它们都提供了 CPU 对程序指令和数据的立即访问，都可用来执行程序。主存的数据吞吐率主要取决于总线以及连接主存和 CPU 接口的性能。在现代计算机中，主存的吞吐率通常都超过 1GB/s。

在传统的主存级之下,分层中的存储器不是 CPU 能立即使用的,它称为**辅存**,它通常按照 I/O 来处理。辅存中的数据和程序必须要复制到主存中 CPU 才能访问⊖。除了闪存之外,访问辅存都要比访问主存慢很多。磁盘和其他辅存设备在本质上都是机械式的,机械设备肯定要比纯电子设备慢得多。磁盘中存放所需数据的位置通常是不能立即访问的,必须对介质进行物理移动,才能访问正确的位置。这就需要一个寻道时间,即找到所期望的位置所需的时间。一旦定位了正确的数据,必须要将其移动到主存里才能使用。图 10-1 所示的吞吐率表明了主存和 I/O 设备之间能够发生数据传送的速度。辅存设备访问时间的大部分都是寻道时间。因此,即便是最慢的主存也要比最快的磁盘快 100 万倍。显然,在等待磁盘传送发生时,可以执行许多条 CPU 指令。

当然,辅存的一个重要优点是它的永久性或非易失性。正如第 7 章指出的,当关闭电源时,RAM 里的数据就丢失了。闪存使用了一种特殊类型的晶体管,在不供电的情况下它可以无限期地保存数据。磁盘和磁带使用的磁性介质,以及 DVD 和 CD 使用的光学介质也能无限期地保存数据。辅存还有一个优点就是它可以存储大量的数据。即使 RAM 相对来说也不贵,但磁盘和磁带还是更便宜一些。以较低的成本可以提供大量的**在线辅存**。当前的硬盘数据存储的密度超过了 $100GB/cm^2$!

磁带、大部分闪存设备、光盘以及许多磁盘在设计上很容易从计算机系统里取走,这使得它们非常适合于数据的备份和**离线存储**,并且在需要的时候可以读取。这就提供了另外一个优点:辅存可以用作离线文档存储和离线备份存储,这使得在机器之间移动数据很容易。例如,一个闪存卡可以存储数码相机拍摄的照片,直到这些照片移到一台计算机里进行长期存储;类似地,移动硬盘可以用来在计算机之间移动大量的数据。

作为一种日益普遍的方法,数据和程序可以存储在不同计算机的辅存上,通过计算机之间的网络连接进行访问。这个背景下,带辅存的计算机有时候称为**服务器**或**文件服务器**。事实上,服务器的主要用途是为网络上的所有计算机提供存储。商业云服务器就是这种思想的一个重要实例。对于这类服务,提供 Web 服务的公司是另一个常见的应用。大规模的存储服务常常用**存储区域网**(SAN)进行组织和实现。我们在 17.8 节里会再回到这个话题。

在各种辅存设备中,闪存和磁盘设备的速度是最快的,因为数据可以随机访问。实际上,IBM 把磁盘称为**直接访问存储设备**(DASD)。对于磁带,可能需要按顺序搜索磁带的一部分以发现期望的数据。另外,磁盘连续地旋转,而磁带将不得不启动和停止,甚至可能反向倒带来寻找所期望的数据。这些因素意味着磁带天性就比较慢,除非数据是顺序读取的。这使得磁带仅适合于大规模离场备份存储,在这个存储过程中,整个磁盘的内容都传送到磁带上来保护数据避免可能的灾难;或者满足合法的长期数据保存需求。尽管在过去磁带存储具有很大的固有成本和存储容量的优势,但目前情况不再如此了,随着企业利用云存储服务并用较新的技术替换其设备,磁带的使用正在减少。

10.2   固态存储器

在 7.3 节里,我们简要地介绍了闪存。**闪存**是非易失的电子集成电路存储器。正如我们

⊖   在最早的计算机时代,辅存设备尤其是旋转磁鼓(磁盘的前身),实际上是作为主存 CPU 可以直接访问的。为了高效地运行,程序设计必须使磁鼓的旋转数量最少,这就意味着程序员总是试图让下一个所需的位置刚好位于此时鼓头位置的前面。对程序员来说,那些天都是有趣的日子!

在那一节里指出的，闪存 RAM 基于的技术不同于标准 RAM，我们已经指明对于大部分应用，由于它的写需求（参见下面），因此它不适合用作标准的内存。然而，许多情况下闪存非常适合用作辅存。闪存既可用作长期系统存储，也可用作便携式存储。

由于闪存体积小、功耗低、重量轻，所以它常常作为辅存用于平板电脑、智能手机和其他移动设备中，也可以作为存储卡插在便携式移动设备里，如便携式音乐播放器、数码相机。它也非常适用在小型轻便的直接插在 USB 端口上的"拇指驱动器"中。这些驱动器在移动文件和数据方面很有用，从一台机器移动到另一台机器，也可以作为廉价方便的备份介质来使用。对于移动和便携式应用，闪存还有其他优点：对冲击和震动导致的故障具有相对较好的免疫性（因为它没有运动部分），产生的噪声和热量很小。

在大一点的系统中，闪存是磁盘存储的主要替代品。尽管在写本书时，闪存比磁盘存储要贵一些，但它具有很多重要的优点。最重要的是，闪存 RAM 里的数据访问速度大约是磁盘数据访问的 100 倍，而这两种设备的读/写速度大体相当。在许多重要的计算机应用中，快速访问存储数据的能力是这些应用执行速度的一个限制因素。因此，称为**固态硬盘**（SSD）的大容量闪存装置正在进入市场，它替代磁盘作为计算机中的一种长期存储设备，在中等存储容量的系统尤其如此。事实上，大部分 SSD 都具有 60 ~ 512GB 的存储容量。并且，容量为 10TB 左右的大固态硬盘也已经开始进入市场了。尽管磁盘以极低的价格提供了巨大的存储容量，但 SSD 的容量在持续扩展且价格也在持续下降。这意味着在今后的一些年内，即便不是对于大多数应用，SSD 也是可以替代磁盘存储的。

像 RAM 一样，我们使用的闪存部件是由一个一个的芯片组成的，有时候文献上称其为压模。写这本书时，典型的芯片容量从 8 ~ 64GB，也有少量的 128GB 的芯片。因此，一个 8GB 的 SD 卡或拇指驱动器可能包含 1 ~ 8 个芯片。

用于存储的闪存按块读取数据。正如我们在 7.3 节里指出的，它也必须按块写数据。这些要求跟辅存是一致的。一般情况下，不管是什么设备，辅存通常都是按块读写数据的。对于闪存的读或写操作，典型的块大小是 512、2048 或 4096 个字节，这对应于光盘或磁盘的块大小。在闪存规范中，读/写块称为页。必须将数据块写在干净的空间内。如果需要的话，在执行写操作之前必须先擦除以前的数据。擦除的块要大一些，一般为 16KB、128KB、256KB 或 512KB。再者，擦除时间相对于读写时间要长一些，大致是 2 ~ 5ms 对 20 ~ 100μs 左右。这就意味着闪存需要精心组织以使擦除的需求最小化。

第二个因素是闪存里的大部分故障都起源于擦除操作。大部分闪存系统提供了两级控制。每个闪存芯片内的控制逻辑管理着芯片的存储空间，包括内置的差错校正和存储分配，这种分配试图在整个空间内平均分布写操作以使所需要的擦除次数最小。按照这种方式分布擦除在设计上可延长存储器的寿命，这个分布过程叫作均衡磨损。另外，系统级的闪存控制器将整个系统组织起来以提供快速读写，并尽量减少由增加访问时间而引起的擦除次数。

尽管存在小缺点，但在可预见的未来，闪存可能成为占主导地位的现场辅存介质。

10.3 磁盘

磁盘是由一个或多个平的圆盘组成的，圆盘是由玻璃、金属或塑料制造的，上面涂有磁性物质。可以用电磁铁将磁性物质中一小片区域内的粒子磁化为两个方向中的一个方向，电磁铁也能检测出以前记录的磁性方向。因此，磁性可以用来区分 1 和 0。电磁读写磁头就是用于这个目的的。

驱动器的电机驱动盘片围绕中心轴旋转。对于大部分驱动器，电机以固定的速度旋转磁盘。磁头臂的尾端安装有读写磁头。磁头臂可以让磁头跨过磁盘表面径向移进和移出。磁头的电机精确地控制着盘面上磁头臂的位置。

大部分**硬盘驱动器**包含多个盘片，它们都安装在同一轴上，每个盘片的两面都有一个磁头。磁头是统一移动的，因此它们定位在每个盘面的相同点上。除了顶面和底面需要单独的磁头臂和磁头外，每个磁头臂上都有两个读 / 写磁头，它们服务于两个相邻盘片的盘面。

处于某个位置的磁头，随着磁盘的旋转它在盘面上走出一个圆形的轨迹，这个圆称为**磁道**。由于每个盘面上的磁头都处于一条直线上，所以所有盘面上的一组磁道就形成了一个**磁柱**。每个磁道包含一个或多个数据块。传统上，我们将盘面看作等大小的扇形段，称为**扇区**，当前的磁盘对磁道划分有点不太一样。一个磁道上的每个扇区包含一个数据**块**，一般为 512 字节或 4096 字节，这代表能够独立读写的最小单位。图 10-2 展示了传统的硬盘结构视图。

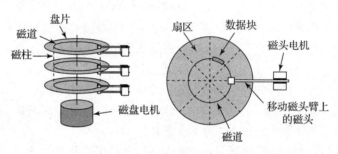

图 10-2　硬盘结构的传统视图

如果假定了扇区的字节数，那么它在磁盘的任何地方都是一样的。从这幅图中你可以看到，磁盘内道里的位数要比外道的更紧密一些。不管是哪个磁道，在访问扇区时，都能扫出同样的角度；因此，电机以固定的速度旋转时，传送时间可以保持恒定。这种技术叫作 **CAV**，即**恒定角速度**。CAV 具有简单、访问快速的优点。

充分利用外道的空间以在磁盘上压紧存放更多的位数，可以增加磁盘的容量。但这会导致每个扇区有不同的字节数，或者每个磁道有不同的扇区数，这依赖于所访问的磁道。这会使得定位所需扇区更为困难。也请注意，恒速电机在边缘处跨越饼形扇区移动磁头所花的时间，跟中心处的移动时间是一样的。如果外道被压紧存放了更多的位，那么边缘处的数据传送会快于中心处的传送。由于磁盘控制器在设计上期望有恒定的数据传送速度，所以似乎需要这样设计电机：当磁头访问外道时，它应减慢速度以保持数据传送速度恒定。在这种情况下，应调整电机的速度使得不管磁头在哪个位置，沿着磁道的旋转速度都是恒定的。这种方法叫作 **CLV**，即**恒定线速度**。直径相同的 CLV 磁盘的容量和位密度大约是同大小 CAV 磁盘的两倍。CLV 技术通常用于 CD 和 DVD 中，但这种设计使得快速访问个别数据块更为困难，因此，它很少用于硬盘中。

作为一种折中方案，现代磁盘驱动器将磁盘划分为若干个区域，一般是 16 个区域。这种方法如图 10-3 所示。不同区域的磁柱拥有不同数量的扇区，但一个区域内扇区数是恒定的。很明显，包含最外层磁柱的区域拥有最多的扇区数。磁盘控制器不是调整电机的速度，而是缓存数据率，从而使 I/O 接口的数据率恒定，尽管控制器和磁盘之间的数据率是可变的。不同的商家把这种技术称为**多区域记录**、**区域位记录**（ZBR）或者**区域 -CAV 记录**（ Z-CAV ）。多区域记录代表着简单性和磁盘容量之间的一种有效折中。几乎每一个现代硬盘都使用这种方法来构造。

一些商家在其规范中描述了区域结构的细节。例如，东芝为其 5K500B 250GB 型磁盘提供了一个区域表，这个表给出了磁盘的构造，它包含 172 675 个磁柱，分为 24 个区域，每个区域里每条磁道的扇区数从 912 （最内）到 1920 （最外）个。作为实际物理结构的一种可选方法，大多数商家提供了磁盘的逻辑盘面 / 磁柱 / 扇区视图，这个视图遵循传统的结构。

硬盘的盘片是由刚性材料制成的，并精确地进行安装。硬盘里的磁头不接触盘面，而是漂浮在盘面上百万之几英寸厚的一个空气床上。磁头的位置在径向上是紧密控制的。这种精度使得磁盘能够高速旋转，并使得设计师能非常接近盘面来定位磁道。结果就是这样的一个磁盘，它能存储大量的数据并能快速地读取数据。典型磁盘的转速是 5400r/min 或 7200r/min；市场上有少量硬盘的转速是 12000r/min，有的甚至达到 15000r/min。

图 10-4 所示为硬盘装配图，图中展示了盘片、磁头臂和读写磁头。这个特定的硬盘包含 3 张盘片和 6 个磁头。只有最顶部的盘片和磁头能够看到。整个装配是密封的以防止磁头和盘片之间嵌进尘埃颗粒，因为这种情形可以很容易地损坏硬盘。即便是香烟的烟灰也比磁头和磁盘之间的缝隙大一些。当磁头静止不动时，磁头就放在磁盘边缘的**停靠**位置上。磁头具有空气动力设计，当盘片旋转时，会引起磁头抬升使其处于一个气垫上面。

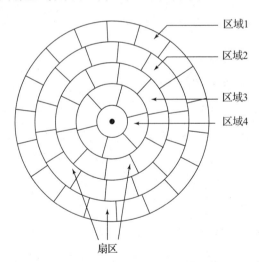

图 10-3 多区域磁盘构造

图 10-4 一个硬盘的机械装置

图 10-5 给出了定位一个独立的数据块所需的操作。首先，磁头臂将磁头从当前磁道移动到期望的磁道上。磁头从一个磁道移动另一个磁道所需要的时间称为**寻道时间**。由于两个磁道之间的距离显然是一个要素，所以**平均寻道时间**可以用作磁盘的一个性能参数。一旦磁头处于期望的磁道上面，必须等待磁盘旋转到相应扇区的开始处才能进行读写操作。发生这个的时间称为**旋转延迟时间**，有时也称为**旋转延时**或简称**延时**。很明显，这个延时是变化的，并与磁盘的位置有关。最理想的情况是磁头刚好就要进入这个扇区，旋转延时为 0。

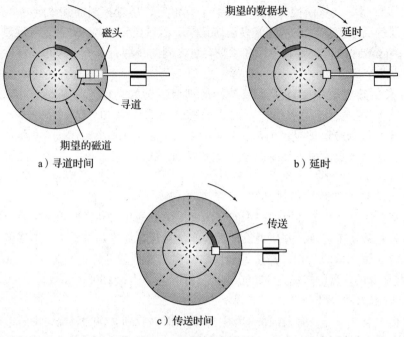

a) 寻道时间

b) 延时

c) 传送时间

10-5 定位一个数据块

在另一个极端，磁头刚刚经过扇区的开始处，需要完整地旋转一圈才能到达扇区的开始处。这个时间可以根据磁盘的转速来计算。两种情况在概率上是均等的。平均来说，磁盘必须旋转半圈才能到达期望的数据块。因此，根据磁盘的转速，平均延时可以这样计算：

$$平均延时 = \frac{1}{2} \times \frac{1}{转速}$$

对于典型的硬盘，转速为 3600r/min，或 60r/s。平均延时为：

$$平均延时 = \frac{1}{2} \times \frac{1}{60} \, ms = 8.33ms$$

一旦到达了扇区，就可以开始传送数据了。由于磁盘恒速旋转，所以传送数据块所需要的时间，即**传送时间**，取决于一个磁道里的扇区数，因为它决定了单个数据块占据磁道的百分比。传送时间定义为：

$$传送时间 = \frac{1}{扇区数 \times 转速}$$

如果硬盘中的每个磁道包含 30 个扇区，则单个数据块⊖的传送时间会是：

$$传送时间 = \frac{1}{30 \times 60} \, ms = 0.55ms$$

图 10-6 所示的表格给出了典型的不同类型的磁盘，并比较了磁盘的不同特征。

由于访问一个磁盘数据块所需的总时间大约是这 3 个数值之和，所以典型的磁盘访问可能需要 10～15ms。为了对这些速度有深刻的印象，我们考虑一下典型的现代计算机在不到 1ns 的时间就可以执行一条指令。因此，在单次磁盘访问所需的时间内，CPU 能执行数百万条指令。这应该让你十分清楚，磁盘 I/O 是计算机执行过程中的主要瓶颈，同时，当一个程序正在等待磁盘 I/O 发生时，需要找到 CPU 能够执行的其他工作。

⊖ 这里的单个数据块是指一个扇区。——译者注

磁盘类型	盘面数 / 磁头数	磁柱数	每道扇区数	块大小	容量	转速	平均寻道时间读 / 写	延时	持续传送率
专业 SCSI	4/8	74 340	平均 985	4K 字节	300GB	15 000r/min	3.5 ～ 4ms	2ms	可变 120 ～ 200MB/s
桌面 SATA	3/6	估计 102 500	可变	4K 字节	1TB	7200r/min	8 ～ 9ms	4.2ms	115MB/s
DVD-ROM	1/1	螺旋状	可变	2352 字节	4.7 ～ 9.4GB	可变，570 ～ 1600 r/min（1×）	100 ～ 600ms	可变	2.5MB/s（1×）
蓝光 DVD	1/1	螺旋状	可变	2352 字节	24 ～ 47GB	可变，820 ～ 2300 r/min（1×）	可变	可变	4.5MB/s（1×）

图 10-6　典型磁盘的特征

注：（1）承蒙希捷技术提供的硬盘数据；
　　（2）（1x）表示标准的 DVD 速度，更高的速度和数据率也是可能的。

对磁道的一部分进行放大来展示单个数据块，结果如图 10-7 所示。这个数据块由一个头部、数据（通常为 512 字节或 4K 字节）和一个尾部构成。**块间间隙**将这个数据块同相邻的数据块分开。图 10-8 给出了一个基于 Windows 磁盘的数据块的头结构。在使用磁盘之前，必须要确定磁道位置、数据块和头信息。确定这些内容的过程叫作**格式化**磁盘。由于头识别符必须是唯一的 0、1 码模式，所以要存储的数据必须由磁盘控制器进行校验，以保证数据模式不会碰巧和头识别符一样。如果确实一样，那么存储在磁盘上的位模式应按照已知的方法进行修改。

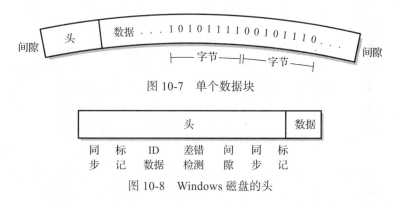

图 10-7　单个数据块

图 10-8　Windows 磁盘的头

整个磁道放置了一串位流。在写操作过程中，字节必须分解为位流；在读操作过程中，再重构回字节。

由于磁盘的传送速度与数据块传送到内存所需的速度不一样，所以磁盘控制器必须提供缓存技术。缓存是先进先出的，它以一种速度接收数据，然后根据需要以另一种速度释放数据。缓存也可以提前读一组数据块，以便能及时传送所请求的后续数据块，这消除了等待磁盘的时间。为此，大部分现代磁盘都提供了大量的缓存。

重要的是要认识到，这里所讨论的磁盘结构没有考虑其所存储的文件结构，本质上它也没有提供文件系统。磁盘块的物理大小与所包含的数据块或文件的逻辑大小没有直接的关系，并非数据必须要适合物理块，也不需要使用规定来将数据扩展到其他物理块。如果适合的话，在单个物理块内也可以存储多个逻辑块。

文件组织问题和用于存储的物理块的分配，属于操作系统软件的范畴，而不是磁盘控制器。文件存储和分配问题在第 17 章里进行广泛讨论。

在离开磁盘这个主题之前，简单回顾一下第 9 章的一些内容将有助于你建立典型磁盘 I/O 操作的概念。你会记得 CPU 向磁盘控制器启动一个请求，从此时起，磁盘控制器完成大部分工作。正如你从本章里了解的，磁盘控制器识别要定位的磁盘块，将磁头移动到正确的磁道上，然后，读取磁道数据，直到它遇到正确的数据块头信息。假定正在执行读操作，之后将数据从磁盘传送到缓存。数据通过 DMA 方式从缓存传送到常规内存里。一旦 DMA 传送完成，磁盘控制器向 CPU 发出一个"完成中断"。

磁盘阵列

在较大的计算机环境中，大型计算机或较大的个人计算机为网络提供了程序和数据存储设备，它常常将多个磁盘组合在一起。两个或多个磁盘的组合叫作**磁盘阵列**或**驱动器阵列**。通过在多个磁盘上共享数据，磁盘阵列可减少整个数据访问时间，提供存储冗余可增加系统的可靠性。这里所做的假设是，在给定时间内要操作的数据块数足够多、足够重要，从而表明额外的努力和空间需求是值得的。一种很有用的磁盘阵列叫作 RAID，它表示**廉价磁盘的冗余阵列**（有些人称其是"独立磁盘的冗余阵列"）。

实现磁盘阵列有两个标准方法。一个叫作**镜像阵列**，另一个叫作**条带式阵列**。

镜像阵列由两个或多个磁盘驱动器组成。在镜像阵列中，每个磁盘存储的数据都是一模一样的。在读磁盘期间，从不同的磁盘上读取轮流存放的数据块，然后组合在一起，重新装配成原始数据。因此，多个数据块的读取时间减少的系数大约是阵列中磁盘的个数。如果其中一个磁盘发生了读取故障，数据可以从另一个磁盘上读取，然后对坏的数据块进行标记以防将来再使用这个数据块，从而提高系统的可靠性。在关键应用中，可以从两个甚至三个磁盘上读取，然后进行比较，以进一步提高可靠性。当使用 3 个磁盘时，正常读故障不能检测的差错，可以通过一种叫作**多数逻辑**的方法来发现。这种技术特别适合于名叫**容错计算机**的高可靠计算机系统。如果 3 个磁盘上的数据都是一样的，那么可以安全地认为数据的完整性没有问题。如果来自一个磁盘上的数据跟其他两个磁盘上对应的数据不一样[⊖]，那么采用"多数数据"，第三个磁盘标记为错误。

条带式阵列使用的方法略有不同。在条带式阵列中，要存储的文件段按块划分。不同的块同时写入不同的磁盘上。这有效地提高了吞吐率，提高的倍数就是阵列中数据磁盘的个数。一个条带式阵列至少需要 3 个磁盘；在最简单的配置中，一个磁盘用作差错校验。当进行写操作时，系统从每组数据块中产生一个校验字块，然后将其存储在保留的磁盘上。在读操作过程中，用校验数据对原始数据进行校验。

明确定义的 RAID 标准有 5 个，标号从 RAID1 到 RAID5，另外还有一些私有的和非标准的种类，包括一个标记为 RAID0 的阵列。其中，最常用的是 RAID0、RAID1 和 RAID5。

如上所述，RAID1 是一个镜像式阵列。RAID1 将所有的数据都至少存储两份，由此来提供数据保护，但性能增益很大，尤其是在大量数据读取的应用中。RAID2、3、4 是不同方式下的条带阵列。每个阵列都将一个独立的磁盘用作校验盘。由于每个磁盘上的数据都要校验，所以这会使单独的校验盘成为瓶颈。RAID5 将差错校验块分布到所有的磁盘上，由此消除了这个瓶颈。

RAID0 不是一个真正的 RAID，因为它没有提供冗余，本质上也没有差错校验。条带化的数据分布到所有的盘上，主要是为了快速访问。然而，缺少冗余就意味着阵列中任何一个

⊖　另外两个盘上的数据是一样的。——译者注

磁盘块的故障都会破坏系统中所有的数据。通过适当的备份和某种日志文件系统是可以克服这个缺点的，我们会在第 17 章里讨论日志文件系统。也可以将 RAID "嵌套" 起来。例如，我们可以使用一对 RAID0 组成 RAID1，来获得镜像冗余。这种组合称为 RAID0+1。不管有没有额外的保护，在需要的时候，作为一种获取高数据传输率的低成本方法，RAID0 有时候很有吸引力。

一些商家提供了 RAID 控制硬件，尤其是为大型 RAID5 系统提供了控制硬件。有了 RAID 控制器硬件，就可以在阵列控制器内进行 RAID 处理。阵列对计算机呈现的是单个的大磁盘。使用传统的现有磁盘控制器和操作系统软件也可以构建一个 RAID。尽管这占用了 CPU 处理时间，但在许多应用中，现代计算机还是拥有足够的空闲性能来使其成为一个实用的解决方案。它也降低了单个 RAID 控制器引起整个阵列故障的可能性。

10.4 光盘存储

不同于磁盘存储的另一种方法是光学存储。光学存储技术包括各种类型的 CD 和 DVD，它们可以是只读的、写一次的，也可以是可读写的。光盘便于携带，能够将程序或中等数量的数据封装为一个方便的包。例如，便宜的**只读光盘**（CD-ROM）直径为 12cm，容量约为 650MB，而同样大小的蓝光 DVD 容纳的数据可以超过 50GB。光学存储的用途不同于磁盘存储。磁盘存储主要是针对当前应用来存储、读写数据的；而光学存储更多的是为了存档和备份，也用于程序和文件分发。由于插拔式 USB 闪存和基于 Web 的云存储既廉价又方便，所以前者的应用有所下滑；由于万维网方便使用，访问速度也快，所以后者的使用也有所下降。

用于数据存储的 CD 和 DVD，对音频和视频等数据来说，使用的基本存储格式也是一样的。在一定的文件结构限定内，个人计算机上能够读写的音频、视频 CD 和 DVD，在家用媒介设备上也能播放，反之亦然。

从概念上说，光学数据存储和磁盘是类似的：数据在盘上都是按块存储的。块可以组织成文件，并带有和磁盘类似的目录结构。然而，它们的技术细节却大不相同。图 10-9 对 CD-ROM 的结构和扇区式磁盘的结构进行了对比。光盘上的数据存储在单一的光道上，而不是多个同心磁道上，对于 CD 来说，这个光道大约 3mile（1mile=1609.344m）长，对于蓝光 DVD 来说，光道大约 10mile 长，从盘里向盘外呈螺旋状旋转。数据沿着光道存储在线性的块里，而不是扇区里。应当记住的是，CD 的设计最初主要是用于音频应用的，其大部分数据访问都是顺序的，从音乐选择的开始到结束；因此，单一的螺旋状光道是一个合理的决策。

由于 CD/DVD 格式是为了容量最大而设计的，所以做出的决定是光盘上的位要尽可能紧密排列，从而使在螺旋光道上每个块的大小都是一样的，不管光盘的位置如何。因此，光盘按恒定线速度（即 CLV）读取，使用可变速电机保持传输率恒定。由于外道上块的角度比较小，所以当读取外道时，光盘会转得慢一些。如果你使用过便携式 CD

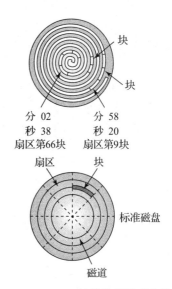

图 10-9 CD-ROM 结构和标准磁盘的对比

或 DVD，当其旋转时你若能看到盘的话，就很容易观察到它。

作为一个光盘格式的例子，CD-ROM 一般存储 270 000 个数据块。每个块的大小是 2352 字节，可存放 2048 字节的数据。另外，有 16 个字节的头信息，其中 12 个字节作为定位块的开始，4 个字节作为块识别码。由于制造过程比较困难，可能出现差错，因此，CD-ROM 提供了扩展方法来进行差错校正。所以，每个块提供 288 字节的高级形式的校验，称为"十字交叉理得 – 所罗门差错校验码"。这个码不仅能修复孤立的差错，也能修复成组的差错，这些差错可能源于盘面的刮伤或缺陷。最终，单张 CD-ROM 的总数据容量大约是 550MB。对于能容忍差错的一些应用（如音频），有时候可不考虑差错校验，这样 CD-ROM 的容量就大约增加到了 630MB。

CD-ROM 上的块由一个 4 字节的识别码来识别，这个识别码是从介质的音频源那里继承过来的。按二进制编码的十进制格式（BCD）存储的 3 个字节，通过分钟、秒和扇区可识别块。每分钟 60 秒，每秒钟有 75 个扇区。一般情况下，一张盘有 60 分钟，如果有需要，这个数字可以增加到 70。这大约将光盘的容量增加到 315 000 个块。第四个字节识别操作方式。方式 1 是正常的数据模式，按照我们所描述的，它提供带差错校验的数据；方式 2 通过去除差错校正来增加容量；其他方式是专门为特殊的音 / 视频功能提供的。在同一盘上，也可以混合存储数据、音频和视频。CD-ROM 上的数据块有时候也叫大帧（large frame）。

至于光盘本身，每 2352 字节的数据块或大帧可拆分成 98 个 24 字节的小帧。每个字节使用 17 位的编码来存储字节，并且每个小帧也提供另外的差错校验能力。在 CD-ROM 硬件内，一些小帧能变换为可识别的数据块，这种变换对于计算机系统来说是不可见的。内置于小帧中的位编码方法和另外的差错校正方法还进一步提高了光盘的可靠性。

数据按照"坑和陆地"的形式存储在盘上。在商用盘上，数据是通过高功率激光烧进母盘的表面里的。光盘是机械性地复制出来的，使用了冲压工艺，这要比磁性介质所需的逐位传送过程要便宜一些。光盘用一个透明的涂层加以保护。现场制作出来的光盘⊖会有所不同。主要的区别是，这种光盘的材料可以通过中等功率的激光烧成气泡。最初，整个光盘是平滑的。当写入数据时，中等功率的激光会在合适的位置上产生微型气泡。这些微型气泡相当于普通 CD-ROM 里的小坑。这种光盘通过另一个低功率的激光器来读取，读取方式跟 CD-ROM 一样。

这种气泡技术用在各种 CD 和 DVD 格式中，称为 CD-R、DVD-R 和 DVD+R。除此之外，这种技术也有可重写的版本。这些称为 CD-RW、DVD-RW、DVD+RW、DVD-RAM 和 DVD+RAMBD-RE。不同格式之间存在文件兼容问题。有些驱动器可以读取每一种格式，其他的则只能读取某些格式。

图 10-10 给出了读过程的基本示意。随着电机将光盘旋转起来，激光束在盘上有坑的表面产生反射。这种反射用来区别坑和陆地，并将这些转换为位。

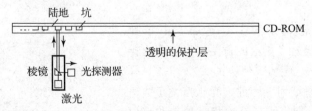

图 10-10   CD-ROM 的读过程

注：当激光照射到陆地上时，光反射到探测器里；当光照射到微坑里时，光被散射

⊖   光刻盘。——译者注

DVD 技术和 CD-ROM 技术在本质上是相似的。盘的大小是一样的，格式化也类似。但是，它使用的是更短波长的激光（可见的红光或蓝紫光，而不是红外光），这使得磁盘更为紧缩。另外，两层或多层数据可以放在盘的同一面上，一层在另一层之下，激光可以聚焦到不同的层上。最后，另一个不同的制造技术允许使用 DVD 的双面。DVD 中每一层的容量大约为 4.7GB。如果使用双面双层，那么 DVD 的容量约为 17GB。使用蓝激光进一步扩展了容量，大约达到 50GB。

10.5 磁带

尽管在某些应用中，云存储正在替代磁带，但许多企业不愿意将其关键数据托付给外部商家，他们将安全问题和数据丢失看作不可接受的风险。由 eweek.com 发起的调查得出，在 2012 年 5 月份，对于备份和长期存档，仍有超过 80% 的企业继续使用磁带存储。虽然这项调查或许没有包括大部分小型企业，但它足以表明，磁带存储仍然是"活蹦乱跳"的。

就像其他磁性介质一样，磁带是非易失性的，在正确的存储条件下，其中的数据能够无限期地存储。请注意，磁带是顺序访问介质，这使它不能用于随机访问任务。一般情况下，将全系统备份到磁带上，并拿到异处长期存放。

磁带放在磁带盒里，使用一个叫作 LTO（线性磁带开放）的标准格式。磁带盒可以从磁带机中取走，进行离线存放。当磁带放在磁带机内准备好运行时，有人称这是磁带**安装好**了。磁带盒的主要优点是方便，容易安装和取出，而且体积小，容易存放。当前的磁带盒可以存储 3TB 的压缩数据或 1.5TB 的未压缩数据。未压缩容量达到 12TB 的磁带盒，目前正在开发之中。

一个 LTO 磁带机（左）和数据盒（右）如图 10-11 所示。磁带盒的大小是 102mm × 105mm × 21.5mm，一般能容纳 846m 长、0.5in（1in = 0.0254m）宽的磁带。用于存储和检索的技术称为**数据流技术**（data streaming）。盒式磁带纵向划分了许多磁道，目前多达 1280 条。磁带的机制是沿着一组磁道的长度纵向读写数据位，对于未压缩的数据，数据率是 140MB/s。在每一端，磁带倒转读或写下一组磁道。磁带通常从最中间的磁道开始存储数据，并向外朝着磁带的边缘移动。差错校正、加密以及只写一次存档保护都置于系统中。图 10-12 展示了一个 LTO 磁带盒的磁道结构。

承蒙戴尔公司提供　　　　　　　由 stiggy 照片 / 图片素材库提供

图 10-11　一个磁带机和磁带盒

图 10-12　线性磁带盒格式

10.6 显示器

10.6.1 显示器的基本设计

回顾一下第 4 章可知，显示器就是由成千上万个单一**像素**或图像元素构成的图像，它们排列后构成一个大的矩形屏幕。每个像素就是显示器上一个微小的正方形。

较老的显示器以及大部分平板电脑和智能手机，在水平方向到垂直方向上的**宽高比**是 4∶3。更近一些的个人计算机显示器和监视器一般是 16∶9，文字上描述为"宽屏"。典型的 4∶3 屏幕有 768 行，每行 1024 个像素，称为 1024×768 像素屏幕。分辨率为 1080×1024 像素的屏幕（5∶4 的宽高比）或更高分辨率的屏幕是常见的，尤其是在物理上更大的屏幕中。典型的 16∶9 的屏幕是 1280×720 或 1920×1080。苹果公司生产的 27in 的高清监视器拥有 2560×1440 的分辨率。

显示器是通过屏幕大小和分辨率来描述的，其中屏幕大小是按对角线测量的。图 10-13 展示了水平、垂直和对角尺寸。在通常的使用中，屏幕的**分辨率**描述为水平行的像素数 × 垂直列的像素数。根据显示器上看到细节的能力，更有趣、更精确的分辨率度量是**像素密度**，它用单一像素的大小或每英寸中像素的个数来度量。对于典型的 15.4in 宽、分辨率为 1280×720 的笔记本电脑屏幕来说，其像素大小大约是 0.01in^2（$1\text{in}^2 = 6.4516×10^{-4}\text{m}^2$），或者每英寸大约有 100 个像素。通过比较，2013 年引进的"新"苹果 iPad 屏幕的像素密度是 264 个像素 /in。由于像素密度本质上描述了显示器最小可识别物体大小的能力，所以，每英寸的像素数越多，显示器就越清晰，不管显示器的大小如何。

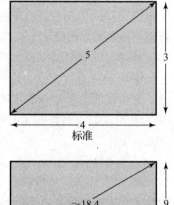

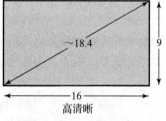

图 10-13   显示器屏幕的比值

正如我们在第 4 章里指出的，每个像素表示一个灰度（在单色显示器上）或色度。典型图像和其像素表示之间的关系如图 10-14 所示。一个彩色像素实际上是由不同强度的红、绿、蓝（RGB）色混合而成的。我们通过 1 位代表 1 个像素，能够表示黑白图像（例如，1 表示白色，0 表示黑色），但更典型的彩色显示器至少要有 256 种颜色，通常会更多一些。每个像素占据两个字节，它可以表示 65 536 色的图像，这是大部分 Web 应用最低接受的图像。更为常见的是，系统会使用每色 8 位，或者说总数是 24 位。这样的系统可以在屏幕上表示出 256 ×256×256 种不同的颜色，或者说超过了 1600 万种颜色，有时将其描述为**真彩色**系统。甚至还有一些是 30 位和 36 位的系统。用于表示图像颜色的位数称为**色深**。

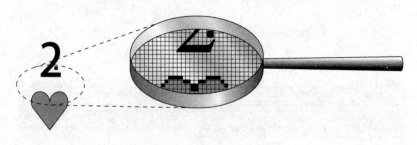

图 10-14   一幅图像的像素表示

即便是每像素 16 位，也需要大量的显示内存。存储一幅 1024 像素 ×768 像素的图像，需要 1.55MB 的显示内存。一幅每像素 24 位的有苹果监视器的高清晰图像，大约会需要 11MB 的显示内存。

若使用 8 位的话，就没有办法将位划分以平均表示红色、绿色和蓝色。相反，红、绿、蓝的 256 种任意组合是从一个更大的调色板里选择的。这 256 种颜色可能是创造图像的艺术家选出来的。更常见的是，使用默认的颜色方案。Netscape 最初为其浏览器设计的默认的颜色方案是一种从黑色到白色相当均匀的颜色选择方法。每一种所选的颜色用红色值、绿色值和蓝色值来表示，它们混合起来在屏幕上将所选的颜色展现出来。最常见的是系统中每种颜色使用一个字节，提供了一个包含 1600 万种颜色的整体调色板，然后从中选取 256 种颜色用于显示。

用 0 ～ 255 之间的一个值来表示像素值，它表示该像素的颜色。颜色变换表也叫调色板表，它包含表示 256 种可能颜色的 RGB 值。颜色变换表的一些行，如图 10-15 所示。为了在屏幕上显示一个像素，系统从这个表里读取对应特定像素值的 RGB 值，将像素颜色变换为屏幕颜色。然后，将 RGB 颜色发送到屏幕上进行显示。尽管这种转换需要多一步，但任务是在显示控制器内执行的，所以实现起来并不困难。

对于一个每像素使用 16 位有 64 000 种颜色的显示，也是需要变换的，然而，24 位颜色可以均衡地分为 3 个字节，每种颜色一个字节，因此，不需要变换表。

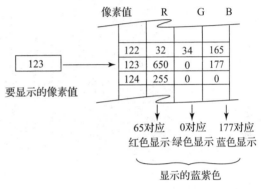

图 10-15　颜色变换表的使用

每个像素值按位图格式存储在一个特殊的显示内存或计算机内存的一个保留区域内，按照**光栅扫描**顺序重复地传送到显示器上，从左上角开始，逐行逐像素地传送到右下角。要显示的每个值从视频内存的合适位置上读取，并与其在屏幕上出现同步。一个扫描发生器既控制着内存扫描仪，也控制着定位显示屏幕像素的视频扫描仪。这些值是连续存储的，一行接一行，以便每次遍历内存对应于一次完整的图像扫描。视频处理器的设计使得 CPU 或图形处理器改变图像时，能与显示处理并发进行。图 10-16 说明了这种操作。

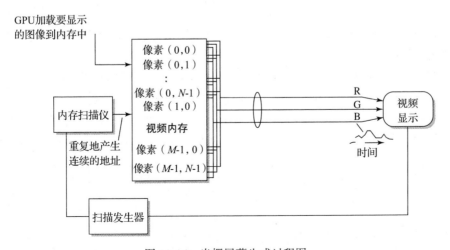

图 10-16　光栅屏幕生成过程图

10.6.2　图形处理单元

　　早期的计算主要是基于文本的计算，在显示器上展现的是单一的、简单的、预定义的、固定的、间隔均匀的字体⊖。一般来说，显示器的分辨率比较低，颜色数量也有限。早期的电子游戏和其他"图形"都是从文本集包含的块里创建的。图 10-17 展示了 Pong 的显示器，这是最流行的计算机和电子游戏之一。请注意，桨、球和网都是由块构成的，甚至得分数字也是由块构成的。CPU 协同一个简单的显示控制器，处理是相当容易的。

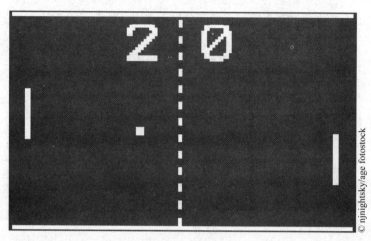

图 10-17　Pong

　　处理能力的快速发展、显示器分辨率的提高以及更好的彩色能力，将计算机使用的大部分焦点，逐渐从文本转移到图形、照片和视频上。图形用户界面已经替代了基于文本的命令行。专业界（艺术家、建筑师、游戏设计师、动画制作师、科学家、工程师以及摄影师）都拥有普通廉价而功能强大的工作站和个人计算机，它们使用复杂的软件工具和高分辨率显示器来工作。

　　今天的计算广泛使用了复杂的图形处理技术。甚至文本也使用图形化来处理。考察一下某些你认为理所当然每天又使用的图形操作。你将智能手机旋转 90°，期待你的显示跟着调整。你在触摸屏上向内捏一下手指，期待图像收缩，它几乎立即就收缩了。场景的背后，图像里的每个像素值都必须重新计算，并移动到新的位置上。

　　回忆一下第 4 章，对象图像必须变换为位图进行显示。除了位图变换之外，现代制图需求还包括处理复杂的对象图像进行显示的能力、在标准视频和 MPEG 及其他格式之间对视频数据编码和解码的能力。

　　现代制图所需的大量处理技术都强烈地要求使用专门处理图形的协处理器，这个协处理器独立于 CPU。现在，大部分计算机系统和设备都包含**图形处理单元（GPU）**。

　　GPU 提供了一个应用程序接口，它支持很多图形处理常用的操作。来自 CPU 的简单输出请求，将主要的图形操作加载到 GPU 上处理。**开放图形库（OpenGL）**和 **DirectX** 这两套标准定义了 GPU 提供的许多操作。OpenGL 是一个由非盈利协会维护的国际标准。DirectX 是由微软开发的私有标准，已经变成了一个通用标准。这两个标准定义了基本的二维和三维对象（如直线、曲线、多边形），指定了这些特征（诸如颜色、阴影、纹理、亮度、移除隐藏区域以及在二维和

　　⊖　即便是今天，仍能在个人计算机上看到多年以前这方面的证据。当 Windows 启动时，引导过程中出现的菜单和消息使用 BIOS 中存储的标准字体，它出现在基于文本的显示里。

三位空间里放置和移动）的操作。两者都提供了将对象逐像素变换到显示屏幕空间的能力。

有许多不同的 GPU 架构和实现。有些 GPU 是独立的插件或独立的芯片，物理上它和主处理器芯片是分开的；其他 GPU 则是和 CPU 紧密地集成在同一芯片里。例如，许多智能手机里的 GPU 就集成在主处理器芯片内；苹果 iPhone 5 和三星 S4 里的处理器芯片，都是由 ARM CPU 和一个来自想象技术公司集成的 PowerVR GPU 构成的。第 8 章里描述的另一种方法主从式多处理 Cell 引擎中的从处理器，最初就是作为图形处理器单元而设计的，它用于索尼 Playstation3 中；对每个从处理器进行编程以满足一组特定图形目标的并行处理，在主 CPU 的控制下，对一幅图像进行渲染。

除了 Cell 引擎之外，当前的 GPU 一般都是尽可能多地执行操作，这些操作同时或**并行**处理。大部分图形操作要求对大量像素进行类似的、但一定程度上独立的处理，这是一种合理的方法。因此，一个典型的 GPU 将由集成的多个多核处理器组成，每个处理器拥有大量简单的核，每个核中包含多个带有多条流水线的执行部件，甚至还有可能包含另外一种能力：将每条流水线分成多个处理线程。GPU 高效操作的一个关键是，向多个 CPU 核快速连续地派遣指令，这个过程通常叫作**流技术**（streaming）。

例子 图 10-18 是典型的 Nvidia Kepler 架构 GPU 的一个简化架构图，在这个例子中是 GTX 680 模型。Nvidia 称主计算单元为图形处理器群（GPC）。GPC 包含一个光栅发生器以管理显示器，外加 8 个流技术的多处理器单元。在每个多处理器单元内，有 6 个相同的 CPU 核阵列。每个阵列提供了三十二核处理器，外加专门的装载 / 存储部件、指令派遣部件以及其他专门的功能部件。这个阵列还包含一个 64K 的通用寄存器文件。简而言之，这个阵列几乎提供了所有可能的特征，来加速我们在第 8 章里讨论的处理技术，还有几个处理技术我们没有讨论过（为了比较一下，你可能希望再看一下图 8-11）。

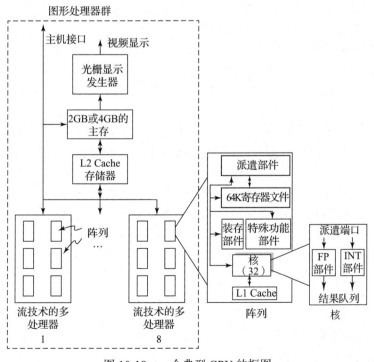

图 10-18　一个典型 GPU 的框图

总的来说，GPU 结构总共包含 32 个核 ×6 个阵列 ×8 个部件 =1536 个核。另外，GPU 还提供了一级和二级 Cache 存储器，以及 2GB 或 4GB 的内置主存。每一个核处理器支持流水线指令集，指令集里包括整型和浮点操作，还有专门的与图形有关的操作（简单的三角函数运算）等。最后，GPU 包含内置的程序代码来实现 OpenGL 和 DirectX 标准接口，还有基于硬件支持的视频编码和解码、光栅生成、多显示器以及其他功能。

如果没有提及 GPU 也能用于解决其他类型的、允许大量并行的问题，我们就失职了。除了专门的图形编程接口外，一般 GPU 还提供一个可以直接编程的接口，使用专门为此开发的编程语言，以及对 C 等标准语言进行扩展后的语言。**开放计算语言**（OpenCL）是一个针对通用并行程序设计的标准 GPU 编程接口，实现在不同商家的很多 GPU 里。

10.6.3 液晶显示技术

液晶显示技术是流行的显示图像方法。**液晶显示器**（LCD）显示的一幅图如图 10-19 所示。位于显示器后面的荧光灯或 LED 板产生白光。光板前的偏振滤光器将光极化，使得大部分光极化为一个方向。然后，极化光通过液晶单元矩阵。在彩色显示器上，要为每个像素正确地放置 3 个单元。当给这些单元中的一个施加电流时，单元里的分子就会旋转。最强的电荷会使分子旋转 90°。由于光通过晶体后，它的极化将发生变化，所以变化量取决于所施加的电流强度。

因此，现在从晶体中发出的光在不同的方向上都被极化了，这依赖于施加给晶体的电流强度。光现在通过红色、蓝色或绿色滤

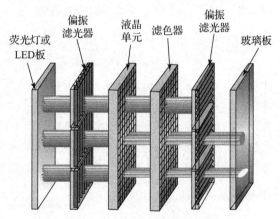

图 10-19 液晶显示器

色器，并通过第二个偏振滤光器。因为偏振滤光器阻挡了所有垂直于其首选方向的极化光，所以第二个滤光器会只会让在正确方向上极化的光通过。因此，光的亮度跟由液晶旋转施加的极化旋转量成正比。

给晶体施加电流有几种不同的方法。在**有源矩阵**显示器中，对于矩阵中的每个单元，显示板中都包含一个晶体管。这保证了每个单元都会接收一个强电荷，但这也很昂贵，制造起来也很困难。（记住，即使一个不完美的单元，对于观察者也是可看见的！）一种不太贵的方法是为矩阵的每行和每列都提供一个单一的晶体管，并使用扫描模式激活每个单元，一次一个。这种类型的面板称为**无源矩阵**显示器。这种电荷施加时间更短一些，因此也低一些。结果就是一幅看不清的图片。大部分现代显示器都使用有源矩阵方法。

LCD 板具有图像明亮、无闪烁、低功耗、比较薄等优点，因此，它用于笔记本电脑中是十分理想的。它们也应用于大部分台式机显示器上。因为它们基本上是扁平的，所以可以放在任何地方。同样的技术也用于大屏计算机投影仪。

10.6.4 OLED 显示技术

有机发光二极管（OLED）技术是一种新的屏幕技术，在显示器、监视器应用方面，它

随时会补充或替代 LCD 技术。OLED 技术提供的图像更亮、色彩更鲜艳，也大大地提高了对比度。它不但改进了图像，OLED 板的功耗也更低一些，其外形比现在的平板显示器还要薄。LCD 的光是由背光产生的，从这个意义上说，LCD 技术是被动式的；在面板中，LCD单元选择性地阻挡了一些光。液晶单元的泄漏限制了可以获得的暗度，而且其最大亮度也受限于背光的亮度。

相反，OLED 技术是主动式的。OLED 技术是由一个薄的显示板组成的，对于每个像素，它都包含红色、绿色和蓝色的发光二极管，每一个发光二极管都带有晶体管，这些晶体管产生电流来点亮发光二极管。这些发光二极管直接产生光输出。像素的亮度取决于晶体管供给的电流，而电流又取决于表示所希望亮度级的输入信号。由于设计简单又不需要背光，所以OLED 板可以制造得非常薄。目前，OLED 技术用在移动电话和平板电脑上；OLED 监视器和电视产品也已经公布，但在撰写本书时尚未普及。

10.7 打印机

早期的打印机源于打字机。它们使用加工成形的字符，这些字符安装在机械臂的末端，机械臂装在菊花形的轮子、链子或者在球体上。字符像锤子一样产生的物理冲击通过墨带作用到纸上，从而打印出结果。这些打印机很难维护，而且，若加工成形的字符组里没有提供的字符或图形图像是无法打印出来的。后来的**击打式打印机**使用了一些针，选择其中一些针可以产生点阵以表示纸面上的字符。这些打印机称为点阵式打印机；除了标准的字符外，它们也能打印简单的几何形状。自从使用了点阵式打印机后，击打式打印机基本上就消失了。

除了一些商业印刷品之外，如书籍、杂志和报纸，几乎所有的现代打印都使用非接触式技术。不管打印机的大小、打印质量或者功能如何[⊖]，都是这样的。单色（通常是黑色和白色）打印机一般使用**激光**或**喷墨**打印技术。低价的彩色打印机也使用喷墨技术。更贵的彩色打印机使用喷墨或激光技术。

纸上的印记是喷洒或铺设出来的。打印机输出可以是基于字符的，也可以是基于图形的。大多数打印机都有内置的字符打印功能，还可以下载字体。然而，即使是打印文本，现代计算机的许多输出也是基于图形的，因为图形输出的灵活性更好一些。发送给大部分打印机的数据都采取图形位图的形式，它直接表示所需的像素。有些打印机拥有内置的计算功能，能接受页面描述语言格式的数据，这些描述语言主要是 Adobe PostScript 或 PCL，这是最初由 HP 公司开发的一种工业标准打印命令语言。之后，打印机里的控制器可以将页面描述语言转换为打印机本身里的位图。打印机提供内存来存放打印时的位图图像。

几乎所有的现代计算机打印机产生的输出都是点的组合，模式上类似于显示器使用的像素。打印机中使用的点与显示器中使用的像素之间主要的不同有两点。首先，每英寸打印的点数一般要比每英寸显示的像素数高一些。每英寸显示的像素数通常位于 $100 \sim 250$ 之间。一般的打印机每英寸能打印出 600、1200，甚至 2400 个点。

分辨率方面的差异通过第二个不同点进行了一定程度的补偿：大部分打印机产生的点不是"无"就是"有"。有些打印机可以在一定程度上改变点的大小，但一般情况下，点的强度和亮度都是固定的，这跟显示器里的像素不一样，显示器里的像素可以采用无限范围的亮度。因此，为了产生灰度尺度或颜色尺度，有必要将多组点聚集起来形成单个的等效点，并

⊖ 即使最现代的商业印刷也使用一种名为胶印的非接触技术，它是基于包含打印图像的橡胶垫和纸之间的接触的，这种方法在很多方面跟激光打印类似。你在老电影里看到的击打式印刷技术叫作凸版印刷或铅印。

打印其中不同数量的点以近似不同的颜色强度。对此，例子如图 10-20 所示。

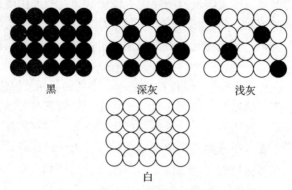

黑　　　　　　　深灰　　　　　　浅灰

白

图 10-20 产生灰度尺度

10.7.1 激光打印机

今天，对于大多数打印应用来说，流行的打印形式是激光打印。激光打印起源于静电复印技术。主要的差异是图像是从计算机里以电子方式产生的，使用激光或发光二极管，而不是像复印机那样用亮光扫描一幅真实的图像。激光打印机操作步骤的描述如图 10-21 所示。彩色图像是通过将打印纸用不同的色粉打印四次产生出来的。

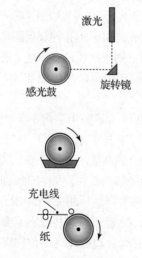

1. 对要打印的点发射激光。旋转镜将点扇出到感光鼓上。感光鼓旋转产生下一行，行宽一般为 1/300in 或 1/600in。

感光鼓是光敏的，作为激光的结果，每当打印出一个点后，感光鼓都将充电

2. 随着感光鼓继续旋转，感光鼓的充电部分通过一盒叫做色粉的黑粉。每当电荷出现时，色粉保留在感光鼓上。因此，它看起来就像是图像

3. 将一张纸送到感光鼓上，充电线覆盖到带电荷的纸上。当它接触到鼓时，从鼓里拾取色粉

4. 随着打印纸从感光鼓里滚出，它通过一个名为定影系统的热压区。定影系统将色粉融化到纸上。然后，打印后的纸退出打印机。

同时，鼓面经过另一个叫做电晕线的线。这根线在鼓上重置电荷，为下一页做好准备

图 10-21 激光打印机的操作

10.7.2 喷墨打印机

喷墨打印机操作机制简单，具有体积小、便宜的优点。尽管它们非常简单，但带高质量墨水的喷墨打印机也能输出逼真的彩色照片。从机械上说，喷墨打印机是由一个打印墨盒和

几个机械滚轮组成的，墨盒可在纸面上移动打印出多行的点，滚轮将纸面向下移动以打印连续的行。

喷墨打印墨盒里有一个墨水库，还有一列小的喷嘴，因此，一次可以打印几行。每个喷嘴比人头发的直径还要细一些。一个喷嘴后面的墨水加热后，可以产生一个点。当墨水沸腾的时候，它朝打印纸喷射一小滴墨水。每滴墨水的大小大约是一滴眼药水的百万分之一！有些打印机使用振动压电晶体代替了加热，来产生墨滴。多个墨水库可以打印出多种颜色。(为了回答 10.0 节提出的问题，是的，这种方法是可以产生出高质量的照片的！)

10.8 用户输入设备

直到最近，大多数的用户输入仍然是使用键盘；大多数的用户输出仍是显示器，带有发送到打印机的硬拷贝。即便是今天，企业数据主要还是文本。然而，强大的计算机和移动设备每天都是可用的，所有这些都连接到高速网络上，允许企业和单个用户广泛地使用音频、照片图像和视频作为通信工具。万维网作为诱人的中介促进了这些工具的使用。几乎每部智能手机和平板电脑都有一个传声器作为音频输入；都有摄像头，用于拍摄和视频输入；还有扬声器和耳机插孔，用于音频输出。大多数现代个人计算机和很多工作站也是如此。USB 端口提供了另外的功能，用于计算机兼容的视频摄像机、电视盒、传声器以及其他音频输入设备。

10.8.1 键盘

用户使用各种设备跟计算机交互，但最常见的现代计算机用户接口是键盘和点击设备，如鼠标、触摸板或触摸屏。移动设备的触摸屏提供了类似的功能，它常常使用显示器上产生的虚拟键盘形式，在这种情况下，手指或触摸屏上的点击工具用作点击设备。

物理键盘是由许多开关和一个键盘控制器组成的。键盘控制器内置在键盘中。使用的开关有几种不同的类型，包括电容式的、磁性的和机械式的。在大部分环境中，使用哪种开关并不重要。不同类型的开关使用时的感觉不同。对于有灰尘、电火花或者需要超高可靠性的环境中，有些开关比其他开关更适合一些。

当按下键盘上的一个键时，一个叫作**扫描码**的二进制编码就会发送到控制器里。当松开这个键时，发送不同的扫描码。键盘上的每个键(包括一些特殊的键(Control 键、Alt 键和 Shift 键))都有两种不同的扫描码。使用两种扫描码允许键以组合的方式来使用，因为控制器能识别出来是否一个键被按下时，另一个键也被敲击。当按住一个键引起一个特殊或重复的动作时，控制器也能确定出来。例如，在某些平板电脑上长时间按住 Shift 键可用作大写键(Caps lock)。

键盘控制器向 CPU 发出中断以表示键盘的活动。然后，计算机里的驱动器软件将扫描码转换为 ASCII、Unicode 或 EBCDIC 码(如果你需要提醒的话，参见第 4 章)。软件转换的优点是键盘的使用可以很容易地改变以对应不同的语言或不同的键盘布局。非打印字符(如控制字符)和打印字符一样处理。计算机简单地将键盘输入看作一个文本和其他字符的流，按照键入的顺序，一个字符接一个字符。请注意，回车键跟其他键是一样的。

大部分计算机系统里的软件驱动程序，对由键盘输入的字符进行响应并直接显示在屏幕上，从而允许用户对键入的内容是否正确进行核查。由于显示电路和软件都将相同的字符编码集看作输入，所以字符能正确地反映在屏幕上。理论上，一个系统能够接受键盘的 Unicode 码输入，并产生 EBCDIC 码输出，在屏幕上显示出来，这需要使用软件来将一种编码转换为另一种编码。实际上，几乎从不这样做。

移动设备上的虚拟键盘操作，除了整个过程是由跟触摸屏相关的软件驱动程序来执行之外，本质上都是一样的。

10.8.2　点击设备

现代图形用户界面也需要使用点击设备作为输入，来定位和移动显示器屏幕上的光标。台式机使用的最著名的点击设备是鼠标，触摸板作为另一种方法用于笔记本电脑中；但还有其他点击设备在使用，包括绘图板和触摸屏，以及跟计算机中的游戏交互的特殊点击设备。智能手机或平板电脑上的触摸屏也是点击设备。

鼠标。最简单的点击设备是机械鼠标。当鼠标在物体表面上移动时，鼠标底部凸出来的滚球也跟着移动。互相垂直安放的两个轮子触摸着滚球并随其移动。这些轮子叫作**编码器**。随着编码器的移动，它们产生一系列脉冲。脉冲数对应于鼠标移动的距离。一个编码器记录前向和后向移动；另一个编码器记录横向移动。脉冲发送给计算机里的一个程序来解释光标的当前位置。有些编码器使用细光和传感器来产生脉冲，其他的则使用微型机械开关，但使用的方法并不重要。桌面游戏点击设备和轨迹球的工作原理类似。

触摸屏。触摸屏是由直接附着或集成在显示器屏幕内的传感装置组成的，允许用户直接点击屏幕上的对象。当然，触摸屏是大多数移动设备的标准用户接口，如平板电脑、蜂窝式电话、便携式游戏机以及便携式音乐和视频播放器。它们也可以用于许多需要同公众进行用户交互的商用设备中，如商店自助结账机和信息亭、某些个人计算机，甚至某些汽车仪表盘。许多不同的技术可以用来检测触摸点。这些技术的价格、精度和持久性都不一样。常用的技术有电阻式的、电容式的，以及表面声波。大多数现代触摸屏都能同时检测多个触摸点。

我们应当提一下，触摸屏的点击操作和个人计算机上的鼠标或触摸板还是有显著区别的。点击一下触摸屏通常是在屏幕上识别一个特定绝对的位置；鼠标和触摸板一般在设计上是相对于当前位置移动光标的。

绘图板。绘图板使用了多种技术，包括压敏传感器、光电传感器、电磁感应器和电容传感器，来确定平板上笔的位置。某些技术需要使用特殊的笔，这种笔附着在平板上，而其他的技术则允许使用任何突出的物体，诸如带铅或不带铅的木质铅笔，甚至可以使用手指。绘图板的分辨率和精度依赖于所使用的技术。绘图板可以替代鼠标，但它还是特别适合于画图。类似的机制常用于笔记本电脑上的触摸板。计算机敏感的白板的操作也类似。可以对绘图板进行配置来指定一个绝对的位置，这类似于触摸屏；或者相对于当前位置移动光标，像鼠标或触摸板那样。

游戏控制器。基于空间的游戏控制器，如任天堂 Wii 遥控器，使用加速度计来检测所有三维方向上的运动，然后，游戏控制台里的软件使用该信息让感兴趣的对象执行相应的动作。对于合适的 App，移动电话也用于这个目的。

微软的 Kinect 控制器使用了视频摄像机和红外激光深度传感器的组合，再结合复杂的软件来测量目标的位置和移动，包括三维空间里的手势运动。

10.8.3　其他字母数字输入方法

键盘（和虚拟键盘）不是唯一的字母数字输入源。某些情况下，为了安全和简单，其他技术也很受欢迎。(例如，在开车过程中驾驶员通过键盘输入，不管真实键盘还是虚拟键盘，都不是一个好想法。)这里是几个最常见的其他输入方法。

条形码和二维码阅读器。另一种数据输入形式是**条形码**阅读器。对于许多需要快速、准确和重复输入的商业应用来说，条形码输入既实用又高效，并且几乎不需要对员工进行培训。或许你最熟悉它在杂货店里的使用，但很多单位都使用条形码，尤其是在发票控制和订单填写方面。

条形码表示字母数字数据。图 4-8 所示的条形码代码变换为字母数字就是 780471 108801 90000。条形码是用光学读取的，使用的设备叫条形码读入器，它将可视的条码扫描转换为条形码变换模块能够读取的二进制电信号。这个模块将二进制输入变换为一个数值码序列，每位一个编码，然后它们可以输入到计算机中。这个过程和已经讨论过的那些过程类似。之后，这个编码通常再变换为 Unicode 或 ASCII。

QR（快速响应）码是二维码，类似于条形码，但数据容量更大。二维码使用摄像机来读取。它们得到了广泛的应用，因为使用移动设备很容易对其进行采集。借助于三个角里的大方框和从第四个角开始的小方框，QR 软件定位图像并改变图像的大小。二维码存在一些不同的标准格式，详细程度和容量也不相同，字母范围大约从 25 个到 4000 个不等。二维码也可以用来存放数值、二进制数据、日文象形文字（参见图 10-22）。

磁条阅读器。磁条阅读器用来从信用卡及其他类似设备上读取字母数字数据。它使用的技术非常类似于磁带使用的技术。

RFID 输入和智能卡。RFID（射频识别）是一种扩展技术，可用来存储数据并向计算机传送数据。RFID 技术可以嵌入在 RFID 标签或**智能卡**里，甚至还可以植入人或动物的身体里。一种熟悉的 RFID 标签如图 10-23 所示。一个 RFID 标签可以存储在任何地方，存储的数据从几千字节到几兆字节。RFID 标签使用无线波可以跟附近的传送器/接收器进行通信，采集数据并传送给计算机进行处理。大多数 RFID 数据是字母数字型的，有些 RFID 系统也可以提供图像、照片甚至视频。RFID 技术应用广泛，包括仓库库存管理、防盗、图书馆借书登记和商店结账、车钥匙验证、通行证识别、货物跟踪、汽车通行费和公交费收取、高尔夫球跟踪、动物识别、植入标签人的病例存储，等等。有些 RFID 标签主要是用作只读设备给主动式阅读器提供信息。汽车通行收费系统就属于这一类。相反，智能信用卡是典型的读 – 写 RFID 设备，可以根据需要进行改变。例如，人们可以根据旅行时的需要给交通卡充值（参见图 10-23）。

图 10-22　UPC 和 QR 条码

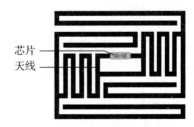

芯片
天线

图 10-23　沃尔玛里使用的一种 RFID 标签

声音输入。目前，将数字化的音频用作输入数据是可行的。尽管大多数数字化音频数据只是简单地存储起来用于后面的输出，或者只是修改一下声音数据以某种方式进行处理，但是，将音频数据解释为声音输入并将这个数据翻译成数字形式所需的技术，最近几年已经提高了。现在，这些技术普遍用于移动设备中编发短信和其他应用，如典型的苹果手机的应用程序"Siri"。翻译过程需要将语音数据转换为声音模式，这个模式称为**音素**（phonemes）。特定语言里的每一个音素表示一组或多组该语言的字母。然后，这些分组必须匹配、处理并组合起来，形成单词和句子。发音规则、语法规则以及字典都对这个过程有帮助。理解句子的上下文也是必要的以正确地识别这样的单词，如 to、too 或 two。正如你明白的，这是一个可怕的任务！然而，这已经有了进展，在可以预见的将来，期望语音输入会是主要的字母数字输入方法。

光学字符识别。下一节单独讨论的图像扫描仪，用于扫描印刷的页面或某些情况下打印出来的照片。扫描仪的输出不但可以扫描图像，也可以跟**光学字符识别**（OCR）软件一起使用将图像转换为字母数字数据的形式。早期的 OCR 软件，对于扫描的图像，需要使用特殊的字体，这产生了不少错误。需要校对的工作量常常抵消了使用扫描仪带来的好处。随着OCR 软件的不断完善，使用扫描仪直接读取页面里的打字文本也在增加，毫无疑问作为字母数据输入的一种方法，OCR 的使用会逐渐增加。OCR 有时也用作数码相机的输入。

OCR 的一个变体也用来读取特殊编码的字符，如支票上磁性印刷的那些字符。另一个变体，手写体识别，用于识别字符，这些字符常作为平板电脑、个人数字助手或蜂窝式电话的制图板或触摸屏的输入。这种技术还在不断地进步，但仅限于小心印刷的少量数据。扫描文档和草书字体的字符识别，在性能上仍差强人意，在小心控制的情况下，它们还在使用，如读取在 ATM 机里存储的银行支票上的数额。

10.8.4　扫描仪

正如上面指出的，扫描仪是用来输入纸质图像的主要方法。尽管视频帧抓取器和照相机也能用于这个目的，但一般来说，扫描仪便宜也方便一些。有些扫描仪内置在打印机中。

有 3 种主要类型的扫描仪：平台式扫描仪、馈纸式扫描仪和手持式扫描仪，但这 3 种扫描仪的工作原理是相似的，差别仅在扫描元素相对于纸张的运动方式上。在平台式扫描仪中，纸放在玻璃窗上，而扫描元素向页面下方运动，很像一台复印机。在馈纸式扫描仪中，通过滚压方法将单页纸送进去，扫描元素是静止的。手持式扫描仪是由用户将纸张推进的。

不管使用哪一种方法，基本的操作都是一样的。扫描装置是由一个光源和一行光电传感器组成的。当光从各自的点反射到纸上时，它们被光电传感器接收并转换为对应于每个点的数字信号，一次一个像素、逐行地形成二进制数字流。当计算机里的软件将原始数据转换为一幅标准的位图图像时，就可以按照通常的方式进行处理和存储了。滤色器可以产生彩色图像，具体方法是通过提供多个传感器，或者用一个单独的滤色器每次经过时都扫描图像 3次。扫描仪的分辨率跟打印机的类似，大约是每英寸 600 ～ 2400 个点。

10.8.5　多媒体输入

数码相机和视频采集设备。几乎每部移动设备、大多数个人计算机都包含一个或多个图像传感器，它们用来获取图像和视频。也可以使用自带的数码相机和视频摄像机；来自这些设备的照片和视频也可以传送给计算机，进行存储和处理。

所有设备的工作原理是相似的。来自镜头的光聚焦在图像传感器上。图像传感器是一个由光敏感受器矩阵组成的集成电路，矩阵按照与位图相同的方式铺放。滤色器将光分离开，从而为每个像素产生 3 个单独的值。使用一个电子光栅扫描装置可将来自传感器的数据汇集起来并进行数字化，形成一幅位图图像。视频是一帧接一帧地重复这个过程，直到停止为止。

因为单幅图像产生的数据量很大（例如，通常的值是 8.1 兆个像素 ×3 字节 / 像素或更多个字节），移动设备和大多数其他照相机都将静态图像压缩并转换为 JPEG 格式，将视频转换为第 4 章所讨论的一种视频格式，尽管有些自带的照相机允许将原始的静态图像直接传送给计算机，以进行更精确的处理控制。

音频输入。每个移动设备都有一个传声器，这跟大多数个人计算机一样。其他的音频输入设备可以通过 USB 端口进行连接。使用在第 4 章里讨论过的技术和格式，音频可转换为二进制形式和适当的格式。

10.8.6 移动设备

通用移动计算技术的发展再加上宽带连接的广泛可用性，使得智能手机和平板电脑能快速地获取服务。因此，系统设计师已经具有利用移动环境创建应用的能力，而且，在此过程中产生了一种**颠覆性技术**，它彻底改变了大众对计算机技术的接受和使用。

除了日常的计算机应用（电子邮件、日历、电话、短信、及时通信、网上冲浪等），基于计算机的移动设备已经成为定位设备、照相机、可视电话、导航仪、练习工具、闹钟、备忘录记录仪、手电筒、智能信用卡、微型收音机和电视机，那么，谁还知道还有什么？企业使用移动计算技术创建一些应用，进行针对性地营销、销售和服务，这些都超出了以往计算机的使用。

其他的输入传感器可识别和测量设备的本地环境中的参数，为这种新类型应用提供所需的数据。这种附加的输入参数可以单独使用，也可以跟其他更常见的特征、数据库、Web 数据等组合起来使用，产生新的、强大的、重要的应用，这些应用将移动电话和平板电脑从"计算机"或"电话"类别里移到了基本的个人和商业工具类别里。

我们列出并简要描述几个最有用的输入传感器，这些传感器在移动设备上常常能见到：

- GPS 无线接收器提供的输入来自导航卫星，允许设备确定用户的当前位置。例如，结合网络数据，这个设备可以显示当地的地图、发现附近的高级饭店或者有趣的商店。它能提供社区的虚拟视图，或者存储和检索你的汽车在停车场里的位置。企业可以使用定位数据给该区域里的用户提供特别优惠。而且，这只是各种可能的开始。（我们顺便说一句，即便 GPS 关闭了，手机基站和局部 WiFi 站点的映射也可以用来产生类似的定位数据，只是精度低一些。）
- 线性加速度计测量速度或加速度在某个轴上的变化。3 个正交的加速度计，分别测量设备表面上 x 和 y 轴（横向和纵向）上的加速度，外加上垂直于设备的 z 轴加速度。加速度计对地心引力很敏感；休息时，加速度计的测量值大约为 $9.8m/s^2$，它的方向是朝着地心的。因此，当执行计算时，应用必须通过知道设备的方向来补偿这个值。磁力计和陀螺仪传感器可用于这个目的。
- 陀螺仪传感器测量角旋转的速率。3 个正交的陀螺仪传感器可以确定移动设备的滚翻、俯仰和偏转。
- 磁场传感器测量磁场的强度。3 个正交的传感器确定了设备相对于地球磁场的方向，但它们对磁铁和破坏磁场的金属也很敏感。流行的应用包括指南针和金属探测。

- **近距离无线通信**（NFC）技术是前面讨论的 RFID 技术的一种扩展，NFC 技术的典型范围大约只有 4cm。NFC 组件可以是有源的，也可以是无源的。智能手机拥有有源的传感器，它产生标准的低功率射频磁场，这样可以跟附近其他的 NFC 组件进行交互。一个有源的 NFC 传感器可以读取一个来自无源 NFC 标签的数据，也可以跟其他有源传感器交换数据。智能手机或平板电脑里的 NFC 传感器可用来跟其他设备进行数据交换，只需要将两个设备放近一些即可，例如，它可以用于非接触式付费系统，尽管这种交互的安全性仍是一个问题。

偶尔看到的其他传感器还有环境光电传感器、压力传感器、气压传感器、温度传感器和接近探测器。

10.9　网络通信设备

过分地强调这样一个事实是难以接受的：站在计算机的角度，网络只是另一种 I/O 设备，就像磁盘一样的设备，给计算机上的应用提供输入并接受计算机上应用的输出。就像其他 I/O 设备一样，它有一个控制器，在这里就是**网络接口部件**（NIU）**控制器**或**网卡**（NIC），它控制着连接的物理特性以及一个或多个 I/O 驱动程序，这些驱动程序管理和控制着输入数据、输出数据和中断。

目前几乎每一台计算机系统都安装有一块或多块以太网卡，作为系统的一个基本组成部分。无线以太网（WiFi）和蓝牙网卡也是很常见的。移动设备一般都有蜂窝技术、WiFi 和蓝牙技术。

计算机和网络之间的接口要比大多数其他 I/O 外设的接口复杂一些。数据必须按特定的格式组织，才能成功地跟其他计算机上的广泛的应用软件和系统软件进行通信。计算机还必须能分别寻址大量的设备，具体说是连接到网络上的每台其他计算机，不管是直接连接在局域网上，还是间接地通过互联网连接。跟许多设备的控制器不一样，网卡必须能从网络上接受和计算机无关的请求和数据，必须还能向计算机发出中断请求。网络通信的安全性是一个重要问题，而本地附属设备通常只需稍微考虑一下安全问题。其中许多问题是用操作系统中的协议软件来处理的。网卡是负责将计算机连接到网络上的电信号，或者直接连接，或者通过通信信道连接；网卡还负责硬件实现的协议，协议定义了网络通信的具体规则。这些协议称为**介质访问控制**协议或 **MAC**。顺便指出，在世界范围内，每块网卡和网络设备都拥有一个唯一的地址，这称为 MAC 地址，它可以识别特定的设备和它的特性。

网络接口的硬件在第 14 章里进行更全面的探讨。更深入地审视网络基础设施的原理，在第 12、13 章里进行了描述，包括网络的类型、通信信道的特征、介质、数据跨越网络的传送、协议以及互联网的操作。

小结与回顾

本章概述了最常用的计算机外设的工作原理。外部设备分为输入设备、输出设备和存储设备。我们首先说明了可以将存储看成是分层的：寄存器是最快速的存储器，其次是内存，然后是各种外设。我们讨论了每种形式针对某些应用的利弊。

在概述之后，我们介绍了闪存，讨论了它的应用、优点和缺点。

接下来，我们展示了各种磁盘的结构，并解释了操作原理，包括硬盘和光盘。我们揭示了性能参数、容量和各种速度值是如何获得的。对于每一种设备，我们揭示了一个块是如何识别和定位的。我们指出了磁盘使用的同心磁道与许多光盘使用的螺旋光道之间的差别。我们解释了 CAV 操作和 CLV 操作之间的差异。在讨论完磁盘之后，也讨论了磁带。

显示器是最重要的输出设备。我们解释了显示产生的过程，从表示各个像素的内存里的字节到实际在屏幕上的输出。我们揭示了如何确定显示器使用的颜色。我们介绍了图形处理单元，一个设计用来分担 CPU 负载的协处理器，满足产生高质量显示图像的极度处理需求。我们也揭示了液晶显示器的基本技术。

有一些不同的技术使用在打印机里。我们描述了激光打印机和喷墨打印机，这是当前最重要的技术。

本章接着简要地讨论了键盘、各种点击设备、扫描仪、常用作输入的多媒体设备，还有某些传感器，这些传感器专门用作移动设备上的输入。最后，我们对网络作为输入/输出设备进行了简单的考察，在后面的几章里再对此进行扩展讨论。

扩展阅读

本章里的部分论述对以前看到过的内容进行了回顾，或许它们在你的计算机导论课里曾经学习过。任何好的入门教材都可以作为进一步研究本章的参考书。另外，有几本描述 I/O 设备的好书。怀特［WHIT07］对许多 I/O 设备给出了简洁的解释。米勒［MUEL08］的书中包含了对内存、磁盘存储器、光盘、视频硬件等的综合处理。对于本章的大多数话题，网站上都有详细的内容。

复习题

10.1 外设可以分为 3 类。这 3 类是什么呢？对于每一个请分别给出一个例子。

10.2 列出计算机存储分层组织的 3 个原因。

10.3 与 RAM 相比，闪存的优点是什么？与闪存相比，RAM 的优点是什么？与硬盘相比，闪存的优点是什么？

10.4 使用一个圆圈表示一个硬盘的盘片表面，在图中，表示出磁道、扇区和数据块。

10.5 画一个扇区表示一个有 16 个扇区的硬盘盘片表面，在图中表示出磁道、扇区和一个单独的数据块。将一个磁头放置在图中的某个地方。在图中，给出你在磁盘上所画的数据块的寻道时间、延时和读取时间。

10.6 假设一个磁盘以 7200r/min 的速度旋转，这个磁盘的最小延时是多少？这个磁盘的最大延时是多少？

10.7 什么是磁盘阵列？和单个磁盘相比，磁盘阵列有什么优点？

10.8 典型光盘的结构和磁盘的结构有什么不同？一个标准的单层 CD-ROM 包含多少个光道？

10.9 与其他外部存储设备相比，磁带有什么优缺点？

10.10 当描述一个显示器的时候，数字 1920×1080 表示什么？

10.11 在 1024×768 的显示器中，有多少像素？这个显示器的图片比率是多少？

10.12 最近一款苹果 iPad 的分辨率是 2048×1536，对角线尺寸是 9.7in。这个显示器的图片比率是多少？像素密度是多少？

10.13 如果一个像素的颜色是白色，那么它的红、蓝和绿色像素值分别是多少？如果是黑色呢？

10.14 解释 GPU 的作用。GPU、CPU 和显示器之间的关系是什么？

10.15 解释光栅扫描是如何工作的？

10.16 OLED 表示什么？OLED 技术和 LCD 技术有什么区别？

10.17 现在主要使用的两类打印机是什么？

10.18 表示打印机分辨率的参数是什么？

10.19 除了在智能手机和其他移动设备中常见的触摸屏以外，至少列出 3 种用户输入设备。

10.20 NIC 表示什么？

习题

10.1 解释一下，为什么在磁盘上按位置进行读写比较容易，但是在磁带上却并不是这样。

10.2 和硬盘存储相比，闪存的优点是什么？和闪存相比，硬盘存储的优点是什么？和 RAM 相比，硬盘存储和闪存的优点是什么？其他存储方式相比，RAM 的主要优点是什么？

10.3 一个多盘片式硬盘划分为 1100 个扇区和 40 000 个磁柱，有 6 个盘面，每个块包含 512 字节。硬盘以 4800r/min 的速度旋转，硬盘的平均寻道时间是 12ms。

    a. 这个硬盘的总容量是多少？

    b. 这个硬盘每秒的传输字节是多少？

    c. 这个硬盘最短和最长的延时是多少？平均延时是多少？

10.4 一个有 2200 个扇区的磁盘，通过实验发现平均延时是 110ms。

    a. 这个硬盘的旋转速度是多少？

    b. 每个扇区的传送时间是多少？

10.5 老式的 12in 的激光视频盘按照两个不同的方式生产，即 CAV 和 CLV。对于磁道数目、磁道宽度还有视频帧的数据量相同的 CLV 盘和 CAV 盘，CLV 盘的播放时间大概是 CAV 盘播放时间的 2 倍。解释为什么如此？

10.6 一个磁盘由 2000 个同心磁道组成，磁盘的直径是 5.2in。最里面的磁道位于距离中心 0.5in 处。最外层的磁道距离中心 2.5in。磁盘的密度为沿磁道方向 1630 字节 /in。传输速率为 256 000 字节 /s。磁盘是 CLV。所有的数据块大小都一样。

    a. 最里面的磁道包含 10 个块。每个块包含多少字节？

    b. 最外层的磁道包含多少个块？

    c. 这个磁盘的容量大约等于中间磁道的容量乘以磁道数。这个磁盘的容量大概是多少？

    d. 当读最里面的磁道时，电机的旋转速度是多少？最外面的呢？

10.7 为什么硬盘的平均寻道时间短于 CD-ROM 或者 DVD-ROM？

10.8 目前有一个建议：将 DVD-ROM 中每位的大小减半来增加磁盘的容量。这既可以将光道的宽度减半，也可以将每位需要的长度减半。如果 DVD-ROM 目前的容量是 4.7GB，这个新的"高密度" DVD-ROM 的容量将会是多少呢？

10.9 典型的印刷页面大概有 40 行左右，每行有 75 个字符。在一个典型的 600MB 的 CD-ROM 中，能容纳多少页 16 位的 Unicode 文本？在一个有 80GB 闪存的网络计算机中，能容纳多少印刷页文本？

10.10 在一个高质量的摄影图像中，每个像素需要 3 个字节，可以产生 1600 万种颜色。

    a. 在显示过程中，为了存储一个 640×480 的图像，需要多大的视频内存 ?1600×900 的图像呢？ 1440×1080 的图像？ 2560×1440 的图像呢？

    b. 对于一个 4.7GB 的 DVD-ROM，可以存放多少个 1920×1080 的未压缩彩色图像？

10.11 一个 1024×768 的图像，以每秒 30 帧的速度非交错地显示。

    a. 如果图像按 64K 的彩色分辨率存储，其中每个像素使用两个字节，那么存储这幅图片需要多少内存？

    b. 将图像存储为"真彩色"图像，其中每个像素需要 3 个字节，需要多少图像内存？

    c. 对于"真彩色"图像，以字节为单位从图像内存向屏幕传送像素，传输速率是多少呢？

10.12 对于运动图像，可能需要 30 次 /s 的速率来改变图像中的每个像素，尽管通常情况下变化量会稍微小一些。这就意味着没有数据压缩或其他技巧时，每秒钟必须将大量的像素值从主存传送到图像内存中来产生运动的视频图像。假设在一个 1.5in×2in 的屏幕上，有一视频图像，像素分辨率为每英寸 140 个点，帧率为 30 帧/s。计算在屏幕上产生电影需要的数据传输率。对于 3in×4in 的图像，再计算一次。

10.13　随着带宽的增加，显示器的成本也在迅速地增加。显示器的带宽大致可按照屏幕上每秒显示的像素数来度量。对于一个 1920 像素 ×1080 像素的显示器，每 1/60s 生成一幅图像，请计算显示器的带宽。

10.14　一个 14in（对角线）显示器，显示一幅 1600 像素 ×900 像素的图像。

　　a. 这个显示器每英寸显示多少个点？

　　b. 每个像素的大小是多少？ 0.26mm 像素分辨率的显示器，对于这种显示是否足够？

　　c. 对于 1280×720 的显示器，重复（a）和（b）。

10.15　一幅灰度图像由一个每英寸有 600 点的激光打印机来打印，如果灰度级是由 3×3 的矩阵产生的，那么图像的实际分辨率是多少？

10.16　在打印机术语中，"可置换"作为打印过程中的一个部分。在激光打印机中，"可置换"是什么呢？ 在喷墨打印机中呢？

10.17　在图形模式和字符模式显示中，解释它们生成字符方法的区别。

10.18　解释像素图形和对象图形之间的区别，并讨论它们分别显示时的优缺点。

10.19　打字机类型（格式字符）的打印机不再流行，它们的局限性是什么？

The Architecture of Computer Hardware, Systems Software, & Networking: An Information Technology Approach, Fifth Edition

现代计算机系统

11.0 引言

是把所有的内容放在一起的时候了！

在最后的五章里，我们仔细探讨计算机系统的各种基础硬件部件，详细解释计算机 CPU 的操作，对于不同系统使用的基本 CPU 设计，我们介绍了其中的一些变化。你知道了有一个构成计算机指令系统的基本指令集，每条指令按一系列简单的步骤执行，这些步骤称为"取－执行"周期。你已经看到了指令集和内存寻址技术方面差异的例子，这些差异将计算机相互区别开，也扩展了基本架构的灵活性。我们探讨了各种各样的 CPU 架构、内存增强技术，以及扩展 CPU 处理能力的组织。我们也考察了用于执行 I/O 操作的不同技术。我们探讨了在多处理器技术形式中引入额外 CPU 的优点，以及其他 CPU（如内置于 I/O 模块里的 GPU）分担操作的优点。另外，我们展示了各种外设的工作原理。你也看到了计算机系统中不同部件之间的一些交互。并且也知道了各种总线将所有的部件连接在一起。

本章的主要目标是通过展示在真实的现代计算机系统中所有这些部件如何装配在一起，来完成我们对计算机系统硬件的讨论。将系统看作一个整体，也会让我们有机会来研究某些方法，计算机设计师正在使用这些方法来满足对于更多计算能力的需求。

今天的软件对计算机系统的部件提出了巨大的要求。45 年前，IBM 大型计算机的主存最大只有 512KB。这种机器的性能也仅为 0.2MIPS（每秒钟百万条指令数）。今天，这种性能的个人计算机或平板电脑，对于大多数应用都是不可使用的。甚至对于一般的手机来说，这种性能也是不够的！尤其是图形和多媒体应用，其性能需求远远超过了以前可接受的水平。大部分现代计算机每秒钟都能执行数十亿或更多条指令。超级计算机每秒钟可以执行万亿条指令！受解决复杂问题愿望的驱动，同时受市场需求和竞争的驱动，人们持续需要性能越来越高的计算机。正如你就要看到的，我们已经知道了将计算机连接成巨大的网络、机群和网格以聚集更多的计算机能力，从而解决那些对计算机能力要求越来越高的大问题；知道了构建一些将处理任务分开的**分布式系统**，以解决各个领域里的复杂问题，包括物理、天气分析、医疗救治搜索、复杂金融问题、经济和商业分析，甚至是外星人搜索等领域。

很明显，计算机的各个组件（CPU、内存、I/O 模块以及它们之间的互连机制）都已经优化了，从而最大限度地提高了计算机系统的性能。从整体上考虑一个系统会使系统的性能有进一步的提升，这来源于系统集成。各个部件在设计上按照这种方式工作，整体性能会超过各个部件的性能（之和）。这个概念叫作**协同效应**（synergy）。

本章的一些讨论致力于计算机系统设计的革新，这些革新来源于系统集成的协同方法。讨论中的一个重要考虑因素是互连手段，它将各个部件互连起来以产生有效的集成。本章介绍总线和信道计算机系统架构，它们力求实现互连目标最优化、I/O 吞吐率最大化，以及快速的存储能力。

计算机的一些新技术是技术、设计和实现方面的改进：改进的材料、改进的制造工艺、改进的电路元器件，以及执行同一任务的更好方法，这种方法能增强特定系统部件的操作。

其他的新技术则是架构方面的变化：从根本上改变系统设计的新特征和实现方法[⊖]。用来获取高性能的许多创新和增强是现代系统的一个基本组成部分。命名和描述这些技术术语是计算词汇的一个基本组成部分。为了智能地分析、购买和管理现代业务系统，理解这些技术十分重要。

在第 7 ～ 10 章里，我们给出了计算机系统的概念性框架，分析了各个部件使用的操作方法。本章里，我们从整体上专注于现代计算机系统。11.1 节将我们到目前为止已经讨论过的所有内容集成在一起，向你展示出完整的现代高性能计算机系统的组织。你或许很吃惊，给出的模型与系统大小和 CPU 类型相对来说关系不大；它是普遍使用的，从内置在轿车里的嵌入式系统，到手机、游戏控制器或笔记本电脑，一直到大企业里使用的大型机系统。

尽管计算机的性能得到了巨大的提高，但一直存在的一个挑战是支持巨量输入 / 输出的能力，包括网络以及伴随现代计算机应用的存储需求。有许多不同的方法在使用。对传统总线进行增强的方法适合于较小的系统，特别是那些专用的高速总线，如 PCI-Express、USB、SATA 以及 Intel Thunderbolt，它们就是为这个目的设计的。较大的系统，尤其是大型机系统，用专用的 I/O 处理器来补充其 I/O 能力，这些专用的处理器将很多 I/O 处理工作下放到独立的 I/O 设备上，以获得极高的 I/O 数据传输率。其中最著名是 IBM 的信道架构，这种技术一直在持续改进，所以 I/O 能力一直不断地提高。在 11.2 节里，我们对支持当前 I/O 和存储需求的各种方法进行讨论。

许多现代计算机系统通过集成多个处理器满足了计算能力的需求。在 8.5 节里，作为一种可行的解决方案，我们介绍了多处理器或多核技术。针对这一目的，现代处理器芯片通常都拥有多个 CPU 核。在 11.3 节里，另一种方法会将整个计算机系统耦合在一起，我们会简要地进行概述。11.4 节介绍机群技术，它是将各个计算机系统耦合在一起以获得更强大性能的一种手段。多处理器技术和机群技术通常一起使用以提供巨大的计算能力，这样的计算能力一般是由大规模的现代系统提供的，包括超级计算机系统。事实上，现代大规模计算机在设计上主要是精心地将多处理器技术和机群技术集成地组合起来。

在 11.5 节里，我们简要地考察一下专用方法，来进一步提高计算机的性能。一种重要的方法是购买或租用云服务的计算能力。对于这个目的，云计算是一种重要的资源，尤其是在极短时间内需要扩展性能时。针对特定的项目，还有一种方法可以获取大量的计算能力，这种方法就是当大规模网络设施上（如互联网）的单个计算机没有满负载工作时，它能充分利用空闲的 CPU 能力。这种技术就叫"网格计算"。

有趣的是，尽管有了前面的讨论，但有时候并不能高效地使用系统中空闲的 CPU 能力。例如，程序员可能希望测试一个程序，这个程序能展现系统生产工作中的安全或故障风险。或者，在一个设施中可能需要系统支持许多任务，其中，提供和支持单一的大系统比使用若干个较小的系统成本或许更低一些。对于这些情形，一种重要的解决方法是**虚拟化**技术，在这种技术中，使用单台计算机系统来模拟多台计算机，所有的计算机共享相同的 CPU 和 I/O 设备。模拟的机器叫作**虚拟计算机**或**虚拟机**。每台虚拟机运行自己的操作系统和程序。设计了专门的硬件和软件来确保不同的虚拟机之间是隔离的，避免出现不期望的交互（如破坏安全的行为）。许多组织认为在构建低成本的大型系统方面虚拟化是一个重要的工具。第 2 章

⊖ 值得注意的是，计算机科学为计算机求解特定问题建立了最大的理论性能。在这方面，计算机架构的发展并没有改变计算机的基本性能。

描述的许多云服务都是用虚拟机实现的。实际上,"基础设施即服务"(IaaS)将虚拟机直接扩展到了客户端上。之所以在这里我们提及虚拟化,是因为从某种意义上说它是硬币的另一面:既然所有计算能力都是可用的,那么我们如何使用?更多的虚拟化讨论会在第 18 章里给出。

当然,系统的其他方面我们还没有考虑到,特别是操作系统软件,还有将各台计算系统通过网络技术互连成一个更大的系统。但是,不可能立刻就讨论完所有的内容!在后面的几章里再对其进行讨论。

11.1　集成各部分

到目前为止,我们已经探讨了构成计算机系统的主要部件:一个或多个 CPU、主存、I/O 模块、各种 I/O 设备,还有将所有部件连在一起的总线。你已经明白 CPU 如何处理指令以及执行的指令类型。你已经明白用于 I/O 设备和主存之间传送 CPU 使用数据的不同 I/O 方法。你已经明白使用 DMA 和完成中断是一种快速传送大数据块的有效和高效的方法。你还明白了编程式 I/O 对于少量数据更有效,尤其是当速度特别慢的时候。你已经了解了中断如何与编程式 I/O 一起使用来维持一个缓慢的、基于字符的 I/O 数据传送流,例如,从一个程序到调制解调器。

本节我们关心的是构成计算机系统的模块和互连机制。将 CPU、内存和 I/O 外设互连起来有不同的方法,各有各的优点和缺点。

构成个人计算机或工作站的基本组件模块如图 11-1 所示。在这个模型中,主要的组件是一个或多个 CPU、内存、一个或多个硬盘或固态硬盘、键盘和点击设备,并内置有图形、视频和音频处理能力。

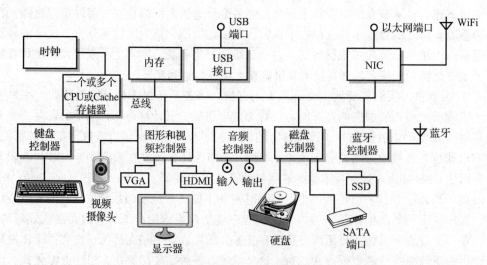

图 11-1　基本的个人计算机系统

这个系统一般还拥有 USB、HDMI、VGA、以太网、WiFi 接口控制器和端口(或许还有蓝牙、SATA 以及 Thunderbolt)。这些端口可用于网络连接、打印机、鼠标、外部驱动器、SD 卡以及其他设备。这个套装还包括用于外挂板的插件连接器,它连接到主总线上。为了便于比较,图 11-2 是典型的智能手机的系统图,模式与图 11-1 一样。尽管 I/O 设备有点不一样,但两个图的相似性还是很明显的。

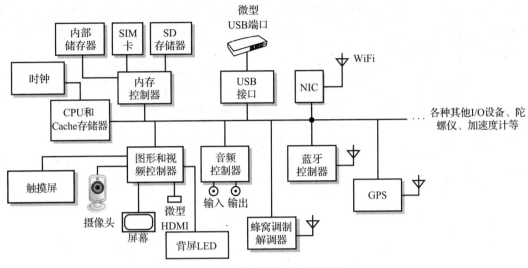

图 11-2 典型的智能手机系统

图 11-3 给出了大型计算机系统的 CPU 框图。再重复一下，这个系统的主要部件是带有 Cache 存储器的多核 CPU 芯片、常规内存、各种磁盘和其他 I/O 设备。I/O 设备连接在 I/O 信道系统的处理器上，而不是总线上。在图 11-3 中，中央处理器包括 CPU、内存和 I/O 接口部件。专用的内部总线将中央处理器的各个部分互连起来。连接到中央处理器的键盘和视频显示器只用于系统控制。其他终端和工作站通过 I/O 系统或网络间接地连接到处理器上。另外，多个中央处理器一般是耦合在一起的，就像一个机群（参见 11.4 节），形成一个大型的、集成的计算机设施，共享程序和数据。

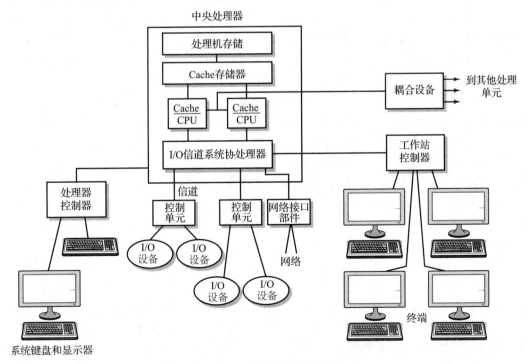

图 11-3 一个大型计算机系统

当然，图 11-1 ～图 11-3 所示的系统图是简化的，给出一幅大图只是为了提示一些重要的概念，这些概念在以前的章节里你已经很熟悉了。图 11-4 将这些图里的 CPU 模块进行了扩展，给出了更多的细节。

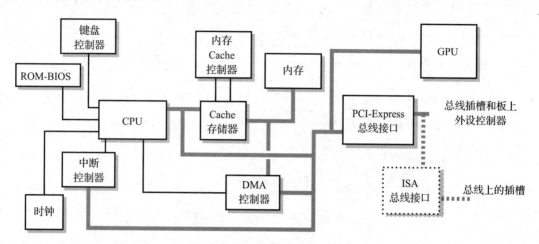

图 11-4   主要的 CPU 系统组件

有一个时钟控制着 CPU 的操作。提供中断和直接内存访问（DMA）功能，以便能够快速高效地处理 I/O。每一个核包含一级，可能还有二级 Cache 存储器，二级 Cache 或三级 Cache 是共享的，所有 Cache 都通过某种内部总线连接在一起。

传统上，这种系统结构是用一个 CPU 芯片和一个或多个支持芯片来实现的，每种功能都带有独立的集成电路。渐渐地，制造商将更多的组件移到了 CPU 芯片模块自身里面以便提高性能，余下较少的工作让支持芯片来做。今天，图里所展示的大多数功能都组合到少数几个**超大规模集成电路**（VLSI，通常就叫芯片或支持芯片）里了。例如，最近苹果公司的iPhone、iPad 和 iPod 里的 CPU 模块都包含多个 CPU 核、内存，甚至还有一个多核的图形处理单元，所有这些都在一个模块里。个人计算机、游戏控制器、工作站和其他大型计算机也是这种情况。文献上将包含一切的模块称为**片上系统**，简称 SoC。

在大多数计算机系统中，CPU、内存和其他主要部件都是安放在印制电路板（称为**主板**）的布线上。图 11-5 是一幅近期的个人计算机的主板照片。主板上的布线将所有的外设卡连接在一起，这些卡插到连接器上，它们同控制到 CPU 和内存的 I/O 电路相连。一般这种布局称为**背板**。关于背板总线，一个著名的例子是 PCI-Express 总线，它用来连接个人计算机里的各种外设。每台外设都有自己的地址。这种配置里的布线传递数据、地址、控制信号，并给外设卡供电。这幅图里的主板支持多达 32GB 的内存，内置带 HDMI 视频输出的图形处理部件，将多个 PCI-Express 插槽连接起来，提供有多个 USB、Thunderbolt、SATA 存储以及千兆的局域网 I/O 接口。

图 11-6 展示了典型台式机的布局，包括主板、机箱和其他组件。连接 CPU 和外设部件的主总线的布线印刷在主板上。主板上的连接器与机箱的架子结合起来以容纳主板和相应位置上的可插拔式外设卡，当然，主板上的连接器还提供外设和总线之间的电气连接。笔记本电脑和移动设备里的主板要明显小一些，但概念是相似的。大型计算机的外形有所不同，因为大型计算机体积要大一些，操作也困难一些。但基本的组件和运行同个人计算机还是很相似的。

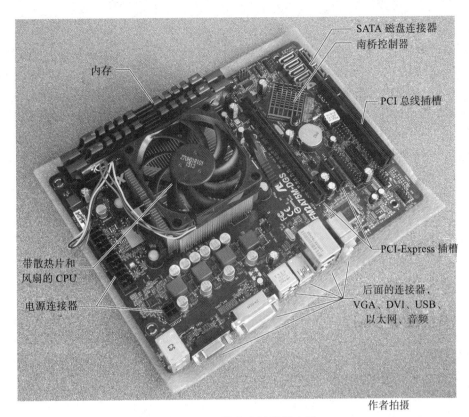

作者拍摄

图 11-5 一块个人计算机主板

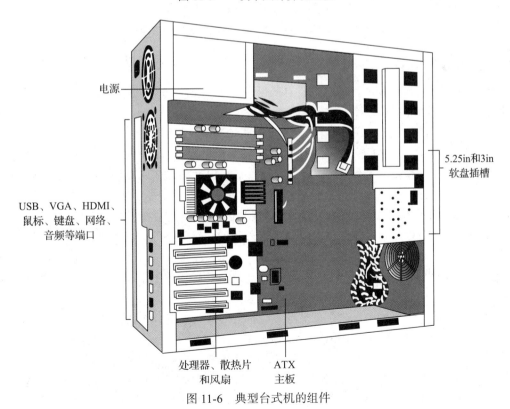

图 11-6 典型台式机的组件

11.2   系统架构

现代计算机系统高度依赖于快速、可靠的 I/O。即使小型系统也必须能管理大量的 I/O 数据，这些数据存储和读取磁盘上的大文件，与高速网络通信，并管理一个高分辨率的显示器等。在商业应用中，系统必须管理大型的数据库，满足客户端对 Web 服务的请求、管理客户的账号、打印大量的发票，在众多 I/O 密集型任务中，这里只列出了其中的少数几个。

常用的基本 I/O 系统架构有两个：总线架构和信道架构。总线架构几乎用在所有的嵌入式和移动设备、个人计算机、工作站中，也用在某些大型计算机里。信道架构主要用在 IBM 大型计算机中。最新的 IBM 大型机使用了两者的组合。

11.2.1   基本的系统互连需求

图 11-7 说明了一个 CPU 内存 I/O 系统所需的基本路径。CPU、内存和 I/O 外设之间的接口涉及的基本组件有 5 个。

1. 一个或多个 CPU。

2. I/O 外设。

3. 内存。除了单条的输入或输出数据能直接从一个寄存器里传送之外，输入数据或要输出的数据，一般都要至少临时存储在内存里，在内存里，数据可以由相应的程序访问，甚至也用于使用编程式 I/O 的情形。

4. I/O 模块、控制器或 I/O 信道子系统

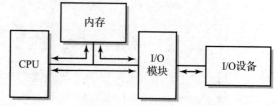

图 11-7　基本的 CPU 内存 I/O 路径

资料来源：PCI 局部总线规范生产第 2 版，©PIC-SIG，经许可后重印。

部件。I/O 模块用作 CPU、内存以及一台或几台 I/O 设备之间的接口。正如你从第 9 章里学到的那样，I/O 模块从 CPU 那里接收命令，对 I/O 设备或多台设备进行控制，以便执行那些命令。它也会响应设备请求，并向 CPU 发出中断服务请求以处理设备请求。对于大型机的信道架构，I/O 子系统提供了类似的服务。

5. 将各个部件连接在一起的总线。总线可以是系统架构的一个互连部分，也可以只是其他组件之间的一个点对点连接，这依赖于架构设计。

路径包括 CPU 和 I/O 模块或信道子系统之间的连接，从而让 CPU 向编程式 I/O 发出 I/O 命令；也用于 I/O 模块向 CPU 发出服务请求、特殊条件以及完成中断信号。从 I/O 模块到设备或多台设备的连接是 I/O 模块控制设备以及数据传输所需要的。对于 DMA 传送，I/O 模块和内存之间必须存在连接。

尽管这个图意味着这些通路表示各个组件块之间的实际直接的连接，但实际上并不是这样的。这些连接可以是直接的，也可以是电子开关的，在需要的时候才提供连接。例如，内存和 I/O 模块可能是各自附着在不同的总线上，当 DMA 发生时，这些总线连接在一起；或者，I/O 模块附着在独立到内存和 CPU 连接上。这些差异构成了不同的计算机系统架构，代表着不同的商家、不同的目标和不同的设计理念。

差不多在每一个系统中，一条或多条总线都会形成骨干网，将各种组件（内存和 I/O）与 CPU 相连。在最简单的形式中，单条**系统总线**可以将 CPU 和内存以及控制各种 I/O 设备的模块连接起来。当然，在这种方法中，系统的整体性能受限于单条总线的有限带宽。更常见地是，总线架构中的系统总线通过一个或多个总线接口电路，与许多不同的互连起来的总线相连。

一种简单的通用总线接口配置如图 11-8 所示。在这种常见的结构中，两个所谓的桥将

负载分开了。对速度要求严格的组件，特别是 CPU 和内存，通过一个内存桥互连起来，在计算机文献中，这个桥有时叫北桥。更为传统的 I/O 一般使用各种标准总线（如 SATA、Thunderbolt 和 USB）通过 I/O 控制器和 PCI-Express 总线连接到一个 I/O 桥上，这个桥有时候称为南桥。一条高速总线将这两个桥连接起来。（你可以提前看一下图 11-13，类似的结构会应用于信道架构，只是南桥模块和其 I/O 总线分支被信道系统替代了。）

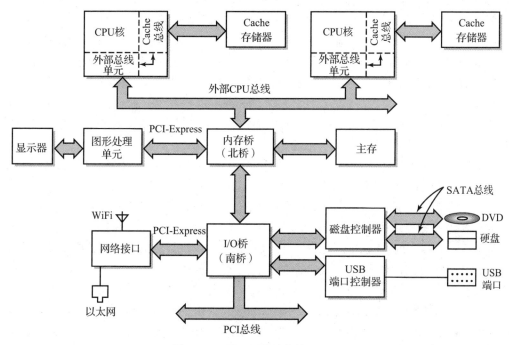

图 11-8 一种通用的总线接口配置

例子　作为现代面向性能的系统实现的一个具体例子，图 11-9 展示了 Intel "Haswell" 系列 CPU 芯片的系统架构。Haswell 芯片包含两个或多个 CPU 核，每个核带有自己的本地 Cache 存储器、共享 Cache 存储器、一个或两个图形处理单元，还有一个 "系统代理"（system agent）。系统代理相当于内存桥和部分 I/O 桥。它提供了到内存的连接，也提供了一个连接一些 PCI-Express 总线的桥。其他 I/O 桥的功能由直接介质接口提供。不同的 CPU 芯片组件通过一个内部总线互连起来，这个内部总线实现为环形，用于较快速的总线访问和传输。每一个核有两个到环形总线的连接，Intel 称为站（像是在公共汽车站里）。在系统代理和 GPU 里还有其他的站。

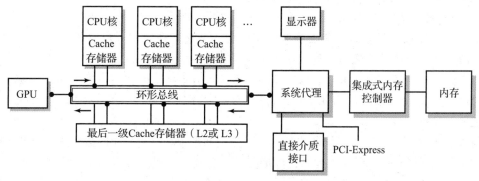

图 11-9　Intel "Haswell" 系统架构

11.2.2 总线 I/O

正如前面指出的，几乎所有的现代计算系统，包括工作站、个人计算机、移动设备和嵌入式系统，都是基于 I/O 总线架构的。对于多个商家的外设来说，使用标准的外设总线一般会使购买、组装以及正常运行变得简单，能很容易地将标准化的各种 I/O 设备、各个厂家的 I/O 设备连接起来。

例如，很多厂家生产的不同的 I/O 模块都安装在印制电路卡上，这个卡可以插在 PCI-Express 总线上，几乎每一台当前"与个人计算机兼容的"机器的背板上都有 PCI-Express 总线。（大多数中型和大型计算机，包括最近的 IBM 大型机，也在使用老式的遗留的 PCI 总线接口。）在许多系统中，PCI-Express 总线互连提供了磁盘控制器接口和网络控制器接口，还提供了其他 I/O 总线和端口控制器，如 USB 和 Thunderbolt 控制器。我们前面讨论的 I/O 桥电路在进行 DMA 传送时将内存和相应的控制器连接起来，提供所需的 CPU- 内存 -I/O 连接。PCI-Express 控制卡提供了图形显示支持、音频功能、调制解调器连接、以太网接口以及其他一些功能，这都说明了标准化的好处。尽管 Intel 最初设计了 PCI 背板，但它和它的 PCI-Express 继任者通过广泛使用和协议都已经成为标准。

对于大多数当前的个人计算机主板设计来说，作为从 CPU 芯片或 I/O 桥到各种外设控制器的主要网关总线，PCI-Express 总线已成为主流。PCI-Express 基本上已经替代了老式的简称为 PCI 的总线。PCI-Express 是一个串行 I/O 总线，其设计目的是替代长期主导背板设计的并行 PCI 总线。在设计上 PCI-Express 的数据与信号兼容为 PCI 总线设计的部件。最初的 PCI 总线是一个"32 位或 64 位"（一次传送 32 位或 64 位数据）的背板总线，能够插入各种 I/O 模块，这些 I/O 模块控制着外部的串口和并口，也控制着声卡、网卡等。PCI 总线提供有 32 根线或者可选的 64 根线，这些线既用于地址也用于数据，标号从 AD00 到 AD31 或 AD63，外加各种控制线和电源线。电源线为插拔式外设接口卡提供了所需的电源。控制线控制着时序和中断处理，对寻求使用总线的不同设备进行仲裁，并执行其他类似的功能。除了电源线外，所有的线都传递数字信号。PCI 总线的连接图如图 11-10 所示，大多数个人计算机和其他一些计算机仍然将其用作遗留 I/O 接口。我们之所以引用这幅图，是因为它清楚地说明了许多不同类型的功能，这些功能是任意一个接口必须要提供的。

然而，跟并行总线不一样，PCI-Express 是由一组 32 个串行双向的点对点总线组成的。每个总线由两个单工线对组成，同时在两个方向上传送数据、地址和控制信号，每个方向上目前的最大速率大约是 2GB/s。每个双向的总线称为一个车道。PCI-Express 的引脚连接参见 wikipedia.org/wiki/PCI_Express 以及其他各种网站。

每个车道的一端连接到一个 I/O 控制器上，也可以连到另一个总线的控制器上。另一端连接到一个共享交换机上，这个交换机能将两对车道连接在一起。控制器还提供了串行车道、系统总线和存储总线之间的连接，还能根据需要在串行和并行之间进行格式转换。控制器可以在必要时使用多个车道以获取更高的数据率。这个交换机和网络里使用的交换机是类似的。大部分现代计算机系统都采用了基于车道的技术以获取今天的客户所需的高吞吐率，尤其是视频显示领域。

除了图形显示器和以太网设备之外，大部分当前的 I/O 设备，如键盘、鼠标、打印机以及很多的其他设备，在设计上都是通过标准端口来操作的。（来自第 7 章的一个提示：端口就是一个总线末端可以插入设备的连接器。）端口控制器提供对端口的一般控制。在内部，端口控制器连接到一个标准总线上，通常是 PCI-Express。特定设备的控制内置在某些设备的控制器里，或者内置在控制这些设备 I/O 的计算机软件里。这些程序称为**设备驱动程序**。设备驱动程序或者内置在计算机操作系统里，或者作为系统的补充安装在操作系统里。其他设备都是由控制器和与特定总线端口相关的设备驱动程序来控制的。以前，大部分打印机、调制解调器和鼠标都是通过通用的 I/O 总线端口连接到计算机系统上，这些总线端口称为并口和串口。今天，这些设备再加上磁盘驱动器、DVD-ROM、图像扫描仪、视频摄像机以及其他设备，通常都是通过一个高速通用接口总线端口或者一个网络连接，连接到计算机系统。用于这个目的的常用接口总线包括：USB、SCSI、SATA、Thunderbolt 以及 IEEE 1394 总线。USB 表示统一串行总线；SCSI 表示小型计算机系统接口；SATA 表示串行高级技术附件，它替代了较早的 IDE（集成驱动电子设备）标准，主要用作磁盘和光盘存储设备接口。SATA 的一个变种 eSATA，对 SATA 总线进行了扩展以支持外部存储设备。Thunderbolt 是一种最近的通用高速端口技术，是由 Intel 和苹果公司联合开发出来的，它组合并扩展了 PCI-Express 和"显示接口"（DisplayPort）技术；显示接口最初是为高分辨率显示器设计的。IEEE 1394 总线是在描述它的规范发布之后由官方命名的，但更常见地称为**火线**（FireWire），不太常见地称为 ilink。火线端口现在几乎过时了。

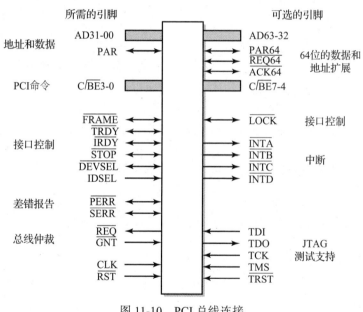

图 11-10 PCI 总线连接

来源：源自 PCI 引脚列表，©PIC-SIG，经许可后重印。

通用串行总线的创建提供了一种简单有效的方法，即在需要的时候将外部设备插入到计算机中。USB-3 可以全双工传送数据，数据率高达 10GB/s，适用于很多种设备。总体上看，可以将 USB 看作一个多点总线。多台设备都能连接到 USB 上。USB 使用一个分层的连接系统，其中**集线器**用来为多个 I/O 设备提供连接点。尽管主控制器知道每个集线器的位置，但集线器只是简单地让数据通过，因此，每一台 I/O 设备好像是直接连接到主控制器的总线上一样。USB 的拓扑结构如图 11-11 所示。设备都是**热插拔**的。这就意味着不需要给系统断电，可以随时插入和拔出设备。去掉集线器就移走了集线器所连接的所有设备。数据是按数据包形式通过 USB 接口来传输的。每个数据包包含一个设备识别符和一小块数据，它代表着该设备传送的全部或部分数据。因此，单台设备不会占用整个系统。USB 协议允许数据包以规则的时间间隔调度传送。这种技术称为**等时数据传送**。这确保了按正常速率传送数据（如音频、视频）的设备都会使用足够的总线时间以防数据失落，条件是所有连接设备的总传输需求不能超过总线的最大数据传输率。USB 支持多达 127 台设备。一个系统可以支持多个 USB 主控制器，这进一步增加了这个数值。

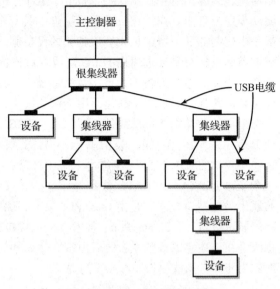

图 11-11　USB 拓扑结构例子

较早版本的 USB 电缆有 4 根线。两根线构成一个数据对来传递数据、地址和控制信息。另两根线给连接到总线上的设备供电。新版本的 USB 电缆有 5 个或 7 个额外的引脚，以对应额外增加的全双工数据传输能力。电缆每端的 USB 连接器从主控制器开始是分化的，以形成分层的结构。

就像 USB 一样，Thunderbolt 也是一个串行的多点总线规范。它的设计是用于极快的数据传送的，通过两个信道中的一个信道，每个方向支持的数据传输率高达 10GB/s，这适合于传送带声音的高清视频，同时还支持其他有高速数据传输要求的应用。通过菊花链或集线器可以连接的设备多达 6 台。在菊花链方式中，每台设备插入到前一台设备里，如图 11-12 所示。Thunderbolt 连接可以使用铜导线，也可以使用光缆。铜导线也支持直流电，但光缆不支持直流电；然而，光缆的数据传输距离可以超过 50m。跟 USB 一样，在运行期间 I/O 设备是可以插拔的；而且跟 USB 一样，对于等时数据传送，能保证性能的数据包协议可用来进行数据传送和控制。

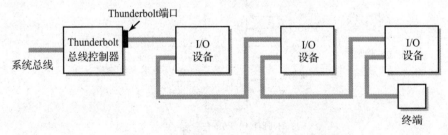

图 11-12　菊花链式的 Thunderbolt 总线

SCSI 是一个较老的并行总线，用作"通用" I/O 接口。在目前的个人计算机系统中已很少看到它了，但在较大的系统中仍在使用。SCSI 设备包括磁盘驱动器、光盘驱动器、磁带驱动器、扫描仪以及其他 I/O 设备。就像 Thunderbolt 一样，SCSI 总线也设计为菊花链式结构。SCSI I/O 设备都内置有自己特定的设备控制器。SCSI 的一种串行版本，叫作 iSCSI 或基于 IP 的 SCSI，允许设备通过网络（包括互联网）来连接。第 13 章对 iSCSI 进行了简要描述。

大量的现代 I/O 设备，特别是网络附属的硬盘和打印机，旨在连接到网络上，而不是连接到各台计算机端口上。这允许用户在多台计算机之间共享设备。它也允许使用以 WiFi 或蓝牙作为连接介质的无线设备。网络附属的大容量存储设备用来存储大文件（如视频），并提供系统备份。

11.2.3 信道架构

自 20 世纪 70 年代后期以来，IBM 在其大型计算机中使用了另一种 I/O 架构。zEnterprise EC12（在编写本书时，它是最新的大型机系统）中的信道架构能以每秒数十亿字节的速率处理 I/O 数据。这种基本架构称为通道架构，如图 11-13 所示。这种信道架构基于独立的 I/O 处理器，称为**信道子系统**。I/O 处理器相当于一台只进行 I/O 操作的独立计算机，因此，可让计算机的 CPU 解放出来执行其他任务。信道子系统执行自己的指令集，这些指令集称为**信道控制字**，独立于 CPU。信道控制字在内存中按程序形式来存储，就跟其他计算机指令一样。

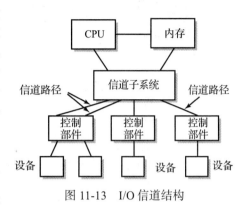

图 11-13 I/O 信道结构

信道子系统是由一些子信道组成的，每个子信道通过一个控制部件模块和一条或多条信道路径与各个设备相连。控制部件模块起着设备控制器的作用。这种设计允许在信道子系统与一个控制部件之间有多条信道路径，因此，如果一条路径忙，那么就可以选择另一条路径。对于一台特定的 I/O 设备来说，最多可以有 8 条不同的信道路径。信道路径也可以用来将一些计算机连接到机群里。每个子信道的特性及其对应的设备信息存储在内存中。每个子信道通过执行信道程序来运行，信道程序也是存储在内存中，由信道命令字构成。信道程序的主要功能是在 I/O 设备和内存之间通过 DMA 传送数据。

对于系统中的每台设备，可以使用几种不同的信道程序来执行不同 I/O 功能，如读一块数据、写一块数据，等等。信道子系统管理着所有的 I/O，它独立于 CPU；当一个 I/O 操作完成或发生问题时，它还向 CPU 提供相应的中断和状态信息。信道子系统可以同时执行几条 I/O 功能。

CPU 程序通过向信道子系统发出"启动子信道"命令来启动 I/O 操作。启动子信道命令指定了子信道号和要执行的特定信道程序，子信道号识别设备。信道子系统试图确定一个可用的信道路径，并启动数据传送。如果没有可用的信道路径，那么信道子系统就简单地保存着请求，直到一条路径变为可用为止。在这种方式中，信道子系统解放了 CPU，让其不必跟踪 I/O 操作的状态。IBM 架构还提供了暂停和恢复子信道操作的 I/O 指令，提供了测试和配置子信道的 I/O 指令。有 6 种不同类型的信道控制字指令：

- 读
- 写
- 反向读（用于磁带）
- 控制（用于控制一台设备，如倒带或磁头定位）
- 感知（用来确定设备的状态）
- 信道转移（等价于无条件跳转指令）

尽管这些指令专用于 I/O，但在其他方面，它们跟其他计算机指令是类似的。每条指令有自己的操作码和地址域。每条指令都会导致信道子系统执行一个"取－执行"周期。

图 11-14 给出了一个简单的信道程序。这个程序执行一次读磁盘操作。信道控制字指令是这样设计的：单个 I/O 操作可以传送很多个数据块。多个数据块在磁盘或磁带上不必是连续存放的，在内存里也不必是连续存放的。这个特征提供了很大的灵活性。

指令	注释
CONTROL	寻道操作，将磁头放到正确的磁道上
SEARCH ID	读取磁道上记录的 ID，并跟指定的 ID 进行比较
TRANSFER IN CHANNEL	如果不相等就转移，回到前面的指令来看下一个记录
READ	读取记录，通过 DMA 方式传送到内存

图 11-14　简单的信道程序

来源：来自 IBM Mainframes 第二版，N. 普拉萨德和 J. 沙威，版权 ©1994，McGraw-Hill 公司。经许可后重印

物理上，信道子系统通过总线连接到 CPU 上，各种控制部件和 I/O 设备也通过总线相连。然而，在概念上，信道架构差别很大，连接 I/O 系统各个部分的总线也不是这样识别的。

11.2.4 分界线模糊化

I/O 总线、I/O 信道和网络之间的分界线最近明显变得模糊了，这是值得观察的。PCI-Express、USB、Thunderbol 和火线都是最近 I/O 总线的例子，这些总线都有很多网络的特征。PCI-Express 使用交换机将车道连接在一起，这个交换机类似于在以太网中看到的交换机。PCI-Express、USB、Thunderbol 和火线都将消息拆分成包，通过总线传输，使用的协议都具有访问总线、识别和重构消息以及防止冲突的功能。尽管 USB 是在分层的基于集线器的结构上构建的，这种结构明显地标识了单个主控制器，但火线设备共享总线的方式还是类似于网络的。可以有多个主节点。火线协议建立了多个主节点无冲突地访问总线的方法。火线协议标准定义了物理层、数据链路层和事务层，还有一个与共享会话层相似的总线配置管理器。这些都是下一章要给出的网络特征。火线也支持网络类型的组件，如集线器、中继器和网桥。这种模糊反映了一个重要趋势，那就是在计算机系统和数据通信技术中，各种架构特征和组件的自适应使用和组合使用，不断地提高系统的功能和性能。

在 I/O 和网络技术趋于一致方面，一个有趣的例子是基于 IP 的 Ficon 协议，它让 IBM 大型机能够通过网络访问 I/O 设备。Ficon 是一个 IBM 光纤高速信道部件，用于将 IBM 的外设跟 I/O 信道处理器连接起来。这个协议允许用户在任何有网络连接的地方，连接一台基于 Ficon 的 I/O 设备，并通过用户位置上的 IBM 大型机 I/O 处理器来控制这台 I/O 设备。

11.3 计算机互连概述

在第 8 章里，我们初次介绍了多处理器技术的概念。多处理器系统也称为"紧耦合系统"。在多处理器技术中，我们通过引入多个 CPU 或核来共同处理任务，提高处理速度。每个核共享访问内存和 I/O 的资源。

另一种方法可以构建出计算机松散连接在一起的系统。此时我们的意思是，每台计算机本身是完整的，各自拥有自己的 CPU、内存和 I/O 设施；数据通信提供了不同计算机之间的联系。这样的计算机系统称为**松散耦合系统**。有些作者把这些系统称为**多计算机系统**。松散耦合系统能够在不同的计算机之间共享、交换程序和数据。

有些松散耦合系统共享磁盘或者少量的内存，这可用于不同计算机之间的通信。识别一个松散耦合系统的决定性要素是每台计算机在复杂系统或网络里的自治性。

连接松散耦合计算机有两种基本方法。机群式计算机通过专用通信信道或链路直接连接起来，信道或链路在不同机器之间传递消息。机群概念的关键是在设计上机群是作为单一的自治系统运行的，它们共享一个工作负载。相反，网络式计算机的运行更为独立。机器之间的数据通信信道用来交换、共享数据和外部资源，而不是共享实际的处理能力。在本章里，我们的重点是机群。本书接下来的部分内容会讨论网络。

11.4　机群

11.4.1　概述

机群是一组松散耦合的计算机，它们配置在一起作为一台计算机来工作。跟紧耦合多处理器系统不一样，机群里的每台计算机都是一个完整的计算机，有自己的 CPU、内存和 I/O 设施。事实上，机群里的各台计算机本身也可以是多处理器系统。机群里的每台计算机叫作一个**节点**。不像网络，机群里所有计算机的目的是使用户觉得就好像在使用一台机器一样。机群技术对用户是透明的的。

为了构建计算机机群，信息技术专家们确定了 4 个主要的互相关联的理由。

1. 将各个系统的能力结合起来可以使机群增加有效的计算能力。由于每台计算机可以独立处理数据，所以这种增加能力的跟机群里的节点数大致成正比。布鲁尔［BREW97］和其他人指出，机群在本质上是可扩展的，既可以逐渐地增加也可以完全地扩展。当需要额外的计算能力时，通过安装就可以逐步增加节点。更进一步说，构建一个拥有大量节点的机群是可以的。相对于使用最大的单台机器，这样的机群甚至可能具有更强大的计算能力、更低的成本。在高性能计算机系统设计中，机群技术是一个基础技术。适合并行处理的问题可以分解成多个子任务，分布到不同的节点上，并行求解。

2. 机群可构建容错系统。由于机群里的每台计算机能够独立运行，所以一个节点出现故障时，不会破坏整个系统。相反，使用软件控制机群能够简单地将处理切换到机群里的其他节点上，这个操作叫作**故障转移**或"故障接管"。单点故障定义为系统中的单个组件发生故障时，它可以阻碍系统的继续运行。可以设计出一个没有单点故障的机群。在执行关键应用的系统中，这可能是极其重要的优点。

3. 机群技术可用来构建高可用的系统。机群里的计算机在地理上可以分布在广泛的区域里。一个用户通常会访问机群里最近的计算机系统，机群里不同节点之间会形成自然的负载均衡。软件会试图进一步在不同的节点之间均衡处理负载。当某个区域里的一个系统由于电源故障问题发生故障时，或许可以只是简单地将负载切换到机群里的其他计算机上。这样备份也简化了。

4. 对于大的工作负载，机群技术用于负载均衡系统中。例如，大单位里的电子邮件账号可以按字母顺序划分，并分配到不同的机器上进行存储和处理。

11.4.2　分类和配置

有两个主要的模型用于机群技术：**无共享**模型和**共享磁盘**模型。两个模型如图 11-15 所示。机群里的计算机通过节点间的高速通信或通信链路连接在一起，外加上控制每个节点行为和节点间交互的软件。至少要有一个节点提供对外界的访问并管理着机群。在这两个模型中，链路用来在节点间传递消息和数据。

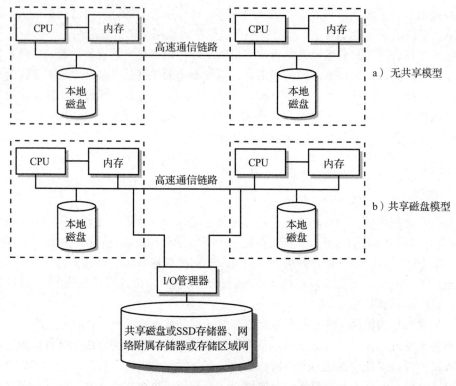

图 11-15   机群模型

机群里的不同节点可以位于相同的柜子内，也可以距离几英里之远，这提供了一种互连高速链路的方法，如果可行的话，共享磁盘链路就是这种方法。由于这种链路可以使用网络连接，所以机群内节点之间的距离原则上没有限制；然而，如果链路要通过一个公共网络（比如互联网），则高安全性是必须要保证的。事实上，创建一个节点离得很远的机群，还起到了保护整个系统的作用，避免了单点数据发生灾难，尤其是共享磁盘在两个位置上都可以使用的情况。

无共享模型中的每台计算机以自己的磁盘或固态硬盘作为数据源。在共享磁盘的模型中，各台计算机可以有也可以没有自己的本地磁盘存储器，这取决于应用和所期望的配置。随着条件的变化，链路可以在磁盘之间传递数据。例如，通过节点之间的数据划分可以对工作负载进行划分，从而使来自每个节点的工作要求相对独立而且大致相当。这种方法具有的优点是节点之间所需的通信很少，因为每个节点基本上都是独立的。这种配置的主要困难是不是总能精确地规划和预测划分。因此，有些节点可能会过度使用或者未充分使用，机群的总体效率不高。

在共享磁盘模型中，由于存在每个节点都能访问的公共数据存储，所以数据在机群的节点之间是共享的。这种模型的优点是在精心设计下动态负载容易均衡、可用性高、容错性好。对于共享磁盘，使用 RAID 技术可以增强许多系统的可用性（参见第 10 章）。尽管这些优点会使共享磁盘的机群很具有吸引力，但也增加了软件的复杂度。控制机群的软件必须能维护和协调不同节点正在处理的数据，防止共享数据发生冲突，确保准确无误地读取。

例如，假定一个节点试图读取另一节点在内存中已经修改但尚未存储在共享磁盘上的数据。这种类型的活动必须要得到控制。(如果你对此不太确定的话,请考察下面的例子:快速连续地进行两笔 ATM 交易,而且它们是在机群的不同节点上处理的。若没有同步的话,你的存款就可能从记录中抹去!)

尽管复杂度增加了,规划的代价也大了,但在最近几年机群的重要性也在日益增长,因为它以相对低的成本,提供了一种可扩展且可靠的方法以获得很高的性能。几乎所有的超级计算能力都是基于机群技术的。

11.4.3 Beowulf 机群

Beowulf 机群是简单的、高度可配置的机群,在设计上是以较低的成本来获取较高的性能。Beowulf 机群由多台计算机组成,通过专用私有的以太网连接在一起,这个以太网是机群里计算机之间的链路。这个机群既可以配置为无共享模型,也可以配置为共享磁盘模型。每个节点包含一个 CPU、内存、一个以太网连接,有时还有硬盘和其他外设。对于这两种类型的计算机组件,Beowulf 机群一般配置为其中的一种。

- COTS(commodity-off-the-shelf)或**商用现成品**组件是由一些简单廉价的计算机连接在一起形成的一个 Beowulf 机群。在许多情形中,COTS 组件就是从垃圾堆里寻觅出来的老式个人计算机,将它们连接在一起来做一些有用的工作[⊖]。
- **刀片**组件,通常叫**刀片服务器**,是安放在电路板上的一些计算机,这个电路板类似于主板,可以将其插入到机架的连接器上。图 11-16 展示了一个典型的刀片,还有容纳刀片的箱体。典型的刀片拥有一个或多个多核 CPU、内存、I/O 选项,包括以太网功能,通常还有一到两个用于刀片本地访问的专用硬盘。机架的背板上提供了将电源和刀片互连在一起的局域网连接。有些箱体还支持单独的高速链路,用于共享存储。刀片本身是由标准的现成构件建成的。

节点间的网络连接从机群外面是不能访问的,这样,就不用考虑安全问题了,而不是要对维护机群的完整性进行认证。相反,Beowulf 机群一般都会有一个前端网关服务器,它管理着机群内的节点,同时还提供对外界的连通。它还提供一个机群内所有节点共享的监视器和键盘。每个节点都配置有自己的硬件、操作系统以及 Beowulf 机群软件。在 COTS 系统中,在不同的节点上使用不同厂商的各种硬

Dell 公司许可

图 11-16 刀片和 Beowulf 机群机架

件是很常见的,但刀片系统往往是统一的。由于其具有灵活性,所以操作系统一般都选择 Linux。除了自身的可配置性以外,Linux 还提供了配置机群所需的工具,以使机群包含强大的分布式系统具有的所有功能。Beowulf 机群用作 Web 服务器是十分理想的,因为可以根据需要插上或拔出刀片,从而在变化负载的情况下可以保持相应的性能。大部分系统都允许在不断电或不重启机群的情况下插拔刀片。有了分布式处理能力,Beowulf 机群也可以高效地执行共享或并行的处理,其中,单一的大任务可划分为由机群内不同计算机同时处理的一些子任务。Beowulf 刀片式机群的大小依赖于刀片制造商和应用。较小的机群可能只包含几个

⊖ 最近的一些出版物声称 COTS 代表商业现成品组件;然而,这个定义比这个概念的原始设计者想表达的思想更具限制性。

节点。相反，某些用于高性能计算的刀片式机群包含数百个单独的节点。例如，美国国家健康研究院里用于科研的一个名为 Biowulf 的系统包含的节点数超过了 4000 个。

11.5 高性能计算

许多有趣又重要的问题不适合用普通的计算机来处理，这可能是由于问题的计算过于复杂，也可能由于要处理的数据量太大了。这种问题的例子有天气形势分析、物理粒子行为分析、全球变暖的各种因素效应模型分析、特定政策的经济和社会效应预测。这些问题的一个重要特征就是问题可以分解为若干个部分，每个部分可以由分开的、独立的处理器并行处理。

高性能计算领域有时候称为**超级计算**，是试图应对复杂问题的挑战而兴起的，这些复杂问题都需要强大的计算能力。对于高性能计算，曾经有过很多不同的方法，但最近开发的系统，普遍认为大体上分为 3 类：

- 由强大的计算机或较大的 Beowulf 刀片式机群构成的系统。这些在前一节讨论过。
- 云系统。一个问题可以分散到由云提供的很多虚拟计算机上来求解。
- 使用网络计算机在空闲时的处理能力。每台计算机承担任务的一小部分，在其空闲的时间处理，这种技术称为**网格计算**。

网格计算

大卫·格兰特［MAR92］等人的研究表明，通过将问题分布到网络的个人工作站上，并使用其空闲时间来处理，就能产生超级计算机的性能，这可用于大问题的处理。从那时起，网格计算方面的研究又做了不少的工作。关键技术包括负载的有效划分、工作调度、防止与本地处理的冲突、结果的有效使用，以及客户机的隐私和安全保证。有很多项目试图使用网格计算来求解大规模的问题。一个有趣的项目是 SETI@home 项目，它致力于对外星智慧的系统性搜索，是由加州大学伯克利分校的宇航科学实验室组织的［KORP00］。位于波多黎各阿雷西博的射电望远镜对天空进行扫描以获取信号。一次全天空检测大约返回 39TB 的待处理数据。

处理算法允许数据拆分成小块进行分析。超过 50 万名来自世界各地的活跃志愿者通过互联网接收数据块。当客户端系统空闲时，内置在屏保程序里的应用软件对数据进行分析，并将结果返回到位于伯克利的采集系统，在那里，这些结果存储在一个巨型的数据库里用于分析。

对于较小规模的应用，网格计算正在进入一些大型金融企业，将企业服务器和终端用户办公计算机未使用的处理能力组合起来并加以利用，从而增强他们自己的计算机，为其员工提供更强大的处理能力，以便快速处理大型的金融应用（施默肯［SCHM03］）。

小结与回顾

我们首先给出了计算机部件是如何互连在一起的，从而构成一个完整的计算机系统。

两种不同的方法常用于连接 CPU、内存和 I/O 架构。IBM 在其大型计算机中使用的是 I/O 信道方法。比大型机小的大部分计算机使用的是总线方法。在本书中，我们解释了这两种方法。在第 7 章里，我们扩展了总线讨论，包括了用于 I/O 的总线，这些 I/O 总线有 PCI-Express、USB、Thunderbolt 和 SCSI。我们给出了 I/O 信道的结构并讨论了在实践中的应用。我们指出了 I/O 技术和网络技术正在逐渐融合。

现代计算机强调的是不断增加的功能和性能。为此，计算机设计师采取了各种技术来增加计算机系统的性能。除了增加各个组件本身的功能外，当前的技术依赖于计算机的高速互连以获取现代系统所需的新能。

许多自治的计算机系统拥有自己的内存和 I/O，它们可以松散地耦合成一个机群或一个网络。机群是一种松散耦合系统，其中的计算机通过高速通信链路互连。一个机群由多台计算机组成，并作为一台计算机来使用。无共享机群使用独立的磁盘和数据，这些数据划分后在机群系统之间进行分布。共享磁盘的系统允许多台计算机访问一个或多个共享磁盘，共享磁盘里存放着所有系统想要处理的数据。

高性能计算利用了众多互连起来的 CPU 或计算机，提供了很强的计算能力。3 个主要的技术是机群技术、云服务和网格计算。

扩展阅读

米勒［MUEL13］的书对个人计算机的硬件及附件进行了全面的讨论，他每年发布一个新版本。IBM 大型机架构的讨论可见普拉萨德［PRAS94］编写的书。这个讨论包括对 I/O 信道的详细解释。补充第 2 章里的实例给出了 x86、POWER 和 IBM z 系列系统架构的特征。尽管时间已经过去很久了，但 IBM 系统的基本原理只是以小幅渐进的方式在改变。更新一点的报告在 IBM 网站的 Rebooks 区域里能够看到。

很多不同的总线，有内部的也有外部的，用来将部件连接在一起。USB 的讨论可参见麦克道尔和赛杰［McD99］以及安德森［AND01］编写的书。火线接口技术出现在安德森编写的书［AND98］里。PCI-Express 在安德森编写的书［AND03］进行了论述。有些其他信息在网站上可以看到。火线接口的简单解释，在 www.skipstone.com/compcon.html 或 www.1394ta.org 网站上能够看到。www.usb.org 上有 USB 规范。PCI-Express 总线开发可见于 www.pcisig.com。www.apple.com 和 www.intel.com 都提供有关于 Thunderbolt 论述的链接。

关于机群技术比较好的论述可见于菲斯特［PFIS98］、布鲁尔［BREW97］和尼克等［NICK97］编写的书。"绿色命运"Beowulf 机群描述见于［FENG02］文献里。SETI@home 项目是最著名的网格计算的实例。文献考培拉［KORP01］对这个项目进行了讨论。关于网格计算的 3 个易读的介绍，分别是雅各布斯等人［JAC05］、约塞夫［JOS04］和博斯迪斯［BERS02］撰写的 IBM 红皮书。

复习题

11.1 协同是什么意思？

11.2 构成计算机的 5 个基本硬件组件是什么？

11.3 总线接口或者总线桥的用途是什么？

11.4 解释一下在主板上你期望找到什么？

11.5 对于现代个人计算机，在主总线上可以找到什么？和其他总线相比，这个总线的优点是什么？

11.6 PCI-Express 总线和 PCI 总线主要的相同点和不同点分别是什么？

11.7 USB 作为将外部设备连接到计算机的一种方式，它的优点是什么？

11.8 什么是拓扑？请描述 USB 的基本拓扑结构。

11.9 和总线架构相比，大型计算机系统使用的 I/O 信道架构有什么优点？

11.10 什么是松散耦合计算机系统？它和紧耦合计算机系统有什么区别？

11.11 给出机群的定义。

11.12 简单解释创建机群的 4 个原因。如果可能的话，对每个原因给出一个例子。

11.13   什么是无共享机群？

11.14   解释一下网格计算。

习题

11.1   在杂志、报纸或者网上找一个现在的计算机广告，识别广告中的每个特征项，在图 11-1 所示的系统框图中找出其位置，解释它是如何运行的，并定义其在系统中的用途。

11.2   图 11-8 展现了一个典型的计算机系统与许多不同总线的互连，包括内部总线和外部总线。该图包括多个 Cache 总线、一个外部 CPU 总线、PCI-Express 总线、一个并行的 PCI 总线、SATA 总线、USB 端口等。提供多个总线而不是用单一总线连接所有的设备的优点是什么？

11.3   仔细解释总线接口的用途。

11.4   使用串行总线和并行总线，将数据从一个地点移动到另外一个地点的优缺点分别是什么？

11.5   如本文所述，PCI-Express 总线由 32 个 "车道" 组成。截止到 2009 年 1 月，每个车道能达到的最大数据速率为 500MB/s。车道一次分配给 1、2、4、8、16 或 32 个车道。

假设一个 PCI-Express 总线连接到高清视频卡上，它以 60 帧 /s 的刷新率支持 1920×1080 真彩色（每个像素占 3 字节）逐行扫描显示器。这个视频卡需要多少个车道来完全支持显示器？

11.6   为什么一个多车道的 PCI-Express 总线不像等效的并行总线那样，受扭曲问题的影响（如果你需要复习总线扭曲问题，参见第 7 章）？

11.7   需要多少个 PCI-Express 车道来支持 10GB/s 的以太网卡？

11.8   PCI-Express、SATA、USB、火线和串行 SCSI（SAS），都是用来将外设连接到计算机的串行总线。查询一下每种类型的规范或描述。比较每种类型的特征，并比较每种类型的速度。

11.9   讨论总线 I/O 和信道 I/O 的主要不同、优点和缺点。

11.10   解释一下，I/O 信道架构是如何满足在第 9 章中所描述的 DMA 需要的 3 个主要条件的。

11.11   描述一下你如何使用机群来提供容错计算的。描述一下你的方案和单一的基于多处理器的计算机系统方案之间的优点和缺点。

11.12   对于一个基于 Web 的正在快速增长的公司，描述一下，你如何使用机群架构为其提供快速的可扩展性。

11.13   获取 Windows 服务器、Linux、IBM z 系列机群技术的信息，并比较它们的特征、容量、性能和运行方法。

11.14   清楚仔细地讨论机群的每个优点。

11.15   Beowulf 机群和其他类型的机群有什么不同？

11.16   机群和网络都被分类为松散耦合系统，但它们服务于不同的目的。解释机群和网络在用途上的不同。

11.17   寻找一个关于大规模网格计算项目的当前例子，并且尽可能详细地描述它。项目的目的是什么？它解决了什么问题？网格计算是如何用来实现这个问题的解决方案的？

11.18   云计算是最近上市的技术，用作一种为企业提供离线计算能力的方法。给出云计算的相关信息，并比较云计算和网格计算。它们在哪些方式上是相似的？在哪些方式上是不同的？

The Architecture of Computer Hardware, Systems Software, & Networking: An Information Technology Approach, Fifth Edition

网络和数据通信

目前，很难看到一台不跟其他计算机相连、自己独立运行的计算设备。笔记本电脑和台式机如此，平板电脑、手机、汽车电脑如此，甚至卫星电视接收器以及其他嵌入计算机的设备也如此。计算机网络是现代系统基础设施的一个重要组成部分。实际上，公正地说，互联网是现代社会的一个重要组成部分。构成本书第四部分的这三章，探讨了数据通信和网络技术的不同方面。

第 12 章对网络技术的基本特征进行详细的介绍。我们探讨通过网络进行数据通信的基本需求。主要议题是跟通信信道和网络相关的基本概念、本质、特征以及配置。具体内容包括：通信信道和网络的各种模型；报文和包的概念；网络拓扑；从各种局域网到互联网的不同网络的分类；以及将网络连接在一起使用的介质和设备描述。

第 13 章主要侧重于 TCP/IP 和以太网，这两个关联的协议一起工作，几乎构成了所有网络的基础。首先，对协议通信套的概念进行简要介绍，对协议栈如何工作进行简要解释。然后我们探究与网络交互的一些主要的网络应用；随后，我们逐层详细讨论报文在网络传输过程的每层中的作用。报文从底部的物理层开始，逐步向上，依次通过数据链路层、网络层和传输层，最后回到应用层。我们还会对所使用的不同类型的地址进行讨论，包括端口号、域名、IP 地址和 MAC 地址。其中，域名系统以友好的形式，把用户和互联网紧紧联系起来。本章结尾部分对三个特殊的问题进行了简单的说明，即服务质量、安全以及 TCP/IP 与以太网能够使用的一些其他技术。

　　第 14 章介绍用于数据通信的基本技术：模拟和数字信号技术、共享网络的方法、不同介质（电线、光缆和无线）的特征和使用。本章结尾对常用的三种不同的无线技术进行简单介绍，即 WiFi 技术、蜂窝式技术和蓝牙技术。

　　这几章涉及的内容足够写一本书，事实上还不止如此，能写很多本书！对于网络，我们无法讲述所有你想知道的知识，但起码已经给了你一个好的开端。

网络和数据通信概论

12.0 引言

在第 10 章里我们看到，从计算机的视角可以把连接计算机的网络看作另一种 I/O 设备。实际上，对于很多应用，这都是一个既有吸引力又恰当的选择。作为用户，只要文件容易访问，我们根本不用关心它是存在本地硬盘上，还是存在绕世界半周的云服务器上。只要我们能方便地拿到打印出来的材料，我们的打印机实际上是一个跟其他人共享的办公室打印机，这对我们来说并不重要。第 2 章的图 2-6 在图 12-1 里再次给出，这里我们把网络看作一个云。对于图里的每一台计算机来说，云只是另一种 I/O 设备。（顺便注意一下，这是如何自然地引出云计算的概念的。）

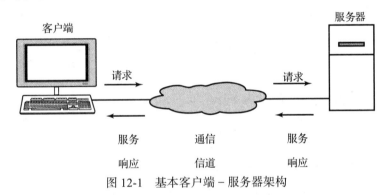

图 12-1　基本客户端 – 服务器架构

从另一个角度看，网络是现代科技基础架构的重要组成部分，能把计算机、存储设备、计算机外设、移动设备、视频和音频设备连接起来；最重要的是，它还能跟其他网络互连。这样，我们就可以共享资源和服务，可以共享和交换数据与知识，甚至可以通信和社交。从这个角度看，计算机只是连接到网络上的一台设备而已。例如，利用网络作为通信媒介，一台联网的计算机可以是一部电话机或视频显示器，可以是一个音频源，也可以是一个自动导航系统。

两种观点在不同的时代都很重要，也很有用。一般把网络连接看作一个 I/O 设备，对于系统设计和问题求解来说，它是一种非常有用的方法。特别是，作为用户，你的目标只是通过一个特定网络从某个服务器所存储的数据库中获取数据；另一方面，如果你的工作是设计、实现、维护、管理一个网络，那么你必须从网络技术本身和网络基础架构的角度，全面理解网络设计问题。

本章里，我们对后一种观点感兴趣。我们将"打开云"来阐述和研究网络技术的基本概念和基础架构。跟贯穿全书的思路一样，本章我们也主要研究网络的基本概念，而不是某个网络或方法的规范和细节。网络技术的发展日新月异，规范也跟着变化。而基本概念比较稳定，发展不快。即便如此，本章和下一章的很多实例仍然基于 TCP/IP 和以太网，因为它们是目前和可预见的将来最为流行的网络技术实现。

第 12 章的主旨是介绍数据通信信道的基本概念，探究其特征和结构。第 13 章逐步详细地解释协议和在信道上应用数据传输的过程。从假想云一端的一个节点开始，通过云，到达另一端的一个节点，在那里对应的应用会把数据取走。

12.1 节探讨网络技术的重要性，它对现代商业过程和用户访问知识有着重要的影响。网络使得组织之间的协作和合作成为现实。组织之间可以通过网络直接进行商业交易。通过网站，网络提供了新的营销、研究和销售渠道。不少人认为互联网是有史以来最重要的社交和商业工具。正因为如此，网络技术才是研究计算机系统基础架构的一个重要组成部分。

12.2 节介绍 3 个简单的网络模型实例，让读者初步了解构成网络基础的一些标准和需求。

12.3 节对数据通信和网络的基本概念进行概述，介绍了一个实用网络必须满足的一般要求和要素，也介绍通用组件和术语，这些是网络技术的基础。

12.4 节对上两节的讨论进行扩展来探讨通信模型。这些通信模型具有多节点管理能力，支持并提供对不同信道技术的透明转换，共享信道资源，并具有全球网络寻址能力。本节对不同类型的网络进行概述，包括：局域网（LAN）、城域网（MAN）、广域网（WAN）和骨干网。本节还介绍工具、结构类型、设备以及互连不同类型网络的方法，最终引出互联网技术的介绍。

最后还有重要的一节，12.5 节对标准组织进行简介，对现代全球互连和普适计算的基本协议和标准进行介绍。

12.1　网络对商业过程及用户访问知识和服务的影响

虽然很容易想到你的系统和某个特定数据源之间具体的通信需求，但网络技术的概念比这要大得多。假设我们想将每天访问的所有信息保存在一台机器上，但实际上很难做到。很简单，"那里"的信息太多了，而且，我们对信息的需求每分钟都在变化。我们还缺少专门的知识来专业、准确、智能地理解和存储所有信息。相反，数据是分布式存储和访问的，无论何时、何地，我们都通过网络访问数据。需要注意的是，这里的"数据"是广义的，包括程序、传统意义上的数据、电子邮件、音乐、流式视频、及时消息（Instant Message，IM）、手机文本以及网络电话，实际上，它可以是以"位和字节"传输的任何信息。

通过巨大的网络设施存储和访问数据，使我们对知识的访问产生了革命性的变化，对每个人的生活质量产生了重大影响，对商业过程和性能也产生了重大影响。就个人而言，我们可以在线检查银行账户和付费；出去吃饭时，可用智能手机查看饭店评价；通过 Facebook 网站进行社交；在 Twitter 网站上表达我们的思想；通过 linkedIn 网站求职等。

在企业层面上，我们可以通过访问文件、数据库和 Web 服务完成日常工作；使用云服务来备份我们的工作成果和运行多种应用。更一般地说，我们离不开这样的商家，他们把传统的商业实践和网络访问结合起来以产生产品和服务，这些产品和服务几年前还很难找到和获取。诸如亚马逊、易贝这样的公司，已经建立了自己的商业模式：客户通过一般网络获取在线仓库中的大量商品。福特、丰田这样的公司，通过网络与供应商、经销商和客户进行通信和协作（或同步其商业过程），并使用协作的成果来提高生产和改进产品。音乐和视频从媒体服务网站上下载下来，在微型便携设备上存储和播放，这些设备可以随便拿到任何地方。以前只能在特定地区买到的货物，现在在世界的任何地方都能很容易地买到。营销和广告可以本地化以满足不同的需求和定位。从维基百科和谷歌等信息源中，我们可以很容易地找到并获取信息。

人与人之间的通信也是这样，文本通信、电子邮件、及时通信、社交网络、IP 电话、网络多人游戏、协同工作工具、实时视频会议等，将计算机从高性能计算转换到几乎到处可用的普适通信设备中，所有这些功能都依赖于网上的计算设备。

因此，若不把数据通信技术看作方程的基本组成部件，我们就不能探究现代信息系统的基础架构。

尽管现代计算隐含着复杂的交互，但绝大部分复杂性来源于大量的简单报文，这些报文是由跟操作关联的各种计算机发送的，并不是基本通信过程本身有多么复杂。实际上，可以将网络技术的基本思想分解为若干个简单的基本思想。（从某种意义上说，这个问题和"复杂的程序是由简单指令构成的"类似，其中指令构成了计算机的基本操作。）

不管总的通信有多么复杂，最终都会转变为一系列单个的"报文"，一个报文就意味着源计算设备和一台或多台接收计算设备之间的一次通信。

12.2 数据通信的简单视图

考察一下数据通信和我们已经给出的 I/O 方法之间的相似性。在每种情况里，一个计算机应用程序按照"消息"⊖的形式发送数据，或者从另一台设备接收数据。例如，"小伙计"计算机中的"消息"是三位数字，以输入和输出篮作为通信信道和用户进行通信。这种情形里的通信由两个要素构成：消息（三位数字）和交换所用的介质（I/O 篮）。其中，消息发送给正在执行的应用程序，或者从正在执行的应用程序中接收消息。这里，我们做了一个重要假设：用户和程序均能理解"协议"，即表示消息的三位数字的含义。

关于数据通信起源的另一个线索可来自 POTS，POTS 是普通老式电话业务（Plain Old Telephone Service）的首字母缩写，其目标是在两个端用户之间进行消息通信。这种情形里的消息是用户间的会话，当然此时传送消息的介质更加复杂。假定你家用的是座机业务，铜导线（或者光缆）将座机连接到中心交换局。中心交换局里的交换机将你的线路和你想通话一方的线路连通。由于需要交换技术来在某个时段内服务大量可能需要通信的潜在用户，所以通信信道更加复杂。尽管如此，主要概念性的组件仍然是相同的：用户共享的消息和用户间传输消息的信道。这种情形也有一个隐含的"协议"：通话双方均使用相同的语言。（格雷戈瑞·麦当劳，在其小说《弗林》中这样描述电话协议：将一端贴在耳朵上，另一端靠近嘴巴，如果可能的话，礼貌性地提前弄点噪声。）在电话系统中，还有更精细的协议来确定如何建立连接；还有在电话网络中以"地址"的形式来标识用户的更精细的标准；更具体地说，这里的地址就是电话号码。图 12-2 说明了一个简单的本地交换电话系统的布局。当然，我们曾经画过一个老式的机械式交换系统，今天更可能的是电子和数字系统，尽管如此，它能帮助你理解其原理。

虽然这两个例子有点肤浅和简单，但它们确实

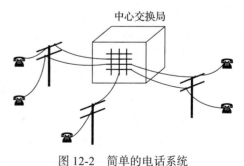

图 12-2 简单的电话系统

⊖ Message 一词在计算机网络领域一般叫作报文，在其他专业一般称为消息。——译者注

包含了数据通信的 3 个基本构成要素。首先，在发送端和接收端传递的数据表示通信双方共享的消息；其次，一个通信信道能可靠地传输消息；最后协议必须能精确、恰当地定义消息的含义，并且发送端和接收端均能够理解。第二个例子也带来了连通方法和寻址问题。

作为在现实世界中数据通信更真实的一个例子，我们探究一下 Web 浏览器和 Web 服务器间的通信。在这种情形中，浏览器所发的报文是一个网页请求，网页由服务器提供。如果一切都正确工作的话，那么服务器给出的响应报文就是一个会在浏览器中显示出来的网页。这种通信使用的标准协议就是 HTTP（hypertext transfer protocol，超文本传输协议）。图 12-3 展示了这种通信的格式。请注意，HTTP 报文是纯文本形式。

```
HTTP报文发送：

GET /webapps/login/ HTTP/1.1
Host: blackboard.bentley.edu
Date: Wed, 23 Jul 2008 22:01:44 GMT
User-Agent: Mozilla/5.0 (Windows; U; Windows NT 5.1;
  en-US; rv:1.8.1.16) Gecko/20080702 Firefox/2.0.0.16
Connection: close

HTTP接收的响应报文：

HTTP/1.1·200·OK(CR)(LF)
Date:·Wed,·23·Jul·2008·22:01:46·GMT(CR)(LF)
Server:·Apache/1.3.37·(Unix)·mod_ssl/2.8.28
  OpenSSL/0.9.8d·mod_jk/1.2.21(CR)(LF)
X-Blackboard-product::Blackboard·Academic·Suite&#8482;
  7.2.383.23(CR)(LF)
Pragma:·no-cache(CR)(LF)
Cache-Control:·no-cache(CR)(LF)
Set-Cookie::session_id=@@C296D067A2A703542F0C959C25\
  314FFE(CR)(LF)
Set-Cookie:·JSESSIONID=0115BEF92808AF234DD8843E\
  509AD2BD.root;·Path=/webapps/login(CR)(LF)
Connection:·close(CR)(LF)
Transfer-Encoding:·chunked(CR)(LF)
Content-Type:·text/html;charset=UTF-8(CR)(LF)
(CR)(LF)
<HTML content>
```

图 12-3　一个 HTTP 请求和响应

Web 浏览器发出的请求是由关键字 GET（当然，它用 ASCII 或 Unicode 表示）和主机上网站服务器的位置构成的。服务器的位置来源于统一资源定位器（Universal Resource Locator，URL），例子中是 /webapps/Login/；请求中还包含浏览器使用的 HTTP 版本号（HTTP/1.1）以及服务器宿主机的 URL：blackboard.bentley.edu。HTTP 请求还提供了请求的日期和时间、浏览器的名字；如果该请求来自一个链接，那么请求中还会包含提供链接的相关 URL 的名字。（本例忽略了访问源字段，因为用户直接将 URL 键入到浏览器的 URL 字段里了。）请求的一个可选部分也能提供其他信息，如网页形式的问题回答。这些通常是出现在 URL 请求行里的问号后面的数据。请求的最后一行会关闭通信。

在响应报文中，Web 服务器确认所使用的 HTTP 的版本号和状态码。状态码后面是一个状态码的简要解释，本例中为 "OK"。服务器报文也包含日期和时间、服务器的名字和版本号[○]以及内容信息（请注意，例如网站设置了 cookie）。通常情况下，头的后面是实际的网页

○　这里的版本号是指服务器使用的操作系统的版本号。——译者注

内容，一般用 HTML 来描述，HTML 是标准的标记语言。

我们对这个例子进行一些有用的考察，和以前的例子相比，这是关于真实数据通信更具代表性的一个例子。

- 这个例子明确地表示了客户端－服务器模型，正如第 2 章我们所定义的。Web 浏览器客户端以网页的形式从 Web 服务器上请求服务。实际上，绝大多数数据通信都是基于客户端－服务器模型的。
- 由于 Web 浏览器请求需要一个寻址方法来识别和定位 Web 服务器，因为请求只是通过 URL 来指定服务器了。
- 类似于第 4 章所讨论的数据格式，协议既包含数据，也包含元数据。除了报文本身外，还有关于报文的信息。
- 连接发送端和接收端的通信信道的本质在这个例子中并未说明，但它可能远比以前例子中的信道本质要复杂得多。尽管进行通信时信道的细节必须要确定，但你能看到物理连接和报文传输并无关系。这就意味着网络模型必须至少支持两种独立的通信方式：在发送端和接收端上对应应用之间的报文－共享"连接"；带信令的物理连接，这里的信令表示正在传输的报文。实际上，一般在一个大型化网络系统中，很多个节点都是可用的，从中寻址要通信的节点、通信线路共享以及其他问题，还需要通信管理一些其他层的技术，这些在第 13 章里讲述。

正如刚刚说明的，这些例子并不试图展示一个有高效数据通信需求的完整画面。为了说明基本的通信过程，我们选择性地忽略了一些重要因素。必须要考虑的一些因素包括：通信信道的特征；发送端、接收端（通常称为**主机**或端**节点**）接口的本质和版式；报文的本质和内容；传输报文的含义，这里发送端和接收端的距离非常远且路径复杂；网络地址和物理位置的联系；高效共享信道资源的方法；解决网络业务流量过重和拥塞的手段；必要时提供网络安全；网络可靠性最大化和差错最小化；实时网络响应，等等。

12.3　数据通信的基本概念

图 12-4 展示了一个组成数据通信基本要素的模型。两个端节点或主机通过一个通信信道相连；一个接口通过信道将每个节点连接起来；信道在两个节点间传输代表报文的信号；协议定义了信道信号和报文的基本规则。

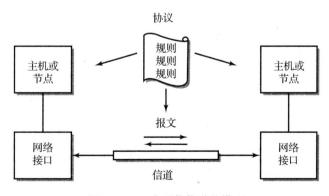

图 12-4　一个通信信道的模型

为了更好地理解这个模型，我们依次考察每个要素。

12.3.1 报文

报文传送是通信的主要目的。它可以采取多种形式，可以是传统意义上的文字，也可以是一个程序或文件、一段个人会话、一个请求或状态信息、一段音频或视频，或者某个其他约定的内容。目前，我们尚不关心它是如何创建的。对此讨论，我们只是假定它是能用数字表示的一串 0、1 码的序列，就像第 4 章给出的数据格式那样。由于占主导地位的数据通信是串行通信，所以我们通常把数据描述为**字节流**。若不考虑形式和内容的话，报文就是每个节点上协作应用之间的通信。报文的含义是通过协议建立的，可以理解为协作的应用。因此，12.2 节的第三个例子里，Web 浏览器使用的 HTTP 关键字 GET，就被协作的 Web 服务器应用识别为一个网页请求，然后给出正确的响应[⊖]。只要协作的应用间约定好报文的含义，就不必使用标准协议了（出于各种原因，某些应用选用自己的非标准协议）。然而，使用 HTTP 这样的标准协议会使大型网络的运维和管理变得更加容易。大量的标准应用都是通过标准协议进行定义的，用于最常见的通信任务。

你可能已经注意到，使用报文作为通信工具的一个主要局限是报文的长度可能随着应用的不同而大幅度地变化。若不进行某种形式的控制（如流视频下载等）应用可能无限地占用通信信道。如果还有其他报文需要共用这个信道，那么这种情况是显然不能容忍的。（顺便注意一下，这种情况和传统电话交换之间的相似性。任何时候，对话中都有停顿，因此用于该呼叫的通信线路的容量会有所浪费。）信道容量的需求很大，因此，期望充分使用信道，这也是合理的目标。

12.3.2 包

为了解决与信道的可用性和最大利用率相关的问题，必须有一种方式将长报文拆分成较小的单元，这些单元称为**包**（分组）。包能依次使用信道，允许不同的报文共享信道。绝大部分通信都使用包。一个包是由数据组成的，数据是由相关信息封装而成的。

包相当于一个包含多页数据的信封。像信封一样，包也有不同的形状和大小。有一些标准针对不同的用途定义了一些不同类型的包。某些类型的包有特定的名称，如**帧**或**数据报**，以区别其用途。

有一种包是这样的，前缀或包头里包含所指派的接收端和源端地址、封装数据的相关信息，后面是数据。数据的大小依赖于报文的类型和长度、包的结构以及信道的需求。有些类型的包要求数据大小固定，而大多数类型的包允许数据大小可变，只对最大长度做了限定。有些包结构在结尾处还包含尾部或底部，这通常用于差错校验。用于通信装置的包结构反映了所使用的协议，一般它们都是标准化的，以便流经包的每个网络组件都能够理解。

一个长报文可分解为多个包。在多链路环境里，不同的包可能走的路径不一样，到达的顺序也不同于发送的顺序。为了恢复报文，有时需要对包进行计数，以便在接收端能按原始顺序重新组装成报文。

作为报文和数据包通信的一个例子，我们来考察图 12-5 所示的典型情形。两个手机用户向基站发送报文，基站将报文转发至目的地。报文在源端拆分为多个包，在基站处，两个

⊖ 从技术上说，Web 浏览器和 Web 服务器使用协作的 HTTP 应用进行通信，更多细节在后面的第 13 章中讨论。

报文多路复用，并中继到下一个节点进行进一步处理。

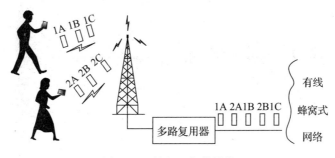

图 12-5　报文 – 包的转换

正如你看到的，在数据通信中包有很多重要的优点：

- 包的使用简化了操作，增加了通信效率。在传送一个大的数据块时，只需要单个信息块的处理开销就可以识别接收端和包中封装数据的含义，这种实现减少了通信开销。同时，当发送报文的时候，它也可以条件校验和纠正每个数据包中的错误，所以不必重发整个报文。一个数据包表示一个用于数据路由的合理单元。这在广域网中尤其重要，广域网中的数据包在到达接收端之前，可能会经历多个不同的网络和通信信道。（我们在 12.4 节介绍数据包路由和广域网的概念。）
- 包机制提供了给整个报文分配一个信道的方法。几个不同源的数据包可以访问并共享单个信道，这提高了信道的利用率和可用性。
- 包机制可以高效地使用通信信道。一条信道可以通过交换机制将数据包路由至不同的目的地，每一对发送端 – 接收端好像都有一条信道。
- 接收端能同时处理一个数据块，而不是一次一个字符或一个字节。此外，由于要处理的单个数据块的数量比字符或字节数少，所以通常这也更容易组织数据。
- 简化了发送端和接收端的同步。包能清晰地描绘突发数据，并有明显的开始点和结束点。

除了数据传送之外，包也能用于网络控制本身。要想进行网络控制，用控制报文代替普通数据，控制报文能描述要发生的动作。包是通信的基本单元，在第 13 章里我们会看到几个具体格式的包。

12.3.3　一般的信道特征

模型中，**通信信道**为两个通信端节点间的报文提供了路径。尽管图 12-4 所示的模型将信道表示为两节点间的直接点对点连接，但情况并不都是如此。实际上，信道可以有多种不同的形式。在最简单的情况里，它可以是两节点间的直接连接，比如智能手机和个人计算机间的直接 USB 连接。更典型的通信信道实际上是分段的，称为**链路**。链路之间有中间节点，它可将数据包从一条链路转发至下一条链路。数据从一个节点发出，通过每条链路，到达目的节点。作为一个例子，我们考察一下图 12-6。在这个例子中，从平板电脑或家用计算机上发出的数据（或许是一个 Web 请求）通过 WiFi 无线访问点连接到 DSL（数字用户线）调制解调器上。从那里开始，数据通过 DSL 链路到达互联网服务商，再通过其他连接到达互联网上的某台计算机。

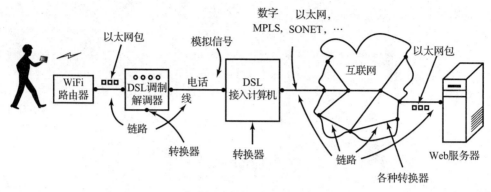

图 12-6   一种多链路信道

换句话说，互联网上的 Web 浏览器和 Web 服务器之间的通信信道可以分为很多条链路，每条链路都有自己的特征。一般情况下，大多数通信信道连接都是如此。相反的情况是，多个节点可以共享单个信道或链路的使用。因此，一个信道或链路需要同时将几个不同发送端的报文传送至不同的目的端（这种情况的一个例子如图 12-5 所示）。数据通信必须要有在多对"发送端－接收端"中共享信道部件的能力，不管接收端在什么位置，都能把报文送达正确的节点。

观察信道的一种方法是将发送端和接收端之间的连接看作通信信道。如果我们的主要目的是将信道的整个特征看作两端间传送报文的通道，那么这种视觉是有用的，也是充分的。然而，在上段中我们注意到，在实际当中两端之间的信道可以由多条链路构成，通过中间节点将这些链路连接起来。每条链路具有自己所感兴趣的特征。从狭义上看，也可以将每条链路描述为一个通信信道。

由于信道可以由多条链路构成，所以连接两端的接口可能是不一样的，端到端的信道特征也可能不同，这依赖于各自的链路特征。例如，发送报文的计算机可以连接到使用电话调制解调器的网络上，使用语音铃声作为信令方法，一次传送一个字节；接收端计算机可能连接到以太网上，以太网所期待的报文格式是数据包，它包含多字节数据，另外的字节[一]定义了具体数据包的特征。此外，还有协议和标准可以定义数据包。必要的时候，在中间节点上网络必须能将报文从一种格式转换为另一种格式。前面的例子需要报文转换的节点如图 12-6 所示。

每条链路的特征不仅明显影响端到端连接的整个性能，而且信道及其隶属的网络在设计、实现、修改、升级时，也影响必须做出的技术决策和商业决策。例如，我们考察一下链路特征对单位里网络用户的影响，其网络通过极其有限的带宽链路连接到外部资源上。

因此，我们在定义一个特定的通信信道时，根据心中的目标必须接受某种程度的模糊。由于研究的是数据通信，所以我们会关注不同类型信道的特征，以及信道间互连的本质。本书中，在某个时间点上我们会仔细给出正在讨论的不同信道：端到端信道或链路。

正如图 12-4 所示，每个端节点和端到端的信道之间有一个接口。对于端到端的连接，我们主要关注的是端点的接口特征和数据通过信道成功传送的速率，速率通常用每秒多少位来衡量，称为整个信道的**位率**或**带宽**[二]。此时的"成功"意味着在通过信道期间产生的任何噪

[一]　数据包头。——译者注
[二]　位率和带宽实际上有点不一样，但在衡量信道容量时，它们是直接相关的。

声或错误都是可以消除的，报文在接收端能准确地恢复出来。例如，如果信道连接了 Web
浏览器和 Web 服务器，那么我们最感兴趣的是如何快速准确地下载网页和目标数据。位率
或带宽的相同定义也适用于单个链路。

然而需要注意的是，端到端通信信道的整体特征是由各个链路的特征决定的。具体说
来，每个端到端信道的特征依赖于最小链路的相关特征。例如，前面所描述的信道中第一条
链路上的调制解调器，无论其他链路的速度如何，它都限制了整个信道的速度。

每条单独的链路信道包含许多不同的属性：

- 使用的介质类型是电子介质还是光学介质
- 传送报文所使用的信令方法和数据格式
- 信道支撑的信号的方向性
- 与端节点和其他链路接口的性质
- 带宽
- 信道长度的限制
- 从入点接收数据到数据释放至出点，经历的延时
- 共享信道的连接数
- 信道的噪声特征
- 数据包逐条链路通过信道的方式（参见本节后面的部分）
- 信道的电子或光学特性

请注意一下，通信信道和总线有很多相似的地方。下面对链路信道中一些比较重要的特
征进行简要描述。

介质。通信信道介质既可以是有导向的也可以是无导向的。从天线发出的无线波就是无
导向的。频率相对应的无线接收装置在传送天线覆盖的范围和方向内，都可以接收到信号。
无导向介质包括手机、广播、微波、无线网络、红外光以及卫星技术。尽管非光缆传输的激
光信号视场很窄，但一般也认为它是无导向的。特殊情况下需要注意的是，无导向通信信道
本质上是不安全的，因为信道视场内的任何人都能很容易地截取信号。由于传送天线一般是
全方向的，所以无线网络对信号截取特别脆弱。

有导向介质将通信限制在某种电缆内，且路径是明确的。其可以是电介质，也可以是光
介质，可包括不同形式的电缆和光缆。

有些信道特征是介质本身固有的。例如，无导向报文必须通过模拟信号来传送：本质上
无线传送是基于正弦波的，正弦波必须是模拟信号。承载数据的正弦波叫**载波**（carrier）。信
号传送是通过发射器改变无线电波的某些特性来实现的，并且在接收端检测这种变化。这个
过程叫**调制**和**解调**（调制解调器就是基于这个原理工作的[⊖]）。尽管数字信号具有较好的抗噪
性和多报文共享介质的容易性，大家几乎都偏好它，但实际上有导向介质中的信号，既可以
看作模拟信号也可以看作数字信号。在第 14 章里，我们将展开这些思想。回顾一下第 4 章
可知，根据要处理数据的性质，常常需要进行模数转换。本质上音频和视频都是模拟信号，
但转换成为数字信号后，可在计算机内进行数字化处理。

数据传送的方向性。正像 7.5 节所讨论的总线一样，信道也有报文流动的方向。只能单
向传送报文的信道称为**单工信道**（simplex channel）。电视台使用单工信道。节目从发射天线

⊖ 从技术上说，甚至激光信号也是如此，它以光作为载波。在实践当中，我们通常认为激光信号是数字信
　号，即一种能开和关的光。

发送到电视机，但电视机不向电视台返回响应报文或数据。信道可以双向传送报文，但一次只能一个方向，这样的信道叫**半双工**（half-duplex）**信道**。如果 B 计算机要向 A 计算机发送报文，那么它必须等到 A 计算机停止发送才能工作。绝大部分对讲机都是半双工通信设备。同时双向传送信号的信道叫**全双工**（full-duplex channels）**信道**。传统的电话线就是全双工信道，两方可以同时讲话，且一方还能听到另一方讲话。有些信道由独立的多条链路组成，一个方向一条。一些从业者把这也叫全双工，其他人则称之为两个 – 单双工。PCI-Express 总线规范称之为双车道（lanes），这是一个在网络领域很可能会流行起来的术语。

连接数。像总线一样，一条通信信道可以是点对点的，也可以是多点的，虽然这种选择通常是由介质的本质预先决定的。例如，无线网络必须是多点信道，因为还没有现实的技术方法可以限制某个空间、某段频带内无线信号的数量。相反，光纤一般是点对点的链路，因为其他信号很难进入光缆。需要注意的是，即便是点对点的信道也可能被多个到达输入节点的数据包共享，这些包来自不同的源端。

今天，最常用的端节点和信道接口是局域网连接，一般是有线或无线的以太网。尽管如此，仍然有其他可能的接口要考虑：蓝牙、WiMax、DSL、电缆、卫星链路、各种形式的手机技术、老式网络连接以及使用更有限的电话调制解调器。每一种技术都有自己的需求。在第 13 章和 14 章里，我们会考察其中的几个。不管端到端通信信道及其链路的特征如何，我们必须再次强调这个事实：报文最终必须以期望的形式到达目的节点，并能被接收它的应用程序识别出来。

协议。从以前的讨论中你能很容易地看到，图 12-4 所示的模型其实很简单。在发送节点和接收节点间传送的报文通过信道时可能会有不同的特征，信道本身可以由多条链路组成，每条的需求、容量和特征都可能不一样。发送节点必须能将报文通过大型网络可靠地传送到一个特定的节点，大型网络可能包含众多分布广泛的中间节点。因此，这就需要一个统一的通信协议集以处理各种不同的情况。令人惊奇地是，主要由 TCP/IP 和以太网协议簇（protocol suites）组成的数量相对较少的一组标准协议差不多就能满足所有的需求。设计这些标准协议用来实现彼此互通，需要的时候也能跟更专用的协议互通，从而满足其他需求，实现全球互连的数据通信。第 13 章会详细讨论 TCP/IP 和以太网技术。

12.4　网络

正如我们前面提到的，在最简单的情况下，一个直接的点对点链路就能将两个节点连接起来。作为例子，我们说过通过设备上的 USB 端口能将智能手机和个人计算机直接连接起来。另外一个例子是蓝牙链路，它能将你的智能手机和蓝牙耳机连接起来。将链路看成直接链路有时候也很有用，特别是当接收节点是一个中间节点，并且它来聚集和归并不同源的数据包的时候。例如，当你把手机里的报文通过蜂窝式技术发送到基站时，就是这种情况。

更常见的是，节点通过网络技术连接在一起。网络更具灵活性，因为它通常需要或期望能够从众多节点中选择接收节点。通过将单独的网络连接在一起，有可能构建能够寻址的多链路信道，这些信道能将数十亿个不同的节点连接起来。在探究这种巨大的网间网构建方法之前，我们先关注正在使用的不同网络的重要特征和属性。

12.4.1　网络拓扑

在开始讨论不同网络类型之前，我们先简要介绍一下网络拓扑的概念。**网络拓扑**描述网络的基本构造或布局。不管是大型网络还是小型网络，拓扑结构是所有网络的一个重要特征，它定义了网络中两个节点间的一条或多条路径，从而也定义了节点间的链路，这一点我们前面讨论过。网络拓扑会影响网络的性能，特别是网络的可用性、速度和流量拥塞。当设计网络或分析网络行为时，网络拓扑可以提供一个有用的模板。如果你把网络中的数据包想象成微型汽车（实际上，这常常是思考网络的一种很有用的方法），那么网络流量和汽车流量存在明显的相似性。图 12-7 说明了几个可能的情况。

图 12-7a 表明了道路交通设计的一种常见方法。单条主干道贯穿一个小城市，辅道以规则的间隔和主干道交叉。从城市的一端到另一端只有一条道路。交通灯控制着主干道路沿途的交通流量。当然，交通灯必须要时不时地允许街道上的车辆进入主干道。如果车流量很小（想一下是早上 4 点钟），那么这种布局能很好地工作；但在高峰期，就很可怕了！

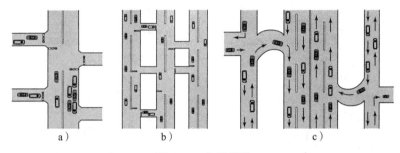

图 12-7　交通情景

图 12-7b 展示了另一种方法。在这种情景中，从城市的一端到另一端有多条主街道，还有交叉街道，它允许车辆从一条主街道开到另一条主街道上。根据驾驶员的偏好和目的地，车流量会沿着不同的路线分布。一般情况下，车流量可能会流畅，只是在某些交叉路口上可能出现堵车。

图 12-7c 展示了第三种方法。在这种情况里，城市的旁边有一条高速公路，在连接主街道的重要位置上有匝道。对于短距离行驶来说，驾驶员一般会走城市内的街道，因为这样距离较短，整个行驶时间通常也较短。对于长距离来说，会走高速公路。

图 12-8 表明了网络使用的 4 种拓扑结构。每种拓扑都有其优缺点。在特定环境下，一个特定的拓扑结构通常更自然或更适合应用。网络设计艺术就是选择正确的组合将特征、性能、网络可用性、维护、成本以及方便性统筹考虑起来，以满足一组特定的需求。无须吃惊，这些基本的结构也存在变化，随着它们的出现，在合适的时间我们会进行讨论。

图 12-8a 是一个**网状网络**（mesh network）。网状网络在端节点间提供了多条路径。当一个单独的中间节点发生故障时，只会使网络变慢，但只要其他路径还可用，就不会终止网络通信。正如你很快就会看到的，大的网络通常是由多个局域网、链路、连接节点混合在一起构成的，其中连接节点是用交换机和路由器将不同网络连接在一起的。一般情况下，混合的结果就是一个网状网络。也有可能特意设计一个网状网络，以满足特定单位的实际需求。

将多个端节点连接起来的"最佳"构造肯定是直接的点对点信道，它将每一对节点直接连接起来。这种方案就是著名的全网状网络，然而，实际当中绝大多数构造并不采用它，因为随着节点数的增加，需要的线数会增加过快。再者，每一个节点对于每条连接线都需要一个接口。图 12-9 展示了五节点的网状网络。即便是这种简单的情形，也需要 10 个连接来实现全互连。由于每个节点都连接其他 4 个节点，所以网络也要求每个节点有 4 个接口，总共是 20 个接口。简单地将节点数增加到 20 个，连接数会增加到 190，需要 380 个接口。对于 500 个计算机节点来说，就会需要差不多 125 000 根连接线！总的来说，一个 N 节点的全互连网状网络，其连接数是 1 到 $N-1$ 的所有整数值之和。幸运地，这可归纳为一个简单的公式：

$$连接数 = 节点数 \times （节点数 -1）/2$$

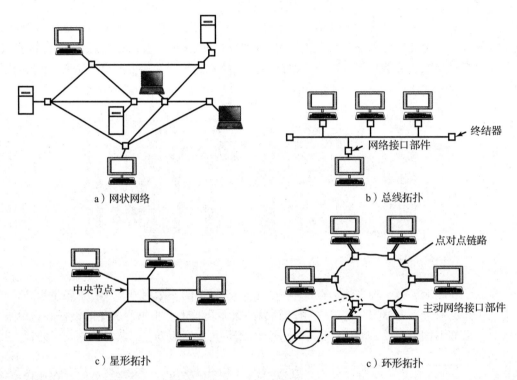

a）网状网络　　　　　　　　　　b）总线拓扑

c）星形拓扑　　　　　　　　　　c）环形拓扑

图 12-8　4 种网络拓扑

更真实的情况是，大部分网状网络都是部分网状网络。一个罕见的例外是，对于城域网或广域网中的一个大单位来说，使用全网状网络来连接少数几个主要的企业中心，特别是当企业中心间的网络流量很大而且相对均匀分布的时候。

图 12-8b 展示了一个**总线拓扑**结构。我们注意到，它和第 7 章描述的多点总线有明显的相似性。在总线拓扑中，每一个节点沿着总线连接到总线上。通信的时候，一个发送节点广播一个报文，该报文沿着总线传播；其他节点接收报文。每个节点将自己的地址和报文中的地址进行比较，因此，如果不是期望的接收端，那么报文会被扔掉。总线的两端装配有信号终结器，以防止信号持续占用总线。总线可以加入分支，从而扩展成树。报文仍然在这棵树上广播。树中每个分支的末尾安装一个信号终结器。

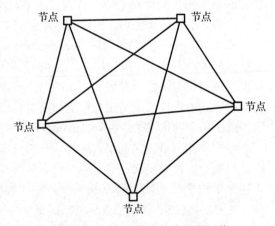

图 12-9　一个五节点的全网状网络

　　总线拓扑是最容易布线的，从网络空间的一端到另一端仅需一对线。总线拓扑也具有成本低的优点，而主要缺点是业务拥塞。将这个图和图 12-6a 进行比较，原因就很明显可以看出来了。一些老的局域网和骨干网还在使用总线拓扑，但现在新的设计中很少用它了。由于所以无线电波的无导向特征，所以无线网络尚需使用某种形式的总线拓扑。

　　图 12-8c 展示了**星形拓扑**结构。这种拓扑主要用于局域网，有时也用于城域网和广域网，将各个活动中心和交换机连接起来。在这种结构中，所有的节点都是点对点地连接到中心设备上的。节点通过中心设备进行通信。中心设备中的交换技术将一对节点连接起来以允许其直接通信，根据需要将一个节点的数据转发到另一个节点。大部分现代交换机允许多对节点同时通信。交换机本身一般并不是一个节点，一旦上电，当数据通过它时就是透明的。（请注意，这跟图 12-2 给出的简单电话系统相似。）

　　图 12-8d 展示了**环形拓扑**结构。在环形拓扑中，每一个节点和下一个节点之间都有一个点对点的连接。网络中最后一个节点连回第一个节点以形成一个封闭的环。每一个节点将从前一节点接收到的信号传送到环中的下一节点。节点里的数据包放到环上，逐节点传送，直到到达所期望的节点。虽然本质上环是单向的（数据沿一个方向传递），但可以构建双向环网络。

　　过去，环形网络十分流行，因为它们提供了可控的方式，这种方式可以保证网络的性能。但也有一个严重问题：提高网络性能带来了成本的急剧增加。现在，情况不再是这样。提高网络的性能通常比较容易，成本也不高，无须去拧出网络的最后一点性能。然而，尽管对于新的网络设计来说，环形网络确实过时了，但仍然有遗留的令牌环局域网、光纤分布数据接口（FDDI）光纤骨干网和城域网在使用。

　　当我们探究任意拓扑结构时，要理解物理拓扑和逻辑拓扑存在着差异，这很重要。**物理拓扑**描述网络布线的实际布局，**逻辑拓扑**定义各种网络组件间的业务关系。当试图理解网络如何工作时，物理拓扑并不重要；但网络设计者试图设计屋内如何布线时，物理拓扑就很重要了。不管怎样，本书中我们的重点只是逻辑拓扑。

12.4.2　网络类型

　　理解了网络拓扑结构以后，现在我们准备去探究不同类型的网络设计问题。网络的分类方法有很多：基于介质（如同轴电缆、无线、光纤）的、基于协议组和网络类型（TCP/IP、帧中继、以太网、USB）的、基于标准规范号（802.3、802.11、X.25）的、基于使用（Web 服务器、数据库服务器、对等网、存储区域网）的、基于服务范围（蓝牙、局域网、城域网、广域网）的。

　　最熟悉通常也是最实用的网络分类方法是基于服务覆盖地理范围的方法。常用的方法是将它们按级分类。从最小范围到最大范围主要类型有：局域网、骨干网、城域网和广域网。我们也会包括互联网骨干网和互联网。这些名称看起来有一点随意，但应更多地关注模式和架构，而非死板的规则。但作为观察和设计网络的起点，它们还是很有帮助的。我们也会简要提到一些特殊的网络：内联网（Intranet）、外延网（extranet）和个人区域网（也称为微微网），这些不能很好地纳入标准类型中。

　　回忆一下，在大型网络中端节点间的路径通常是由多条链路组成的，每条链路将一对节点连接起来。正如我们在前面章节中观察到的，有些链路可以直接连接。一般来说，几乎所有的链路都要连接网络（通常是局域网）内的节点，但大多数节点也会用于连接网络。

图 12-10 说明了这一情形。在这个图中，图 12-1 所示的未阐明的云构造被看作是大的网间网。为简单起见，图中每个星形结构的网络由许多分支组成，这些分枝连接到标记为 S 的中心交换机上。交换机能将任意两个分支连接起来，从而在两个分支间产生一条路径。（当对其进行多交换和长距离呼叫扩展时，这种结构或许类似于图 12-2 所示的老式电话系统。）

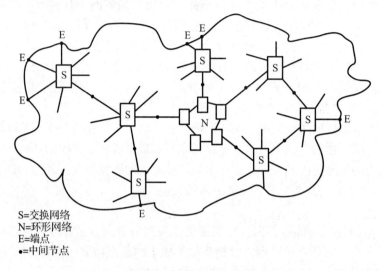

S=交换网络
N=环形网络
E=端点
●=中间节点

图 12-10   通过链路和网络连接端节点

提供网络间连接节点的组件是网关和路由器，讨论完不同类型的网络之后，本节的尾部我们会对其进行描述。现在，我们只是假定网络间的节点提供了一种方法，在这个路径上这种方法可将数据转发到下一个网络对应的链路。

局域网。局域网（LAN）是这样一个网络，它在较小的局部区域内把计算机和其他支持设备连接起来，一般是一个房间、一层楼、一栋楼或者彼此距离很近的多栋楼。通常，局域网内的大部分计算机是个人计算机或工作站，当然也可以有大型服务器，甚至有时还有移动设备。它既可以是有线的也可以是无线的。最常见的局域网是星形或总线拓扑结构。支持设备包括打印机、外部存储设备以及路由器。路由器或许是网关可将局域网同其他网络连接起来。

有些局域网通过使用特殊的介质进一步限制了地理范围。如无线以太网，其商业名称通常叫 WiFi，理想条件下它的最大范围就是几百英尺，这依赖于传送数据所使用的无线信号的强度。墙体和其他障碍物都会限制信号的范围，甚至比较严重。

由于所有的通信信道对所能承载的数据量都有限制，有时尽力减少网络的外部流量，对局域网设计来说是很有用的。对此，一种常见的商用方法是为不同的业务功能或部门创建独立的局域网。正如本节后面描述的，通过骨干网把局域网连接起来，可以使不同的局域网相互能够通信。例如，财务部一个局域网、市场部一个局域网，等等。局域网间的互连使得不同的部门能相互通信，同时都能访问存储在公司中心服务器上的数据。这就是第 1 章图 1-4 所示的方法。

局域网的类型有很多，每类都是根据其网络协议、带宽、连接介质、拓扑（物理和逻辑结构）以及各种功能来定义的。绝大部分现代局域网都是基于一组叫作**以太网**的标准和相关协议的，它们是根据 IEEE 标准（参见 12.5 节）定义和确定的。尽管以太网有多种类型，但流行的有 3 种：交换式以太网（IEEE 802.3）、WiFi（IEEE 802.11）和基于集线器的以太网（也是 IEEE 802.3）。以太网协议的设计允许在单个网络中混合不同类型的以太网。根据介质类型、带宽和节点间的最大距离，每种以太网类型都有一些变种。图 12-11 描述了一些流行的以太网标准的特征。

标准	介质	速度	最大距离	拓扑
100 BASE-TX	2-UTP 或 STP	100Mbit/s	100m	集线器或交换机
"快速以太网"	或 CAT-5			
100 BASE-FX	2 根光纤	100Mbit/s	400m，2km	
1000 BASE-T	CAT-5UTP	1Gbit/s	100m	交换机
"千兆以太网"				
1000 BASE-SX,LX	2 根光纤	1Gbit/s	550m,2 ～ 10km	
10G BASE-X "万兆以太网"	2 根光纤	10Gbit/s	300m，10km,40km	
40G BASE-SR4,LR4	2 根光纤	40Gbit/s	100m,10km,	
100G BASE-SR10,ER4	2 根光纤	100Gbit/s	100m,10km,40km	
在开发的				
IT BASE	?	1Tbit/s	?	
关键字：	UTP 无屏蔽的双绞线			
	STP 有屏蔽的双绞线			
	Gat-5 一根电缆中有 4 根 UTP			

图 12-11　一些常见的有线以太网标准

作为展示以太网组件如何一起工作的一个例子，我们考察一个带一个**路由器**和一个交换机的家用网络，路由器也提供无线访问点的功能。路由器通过以太网连接到 DSL 或电缆调制解调器上，以便访问互联网；一根以太网电缆将打印机连接到交换机上，一台或多台计算机使用无线以太网进行无线连接。参见图 12-12。

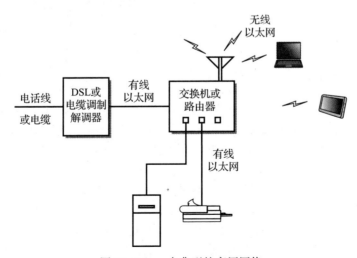

图 12-12　一个典型的家用网络

如图 12-13 所示，一个**基于集线器的以太网**使用了图 12-8b 所示的总线拓扑结构。然而，物理上它看起来像是星形拓扑，**集线器**是一个中心连接设备，用于简化布线和维护。最简单的集线器形式是被动式，集线器上所有的连接只是简单地连在集线器内。"被动"一词的含义是当信号到达集线器时，集线器不对信号进行任何操作和修改。相反，主动式集线器对到达的信号进行重建。无论哪种情形，到达集线器的信号都是简单地按原来的形式**广播**到每个连接到集线器的其他设备中。换句话说，在逻辑上集线器基本上就是把多点总线拓扑挤在一起，它是总线的另一版本。各种计算机的网络接口部件、计算机外设，以及路由器等其他网络支持设备都连接到集线器上，并共享这根总线。

集线器主要用于局域网内，但在较早的骨干网中有时也能看到它。然而，现在集线器的使用基本上也过时了，因为其他设备能够提供更好的性能，这些设备能够隔离并管理各个节点，特别是下面要讨论的交换机。

图 12-14 展示了另一种拓扑，称为**交换式以太网**。交换式以太网在逻辑上是星形拓扑。网络中的每个节点都连接到一个中心交换机上，交换机能将任意两个节点连接起来。当网络中的一个节点想和另一节点通信时，交换机在这两个节点之间建立一个直接连接。标准的以太网电缆至少包含两对电缆，这使得连接能够全双工通信。当多对节点同时通信时，可以通过交换机使用全部带宽。对于有线局域网，交换式以太网是今天最为流行的方法。

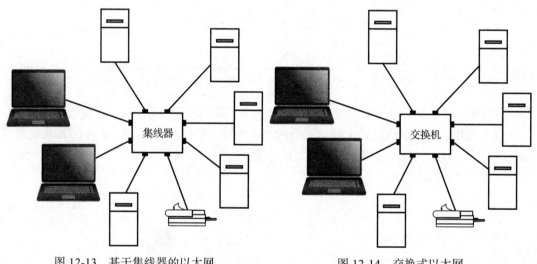

图 12-13　基于集线器的以太网　　　　图 12-14　交换式以太网

无线以太网或 WiFi 基于无线电技术，对以太网标准进行了兼容扩展。WiFi 局域网的基本结构如图 12-15 所示。每个无线设备都以无线方式连接到基站中心**访问点**，在某种程度上它等价于一个集线器。但访问点是一个主动节点，因为它必须发送并接收无线电波来同其他节点进行通信。

所有的节点同访问点进行通信。访问点将数据包转发到目的地。数据包转发是必需的，因为不能保证两个节点能彼此"听到"对方。正如图 12-16 所示，某些节点有可能不在通信范围内，也有可能被大楼或其他障碍物阻隔。有时这称为隐藏节点情况。但是，所有能与访问点通信的节点，彼此之间是可以通过访问点进行通信的。

WiFi 标准有很多不同的版本，使用的频段和带宽也不一样。只有使用相同频段的技术才能相互兼容，高带宽的 WiFi 设备可以通过降低数据率来兼容低速设备。有些访问点和网卡支持多频段。图 12-17 对当前流行的 WiFi 标准进行了比较。

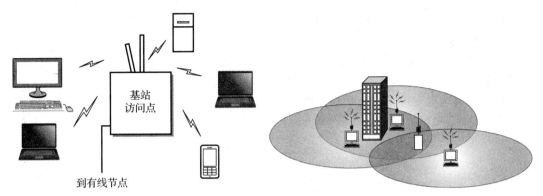

图 12-15 一个基本的 WiFi 局域网   图 12-16 隐藏节点情况和超出范围情况

　　WiFi 标准也包括自组织模式，其中无线节点互相通信不使用基站。这种模式很少用，因此我们不再进一步讨论它。

　　WiFi 标准把总的带宽划分为交叠的多个信道；信道的数量依赖于无线技术的类型和特定国家所允许的带宽。例如，在美国，2.4GHz 的频段划分为 11 个信道。然而，信道之间会有冲突，所以同时通信的信道之间至少要差 4 个信道。这就意味着一组只能有 3 个信道同时通信，如信道 1、6、11。（附近的一个访问点几乎超出了通信范围，尽管如此，也可以配置为信道 3 和信道 8。）

　　关于有线或无线以太网更多的信息，将会在第 13 章看到。无线网络技术在第 14 章讨论。

标准	载波频率	最大带宽	最大范围 /ft
802.11a	5GHz	54Mbit/s	60
802.11b	2.4GHz	11Mbit/s	300
802.11g	2.4GHz	54Mbit/s	300
802.11n	5,2.4GHz	150Mbit/s[**]	600
802.11ac[*]	5GHz	450Mbit/s[**]	–
在开发的			
802.11ad	60GHz	7Gbit/s	–

[*] 草案标准。

[**] 每流。多流扩展了带宽。802.11n 可支持 4 个流、带宽 600Mbit/s；802.11ac 期望支持 8 个流，再加额外带宽，可能的带宽达到 7Gbit/s。

图 12-17 无线以太网的特征

　　骨干网。**骨干网**用于连接局域网。一个骨干网能将几个局域网连接起来为各个网络提供数据通路，从局域网到互联网或到其他外部网络。骨干网的一个主要作用是提高大型网络的整体性能，它为多组主要进行内部通信的用户产生多个单独的局域网。网络业务被隔离成小的使用区域，若干个较小独立的局域网可替换为一个大型重负载的局域网。骨干网使得各个局域网之间在需要的时候能够相互通信。例如，一个大学校园围绕宿舍区可能构建了多个局域网，额外再加上教室、学习区、图书馆、餐厅以及围绕校园的其他人群聚集处的无线访问点。一个骨干网会把这些局域网互连起来。骨干网也能扩展组合式网络的覆盖范围，这会比单个局域网的覆盖范围大得多。在此情形中，骨干网中的光缆加上交换机使网络覆盖一个很大的地理范围成为可能，比如一个很大的大学校园。

　　观察骨干网的一个简单方法是将其看作一个大的局域网，其中每个节点本身也是一个局域网。一个基于以太网的骨干网实现，如图 12-18 所示。由于图中的骨干网明显具有层次结构，所以如果需要的话，这个概念可以扩展到其他层级。有些网络设计师把这种骨干网结构称为**分层局域网**。

从图 12-18 所示的骨干网还能看到其他两个特征。首先是有一个服务器。由于这个服务器直接安放在骨干网的一个臂上，所以每个局域网都能很容易地访问它。另一个特征是路由器或**网关**，它通过普通的介质把骨干网连接到其他网络上。路由器或网关提供了互联网接入，也能接入下面要讨论的城域网和广域网。

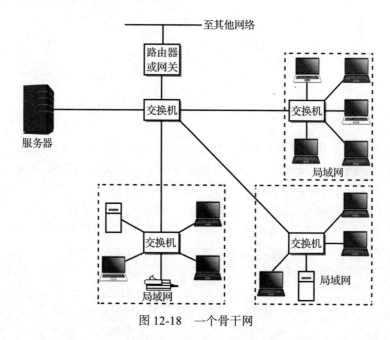

图 12-18　一个骨干网

骨干网的一个重要应用是扩展无线以太网访问的可用性，使其超过一个单独访问点的覆盖范围。和单个访问点相反，分布在一个大区域内的多个访问点能覆盖较大的范围。骨干网提供了访问点之间的互连。这种方法也提高了每个用户的访问速度，因为共享任意一个访问点的用户数变少了。在大学校园里，这种骨干网技术的应用是特别常见的。图 12-19 给出了骨干 WiFi 网络的结构。

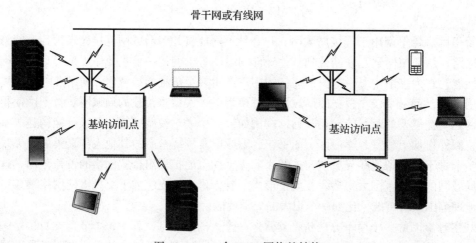

图 12-19　一个 WiFi 网络的结构

传统方法是,多个访问点通过有线方式连接起来。一个新标准引入了**网点**(mesh point)的概念,它通过构建访问点的无线网状网络,扩大了无线网络的覆盖范围。网点运行在介质访问层(第二层),基本上对网络的上层是不可见的。这个新标准将骨干网的功能有效地加入到了无线网络中。图 12-20 展示了一个简单的无线网状网络。

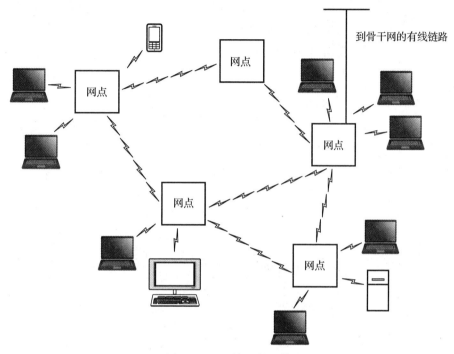

图 12-20 无线网状网络

骨干网非常适合于小型内联网。**内联网**是一个单位的网络,其用户接口和应用主要基于Web 服务,单位内授权的用户才能使用它。有些网络人士称其为"私有互联网"。较大单位的内联网需要城域网或广域网级别的连通性。正如我们下面要讨论的,较大网络的主要限制因素是在不同位置上连接公网和私网的能力。

城域网。城域网(MAN)通常是这样一个网络,其地理覆盖范围比局域网大,但一般不超过 30mile(50km)。一个城域网可以将一个区域内的几栋楼连接起来,或者将一个城市或地区中的整个公司的大楼连接起来。某些社区已经构建或者计划构建城域网,一方面为了自己使用,另一方面为居民和企业提供公用服务。

当覆盖区域较小时,可以实现一个城域网,它差不多跟所有的局域网互连,并跟一个或多个骨干网互连,并可通过某种容易管理的形式接入互联网。更常见地,期望搭建网络链路来连接不同区域内的住所,这些住所需要**通行权**才能接入;也就是说,允许让电线通过别人的住所。为了获得通行权,一个公司一般要从**服务商**或其他公共承运商那里获取服务。城域网的基础设施和广域网的是相似的。服务商是一个公司,它相当于是节点间的一条链路或多条链路,这些节点很难通过简单的连接(如电线或光缆)进行直接访问。到服务商的一个连接一般位于客户住处的访问点上。根据连接的不同类型,访问点通常通过交换机、路由器或网关连接到服务商的网络。这种连接通常是指**边缘**连接,因为它处于本地网络的边缘。因此,访问点处的路由器称为**边缘路由器**。

图 12-21 说明了一个中等规模城域网的特征。这家公司经营着一个小的连锁店，还关联着一个公司运营的网站。该公司的大部分业务和 IT 运维发生在公司总部。由多个局域网构成的一个内联网连接到现场骨干网上，这就能满足这些业务需求。然而在城郊还有 3 个办事处通过链路连接到总部的骨干网上。

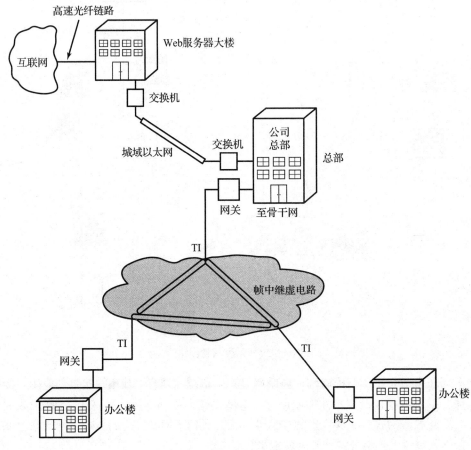

图 12-21   一个城域网

提供 Web 服务的办公楼通过到 ISP（**互联网服务商**）的高速光缆链路连接到互联网上。（所有到互联网的连接都要通过一个 ISP，关于它的更多信息会在后面讨论。）Web 服务器安放在这里，因为 ISP 在附近有一个**存在点**，它能提供所需要的连接。这个办公楼通过点对点的城域以太网链路跟公司总部相连；城域以太网是一种较新的方法，在这种方法中，服务商给每一个站点都提供了以太网接入，站点之间会产生一个逻辑连接。文献上把这种链路称为**以太网虚连接**。访问点处的标准以太网交换机将公司的骨干网和总部的服务连接起来，同时也和卫星大楼里的局域网相连。

另外两栋办公楼之间的互相通信以及同总部的通信，使用了以 T1 线为载体而产生的虚网络和由电话公司提供的帧中继网络。T1 和帧中继是承载连接的较老方法。在这个例子中，网关是必需的，以用于不同办公楼网络之间的信息转换。

这个图说明了城域网技术的一些基本特征。尤其需要注意的是，承运商提供的链路和偏远办公楼里的链路都是整个公司网络不可分割的一部分，就好像它们都位于连接主干网的同一房屋内。有了这样的理解，你会看到它正是基于不同办公楼间的业务需求、每个办公楼和总部间的业务需求而设计的，正如设计骨干网用来优化它与每个局域网间的流量、不同局域网间的流量一样。

服务商的角色就是提供对网络透明的链路。有很多不同的链路都是可用的，我们将在广域网技术的讨论中，进一步阐述不同类型的服务连接。

有些网络专家还另外定义了一种网络类型，它比局域网大但比城域网小，称为园区网（campus area network，CAN）。一个园区网是由若干个相互连接的局域网构成的，地理覆盖范围有限，就是几栋建筑覆盖的范围。在校园、军事基地或者多楼的公司里能发现这样的网络。园区网一般是基于骨干网来实现的，使用高速光缆来互连，它在拓扑上类似于城域网，但不一定由服务提供商。一个或多个边缘网关或路由器将园区网连接到互联网上，或许也可以连接到其他设施上。当然，到其他设施的连接会产生一个很像城域网或局域网的结构。

广域网（WAN）。广域网是这样的网络，能让用户很容易地跨越很长的距离与应用进行通信。例如，位于全世界各个城市的国际公司的办公室之间很容易地进行通信。

设计和构建广域网有两个主要不可抗拒的原因：

- 一个公司在远距离分布的设备之间需要数据通信链路或者它和贸易伙伴、客户以及供应商之间需要通信链路。
- 一个公司需要快速访问互联网，它可能是互联网的一个客户，也可能是互联网服务商，也可能两者都是。

当然这两种需求可能会有交叠。例如，一个**外联网**将贸易公司和其贸易伙伴连接起来以交换信息和服务，从而进行合作、协作，并做出相应的规划。对于外部通信需求，互联网一般是首选。

广域网的概念有一个主要特征是，它在很大程度上依赖服务商来给不同位置上的网络节点间提供所需的连通性。两个节点间的距离有可能很远，以至于网络所有者的资源无法直接连接；对于其间的所有资源，不管是公共的还是私有的，也无法获取其访问权限。另外，一个公司也不可能跨越太平洋来铺设自己的电缆！广域网需要使用**公共交换电话网**（PSTN，public switched telephone network）里的资源、大电缆公司的资源，以及其他公共服务运营商的资源。一个公司在各自的位置上构建自己的网络，对外有一个边缘接入点（通常是一个网关或路由器），边缘接入点通过租用的线路连接到运营商的设备上，这个设备一般是距离公司最近的设备。

尽管节点间的距离可能很长，但就像其他较小的网络一样，我们仍然可以把广域网看成一个整体。局域网、骨干网甚至还有城域网互连在一起以形成一个大的广域网。然而，通常情况下，我们都是把运营商提供的服务看成一个"黑盒子"。（在实际当中，用云来表示！）关于运营商网络的细节，我们感兴趣的一般是边缘连接和网络的整体性能。为了清晰起见，有时将运营商网络表示为云中**私有虚拟电路**集合，它从整体上反映了广域网的逻辑连接。

绝大多数广域网在拓扑上属于部分网状网络（partial-mesh network），但有时你也能看到全网状拓扑和星形拓扑的例子，在逻辑上，它们将广域网的顶层连接起来。图 12-22 展示了广域网结构的两个例子。图 12-22a 所示为一个星形结构的广域网实例。在这个例子中，运营商网络里的所有逻辑连接将各个区域的研究中心、教育中心跟阿姆斯特丹的枢纽中心连接起来。分支之间没有直接的连接。图 12-22b 是一个非常典型的部分网状网络结构。

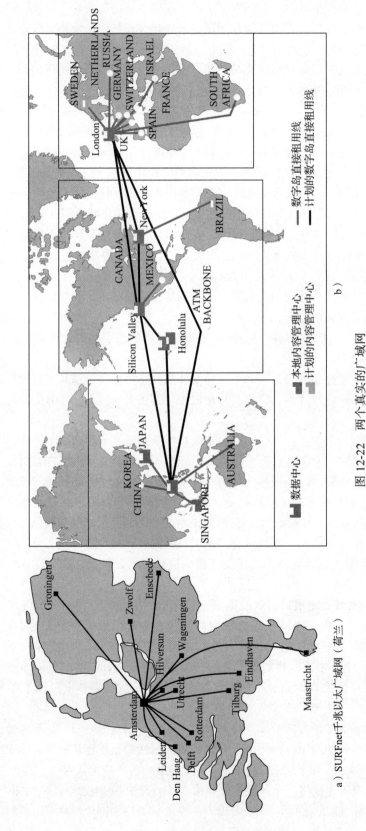

a）SURFnet千兆以太广域网（荷兰）

b）

图 12-22　两个真实的广域网

来源：《商业数据通信与网络技术（第 9 版）》J. 菲茨杰拉德和 A. 丹尼斯，版权 ©2007, John Wiley & Sons，经许可后重印。

互联网骨干网和互联网。从理论上说，只使用互联网的路由功能、TCP/IP、路由器、网关，再加上适当的软件和物理连接，就应当能把世界上任意两台计算机或基于计算机的设备连接起来。实际上，互联网就是一个巨大的互连网络，把世界上绝大部分计算机都连接起来了。尽管如此，在实际操作时中间节点的数量（节点间的距离用**跳**来测量）会让这个方案不切实际。该连接将会很慢，数据包到达的顺序也很混乱，流量过大，从而不能维持长时间的工作。虽然互联网的概念认为能够产生这样的连接，更实际的情况却是在远程点间使用快速连接来减少横贯长距离所花的时间、在一定程度上减少经历的跳数、减少局部连接的流量。互联网的结构类似于道路和高速公路的结构。我们在长途、高速旅行时，绝大部分旅程是在高速公路上；开始时会通过本地普通公路上到高速，最后到达目的地时，也会经过一段普通公路。中间还可能有一段中速公路：从最近的高速公路出口到本地的普通公路。例如，在美国，州际高速公路是长途旅行的主要旅程，再通过连接城市和城镇公路的中速公路以及本地普通公路开始和结束我们的旅程。

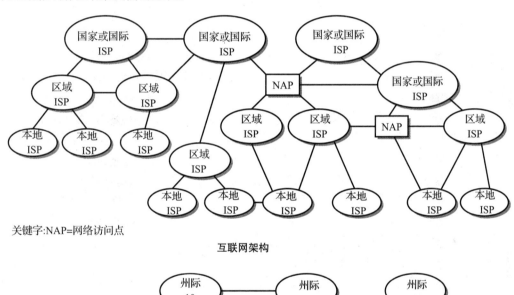

关键字:NAP=网络访问点

互联网架构

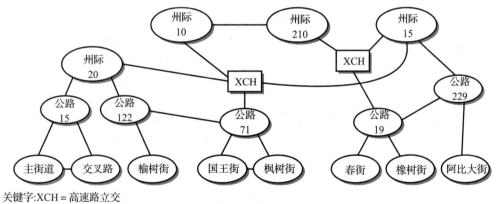

关键字:XCH = 高速路立交

高速公路结构

图 12-23　互联网和高速公路结构的比较

虽然互联网并没有官方的中央骨干网，也没有官方来领导开发，但互联网的发展却是类似的。所有对互联网的访问都有相应的 ISP 来提供。其布局是近似分层的。少数大型 ISP（如国家或国际服务商）建立了高速光纤**互联网骨干网**，它负责传输全世界大城市之间的业务。

这些骨干网的速度通常会达到 45 ～ 625GB/s，中间还有较快的骨干网。骨干网之间的信息交换发生在**网络访问点**（NAP，network access point）上。较小的 ISP（如区域性 ISP）接入到一个或多个国家级服务商网络上。除此之外，大部分区域性 ISP 彼此也互相连接。本地服务商从区域服务商那里接收服务。我们当中绝大多数都是本地 ISP 的客户，尽管大型企业以及其他具有严格需求的单位可能会直接连接到区域服务商甚至国家服务商。我们是通过一个或多个服务商的入网点接入到互联网上的。图 12-23 给出了道路系统和互联网的比较。

微微网。微微网（Piconet）或**个人区域网**（PAN，personal area network）和以前讨论的网络类型不同，这些是为个人使用而产生的网络。其覆盖范围一般为 30ft（1ft = 0.3048m）或更少一点，这对于个人互连其计算设备来说足够了。不同的协作用户之间的连接也是可以的，但很少这么做。蓝牙技术是个人区域网的主要介质。蓝牙技术主要用于将手机、GPS 和车载无线电、免提扬声器、传声器设备等互连起来；也可以在平板电脑、手机和计算机之间传送、同步图片和其他数据。

12.4.3　网络互连

数据包路由。在上一节你看到了，典型的通信信道是由一系列中间节点通过链路连接构成的。数据包沿着链路从一个节点传送到另一个节点。本节对数据包如何逐条链路移动，如何选择路径进行概述。

图 12-24 所示为一个简化的带中间节点的端到端信道。在某些情形中，数据从节点到节点的移动是显而易见的，因为只有一条路径。然而在很多情况下，可能几种路径选择。图 12-24 展现了节点 A 和节点 B 之间多条路径中可能的两条信道路径。总的说来，在大型互联网中，连接节点 A 和 B 有数千种可能的路径。

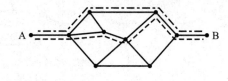

路径1 ― ― ―
路径2 ----

图 12-24　通过中间节点的多条可能路径中的端到端信道

通过一条信道选择路径有两种基本的技术：电路交换和分组交换。第三种技术虚电路交换，是普通分组交换的一个变种，也对数据包进行操作。

传统的电话技术使用**电路交换**。在整个连接建立期间，电路交换为发送端－接收端这对用户专门建立一条路径。12.2 节对 POTS 的讨论就是电路交换的一个例子。电话电路是专用线，为每个电话呼叫的整条路径分配一条线。电路交换效率低，即便是电话系统今天也很少使用。

虚电路是一条多链路信道路径，是为两个端节点通信而建立的。虚电路的类型有两种：**永久虚电路**和**交换虚电路**。永久虚电路（PVC，permanent virtual circuit）是网络构建时产生的虚电路；交换虚电路（SVC，switched virtual circuit）是连接建立时临时建立的虚链路，它能一直维持到连接关闭。不管哪种类型，数据都是以包的形式通过信道进行发送的，每个数据包都走相同的信道链路。但是，链路和中间节点同其他连接共享，以使信道的利用更高效。图 12-25 展示了两个虚电路的使用，一条连接端节点 A 和 B，另一条连接端节点 C 和 D。这两个电路共享中间节点 k、n、p 以及 n 和 p 之间的路径。虚电路的使用简化了数据包的路由，也保证了数据包按正确的顺序到达，因为所有的数据包都走相同的路径。然而，在中间节点上的拥塞或者在几个不同虚电路使用的中间信道段上的拥塞，都会影响网络的整体性能。

ATM（异步传输方式，并非银行里的机器）就是一个虚电路使用的网络协议，它使用虚电路技术作为数据包流的基础。尽管今天已经很少使用 ATM 了，但偶尔虚电路还用于网络信道链路，这些链路是由外部商家提供的以连接同一单位的不同站点。

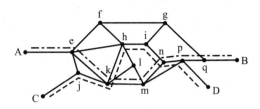

A–B路径 — · — · —　(AekmnpqB)
C–D路径 — — — —　(CjkhinpD)

图 12-25　一个网络中的虚电路

普通的**分组交换**（通常也叫**数据报交换**）假定每一个数据包从节点到节点的路由独立，路由是基于到目的地路径最短和业务拥塞情况等标准的。在每个中间节点上，包到达时的交换机或路由器可以确定下一条链路。TCP/IP 对于所有的路由决策都使用数据报交换。

路由器和网关。数据包路由的一个关键要素就是存在中间链路，它会把属于不同网络的节点连接起来。最简单情况是通过直接链路互连，除此之外，每个中间节点上的组件都会把数据包路由到不同网络的下一个相应节点上。必要时，它也会把数据包的格式转换为下一链路所需的格式。这个组件可以是一台计算机，通过程序来实现路由，但它更可能是路由器或网关。路由器和网关都是专用设备，用于将网络互连起来，将数据包从一个网络传送到另一个网络。技术上说，二者的不同之处是：路由器连接同类的网络，而网关连接异类网络时需要对包格式进行变换。然而，许多网络设计师并不区分路由器和网关，两种情况下都简单地使用"路由器"这个术语。

只有极少数情况例外，在整个网络系统中，当每个路由器或网关从节点到节点转发数据报时，都会使用分组转发算法进行决策。互联网就是如此。

一种简化的路由器如图 12-26 所示。它是由一个或多个输入端口、一个或多个输出端口、交换机制、带内存的处理器组成的。输入端口和输出端口同链路相连。路由器运行并存储路由协议，运行路由协议要使用数据包里的控制信息。路由器的基本操作很简单。当一个数据包到达输入端口时，处理器对数据包要定向到哪里进行决策，设置交换部件，将数据包转发到正确的输出端口。每当输入网络和输出网络运行相同的网络协议集时，就要使用路由器，尽管链路的物理特征可能不一样。例如，一个路由器可在无线以太网和有线以太网之间交换数据包。

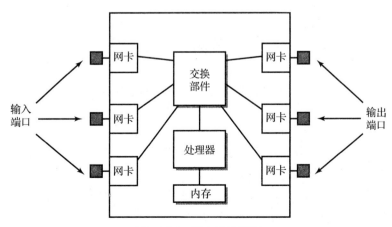

图 12-26　路由器的框图

网关的运行和路由器是类似的，但它用于两个异类网络的连接，路由器只能在同类网络中进行操作。主要的差别是当数据包到达输入端口时，网关能转换包头以满足输出端口上异类网络的需求。传统意义上，网关认为是复杂的路由设备，在 TCP/IP 网络协议和在大型主机系统中常用的旧网络协议之间进行双向转换。由于大多数现代主机主要也是使用 TCP/IP，所以这种类型的网关现在比较少用了。网关有时候用于连接 TCP/IP 网络和帧中继链路，这些帧中继链路是由某些商家提供以连接到局域网外的计算机上。类似地，虽然我们一般明确地认为 DSL 和电缆调制解调器不是路由设备，但值得注意的是，技术上它们的确符合网关的定义。

例子 路由技术或许可以用一个简单的例子来说明。数据包在网络系统中的传送类似于用火车传送包裹的系统，参见图 12-27。假定你住在弗里敦（塞拉利昂的首都），想发一个生日礼物给住在西尔万城的姑妈玛格丽特·杜蒙。你把礼物交给弗里敦火车站的代理商（从你到网络的初始链路），他将礼物放入开往西尔韦尼亚的火车上。

火车在开往西尔韦尼亚的路上经过很多站。在每个火车站里，铁轨都有道岔，它们引导火车通往西尔韦尼亚。很明显，对于去往其他目的地的火车，道岔放置会不一样。（顺便注意一下，铁轨是共享的。）铁路道岔等价于分组交换模型中的路由器。

当火车到达西尔韦尼亚的边界城镇时，必须把包裹传送到另一火车，因为从西尔韦尼亚到西尔万城的铁轨更窄一些，所以西尔韦尼亚的火车无法通行。因此，代理商从西尔韦尼亚的火车上取下包裹，放到另一辆开往西尔万城的火车上。这个包裹历经了一个网关。到了西尔万城后，从火车上取下包裹，用厢式货车（到端节点的链路）传送到你姑妈玛格丽特·杜蒙家。

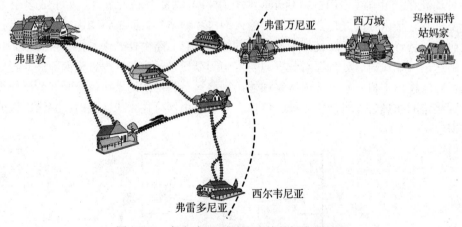

图 12-27　把包裹送到玛格丽特姑妈家的过程

12.5　标准

本章对数据通信标准的需求是显而易见的。有趣的是，并没有某个标准组织专门产生标准。相反，倒是有很多政府机构、技术小组、商业小组以及行业组织，各自负责特定领域内的标准化工作。有时候也会出现竞争和冲突，但绝大部分时间它们都工作得相当好。

对于数据通信、网络以及互连网络，制订相关标准的主要组织有：（1）国际标准化组织（ISO，www.iso.org），它是一个机构，由许多国家的标准制订组织构成；（2）国际电信联盟电信组（ITU-T），它是一个联合国机构，主要成员来自其他标准组织、政府机构以及工业代表；（3）电气电子工程师协会（IEEE，www.standards.ieee.org），这是一个技术组织，主要负责局域网标准；（4）互联网工程任务组（IETF，www.ietf.org），这是一个庞大的志愿者团体，他们是网络设计师、网络运营商、行业代表以及研究员，在国际互联网学会的支持下工作。国际互联网学会也是一个非盈利性的公司。

ISO 对网络工程师来说可能最为著名，它开发了"开放系统互连"（OSI）参考模型，此外，还发布了 17 000 多个国际标准，这些标准涵盖广泛的领域，包括钢铁、缝纫机、电信等。

在其他技术标准当中，IEEE 主要负责制订局域网和城域网标准，包括以太网（802.3）、WiFi（802.11）、蓝牙（802.15）和 WiMax（802.16）。

IETF 关注的是互联网架构的发展和互联网的平稳运行。IETF 标准是基于大量发布的互联网标准草案（RFC，requests for comments）的，RFC 定义了 TCP/IP 和互联网的方方面面。目前的 RFC 超过了 5000 个，分别表示信息、所提出的标准以及已接受的标准。

还有一些其他组监管着非常特定的领域。其中，我们特别感兴趣的是"互联网名称与数字地址分配机构"（ICANN，Internet Corporation for Assigned Names and Numbers）和"互联网数字分配机构"（IANA，Internet Assigned Numbers Authority）。ICANN 是一个私有非盈利性的公司，负责 IP 地址分配、域名注册和协议参数分配，以及域名服务器系统和根服务器系统的管理（www.icann.org）。另外，ICANN 还维护一个可信的登记员表，这些人负责给个人、团体和公司分配域名。ICANN 也管理 IANA 和其他类似的任务，IANA 负责注册应用层的端口号、不同互联网协议头使用的具体参数值（www.iana.org）。

小结与回顾

本章介绍了网络技术的许多不同方面。网络是普遍存在的——很难找到一台根本没有连网的计算机。很多单位依赖网络进行日常工作，同客户、协作商和供应商进行交互。个人使用网络可以获取信息、购物以及与其他人进行通信，通信工具包括电子邮件、即时通信、社会网络等。

网络通过端节点间的信道传递报文。信道可以划分为多个链路，信道包括局域网和中间节点间点对点的连接链路。不同链路的数据格式和介质可以不同。

数据通信的基本单位是数据包。报文被拆分为多个数据包通过网络传送。流行的传输介质是光缆、铜线和无线。

拓扑描述了网络的物理和逻辑结构。常用的拓扑有总线型、星形、网状和环形。

按照覆盖范围来划分，网络大致可分为局域网、骨干网、城域网和广域网。互联网是一个巨大的广域网。还有个人区域网，其中，蓝牙是最著名的。

数据包通过分组交换或虚电路交换进行路由。对于分组交换，每个数据包是独立路由的。对于虚电路交换，报文中所有的数据包遵循相同的路径通过网络。分组交换更为常用一些。交换机、路由器以及网关将报文从一个节点转发至另一个节点，并且在必要时进行数据格式转换。

扩展阅读

本章对网络进行了一般概述。有许多优秀的网络教材或数据通信教材能帮助或拓展你对网络的理解。这里给出的只是一些在写作本书时我喜欢的书籍。新的数据通信教材会经常出现；亚马逊网站上的"推荐和个人评论"会有助于你对诸多教材进行分类。基于难度、易读性、内容广泛性和准确性，我目前主要喜欢的教材是：Stallings［STAL12］、Kurose［KUR12］、Dumas 和 Schwartz［DUM09］以及 Panko［PANK12］。更高级一点的 Forouzan［FOR12］和 Peterson［PET12］也很不错。

复习题

12.1   至少给出 3 个例子来说明日常生活中数据通信的重要性。

12.2   本书指出了有两种不同的方法来看待一台计算机和网络间的连接，请解释之。

12.3   请至少描述 3 个方面来说明网络技术对于现代单位是很重要的。

12.4   在数据通信的语境中，报文是什么？

12.5   当请求一个网页时，请简要解释一下浏览器和服务器之间的通信。

12.6   为什么要把报文拆分成数据包在网络中传送？请至少说出 3 个原因。

12.7   发送端和接收端之间的物理或逻辑连接叫什么？这个连接一般会拆分成若干部分，那些部分叫什么？那些部分之间的连接点叫什么？

12.8   有导向和无导向介质的主要不同是什么？

12.9   请说明在定义信道时 3 个主要的特征。

12.10   请解释为什么全网状拓扑很少使用。

12.11   请画出一个总线拓扑和一个星形拓扑。

12.12   物理拓扑和逻辑拓扑有何不同？当构建一个网络需确定导线时，哪一种拓扑更重要？当描述网络运行时，哪一种拓扑更重要？

12.13   通常根据范围或覆盖区域来描述网络。基于这个标准，网络的主要类型是什么？

12.14   骨干网的主要用途是什么？

12.15   请解释内联网。

12.16   局域网、城域网和广域网在实现方面的主要不同是什么？

12.17   城域网或广域网的边缘连接是什么？

12.18   什么是存在点？

12.19   谁拥有互联网骨干网？为什么在现代互联网上使用骨干网很重要？

12.20   什么是路由技术？请解释电路交换和虚电路交换间的不同。第三个方法更常用，它是什么？它同前两个有何区别？

习题

12.1   请讨论电路交换、分组交换和虚电路交换之间的折中方法。

12.2   请解释电路交换和虚电路交换之间的不同。相对于另外一方，各自的优点是什么？

12.3   请解释虚电路交换和分组交换之间的不同。

12.4   考察一下福特等汽车制造商的电子商务系统。至少列出 12 个关键任务的方法，在这些方法中，该系统能在其不同位置之间、它和供货商之间、它和销售商之间通信。对于每种情况，请给出在这样的电子商务系统中，网络功能带来的好处。

12.5   一种短路故障是连接点信号线接地了。尽管网卡的短路故障很少发生，但确实偶尔也会出现。如果发生了短路故障，那么对基于总线的网络有何影响？维修人员如何定位故障源？一个断路故障对其影响又如何？

12.6   假定你要为某个公司设计一个网络，该公司位于几栋楼里，这些楼围绕着城镇分散布置。任意两栋楼之间的距离均不超过 1/4mile（1mile=1609.344m），但由于道路和其他障碍物的存在，所有的楼宇之间都不能直接连线。请为这个公司设计一种网络结构，并为你的设计给出合理的解释。

12.7a.   假定你拥有一个分部广泛的土耳其鞑靼和寿司连锁店。你的店遍布美国和加拿大。西欧也有一些你的店。每个店中的计算机必须同位于德克萨斯的中央系统定期通信，但互相之间不通信。

请设计一个网络，满足公司的需求。

b. 对于这个网络中的每条链路，描述一种适合于这个应用的技术（介质和信令方法）。

12.8　你的表妹请你帮她设计一个自己使用的小型家庭网络。

a. 在开始考虑设计之前，你需要问哪些重要问题？

b. 在设计中，需要指定的关键组件有哪些？

12.9　请画出一个六节点的全网状网络。你的图需要多少个连接？这是否符合本书中的公式？（如果不符合，修改你画的图！）一个五十节点的全网状网络需要多少个连接？

12.10　几年前，两个主要互联网骨干网商家：Comcast 和 Level 3 之间发生了一次严重冲突。通过谷歌搜索会找到这个故事（试一下"internet backbone dispute"）。这个冲突对互联网用户的影响有哪些？这些影响的原因是什么？尽量具体地说明。

12.11　考察图 2-5 所示的公司。假定该栋楼是独立的一栋楼。请画出基于骨干网的网络结构框图，要求能够高效地使用网络资源。

第 13 章

以太网和 TCP/IP 网络

13.0 引言

尽管有其他类型的专用网络和网络协议簇，但今天使用的网络绝大多数是 TCP/IP 和以太网的组合。第 12 章对网络的基本概念进行了全面但一般性的介绍；其目的是理解组件，理解这些组件如何工作以及装配在一起形成复杂的数据通信系统。本章我们对这个讨论进行扩展，让你清晰地理解 TCP/IP 和以太网在网络运行中的作用，从报文在发送节点产生的那一刻起，一直到在接收节点进行处理的这一刻。本章的结尾，我们也会介绍其他协议和某些情况下使用的数据包传送方法。本章会详细说明整个网络的应用，包括电子邮件、网上冲浪和即时通信如何经常成功地提取网页，你的报文如何送达正确的地方。

在这个过程中，我们会探究某些更有趣（且重要）的细节：IP 地址如何产生和分配；一个名为域名系统（DNS，Domain Name System）的应用如何将熟悉的 URL 和电子邮件地址转换为一组通用地址，这些通用地址将你的报文发送到正确的地方；路由协议如何让你的报文通过不同的节点、链路和网络到达目的地。如果你想一想，这是相当惊人的：你可以将报文发送到数十亿个可能的地址中。

13.1 节介绍通信协议簇的概念。然后对 TCP/IP 进行初步概述，为本章的其余部分奠定一个基础。

13.2 ～ 13.5 节以最流行的实现（以太网和 TCP/IP）为模型详细描述了协议栈是如何工作的。13.2 节解释了程序应用和网络应用的不同，以说明末端信道节点（endpoint channel node）的特征。剩余部分重点讨论协议簇的各层，从最底层的物理和数据链路层（13.3 节）开始，向上逐层讨论，一次一层，通过网络层（13.4 节）到传输层（13.5 节）。

13.6 节解释 IP 地址技术，它包括用于动态 IP 地址分配的动态主机配置协议（DHCP，Dynamic Host Configuration Protocol）。之后的 13.7 节解释主机名（比如 Web URL）变换为 IP 地址的过程。由于 DNS 是一个网络应用，所以这个过程也是对整个 TCP/IP 操作进行检阅的一个实例。本章最后的 13.8 节和 13.9 节，简要地讨论了另外两个问题：服务质量（QoS）和网络安全；13.10 节对不同于 TCP/IP 和以太网的其他重要技术进行了简要概述。

13.1 TCP/IP、OSI 以及其他通信协议模型

在我们深入探究 TCP/IP 和以太网之前，第 12 章给出的基本思想需要再提醒你一下：用最简单最通用的术语来说，数据通信的目的就是提供一种方法，在两个端节点或主机之间进行可靠高效的数据通信。一个端节点上的一个应用或服务跟第二个端节点上对应的应用或服务之间，采用报文或报文组的形式进行通信。报文可以是计算机之间正在传送的一个文件，你通过手机跟 1500mile（2400km）之外的一个朋友之间的语音会话、一个 Web 请求，也可以是从 YouTube 到平板电脑上的视频流。事实上，这可以是以数字形式进行通信的任何内容。报文会拆分成数据包，通过网络传送，在接收端再恢复成原始报文。报文可以是离散

的，也可以是连续的数据流。如果这个概要有任何地方你还不清楚，你需要回到第 12 章再次复习一下。

图 13-1 再次说明了整个过程，到现在为止，其他形式在图 12-1、图 12-4 和图 12-6 里都出现过。也建议你再次看一下早期的图，进行比较一下。

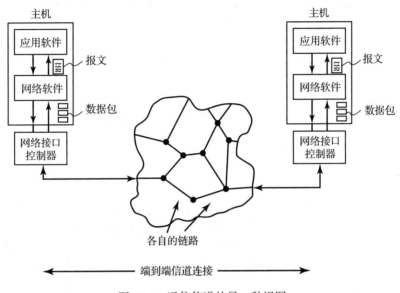

图 13-1　通信信道的另一种视图

这个图说明了另外一些特征。我们已经明确地指出的一件事情是网络接口控制器的存在，或者更常见地称为网卡；在第 10 章里，它是计算机和网络的硬件接口。这也提醒你，网络通信仍然是一种 I/O。我们也明确地标记了某些独特的节点到节点的链路，以及多链路的端到端连接。这些新增的特征有助于后面的讨论。

实现最简单的数据通信是有可能的，没有什么比两端都接受的报文格式和信道的访问方法更复杂。实事求是地说，这种简单的方法对于大多数现实情形都不适用。首先，主机之间很少是直接的、单个链路的，也很少是不共享的信道。

假定两个或多个计算机要通过通信信道进行通信。它们成功通信的需求是什么呢？正如我们曾经指出的，它们必须协商信令方法和访问连接信道方法，除此之外，还有很多。甚至，报文格式也比第一次出现时更复杂一些。报文有多长？哪一部分是实际数据？哪一部分是头信息，例如，发送端的地址和接收端的地址？报文如何拆分成数据包在网络中传输？

通信的一端必须识别出另一端发来的所有命令和请求，必须能以合理的方式进行回应。例如，如果一台计算机使用 ASCII 码，而另一台计算机使用 Unicode 或其他码，那么它们将无法成功地通信，除非它们知道二者的差异并事先已经做好转换。如果没有约定信封上的名字和地址的含义，那么电子邮件的报文会变得混乱，或者无法到达接收端。如果发送端和接收端之间没有明显的通信路径，或者路径上的一条链路缺失，那么会怎么样呢？包含信息的数据包如何恰当地中继，并通过中间节点向接收节点转发？

接收端如何检测出错误？发现错误要做什么？接收端如何知道它接收了一个完整的报文？在数据包到达时有可能是乱序的情况下，它如何将数据包组装成一个报文？

还有很多这样的问题，并且我们很容易看到通信并不简单。事实上，需要很多基本规则来满足成功通信必备的所有条件。

回忆一下第1章可知，我们把协议定义为一个约定好的、能实现通信的基本规则集。成功通信的关键是一组协议标准，这些标准建立了硬件和软件规则，它们允许计算机在不同级上建立并维护有用的通信。从管理报文的规则到定义信道本身特征的硬件协议，这些都是标准。不同介质的通信、不同主机设备、局域网通信、局域网和广域网间的连接、互联网和其他广域网通信等，都有相应的国际协议标准。

一个成功的报文传输系统的基本需求包括：（1）不同的计算和信道资源间的通信能力；（2）信道资源的高效使用；（3）识别、关联及分配特定地址的能力，其中报文就发送到该地址；（4）报文通过复杂信道系统的传送能力。或许，最令人惊讶的是，这些能力都已经具备。

两个标准模型解决了这些目标和顾虑，这两个模型差异很小，重叠很多。**开放系统互连参考模型（OSI）**是一个理论模型，作为一个标准，国际标准化组织（ISO）对其开发了很多年。它主要用于研究。**TCP/IP**是一个较老的但却更实用的模型，为满足初始互联网设计需求而单独开发的，后期不断地修改和更新以满足当前的需求。我们的重点几乎都放在TCP/IP上，仅在13.10节对其和OSI进行了比较。

每种模型的构想和实现都是一个分层的**协议栈**，在这个协议栈中，发送节点的每一层都添加信息，而接收节点的对应层会使用该信息。（你会看到，协议栈的行为跟我们讨论过的其他类型计算机栈的后进先出特征是相似的，你在程序设计课程里也已经看到过后进先出的栈。）正如你将要看到的，尽管OSI和TCP/IP是各自独立开发的，但二者有很多相似之处。

分层通信过程的一种简化视图如图13-2所示。在每种模型中，都设计了一套不同的协议，它们一起工作，控制着网络通信的方方面面。协议的每一层负责一组特定的任务。只要很好地定义了层间接口，就能把（不同层的）任务分隔开。每一层只需要关心它与上一层和下一层的接口。理想情况下，一个特定层的操作对其他层是透明的，只要该层继续向通信过程提供所需的服务，且发送和接收端节点的对应层彼此已经约定好，那么就可以对其修改或替换而不影响其他层。

将通信涉及的任务进行隔离有如下优点：（1）增加了灵活性；（2）简化了协议设计；（3）有可能修改协议或在替换成其他协议时不影响无关的任务；（4）允许一个系统对于特定任务只选择它所需的协议。

到目前为止，TCP/IP是最流行的协议簇。虽然从名字上看只有两个协议，但实际上，它是一个集成套件，由很多协议组成。这些协议控制着数据通信的各个方面，包括端到端的报文处理、链路管理、路由及链路到链路的通信、差错报告、全局地址解析以及其他功能。这个协议簇还包括很多你或许很熟悉的应用协议，如HTTP、SSH、FTP、SMTP、POP3等。

在非正式的情况下，TCP/IP模型由5层组成。（第一层和第二层不是协议簇的正式部分，但差不多总认为是正式部分，因为它们总是直接跟TCP/IP的其余层进行交互。问题是第一层和第二层存在许多不同的网络选项。）图13-3对模型中的5层进行了区分，同时，也给出了每一层建立的一些主要协议。除了每层的名称，每层

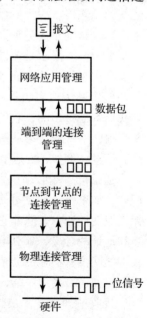

图13-2　一种简化的分层通信模型

还有层号以示区别，最底层为第一层。请注意，图 13-3 和图 13-2 有很多的相似性。

图 13-4 给出了 TCP/IP 协议栈的详图，展示了模型的基本操作。正如你从图中看到的，模型的操作是分层的。每层完成通信过程中的一个特定功能。发送节点处的每一层完成相应的服务，在报文中新增了元数据，它通常是将上层数据封装起来再加上该层的头信息（有些协议还需要一个尾）。然后，将封装结果传递给下一层。这也在图中展示了。每层依赖于下面的各层从而提供完成通信所需的其他功能。在接收节点处，对应层对发送端提供的信息进行解析，并去除头信息，然后将剩余部分向上逐层传递，直到原始重新组装的报文最终到达应用层。

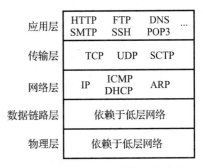

图 13-3　TCP/IP 网络模型的分层

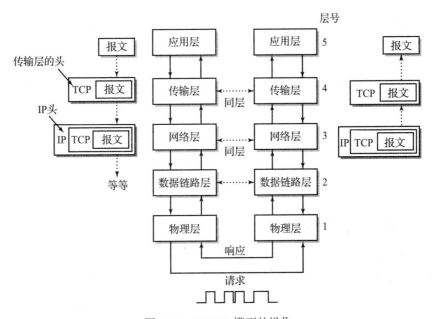

图 13-4　TCP/IP 模型的操作

毫不奇怪，通过通信信道发送的报文在向下链式传递时会逐渐变大，因为发送端的每一层必须在前一层的报文内加入自己的内容。

早些时候，菲茨杰拉德［FITZ12］在其 2001 版的书中，把分层模型比拟为两个办公楼，每一层的人们负责一组特定的任务。TCP/IP 的楼都是五层高。在某栋楼五楼里的人，把发给另一栋楼的报文放进信封，封好口，向下发给四楼。每层再增加自己的信息，以前的信封再加上新信息形成另一个信封，这个信封在一定程度上变大了。

当包装袋到达一楼时，邮递员（这是物理层）跨过街区把包装袋送达另一栋楼。在这里，每层的人提取自己信息，剩余的信封逐层上传，直到最终的报文，实际上是原始报文到达五楼。

对程序应用和网络应用的差别进行简要解释之后，我们将从简单的网络硬件开始，逐层向上，直到你对通信过程完全掌握。我们一开始就会提醒你，典型的通信需要大量的小操作。另外，试图一次就掌握全部内容可能有点吓人。当你读完本章的内容后，确信你会永远牢记简单性！

13.2 程序应用和网络应用

在开始详细讨论 TCP/IP 之前，我们需要对程序应用和网络应用加以区别。图 13-1 对网络应用进行了特意强调，实际上就是把报文放到信道上，在另一端再取走。这些不是你所熟悉的正常程序应用：Safari、Outlook、Skype 等；相反，这些是基于协议的网络应用，它们是专门设计用来将某种格式的报文发送到网络的，信道中的每个硬件和软件组件能够理解报文格式。网络应用象征着标准协议，这些协议是 TCP/IP 协议簇的组成部分；它们直接跟其他协议交互，把报文拆分成数据包，通过信道传输，然后接收端对应的网络应用提取报文。

TCP/IP 协议簇提供了大量的网络应用。这些包含大家熟悉的应用，如 HTTP、FTP、SSH、以及 MP4，另外还有一些应用：IP 电话语音、视频会议、即时通信（IM）、RSS 新闻、远程程序执行等。（令人意外的是，手机短信服务（SMS）并不是 TCP/IP 协议簇的一部分，而由独立的手机标准组织在维护。）在所有的 TCP/IP 应用中，Web 服务、电子邮件和音乐视频共享占互联网的绝大部分流量。基于 IP 的电话也越来越重要。

正如你稍后将要看到的，如果它们的设计能跟协议栈的其余部分正确地交互，如果端节点之间关于报文的含义有相应的约定，那么私有或非标准的网络应用也有可能加进来。在 13.10 节里，作为常见的私有网络应用的例子，我们给出 IP 之上的 SCSI。

我们刚刚讨论的网络应用是**应用层**的组成部分，它位于协议簇的顶层，有时被称为第五层。一个应用程序（比如火狐浏览器）中的报文传递给相应的网络应用（在这种情况下，这个网络应用就是 HTTP），然后开始通信过程。如 12.2 节里的一个例子所示。

13.3 物理层和数据链路层

绝大多数通信链路都是基于以太网的，这些链路中的大部分最终还是连接到局域网。以太网和局域网在概念上并没有很紧密的技术关系，虽然它们合作得不错。相反，它们如此密切只是因为历史巧合。不难想象，其他协议也能成功地实现在局域网中；也不难证明，以太网并不仅限于局域网的环境中。

不知道是不是意外，大多数通信链路最终都连接到局域网上；而且这些连接大都选择以太网作为标准协议集。以太网包含了 TCP/IP 协议簇中的第一层和第二层，即物理层和数据链路层。由于数据链路层直接控制物理层，所以我们将其放在一起来考虑。

物理层和数据链路层也能使用其他协议，确实也使用了其他协议。这些协议共存于这两层，并跟上层的 TCP/IP 进行交互。作为一个重要的示例，蜂窝式技术通常用作端用户和大网络之间的初始链路。有些公共广域网提供商也提供一些非以太网链路[⊖]。13.10 节我们会讨论这些链路，现在我们只讨论以太网。

以一个简单的场景开始：我们将探究一下，在基本的局域网中把一个以太网数据包（称为**帧**，非以太网的数据包在数据链路层也叫帧）里的位，通过一条单链路从一个节点传送到

⊖ 作者最喜欢的一个建议标准是"鸟类载体之上的 IP"，具体地说，是信鸽技术。这个标准建议，IP 数据报写在小纸片上，并绑在信鸽的腿上。这个概念实现了，通过 ping 应用在挪威成功地进行了测试。参见本章末尾"扩展阅读"中的文献。

另一节点需在哪些操作。正如你会看到的，对讨论进行扩展以包含一般网络会相对直接一些。现在，我们不关心报文，也不关心路由，只关心需要什么才能将帧从网络的一个节点传送到另一节点。即便是这种简单场景，也有很多因素要考虑：

- 我们需要知道链路的特征、节点的特征以及网络本身的特征。不考虑其他事情，如介质的选择和介质的特性、传输方法和使用的协议。例如，链路可以是有线链路、光纤链路或者 WiFi 链路。即便都是以太网，不同类型的特征和需求也不一样。
- 一般星形或集成器的局域网逻辑拓扑，也是一个重要的考虑因素。但是提醒你一下，集线器、交换机或 WiFi 访问点都不认为是一个节点，因为它对于通过网络传送的数据基本上是透明的。
- 局域网可以包含多个节点，因此，必须有寻址方法来识别目的端，指示出哪一个节点会接收帧。目的节点也需要知道数据包从哪里来，即源地址。
- 帧的特性很重要，因为帧的特征可能对网络本身的设计有所限制。例如，在某种情况下，帧的大小（单位是位）能决定节点间的最远距离。

13.3.1　物理层

不管协议簇或通信的结构如何，第一层都被定义为**物理层**。物理层是通信实际发生的层。物理层的通信是由纯位流构成的，位流通过介质从一个节点传送到另一个节点。物理访问协议包括介质定义、信号传递方法和具体的信号参数，其中信号参数又包括电压、载波频率、脉冲长度等；还包括同步和时序问题；把计算机物理连接到介质的方法。有一个物理访问协议的例子，它是一个规范，描述 802.11n 无线网卡和对应访问点之间的详细通信。物理层的协议定义了载波信号的频率、数据调制和解调技术、带宽、不同条件下传送信号的强度等。计算机、路由器以及其他设备之间的物理通信只能发生在物理层。物理层主要以网络接口控制器的形式用硬件来实现。网络接口控制器产生特定的电压、光脉冲、无线电波、时钟和同步信号，以及其他符合特定规范的参数。当然，在以太网这把"伞"下，有很多不同的技术，包括基于双绞线、基于电缆、基于 WiFi 和基于光纤等技术，每种技术都有自己的物理层需求。不同的技术由国际标准来定义，主要有针对有线以太网的 IEEE 802.3 标准、针对 WiFi 的 802.11 标准。各种选项的技术细节本身就是一个主要话题，这些技术细节的介绍推迟到第 14 章。

13.3.2　数据链路层

以太网的主要定义是在第二层，即**数据链路层**。数据链路层负责在两个相邻节点间通信链路上数据包的可靠传送。由于数据链路层对于网络特征、节点所连接的链路和介质来说，是特定的，因此有很多不同的标准在使用。

不少数据通信专业人士把数据链路层划分为两个独立的子层：（1）硬件**介质访问控制**（MAC）子层，它定义访问信道和检测差错的过程；（2）软件**逻辑链路控制**（LLC）子层，它在需要的时候提供业务流量控制、差错校正、IP 包/帧转换管理、重传以及数据包重构等功能。

在逻辑链路控制子层所提供的服务中，其中一个是对每一帧进行差错检测服务。许多数据链路协议都提供了一种方法：未成功接收的帧进行请求和重传。由于某些通信环境可能会造成帧乱序接收，所以数据链路层也对帧进行编号，在需要的时候对接收的帧重新排序以恢复原始的报文。如果多个帧是独立路由的，那么所经历的路径长度差别很大，（例如，如果将报文从洛杉矶发送到圣地亚哥是通过阿拉斯加和夏威夷路由的，那么经历的时间就比较长。）或者由于出现错误必须重传，都有可能导致帧的乱序接收。当然，局域网不存在这个问题，但以太网在某种条件下是有可能大范围运行的，因此，协议必须包含针对这种情况的应对方法。

如图 13-4 所示，数据链路层的数据包是从网络层，即第三层来的。如果有必要，那么这些网络层的数据包要调整大小以兼容特定网络或链路使用的介质访问控制协议，同时还要编号以便后面的重构。多数情况下，是不需要这么做的；数据链路层把到来的包简单地进行封装，无须改变什么，但要加上数据链路层的头，有时候还要加上尾以形成一个帧。正如你稍后看到的，逻辑链路控制子层执行的服务大部分在传输层也有，包括差错校验、改变包大小以满足以太网需求；因此，逻辑链路控制层的服务通常可以忽略掉。

介质访问控制子层（MAC）主要负责物理介质的有序访问。由于使用的介质和信号传输技术有很多，所以许多标准定义了很多不同的协议和帧头，每个协议对应一个特定的物理介质和信号传递方法。

介质访问控制协议的具体功能就是为物理层把数据按正确的格式进行编码、传送数据到目的节点、检测差错、防止多个节点同时访问网络而导致信息混合和混乱。这样的事件称为**碰撞**。正如你已经知道的，局域网中主要的介质访问协议是以太网。MAC 协议主要以固件或硬件的形式实现在设备的网络接口控制器中。

局域网一般是按照 IEEE 802 标准来定义。有线以太网是按照 802.3 标准来定义的。在第 12 章中，我们介绍了两种不同形式的有线以太网：基于集线器的和基于交换机的。从技术上看，以太网叫作**带碰撞检测的载波侦听多路访问**（CSMA/CD）协议。最初，以太网是这种协议的商标名字，主要基于总线拓扑。而 CSMA/CD 这个名字反映了实际。交换式以太网是按照相同的规范定义的，实际上并不实现 CSMA/CD 协议，因为其连接是点对点的，不可能发生数据碰撞。802.3 描述了很多变种类型，主要区别在于使用的电缆或光缆的类型、连接到物理介质的方法、所使用的信号传输方法，以及运行速度。

以太网上每个节点的地址叫作 **MAC 地址**，它内置在设备的固件或硬件中。MAC 地址由 IEEE 组织来管理，全球性地永久分配给以太网连接设备制造商。每个基于网卡的设备都有一个唯一 6 字节长的地址，从理论上说，它永远不会变化。例如，带有 3 个不同的网络端口的笔记本电脑会有 3 个不同的网卡和 3 个不同的 MAC 地址。顺便注意一下"理论上"这几个字，在实践当中某些系统提供了修改网卡 MAC 地址的方法。

有线以太网的帧格式如图 13-5 所示，它是由一个前缀和起始帧分界符、目的地址和源地址、数据长度、数据和校验码字段组成的。其中，前缀用于发送端和接收端之间的时间同步；帧分界符指示帧内容的开始点；目的地址和源地址指定作为 MAC 地址；数据长度指示帧中的数据量；校验码用于证实帧的完整性。数据域最少需要 46 个字节的数据，如果需要的话，将其填充到 46 个字节。最初选择这个值是为了确保最初的以太网总线在发生碰撞时，在帧够接收端接收之前能够检测到。数据域最长为 1500 个字节。尽管目的地址字段被指定为一个 MAC 地址，但也有特殊的地址使得一个帧能同时传送给一组接收端。作为网络层协议的一个组成部分——ARP 协议，就需要有把一帧广播给所有接收端的功能。ARP 是地址解析协议，用于发现 IP 地址和对应的 MAC 地址之间的关系。全 1 地址就是用于这个目的的。更多的 ARP 内容在 13.4 节里讲述。

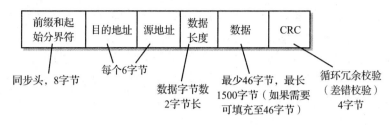

图 13-5　标准的以太网帧

13.3.3　基于集线器的以太网

以太网最初是基于总线拓扑的。基于集线器的以太网提供了一种简单方法，将总线式以太网连接在一起，但集线器并不影响逻辑操作。任何节点都可以在时序空闲的时候，使用总线把报文发送给另一节点；总线上没有特定的时序控制。当一个节点有报文要发送的时候，它侦听总线看看总线是否在使用。如果未被使用，它就开始发送数据包。如果总线已经在使用，该节点就等待，一直到总线可用。这就是 CSMA/CD 中的"CSMA"部分。

CSMA/CD 并不试图防止碰撞的发生。当节点发送帧的时候，它持续侦听总线。如果网络流量的负担很轻，节点通常会完成帧的发送，之后返回到侦听模式。偶尔，两个或多个节点可能同时侦听到总线空闲，同时启动传送。这时碰撞就发生了，由于两个信号冲突，所以总线上的数据就变会得混乱。因为每一个节点在传送数据时都是持续侦听链路的，所以它能识别出数据混乱——总线上的信号跟正在传送的数据（强度）不一样。当一个节点侦听到碰撞时，它立即停止传送，并等待一小段时间，然后返回到侦听模式，当总线空闲时再次尝试传送。碰撞后每个节点的等待时间都是随机的。如果两个节点都等待相同的时间，那么碰撞会继续重演，没完没了。

对你来说，碰撞似乎很少发生，尤其是在业务稀疏的网络上。然而，还有一个因素要考虑：信号在总线上传输需要一小段时间（事实证明，有时候这很重要）。总线上信号的传输速度大约是光速的 3/4，或者说大致为 9in/ns（即 23cm/ns）。这看起来似乎是一个非常小的数字，但是，如果总线上两个节点之间的距离是 500ft(1ft = 0.3048m)，这就会产生一个 5/8μs 的窗口，即从一个节点开始传送数据到另一个节点感知到总线正在使用这个时间段。一个数据包从网络的一端传送到另一端所需的时间叫作**网络传播延时**。换句话说，碰撞的概率比你最初想象要高。尤其是，如果总线上的业务很重，一个节点可能要尝试好几次才能成功发送一个数据包。

由于基于集线器的以太网具有简单性，所以它很适合轻业务的网络。每一个节点都是独立的，插到集线器上就可以轻易地接入网络。基于集线器的以太网不需要中心网络控制。然而，它不适合节点距离比较远的网络，因为这会增加碰撞的概率。类似地，当网络流量增加时，碰撞的次数和重传的次数也会增加，网络性能会下降；这使得基于集线器的以太网也不大适合频繁传送大业务的网络。

13.3.4　交换式以太网

让局域网速度更快、覆盖范围更大这个愿望使得基于集线器的以太网在很多情况下不再适用了。相反，交换式以太网允许任意一对节点进行点对点的连接。多对节点可同时建立连接。现代交换机甚至提供了一个缓存来容纳接收端来不及接收的那些帧。因此，交换技术防止了碰撞，在交换式以太网系统中，无须实现 CSMA/CD。交互式以太网有两个额外的优点：
（1）能以全双工方式将节点连接起来，对于单总线连接这是不可能的；（2）每对连接可用最
大的网络带宽传送数据，因为介质是非共享的。很多年来，由于交换机太贵，所以基于集线
器的以太网深受欢迎。这种情况不会再现了，现在交换机不再昂贵了。在新的网络设计中，
很少再考虑基于集线器的网络。

13.3.5　无线以太网

正如第 12 章我们提到的，正在使用的 WiFi 有两种分别为：**自组织模式**和**基础设施模式**。
自组织 WiFi 节点之间使用直接连接，基于部分网状网络拓扑。由于自组织模式 WiFi 依赖于
可用的协作节点网络，所以实际上它很少使用。更常用的是基础设施模式，它基于一个共享
的访问点，这里，我们对它更感兴趣。

由于介质的特征，无线以太网在很多方面跟基于集线器的以太网很相似。基础设施
WiFi 使用了变化了的 CSMA/CD。由于介质实际上具有集线器的特征，所以也需要进行碰
撞处理。WiFi 标准描述了两种技术，其中一个是强制的，另一个是可选的。无线网络中的
碰撞比有线网络更难检测，后果更严重。隐藏节点和超范围环境（回忆一下图 12-16）意
味着有可能某些节点互相检测不到碰撞。每一个无线节点都依赖于访问点。进一步说，一
旦发送端开始传送一帧，即便发生了碰撞，该帧也要传完，因为所传信号的功率淹没了接
收端，以至于无法持续侦听。这就意味着由碰撞导致的延时比有线集线器上的延时要长
得多。

取而代之的是，802.11 标准指定使用碰撞避免 MAC 协议：**带碰撞避免的载波侦听多
路访问**（CSMA/CA）。它和 CSMA/CD 一样，一个节点在不传送数据时总是侦听信道。当
一个节点要传送一个数据包时，它要等待信道空闲一小段时间，这个空闲时间段是随机的。
然后，把整个帧传送给访问点，访问点再把帧转发给目的节点。访问点需要重传，以处理
隐藏节点和超范围问题。无线以太网的帧中包含一个字段，这个字段声明了数据包的持续
时间，这有助于其他节点知晓传送要占据多长时间。当该帧到达目的节点时，接收端检查
差错，然后返回一个短的确认帧以表明该数据帧成功地接收了。接收端对接收的帧进行确
认这个需求，导致了在启动传送过程中有额外的延时。确认是否发生碰撞的唯一有把握的
方法。

一个可选的改进方法是使用预留技术进一步避免隐藏节点间的碰撞。发送端不是传送数
据帧，而是向访问点发送一个小的"请求发送"（RTS）包，并包含发送一帧需要的持续时间。
如果信道空闲，则访问点会返回一个"允许发送"（CTS）包，然后发送端才开始传送数据帧。
即便某个隐藏节点不能接收到原始的 RTS 包，它也能接收到访问点所发的 CTS 包，从而知
道在启动自己的传送之前，它必须等待。

无线以太网 MAC 子层的细节必然比有线以太网的复杂得多。例如，基于基础设施
的 WiFi 无线以太网帧，除了源地址和目的地址外，还必须记录访问点的 MAC 地址，从
而导致一个和图 13-5 所示不同的帧格式。对这些细节的进一步讨论，超出了本书的
范围。

图 13-6 说明了数据链路层和物理层的一般操作。当本节前面的描述具体应用到各种以
太网时，图 13-6 具有较好的普适性，可用于任何与 TCP/IP 网络层可交互的网络。

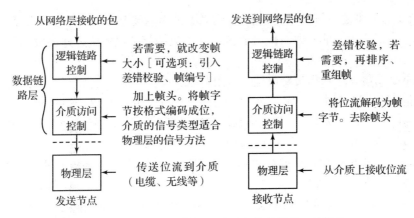

图 13-6　网络节点间数据链路层和物理层的一般操作

13.4　网络层

希望你现在明白了，数据链路层和物理层如何将以太网的数据帧从一个特定节点传送到另一节点。其他数据链路协议和物理连接的工作原理是类似的。协议栈的其余层是官方的 TCP/IP。它们用软件程序实现，集成在计算机的操作系统中，网络等价于前面第 9 章和第 10 章讨论的 I/O 驱动程序。

我们继续向上讲述协议栈的上一层：**网络层**（即第三层）；网络层负责数据包的寻址和路由，从源节点开始通过中间节点一步一步地到达正确的最终目的节点。TCP/IP 网络层也叫**互连网络层**或 **IP 层**。IP 是这一层唯一的标准协议，虽然目前使用的 IP 版本有两种：IPv4 和 IPv6。还有几个其他支撑协议用于数据链路层使用的物理地址与 IP 地址相匹配、差错报告、信息请求以及其他辅助的任务。

对于局域网内的通信，任务通常比较简单。IP 通过复制 IP 包（在 IP 层，数据包也叫 **IP 数据报**）并附加上一个帧头构建一个以太网帧，其中每个帧中包含特定节点的 MAC 地址。然后将帧传递到数据链路层。局域网内没有要执行的路由，因为局域网内所有的节点是连在一起的，直接寻址。如果数据报地址是 IP 地址形式，那么正如人们通常期待的那样，软件从一个表中查找对应的物理地址。

当报文要发送到局域网外面的一个节点时，例如，发到互联网，网络层负责将报文从发送端传送到接收端，一个包一个包地传送，从一个中间节点通过路由器分组交换到另一个中间节点。在每个中间节点上，网络层去除当前节点的物理地址，使用不同的表和算法建立下一节点的地址。新的物理地址加入到数据包中，并将数据包传递到数据链路层，数据链路层处理节点间的实际连接。

在每个节点上存储所有位置的地址是不可能的。相反，网络层在不同的路由器上要访问表以帮助报文路由。由于路由发生在网络层，所以路由器和网关有时候被称为**层 3 交换机**以表明路由发生的层。数据报路由这个主题跟一些不同的数学算法和复杂的统计技术有关，这超出了本书的范围。我们不再进一步考虑这个。

请记住，IP 数据报可以通过不同类型的链路。某种物理层连接在变为帧传递给数据链路层之前，需要进一步将 IP 数据报拆分成较小的包。IPv4 具有这个能力，尽管在现代系统中很少需要这么做，因为绝大多数链路是基于以太网技术的，并且当数据包开始产生时，设计的包就会适合以太网的帧。这些较小的数据包叫作**分片**（fragment）。当到达目的节点时，利用存储在每个分片里的头信息，IP数据报的分片会重新组装起来。由于分片太复杂、太耗时，所以IPv6去除了这个功能；取而代之的是，IPv6只是简单地拒绝这样的数据包，并向发送节点反馈一个差错报文。

尽管IP试图将每个数据报路由至其目的节点，但它却是一个无连接的分组交换的服务。无连接意味着每个IP数据报都作为一个独立的实体来处理。分组交换意味着每个数据报都独立路由。IP是一个不可靠的、**尽力而为的传送服务**：不保证传到，也不检查差错。那些任务是上层，即传输层的职责。传输层负责传送完整的报文。

TCP/IP设计师起初的意图是提供通用的连接，也就是在网络层提供连接无关的协议。因此，"官方"的TCP/IP标准一点也没有处理数据链路层和物理层，尽管它认识到这两层的存在是必需的。正如我们早期提到的，这些层一般由硬件和软件混合处理，跟特定通信信道类型的需求直接关联。然而，正如下面描述的，IP网络层跟数据链路层存在着明显的关系。

IPv4数据报的格式如图13-7所示。IP数据报的大小范围为20～65 536字节，尽管总大小通常由数据链路层的能力来决定，数据链路层会承载这个数据。对于以太网，最大的帧大小是1500字节，因此，大部分IP数据报都要小于这个值。这就避免了数据报分片。头大小在20～60字节之间；其余的是来自传输层（上层）的数据。头中包含源IP地址和目的IP地址、传输层的协议，以及使用的IP版本号。同时，它还包含数据报的总长度和差错校验字段，还有其他字段和可选项。

图13-7   IPv4的IP数据报格式

毋庸置疑，你知道互联网依赖于IP地址来定位网络服务。因此，网络层的路由是基于IP地址的。而数据链路层和物理层基于物理地址。在IP将源端的数据报发送到数据链路层之前，它必须知道所连网络上的目的节点的物理地址。IP地址到物理地址的转换跟一个支撑协议密切相关，即**地址解析协议（ARP）**。ARP实现在网络层。

一旦IP确定了发送数据报的目的节点的IP地址，它就使用ARP来确定对应的物理地址。目的节点可以是中间节点上的一个路由器，也可以是数据报的最终接收节点。当ARP发现一个IP地址没有对应时，便向局域网内的每个节点发送一个包含该IP地址的广播包。匹配的节点给出响应，返回对应的物理地址；对于以太网，这个物理地址就是目的节点的MAC地址。随后，包含在帧里面的物理地址发送至数据链路层。在每个中间节点上，这个过程都是一样的，直至到达最终的目的节点；当前的目的 MAC 地址是从帧里提出来的，并替换为一个新的地址。在最终的接收端上，数据包向上传送到传输层，准备送到应用层。ARP 维护一个缓存（Cache），它存放最近使用的 IP 地址－物理地址的对应关系，从而简化了相应的处理。如果有一组数据包去往同一个目的节点，那么只有第一个数据包才需要使用广播过程。

　　你可能会问，为什么网络协议使用两个不同的地址集在一个节点到另一个节点间传送数据。问题出自于这样的事实：IP 寻址系统工作的前提是它知道所使用的每个 IP 地址的实际网络位置。由于物理地址永久地属于设备，所以可以从一个位置移动到另一个位置，相应地也能从一个节点移动到另一个节点，因此，通信时必须把 IP 地址和物理地址关联起来，从而将数据发送到一个特定的设备上。

　　例如，在工作或上学时，可以把你的平板电脑连接到一个网络上；在咖啡屋吃午饭时，连接到另一个网络上；回到家时又连接到一个网络上。虽然你将物理地址从一个网络移动到另一个网络，互联网总会为节点分配一个当前的 IP 地址，当你工作时，你的设备可位于那里。庆幸的是，地址解析协议为你自动处理了细节。图 13-8 说明了这个概念。

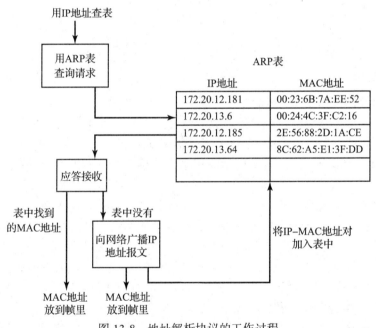

图 13-8　地址解析协议的工作过程

　　你可能也感兴趣另一个网络层的支撑协议。它回答的问题是："如果某些东西出错了，怎么办？"举一个例子，某个 Web 服务可能配置错误或缺失一个文件。也请记住，IP 是一个"不可靠的、尽力而为"的协议。一个 IP 数据报可能有错误或被错误地路由。**互联网控制报文协议（ICMP）**是一个辅助协议，当通信过程失败时，它可以产生一个关于差错的报文。ICMP 将差错码封装在一个新数据报中，然后将其返回至源 IP 地址。典型的差错报文包括："目的主机不明""[IP 数据报的] 存活时间超时"。它也用于查询。Ping 和 Traceroute 等网络工具就使用 ICMP 的查询服务，来提供其报告信息。

　　图 13-9 展示了网络层和数据链路层正在进行的交互，这是一个简单的端到端的通信，有一个用于路由的中间节点。每一个链路按照及时通信的规则都建立了网络层、数据链路层

和物理层。在中间节点上，从大报文中提取出低三层，并按照规则为下一链路重建数据包。对于图中的第一条链路，网络层将数据包传送给路由器进行转发；第二条链路上的网络层识别出数据包中的 IP 地址跟当前节点的地址（路由表里的地址，译者注）相匹配，并将数据包传送到这个节点中去处理，而不是传送给上面的传输层。

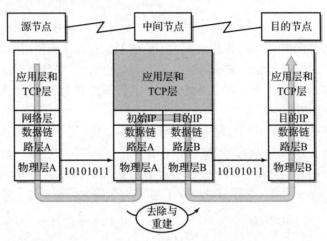

图 13-9   通过一个中间节点传递报文

13.5   传输层

到此为止，你知道了我们讨论的各层能承载一系列数据包，并通过一组互连网络一个节点一个节点地传输；从源节点到目的节点，使用一个 IP 地址来定位目的节点；网络层路由数据包，数据链路层提供了合适的连接，物理层将实际的位从一个节点传送到下一个节点。向上移动一层，**传输层**的目的是从网络应用中获取报文，并提供支持可靠的端到端通信的服务。

传输层最终负责从源节点的一个应用中接收报文，并将其传送到目的节点对应的应用中。传输层负责产生最终的目的地址和所有端到端通信的条件。传输层提供的其他服务包括：（1）同目的应用建立连接的功能；（2）流量控制；（3）数据保证；（4）需要时对数据包再排序；（5）差错恢复；（6）在需要时终止端节点之间的连接。多数情况下，传输层还负责对报文**打包**，也就是将报文拆分成合理大小的包。正如你已经知道的，下三层提供的通信服务是处理细节，做数据包在网络中传输的实际工作。

请注意，最终的目的地址是在传输层建立的，虽然网络层才是负责数据包路由的层，它将数据包通过中间节点路由到目的节点。报文的头、应用的控制信息以及传输层使得端到端能够通信，完全不必考虑或关心任何中间节点的特征，相反地，端到端的通信基本上对中间节点是透明的。

为了区别网络应用请求服务，传输协议使用**端口地址**（更常见的是**端口号**[⊖]），来区别产生报文的应用和接收报文的应用。端口号长 16 位。前 1024 个是**标准端口号**，这些是标准的地址，指定给最常见的应用。或许你熟悉端口号 80，它通常用于 Web 服务。图 13-10 给出了一些大家所熟悉应用的端口号。

⊖   网络端口号不同于 I/O 端口号。和 I/O 端口号相反，网络端口号是由协议软件产生和使用的，而 I/O 端口号是基于硬件的。

ftp	20	文件传输
ssh	22	安全登录
smtp	25	简单邮件传输
nicname	43	昵称
http	80	网站
kerberos	88	加密
pop3	110	邮局协议
sqlserv	118	SQL 服务

图 13-10　一些标准端口号

　　端口号可以由应用来修改。大量的由用户定义的端口号就是用于这个目的的。为了实现这个功能，发送端的应用程序可以指定报文要发送到的应用的端口号。例如，如果一个用户知道要访问的 Web 服务器是在 8080 端口上，而不是 80 端口（这是隐藏 Web 服务器的常用伎俩，避免没有权限的用户访问），她可以指定端口号，将其附在 URL 后面，并带有一个冒号，即 www.somewhere.org/:8080/hiddenServer。用户定义的端口号，也可以用来区别专有的网络应用。

　　应用将报文连同发送端和接收端的端口号，外加发送端和接收端的 IP 地址，一起发送到网络层。在报文到达接收端的传输层之前，将再也不会看到端口地址。

　　对于应用层和传输层之间的通信，操作系统提供了一个叫**套口**的接口，使得把一个请求加到由 TCP/IP 簇提供的通信服务上变得很容易。套口的概念起源于 BSD UNIX。套口提供了应用层和传输层之间的接口。应用使用套口启动连接，并将报文发到网络上。类似的套口在目的节点上提供了传输层与对应的应用进行通信的方法。

　　每一个新请求在传输层产生一个新套口。定义一个套口需要 4 部分信息：源端口号、源 IP 地址、目的端口号和目的 IP 地址。使用套口可以产生多个开放的连接，通过这些连接数据能同时流动，不会搞不清谁是谁。例如，这允许一个 Web 服务器同时处理多个请求。你可以将套口描绘为一种软件的门口，通过它数据可以来回流动。套口技术允许新的应用简单地插入到软件中，这给系统增加了可用的通信服务。套口还提供了一种增加新协议的方法同时能保持当前的网络能力不变。

　　传输层实现有 3 个不同的标准协议：TCP、用户数据报协议（UDP）和流控制传输协议（SCTP）。当报文从应用层到达传输层时，根据特定类型报文的特征和服务需求，从三个协议当中选择一个。每个传输层协议的工作方式略有不同。

　　传输控制协议（TCP）就是著名的**面向连接的服务**。为此，在数据包发送到接收节点之前，发送节点的 TCP 同接收节点的 TCP 通过交换控制包建立一个连接。

　　一旦连接建好，TCP 将报文拆分成数据包，给每一个数据包加上一个头并进行编号，发送至网络层进行传送。TCP 要求接收节点向发送端反馈一个确认报文，以确定报文中每个数据包是否正确接收。如果一个数据包未被确认，则 TCP 将其重发。这种能力是通过由 TCP 建立的全双工连接增强的：数据包和确认包能在信道里同时流动。因此，TCP 提供了一种**可靠传输**服务。当通信结束时，TCP 关闭连接。某种程度上，TCP 就像一个打开的管道，数据以字节流的形式从发送节点中的应用流向接收节点上对应的应用，无须考虑下层（即较低的层）机制的细节。这个管道叫**逻辑连接**，因为它的操作不依赖于网络的实际物理特征。图 13-11 说明了这个思想。

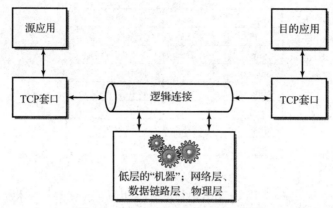

图 13-11   TCP 的 "逻辑连接" 视图

请注意，数据包经过的路径并不是 TCP 建立的；路由功能是网络层负责的事情。网络层使用数据报交换，因此，数据包可能走不同的路径。这就导致了这样的可能性：数据包可能乱序到达接收节点。对数据包进行编号，使得接收节点的传输层在需要的时候能对数据包重排序，在必要的时候重新产生原始报文。一些网络人士把 TCP 的包叫作**段**，因为它们的数据内容是有序字节流的一部分，整个打包的报文都维持字节流有序。

TCP 根据网络应用的请求建立连接。为了启动一个连接，TCP 会发送一个控制包（通过通常的网络层）到网上的 TCP 来请求建立连接；这会引起一个简洁的来回请求和确认序列，称为**握手**。控制包中还包含一个随机选取的 32 位的数，它用作对数据包计数的初始序列号。由于 TCP 的设计支持多个并发的通信，所以在来自同一应用的多个报文要并发传送的情况下，随机的初始序列号用来区别属于不同报文的数据包。参见图 13-12。如果协商成功，那么连接就建好了。正如我们前面提到的，这种连接在逻辑上是全双工的，一方面因为多个应用双向发送数据（例如，在一个节点上浏览器应用的网页请求会引起另一端的 Web 服务器进行文件传送），另一方面也因为对于每一个接收到的数据包，TCP 都需要返回一个确认包。

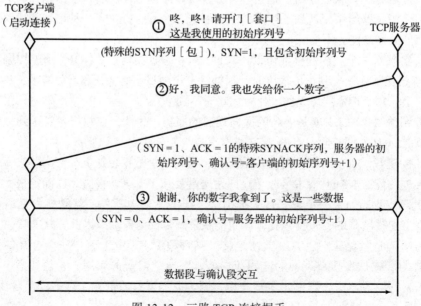

图 13-12   三路 TCP 连接握手

图 13-13 展示了 TCP 数据包的数据包格式。连接的两端使用相同的格式。请注意，数据包格式很巧妙，这使得双向通信很容易：每收到一个数据包，它的确认信息和数据会一起包含在数据包中。数据包中指定了源端口号和目的端口号，但不需要 IP 地址，因为连接已经建好了，因此是明确的。序列号和确认号的设计也很巧妙，一方面对有序的数据包进行计数，另一方面指示包中数据域里的数据量。由于数据包格式中有一个选项字段，所以数据包中还必须包含头大小字段。如果没有选项，头大小是 20 个字节。

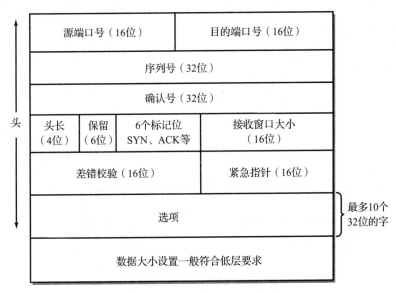

图 13-13 TCP 的段格式

另外一个协议是 UDP，**用户数据报协议**，用于一些代替 TCP 的应用。UDP 是无连接的服务。跟 TCP 不一样，它的发送端和接收端没有提前通信建立连接。UDP 的包称为**用户数据报**。一个 UDP 数据包包含的报文完全就是应用传下来的，因此，如果需要将报文拆分成较小的段，那么这是应用要做的事情（而非 UDP 来拆分）。每一个 UDP 数据报是独立发送的。UDP 简单、速度快，但不保证可靠传输。接收端对数据的接收也不确认。UDP 非常适合这样的通信：重传丢失、乱序和包含差错的包不太可行，或者丢包相对来说无关紧要。流视频就是这种情形的一个例子。有时候，UDP 也用于很短的报文。

最新的一种方法是 SCTP（**流控制传输协议**）。它的特征和 TCP 的类似，可提供的额外功能是：（1）增强容错性；（2）允许多个报文（以字节流的形式，这也是这个名字的由来）通过相同的连接并发传输。SCTP 还允许一个报文拆分成多个具有不同 IP 地址的小报文；如果使用初始地址出现了问题，SCTP 允许报文重定向到一个不同的 IP 地址，从而减少了数据传输故障。尽管理论上 SCTP 在某一天能够替代 TCP，但目前还仅限于一些新的应用，主要是 IP 电话和多媒体之类的应用。

13.6 IP 地址

13.6.1 IPv4 和 DHCP

毫无疑问，你知道 IP 地址是定位互联网资源的支柱。你也知道 DNS 将用户友好的域名转换为 IP 地址。你还知道 IP 地址和域名是注册的，并由 ICANN 来分配的。你熟悉的 IP 地址系统可能是 IPv4，然而从实践的角度来看，IPv4 的地址已经用完了。本节主要介绍 IPv4 使用的地址技术，另外介绍一下 IPv6，它在逐步替代 IPv4。我们也会向你展示，DNS 如何将用户友好的地址转换为 TCP/IP 路由和通信使用的 IP 地址。

IPv4 地址的长度是 32 位。正如你可能知道的，32 位分为 4 个位组（如果你喜欢，也可以叫 4 个字节；但出于某种原因，网络工程师称其为位组）。这些位组用小圆点分开以便读起来更容易些。当然，每个位组是 0 ～ 255 范围里的一个数字。32 位大约容纳 40 亿个不同的地址。在互联网早期，这 4 个字段在某种程度上也确定了受让方，然而今天不是这样了。IP 地址仍然是按块分配的。

不同大小的地址块分配给各个商业组织，也分配给互联网服务商（ISP）互联网服务商再让个人和小团体获得 IP 地址，以便他们能访问互联网。块内的地址是连续的，并且块内地址的个数必须是 2 的幂数。在一个地址块分配时，从左到右指定若干位，剩余的位代表块内的地址。

看一下图 13-14。例如，如果你的单位分配了一个地址块，那么图中分界线左边的 28 位是起始部分，剩余的 4 位为单位内的计算机提供了 16 个地址。其中的 3 个地址保留起来用于特殊用途。块中的第一个地址（后 4 位全 0，译者注）定义为单位的网络地址，用于路由。其他两个地址用于特殊的报文。你的单位可以随意分配剩下的 13 个地址。

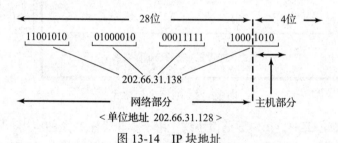

图 13-14　IP 块地址

传统上，许多块的地址都大于 16 个，并且 IPv4 地址通常划分为三级，某种情况下划分为四级或更多。图 13-15 展示了一个划分为三级的 IPv4 地址。当然，顶级是网络地址。剩余的位划分成子网络或**子网**。每个子网都有若干个主机或节点。子网**掩码**用于分离地址的不同部分。一个掩码是由若干个 1 后跟若干个 0 构成的。当掩码恰当地通过布尔代数与 IP 地址相结合时，地址的各个部分就能区别开了。一个掩码是这样的描述的：IP 地址后放置一个斜线，后跟 1 的个数。另一种方法能用点分十进制表示来描述。图 13-15 展示了这两种表示。

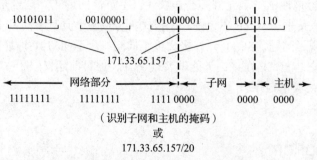

图 13-15　IP 地址的层次和子网掩码

请注意，互联网连接的每一个节点都必须有一个唯一的 IP 地址。有时候，人们知道可以获得的有效 IPv4 地址的总数，但尚不能满足未来的需求。尽管从长远的观点看，IPv6 提供了巨大的地址空间，具有解决这个问题的潜能，但它的使用直到今天还非常有限。由于 IPv4 体系具有分块编号的设计，所以许多单位通常分配的 IP 地址比其需要的要多，这导致 IP 地址短缺的问题更严重了。由于可用的 IP 地址数是有限的，所以必须有一种方法来分配地址，以便使得每一个需要上网的用户都能得到一个。

目前有两种不同的方法可以更为高效地分配 IPv4 地址：

1. 一些互联网网关有限的小单位可以将其网络放在路由器后面，以使其网络地址私有化，并使用私有专门为此设计的 IP 地址。私有 IP 地址不能用在互联网上，但适合不直接暴露在互联网上的那些网络，这带来的额外好处是：对互联网隐藏了各个机器，也减少了一个单位可能需要 IP 地址的数量。

网关隔离的局域网上的计算机使用一种叫**网络地址转换**（NAT）的技术来访问互联网。一台具有 NAT 功能的路由器将报文从隔离的网络传送到互联网，用路由器的 IP 地址替换掉私有地址。（或其他真地址，针对此应用可以有多个可用的地址。）通过 NAT 路由到外界的业务，如 Web 请求必须由路由器小心地监管，以便外界的响应能转发到内部正确的私有地址主机上。这种方法有两个难题：

- 对于一个小型网络，NAT 相对来说是可管理的。当私有地址的计算机数量很多、通过接口的流量又很大时，管理的任务就变得更具挑战性了。
- 一个单位有多个局域网连接到一个骨干网上，它必须这样配置私有网络：不同私有局域网之间的业务能成功地管理。一种可能的方案是所有连接在骨干网上的网络使用单个私有 IP 地址，并在边缘路由器上进行变换。转换问题再次变得庞大且难以管理。

即便管理私有网络也具有挑战性，NAT 经常作为一种安全措施来实施；因为具有 NAT 功能的路由器是唯一对互联网可见的计算机，局域网外不能对私有网络内的计算机进行访问，它们对公共网络基本上也是不可见的，这对单位的内部网络是一种保护。事实上，许多家庭网络是用私有 IP 地址实现的，这些地址由路由器来控制。私有 IPv4 地址的标准列表如图 13-16 所示。IPv4 还提供了一个统一的广播地址，它由全 1 组成，并对子网内的所有节点寻址。

地址范围	总的地址数		
	二进制	十进制	
10.0.0.0–10.255.255.255	2^{24}	约 1600 万	私有地址
172.16.0.0–172.31.255.255	2^{20}	约 100 万	
192.168.0.0–192.168.255.255	2^{16}	约 64 000	
255.255.255.255			广播地址

图 13-16　预留的私有和广播 IP 地址

2. 第二种方法是维护一堆可用的 IP 地址，在计算机联网期间将它们动态地分配给计算机使用。这是大单位、DSL 以及电缆服务商常常采用的方法。基本上永久分配给设备的 IP 地址叫**静态地址**。在需要的时候才分配的地址叫作**动态地址**。DHCP 用于动态地址分配。

动态主机配置协议（DHCP）是一个应用层的协议，当一台计算机连接到网上时，它从地址池中选一个地址分配该计算机；当计算机离开网络时，它回收所分配的地址。DHCP 客户端驻留在所连接的计算机或其他设备里，它同 DHCP 服务器进行通信。IP 地址是一个专门为此预留的地址块。

当一台计算机连接到网络时，DHCP 客户端向网上的所有计算机广播一个查询报文以定位 DHCP 服务器。DHCP 服务器响应一个租借报文，它内含一个 IP 地址和其他配置参数；配置参数包括网络的域名、本地 DNS 服务器的 IP 地址、识别局域网内其他节点的子网掩码，以及互联网网关的默认 IP 地址。某些 DHCP 服务器还包含其他有用的服务地址，如时间服务器。租借信息以固定的时间间隔发出。许多系统允许 DHCP 客户端在租借期满之前续租。这会使计算机在网络通信期间一直保持相同的 IP 地址。

因为 IP 地址是在联网时分配的，所以许多使用 DHCP 联网的计算机不能给网络上的其他计算机提供服务，因为该计算机没有恒定的"域名 -IP 地址"关联关系。动态域名服务（DDNS）是 DNS 的同伴协议，通过更新本地 DNS 服务器，它能提供这种关联关系。DDNS 是 DNS 协议的正式组成部分，用于网络管理中域名服务器的自动更新。但是，DDNS 在家庭计算环境中使用不多。

13.6.2　IPv6

多年来，即便有上面讨论的临时应急措施，互联网专家也知道有效的 IP 地址即将用尽。IPv6 就是为了解决这个问题而诞生的。IPv6 标准也解决当前与网络层操作有关的一些其他问题。作为附注，看一下 IPv6 如何实现独立层的概念是很有的，它们可以解决随着条件发展和变化而出现的问题。

IPv6 地址的长度是 128 位，容纳 2^{128} 或大约 256×10^{36}（如果你喜欢可以表示为 256 兆兆兆）个不同的 IP 地址。在地球的总表面积上（包括水和陆地）每英寸大约可以有 320 兆亿个地址，地址暂时应当是足够用了。看起来，IPv6 的设计者决心不再让地址用尽了！

IPv6 的地址一般表示为一个 8 字段的序列，每个字段有 4 位十六进制的数字，字段之间用冒号分开。这种表示方式通常叫作**冒号 - 十六进制表示**。例如，IPv6 的地址可以这样表示：

$$2FC3 \; : \; 5AB2 \; : \; 4470; \; 0001 \; : \; FFDC \; : \; BB54 \; : \; C126 \; : \; 7001.$$

这种表示读起来很困难。幸运的是，典型的 IPv6 地址中许多位都是 0，所以设计者想出了一种缩写方式：一个字段中的前导 0 可以忽略；单个全 0 字段可以用一对冒号表示。例如，地址

$$2CAA \; : \; 0030 \; : \; 0000 \; : \; 0000 \; : \; 0000 \; : \; 0370 \; : \; 0000 \; : \; 12AB.$$

可表示为

$$2CAA \; : \; 30 \; : : \; 370 \; : \; 0 \; : \; 12AB.$$

这样读起来稍微容易一些。请注意，位置 7 上的 0 字段，不能用双冒号了，因为我们无法确定每个双冒号之间有几个 0 字段。（试一下，你会发现有问题。）

跟 IPv4 一样，IPv6 的地址也按块划分，但它的块定义更广泛一些。例如，所有的标准地址都是以 001_2 开头，或者用掩码表示：2000::/3。（2000 表示 0010 后面跟着 12 个 0；后面的双冒号表示其余的位都是 0；"/3"表示掩码），这跟你看到的 IPv4 的掩码大体相似。目前，只有大约 15% 的地址分配给块，并且可以使用。

尽管 IPv6 的主要优点是增加了地址空间，设计师还利用这个机会对 TCP/IP 的多个方面进行了重新考虑，从而加快处理，支持想要的新特征，或者说对不适应现代环境的所有方

面进行再设计。例如，做好了相关准备，对多媒体等流进行基于优先级的处理；对 IP 数据报进行简化来提高处理速度；取消过于笨拙的数据包分片；对 ICMP 进行了重新设计。关于 IPv6 的更多内容可以参看 Kurose［KUR12］、Forouzan［FOR13］和描述 IPv6 及其特征的各种 RFC 标准。

13.7 域名和 DNS 服务

至此，但愿你对数据通信的过程已经有了合理清晰的理解：从一个主机产生数据报文，发送报文到一个链路，一个链路通过网络到达另一台主机。发送主机上的应用产生报文，通过套口将其传送到 TCP/IP 栈的传输层。在传输层，打包后的报文传送到网络层；在网络层，数据包在必要时进行从节点到节点的路由，通过硬件辅助的数据链路层和物理层将报文的实际位传输到接收节点；在接收节点上，过程是相反的，数据包被构为报文，传送给对应的应用。

然而，为了完成这个讨论，还有一个任务需要考虑。正如你知道的，对于你的绝大部分网络事务，域名就是用户地址识别符。域名在互联网、局域网、内联网和外联网上都广泛的使用。但是，网络内部的通信依赖于数字 IP 地址和物理地址。互联网发明者明白，一般用户对用作 IP 地址的数字分组记忆起来很困难，作为另一种选择，他们创建了一个分层的域名系统。作为一种基本的互联网服务，提供从域名到 IP 地址转换这个决策是在 TCP/IP 协议簇最初开发中最聪明、最成功的一个方面。

当一个应用请求传输层的 TCP、UDP 或 SCTP 服务时，它必须提供一个数字形式的 IP 地址。TCP/IP 提供了一个支撑应用，这个应用执行**域名系统**（DNS）协议的功能，将域名变换为 IP 地址。DNS 应用使用了一个巨大的分布式数据库，它按服务器的目录系统来组织以获取所需的信息。数据库中的每个记录都由一个域名和一个对应的 IP 地址组成（记录里还有一些其他信息，这里我们不关心它们）。

用于将域名变换为 IP 地址的目录系统按树形结构组织，这和计算机操作系统的目录结构很类似，只是树中每个节点有一个独立的服务器。图 13-17 展示了树的结构。树上的每个目录节点提供了和位置对应的"名字 -IP 地址"服务。我们感兴趣的主要有三层。除此之外，各个域名拥有者可以向下扩展层数，直到他们认为组织方便和清晰为止。

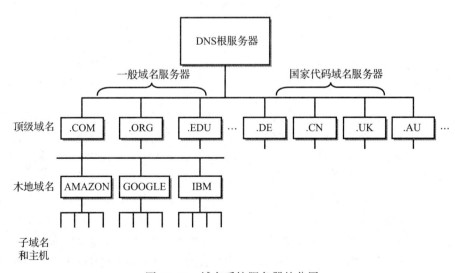

图 13-17 域名系统服务器的分层

树的顶层是根目录，叫作 **DNS 根服务器**。实际上，这种服务器有 13 个，名字为从 a.root-servers.net 到 m.root-servers.net，每个服务器都有自己的 IPv4 和 IPv6 地址，分散在整个世界；实际上每个服务器都是一个机群，这个机群由多台计算机组成，也是分散的。如同你稍后看到的，DNS 根服务器必须处理大量的查询，截止到 2008 年 6 月，每天的查询量超过了 500 亿次。在地理上分散这些根服务器减少了远程业务量，以使尽可能多的查询是访问附近的根服务器。DNS 根服务器拥有全部所谓的**顶级域名**。世界上每一个确认的国家都有**国家代码顶级域名服务器（ccTLD）**；另外还有一些授权的商业和非商业的**一般顶级域名服务器（gTLD）**。一般域名包括 .com、.edu、.org、.net 等。在 2008 年中，有一个决定是允许其他顶级域名存在。图 13-18 所示的表格给出了一些当前使用最多的顶级域名。根据《域名行业简报》[Domain 2012]，截止到 2012 年 8 月，域名注册超过了 2.4 亿个。

一般性描述		国家代码	
TLD	NO.IN MILLIONS	TLD	NO. IN MILLIONS
.com	106.8	.de (德国)	15.2
.net	15.1	.tk (托克劳)***	10.8
.org	10.0	.uk (英国)	10.2
.info	3.9	.nl (荷兰)	5.0
.biz	2.3	.cn (中国)	4.1

图 13-18　顶级域名注册

* 资料来源：centr.org/DomainWire_Stat_Report_2012.2.

** 资料来源：www.icann.org/en/resources/registries/reports.

*** 托克劳是新西兰的一个岛屿，它提供特殊的域名。

顶级域名之下的域名需要向一个登记员注册，用户还要交一点钱。ICANN（参见 12.5 节）负责全面管理互联网上的数百万个注册的名字。顶级域名之下的域名叫**第二级域名**，或者在某些情况下叫**第三级域名**。当然，名字必须是唯一的；在世界上的任何地方不能有重名。一旦注册了域名，它就可以用来为域内的各个节点或主机分配名字，以使它跟一个或多个分配的 IP 地址匹配。域名是从左向右读的，从最低的子域名到顶级域名。作为一个例子，看一下图 13-19。

图 13-19　域名的组成

每个单独的域名必须注册自己域名服务的 IP 地址以识别主机和可能存在的子域名。这个服务器叫**权威域名服务器**。在最简单的情况里，没有子域名。和复杂的域不同，简单的域通常依赖于互联网服务商的权威域名服务来满足这个需求。较大的域有自己的权威 DNS 服务器。权威域名服务器位于图 13-17 所示的第三层。

每一个顶级域维护多个服务器，服务器表里的记录包含了所有注册的名字；每个名字记录包含了其权威域名服务器的 IP 地址。正如你想象的，.com 的表非常大！这些表是持续更新的。需要多台服务器来处理这种大业务，从而实现冗余和保护互联网域名系统对抗攻击的完整性。这些服务器在地理上是广泛分布的。每个表通过一个叫作**复制**的进程进行周期性地更新和同步。

现在，我们来考察一下当一个用户在其 Web 浏览器应用中输入一个 URL 时，DNS 是如何工作的，这是一个略微简化了的逐步转换过程。这个转换过程就是著名的域名**解析**。具体步骤如图 13-20 和图 13-21 所示。图 13-20 是一个简单的指示图，它展示了每一个步骤。图 13-21 是传统的流程图，它通过不同的方式展示了相同的信息。这两种方式一起使用使你更容易了解这些步骤。

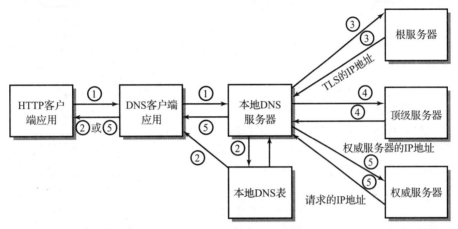

图 13-20　将域名解析为 IP 地址

1.HTTP 应用提取 URL 里的域名，从 DNS 支持应用请求名字解析。DNS 支持应用是一个客户端程序，驻留在和 HTTP 应用相同的主机里，因此，这是一个简单的程序调用。DNS 客户端向**本地 DNS 服务器**发出一个包含名字的查询包，请求解析。

本地域名服务器不是域名服务器分层中的一部分。它可以在请求服务的主机上，也可以在别的地方。更常见的是在别的地方，主要位于请求主机所在的局域网中或位于互联网服务商处。不管它位于哪里，DNS 客户端应用都知道它的 IP 地址。它的任务就是简单地对 DNS 应用的请求进行响应，返回请求的 IP 地址。请注意，DNS 客户端请求必须沿着通常的路线通过网络模型的各层。由于 DNS 请求包很简单，也很小，所以采用 UDP 数据报来进行包传输。

2. 本地 DNS 服务器表包含不同的根服务器地址。它也会短期缓存那些最近发出的请求所产生的名字和 IP 地址。对于常用的域名，例如 www.google.com 和 www.facebook.com，它具有简化搜索的优点。在某种情况下，它也存储自己的子域名。如果该信息在本地 DNS 表中，那么作为对查询的响应，本地 DNS 服务器将会将信息返回到 DNS 客户端（使用 UDP 作为传输机制再次通过全部的五层）。DNS 客户端将 IP 地址传送给 HTTP 应用。DNS 应用的工作就做完了。

3. 如果本地 DNS 服务器表中没有信息，那么过程会继续。除非本地服务器已经有了合适的顶级 DNS 服务器的 IP 地址，否则，它必须查询一个 DNS 根服务器，以寻找该顶级域名服务器的地址。此时，根服务器会对最近的顶级服务器的 IP 地址给出响应。

4. 接着，本地 DNS 服务器向 DNS 顶级服务器发出一个查询，请求一个跟所请求域名相关联的权威 DNS 服务器的 IP 地址。

5. 最后，权威服务器对所请求的 IP 地址给出响应。本地 DNS 服务器将 IP 地址返回至发出原始请求主机上的 DNS 客户端。IP 地址传送给 HTTP 应用。我们结束了！

除了上面描述的基本的一对一 IP 地址转换服务之外，DNS 还提供了一些有用的服务。其中有两个这里提一下：

- 域名系统允许使用别名，别名和规范名使用相同的 IP 地址。当实际的主机位于子域名很深的位置并且特别难记时，这非常有用。它的名字可别名化为较简单的名字。DNS 能从这个较简单的名字里确定实际名字和 IP 地址。这种别名功能甚至可以扩展到网络和邮件的应用中，让 Web 服务器和邮件服务器使用同样的别名。
- 对于需要使用多个相同服务器的单位，DNS 还能均衡大的请求负载。这样的单位，一个明显的例子是谷歌，其网站每年接收数十亿次通信。回忆一下我们第 2 章提到的，谷歌在世界上拥有大量的 Web 服务器站点，来处理搜索查询。每个站点连到互联网的不同地方，都有自己的 IP 地址。然而，只有 google.com 这个域名跟所有这些站点关联。DNS 数据库包含了同该域名关联的所有 IP 地址。在响应一个查询时，DNS 会将整个表返回，这个表包含全部可能的 IP 地址；但是，每次查询时它会修改列表的顺序。DNS 客户端通常选择表中的第一个 IP 地址，因此请求近似平均分布到不同的站点。这就带来一个优点：可以均衡互联网不同部分的业务负载。

13.8 服务质量

有些类型的数据需要可靠的端到端传输，具体包括：数据包要有序地到达接收主机；要有足够的吞吐率；最小或至少稳定的延时；精确的平均时间间隔；较低的差错和丢包故障率。对于流式音视频应用，如 IPTV、VoIP、在线游戏和虚拟现实应用，这些必要的质量参数尤其重要。相反，IP 提供不可靠的尽力而为的服务，它对这些质量参数中的任意一个只能提供有限的支持。类似地，基本的以太网规范也没有表明对服务质量的支持程度，但其他一些数据链路层协议，在其规范里确实包含了服务质量支持方法和措施。这些协议是帧中继、ATM、MPLS，以及以太网的某个变体，等等。

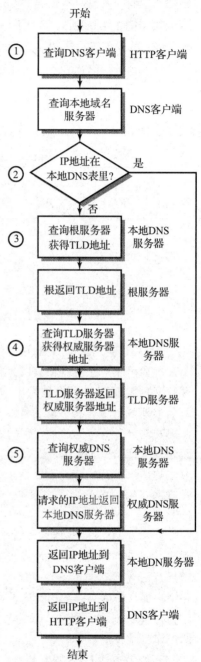

图 13-21 解析域名一流程图

关于分组交换传输的质量保证并没有简单有效的方法。而**服务质量（QoS）**重点关注两个因素：（1）预留信道资源或将信道资源按优先级划分的方法，优先转发需要特殊处理的数据包；（2）来自运营商的服务质量保证，它指定了吞吐率、延时以及抖动的特定级别。为了确保网络能以需要的数据率传送整个业务，吞吐率十分重要。（设想一下，当你听一首喜欢的歌曲时，它变得越来越慢——不完全准确，但请你理解这个思想。）**抖动**定义为数据包间延时的变化。在传输音频和视频时，它是一个极其重要的参数，因为它会引起图像和声音产生很大的波动。请注意，过大的抖动实际上会导致数据包以错误的顺序到达接收端。假如延时本身是恒定的，在某种程度上，延时就不那么重要了。一般来说，如果延时很大，它是网络拥塞引起的，那么吞吐率和抖动也会变差。

随着多媒体在互联网上的应用日益突出，对有效 QoS 的需求显得越来越重要。因此出现了各种各样的部分解决方案。IP 在包头中提供了一个 6 位的字段，就是适用于这个目的的。这个字段叫**差别服务**（differentiated service，DS）域，通常缩写为 DiffServ。（DS 实际上一个 8 位的字段，在此我们不关心其他两位。）DS 字段作为表的一个索引定义了不同类型的服务。对于特定的一组数据包，发送端应用程序或第一个节点设置 DS 字段。随后，现代路由器（有时叫具有差别服务能力的节点）按优先级处理数据包，并基于数据包的类型进行转发。有趣的是，对于 DS 字段的设置，并没有基本规则可依赖，也没有基于服务类型的路由器进行决策的方法；但大家普遍认为，如果路由器具有按优先级转发的功能，又不会引起路由器节点或其他节点出现大的拥塞，那么路由器会按优先级处理流式多媒体。

目前，差别服务方法在实践中似乎是最成功的。但是，它的成功取决于很多因素；主要的一个因素是有足够的网络能力，使路由器节点上的拥塞最小化。

对于网络设计和网络应用来说，QoS 是一个复杂的话题，有很多细微的差别和含义。有关 QoS 的参考文献有很多，在不少网络技术规范、书籍和文章中，都有 QoS 各个方面的描述。其中的一些在本章尾部的"扩展阅读"中给出了。

13.9 网络安全

"网络安全"这几个字是一个矛盾词。网络本质上是不安全的。因此，必须要另外采用强大的网络安全措施来保护网络组件和通过网络传输的数据。安全措施是任何一个系统的基本组成部分，不管是大系统还是小系统。计算机系统和网络的安全问题是一个博大精深的话题；一般作为独立的课程来讲授。这里，我们只能触及一点皮毛。我们的重点放在和网络安全方法具体相关的一些问题上，这些方法是任何网络基础架构设计的基本组成部分。

与网络有关的安全问题通常处于五种类型中的一种或几种，每一种都需要具体的措施：

- 入侵——保持网络和系统资源完好无损且不受入侵的影响。入侵包括一个入侵者有能力修改系统以便将来访问、破坏系统数据和程序文件、注入病毒，等等。所需的主要对策是最大可能地对网络进行物理和电路保护；在各个组件（包括路由器）的合适地方安装防火墙；对穿越网络的口令进行加密保护。
- 机密性——保持穿越网络的数据内容和通信信息不公开。实现这一目的需要加密方法。
- 认证[⊖]——核实要接收的数据源身份。这和**电子签名**的概念相似，对此，要使用特殊的加密方法。
- 数据完整性和不可抵赖性——保护数据通信的内容不变，并对信息源进行核实。对此，也要使用加密方法。
- 确保网络的可用性和访问控制——被允许的用户才能访问网络资源，并保持网络资源是可操作和可使用的。

⊖ 把认证看作独立的安全需求类型，这是另一种方法，某些作者和研究人员将认证看作支持其他需求的一种工具，特别是完整性和不可抵赖性。

尽管这些需求之间有明显的交叠，但采取的措施主要分为三类：（1）对系统的物理和逻辑访问限制；（2）防火墙（逻辑访问控制）；（3）加密技术。

13.9.1 物理和逻辑访问限制

入侵网络系统有很多种方法。**数据包嗅探**工具是免费的且任何人都能很容易地得到。数据包嗅探的含义就是当数据包流经网络时读取包中的数据。对于有线网络，通过物理上接入网络本身或当数据包通过节点时读取包，就可以实现数据包嗅探。基于集线器的网络特别脆弱，因为任何人在任何点上连接到"总线"上就能读取总线上的所有数据包。无线网络更是如此，在无线信号覆盖范围内任何人都能接收信号。

一般来说，假定截取和读取流经一个网络的任何数据包都是最安全的。这使得未加密的口令能在网络上传输，因此根本不能保护网络和计算机不被入侵。

互联网提供了另一种入侵访问方法。从互联网上可以公开访问的任何网络里的任何系统都极易受到探测攻击，这种攻击方法探寻 IP 地址 / 端口号的组合，这个组合可以接收数据包。之后，特殊构建的数据包可用来访问和修改运行在主机上的软件。

有很多方法可用来保护系统和网络免于入侵。对负责设备的员工限制其接入网络线路和网络设备，这能最大程度地减少局域网上的物理窃听。逻辑访问限制采用智能防火墙设计，它能阻隔不需要的公共访问；使用健壮的网络应用，它能丢弃或拒绝可能入侵的数据包。智能防火墙设计包括：标记那些非正在使用的端口号为无效端口号；按照接受准则集评估每个数据包；阻隔或隐藏本地 IP 地址和互联网上的计算机，等等。

逻辑访问也用于限制私有网络的使用。这些使得入侵者很难识别防火墙 / 路由器后面的各台计算机，因为防火墙 / 路由器能保护网络。

公共城域网和广域网的运营商网络是使用这样的协议来保证安全的：将一个用户的数据包隐藏起来，或者将它同其他用户的数据包分离开来。严格的口令策略是必需的，并且口令从不通过未加密的网络传送。

13.9.2 加密

如果安全措施很好并且它有效应用了，那么加密比其他措施还能提高安全性。不同形式的加密可用来防止入侵、保护隐私、认证、确保数据的完整性和不可抵赖性。加密有多种不同的算法，一般分为一类或两类：第一类是**对称密钥加密**，它要求加密和解密使用相同的密钥。这就意味着两个用户必须获得相同的密钥，这个密钥通常很难安全地获取；第二类叫**公开 – 私有密钥加密**，这种方法有两个不同的密钥，一个是公开有效的，另一个是私有的，两者一起使用。对于上面提到的目标，加密算法的不同使用方式，达到的目标也不一样。

关于这个主题的详细内容，读者可参考一些著名书籍。

13.10 其他协议

尽管本章的重点主要是 TCP/IP 和以太网，但也有一些其他重要技术在使用，尤其是提供广域网服务的运营商要使用这些技术。当然，这些技术也用于特殊目的，如互联网骨干网和存储区域网。这个领域的发展非常快。编写本书的时候，常见的方法就有多协议标记交换（MPLS）、SONET/SDH 以及帧中继。

上面提到的每种协议都有特殊的特征，这些特征在特定的方面很有用。每一种都可以替换 TCP/IP- 以太网模型中的一层或多层，并且每一种都可用作 IP 数据报或以太网帧的承载机制。在典型的应用中，广域网服务商在用户的边缘点上将一个 TCP/IP 或以太网网关连接到服务上。别的技术将数据包传送到另一个边缘点，在那里数据包再转换回原始形式。

本章我们主要学习了 TCP/IP 模型，下面简要描述一些有意思的 TCP/IP 模型的变种。这方面和其他协议的更多信息可以在各种教材和网站上找到。

13.10.1　TCP/IP 和 OSI 的比较

开放系统互连参考模型，或者说是更熟悉的 OSI 模型，代表了一个重要的理论尝试以表示一个完整的协议标准。为了使两台计算机能在不同层上完整成功地进行通信，OSI 模型确定了需要标准化的所有要素。OSI 标准是国际标准化组织（ISO）经过很多年设计出来的。最初的意图是为所有的计算机设计一个国际通用的单一的协议标准。尽管 OSI 协议簇本身未被广泛接受，也未用于实际的通信中，但在概念上，这个模型仍是十分重要的。一方面它是确定与不同类型通信相关要素的一种方法，另一方面它可用作评价其他协议性能和功能的标准。一般不把它看作 TCP/IP 模型的一种实现方法。图 13-22 对 TCP/IP 协议簇和 OSI 参考分层模型中某些较为重要的协议进行了比较。

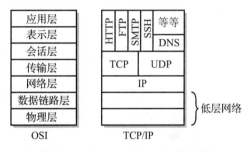

图 13-22　TCP/IP 和 OSI 的比较

会话层。OSI 模型的上面三层负责成功地建立一个连接，并在传输层维持。这些层关注的是在通信节点上应用之间的数据流和控制流。

一个 OSI **会话**定义为在通信链路末端上两个协作应用或进程之间的对话。**会话层**负责建立应用之间的会话、控制对话和终止会话。例如，远程登录和网络打印（"假脱机"）操作就使用会话层的服务来确保成功登录、控制到远程打印机的数据流。

表示层。表示层负责常用的数据转换和变换，这使得使用不同标准的系统能相互通信。表示层包含的服务有数据压缩和复原、加密和解密、ASCII-Unicode 码转换、数据重定格式，等等。表示层的基本作用是表示数据，使数据到达目的端仍具有相同的含义，并且按源端的数据形式展示。

13.10.2　其他协议簇和构成

还有一些不同的、相对过时的、跟 OSI 参考模型操作类似的协议簇，或者是 OSI 的部分实现。这些协议有 IBM 系统网络架构（SNA）、Novell IPX/SPX 和 Appletalk 等。在数据链路层，你可能熟悉点对点协议（PPP），它可以替代下列互联网入网方式：拨号调制解调器接入以太网、DSL、蜂窝式和电缆接入。在过去的几年里，TCP/IP 协议簇和以太网是绝大部分网络安装都选择的网络互连协议。在人们的脑海中，TCP/IP 跟局域网连接和互联网连接是紧密关联的。事实上这种关联也是正确的，TCP/IP 也流行于各级网络互连的通信中，从最小的局域网到最大的广域网，甚至通过电话系统的调制解调器连接也使用 TCP/IP。现代操作系统几乎都包含 TCP/IP，它可靠又成熟。

13.10.3　基于 IP 的 SCSI

基于 IP 的 SCSI（SCSI over IP）是使用 TCP/IP 专门应用的一个实例，它具有计算机系统的特征，如果不采用 TCP/IP，那么这些特征很难实现。SCSI 是一个硬件 I/O 总线协议，用于将硬盘和其他设备连接到计算机上。通过使用包含应用层程序的计算机接口，这个接口将 SCSI 总线协议转换为一个能在 TCP/IP 网上传送的报文，就可以在任意起始节点可达的网络的任何地方，定位和操作硬盘驱动器或其他 SCSI 设备。SCSI 设备本身有一个类似的接口，它将报文变换回 SCSI 形式。这种类型的应用通常命名为"XYZ over IP"，这里的 XYZ 就是起始协议的名字。在这个例子中，应用称为 iSCSI 或基于 IP 的 SCSI。具体来说，IBM 在这方面做得特别突出，它为很多连接到其大型计算机系统上的 I/O 设备提供了这种功能。请注意，这个例子有力地说明了 TCP/IP 的灵活性，也再次说明了 I/O 和网络的双重性。参见图 13-23。

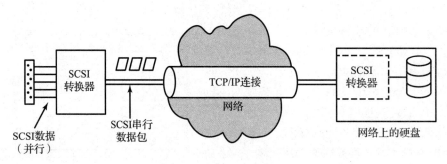

图 13-23   基于 IP 的 SCSI

13.10.4   蜂窝式技术

几乎所有的现代智能手机、某些汽车仪表系统和一些平板电脑都提供了数据通信服务，它们使用蜂窝式技术作为连接到互联网的第一跳链路。这些设备甚至也可以作为 WiFi 访问点为其他设备提供互联网的 WiFi 连接。此外，这些设备内置的操作系统支持标准的 TCP/IP，提供应用层、传输层和网络层的服务。而数据链路层和物理层对于蜂窝式网络来说有点特殊。在写本书时，已经有很多不同的标准可以使用，包括：CDMA、HSPA+（高速分组接入）、GSM 等（在这里，实际的名字并不重要）。这时，似乎很多这类系统都汇聚到一个叫作**长期演进（LTE）**的全球移动通信标准中，有时候称之为 4G LTE。有意思的是，作为规范的一部分 LTE 包括语音和数据转换，将其变成 IP 数据包传送。

由于数量庞大的并发用户和用户从蜂窝到蜂窝的移动（叫作**交接**），蜂窝式技术相当复杂。（在某些便携式 WiFi 情形中，交接也是一个因素）。除了实际的移动设备和基站之间的数据传送之外，低层的协议还需要处理多用户的无线带宽共享、交接控制、用户认证、数据压缩和加密。因此，协议栈还包含数据链路层和网络层之间的协议，以处理各种各样的需求。一种名为频率选择性调度的技术用于防止碰撞，允许多个用户有序访问固定的基站。在基站上，数据进行组合，然后传送到有线网络。这里，关于 LTE 蜂窝式技术的详细讨论超出了我们的考虑范围。一种叫正交幅度调制的特定无线技术会在第 14 章进行简要讨论。

13.10.5   MPLS

MPLS（多协议标记交换）的目标是在传统的分组交换网上，比如以太网，产生虚电路的功能，从而提高 IP 数据报的转发速度。MPLS 工作在数据链路层，是一个相对较新但发展快速的技术。在数据包中，在第二层和第三层的头之间，MPLS 插入了一个小的 32 位的定长包头。对于 TCP/IP- 以太网的帧，这个包头位于以太网的帧头和嵌入式 IP 头之间。MPLS 头包含一个标记，它标识一条虚电路路径。当数据包最初进入网络时，这个标记由边缘标记路由器加进来；在出口点，再由对应的边缘标记路由器去除掉。

MPLS 要求路由器能够阅读 MPLS 头，并按头信息来动作。这样的路由器叫标记交换路由器。标记交换路由器能通过虚电路路由 IP 数据报，这没有返回到网络层的开销，从而提高了路由速度。MPLS 有时候称为第 2.5 层协议，因为对于现有网络，它工作在第二层和第三层之间。

13.10.6 SONET/SDH

SONET（同步光网）和 SDH（同步数字系列）是为了充分利用光纤技术而设计的相关协议和体系结构。这两个标准的目的是构建长距离、极高位率的广域网。这两个标准之间的差别非常小。对于后面的讨论，我们将两者都归为 SONET。SONET 是基于全球同步的单一时钟网络的。来自不同源的电信号都转换为光信号，然后同步复用，由 add/drop 复用器根据需要将其加到节点上或从节点上去除，以优化每一个数据包的速度。为了拓展传输距离，网络中内置有再生器。这些再生器当光纤信号衰减时重新产生信号，以拓展信号的传输距离。SONET 网络构建为网状、环形拓扑或点对点链路。

它通常作为物理层的载体来使用，支持其他更高层的协议。SONET 的技术、帧格式和操作细节很复杂，进一步的信息超出了本书的范围。

13.10.7   帧中继

帧中继是一个速度相对较慢的广域网标准。之所以将它包含进来，是因为作为一种便宜的通往广域网的"匝道"，它仍在使用。它经过服务商，尤其是大型电话公司，连接到互联网。跟这里讨论的其他协议一样，帧中继依赖于边缘连接，以便在帧中继帧和其他协议帧之间转换数据，并通过网络传送。

帧中继运行在数据链路层和物理层，使用自己的交换设计在虚电路之间转发帧。帧中继允许使用永久虚电路。这些虚电路通过相同的路线来转发源节点和目的节点之间的所有数据包，这有利于某些私有广域网链路。在物理层，帧中继运行在多种网络上。

小结与回顾

本章我们详细描述了 TCP/IP 和以太网的各层。在给出了 TCP/IP 协议簇的运行概况之后，我们介绍了用于端节点发送和接收报文的网络应用和程序应用。随后，详细讨论了以太网和 TCP/IP 的每一层，从物理层开始，向上依次通过数据链路层、网络层、传输层，最终回到应用层。

之后描述了 IPv4、IPv6、DHCP 和 DNS。DHCP 是一个协议，基于短期租借的形式来动态分配 IP 地址；DNS 将用户友好的名字转换或解析为对应的 IP 地址。域名寻址系统是分层的，它有一个根、通用和国家代码顶级域名、本地域名，有时还有子域名。

TCP/IP 网络层和以太网数据链路层之间的接口需要 IP 地址和物理地址的变换。这个任务由地址解析协议来完成。

局部以太网是交换式的，或者是基于集线器的。在基于集线器的网络中，CSMA/CD 管理其中的碰撞。

在讨论现代网络时，有两个有意思的问题：服务质量和网络安全。服务质量试图测量速度、可靠性等参数并据此路由数据包，以充分满足多媒体等任务的需求。网络安全确定出必须要解决的问题，提供足够的保护和用于保护的工具。

其他协议和技术的例子包括基于 IP 的 SCSI、蜂窝式技术、MPLS、SONET 和帧中继。

扩展阅读

对于很多部分，第 12 章给出的建议也适用于本章。有很多书专门讲述 TCP/IP。其中很不错的一本是 Comer 编写的书［COM13］。Parker［PARK02］编写的书也很好，尽管这本书有点老。Parker 用非常直接的方式，即自我教学的方式展示了 TCP/IP。本章还有一些特殊的话题值得额外关注。尽管 QoS 的概念有点模糊，但合理的服务质量的讨论可以在 Hartmann［HART04］白皮书和思科的互联网技术手册的 QoS 一章中找到。两本很值得关注的书是 Armitage 编写的书［ARM00］、Ferguson 和 Huston 编写的书［HUST98］。Stallings 编写的书［STAL12］，Kurose 编写的书［KUR12］，以及 Forouzan 编写的书［FOR13］均详细覆盖了网络安全。Forouzan 的书技术含量最高，几乎对本章的每一个主题都有详细的解释，包括清晰地解释了加密技术。有许多书专门讲述网络安全。值得阅读的一本是 Cheswick 编写的书［CHES03］。本书提及的 RFC：IP Datagrams on Avian Carriers 可以在 www.ietf.org/rfc/rfc1149.txt 上找到；包含图和评述的测试在 www.blug.linux.no/rfc1149 上。

复习题

13.1 请给出 TCP/IP- 以太网协议组中每层的名字。对于上面的三层，每层至少给出一个重要协议的名字。在网络模型中，分层的主要优点是什么？

13.2 物理层具体执行哪些任务？

13.3 在 TCP/IP 模型中，相邻两层之间的关系是什么？发送节点和接收节点对应的层之间的关系是什么？

13.4 请简要描述数据链路层中两个子层要执行的每个任务。

13.5 什么是 MAC 地址？

13.6 请简要解释在基于总线或集线器的以太网上，是什么使得碰撞有可能发生？然后解释一下 CSMA/CD 是如何解决这个问题的。换成使用基于交换机的以太网结构，它能带来哪些性能提升？

13.7 IP 执行的两个主要任务是什么？

13.8 ARP 代表什么？它执行什么任务？

13.9 从请解释 TCP 和 UDP 之间的主要差别。

13.10 从什么是套口？

13.11 本地域名服务器执行什么功能？在本地域名服务器表中，Cache 的用途是什么？

13.12 TLD 代表什么？什么是 ccTLD？还有哪些其他类型的 TLD？TLD 的功能是什么？

13.13 DNS 根服务器执行的任务是什么？

13.14 域名是什么？它在互联网上是如何使用的？

13.15 服务质量这个词语的含义是什么？

13.16 数据不可抵赖性的含义是什么？

13.17 防火墙试图预防什么类型的安全问题？

习题

13.1 除了 HTTP 之外，请至少说出 4 个不同的应用层协议名字。请描述每个协议的用途，并简要给出其执行方法。

13.2 DNS 数据库描述为 "一个服务器的目录系统"。根据你对本书里 DNS 的理解，请解释这种描述的含义。

13.3　请解释权威域名服务器的用途。其用途跟本地 DNS 服务器的用途有何不同？

13.4　DNS 根服务器提供什么服务？提供给谁？

13.5　一个人如何获得 URL？

13.6　请解释为了均衡大型网站负载，DNS 使用的技术。

13.7　请详细解释在面向连接的通信中，序列号和确认号的作用和使用过程。请设计一个多数把包的例子，准确说明 TCP 如何使用这些数据包。

13.8　为什么 IP 数据报对头长和总数据报长分别需要一个字段，而不是合并成一个值？

13.9　IP 地址掩码的作用是什么？假定一个 IP 地址为 222.44.66.88/24，在这种情况下，网络地址是什么？主机地址是什么？这个网络地址能支持多少台主机？对于 IP 地址 200.40.60.80/26，重复此练习。

13.10　请解释 DHCP 租借的概念。它是如何获得的？它是如何使用的？它提供了哪些内容？

13.11　请解释地址解析协议的操作。

13.12　本章指出物理层只关注位序列从一个点传送到另一个点。假定序列 110010011 用作一个数据包的同步序列的前缀。请提出一种方法可让信道从数据包内同样的数据序列中区别出同步序列。在 TCP/IP 模型的哪一层里能实现你的方案？为什么？

13.13　在以太网发明之前，夏威夷大学的研究人员提出了一种广播无线网络，叫作 ALOHANet，作为一种在夏威夷群岛之间提供无线链路的方法。每一个节点有一个无线发送器，用于发送数据包。当两个站点试图同时传送时，碰撞就会发生。就像以太网一样，每一个站点将等待一段随机的时间，然后再试。

请对 ALOHANet 和以太网进行比较。相似之处是什么？差别是什么？导致差别的主要原因是什么？这些差别对性能产生什么影响？在什么条件下，你会觉得 ALOHANet 能令人满意地工作？在什么条件下，它可能会不那么令人满意地工作？

13.14　讨论一下基于集线器的以太网和交换式以太网之间的利弊。说明在什么条件下，一个会优于另一个，并解释为什么。

13.15　寻找并阅读一篇描述 ATM 的好文章。将 ATM 方法和我们讨论的其他网络拓扑进行比较。你认为为什么 ATM 会失去了吸引力？

13.16　在高效的以太网交换出现之前，一些网络设计师使用另一种名为令牌总线协议的总线碰撞避免协议。对于令牌总线协议，一个很短的标准的 0、1 串构成一个令牌，令牌以轮转方式在总线的网络接口单元之间不断地循环。网络接口单元不能握住令牌，它们立即简单地将其传递到链上的下一个网络接口单元。一个网络接口单元只有拿到令牌的时候，才能允许向总线发送报文。报文传送完毕后，令牌再次进入循环。一个网络接口单元不允许再次使用令牌，直到令牌在所有其他节点上至少循环完一遍。

请解释，在什么条件下，这个协议会比 CSMA/CD 工作得好？在什么条件下，CSMA/CD 更好一些？

13.17　弗里多尼亚和西尔韦尼亚政府需要建立数据通信以避免可能的战争。作为一种通信方法，请讨论一下光纤、同轴电缆和卫星相互之间的安全性。

13.18　对于从网络供货商（比如亚马逊）那里订购货物这样的应用场景，请解释 TCP 和 UDP 之间的差别。

13.19　服务质量试图测量和获得的所谓"质量"，它具体是指什么？请描述获得这种质量的两种常用方法。

13.20　请解释不可抵赖性的作用。不可抵赖性和认证的区别如何？产生一个交易情景，以说明各自的重要性。

13.21 在本书中，我们区别了四类不同的"地址"，在使用 TCP/IP 和以太网将报文从源端传送到目的端的过程中，它们是经常用到的。这些地址包括：用户友好的地址、端口号、IP 地址和物理地址。对于每一种地址，请说明哪一层或哪两个层使用该地址？并详细解释如何使用。

13.22 TyplCorp 公司处理邮包和高优先级邮件的方式是大公司的典型方式。公司的每栋建筑都有一个集中的邮件收发室，在哪里接收不同部门里不同人送来的邮包。送往同栋楼内其他办公室的邮包由收发室直接传送到这些办公室。其他邮包由 OPS（其他包裹业务）的货车司机来接收，由 OPS 进行处理和传送。

OPS 司机将邮包传送到本地区的 OPS 邮局，在那里，对邮包进行分拣，以便送往不同的地区。带有本地区地址的邮包由本地 OPS 司机直接送达。其他邮包用卡车送往最近的 OPS 中心航空运输服务部。在 OPS 航空运输服务部，邮包一般分别运送到目的地附近的服务部，用卡车送往地区邮局，然后投递。然而，在邮包到达最终目的地之前，由于高峰期或天气恶劣等原因，有些邮包可能会间接运送，用卡车或飞机经过多个中心服务部和地区邮局运输。

网络专家认为，在概念上 OPS 模型和 TCP/IP 模型几乎一样。请详细描述这两个模型的相似性。

13.23 在交换式网络中，当一个数据报通过一个中间节点时，会发生一些操作。请你一步一步地、一层一层地、清晰地描述这些操作。

13.24 有没有可能构建一个能同时识别多个协议簇的网络？如果能，解释一下应如何操作？

13.25 TCP/IP 协议簇似乎没有 OSI 的会话层和表示层。这两层提供的服务在 TCP/IP 中是如何处理的？请尽量具体地描述由这两层提供的特定服务。

13.26 路由器的每个输入和输出端口都有一个单独的物理地址。这对于网络中路由器的操作是一个重要需求，为什么？

13.27 请解释一下在 TCP/IP 通信连接的源端和目的端上，对应层之间的关系是什么。

13.28 寻找并阅读有关 " IP over Avian Carrier" 的建议标准和测试报告。解释一下这个建议标准是如何实现 TCP/IP 模型的需求的。

13.29 寻找 IBM 系统网络架构（SNA）模型的协议信息。比较 SNA 和 TCP/IP 的操作。

13.30 如果你的计算机上还没有 traceroute 或 tracert 软件的话，请你寻找、下载并安装一个。使用这个软件 ping 一个和你距离至少 2000mile（或 3200km）的 IP 地址。重复几次，记录下数据包所走的路径。假设你不够幸运，你的数据包没有走相同的路线，画出结果所揭示的部分网状网络的拓扑图。

13.31 寻找、下载并安装一个数据包嗅探软件包，如 WireShark。用这个软件做实验，一直到你弄明白它如何工作，有哪些功能。写一篇简要的论文，描述其最重要的几个功能以及这些功能产生的安全威胁。

第14章

The Architecture of Computer Hardware, Systems Software, & Networking: An Information Technology Approach, Fifth Edition

通信信道技术

14.0 引言

在第12章，我们介绍了通信信道的概念。我们注意到，通信信道是现代技术的基础，无论我们讨论的是有线网络、无线网络、互联网骨干网、蜂窝式电话、卫星电视，还是你的电视遥控器。第12章的信道讨论给出了信道的特征，介绍了信道的介质，展示了通信信道和信道段（或链路）如何互连起来构建网络。第14章对这个讨论进行进一步扩展，引入通信信道的基本技术。

首先，在14.1节里，我们回顾一下由技术直接控制的信道性质和特征。我们对端到端的信道和链路信道进行了详细的区分。由于从链路到链路的技术可能不一样，所以我们注意到本章的重点几乎都在各个链路信道上。主要感兴趣的议题包括表示数据的信令方法，信令方法跟介质选择之间的关系和信道特征。

14.2节包含信道的基本信令技术和一般特征。正如你满怀希望地从第4章里回顾的内容中可知，数据有多种形式：模拟的和数字的。类似地，实践中就有模拟信号传输方法和数字信号传输方法。14.2节介绍了模拟信号和数字信号的基本特征，展示了信道是如何用这两种信令管理不同类型数据的。也考察了数据和信令不同组合之间的利弊。

在14.3节里，我们更仔细地观察传输介质的特征，区别常用的具体介质，讨论通信信道介质选择和信号传输方法之间的关系。

现代通信高度依赖无线技术。因此，本章描述的许多重要的技术概念都是使用无线作为介质来传送数字数据的。在12.4节讨论了无线以太网问题。14.2节介绍的各种技术组合可用于获取无线技术的最大性能。在14.4节里，我们概览一些基于无线数据通信的信令传输方法和技术，包括：4G长期演进（LTE）蜂窝式技术、WiFi、WiMax和蓝牙。这些技术细节本身相当复杂，我们只给出简单但准确的概述。

值得注意的一点：总体上，我们的重点限定在网络和网络互连。还有其他类型的通信信道，如那些用于传统电话的，基本上和网络使用的信道类似，但在细节上有所不同。它们一般不在本章讨论的范围内，只是偶尔提及一下，以澄清本章中的某些概念。

14.1 通信信道技术概述

你会记得，在概念上一个通信信道的组成如下所示：（1）一个网络接口控制器，它将发送节点的信号放到信道上；（2）第二个网络接口控制器，它将信道上的信号传送给接收节点；（3）一个传输信令的方法和一个承载信号的介质。当然，任何类型的信道结构均是这样的。为了刷新你的记忆，图14-1重现了这个概念，即端到端的通信信道模型，以前在

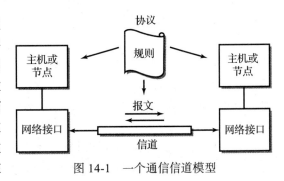

图14-1　一个通信信道模型

图 12-4 里也显示过。

提醒你一下,这个端到端的通信信道视图是纯概念性的。在实际当中,一个端节点发出的信号可能经历许多不同的信道链路,每个链路都有自己的介质、信令传输方法和信道特征,并由中间节点连接起来;中间节点是由到达另一端节点之前的交换机、路由器以及其他设备组成的。为了探讨具有特殊信令传输方法的特殊介质的技术,我们必须把每一段信道看成一个独立的信道。本章我们使用的"信道"一词,其含义是一对节点之间的最短链路,不管是端节点还是中间节点。本章我们的重点是,物理层和以太网模型里数据链路层的介质访问控制子链路,无论使用什么模型,技术都是类似的。

对于一个特定的信道,使用的传输信令方法不仅依赖于信道介质,还依赖于其他因素,诸如节点间的距离、应用,以及其他技术上、物理上和经济上的考虑。每个节点的网络接口单元连接到一台计算机、路由器或其他连接设备上,可能也需要对数据格式进行转换,以匹配使用的信令方法或者兼容连接到信道上的其他设备。信道可以是单向传输数据的,也可以是双向传输和接收数据的。我们已经注意到,一个信道可以是点对点的,也可以是共享的,并且少有例外地串行传输数据。在任意时刻,使用信道的计算机或其他设备可以发送数据、接收数据,或者既发送又接收数据。所有的连接到信道上的发送器和接收器必须约定好信道上使用的信令方法。

作为一个例子,回忆一下图 12-6 展示的端到端信道,这里重印一下,如图 14-2 所示。这个例子使用了介质和信令技术的各种组合来将平板电脑上的一个 Web 请求中继到互联网上某处的 Web 服务器中。本例中的数据来自一个平板电脑,由平板电脑的网卡将其转换为基于以太网的 WiFi 无线信号,传送到一个路由器,在路由器上再转换回有线以太网,传送给 DSL 调制解调器,再次进行转换,这次的数据转换格式为 DSL 格式,然后通过各类路由器、骨干网,以及其他互联网设备传送,一直到达 Web 服务器所在的网络。这些链路当中有些是有线的,有些是光缆;路径上或许还有一个微波或卫星链路。本例中的数据信号在其旅程的不同点上采用微波、电子脉冲,或许还有光脉冲形式进行传输。

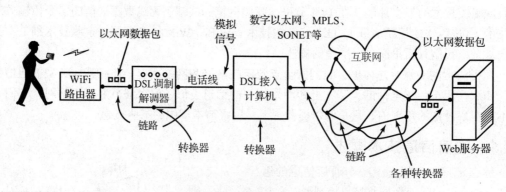

图 14-2　一条多链路信道

尽管在这个例子中沿着路径有很多数据转换,但它仍然是典型的现代通信应用。我们选用这个例子向你展示几种形式,在数据从端到端信道的一端向另一端传输过程中,可以采取的形式有很多。从概念上说,这个特殊的信道是一个以太网连接,它在两台上计算机之间传输数字信号。从物理上说,数据通过了几种不同形式的通信信道,在每个节点都有信号格式转换器,但中间节点的操作对位于概念信道的每一端节点来说,是不可见的。

一个通信信道的主要特征包括：（1）使用的信令传输方法；（2）带宽或位率容量；（3）信号是单向流动还是双向流动；（4）噪声、衰减和失真特性；（5）由信道和节点连接强加的延时和时间抖动；（6）使用的介质。

有许多不同的信令方法可以使用，但需要考虑的最重要因素是信令方法是模拟的还是数字。模拟传输使用一个连续变化的波形来运载数据。数据传输以数字形式来运载数据，这种形式使用两种不同的电压或电流值，或者开/关光源[○]。选择数字信令传输还是模拟信令传输依赖于很多因素。某些介质只适合其中的一种。对于两者都适合的介质，选择模拟传输还是数字传输，这个决策要基于其他因素，如噪声特性、应用、带宽需求以及其他共享信道的应用。

除了介质要求使用模拟传输之外，大多数情况下，都强烈地趋向于使用数字传输。数字传输具有不易受噪声和干扰影响的优点，可以直接将差错校正方法掺入到信号里，这意味着原始数据在信道的接收端有较大可能可以准确无差错地重现出来。数字传输也更简单、更高效、更经济一些。当数字信号传送到模拟信道上时，需要将数字信号转换为适合模拟传输的形式。反过来也如此。也有这样的情况，信号作为一个多级离散信号来传送，以提高效率和带宽的利用率（对于多级离散信号的一个例子，参见图 14-3）。变换方法、选择方法以及产生的限制条件在 14.2 节里讨论。

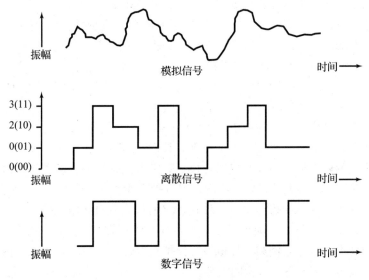

图 14-3　模拟和数字波形

使用几种**复用**技术中的一个，多对发送端－接收端之间也可以共享信道。数字信道使用时分复用（TDM）。模拟信道也可以使用时分复用，但绝大部分都使用频分复用（FDM）。这两种主要方法也有几个变种。再说一次，数字技术有一个优点：数字复用比模拟复用更容易实现、更便宜，维护也更简单。复用技术也在 14.2 节里进行讨论。

14.2　信令技术的基础

信号是通信数据的手段。在通信信道上传输呈现为电压、电磁波或开关光等形式的信

○　为了严格精确，在技术上开关光是一个数字信号，叠加到一个极高频的模拟波形上，使用振幅移位键控（ASK）调制技术。在本节的后面，我们会介绍调制和振幅移位键控。对于使用光作为传输信令方法，ASK 强加了一些技术条件，这超出了我们讨论的范围。从实践上说，我们可以认为光传输就是数字传输。

号。数据作为时间函数通过信号的变化来表示。信号可以是连续的值，此时称为**模拟信号**；也可以只使用离散值，此时叫**离散信号**；二进制离散信号一般叫**数字信号**。呈现为时间函数的信号，其表示形式称为**波形**。在图 14-3 展示的例子中，有一个模拟信号、一个四级离散信号和一个数字信号。（这些只是例子，不代表它们是相同的数据。）我们注意到，在计算机视频卡里要显示的模拟视频信号只使用特定的值：16、256，或者跟所用视频卡相关的某些不同的值。因此，相对于模拟信号或数字信号，它需要更准确的离散信号。但这里，我们主要对模拟信号和数字信号感兴趣。在某种情况下，通过用一个特殊的离散级来表示多个位，离散信号也可用来增加信道的有效带宽。例如，图 14-3 中的四级离散信号，每一级能表示两位。在 14-4 节里，我们将展示离散信号是如何用来增加蜂窝式信号的位率容量的。

计算机数据本质上是数字的。信道上的一个数字波形可以表示一个代表文本的文件数据的一个位序列。声音是模拟信号。来自立体声扬声器的声音由一个连续变化的波形来表示。用于无线传输的电磁波也是模拟信号，知道这点很重要。

在 4.4 节里，我们说明了将数字信号转换为某种形式等价的模拟表示通常是必要的，也是所期望的，反之亦然。例如，声音这个模拟信号，以数字的形式存储在 MP3 播放器里。为了听到播放器里的声音，需要将数据位转换为模拟波形。耳机将波形再现为声音。反之，为了在普通音频电话线上传送计算机数据，必须将计算机数据表示为模拟信号，因为电话线是为传输声音设计的。一个调制解调器可执行这种转换。（实际上更准确地说，电话线传输的是表示声音波的电压信号，传送到接收信号的电话受话器那里，再转换为实际的声音。）正如你看到的，模拟量和数字量之间的转换能力是当今电子社会的基础。

理想情况下，数模变换应当是可逆的。也就是说，如果我们将数字波形转换为模拟表示，然后再转换回来，所产生的数字波形和原始波形应当一样。对于数字波形，在理论上这是可以实现的。实践当中，所有的系统，不管是数字系统还是模拟系统，常常遭受噪声、衰减和失真的影响，通常需要使用差错校正来进行补偿。虽然如此，在很多情况下，原始信号还是可以准确恢复的。然而，当模拟数据转换为数字形式时，在转换过程中信息会有一点损失，尽管可以将差错减少到无关紧要的程度，但也不可能精确地恢复原始的模拟波形。

信号通过介质传送时，如果介质只能传送数字信号或者只能传送模拟信号，那么，介质本身可能要求将信号从模拟量变换为数字量（A-D）或者从数字量变换为模拟量。导线可以传递数字信号或者模拟信号。例如，耳机线将模拟量音频从手机的耳机插孔传送到耳机。称为无线电波的广播信号需要另一类型的模拟信号，这种模拟信号内嵌有数字信号。

14.2.1　模拟信号技术

尽管有线网络通信、大部分基于计算机的 I/O 以及其他一些新应用，都青睐于数字传输，但对于无线介质，如广播和声音、无线网络、蜂窝式应用以及其他形式的无线数据通信，仍然需要模拟传输方法。无线传输方法包括：卫星、蜂窝式、无线网络和微波通信。无线电波也能转换为等效的模拟电信号，并同有线介质一起使用。当数字和模拟混合数据通过电缆（如带数字互联网输入的有线电视电缆）传输时，常常喜欢使用这种方式。出于历史和成本的原因，许多数字有线电视仍然使用模拟方法传送，在用户端再转换回数字形式。

模拟传输的基本单位是**正弦波**，如图 14-4 所示。一个正弦波有一个峰值**振幅** A，还有一个**频率**参数，其定义是正弦波每秒钟重复的次数。正弦波的瞬时值随时间而变化，变化范围是从 0 到振幅 A、回到 0 再到 −A、再回到 0。这个值可以测量电压、音量、钟表里金属的机械运动，风琴管中的空气运动，或者其他参数。正弦波的**周期**是跟踪波的一个完整循环所花的时间。因此，频率 f 定义为每秒的周期数；或者算术方式定义为，

$$f = 1/T \text{ 或者反过来，} T = 1/f$$

这里，T 是周期，单位是 s。

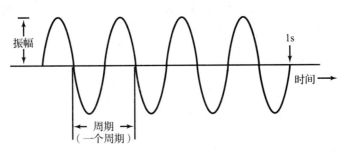

图 14-4　一个正弦波

图中展示了振幅和周期。对于这个特定的正弦波，周期是 1/4s；频率是每秒 4 个周期，或者更常见的是 4Hz。**赫兹**通常缩写为 Hz，它是测量频率的单位。一赫兹相当于每秒一个周期。我们注意到，在图中由于在图中正弦波对于中心轴对称，所以其振幅是从中心轴到其中一个峰值之间的长度，而不是从负峰值到正峰值之间的长度。

有时候从一个稍微不同的角度来看正弦波很有用：正弦波以光速在空间传播，其物理长度是多少？这个参数就是著名的正弦波**波长**。它通常用希腊字母 λ 表示。对你来说这应当很明显：频率越高，一个正弦波的波长就越短，因为在波完成之前，没有时间传得很远。事实上，正弦波信号的波长跟频率成反比，如下所示：

$$\lambda = c/f$$

这里 c 是光速。

出于计算的目的，光速在真空中大约是每秒 $3 \times 10^5 km$，或者接近于 1ft/ns（1ft = 0.3048m）（后面的图可能会令你吃惊）。你可能会无意识地知道这个公式的一个很有趣的应用：或许你已经注意到了，当无线电波的频率越高时，天线就越短。天线的长短依赖于要接收信号的波长。（类似地，风琴管的长短依赖于再现声音的波长，频率越高，管子越短。）

为什么是正弦波呢？因为正弦波在整个自然界里是自然发生的。声音、无线电波和光均是由正弦波组成的。甚至池塘里的波纹都是正弦的。尽管正弦波看起来是一个很奇怪的波形，并且如此频繁地发生，但它以简单的方式和一个圆关联。构想一下：一块大理石绕着一个圆圈匀速滚动。如果你盯着圆圈的边沿，那么大理石将描绘出一个随时间变化的正弦波。如图 14-5 所示。鉴于此，正弦波上的点通常用度来描述。正弦波从 0° 开始，变化到 360°，然后再从 0° 开始循环。在任意给定时刻，波的振幅由在特定角度的大理石的位置给出。数学上，这个值由下面的方程来表示：

$$v[t] = A \sin[2\pi ft + \varphi]$$

这里，A 是最大振幅，对应于圆圈的半径；f 是大理石绕着圆圈每秒滚动的次数。这里出于对我们来说不重要的数学原因，角度通常用**弧度**来给定，而不是度。当 $t = T$ 时，大理石围绕圆圈滚动了一次，因此 2π rad/s 等于 360°。所以 1 rad/s 约为 57.3°。φ 表示在我们开始观察时（即 $t = 0$ 时）大理石的角度。对于图中所示的情况，$\varphi = 0$。

为了展示这个插图的实际情况，来看一下电是如何产生的：电是由发电机的转子在圆圈

内以 60r/s 的速度旋转产生的。输出的电（在许多国家）是标准的 117V、60 周（更精确地说是赫兹）的交流正弦波。正弦波的瞬时输出对应于转子旋转时的角度位置。（偶尔，117V 正弦波的实际峰值振幅近似为 165V。用于测量交流电压的技术基于一种特殊均值，叫作正弦波电压随时间周期的方均根或 RMS 均值。）

除了振幅和频率，也可以测量一个正弦波相对于参考正弦波的位置。按角度测量出来的差值叫作正弦波的**相位**。这种测量如图 14-6 所示。

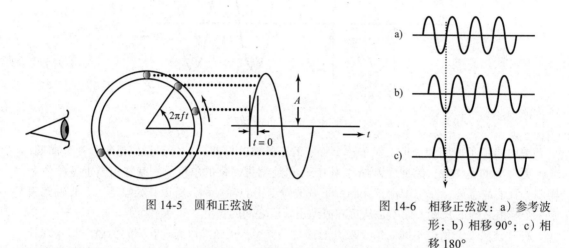

图 14-5　圆和正弦波

图 14-6　相移正弦波：a）参考波
形；b）相移 90°；c）相
移 180°

数学上正弦波的一个重要特性是，所有的波形都可表示为不同频率、相位和振幅的正弦波之和，不管形状如何、也不管是模拟的还是数字的。例如，图 14-7 展示了一个方波结构，其前几个分量是正弦波。构成一个信号的频率分量叫信号的**频谱**。信道的**带宽**（频宽，译者注）就是信道通过的衰减很小的频率范围。（是的，这里定义的带宽和早期根据每秒位数定义的带宽之间存在直接的数学关系，但这是细节，我们不会去讨论。知道"在较宽的频率范围内，信道每秒钟能流过更多的位数"，这就够了。）其他频率会被信道阻塞掉。为了如实地再现信号，信号的频谱必须处于信道的带宽内；反过来说，信道的带宽必须足够宽，以传递期望信号的所有频率分量。请注意，如果超出基频 3 倍以上的频率被阻塞，图 14-7b 所示的波形是方波会出现的方式。在很多情况里，要适当有意地限制一下带宽，以防同其他信号相冲突。控制信道带宽也有电子的方法，使用一个叫**滤波**的进程。正如我们后面展示的，在频分复用中滤波也用来分离频带。

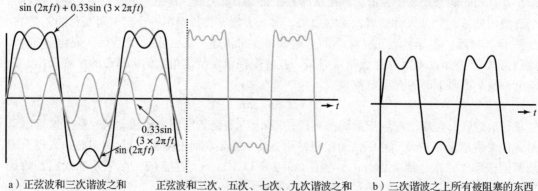

a）正弦波和三次谐波之和　　正弦波和三次、五次、七次、九次谐波之和　　b）三次谐波之上所有被阻塞的东西

图 14-7　从正弦波中产生一个方波

人类听得见的声波的频率范围大约是 20 ～ 20 000Hz，但某些动物听到的声音可以超出这个范围。狗叫声产生的正弦波的频率近似为 25 000Hz。为了真实再现声音，很多立体声系统的频宽至少是 20 ～ 20 000Hz。电话的频宽仅为 20 ～ 4000Hz，这个频宽对于语音是足够的，但不适于传输高保真的声音。普通电话的频宽限制了数据通过传统电话线传输的速度，但 DSL 技术实际上还有额外的可用频宽，本章后面对其进行讨论。声波是由振动分子产生的，需要空气或水等介质。传声器将声音转换为同等的模拟电信号，通过电话线或者立体声放大器等设备来传输。

无线电波本质上是电磁波。无线电波可以在低于 60Hz 的情况下传输，尽管频率这么低的无线电波对大多数应用都没什么用途。目前，无线电波使用的频率上限能达到 300GHz 或 3000 亿赫兹。给你一些参考数值：在许多国家里，标准的 AM 广播波段是 550kHz ～ 1.6MHz；标准的 FM 波段是 88 ～ 108MHz（你最喜欢的台，其频率是多少）；电视的频宽是 54 ～ 700MHz；蜂窝式电话、WiFi 无线网络以及其他设备会使用好几个频段，范围是 800MHz ～ 5.2GHz。不同类型的信号所需的带宽依赖于应用。例如，AM 广播电台使用的频宽大约为 20kHz，集中在电台的拨号频率上。每一个电视频道在不同的频谱上提供了 6MHz 的频宽。例如，在北美，频道 2 使用的频率范围是 54 ～ 60MHz，频道 3 使用的是 60 ～ 66MHz。例如，通过限制 FM 接收器调谐的频宽，我们能调出不同的电台（正如你后面要看到的，这也是共享信道的频分复用的原理。）展示各种熟悉声音和电磁波区域的有用频谱的一个总图，如图 14-8 所示。

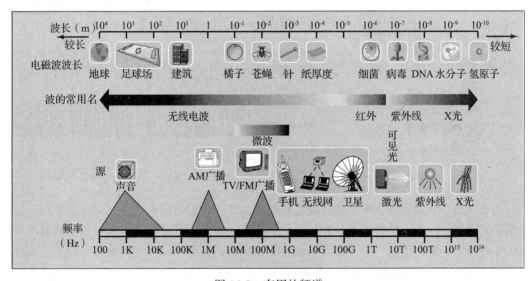

图 14-8 有用的频谱

尽管许多材料对某些频率的波几乎是透明的，以至于波通过这些材料没有衰减或者衰减很小，但电磁波仍然使用空间作为介质。例如，空气对于所有的频率都是可透明的。大部分其他材料在低频段比在高频段更具可穿透性。例如，AM 无线电波可以通过一定厚度的石头，而 FM 无线电波的衰减会快一些，正如你可能知道的，蜂窝式电话的信号衰减得更快。树叶和厚云层可以阻挡卫星电视信号。

光也是由电磁波构成的，其频率在 100 万亿赫兹的范围内。只有很少的一些材料能透过光。不透明的材料可用来引导或反射波。例如，卫星天线，它的工作过程是：天线将无线电波反射到单点上，在那里集中并被灵敏的接收器收集。类似地，光缆通过引导光穿过光缆，使光在接收端增强到最大。

实践当中，我们讨论过的正弦波仅限于其本身使用。一种由正弦波构成的声音可产生单一的、在纯的音调。例如，一个 440Hz 的正弦波产生称为"A"的音调。在纯的正弦波音调中，没有有用的信息值（或音乐兴趣）。相反，正弦波用作**载波**，承载我们想传输的数据。正弦波有 3 个特征参数：振幅、频率和相位。我们**调制**或改变其中的一个或多个参数来表示要传输的信号。因此，1100kHz 的 AM 或振幅调制无线电台会使用一个 1100kHz 的正弦波作为载波。这个电台的音乐广播会对载波的振幅进行调制，以契合音乐声音。AM 电台只使用一种调制。你应当能猜到 FM 电台使用什么类型的调制！为了复原调制载波所用的原始波形，我们使用一个**解调器**或**探测器**。其他模拟信号的载波振幅调制的一个例子如图 14-9 所示。请注意，振幅调制相对于载波正弦波的中心是对称的。

对于数字信号，载波信号只能跟两种可能的值进行调制：表示"0"的值和表示"1"的值。在这种情况下，调制技术叫**振幅移位键控（ASK）**、**频率移位键控（FSK）**或者**相位移位键控（PSK）**。各自的例子如图 14-10 所示。

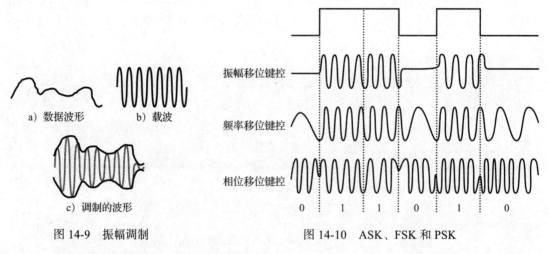

a）数据波形   b）载波

c）调制的波形

图 14-9　振幅调制

振幅移位键控

频率移位键控

相位移位键控

0　　0　1　　1　1　0　　1　0　　　0

图 14-10　ASK、FSK 和 PSK

用于调制信号的频谱依赖于所用载波的频率，并包含载波频率本身。调制信号的带宽依赖于调制的类型。为了精确地表示和复原一个振幅调制波，所需的带宽大约是被调制波形最高频率的两倍。换句话说，在 AM 无线电台的 20kHz 的频宽中，适合传输语音频率的大概最大只到 10kHz；FM 带宽的需求在一定程度上会大一些。400kHz 带宽的 FM 电台，能传输的语音频率最大约为 45kHz。

当探究单个 FM 电台所需的带宽时，如果 FM 电台放置到 AM 无线波段上而非 FM 波段上，请想想这会发生什么。整个 AM 波段的频谱只有 1050kHz 宽（550 ~ 1600kHz），因此，带宽只能容纳两个电台！得出的答案是：载波频率越高，可用带宽就越多；频率越高，带宽占载波频率的百分比就越小。从第 12 章你知道了光缆是传输数据的首选介质。正如你从图 14-8 所示的频谱中看到的，光的频率极高，这使得带宽非常宽，因此有很高的位率。

当我们改变由特定信号调制的正弦波载波频率时，被调制的信号会需要等量的带宽，但频谱会移动。对应于新的载波频率,信号的带宽大体也出现在这个频率上。这就意味着用不同的载波频率调制不同的数据信号时,如果整个信道的带宽足够宽,能包容每个信号的频谱,那么,同一个信道可以传送多个信号。在接收端,滤波技术能将不同的数据信号分离开。这种技术叫**频分复用(FDM)**。举例来说,它可在一个电缆系统中承载多个电视信号,或者为无线以太网(WiFi)和蓝牙提供多个信道。最终,它更有效地使用了带宽,增加了信道的容量。FDM 的说明如图 14-11 所示。

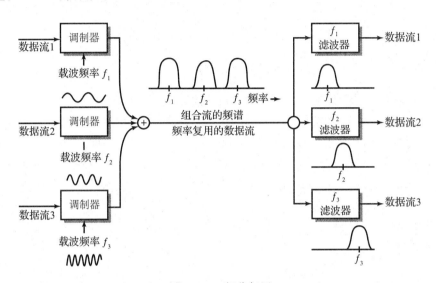

图 14-11 频分复用

相同的技术可用于通过光缆传输的光。不同颜色的光拥有不同的频率。从 ASK 模拟信令的视角来看,通过组合不同颜色的光可以增加光传输的数据位率,光缆的接收端使用滤波器将不同颜色的信号分离出来。这个过程和频分复用的过程基本上一样,而它的实现实际上更容易一点。为了区别光复用和较低频率的无线复用,我们给出另一个名为**波分复用(WDM)**的过程。这个名字反映了一个事实:光通常是根据波长来区分的,而不是通过频率来区分的。截止到写这本书时,有说法宣称使用一种叫 DWDM 的密集 WDM,当前的光技术能支持 8Tbit/s 的位率,传输距离可超过 2500km。正如我们早期提到的,绝大部分用户将光缆中的信号看成数字信号,尽管实际上它们是由电磁信号来调制的。

在信道中,有线和无线模拟信号对噪声、衰减以及其他形式的失真都特别敏感,因为产生的失真无法检测和校正。还可能跟附近相同频谱的其他信号操作相冲突。**衰减**或信号丢失就是介质中发生了信号的减少,它是信道物理长度的函数。衰减限制了一个信道的可能长度。如果沿着信道存在阀门或分离器,那么信号丢失也可能发生。这些是减少应用中信号部分能量的设备,例如,为了实现多点连接而不恰当地分线。可以采用**放大器**来恢复信号的强度。本质上,所有的信道都会产生一定的噪声,随着信号逐渐变弱,相对于信号,噪声就变得更加突出。在这种情况下,放大器没什么帮助,因为噪声也会放大。在保持一个模拟信号的完整性方面,维持一个较高的信噪比十分重要。让外部噪声最小化也很重要,例如,来自其他设备和闪电等自然源的电子噪声。当然,外部噪声能改变信号的基本形状,并且能导致原始信号不能恢复。如果噪声跟信号的频率范围一样,就没有办法将信号和噪声分离了。参见图 14-12。

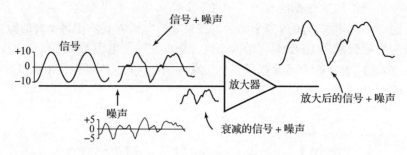

图 14-12   噪声对信号的影响

另外，模拟信号对波形的失真十分敏感，导致失真的原因是穿过信道频谱发生的衰减和相移变化。不幸的是，在真实系统中轻微的失真是经常发生的。考察一下图 14-13 所示的情形。如果信号由不同频率的正弦波组成，这些频率属于频谱的不同部分，即在 f_1 和 f_2 标注的点上，那么，在信道的输出端合成的信号就会失真，因为不同的正弦波分量的衰减程度也不同。信道对某些分量的相位改变也会多于其他分量，这也会导致失真。某种程度上，滤波技术能够抵消这些变化，但在现实当中，信道里总会出现信号失真。因此，当使用模拟信令时，我们的目标是设计这样一个系统，其中的噪声、衰减和频谱失真，在一定程度上不影响原始数据的恢复。

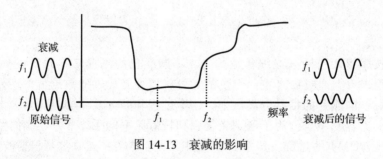

图 14-13   衰减的影响

14.2.2   数字信号技术

数字通信信道传输的数字数据已经是正确的格式了，因此理论上不需要转换。在实践当中，情形有所不同。由于信道上没有载波，所以对于某些信号来说，在信道的接收端可能没有办法检测位串。如图 14-14 所示的信号，它是由 12 个 0 组成的，但没有办法识别。用 0V 来表示一个 "0"，在没有信号出现时，导线的状态也是 0V。很明显，这时没办法确定有没有信号。

图 14-14   有问题的数字信号

这个例子表明，从一个节点向另一节点传输数字数据时，协调这种数字数据有一定的难度。表明数据存在的一种明显方法是使用不同的值来表示 "0" 位，比如说，-5V。这种方法有一定的作用，但当数据流中没有位传输时，我们仍然无法将一个位和另一个位区别开来。

作为另一个例子，我们来考察一个相关问题，一个稳定的位流穿过通信信道，从一台计算机传向另一台计算机。假定一个 8 位的组构成一个字节，如果位流是连续的，那么接收端怎么知道如何将多个位组成一个字节呢？

发送计算机和接收计算机之间总是需要某种同步数字信号的方法，以便接收端能成功地确定每个数字位的位置。基本的问题是，发送计算机可以在任意时间点上传送数据，而接收计算机无法知道数据实际会何时发送。由于每个系统的时序可能有所差异，所以这会导致同步有些困难，因此，那么接收端可以用稍微不同的速率对数据采样。如果位序列很长，那么接收端最终可能会采样到错误的位。图 14-15 说明了这种情形。为了清晰，图中对时序的差异进行了放大。

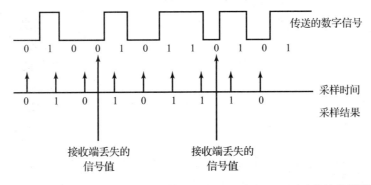

图 14-15　发送计算机和接收计算机之间因时序不匹配导致的接收错误

对两个系统进行同步有很多种不同的方法。对于调制解调器，它一次传送一个字节，同步方法是为数据提供清晰的起始和终止信号，并且每传输一个字节的数据都对发送端和接收端的时序进行再同步，以便接收端准确地知道每一位预计发生的时间。这种方法效率有点低，因为每一个字节的数据都要发送两个额外位（开始和终止信号）。这种技术叫**异步传输**。

对于长的位序列，解决方案是将数据转换为信令方法，这种方法提供时钟信号作为数据的一部分。现在来考察一种信令方法，在这种方法中，0 → 1 的变化表示 1；1 → 0 的变化表示 0；这种技术确保了通过信道发送的每一位数据，至少发生一次电平变化。这种电平变化可以用于时钟同步。看一下图 14-16 所示的例子。所需的电平变化在结果波形中用重箭头表示。注意一下第四位和

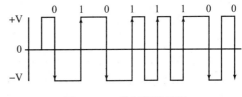

图 14-16　曼彻斯特编码

第五位，两者均需要 0 → 1 的变化。为了实现这个，必须有一个向下的变化，才可能有第二个 0 → 1 的变化；然而，额外的向下变化发生在数据点之间，而且会被忽略掉。这种特殊的方法叫**曼彻斯特编码**。它是几种可行的**自同步**技术中的一种，用于 10Mbit/s 的以太网传输。为了练习，你或许希望为图 14-14 所示的原始例子（12 个 0 的情况）创建波形。

另外一种编码方法叫**分组编码**（block coding）。分组编码会在小的数据块中加入额外的位，然后将每一块转换为一个不同的数据块，数据块中包含所需的自同步技术。在接收

端，这些块再转换回原始的数据。分组编码常用于弥补其他方法的不足。一个简单的例子会说明这个思想。4B/5B 就是一个分组编码算法，它能弥补 NRZI 方法的不足，如果数据中包含一些 0，则该方法会失去同步。4B/5B 使用图 14-17a 所示的转换表，将 4 位的组转换为 5 位进行传输。图 14-17b 显示了产生的编码。另外，分组编码还有能检测某些错误的优点。有 16 个未使用的 5 位块。如果其中的任何一个块出现在接收端，那么系统就会知道出现了一个错误。在使用当中，有很多种不同的分组编码。例子中展示的分组编码用于大多数的 100Mbit/s 以太网传输。

4位的数据序列	5位的编码		
0000	11110	1000	10010
0001	01001	1001	10011
0010	10100	1010	10110
0011	10101	1011	10111
0100	01010	1100	11010
0101	01011	1101	11011
0110	01110	1110	11100
0111	01111	1111	11101

a）4B/5B编码表

输入的数据	0101	1100
传送的编码	01011	11010

b）一个4B/5B编码的例子

图 14-17　4B/5B 分组编码

　　除了自同步之外，还必须对数据进行同步，以便接收端知道每个字节的边界。对此，以太网的帧使用了一个 8 字节的前缀。模式 10 重复了 28 次，后跟一个起始帧分隔符：10101011。

　　如你所知，数字信号也可用来表示模拟波形。作为例子，我们已经提到 iPod。其他的例子还有直接卫星电视系统中表示视频的数字信号、可用在计算机上存储电话声音邮件的数字化声音。

　　将模拟数据转换为数字形式的一种方法如图 14-18 所示。这种方法叫**脉冲编码调制**（PCM）。这个过程包含 3 个步骤。在步骤 1 里，按规定的时间间隔对模拟波形进行采样，如图 14-18a 所示。在图 14-18b 中，波形的最大可能振幅划分为和二进制数相对应的间隔。这个例子使用了 256 级，这会导致每个样本 8 位长。这个中间步骤叫**脉冲幅值调制**（PAM）。如果需要的话，PAM 可以直接提供离散信号。更常见地，每个采样值都转换为对应的数字值。结果就是 PCM。顺便说一句，数模转换过程中丢失的数据可以在这一步中看出来：它是由采样的实际值和对应的最接近可用数值之间的差值构成的。最后，在图 14-18c 中，数字规约为等效的二进制数。执行这个转换的设备叫**模 - 数转换器**。

　　和模拟信号一样，数字信号对噪声、衰减和失真也很敏感。然而，它只需要区别两级，信道上就可以容忍更多的失真和噪声。由于原始形状限制为 0 和 1，因此，也有可能沿着信道按一定的间隔重新产生原始信号。**中继器**就是用于这个目的的。中继器使长距离传输数字信号成为可能。差错校正技术也可以用来修复数据。在出现突发噪声时，差错校正也特别有效。图 14-19 说明了一个中继器的操作。

　　数字信号也能复用以允许不同的信号共享一个信道。**时分复用**（TDM）就常用于这个目的。图 14-20 所示为一个时分复用器，它使 3 个数字信号共享一个通信信道。我们曾经用旋转开关的思想来说明复用器的操作，尽管该开关实际上是电子的。依次对每个信号进行采样，采样频率足够高以确保不会丢失数据。每个样本中的位数依赖于应用。数据组合后通过信道传输。在信道的另一端，处理过程相反。每个样本分别被发送到各自的接收端。时分复用有一个潜在的缺点。如果有大量的数据在输入信道上，而另一条信道上数据很少，则

TDM 的效率不高。当数据都积压在另一条信道上时，在轻负载的信道上将会出现空闲时间片。另一种形式的 TDM 称为**统计时分复用**，它解决了这个问题，方法是在每片数据里增加一个小的头来识别信道。在这种方法中，当数据负载需要时间片时，每个时间片都能充分利用。

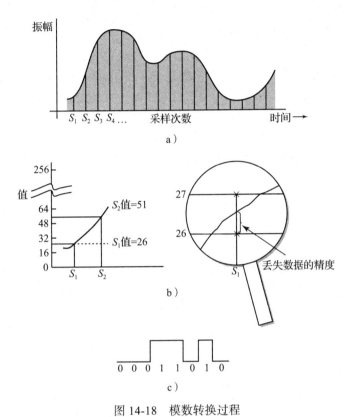

图 14-18　模数转换过程

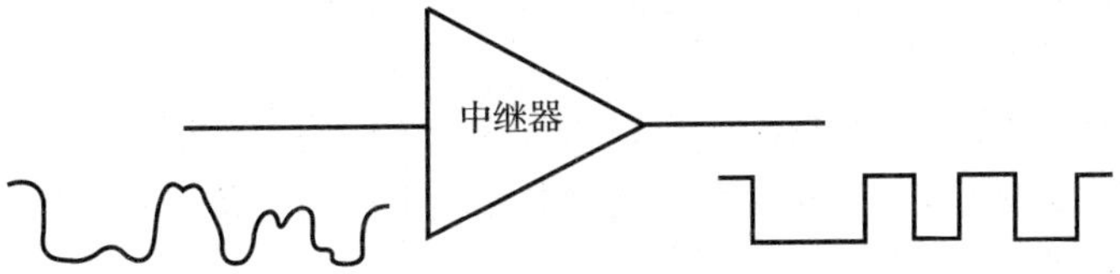

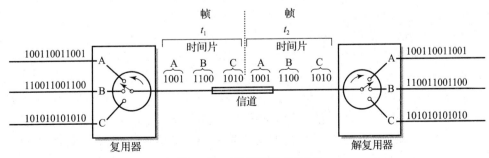

图 14-19　中继器的使用

图 14-20　时分复用（TDM）

对于数字传输，信道的带宽也很重要。请记住一点，数字信号同样能表示为不同频率的正弦波之和。数据率越高，组成信号的正弦波的频率就越高。因此，带宽较大的信道传输数据的速率较高，能有效地增加信道的数据容量。

14.2.3　调制解调器

家庭到服务商的网络连接通常依赖于电话或电缆服务来提供连通性。在某些地方，服务商提供光纤入户的直接传输，在单条光缆上，数字化地支持电话业务、电视和互联网连接。在较早的系统中，**调制解调器**（调制器／解调器）将来自计算机或路由器的以太网信号转换为模拟信号，在电话线或电缆系统中传输；反之亦然。对于 DSL 和电缆服务，在某些条件下，也可以达到 10Mbit/s 或 10Mbit/s 以上的速度。DSL 技术使用一种频分复用技术将传统的电话线分割成一个传统声音成分和两个或多个数据成分。数据成分使用 ASK 和 PSK 混合技术来传输用户和电话交换中心的数据。在电话交换中心，一个 **DSL 接入复用器**将数据打包，传输到互联网。在现代系统中，声音成分也转换为数字信号以提高线路的使用率。参见图 14-21。

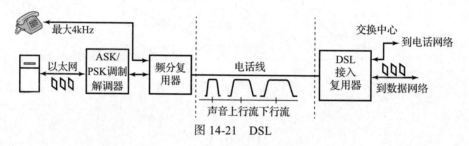

图 14-21　DSL

14.3　传输介质和信令方法

传输介质定义为将要传送的信号从一个位置传输到另一个位置的方法。数据传输可以使用导线上的电信号、光缆上的光信号、无线方式的无线电波，或者不太常用的光或声音。（例如，音频有时候用于水下通信。）传输介质的特征包括：物理特性、支持的信令方法、带宽、随距离的衰减、对外界干扰的敏感度或者**噪声**。

物理上将信号限定在某种类型的电缆内的传输介质叫有**导向介质**。使用无线电波、光或声音公开广播信号的介质叫**无导向介质**。无导向介质不把信号限定在特定的区域内，但信号可以集中在某个特定的方向上。

你已经看到，带宽和噪声都影响一个信道传输数据的能力。尽管对于模拟信号这种影响更明显一些，但它对于模拟信号传输和数字信号传输都有影响。通信理论表明，信道的数据容量随着信道带宽的增加而增加。信道内的噪声测量是相对于信号强度的。这种测量叫**信噪比**。正如你所期望的，在给定带宽下较高的信噪比增加了信道的数据容量。

我们依次考察每种介质类型的特征和一般能力：

- **电类介质**。电类介质需要一个由两根线构成的完整电路，一根线传输信号，另一根线作为回路。或许你对此最为熟悉，看一看你家里的电气布线。（某些导线还使用第三根线，它连接到地上，防止人受电击，但第三根线实际上并不是电路的一部分。）

  电类介质通常是指有线介质，或者就叫导线，有时候叫铜导线，因为绝大部分导线都是铜做的。导线以电压变化或电流变化的形式来传输信号。可以使用模拟信令技术，也可以使用数字信令技术。在许多情况下，有线介质是自然选择，因为要传输的信号已经是电的形式了，在接收端会按电的形式来使用，因此不需要转换。导线便宜且易于使用。有线信道容易互连，扩展信道，形成网络，并将信号从一个信道传送到另一个信道。

最常用的电类传输介质是**双绞线**（twisted pair，TP）。标准的电话和大部分局域网布线都使用双绞线。双绞线由两根相互缠绕在一起的导线组成。一根线用来传输信号，另一根线是地回路。将两根线绞在一起一定程度上减少了噪声干扰，因为两根线可能产生相同的噪声，在某种程度上能相互抵消。在较粗的电缆中，经常将双绞线**捆绑**在一起。标准的双绞线有多种类型。也有某些线对不是绞在一起的，是平行线对。

同轴电缆是由包裹着绝缘层的一根导线组成的。第二根线是包裹绝缘层的铜质屏蔽层。屏蔽层作为信号的回路，也防止外部噪声干扰内部导线上传输的信号。

同轴电缆具有很高的带宽，可用于高速传送数字信号，位率可达 10Mbit/s 甚至更多。它也能传送很宽宽带的模拟信号。用于传输有线电视信号的电缆通常就是同轴电缆，当然，光缆（参见下面的内容）正逐渐替代同轴电缆。模拟有线电视线路使用频分复用技术来传输几十个电视频道，每个频道的频宽是 6MHz。某些条件下，同轴电缆的频宽在短距离内有可能达到 4GHz。类似地，它也能用来传送大量数据压缩的时分复用数字电视信号。同轴电缆对噪声的敏感度远低于双绞线，特别适合于较长距离的连接；但其价格要比双绞线高得多，安装比较困难，它的带宽相对于光纤就很小了，因此，它的使用正在逐渐减少。

- **光缆**。光缆以光的形式传输信号。使用电数据非常快速地打开光源和关闭光源，可以产生光学信号。激光器或发光二极管作为光源。传统的灯泡是不能用的，因为灯泡的开关速度不够快。光缆另一端的光探测器再将光信号转换回电信号。光缆本身是由一束或多束玻璃纤维组成的，这些纤维是专门设计用来传输光波的。每根光纤比人的头发还要细，长度可达几十或几百英里。光纤束外包裹有一层叫作包层的塑料护皮，以保护光纤。光缆通常是按束组织在一起的，再加一个硬塑料外壳来增强保护。光限制在光纤内，因此衰减很小。由于光属于电磁波，所以开关光源在技术上是一种 ASK。出于实际使用的考虑，大部分用户总认为光纤传输属于数字信令方法。由于光波的频率极高，所以光缆能提供极宽的带宽。单根光纤传输信息的速率可达每秒数百兆位。对于绝大部分形式的噪声，光缆几乎都不会受到影响，因为信号是光学的而非电信号。窃听光缆也非常困难，它提供了某种安全措施。在节点上，信号在光电之间很容易转换，以便同其他类型的介质互连。

    巨大的数据传输能力使得光纤技术在很多情形中都广受欢迎。整个社区都在使用光缆来重新"布线"，以便将来提供更好的通信能力。

- **电磁波**。电磁波传输不需要具体的物理介质，只是简单地通过空间传播或通过波能穿透的任何材料传播。信号传送使用的介质是空间，使用的载波是无线电波。频率超过 1GHz 但低于光频率的电磁波一般叫微波。尽管较低频率的无线电波也会使用，但微波是最常用的波传输载体。微波是无导向的，但它们可以紧密地集中或点对点地用在微波天线之间，也可以集中在微波天线和卫星之间。较低频率的无线电波方向性较弱，很难集中，所以需要大一些的天线。（回忆一下可知，天线的大小和频率成反比。）它们提供的带宽也小一些。相反，较高频率的电磁波对要穿越的物理介质内的衰减更敏感一些。一次大暴雨就能使微波通信变得困难，而低频的无线电波有时候可用于水下的通信信道。

微波通信应用包括大规模互联网骨干信道、直接卫星入户电视、蜂窝式电话以及802.11（"WiFi"）无线网络。

电介质格式和电磁波介质格式之间通常需要转换。但这个技术很成熟，相对来说也不贵。使用无线电波的一个困难是，有相同载波频率的不同通信之间会发生干扰。尽管频谱看起来很大，但可通信的大部分频段针对不同的用途已经被过度使用了。（例如，考察一下微波炉和无绳电话之间的干扰。）由于具有将电磁波集中在特定方向上的能力，所以以较高频率的电磁波会更有用一些。当然，最高可用频率的电磁波是光波。有些无线网络和直接的计算机到计算机信道使用红外光作为传输介质。

14.4　其他技术

无线网络使用无线电波技术作为传输介质。在第12章里，我们根据覆盖范围对有线网络进行了分类，从局域网开始，逐渐变大，一直到互联网；我们倾向于对无线网络也进行类似的分类。对于小范围的局域网，**无线以太网**（更常见地叫WiFi）就是个标准。在12.4节里，我们介绍了WiFi，稍后我们会讨论具体的使用技术。对于覆盖范围较大的网络有两个竞争者：WiMax和蜂窝式电话技术，但是在写作本书时，还没有哪一种已实际成为所需的全球互操作标准。在个人级别上，蓝牙是广泛接受的标准。正如我们在第12章提及的，最近，技术和标准也有所发展，使用能将多个WiFi连接成较大网络的无线技术，也能将无线以太网互连成一个无线网状网络。

本节对常用的各种基于无线电波的技术进行简要介绍，它说明了某些不同的灵巧的方法，用这些方法可以将本节前面介绍的技术组合起来，并加以调整，来实现我们日常使用的高速无线通信。

14.4.1　蜂窝式技术

最初的蜂窝式电话业务完全是模拟的——模拟信息传输和模拟载波。作为移动声音电话的介质，它是专用的。它的实现很快，就像POTS一样，模拟电话的带宽和其他资源的使用效率不高。除此之外，直觉上（事实证明，是正确的）对移动数据通信也有需求。模拟蜂窝式技术很快就过时了，被一些不兼容的数字蜂窝式系统替代了。在不同地方，使用的无线频带也不一样。因此，从一个地方旅行到另一个地方的人们，以及需要切换电话服务的人们，必须要购买不同的蜂窝式电话。这种情形经历三代蜂窝式技术，一直持续到现在。

然而，几次位置争夺之后，蜂窝式技术似乎趋向于都满意的第四代全球标准，这个标准叫**长期演进（LTE）**，或者更常用地叫4G LTE。当前的标准指定了峰值下行链路数据速率300Mbit/s和75Mbit/s的峰值上行链路数据速率，预计未来的数据速率会更高。分组交换IP用在上面的网络层，甚至用于传送声音上。

LTE基于一种叫作**正交幅度调制（QAM）**的无线调制技术。在14.2节里，我们介绍了幅值调制、相位调制和频率调制的概念。QAM是基于一个精心裁剪的幅值调制和相位调制的应用。（QAM 也用于数字电视、有线数字电视、基于输电线的以太网以及其他应用。）

在最简单的形式中，ASK 和 PSK 各自采取两种可能值，因此，若将它们组合起来理论上应当能同时传送多个位。（参见图 14-10，复习一下 ASK 和 PSK。）从概念上说，的确如此，然而，我们观察一下，一个 ASK 振幅为 0 的信号不可能检测其相位。进一步说，PSK 需要一个参考信号才可检测其相位。

相反，QAM 用两个、四个、八个、十六个或更多个离散的振幅调制数据级替代了 ASK。四级振幅调制的一个例子如图 14-22a 所示。由于有 4 个不同的信号级，所以每个信号级大约能同时将两位数据表示为单个 ASK 信号。这个图中，两个振幅定义为"正"、两个为"负"。然而，请注意，实际上一个"负振幅"和"正振幅"相移 180° 是一样的。我们能用图上的特殊点表示这 4 个振幅，如图 14-22b 所示，这个图展示了每种可能值下的振幅和相位。这种图称为星座图。

QAM 加入了第二个信号，它是相对于第一个信号相移 90° 的信号（这就是 QAM 中的"正交"）。作为一个例子，假定每一个信号具有两个值中的一个值：或者"正"、或者"负"。两个波形在 0° 和 90° 的和（各自带有"正"或"负"的振幅）产生等价的四相位调制点，如图 14-22c 所示。现在在相加后的信号中，可能的变化数是在每个单独信号里可能值数的乘积。对于一个类似的四幅值 QAM-16 结构，图 14-23 所示的星座图表示信号点。每个点表示 4 位。图中展示的典型的四位码分配称为格雷码。格雷码具有特殊的性质，通过要求相邻点只能有一位不同，可将噪声差错降到最小。

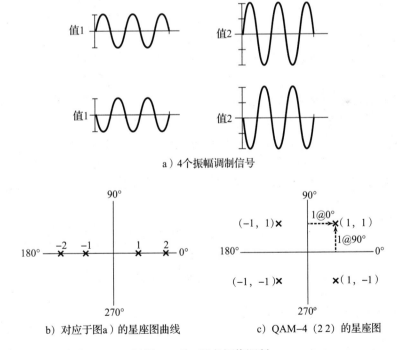

a）4个振幅调制信号

b）对应于图a）的星座图曲线　　c）QAM-4（2 2）的星座图

图 14-22　正交幅值调制

4G LTE 的 QAM 值通常位于 4-QAM 到 256-QAM 之间。当然，当信号很弱或者被噪声淹没时，就很难分离出离散值，因此，LTE 结构系统的设计目的是：基于任意给定时间点上信号质量的自优化。进一步的详细内容，超出了本书的范围。

14.4.2 WiFi

WiFi 是根据 IEEE 标准 802.11 定义的。有几种不同版本的 WiFi。在写作本书时，这些称为 802.11a、802.11b、802.11g、802.11n 以及 802.11ac。图 12-17 所示的表对 WiFi 的不同版本进行了比较。尽管都有某种程度的向后兼容和设计上的交叠，但每个版本还是有自己的设计规范、自己的无线频带和自己的调制技术。最新的 WiFi 版本使用了一种叫正交频分复用（OFDM）的调制技术。

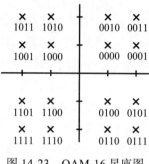

图 14-23　QAM-16 星座图

在 14.2 节里，我们介绍了频分复用技术。OFDM 就是这个概念的一个变种。正如我们在图 14-11 展示的，一般情况下，需要将不同的频带完全分离出来。每一个频带使用独立的载波频率来传输信息。然而，在某些数学条件下，公认的正交性（它超出了我们讨论的范围）可以交叠频带，但仍能分离出信号。OFDM 使用多个独立的正交副载波频率（subcarrier）来传送数字包。每一个包被拆分开后，分布到不同的副载波上。每个副载波使用 QAM 或某种形式的 PSK 进行调制。对于不同类型的 WiFi，OFDM 的细节是不一样的。OFDM 也用于 WiMax 和 DSL 通过标准电话线进行数据传输。

如果你对这个主题的技术细节感兴趣，我们建议你查一下维基百科，或者从"扩展阅读"里找一篇文献，以便更深入地了解这个主题。

14.4.3 蓝牙

一个蓝牙网络是由一个主节点和最多七个从节点组成的。当进行连接时，主节点传送一个初始的数据包（这种情况下，它称为帧）为每一个从节点提供时间同步。蓝牙使用时分复用技术来调度和控制对网络的访问。每个时间片长度为 625μs。一个独立的帧占用一个、三个，或者五个时间片。从连接时间开始，主节点按照偶数的时间片开始传送帧，从节点以奇数时间片开始响应帧。从节点只能在响应主节点请求时才能传送数据；在这种方式中，从节点之间对时间片没有竞争。

蓝牙将其频带划分为 79 个信道。每一个后继帧都在不同的信道上传送，信道由主节点随机分配，这种技术叫跳频扩谱（frequency-hopping spread spectrum）。其目的是：与使用相同频段的其他设备之间冲突最小。这也提供了一种安全措施。传送帧主要使用 FSK，尽管不少新版本也能使用某种形式的 PSK。图 14-24 说明了蓝牙的概念。文献 Forouzan［FOR13］对蓝牙技术进行了很好的探讨。

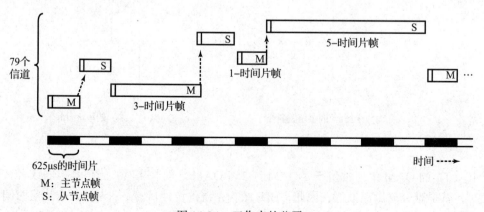

图 14-24　工作中的蓝牙

小结与回顾

　　松散耦合的计算机之间的通信是由通过一个通信信道传输的报文组成的。一个通信信道的特征参数包括：传输介质、信令传输方法、信道容量或带宽、报文流的方向、噪声、衰减和失真因素等。实际上，一个信道可以包含几个子信道，每一个子信道都有自己的特征。整个信道主要是根据在**访问点**上测量和观察到的特征来定义的。

　　信令方法既可以是模拟的也可以是数字的，这依赖于介质、发送端和接收端端的需求，以及其他一些因素。使用的介质类型主要有 3 种：导线、光纤和电磁辐射。导线能传输模拟信号和数字信号；光纤使用光信号；电磁辐射介质包括无线电波和微波，需要模拟波形。导线和光纤属于有导向介质；电磁辐射属于无导向介质。

　　模拟信令方法和数字信令方法之间有可能需要数据变换；但在模 - 数变换过程中，不可避免地会有少量的数据损失。数字信号（以及某些模拟信号）通过调制过程变换为电磁波。调制工作就是改变正弦波的振幅、频率或相位，正弦波是信号的一种载波。

　　通过频分复用（FDM）或时分复用技术，信号能够复用信道。真实的系统混合使用了复用和调制的各种组合，以获取现代数据通信的高信令速率特征。

扩展阅读

　　第 12 章里推荐的任何一本书，对本章的内容都是有用的参考。关于本章讨论的主题，最广泛的探讨在文献 Forouzan［FOR13］中可以找到。

复习题

14.1　在网络模型中哪些层特别关心通信信道的介质和信令技术？

14.2　至少列出 4 个通信信道的属性。

14.3　模拟或数字信号的选择是由什么因素决定的？

14.4　复用技术的目的是什么？简单解释时分复用和频分复用。

14.5　模拟信号和数字信号哪一个对噪声更加敏感？并证明你的结论。

14.6　什么是波形？

14.7　模拟信号的基本单位是什么？

14.8　解释在正弦波中频率、周期和波长的关系。

14.9　什么是信号的频谱？信号频谱和信道带宽之间的关系是什么？

14.10　解释什么是调制？图 14E-1 所示的图形是 AM、FM、PM 的例子吗？

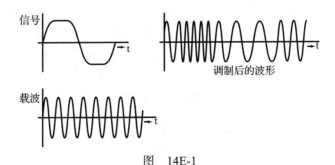

图　14E-1

14.11　当模拟信号发生衰减时，什么样的硬件设备可用来恢复原始信号？当数字信号发生衰减时，什么样的硬件设备可用来恢复原始信号？

14.12 曼彻斯特编码解决了什么问题? 本章中还讨论了哪种不同于曼彻斯特编码的方法?

14.13 统计 TDM 解决了 TDM 中什么潜在的缺点?

14.14 请分别给出一个有导向介质和无导向介质的名称。

14.15 信道数据容量和其信噪比之间的关系是什么?

14.16 同轴电缆、双绞线和非双绞线都是何种介质?

14.17 什么因素导致光缆的高数据容量?

14.18 解释相位 QAM 和振幅调制的关系。

14.19 画图解释跳频扩谱的概念。

习题

14.1 画出两个相位差为 45° 的正弦波。

14.2 假设一个信息由下面的位序列组成: 0111001011010110…。假设我们使用 FSK 和 ASK 相结合的方式来发送信息。画出表示每个位对的波形,并使用该波形画出表示整个信息的波形图。

14.3 在一张纸上,画出表示下面波形的 FSK 波形图: 0 的载波频率为 1000Hz,1 的载波频率为 2000Hz,数据传输率为 500bit/s。

14.4 有些电话公司正在用光缆代替整个电话系统的电缆。他们这样做期望获得什么好处?

14.5 近年来,很多数据的通信和存储使用数字形式,即便源数据实际上是模拟数据。甚至现在的大部分电视信号也是使用数字形式传送的。使用数字存储和传输能获得哪些好处和优点?

14.6 考察一个通信系统,它先将数字信号转换成模拟信号进行传输,然后在接收端重新复原成数字信号。另一个通信系统是先将模拟信号转换成数字信号进行传输,然后在接收端再复原成模拟信号。两个系统均需要 A-D 和 D-A 转换,然而大家认为其中一个系统比另外一个系统更可靠。请问是哪一个更可靠? 为什么? 比较一下 A-D-A 通信系统与完整的模拟通信系统,说明影响每个系统性能的重要因素是什么?

14.7 对于一个由 50 台计算机组成的网络,这些计算机之间的距离在 1000ft 范围内,讨论一下在使用同轴电缆和光纤之间的利弊。

14.8 关于一个信道的带宽需求,时分复用技术有什么作用?

14.9 请描述和放大器相比,中继器的优点。

14.10 根据成本、信号容量、信令方法、干扰、故障的可能性、修复问题、多点功能、重配置功能和噪声,请讨论一下在光纤通信和通信卫星之间你如何权衡。

14.11 你期望较宽的带宽对信道噪声有什么影响?

14.12 一个波在空中传播的速率约为 3×10^8m/s。正弦波的波长是一个正弦波在空中传输的实际距离。那么 100MHz 的正弦波的波长是多少? 500MHz 的正弦波的波长是多少? 对于所使用的特定波,发送和接收电磁波的天线大小通常是波长的一半,将前面的计算结果与 VHF 和 UHF 电视天线的大小进行比较,1/2 波长的天线要传送 60Hz 的波,它必须是多大?

14.13 你最喜欢的电台的载波频率是多少? 该电台是调幅的还是调频的? 你是如何知道的? 该电台的频宽是多少?(提示: 在表盘上下一个最近电台的载波频率是多少?)

14.14 a. 太多普勒效应就是当火车靠近然后远离你时,火车汽笛声频率的变化。多普勒效应也用于探测太空中恒星相对于地球运行的速度。根据你所知道的有关光或声音的波长、速度和频率之间的关系,来解释这种效应(参见习题 14.12)。

　　b. 天冷的时候,声音的传播速度会降低,这会对火车汽笛声产生什么影响?

14.15 a. 一个简单的电视电缆转换器将电缆上一个信道的电视信号转换为频道 3,用于接收电视机信号。一个聪明的观众注意到,通过将电视机转换到频道 4,她可以接收到相邻频道,但这个频道经常是黑屏的。关于电缆上传输频道的方式，这种现象说明了什么？

b. 直播卫星上的转换器也可以将电视信号转换为频道 3，用于接收。然而，将电视变化到频道 4 并不会导致有相邻频道的接收，为什么不能接收？不同的电视信号是如何在信道上传输的？

14.16 正如本章指出的，任何一种波都可以用一组不同频率，不同幅度和不同相位的正弦波之和来表示。这个问题探讨了信道带宽、频谱形状和相位失真对波形形状的影响。方波由满足下面等式的正弦波组成：

$$S = \sin(2\pi f\, t) + 1/3\, \sin(3 \times 2\pi f\, t) + 1/5\, \sin(5 \times 2\pi f\, t) + \cdots$$

很难画出任意精度的正弦波。作为替代，我们将用一个三角波形来近似一个正弦波。

a. 在图纸上仔细画出一个三角波，该三角波从 0 开始，上升到最大值 15，下降到最小值 −15，然后回到 0。你的波形在时间轴上应当扩展到 15 个单元以上。现在构建第二个三角波形，振幅为 5，时间跨度为 5。第二个波形应当从 0 开始。将新波形的振幅和前一个波形的振幅加起来，以产生一个新的波形，它是两个波形之和。你观察到了什么？

b. 现在画出第三个波形，振幅为 3，时间跨度也为 3，并将该波形与前面的结果相加，你会观察到什么？如果带宽有限，只有前两个波能通过信道，那么对这个波形有什么影响？

c. 然后在一张新的图纸上，画出一个基本的三角波，再画第二个三角波，但这次相位移位 90°，使得该波的正峰值跟基本波的初始位置一致。两个波进行相加，那么相移对相加后的波形形状有何影响？

d. 在新的图纸上再次画一个基本波，然后画出第二个波形，这次的高度为 3，而不是 5。再画出第三个波形，高度为 4 而不是 3。所有的波都从 0 开始，也就是没有相移失真。将 3 个波形加在一起。改变后的频谱形状对波形有什么影响？

e. 根据波的原始振幅和 d 中所用的修改后的振幅，画出信道的频谱。

14.17 仔细画一个图，以表示二进制序列 00101110100010。然后，在该图的下方画出该序列的曼彻斯特编码表示。

14.18 如图 14E-2 所示，识别出曼彻斯特编码所表示的二进制序列。

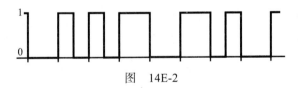

图　14E-2

14.19 对于二进制序列 1101000011001101，其 4B/5B 编码是什么？

14.20 a. 一个由 4B/5B 编码的序列为 11110011111101111110，其所表示的二进制序列是什么？

b. 一个 4B/5B 编码序列是 10101010101010101011，其所表示的二进制序列是什么？

第五部分

The Architecture of Computer Hardware, Systems Software, & Networking: An Information Technology Approach, Fifth Edition

软 件 组 件

再回到各种基于计算机的系统，我们注意到，第 6 ～ 11 章描述的裸机硬件本身并不能满足今天用户的需求。由于硬件的工作只是执行以程序形式交付给它的指令，最终的任务还是由软件来完成的。

没有软件的话，就不能很容易地将程序装载进内存，也没有用户界面；没有软件的话，就没有办法控制连接到系统上的各种外设；没有软件的话，就无法存储、检索或处理文件，也无法管理并发的多程序或多用户。

当然，我们可以坚持认为，每个应用程序自己能提供工具和装置，但这不太方便，效率也不高，还会严重地限制系统的使用。显然，提供一组程序作为计算机系统的一个组成部分来执行基本的功能，是大有用处的。

这些程序控制着硬件、装载和启动应用程序，提供文件服务，实现系统间的通信，支持计算机的用户界面。这个系统软件提供了一个完整的环境，在这环境中，用户可以专注于手里的任务，而不是处理计算机设备本身的细枝末节。用户界面使得不同级别的用户都能使用系统；文件和硬件控制模块有效地将用户与内部计算机的运行隔离开了。

大部分这种系统软件组成了一个程序组，称为操作系统。对于个人计算机，你或许最熟悉 Windows 或 OS/X 这样的操作系统；对于平板电脑或智能手机，则可能是 Android 或 iOS；但除了这些还有许多其他的操作系统。Linux、z/OS、Solaris 以及黑莓 10 是脑海中可能浮现出来的几个操作系统。

在接下来的四章里，我们将致力于系统软件和操作系统的学习。在第 15 章里，我们对操作系统进行概述。在这一章里，我们介绍操作系统软件要执行的各种任务。我们会展示操作系统软件同用户和应用程序交互的各种方式。我们会揭示操作系统如何实现资源共享，以便用户一次可以执行多个程序。它也允许多个用户共享系统。跟前面几章的内容相似，智能手机的操作系统和大型计算机上的操作系统还是有一些差异的。这里的论述一般适用于所有类型的计算机，不论是大型机还是小型机。

剩余的几章遵循第 15 章所描述的操作系统的自然分层，对操作系统的各个部分进行更详细的论述。在第 16 章里，我们审视一下用户与计算机之间的界面。我们考察所需或所期望的各种类型的命令，还考察由不同系统提供的不同类型界面，来启动命令和控制系统。我们也讨论命令语言的概念，这是将系统命令和实用程序组合起来的强大方法，使得用户以最小的代价来执行复杂的计算机任务。

文件管理十分重要，所以它单独占一章。数据库管理系统处于大多数现代大型现代信息技术系统的核心位置。文件管理提供了存储功能，这使得数据库管理成为可能。它也提供了这样的功能，允许你通过个人计算机里的名字来访问文件。

在第 17 章里，我们讨论用来存储、检索和操作文件的方法。我们查看访问文件的方法并考察这些文件如何存储在各种外部设备上。我们研究用来实现文件目录系统的方法，并考察在不同的条件下，为什么有些文件访问方法要好于其他文件访问方法。

第 18 章探讨某些用于内部实现操作系统的各个方面的、极其重要的算法和方法。我们首先讨论一个简单的系统，它包含实现多任务系统所需的主要组件。这一章的其余部分专注于主存储器和辅助存储器的调度以及内存管理。内存管理的讨论包含虚拟存储的全面论述。我们揭示了操作系统和计算机硬件如何协同工作，以提供强大的主存储器管理能力。其他操作系统问题会简要地探讨一下。这一章的最后讨论一下虚拟化，在现代计算机应用中，这是一个相当重要的主题。

在这一部分结束时，你会对构成计算机系统的四个主要组件有很好的理解：数据、硬件、软件和通信设施。通信设施将多个系统连接成强大的信息和通信资源，它可以是个人层面的、公司层面的，也可以是国际层面的。

| 第 15 章 |

The Architecture of Computer Hardware, Systems Software, & Networking: An Information Technology Approach, Fifth Edition

操作系统概论

15.0 引言

在第 2 章里，我们介绍了现代计算机系统作为一组部件协同地工作在一起，给用户提供易用高效的计算机功能和性能。**操作系统（OS）**软件组件，通过程序提供了系统的基本功能，这些程序能够操作、控制并支持计算机的基础资源。这些资源包括 CPU 和外设硬件、网络服务、应用程序、程序执行时用于临时程序和数据的存储器、执行程序的时间以及对系统的整体访问。操作系统程序使得系统资源，对于用户（或多个用户）、用户的应用程序以及计算机上运行的其他应用程序都是可用的。通过网络和机群功能，操作系统也提供并控制与其他互连系统的访问。尽管操作系统程序是在特定系统中针对特定硬件而定制的，但在特定的硬件平台上也可以提供不同的操作系统，在不同的硬件平台上也可以提供相同的操作系统。

硬件和操作系统在架构上协同操作，以形成一个完整工作的独立计算机环境。操作系统有两个基本目的：以高效的方式控制和运行硬件；通过提供各种功能和服务，让"用户"有效地使用机器的功能。（针对这个讨论，我们松散地定义了用户，它包括来自其他机器上网络客户端对服务器的请求，还有直接使用机器的一些用户。）用户可以直接使用这些服务，用户执行的程序也可以使用这些服务。另外，操作系统扩展了计算机系统的功能，从而允许并发处理多个程序，支持多个本地的和网络连接的用户，处理其他一些特殊的任务，不对计算机进行扩展这些特殊的任务就不可能执行。操作系统也使得专用硬件的实现成为可能，设计这些专用硬件用来提高系统的性能和功能。这个方面的主要例子是虚拟存储，在第 18 章里对此进行介绍。

本章对操作系统的各个组件、能力和服务进行了概述。我们探讨操作系统能够提供的服务，揭示操作系统如何将这些服务集成为一个统一的工作环境。我们介绍操作系统执行的任务，揭示这些任务如何关联、协同工作，以使用户更为高效地完成工作。

操作系统的种类有很多，它们反映了不同的用途和目标，组织操作系统也有很多不同的方法。这些差异是通过用户与系统的交互方式来标识的，对于用单个系统工作的用户，常常对这个思想感到惊奇。本章讨论各种类型的系统和组织方式。它说明了计算机系统完成工作的不同方式以及提供的不同服务。

尽管本书的焦点是 IT 系统，但在这个讨论的开始，我们就注意到使用基于计算机的操作系统并不局限于商业系统或其他明显基于计算机的设备。移动电话和平板电脑、电子阅读器、家庭影院系统、电视机和 DVD 播放器、汽车、数码相机、电子玩具，甚至许多家用电器，所有这些都依赖于计算机及其操作系统来提供相应的功能。本章的内容或多或少地适用于所有这些设备。非常有趣的是，这些不同领域的融合本身就对商业系统的设计和使用产生了重大影响。

15.1 裸机系统

再次考察一下我们在第 6 章里介绍过的"小伙计"模型。为了使用这个模型，将一个简单的程序存储在内存里。小伙计通过顺序执行每一条指令来执行程序,直到它遇到"停止"指令,这条指令将计算机终止运行。为简单起见,在设计"小伙计"情景时,忽略了几个问题,这些问题在真实计算机中是必须要考虑的。

首先,我们假定程序已经装入了内存,没有考虑它是如何装入的。在真实计算机中,关闭电源时 RAM 里的内容会消失。再次打开电源时,内存里的内容最初是未知的。所以当开机时,必须提供一些办法来装入程序。请记住,CPU 只是简单地执行它在内存里遇到的指令,因此,在计算机要开始执行指令之前,内存里必须要有一个程序。计算机开机后,当一个新程序要执行时,必须有一种方法来将程序装入内存。

其次,必须要有一种方法告诉计算机开始执行程序里的指令。每当位置计数器置位为 0 时,小伙计就开始执行指令。

第三,除了给执行程序提供的 I/O 例程之外,裸机计算机没有用户界面。这就意味着普通的程序需求,如键盘和屏幕 I/O、文件操作、中断能力和其他内部功能以及打印输出,都必须作为程序的一部分创建和给出。对于共享磁盘的程序,这是很危险的,因为对于特定空间,在磁盘上是无法建立权限进行保护的。

需要记住的最重要的一点是,一旦计算机运行起来,它会连续执行指令,直到遇到一条"停止"指令,或者关闭电源为止。程序结束时的停止意味着计算机要执行另一个程序了。这表明内存里最好还有一个程序,一旦不运行其他程序,就可以始终执行这个程序的指令。这使得程序在不中断计算机的情况下可以完成执行。相反,一条跳转指令可以终止一个程序,然后去执行另一个程序。另一个程序可以接受用户命令,并将其他程序装入内存。

最后一点,裸机计算机一次只能执行一个程序。要想同时运行多个程序,这些程序都必须载入内存里,在 CPU 里还必须有一种适当的方法以共享时间的方式来执行指令。由于裸机没有提供处理内存管理所需要的功能,也没有提供所需的分时调度机制,所以它是不可能执行多任务(同时执行多个程序)的。由于同样的原因,多个用户共享计算机也是不可能的。在第 8 章和第 9 章里,你已经知道,在 I/O 传送期间所浪费的 CPU 时间是可以用于执行其他程序的。当程序等待用户输入时,时间浪费更为严重。在此期间,裸机不能有效地使用CPU。

这些问题之后就是实现问题,从根本上说,计算机的目的就是帮助用户完成工作。显然,按照"小伙计"的裸机方式,现代计算机是无法运行的。用户应当能很容易地启动和操作计算机,应当能选择要装载和执行的程序,应当能跟其他用户和系统进行通信,应当能方便、灵活、高效地执行这些操作。大型计算机系统应当能支持多个用户共享资源。这就需要另外有一个能提供服务的程序,以便使得这些扩展功能成为可能。

15.2 操作系统的概念

对于裸机的不足,解决方案是引入一个计算机系统程序,它可以接受用户命令,并给用户和用户程序提供所期望的服务。这些内含的程序统称为操作系统。操作系统就像是一个系统管理器,控制着硬件和软件,同时还是用户和系统之间的接口。操作系统本身是由一组程序构成的,它们一起工作,共同完成这些任务。

操作系统可以定义为:一组计算机程序,能集成计算机的硬件资源,并使得用户和用户程序能使用这些资源,在某种方式下允许用户富有成效地、实时地、高效地使用计算机。

换句话说,操作系统充当着用户、用户程序与计算机硬件之间的中介。一方面,它使得用户和用户程序很方便地使用资源，另一方面它还控制和管理着硬件。

直观上，我们把用户看成同计算机系统交互的人，然而在有些情形中，"用户"实际上是另一台计算机，也可以是一台某种类型的机械或电子设备。关于这种情形，一个常见的例子是一台计算机上的一个应用程序请求另一台计算机上由某个应用程序提供的服务或系统服务，例如，一个 Web 服务器程序请求后端数据库服务器里的数据。另一个例子可能是这种情形：客户端上的一个用户请求服务器上的文件或打印服务。

作为计算机用户和计算机资源之间的中介，操作系统提供了 3 种基本的服务：

1. 接受并处理来自用户和用户程序的命令和请求，并给出相应的输出结果。

2. 管理、装载和执行程序。

3. 管理计算机的硬件资源，包括系统的网络接口和其他外部部件。

计算机系统中各种组件之间的关系示意图如图 15-1 所示。

作为中介，操作系统使得用户和程序能够透明地控制计算机硬件，无须关心硬件操作的细节。可以通过鼠标、手指点击、手指滑动、键盘命令以及其他类型的输入执行和控制程序。当程序执行完成或者发生中断时，将控制返回给操作系统，使得用户能够继续操作，而不用重启计算机。

操作系统有效地提供了一个完整的工作环境，通过提供完成工作所需要的服务，可使用户方便地使用系统。

审视操作系统最容易的方法是将其看作一个主程序，它能从用户、用户程序或其他源接受请求，然后调用自己的程序来执行所需的任务。同时，它还调用程序来控制和分配计算机资源，具体包括内存的使用、I/O 设备的使用以及各个程序使用的时间。因此，如果用户发出一条加载程序的命令，则一个程序加载器会执行，将所期望的程序装入内存，并将控制传送给用户程序来运行。该程序可以发出自己的请求，例如，产生到打印机的输出，或者通过互联网将报文发送到 Web 服务器的某个地方。

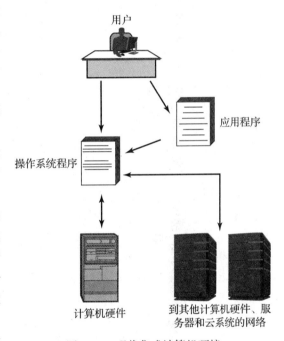

图 15-1　现代集成计算机环境

如果喜欢的话，你可以想象一下在"小伙计"计算机内存的高端，有一个"命令 – 解释器 – 和 – 程序 – 加载器"程序。当一个特殊的值作为输入被接受时，比如 999，它对应于加载程序中的用户命令，加载器执行一个循环，一次输入一条指令，从输入邮箱到低地址内存的连续位置；然后跳转到邮箱 00 以执行新的程序（参见习题 15.14）。

当然，在真实计算机中操作更为复杂。第一，有许多不同的 I/O 设备需要控制；第二，几乎总是有多个程序共享硬件资源。为了接受用户命令，操作系统首先要服务于鼠标、手指运动以及来自键盘或触摸屏的输入按键。例如，它必须将这些动作解释为一条命令，然后请求装入并执行一个程序。它必须提供一个文件系统，这个文件系统能解释所请求的程序名字，并确定文件的位置，这个文件系统首先确定要使用的辅存设备，然后定位设备上的文

件。它必须从设备上将相应的数据块读入到内存中。之后，操作系统才能将控制传送给正在
执行的程序。

作为提高效率的一种方式，现代计算机系统允许用户同时运行多个程序。一个用户可以
一边听着网络上的音乐，一边用 Word 处理着文档（作者正在这么做）。程序员可以在编辑
一个程序的同时，编译另一个程序。几乎每一个现代系统都拥有这样的手段并支持多个程序
的处理，即便是单核系统，也是如此。这种技术称为**多任务技术**或**多道程序技术**⊖。由于一个
系统在拥有一个或几个 CPU 的计算机上可以同时处理许多任务，因此操作系统必须要支持
并发，它模拟同时执行多个程序以提供多任务和多用户支持。要想支持并发，还需要有以下
一些程序：将内存和其他计算机资源分配给每个程序、公平地将 CPU 时间分配给每个程序、
相应地控制输入和输出、维护每个程序完整性，等等。

多任务技术还允许多个用户共享单一系统里的计算机资源。这种系统称为**多用户**系统，
当然，它仍然是多任务的，因为系统上的每个用户都至少会运行一个程序，甚至可能会同时
运行几个程序。

这表明大部分操作系统都会包含额外的服务，这些服务增强了所提供的基本操作系统
服务。这些额外的服务包括一个或多个界面，它们使得用户与系统交互更加容易，同时也使
系统的 I/O 操作标准化了。现代操作系统还提供了必要的工具以方便多个程序、多个计算机
和用户共享系统服务和系统资源。一般来说，一个操作系统会提供下列功能或其中的大部分
功能：

- 操作系统给用户提供了界面，也给用户程序提供了接口。
- 提供了文件系统访问和文件支持服务。
- 提供了每个程序都能使用的 I/O 支持服务。
- 提供了启动计算机的手段。这个过程称为**引导程序**或**初始程序装载**（IPL）。单词
  bootstrapping 常常简单地缩写为 boot 或 booting。（关于引导程序，在 18.2 节提供了
  解释。）
- 提供了处理所有中断的功能，包括差错处理和恢复，还有 I/O 和其他例程中断。
- 提供了网络服务。大部分现代系统还提供以下服务：支持对称多处理器、机群和分布
  式处理技术。在必要时，操作系统还支持特殊的系统功能。例如，索尼的 PlayStation 3
  的操作系统必须要支持非对称的多处理器，非对称多处理器是 Cell 多 CPU 处理器内
  部使用的主要特征。
- 在需要的时候，操作系统提供资源分配服务，这些资源包括程序所需的内存、I/O 设
  备以及 CPU 时间。
- 提供安全和保护服务：具体来说，是使用程序和文件控制服务保护用户的程序和文
  件，避免相互破坏或来自外部的破坏；在需要的时候，还可以提供程序间通信功能。
- 提供系统管理员（人）可以使用的信息和工具，对系统进行控制、裁剪和调整可以达
  到相应的行为和最优性能。

图 15-2 所示为一个简化的示意图，它展示了操作系统中不同组件之间的关系。这幅图
强调了大多数用户可见的服务之间的交互。特定的多任务和引导组件并未给出，这是核心服
务的一部分，它也包括进程和线程管理、资源分配、调度、内存管理、安全以及进程间通

⊖ 请注意，即便操作系统通常将执行程序称为进程，但多道程序技术跟多处理器技术并不一样。后者是指
系统里有多个 CPU。

信。许多操作系统允许程序直接调用命令接口来执行命令，这个也没有在图中显示。因此，作为处理的一部分，运行在 Linux 下的一个 C++ 程序可以发出一个 Linux 命令。

图 15-2 也展示了作为操作系统组成部分的命令接口。在有些系统中，情况并非如此。相反，命令接口被视为操作系统之外的一个**壳**。正如你将要看到的，通过允许用户对不同类型的任务选择不同的壳，这种观点可以增加用户的灵活性。

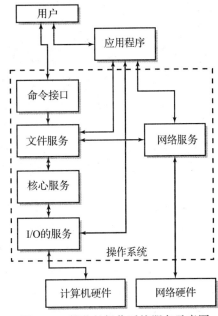

图 15-2 简化的操作系统服务示意图

由于构成操作系统的程序要占用内存空间，这些空间可能是应用程序所需的，因此，操作系统通常划分为驻留部分和非驻留部分。有些操作系统服务对于系统操作非常关键，必须始终驻留在内存中。其余部分只在需要的时候才装入内存，并像其他程序那样执行。

关键程序在系统启动时由引导程序装载器将其装入到内存中，只要计算机在运行，就一直驻留在内存中。大多数现代计算机的引导程序都存储在只读存储器中；在有些计算机中，部分或全部的驻留操作系统也存储在可重写的 ROM 或闪存中，以便其"永久"地驻留在存储器中且总是可以使用的。对于移动电话或 DVD 播放器等电子设备，嵌入在其中的操作系统尤其如此。

操作系统中的内存驻留组件，通常称为操作系统的**内核**。例如，每当机器运行时，接受用户命令的操作系统程序必须一直存在，就像处理中断和在多任务系统中管理常用资源的例程那样。另一方面，格式化新盘的操作系统命令只是偶尔地用一次；只有在需要的时候，才将其装入内存里执行。

大多数人都认为对于传统的计算机系统来说，操作系统软件都存储在与计算机直接相连的磁盘上，但这不一定是真的。如果计算机连接在网络上，它可以从网络中的其他计算机（或许是云服务器）上获取程序，这也包括操作系统。这促生了**无盘工作站**的概念，这是一台个人计算机，一旦引导起来，就完全依赖于网络对数据和程序的存储与访问。无盘工作站也称**瘦客户机**。

不同操作系统的内核大小和提供的服务是不一样的，这取决于系统的组成和功能，也跟系统的类型有关。有些操作系统商家将内核定义得比其他商家更窄一些，未将某些组件驻留到内存里，这些组件相对于系统的基本操作被认为不那么重要。因此，一个操作系统的内核可以很小，只包含最关键的组件；另一个操作系统的内核可以很大，拥有大量的服务。

有许多不同类型的操作系统，有些是针对特殊的用途而裁剪的，但通用的计算系统可以粗略地划分为如下的几种类型：

- 单用户、单任务系统（这一类基本上已经过时了）
- 单用户、多任务系统
- 大型机操作系统
- 移动设备使用的操作系统
- 分布式系统

- 网络服务器：Web 服务器、数据库服务器、应用服务器，等等
- 嵌入式系统，如医疗设备中见到的系统，基本的蜂窝式手机、汽车控制系统、市场信息亭、家用电器、DVD 播放器和电视机、电子玩具等
- 实时系统，用于系统响应对时间非常敏感的仪器

毫不奇怪，这些类别有点随意，不具备互斥性。实际上，不同的类别之间有些交叠。例如，控制汽车刹车的嵌入式计算机系统，当司机在紧急情况下急刹车时，显然要能够实时响应。（对你来说，移动系统和单用户系统之间的交叠或许是很明显的。）

在程序执行期间，系统也可以按照用户和系统之间的活跃度来分类。学生或许最熟悉**交互式系统**。若系统是交互式的，在程序执行期间，用户直接同程序进行交互来提供输入数据和执行引导。交互式系统有时候也称为**对话系统**。大多数个人计算都是利用交互式进行操作的。

许多商业任务按照批处理形式执行更为高效，其中程序的数据输入集合成为磁盘或磁带上的文件。如果将整组数据处理成以月计的信用卡账单，让用户一次一个记录地输入数据就没什么意义了。相反，用户将程序或**作业**递交到计算机中进行处理。这种处理技术叫作**批处理技术**。在批处理过程中，用户不与程序进行交互。大规模账单、工资表和类似的数据密集型系统，通常按照这种形式进行处理。

提醒你一下，CPU 一次只能执行一条指令。因此，在单 CPU 系统里，操作系统使用的时间不能用于执行用户程序。一般情况下认为操作系统程序使用的时间是开销。事实上，对于大多数情形，操作系统实际上还是为用户节省了时间：

- 在单用户系统中，操作系统程序产生最小的开销。在任何时间点上，当用户使用操作系统程序时，执行用户程序都是优先的；只有在执行程序间分配 CPU 时间、处理中断或者用户程序请求其服务时，操作系统程序才能运行。
- 操作系统程序直接为用户执行任务，因为用户执行这些必须要执行的任务难度会更大。这包括用户可以使用的各种命令和用户程序的 I/O 服务。最重要的是，这还包括程序的加载和执行。当没有执行用户程序时，对于有这些要求的用户，操作系统总是可用的。
- 为了使用户更高效、更快速地完成工作，操作系统的用户界面提供了一种方式。现代操作系统中看到的用户界面，尤其如此。最好的现代操作系统将图形的简单性同复杂的文本命令输入能力和结果输出能力结合起来，给用户提供强大的计算机功能访问。
- 大多数情况下，计算机并没有满负载运行。当等待 I/O 传送时，CPU 是空闲的。用户也只能坐在键盘前思考。多用户和多任务操作系统能够让许多用户或任务共享计算机资源，从而提高了系统的利用率。
- 操作系统扩展了计算机的能力，可使其包含一些功能，这些功能需要特殊协调的硬件和用户不可见的软件。这些功能包括虚拟内存、Cache 存储器、多处理器、向量处理器以及网络技术。
- 操作系统给用户程序提供了强大的工具，这些工具可以提高程序的质量，使得执行用户的工作更为容易。例如，现代操作系统工具允许通过使用剪贴板很容易地在应用之间传送工作，也可以在字处理文档中嵌入一个电子表格。系统服务由 **API** 或**应用程序编程接口**提供。API 提供文件和 I/O 服务，提供产生并支持图形用户界面的工具，甚至还提供了将电子表格嵌入到字处理文档里的工具。

我们说，操作系统是**事件驱动**的。这意味着操作系统通常是空闲的，只有当需要操作系统行为的某个事件发生时，才执行操作系统。事件可以来自中断，也可以来自程序或用户的**服务请求**。事件具体包括文件请求、I/O、来自用户的键盘输入、来自程序的内存请求、从一个程序发往另一程序的消息、在分时操作期间允许操作系统调度器程序派遣程序的时钟中断、网络请求等。在实际当中，大型计算机上的操作系统进行要做的工作相当多。服务请求和中断是与操作系统进行通信的基本方法。

计算机设计师试图将计算机硬件和操作系统集成起来，以便在功能上相互支持，从而为用户和用户程序创建一个强大的环境。这样的环境叫作共生。这似乎表明每种类型的计算机硬件都需要使用自己专有的操作系统。事实上，情况未必如此。大多数现代硬件制造商根本就不提供自己品牌的操作系统。相反，支持其系统的是标准的操作系统，如 Linux 或 Windows7、8，还有 Apple IOS 或谷歌的 Android。

Linux 和 Windows 8 是两个操作系统，它们运行在多个硬件平台上。在不同硬件上运行的标准操作系统有一个突出的优点。这样的系统提供了程序的可移植性和文件的可移植性，通过提供可识别的接口和命令结构还允许用户舒适地从一台机器移动到另一台机器上进行工作。

可移植的操作系统是按照以下方式设计的，针对不同的硬件，只改变一小部分直接同硬件交互的操作系统代码就可以对其进行裁剪。大多数操作系统是用高级语言写的，通过重编译高级语言代码就能很容易地将其移植到一台新机器上。必须为不同的机器分别构建的这部分操作系统是用混合语言编写的，即高级语言和汇编语言的混合。像 C++ 和 Java 这样的语言都是理想的**系统语言**，因为它们可以提供直接与硬件交互的功能，并且需要的汇编语言也很少。实际上，C 语言最初就是针对这个用途设计的。Linux 和其他现代操作系统的可移植性直接源于这种能力。

当单一操作系统可以移植并且运行在不同的硬件上时，一个特定的硬件平台也可以支持不同的操作系统。因此，针对系统的特定应用，用户或系统设计师可以根据所期望的功能选择操作系统。尽管基于 X-86 的个人计算机通常都使用 Windows 的某个版本，但用户还能够选择其他的操作系统。出于熟悉和易用的原因，单独系统上的一个不复杂的用户可以运行 Windows7 或 8，但有特殊需求的且更为专业的用户可能更喜欢 Apple Macintosh OS X，因为这种操作系统拥有很棒的工具和应用；也可能更喜欢 Linux，因为 Linux 拥有其他功能。

15.3 服务和功能

15.2 节给出了构成操作系统的各种服务和组件的概述。在本节里，我们更详细地考察操作系统的基本构建块。有 10 个主要的构建块需要考察，但在任意一个特定的操作系统中，不一定都能见到它们：

- 命令处理程序、应用程序编程接口和用户界面
- 文件管理系统
- 输入 / 输出控制系统
- 进程控制管理和进程间通信
- 内存管理
- 调度和派遣
- 辅存管理

- 网络管理、通信支持和通信接口
- 系统保护管理和安全
- 系统管理支持

还有其他系统功能，如记账和差错处理，它们有时候也作为独立的功能块来处理，但常常出现在上面列出的功能块里。

在不同类型的操作系统中，这些组件中的有些组件可以组合在一起，甚至也可以没有。例如，如果嵌入式系统的所有程序都永久驻留在 ROM 中，则它可以不需要文件系统或内存管理模块。因而，上面列出的组件代表着最普遍的操作系统需求的一个集合。

其中有些模块，特别是命令接口和文件系统模块，对于用户是可见的。其他一些模块主要用于系统的内部控制，控制和优化硬件资源的使用，使程序的吞吐率和效率最大化。通过 API，用户程序也可使用大多数模块的服务。

在本节里，我们概览一下每个操作系统模块提供的服务。在其他章里会更详细地讨论各个模块，用户界面和相关服务的功能和操作在第 16 章中讨论，文件管理服务在第 17 章中讨论。操作系统最重要的内部组件和操作细节会在第 18 章里进行讨论。

15.3.1　用户界面和命令执行服务

对用户来说，操作系统提供的最重要、最容易看见的服务就是用户界面，还有它提供执行命令的功能。

有些系统没有将用户界面和命令处理器看作操作系统的一部分，尽管其中部分内容可能是常驻内存的。相反，这些系统将用户界面看成是一个单独的壳，把它提供给操作系统同内核进行交互，以提供必要的用户命令功能。理论上，不同的壳可以用来提供不同的命令功能。例如，在 Linux 中，常用的有 3 个不同的 GUI 壳（KDE、Unity 和 Gnome）和 3 个不同的基于文本的壳（bash、csh 和 zsh），Linux 中还有许多其他的壳是可以使用的。其中每个壳都提供了不同的特性、命令结构和功能。

存在不同类型的用户界面。最常用的是**图形用户界面（GUI）**和**命令行界面（CLI）**。图形用户界面接受命令的主要形式是图标、下拉菜单或选项彩带、屏幕上的按钮或手指移动、鼠标或手指点击。命令行界面依赖于键入的命令。然而，在这些界面的不同外观之下，执行的命令还是类似的。

不管提供的是哪种用户界面，命令接口都可以直接访问操作系统里的其他模块。最常用的命令访问文件系统以进行文件操作，访问调度器以进行程序装载和执行。在有些系统中，还提供了直接访问 I/O 系统的命令、保护服务、网络服务以及进程控制服务。在其他系统里，这些命令可能是通过内置的专用操作系统工具间接处理的。

有些系统甚至还提供了用来访问内存和辅存的命令和内置工具。一般来说，这些命令的使用仅限于有特殊访问需求的用户，比如对系统进行控制和管理的人。例如，UNIX 和 Linux 将这些人称为"超级用户"。

有些命令直接构建在操作系统里。它们驻留在内存中以便能及时访问。这些命令称为**驻留命令**。其他的命令只有在需要时才装载，这些命令叫作**非驻留命令**。

大多数操作系统都具有某种将计算机命令组合成伪程序（pseudo-program）的能力，这个程序通常叫作**外壳脚本**（shell script）。面向批处理的系统也能将各个命令组合成一个**控制语句**序列，这个序列一次解释并执行一条命令，不需要用户来控制这个多步骤"作业"的处理。作业中的每一步完成一个任务。例如，在大型的 IBM 系统中，针对这个用途的命令集形成了一种语言，称为**作业控制语言（JCL）**。

除了标准的操作系统命令之外，外壳脚本语言一般还提供有转移和循环命令以及其他计算机语言功能。外壳脚本是可以执行的，就好像它们是实际语言一样。其他常用的功能包括：

- 用于将 I/O 数据重定向到一台设备上的方法，这台设备不同于原先使用的设备，例如，重定向到一个磁盘文件代替原来的屏幕。
- 使用一种称为管道的技术组合命令的方法，使一个命令的输出自动地用作另一命令的输入。
- 给脚本提供额外参数的方法，它可以在程序执行时由用户来输入。

更复杂的命令语言提供了更大的命令集，具有更广泛和更强大的选项集，具有更广泛的控制结构，这种结构使得在设计和运行时能更灵活地创建外壳脚本。有些命令语言甚至提供了特别强大的命令，这些命令可以省去正常的编程工作。在这方面，特别著名的是 UNIX 和 Linux，它们提供了能查找、选择、编辑、分类、枚举以及处理文件里数据的命令，它们的使用方式也跟许多编程语言相似。

最简单的 Windows 脚本是基于命令集的，这个命令集从 MS-DOS 演化而来。这些脚本通常叫作 **.BAT 文件**。最近的 Windows 版本还包含了一个更强大的脚本工具，叫作 Windows PowerShell。PowerShell 基于面向对象的语言，这种语言类似于 C#，既能处理文本对象也能处理图形对象。PowerShell3.0 已集成在 Windows8 中。

有一些脚本语言在设计上独立工作，不依赖于使用的具体操作系统。其中最流行的有 perl、Python、PHP、Ruby 和 JavaScript。对于不太专业的用户，命令语言和脚本语言扩展了操作系统的能力和灵活性，还简化了系统的使用。

15.3.2　文件管理

文件的概念对于有效使用计算机系统至关重要。总体上粗略地将文件定义为相关信息的集合。按照这种定义方式，文件是一个相当抽象的概念；事实上，文件的内容只有在具体的内部描述和使用背景中才有意义。因此，一个文件里的字节序列可能表示一个程序、一幅图像，也可能表示一本书的字母文本数据，也可能应用在字处理器中。一个文件可以在内部组织成一些记录，也可以只是一个字节流。文件是由存储的逻辑单元构成的，也就是说，对于使用文件的人或程序来说，它是逻辑的。逻辑单元与存放文件的 I/O 设备的物理存储特性可以对应，也可以不对应。

文件管理系统提供并维护着文件逻辑存储需求与物理存储单元之间的映射关系。文件管理系统根据用户提供的文件名来识别并处理文件。它决定了文件的物理需求，为其分配空间，将其存储在该空间里，并维护着文件信息以便以后可以部分或完全地读取。文件管理系统记录着连接到系统上的每台设备的可用空间。用户和用户程序不必关心底层物理存储问题。用户和用户程序只需要通过名字便于访问文件，细节由文件管理系统来处理。

对于跨越不同的 I/O 设备，文件管理系统提供了文件视图的一致性。这种视图甚至扩展到了位于别处的文件，即通过网络访问的设备。对于用户来说，文件请求以相同的方式操作与设备无关，甚至在不同特性的设备之间也是如此。因此，将文件从一台设备移动到另一设备上，比如磁盘和磁带，但不需要知道设备间的物理差异。一个程序可以请求文件服务，但不需要知道所寻址设备的文件结构，实际上，甚至可以不需要知道文件存储在什么类型的设备上。

文件管理系统提供并维护以下功能：

- 系统中每台 I/O 设备的目录结构和工具，这些工具用来访问这些结构并围绕这些结构移动。目录结构允许按照文件名来检索和存储文件、记录映射关系、分配和释放空间、安装和卸载文件结构，还提供维护文件系统结构所需的其他功能。制定一些规定以便容易地从一种结构移动到另一种结构。
- 文件操作工具，使用这些工具可以将文件从一台 I/O 设备复制并移动到另一台设备上和从一个目录复制或移动到另一目录下，可以归并文件、创建并删除文件和目录，以及执行其他基本的文件操作。
- 系统中每个文件的信息以及访问这些信息的工具。一般来说，每个文件的信息有名字、文件类型、大小、创建日期和时间、最近更新的日期和时间，以及保护和备份特性。
- 保护文件、控制和限制授权用户访问文件的安全机制。大多数现代系统还提供加密保护和**日志**，即在文件更改期间，当系统发生故障时确保文件流传和完整的技术。

某些文件管理系统还提供了高级功能，包括审计、备份、紧急检索和恢复机制、文件压缩以及透明的网络文件访问。

在多用户共享辅存设备的系统中，文件管理系统尤其重要，因为它们提供了目录管理系统以确保没有重复使用物理存储。若没有这个能力，很可能用户会无意地重写相互的文件。当然我们已经注意到了，文件管理系统还提供了不同用户间的文件访问保护机制。文件管理系统在第 17 章里进行更全面的讨论。

15.3.3 输入 / 输出服务

在第 9 章里，我们介绍了中断的概念并给出了处理 I/O 的各种技术。实现这些概念的程序称为 I/O 设备驱动程序。要求每个程序自己提供 **I/O 服务**是比较困难的。I/O 设备驱动程序很重要，因为它们可服务系统中要执行的每一个程序，对于每台使用的设备，它们提供了一种标准的方法。更为重要的是，操作系统内标准的 I/O 设备驱动程序的使用，限制了每台设备的访问，并集中控制了每台设备的操作。

对于安装在系统上的每台设备，操作系统都包含相应的 I/O 设备驱动程序。这些驱动程序给文件管理系统提供服务，其他程序通过 API 也可以使用它们。I/O 设备驱动程序接受 I/O 请求，在硬件和内存特定区域之间执行实际的数据传送。

除了操作系统提供的 I/O 设备驱动程序之外，现代系统在 ROM 中还提供了某些具有最小功能的 I/O 驱动程序，来确保对关键设备的访问，如键盘、显示器、系统启动过程中的引导盘。基于 ROM 的驱动程序可以替换为其他 I/O 驱动程序，在系统的正常运行期间，也可以跟其他 I/O 驱动程序集成起来。在 IBM 的个人计算机上，这些驱动程序存储在系统的 BIOS（**基本输入 / 输出系统**）里。

对于新安装的设备，在安装时要添加上设备驱动程序，并集成在操作系统中。在有些系统上，这一过程是手动的。在大多数系统中，如 Apple Macintosh，这一过程完全是自动的。在 Windows 中，这种能力称为**即插即用**。许多现代系统甚至可以在运行时添加和修改设备

（驱动程序），无须关闭系统。USB 就提供了这种能力。

　　每个操作系统不论大小都对系统中的每台设备提供了输入 / 输出服务。每台设备使用一组 I/O 服务，这样确保了多个程序不会竞争设备，还确保了每台设备的使用都会通过一个单点控制来进行管理。在多任务系统中，多个访问会引起严重的冲突。例如，如果发现两个程序的打印内容混在一起了，那么用户是不会高兴的，如果输出属于两个不同的用户，那么更会如此！操作系统给每一个进程相应地分配和调度 I/O 设备来消除这个问题。

15.3.4　进程控制管理

　　简单地说，**进程**就是一个正在执行的程序。它是计算机系统里标准的作业单元。每一个正在执行的程序都可以看作一个进程。这不仅包括应用程序，也包括操作系统本身的程序。进程的概念包含程序和分配程序的资源，其中资源包括内存、I/O 设备、执行时间等。当系统许可一个程序执行后，它会分配内存空间和最初完成其工作需要的资源。当进程执行时，它可能需要其他资源，也可能释放不再需要的资源。对于进程，操作系统通过提供本章讨论过的各种服务来执行各种功能，包括调度和内存管理。通常进程必须是同步的，以便共享公共资源的进程不会因改变关键数据或拒绝彼此需要的资源而互相冲突。系统还提供了不同进程间的通信功能。通过**进程间消息服务**来回地发送消息，不同的进程可以相互协作。其他服务包括设置进程优先级和计算账务信息等功能。

　　进程控制管理记录内存里的每一个进程。为了继续执行进程，它确定着每个进程的状态：是否正在运行，准备好运行还是等待某个事件，比如要完成的 I/O。对于内存里的每一个进程，它维护一个表，这个表确定当前程序计数器的值、寄存器的值、所分配的文件和 I/O 资源，以及其他参数。它协调并管理着消息处理和进程同步。

　　大多数现代系统将进程进一步拆分为更小的单元，叫作**线程**。线程是一个进程中可独立执行的部分。它与同一进程里的其他所有线程共享内存和其他资源，但可以独立于其他线程，进行调度执行。

15.3.5　内存管理

　　内存管理系统的用途是按照执行时所需的内存空间，将程序和数据装入内存中。每一个正在执行的程序都必须驻留在内存中。对于支持多任务的系统，多个程序会同时占用内存空间，每个程序在各自的内存空间里。

　　内存管理系统有 3 个主要任务。对于必须装入和执行的程序，它试图以公平、高效的方式来执行这些任务。

　　1. 它跟踪内存、维护记录，这些记录确定了每一个装入内存的程序及其占用的空间；它还记录了可用的空间。根据需要，还为运行的程序分配额外的空间。这样可以防止程序读写超出所分配空间的内存，避免它们偶尔或无意地破坏其他程序。

　　2. 如果需要，它维护一个或多个当空间可用时等待装入内存的程序队列和基于这种程序标准作为优先级的内存需求。当空间可用时，它给接下来要装入的程序分配内存。在现代计算机系统中，这种情形很少出现。

　　3. 当程序执行完成时，它释放程序的内存空间。释放出来的空间可用于其他程序。

　　较早的系统使用各种算法来划分可用的内存空间。除了专用的嵌入式系统外，每一个现代计算机系统都提供了**虚拟存储**，这是一种使用内存的方法，它包含了带有复杂内存管理功能的硬件支持。虚拟存储创建了这样一种内存空间效果：潜在的内存空间比计算机系统上插入的实际物理存储空间要大很多；它的使用是系统性能的一大突破。在有虚拟存储系统中，操作系统的内存管理模块直接与硬件一起工作，并提供软件支持来创建一个集成的内存管理环境，这个环境最大程度地利用了虚拟存储的特性。在 18.7 节里，对虚拟存储会进行详细解释。

15.3.6　调度和派遣

操作系统负责 CPU 时间的分配，分配方式对于各种程序的竞争时间要公平，同时还要最大限度地提高整个系统的利用率。

系统中存在着两级调度。一级调度确定允许哪些作业、按什么顺序进入系统。允许进入系统意味着一个作业会基于某种优先级顺序放入到队列中，最终会给它分配内存空间和其他资源，它们允许程序装入内存并执行。（有些操作系统将这个操作分成两个独立的任务，一个是系统许可，另一个是分配内存。）这种调度功能有时称为**高级调度**。另一级调度称为**派遣**。派遣实际负责选择 CPU 在任意时刻要执行的进程。操作系统的派遣组件通过分配 CPU 时间来实现并发，从而使多个进程同时执行。对于能够将进程划分为线程的系统，派遣执行在线程级上，而不是在进程级上。

现代系统拥有广泛的功能和性能，所以高级调度相对来说是直接的。大多数情况下，就是简单地允许新进程进入系统，如果内存可用，就分配内存空间，或者保持进程直到内存空间可用，然后再许可进入系统。

在任意给定时刻，选择合适的候选者使用 CPU 时间是相当重要的，也是十分困难的，因为派遣器的能力直接影响着用户完成工作的能力。单一程序不允许"独占"机器，因此，无论运行什么进程，派遣器都必须周期性地进行中断，并运行自身来确定机器的资源状况，然后再分配 CPU 资源，从而确保每一个用户和任务都接收它所需要的 CPU 资源。

由于单个 CPU 一次只能处理一条指令，所以单处理器同时执行两个或多个程序显然是不可能的。相反，派遣器作为一个控制器可以提供并发处理。有很多方法可以实现能够并发处理的多任务技术，但这些方法大多都利用了两个简单的策略：

1. 当一个程序在等待 I/O 传送时，另一个程序可以使用 CPU 去执行指令。这种策略如图 15-3 所示。在第 9 章里，我们说明过可以高效地执行 I/O，并且不会束缚 CPU 执行指令的能力。我们进一步发现，CPU 在大部分时间里都是空闲的，因为在一般的程序执行中，I/O 占据了很大的比例。这就表明，提高 CPU 利用率的一种有效的方法是空闲时间可用来执行其他程序。

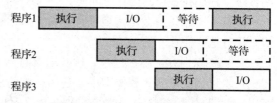

图 15-3　在 I/O 间隔期间共享 CPU

2. CPU 可以在不同的程序间快速切换，每个程序执行几条指令，并通过周期性的时钟产生中断。这种方法在 9.3 节里讨论过，并在图 9-8 里表示过，这里重新画一次，如图 15-4 所示。这种策略会使每个程序的执行变慢，因为每个程序都必须与其他程序平分时间。由于每次中断都要调用派遣器来选择下一个程序使用的 CPU 时间，因此，也存在着操作系统开销。在大多数情况里，相对于程序需求，CPU 是如此的强大，以至于觉察不到程序执行速度的下降。这种技术叫作**时间片技术**（time-slicing）。

派遣器使用的算法结合了这两种方法，考虑到了对每一个程序的公平性、不同程序的优先级、紧急情况的快速响应（如显示用户的鼠标移动、显示流视频、派遣器可用的 CPU 数），以及其他标准。

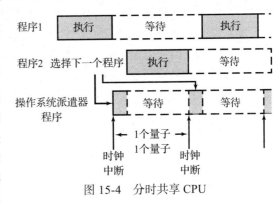

图 15-4　分时共享 CPU

不同的进程有不同的需求。有些进程需要大量的 CPU 时间，这种进程认为是 **CPU 密集型**（CPU bound）的进程。其他的进程主要是 I/O 操作，它们只包含很少的 CPU 处理，这些进程称为 **I/O 密集型**（I/O bound）的进程。及时响应时间在某些情况下是很重要的（例如，回应屏幕上的光标移动），但在另一些情况下不那么重要（如从一个批处理作业中产生打印输出，当天晚些时候，用户才去取它）。显然，我们希望派遣进程的方式能高效地使用系统。不同的派遣算法用来满足不同的需求，度量派遣器工作好坏的标准也有很多种。一般来说，交互式进程要求响应速度快于批处理进程。必须实时控制仪器的进程需要最快的响应速度。

派遣器还负责将控制传送给正在被派遣的进程。这个职责包括保存以前运行程序的程序计数器值、寄存器值和程序停止时刻的其他状态参数，如果需要的话，还要精确地恢复正被派遣程序的以前状态。这种操作叫作**上下文切换**。

派遣器的操作依赖于系统的特性，还依赖于系统正在运行的程序特性。派遣器可以是**抢占式**的，也可以是**非抢占式**的。对于非抢占式的系统，当且仅当程序因 I/O 或者某种其他事件被阻塞了，或者程序自愿放弃 CPU 时，派遣器才替换一个正在执行的程序。必要的时候，可以临时挂起正在执行的程序，以便 CPU 能处理中断，但当中断任务完成后，控制返回给同一程序，（出于几个原因的考虑，这种异常是必要的。如果没有的话，将无法停止一个失控的程序，如有死循环的程序。它还要防止来自用户键盘键击的丢失，将键击回应到用户屏幕上。）

如前所述，抢占式多任务技术使用时钟中断去抢占正在执行的程序，并做出一个新的决策：接下来要执行哪一个程序。

一般情况下，非抢占式派遣算法主要用于较早的、面向批处理的系统。现代派遣器主要是抢占式的。然而，对于那些必须要执行完成和没有不必要中断的程序，大多数派遣器都提供了非抢占式派遣各个程序的机制。例如，Linux 使用非抢占式派遣技术来避免某个操作系统的操作被中断，如果被中断的话，可能会破坏操作系统数据的完整性。

对于进程产生的更详细解释，参见 18.3 节。关于调度和派遣，在 18.5 节里会进一步地讨论。

15.3.7　辅存管理

文件管理系统记录了空闲的辅存空间，并维护着文件系统和文件目录。输入 / 输出控制系统提供了设备驱动程序，这些驱动程序实际控制着内存和辅存设备之间的数据传送。

在大型多任务系统中，可能有多个程序同时请求来自同一台辅存设备的 I/O 服务。这些请求执行的顺序影响着不同程序完成其工作的性能，因为程序通常要停下来，在继续执行之前必须要等待 I/O 请求的完成。尽管按照接收的先后顺序来处理 I/O 请求最简单，但乱序处理这些请求会更高效，尤其是请求的那些数据块散布在整个磁盘上时。真的是这样，因为相比于系统内的其他时间，磁盘寻道时间（即从磁道到磁道的移动时间）是很长的。

辅存管理系统使用请求再排序算法试图优化 I/O 任务的完成，以便更高效地使用磁盘。例如，它可能试图从磁盘区域的一些磁道上读完所有请求的数据块，然后再去读磁盘另一端上一些磁道中的数据。在某些大型现代系统中，I/O 硬件和操作系统软件结合起来可以实现优化。辅存管理的进一步的细节，在 18.8 节里有描述。

15.3.8 网络和通信支持服务

除了某些专用的嵌入式系统，今天几乎所有的计算机都直接或间接地连接到网络上。（甚至存在着向网络嵌入式计算机发展的趋势：当你把汽车开去维护时，现代汽车计算机通常将维护问题报给服务技师——许多汽车甚至在路上，通过无线方式将问题报告给服务代表。而且你可能听说过，当食物存量过低时向网上食品配送服务发出订单的冰箱。）操作系统里的网络和通信支持能力实现了在网络和分布式环境中使系统无缝运行所需要的那些功能。

正如我们在第 13 章里指出的，几乎所有的现代通信业务都依赖于有线和无线以太网，还有 TCP/IP 协议簇和基于 IP 的应用。TCP/IP 提供了下列功能：定位和连接其他计算机系统，将应用数据按包的形式从一个系统传递到另一个系统、访问远端系统上的文件、I/O 设备和程序，适当的时候提供差错校验和校正，以及对分布式处理需求提供的支持。操作系统里的网络和通信服务提供了必要的通信软件，实现 WiFi、有线以太网以及 TCP/IP 的功能和性能。大多数系统还实现了大量的 TCP/IP 应用和扩展应用，具体包括电子邮件、远程登录、Web 服务、流媒体、基于 IP 的语音电话（VoIP）、跨互联网的安全网络技术（称为**虚拟私有网**或 VPN）等。大多数现代系统还提供了蓝牙功能。

操作系统里的通信服务还提供了通信软件与操作系统的 I/O 控制系统之间的接口，I/O 控制系统负责访问互联网。I/O 控制系统包含很多设备的软件驱动程序，这些设备有调制解调器、网卡、无线通信卡，以及用来在物理和电气上将计算机连接到一个或多个网络中的其他设备。

用于服务器应用程序的较大型计算机，通常需要额外再增加能力和可靠性，来满足其客户的需求。这些能力有时候分别称为**系统可扩展性**和**防故障运行**（fail-safe operation）。除了网络支持之外，这种机器的操作系统通常包含机群软件，这会使得这些计算机能够聚集在一起，形成一个单一高性能的系统，并且对于客户端和用户是透明的。机群软件提供了单点登录、单点用户和客户端请求、请求转向、故障检测和迁移、机群内各个节点间的系统负载均衡等功能。

15.3.9 安全和保护服务

对于以下这些事情任何人肯定都不会感到奇怪：现代系统需要安全和保护服务来保护操作系统免受用户进程的影响，避免进程之间互相影响，保护所有的进程免受外界的影响。例如，没有保护，一个"臭虫"或恶意程序会有意或无意地修改、破坏属于操作系统或其他进程内存空间里的程序代码或数据。同样重要的是，保护系统、防止用户进程从未授权的入口进入系统、禁止非法使用系统，甚至禁止授权的用户。

在大多数现代系统中，执行进程是有限制的，要求指令的执行和数据访问都在自己的内存空间里，有时将其称为沙箱（sandbox）。其他所有的服务（如文件管理和 I/O），都必须使用操作系统专门提供的服务由操作系统里的进程来请求。这种方法是系统安全的基础。在这种方式中，操作系统、文件系统和其他进程未经授权不能使用和操作，这从整体上保护了系统的完整性。进程间的消息通信服务通常是由操作系统提供的，允许进程之间互相通信，而不损害系统。操作系统的关键部分在特殊保护的操作模式里执行，这种保护模式是作为 CPU 设计的一部分来提供的。在这种保护模式中，操作系统可以防止程序执行某些指令，防止程序访问由操作系统指定的部分内存，比如其他程序正在使用的那部分内存。

操作系统里的每一个模块都含有保护其资产的规定。因此，文件管理系统不会允许一个进程将数据存储在其他文件正在使用的磁盘空间内。进程管理也不会允许分配 I/O 资源去妨碍其他进程完成任务。由于所有的服务都是通过操作系统请求的，所以操作系统有能力来确定这些请求不会损害其他进程，也不会损害系统本身。

操作系统也提供登录和密码服务，这有助于防止未授权用户的登录；还提供了访问控制功能，它允许用户在不同的可用性级别上保护个人文件，避免其他用户和外界人士访问。现代操作系统还包含防火墙保护，通过高明地管理，它会使得外界人士渗入系统更为困难，但这还不是万无一失的；安全需求与用户完成工作的需求之间必须要仔细地平衡。尽管现代系统提供了所有的保护措施，但漏洞、病毒、操作系统内部的脆弱性、防火墙的低劣配置、其他安全特性以及很差的用户管理策略（如使用弱口令）都会使系统很脆弱，易受到外界的攻击。在操作系统设计中，设计和部署有效的安全和防范措施是一个重要的持续的关注点。许多给出承诺的研究项目正在努力设计操作系统的安全机制，防止渗透者越过他们入侵的实际程序，进入操作系统的其他区域。

15.3.10　系统管理支持

系统管理员或缩写的 sysadmin，是负责维护一个或多个计算机系统的人。在大的单位中，系统管理员可以管理数百甚至数千台计算机，包括员工的计算机。系统管理员管理的一些重要管理任务包括：

- 系统配置和建立组配置策略
- 添加和删除用户
- 控制和修改权限以满足用户的需求变化
- 提供并监视相应的安全机制
- 管理、安装和卸载文件系统
- 管理、维护和更新网络
- 提供安全、可靠的备份机制
- 提供和控制软件，按需安装新软件、更新软件
- 给操作系统和其他系统打补丁、更新操作系统和其他系统
- 恢复丢失的数据
- 调节系统以优化可用性和性能
- 监视系统的性能，在必要时推荐系统进行修改和更新以满足用户需求。

这些工作和其他重要的工作都必须应用到中心服务器系统、客户机以及网络中其他台式机里以协调和维护一个可靠有用的系统。现代操作系统提供的软件简化了这些工作。

在较小的个人计算机上，用户通常也是管理员。用户的主要管理任务是安装和更新软件、不时地对系统和台式机执行再配置、根据需要维护网络连接、定期执行文件备份、定期

进行磁盘维护和碎片消除。对于用户管理的这种类型，简单的工具就够了。实际上，台式机操作系统的目标或许就是对一般用户"隐藏"更专业的工具。例如，Windows 操作系统将系统配置存储在注册表中，通常它对用户是隐藏的，取而代之的是它提供的各种各样的简单工具专门对系统进行调整，并且满足用户的喜好，同时还能执行维护任务。对于许多任务，Windows 操作系统提供了默认的配置参数这能满足绝大多数用户的需求，还带有工具来修改这些参数以满足特定用户的需求。这些最简单的工具足以让大部分用户可以执行一般的系统管理了。必要的时候，较为专业的用户也可以直接操作系统的注册表。在一个单位里，对于连接到较大型系统上的台式机，中央管理工具允许将组管理策略和配置应用到各个台式机中，无须用户参与。

对于较大的系统，管理更为重要也更为复杂。要管理的硬件和软件相当多，而且存在着大量需要记账和服务的用户。在大型系统上常常要安装新的设备，在某些情况下，为了使用新设备必须对系统再配置。IBM 将这个过程叫作"系统生成"（sysgen）。这是在大型系统中系统管理最重要的任务之一。现代系统提供的软件可以简化常用的系统管理任务。对于主要的系统管理需求，大型机的操作系统都提供了工具。它们还提供了一些工具，这些工具允许管理员对系统进行调整以优化其性能，例如，优化吞吐率或资源的使用。这可以通过修改系统参数、选择特定的调度和内存管理算法来完成。在各种系统中可调节的参数有分配给程序的内存大小、用户磁盘空间的分配、优先级、分配文件到不同的磁盘上、可同时执行的最大程序数、使用的调度方法。IBMz/OS 甚至还包含一个"负载管理器"，它试图自动地优化系统资源，无须管理员干预。

例如，传统 UNIX/Linux 上的系统管理员可以作为超级用户登录系统，拥有可以超越系统内置的限制和安全策略的特权。超级用户能够修改系统里的任何文件。（然而，上面提到的新安全机制可能会令超越安全策略变得更为困难，从而可以防止试图渗入内核的黑客进入系统。）更为重要的是，UNIX 系统提供了简化系统管理任务的工具。这些工具采取的命令形式只有超级用户才能执行，使用基于文本的配置文件可以通过任何文本编辑器来修改。

例如，UNIX/Linux 一般提供了由菜单驱动的或图形化的添加用户（adduser）程序，用来管理用户账号。这个程序提供了一个简单的过程，执行将新用户添加到系统所需的所有任务中，包括建立用户名和 ID 号、给相应的用户和用户组表建立表项、创建用户的根目录、分配登录壳、建立用户初始化文件（对应于用户特定的终端硬件、提示喜好等）。

其他典型的 UNIX/Linux 管理命令包括划分硬盘的分区工具；用于构建文件系统的 newfs；用于安装和卸载系统的 mount 和 umount；用于检查和修复文件系统的 fsck（在概念上它类似于 Windows 系统的 CHKDSK，但它更复杂、更全面一些）；用于测量磁盘使用状况并释放空间的 du 和 df；用于将文件收集到文档末尾的 tar；以及用来创建备份文件和恢复损坏文件的 ufsdump 和 ufsrestore。config 命令用来构建系统。UNIX/Linux 系统管理员还有很多其他工具可以使用。

跟其他大型系统一样，基于服务器版本的 Windows 提供了一整套工具，它可以用来测量系统的性能并对系统进行管理，包括远程控制和配置客户端系统的能力。

大多数系统都提供了各种统计信息，这些信息指示系统的负载和系统的效率。系统管理员根据这个信息来调整系统。典型系统状态报告的一部分如图 15-5 所示。这种特定的报告来自 Linux 系统。这个报告表明了系统负载随时间的变化情况，展示了 CPU 和内存的使用情况，确定了 CPU 计算最密集的进程，并带有用户名和所使用 CPU 及内存资源的百分比，给出了虚拟存储的效率，还提供了很多其他有用的系统参数。对于所显示的数据，它甚至还提供了分析。尽管一般的用户，根据采取的步骤和所展示的结果，可能不会发现这样的报告是非常有用的，但熟练的系统管理员能够充分利用这些信息来决定使用哪些方法，从而提高系统的性能。例如，某个磁盘上负载一直很重，这就意味着要将该盘上使用最频繁的文件分别放在两个独立的磁盘上，以便能并行访问。再者，在高峰时段某个用户大量地使用 CPU，这意味着在这个时段需要降低该用户的优先级。

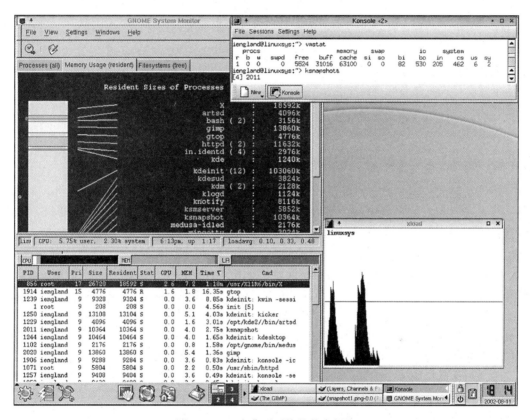

图 15-5　一个典型系统的状态报告

系统生成。要执行的最重要的系统管理任务之一就是创建一个操作系统，并对其进行裁剪以满足特定安装的具体需求。构建系统的过程叫作**系统生成**（system generation），即 sysgen。sysgen 的结果就是让操作系统与所用硬件的特点和功能相匹配，还要包含所期望的操作系统功能和性能选项。裁剪系统主要使用两种方法：

- 选择要安装的操作系统模块。一般情况下，操作系统提供大量的可用在不同环境里的模块。只选择那些跟安装相关的模块。例如，一个特定的安装要求个性化地选择 I/O 设备。只有安装 I/O 设备需要的驱动程序才包含在裁剪的系统中。
- 给系统参数赋值。参数用来提供安装的细节。例如，在一个基于 Windows 的系统中，所有的设备都分配了一个特定的、数字式的中断通路，称其为 IRQ；也指定了每个设备中断驱动程序的内存位置。另一个参数是多用户系统中允许的并发用户数。在有些系统中，一个参数可以用来确定一个模块是驻留内存的，还是需要时才装入的。大多数大型系统还提供了可用来调整系统调度机制、调节其他资源控制模块行为的参数。

系统管理员必须确定这些参数以及其他参数，以满足安装需求。

有些系统带有许多选项，这提供了一定的灵活性。其他的系统可能只提供最少量的选项，或许就只是一个关于 I/O 设备驱动程序的选项。

用于执行 sysgen 的方法依赖于操作系统。有些系统提供了操作系统模块的源代码。选择好模块和参数后，对操作系统进行汇编 / 编译和链接以形成可加载的二进制的操作系统。可以提供一个带相应编译工具的准系统操作系统，从而在目标系统上执行系统生成过程，这个过程也可以在不同的机器上执行。其他的操作系统使用一个安装程序来决定操作系统应该包含哪些模块，而且在安装过程中选定参数。在这些系统上，各种模块都已经以二进制的形式提供了，在系统生成过程中只需要链接一下。

在许多系统中，sysgen 过程是以一系列菜单选项和参数项的形式来提供的，引导着操作员通过这个过程。在有些系统中，这个过程是通过脚本文件或批处理文件进入的。大部分系统还允许某种程度的动态配置，这可以对系统进行一些改变，而无须重建整个系统。前面我们曾经指出过，Linux 配置脚本文件就是用于这个目的的。

15.4　组织

操作系统的组织并没有标准模式。有些系统是经过深思熟虑和精心策划后开发的，而另一些系统在很长的一段时间内则是混乱增长的，根据需要增加新功能和新服务。因此，构成操作系统的程序可以相互之间相对地独立，没有中心组织，也可以形成一个正式的结构。

总的来说，大多数操作系统的组织通常可以由 3 种结构模型中的一种来描述。文献中将其通常称为**单体结构**（monolithic configuration）、**分层结构**或层次化和微内核结构（microkernel configuration）。在结构中，单个程序可以用不同的方式进行分类。如前所述，根据其功能，操作系统程序可以是驻留内存的，也可以是非驻留内存的。在驻留的程序中，有些以保护方式运行，通常叫作**内核模式**，另一些则是以传统的用户模式运行的。

作为单体结构的一个例子，UNIX 通常用图 15-6 所示的模型来描述。在这种模型中，各种驻留内存的操作系统的功能通过一个单体内核来表示，并没有特别的组织。操作系统程序只是根据需要执行功能。内核里的关键功能以保护方式运行，其余的以用户方式运行。外壳与内核是分离的，用作用户、实用程序与带内核的用户程序之间的接口。因此，可以将外壳替换掉，且不会影响内核运行。（在补充第 2 章里，作为案例研究，更为详细地考察了 UNIX 组织。）

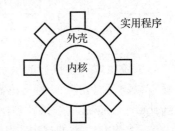

图 15-6　UNIX 的一种简化表示

单体结构的主要困难是整个系统的稳定性和完整性。内核中任何程序的缺陷都能让整个系统崩溃，比如内核中不同程序间的一个意外交互。因此，增加一个新的设备驱动程序就有可能损害整个系统。然而，如果正确地设计和控制，还是可以构建一个既安全又稳定的系统的，Linux 就是一个证明。

另一种操作系统的组织是围绕一个层次化结构来构建的。层次化操作系统组织的一种简单表示，如图 15-7 所示。这种表示展示了划分为多层的操作系统。最上面的层对用户是可见的；中间层包含了主要的内核操作。最底层是 I/O 设备驱动程序，它们与硬件进行交互。

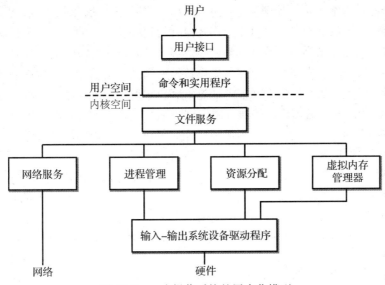

图 15-7　一个操作系统的层次化模型

在这种模型中，每一层与其他层相对独立。因此，文件管理层决定了由逻辑名标识的文件位置，解释请求的特性，但不会试图直接访问硬件。相反，它对内核进行请求。然后，本地的请求传递到 I/O 设备驱动程序层去访问硬件。网络请求则传递给 I/O 设备驱动程序，这些程序位于提供服务的机器上。

这么安排层次的目的是为了从顶部访问操作系统的各层。每一层调用下面接下来的一层以请求所需要的服务。目前大多数计算机都提供了相应的硬件指令，这些指令使得操作系统的设计可以加强这个过程。这提供了安全性，为操作系统内的不同功能也提供了一个整洁的接口。

分层的操作系统必须要精心设计，因为这种层次化要求服务这样分层：所有的请求都是向下移动的。特定层上的程序决不能请求上一层的服务，因为这会破坏系统的完整性。分层方法的另一个缺点是，当通过中间层传递请求以接收来自最低层的服务时，所需的时间很长。与之相反，单体操作系统中的一个程序可以直接从提供这个服务的程序中请求服务，执行的速度较快。分层方法显著优点是，结构良好的模块化设计所带来的稳定性和完整性。

另外一种操作系统的设计方法就是微内核设计。微内核结构的示意图如图 15-8 所示。这种微内核结构模型基于一个小的受保护的内核，这个小内核提供最基本的功能。不同的系统对"最基本功能"的定义是不一样的。Mach 操作系统的内核包含消息传递、中断处理、虚拟内存管理、调度和一组基本的 I/O 设备驱动程序。可以构建一个只有消息传递、中断处理和最简单内存管理的微内核，尽管这么做的实际优点还没有展现出来。

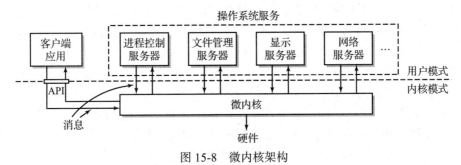

图 15-8　微内核架构

微内核结构是由客户端－服务器系统组成的，其中，客户端和服务器处于同一系统内。基本功能之外的操作系统服务是由以用户模式执行的程序来完成的。每一个程序都相当于一个服务器，这个服务器根据应用程序（模型中的客户端）和其他操作系统程序的请求来执行具体的操作系统任务。客户端通过直接向微内核发送消息来请求服务。微内核将消息传递给相应的服务器，服务器执行所需的功能，通过给客户端返回消息来应答请求。这个应答也会通过微内核。因为所有的通信都必须通过微内核，这维护了系统安全和完整性。

这种微内核结构的一个优点是，简单地改变驻留在微内核外的服务程序就可以创建不同的操作系统设计，同时还维持着微内核的安全性和稳定性。例如，基于 Mach 微内核构建了众多的操作系统，Macintosh OS X 就是其中一个。微内核方法提供了可靠性、灵活性、可扩展性和可移植性。它特别适合于面向对象的设计。它能够很容易地增加新功能而不损害系统。相对其他类型的设计，微内核结构中所需的大量消息传递可能带来性能损失，但模型的实际应用表明只要小心一点，这种方法潜在的缺点是能够降到最小的。

15.5　计算机系统的类型

现代计算机系统的硬件基本上是类似的，无论系统的类型如何。因此，计算机系统之间的差异主要取决于操作系统软件。选择的操作系统软件要满足所期望的需求和目标。

正如我在 15.2 节里简要概述的那样，有许多不同类型的操作系统，它们分别设计用来满足一组特定的需求和要求。影响操作系统设计或架构的一些因素是用户群的主要类型、系统用于直接用户访问还是幕后的服务器访问、系统是否为专用的，如嵌入式电子控制或汽车应用。

例如，可以设计一台计算机用于业务的端用户，另一台用于程序员和工程师以及其他高技术专家。或者，iPad 平板电脑是为没有经验的用户而精心设计的（当然，也为其他用户）；Windows 对于需求简单的用户来说是足够的；相反，更专业的用户可能会选择使用 Linux 的系统。笔记本电脑对于许多单用户来说是足够的，但大型机的系统可能更适合用作服务器，基于网络或基于机群的系统更适合特殊的服务器应用。需要专门设计的特殊应用可能包括嵌入式控制（如汽车应用和微波炉应用）、CAD/CAM 图形、多媒体（Pixar 计算机就是一个特殊的系统，它是专门为运动图像动画和特效设计的）以及实时控制应用。为智能手机设计的操作系统可能要运行在资源有限的环境中，尤其是要考虑功耗、网络连通性、内存大小和显示等方面。这些系统各有不同的需求和要求，它们是通过设计操作系统来满足的。

当然，提高操作系统软件的复杂程度是有代价的。增加的功能越多，操作系统需要的内存就越大。MS-DOS 的最初版本可以运行在 64KB 的内存中。20 世纪 70 年代，IBMs/370 系列的 IBM MVS 操作系统甚至在不考虑应用的情况下，也需要 6MB 以上的内存。对于 Windows7 及其应用，有些专家建议最小要 2GB 的内存。今天拥有 16GB 内存的台式计算机并不少见。操作系统执行功能所需的时间开销在整个时间中占据很大一部分。在提高效率和易用性方面，人们希望这种开销是值得的。例如，在个人计算机中，图形用户界面和多媒体支持消耗了很大比例的系统资源。在主要作为 Web 服务器使用的计算机上，这些资源可以更好地用来提供更快速的网络访问或支持更多的用户。

在前面讨论的背景中，我们可以粗略地将计算机操作系统分为 7 种类型：单用户系统和工作站操作系统、移动设备的操作系统、大型机操作系统、网络服务器操作系统、实时操作系统、嵌入式控制操作系统以及分布式操作系统。（我们早先提到过，在历史上曾经很重要的一次只能执行一个任务的系统，现在基本上过时了。)

- 当前使用的主要系统是单用户多任务系统。这些系统常用于笔记本电脑、台式机和工作站。常见的例子有，各种版本的 Windows、Macintosh OS X、Linux 和 Sun Solaris。GUI 是这些系统的一个主要特征，因为它让用户能够很容易地同时运行几个进程，最大限度地提高了整体生产率。窗口式界面使得几个任务的输出展示可以同时出现在屏幕上，并提供了很容易的任务切换方法。(然而，请注意，视窗环境并不是多任务的一个需求。有些单用户系统也允许单个用户通过命令行界面启动多个任务。特别是 Linux、Sun Solaris 以及其他基于 UNIX 的系统，它们允许用户指定以后台方式执行的进程。后台进程可以将输出展示在屏幕上，但只有前台进程才能从键盘上接受输入。操作系统提供的命令允许用户在某个时刻通过前台选择一个进程。)工作站通常提供的是单用户多任务操作系统，尽管大多数工作站可以配置为多用户的或配置为服务器来运行。

- 移动操作系统是专门为小型手持设备而设计的操作系统，如智能手机，其实例是 IOS 和 Android，还有电子阅读器和平板电脑。这些系统拥有传统的单用户多任务系统的大部分功能和特性，但耗电有限制、内存大小有限、CPU 执行速度较慢，并且文件存储一般也仅限于使用小型静态非易失性存储设备；除此之外，还有一些在较大系统中不需要的功能，如触摸屏功能、虚拟键盘处理、精心的电池耗电管理、对全球定位和电话等特殊 I/O 设备的支持，另外有一些功能用于与其他系统同步数据，以及手写体和语音识别。当然，智能手机和平板电脑上的有限的屏幕大小，使得多视窗应用在这些设备上是不切实际的，但变通的方案提供了类似的功能。

- 大型机操作系统的设计用来管理大规模的计算资源，尤其是在大型企业环境中，在那里通常要进行大量的事务处理，需要巨大的 I/O 处理能力。最初，构建大型机系统的目的是为了让数百个用户共享中央设备的计算能力，也支持批数据处理操作，如账单和信用卡处理。今天，大型机操作系统管理典型的大型计算机硬件，这些硬件由成群的多处理器部件构成，旨在作为单一的处理单元一起工作，它带有几百 GB 的内存、数百 PB 的磁盘存储和 I/O 以及每秒钟几百 GB 的网络通信能力。大型机操作系统不同于较小的多任务系统，它们提供的特性各不相同，可以配置的通用性不同，支持的安全级不同，给系统管理员提供的控制程度也不同，它们提供的总体功能和性能也不一样。对于这类机器，云计算、大型网络服务和数据库处理以及超级计算应用是其常见的应用。

- 网络服务器系统在许多方面都类似于单用户多任务桌面系统。然而，系统使用的主要焦点从满足直接用户的需求转移到了通过网络连接支持的客户端上。除了管理系统所需的那些要求外，服务器自己本身可以没有直接的用户设备。跟大型机系统一样，服务器旨在提供网络服务、文件服务、打印服务、应用服务以及给客户端的数据库服务，这些取决于系统应用的具体需求，但规模小一些。它也为客户端提供某些程序执行服务，包括客户端系统启动支持，尤其是在带瘦客户端的网络中。Web 服务器通常以机群的形式协同工作。对于这些应用，人们会期望 Web 服务器操作系统提供改进的安全性和系统完整性保护、高可靠性文件管理和大文件备份能力、对机群和多处理器技术的强大支持、改善故障预防机制、发生故障时自动切换到其他系统、故障恢复以及强大的系统管理能力。

- 在**实时系统**中，当需要的时候，一个或多个进程必须能立即访问 CPU。实时系统用于这样的应用程序，其中一个或多个程序正在测量或控制 I/O 设备，并且这些设备必须在特定的约束时间内进行响应。一个实时系统可以控制仪器，比如控制太空飞行的火箭；也可以用来测量对时间敏感的数据，比如周期测量核反应堆里的温度。尽管有些实时系统是针对特定的应用而专门创建的，但大多数都是通用的多任务系统，这样，除了正在执行对时间敏感的应用之外，还可以用于其他任务。一个实时系统可以看作一个多任务系统，在这个系统中，导致一个或多个实时程序执行的中断具有很高的优先级，但在许多情况中，需要做出特别的努力来确保实时程序能在其所需的时间约束内运行。

- **嵌入式控制系统**是特殊的系统，旨在控制单台设备，如汽车或微波炉。嵌入式控制系统的软件通常是在 ROM 中存储的。然而，在这些系统中仍可以发现操作系统的许多功能。例如，控制汽车的计算机仍然需要多任务系统中的许多功能。车上有许多代表 CPU 的输入和不同控制功能的测量传感器要需管理。服务技师必须能将一个 I/O 终端连接到系统上，以便进行汽车分析。实际上，嵌入式控制系统也是一个实时系统，专门针对特定的应用。

- 最后，**分布式系统**名声渐起，其重要性正在快速上升。在分布式系统中，处理能力分布在机群或网络的计算机上。甚至，互联网也可以作为一个分布式系统。程序、文件和数据库都可以是分散的。程序可以划分为多个功能片，分布到整个网络上执行。另外，程序组件也可以存储在不同的系统上，根据远程请求就地执行。第 16 章里简要讨论的 .NET 和 CORBA 是旨在加速这个过程的两个标准。不管使用的是哪一种方法，操作系统都需要增加额外的复杂度来处理任务或进程中指令的分布、内存和 I/O 的共享以及这些系统之间必要的数据通信和控制。很多现代计算系统包含附加的操作系统模块以使分布式处理技术变得切实可行。**分布式计算环境（DCE）**是一个 OpenGroup 标准，它为分布式计算操作系统建立了一组功能。（OpenGroup 是一个组织，通过在一些主要的计算领域建立标准和认证产品来促进开源计算。UNIX 被认为是最著名的 OpenGroup 标准。）DCE 标准受到许多商家的支持，也纳入进一些商家的操作系统中，其中包括微软、Oracle 和 IBM。

当然，还有其他的计算机系统分类方法。描述系统的一种方法是考虑系统设计师的意图和理念，这有时候是有用的。这种描述有时候有助于深入了解系统的优势和劣势。例如，IBM 大型机操作系统，z/OS，就是操作系统的一个分支，最初是为大型面向批处理的商业事务处理系统设计的。随着商业用户将操作移到线上，较早的 z/OS 被添加了处理大量在线事务的功能。这就意味着，现代 z/OS 有能力同时处理成百上千个网络客户端的日常网络事务。同时，或许也意味着对于个人在系统上处理独立的工作时，z/OS 并不是特别容易使用的。z/OS 上的开发工具比其他系统的开发工具使用起来更为困难。大多数人都认为这些语句相当准确地描述了 z/OS。

作为一个不同的例子，Apple Macintosh 系统旨在使一般的培训很少的计算机端用户尽量容易操作。因此，Macintosh 系统大量的设计，一直都放在用户界面上。这个操作系统给用户和用户程序提供了强大的界面和图形资源。其他的操作系统功能，如分时共享和内存管理，相对上述目的，就不那么重要了。实际上，OS X 中的这些功能是用一个内核实现的，这个内核是通过一个叫作 FreeBSD 的 UNIX 变体来构建的。

最后，考察一个操作系统的主要设计目标是能够开放系统的操作。定义一个开放系统的主要特征如下所示：

- 系统应该能运行在许多不同的硬件平台上。
- 系统间的通信应当简洁明了。访问远程系统的命令在执行上应当跟执行本地操作近乎一样，对于用户和用户程序应尽量透明。因此，在两个系统间复制文件的 COPY 命令，与同一系统中两个不同位置间执行复制文件，本质上应该是一样的。
- 不管平台如何，外壳程序应当行为一致。一旦在新平台上编译后，源代码级的应用程序应当可以一致地运行。

这些特性说明这类操作系统相当多地考虑了网络通信的思想，同时还尽量减少了对所用硬件平台的依赖。这意味着该操作系统具有很小的内核，内置有强大的网络通信功能，系统特定的硬件部分集中在一个单一的内核里，系统的其他部分与平台隔离。FreeBSD 就是这样一个系统，它为 MacInosh OS X 以及 IOS 设计奠定了一个理想的基础。

构建让活动真正跨网络分布的操作系统已经做过很多努力。其中最为著名的是 Mach、Amoeba、Locus 和 Chorus。

小结与回顾

第 15 章对操作系统进行了全面的概述。操作系统软件是一组程序，通过给计算机提供一个用户接口、增加控制和支持计算机资源、提供令计算机系统更容易管理和控制的功能，它扩展了计算机硬件的能力。许多操作系统还支持计算资源共享，由多个用户或每个用户的多个任务同时共享。

操作系统提供了一个或多个用户接口、文件支持、I/O 设备控制、网络支持和计算机资源管理，这些资源包括内存、各种 I/O 设备和时间调度。操作系统是事件驱动的。它执行这些任务来响应用户的命令、程序的服务请求和中断。我们注意到尽管操作系统有一些开销，但在大多数情况下，操作系统的出现还是能提升和增强整个计算机系统性能的。有些操作特别是并发操作，没有操作系统很难或者根本就不可能执行。

在我们对由操作系统执行的各种操作的讨论中，我们确定了操作系统提供的 10 个主要服务和功能，并分别描述它们。这些包括用户界面和命令执行、文件系统、I/O 控制系统、进程控制、内存管理、调度和派遣、辅存管理、网络管理、安全，以及系统管理功能。

提供这些服务的程序必须按某种方式组织起来。构成操作系统的不同程序模块之间需要相当多的交互。许多操作系统使用层次化模型来组织各种模块。这种模型具有的显著优点是有保护性，因为使用层次化结构，所以很容易控制访问和模块之间的信息流动。使用的其他模型还有单体模型和微内核模型。

本章结尾给出了目前使用的各种计算机系统类型，比较了各自所需的操作系统能力。我们注意到，这种分类有一定的随意性，彼此之间存在着大量的交叠。

扩展阅读

详细描述操作系统的优秀教材有很多，这里推荐的书有：Silberschatz 和其他人联合编著的［SILB12］、Deitel 的［DEIT03］、Tanenbaum 的［TANE07］、Davis 和 Rajkumar 的［DAVI04］、McHoes 和 Flynn 的［McHO13］，以及 Stallings 的［STAL11］等。尤其是 Davis 的书展示了非常实用的实践性很强的操作系统，并且带有很多实例。McHoes 和 Flynn 的书也很实用，可读性也很强。其他的书则倾向于更深入、更理论化。对于操作系统的一些特殊主题，参见本书尾部以及其他书里的参考文献。也有许多商业书籍讨论操作系统和特定操作系统里的特定主题。Henle 和 Kuvshinoff［HENL92］对台式计算机的操作系统给出了令人满意浅显的介绍。

复习题

15.1 操作系统的定义描述了由操作系统提供的两个主要用途，它们是什么？

15.2 解释下面句子中的主要错误：操作系统程序执行的主要任务之一是加载和执行程序。

15.3 解释一下并发处理技术。简单描述一下为了支持并发处理操作系统至少要提供的两个服务。

15.4 操作系统的内存驻留部分叫什么？这些部分在什么时候装入内存？

15.5 什么是无盘工作站或者瘦客户机？

15.6 API 表示什么？API 的用途是什么？

15.7 操作系统称为是事件驱动的，解释一下这意味着什么？

15.8 多道程序和多处理器技术的区别是什么？

15.9 解释派遣技术。描述一下操作系统实现派遣技术的两个基本方法。

15.10 设备驱动程序执行什么任务？

15.11 文件管理系统的基本功能是提供映射服务。这是什么与什么之间的映射？

15.12 对于文件管理系统提供的 4 个服务，请至少简要地描述一下其中 3 个。

15.13 进程的概念是什么？进程和程序有什么不同？

15.14 至少描述操作系统中的内存管理组件执行的两个主要任务。

15.15 解释什么是抢占式和非抢占式调度。

15.16 请至少识别出 4 个由系统管理程序执行的不同任务。

15.17 系统管理中的什么内容在小型个人计算机上是正确的，但在较大的系统或单位内的个人计算机上是不正确的？

15.18 系统生成的目的是什么？

15.19 UNIX 内核被描述成一个单体组织。这意味着什么？单体组织面临的主要挑战是什么？

15.20 描述一下层次化结构的操作系统组成。

15.21 实时系统与其他类型的操作系统是如何区分的？

习题

15.1 若计算机系统没有操作系统，那么其具体局限性是什么？为了加载和执行程序，必须做什么？

15.2 对于 Windows(如果你喜欢也可以是 Linux) 中每一个最流行的命令，确定正在提供操作系统服务的类型，并且确定涉及的基本模块。你认为哪些命令是内存驻留的，哪些是根据需要加载的？解释一下你的假设。

15.3 当然，并发性是现代操作系统的需求。为了支持有效的并发，操作系统的设计者面临的挑战是什么？如果操作系统一次只能执行一个程序，那么就不需要面临这些挑战。

15.4 在 ROM 中提供 BIOS 的局限性是什么？

15.5 你可能熟悉标准的 Windows 界面。假设你可以用不同的界面壳替换掉 Windows 壳，选择使用不同的命令壳来替换掉标准的 Windows 界面的优缺点可能是什么？

15.6 对于多个进程，描述一下在单 CPU 上用来提供并发操作的两种方法。每种方法的优点是什么？提供并发操作的优点是什么？

15.7 操作系统被描述为由事件驱动的程序。事件驱动表示什么？解释一下派遣操作是如何适应这种描述的。

15.8 文件的逻辑描述和物理描述有什么不同？

15.9 几乎每个操作系统都将文件系统和 I/O 服务隔离开，这样做的优点是什么？

15.10 讨论一下内存管理碎片和磁盘碎片的异同。

15.11 Windows 的早期版本并不支持真正的抢占式多任务技术。相反，Windows 的设计者提供了一个他们称为"协同多任务技术"的方法，在这个方法中，期望每个程序在合理的时间间隔内放弃对 CPU 的控制，以便 Windows 派遣器能为其他正在等待的程序提供执行时间。描述这种方法的缺点。

15.12 如果你有机会接触到一个大型系统的系统管理员，找出在系统上执行系统生成所需的步骤。同时，确定出该系统可用的选项。

15.13 操作系统设计的一个方法是提供一个尽可能小的内核，使所有的其他模块都是可选的。在这个小型内核中，它至少要提供哪些服务？

15.14 给"小伙计"写一个引导装载程序，将它常驻在"小伙计"计算机的高地址内存中。复位按钮将会使"小伙计"计算机开始执行引导程序的第一条指令。假设要加载的应用程序通过输入篮一次一条指令地输入，并且存放到内存中的连续位置上。应用程序的最后一条指令会是 999。当你的加载器看到这张纸条时，它将引导"小伙计"计算机开始执行程序。

15.15 Windows 将其大部分配置隐藏在一个名为注册表的二进制文件中，必须使用特定的 Windows 工具才能读取和修改注册表。与使用基于文本的配置文件相比，这种方法的优缺点分别是什么？

15.16 基于图 15-5 所示的系统状态报告，描述可用于裁剪系统的一些方法，并解释报告中的各个条款是如何影响你的裁剪决策的。

15.17 一些实时进程正在使用的一个多任务系统，你想要对其施加什么条件和限制？

15.18 你希望在内置的控制汽车的计算机中，发现什么样的操作系统功能，哪些功能可以被忽略？证明你的答案。

15.19 清楚地解释一下多道程序、多用户和多处理器技术的区别。

15.20 a. 图 15-5 所示的活动进程列表有什么用途？基于这些信息，系统管理员在系统中可以做出什么改变？

b. 关于系统正常使用的方法，平均进程数告诉你了什么？

c. 比较一下这幅图中的三张图。

操作系统的用户视图

16.0　引言

在第 15 章里,我们向你介绍了作为计算机整体架构的一部分,操作系统的角色的两个不同观点。具体来说,我们将操作系统视作给用户传递服务的一种手段以及控制和操作系统功能的一种方式。在本章里,我们从给用户提供服务的角度出发,近距离地审视一下操作系统。

本章中的一些内容对你来说,至少表面上是非常熟悉的。你至少"亲密"地使用过一种计算机系统,很可能使用过多种系统。对于工作使用的计算机,你熟悉它提供给你的一些任务、服务以及功能。你已经熟悉了用来执行那些任务的不同类型的界面,也熟悉内置在系统中的命令和命令格式。

本章里,我们对操作系统的两个方面感兴趣,因为它涉及用户。首先,我们会考察一下它给用户提供的服务;其次我们要考察传递这些服务的中介,也就是系统提供的用户接口的类型和外观。你会看到用户接口需要执行的标准任务,可以实现这些任务的各种方式,以及不同实现方式的优点和缺点。你可以看到,提供的服务与用来访问这些服务的方法之间是相对独立的。

至于接口,我们对用户接口的概念,比对具体的命令、语法、外观和特定接口的使用更感兴趣。你会明白,接口的不同设计方法满足不同的目标,获得不同的结果,而且常常是针对不同类型的用户的。你将看到经常内置在操作系统中的其他功能。其中一些代表另外的服务;很多就是一些简单的方法,它们使得服务访问更加"用户友好"、更为有效或更为高效。你会看到,一个接口对有些任务来说不够有效,而另外一个接口因为需要太多的工作,以至于无法完成需要定期执行的普通任务。

用户服务是操作系统存在的根本目的,用户接口是这些服务访问的基础。然而,有些系统喜欢将用户接口,甚至许多用户服务,视作操作系统之外的内容。实际上,这些服务和用户接口被看成是**外壳**,这个外壳本身就是操作系统的接口。对于这个观点,尚存在很大的争议。可以有不同的外壳,各自带有自己的服务、能力和工作风格。如果不喜欢提供的外壳,你只需要换一个即可。正如我们在第 15 章里指出的,基于 UNIX 及其变种的操作系统是这种观点的最有力支持者:像 Linux 这样的操作系统通常都提供几个不同的壳,这些壳具有不同的能力;许多情况下,用户能够通过单条命令改变这些外壳。这个观点的对立面就是,将用户接口和服务构建在操作系统内,这提供了标准化、一致性和很大程度上改进的服务集成。Apple Macintosh 系统采用了这种方法。Windows 8 也在朝这个方向发展。

还有第三种用户接口方法,即隐藏系统的用户接口,使用 Web 浏览器模式作为用户使用的应用接口。通过网络界面也可以对系统工具进行有限的访问。这就是"瘦客户端"的思想,也是基于云的计算机思想,如谷歌的 Chromebook 笔记本电脑。

本章详细地审视了我们刚才提出的问题。它解释并证明了操作系统提供的不同类型的用户服务。它讨论、阐述并揭示各种用户接口的理论基础，并考察它们之间的权衡。揭示每一种接口类型下用户服务如何实现。本章里，我们的主要目的是，扩展高效地使用系统的能力，了解其他一些你可以使用的方法，以便通过操作系统来获得较高的生产率。当你使用计算机时，我们希望本章能让你更好地理解操作系统内部发生了什么。

16.1 用户界面的作用

用户接口的主要作用是通过提供必要的服务、命令和访问方法，使用户可以访问计算机系统的功能，让用户方便高效地完成工作。我们强调一下，用户与操作系统本身的交互并不是目的。相反，操作系统是用来帮助用户高效使用计算机系统的。在现代操作系统中，几乎同样重要的第二个目的也出现了：操作系统给应用程序提供用户界面服务，这些程序可以确保不同的程序拥有运行方式相同的用户界面。这简化了系统上不同应用的使用，也减少了用户新程序的学习曲线。我们把通过操作系统提供类似界面的程序看成是一样的，因为具有相同（**常见**）的**外观**和**感觉**。

尽管在特定类型的系统上，对于不同的应用，操作系统能够支持相同的外观和感觉，但用户界面存在一个重要稳定的趋势：对于各类系统的应用，它提供相同的外观和感觉。Windows 8 用户界面就是这种方法的一个典型例子，其目的是支持从智能手机到大型服务器设备上的应用。

另一种方法是使用 Web 浏览器作为标准界面。因为大量的用户熟悉万维网，所以使用基于 Web 的应用界面作为与员工的主流通信方法，对一个单位来说，它可以减少培训需求，提高生产率。基于 Web 的方法对于创建应用程序的程序员也很有吸引力，因为网页制作在不同的计算机平台上得到了很好的理解，并且也是相当规范的。使用企业内部的**内联网**（类似于互联网），在整个单位内提供信息资源，就是这种趋势的一个例子，比如与位置无关的基于 Web 访问电子邮件的功能。除了处理和显示数据、文档、图像、音频和视频之外，正在越来越多地使用基于 Web 的生产工具，比如字处理器和电子表格应用。

过去我们注意到，当"用户"不是一个人而是另一台机器时，网络界面特别有效。不同网站共享的标准语言，尤其是 XML 和 HTML，使得创建基于 Web 的界面相对比较容易，这些界面使系统之间能够协调工作。

设计良好的界面能够增强用户的系统体验，让使用计算机变成一种快乐。这将令系统给用户提供最大的好处。相反，用户界面较差的系统，用户使用起来会不太情愿，对于用户的潜在价值也会减小。对于良好界面概念的定义，不同类型的用户可能也不太一样。

操作系统给用户和用户程序提供了各种各样的服务。用户界面通过 3 种不同的方法来访问这些服务。这些方法是：
- 某种类型的命令接口，它直接从用户界面接收某种形式的命令。最常见的界面是图形（GUI）或命令行（CLI）。
- 命令语言，它接受并执行按照程序形式组织起来的命令组。大多数命令语言都拥有转移和循环、提示用户输入，以及传递参数的能力。命令语言也称**脚本语言**（scripting language）。
- 直接从用户程序（API）接受并执行操作系统服务请求的接口。

现代操作系统都提供了这 3 种能力。甚至还有些脚本语言支持不同操作系统之间的可移植性。

操作系统提供的用户服务一般包括：

- 装载和执行程序
- 文件检索、存储和处理
- 用户 I/O 服务，按照磁盘命令格式，打印机假脱机，等等
- 安全和数据完整性保护
- 多用户系统和网络系统上的多用户间通信，数据和程序共享
- 关于系统及其文件的信息，再加上管理系统本身的工具
- I/O 和文件服务，还有其他针对用户程序的专业服务
- 许多系统还提供了工具，它可用来替代程序，对文件和程序内的数据进行处理。这些工具可用来对数据分类，从文件里有选择地提取数据。通常，使用命令编程语言可以将工具组合成"程序"，从而执行功能强大有用的任务。Linux 在这个方面尤其强大。提供的用户服务选择取决于操作系统设计师的最初关注点和目标。

最后，现代系统扩展了 I/O 服务的概念，以提供专业的服务例程库，这个库由程序来执行以产生图形、控制鼠标或触摸屏，创建并操作**窗口**，产生并控制菜单，并执行其他专业的功能。这些使得应用程序员很容易给其程序创建出通用的外观界面，这在智能手机和平板电脑的应用开发中特别重要且特别有用。

一个系统中不同用户的技能和兴趣方面的不同在两个主要方面影响着操作系统的设计：

- 它影响着提供服务的选择。例如，一般的用户或许不需要强大的编程服务，但强大的编程服务可能对系统程序员极其有用。相反，若让端用户很容易地访问系统工具，实际上可能会妨碍系统程序员。
- 它对实际界面的设计有影响。专业级用户对更强大但更难使用的界面会感到更舒服一些。一般的用户并不想，也不应当必须学习特殊很难的操作系统术语，他们只管使用计算机即可。

操作系统最终必须要服务两组用户（普通用户和系统用户，译者注），但特定的操作系统可以针对一组或另一组用户进行裁剪。针对支持工程师而设计的操作系统，对于从事图形设计的画家、秘书或智能手机用户来说，使用起来可能比较难。相反，在一般端用户感觉很理想的系统上，工程师或许不能高效地工作。另一种方法是针对不同的用户组提供两种（或者更多种）不同的界面。如果命令界面作为外壳来实现，这个外壳独立于操作系统的其余部分，这就很容易了。一般用户可以使用有菜单或视窗的界面。在技术上更专业的用户可以使用针对典型任务的 GUI，在必要或方便时，绕过视窗外壳，直接向命令接口输入命令。

16.2 用户功能和程序服务

在 16.1 节里，我们列出了大多数操作系统都提供的 7 个主要的用户功能和程序服务组。现在，我们更具体地考察一下这些功能。

16.2.1 程序执行

最明显的用户功能是执行程序（按照移动手机的行话叫 APP）。大部分操作系统也允许用户指定一个或多个操作数，这些操作数可以作为参数传递给程序。操作数可以是数据文件名或者网站链接，也可以是修改程序行为的参数。

对于一般的端用户来说，平滑地装载和执行程序几乎是操作系统的唯一目的。许多操

系统处理程序执行，就像处理非驻留的操作系统命令一样。程序的名字按命令来处理；当命令输入后，或者对于一个视窗系统在**图标**上双击鼠标或在触摸屏上用手指轻击一个图标时，就开始装载和执行了。用户也可以单击数据文件图标。与数据文件关联的程序以数据文件作为操作数来执行[⊖]。

由于操作系统以同样的方式处理应用和用户程序，就像处理非驻留命令那样，所以，很难说出其中的差别。你所使用的大多数程序都不属于操作系统程序，但因启动方式相同，所以很难说出差别。这就提供了方便用户的一致性。微软的 Excel、Quicken、火狐浏览器以及 Adobe Acrobat（仅举几例）都是独立的、非操作系统程序，它们共享这个共同的行为、外观和感受。

应用程序在用户指定的数据文件上执行操作。例如，电子表格程序需要表格数据文件，字处理器使用格式化的文本文件。当执行程序时，命令界面提供了一种要指定使用数据文件的方法。在命令行系统中，数据文件就相当于一个通过命令在同一行上输入的操作数。在图形系统中，数据文件可以跟具体的应用关联起来。在数据文件创建时，这种**应用关联**由操作系统自动建立，或者由用户手动建立。一旦建立起关联，选择数据文件，应用就能自动启动了。例如，在大多数计算机上，每一个数据文件都有一个与之关联的图标；在数据文件的图标上双击鼠标就启动了带特定数据文件的应用。在微软的 Windows 中，对 Windows 浏览器里的数据文件双击鼠标，也能获得同样的结果。

为了加快程序的执行，系统还提供了一种方法，在不同的外设间或者在这些设备上不同的存储区域间围绕系统进行移动。大多数操作系统将这些操作嵌入在一个逻辑设备和目录结构中，并提供命令围绕这个结构进行移动。在命令行系统中，命令提供了隶属到不同设备的能力，也可以通过命令将一个附件从一个目录换到另一个目录，如用来改变目录的 cd 命令。图形界面提供的文件夹也是用来达到同样目的的。

尽管你可能最熟悉交互式地运行程序，但大多数操作系统也允许以批处理方式，非交互式地运行一个程序或程序序列。操作系统允许用户指定程序执行的条件，例如，程序的优先级、程序应当执行的最佳时刻、程序的存储单元以及要使用的特定数据文件。例如，可以告诉系统每晚某个时刻执行部分备份，周日进行完全备份。

16.2.2　文件命令

你最熟悉的第二类用户服务是存储、检索、组织和操作文件的命令。

从用户的角度看，文件管理系统就是"让一切成为可能"。对于用户来说，文件管理系统的重要性主要体现在 4 个因素上：

- 通过逻辑文件名处理数据和程序的能力，不考虑文件的物理特性或物理存储单元。
- 文件管理系统处理文件的物理操作，以及逻辑表示与物理表示之间相互转换的能力。
- 向操作系统发出命令进行全部或部分文件存储、操作和检索的能力。
- 通过目录或文件夹以有意义的方式组织某人的文件，从而构建有效的文件组织的能力。

文件管理系统如此重要，以至于它占据了整个第 17 章。这里作为用户，我们感兴趣的是这样一个事实：在操作系统中，大多数用户命令直接对文件和数据进行操作。如果细想一下在日常计算机工作中使用的命令，这是显而易见的。图 16-1 简要列出的 Windows 和

⊖　如果你对图形系统的术语不习惯，那么可以理解为一个图标就是用很小的图形来表示一个程序或数据文件。"双击"即快速连续地点击鼠标键两次。

UNIX/Linux CLI 命令就是典型的命令，你可能认为对你来说这是最重要的一些命令。其他操作系统提供的命令也基本一样，只是以不同的形式出现而已，这依赖于用户接口。对于这些命令中的每一个命令，图形用户界面都提供了等价的操作。例如，在一台 Macintosh 计算机上，你通过用鼠标拖曳其图标，可将一个文件从一个位置移动到所期望的位置。将一个空文件夹移动进表示所期望的附着点视窗内，你可以产生一个新的目录。

Windows	UNIX/Linux	
dir	ls	列出文件目录或获取文件信息
copy	cp	将一个文件从一个位置复制到另一个位置
move	mv	将一个文件从一个位置移动到另一个位置
del 或 erase	rm	删除（或去除）一个文件
type	cat	将文件输出到屏幕上（或重定向到一台打印机）
mkdir	mkdir	在树的连接点上，将一个新的子目录附着到树上
rmdir	rmdir	删除一个子目录

图 16-1 常见的 Windows、UNIX/Linux 文件命令

命令结构中内置的许多额外功能反映了灵活的文件结构对于用户的重要性。这些包括：

- 不修改文件，就能将文件从一台设备、一个目录或子目录移到另一处的能力。
- 将输入和输出从通常的位置重定向到不同设备和文件中的能力。

16.2.3 磁盘和其他 I/O 设备命令

除了文件命令，操作系统还提供了直接操作各种 I/O 设备的命令。有格式化和校验磁盘的命令、复制整个磁盘的命令、直接输出到屏幕或打印机的命令，以及其他有用的 I/O 操作命令。有些系统还需要**安装**和**卸载**设备。作为一种将设备加入到系统的方法，它有效地将一台设备的目录结构附着到已经存在的目录结构中，或者从这个结构中拆解掉。

大多数操作系统还提供了一个假脱机输出到打印机的排队系统。打印机一般会比其他计算机设备慢一些。假脱机程序的工作过程是，将输出文本复制到内存的一个缓存里，然后作为一个单独的任务去打印。这允许程序继续执行，就好像打印已经完成了一样。

16.2.4 安全和数据完整性保护

每一个操作系统对文件都提供了安全保护。一般来说，可以做出一些个人规定以防止别人读写或执行文件。有些操作系统还提供了防止删除的保护。一些操作系统还提供了另外的安全措施，在使用系统磁盘之前，需要输入正确的口令或者将键盘解锁。

当然，对于网络多用户访问的系统，必须要提供更强的保护。系统整体上要防止未授权的访问。对文件也要进行保护，使文件拥有者能够控制谁能访问这个文件。文件拥有者也可以通过指定只读或只执行访问来防止自己误操作文件。

许多操作系统也允许其他用户在一定的控制措施之下进行访问。UNIX 对每个文件提供了三级安全机制，对于拥有者、拥有者的朋友（称为组）、访问系统的任何人，这三种机制分别是读权限、写权限和执行权限；Windows 在网络上的不同用户之间提供了共享权限，从而控制对文件和设备的访问。许多大型系统也提供了**访问控制**表或 ACL（读作 ack-ulls），它允许系统管理员在各自用户／文件对的基础上，控制对程序和数据文件的访问。除了文件保护，每个带有多用户访问的操作系统还提供了登录过程，来限制系统只能由授权用户来访问。有

一些命令可以使用户修改文件的访问权限，改变用户的口令。网络也要求使用登录过程，这样用户只能使用相应的计算机和设施。

16.2.5 用户间通信和数据共享操作

现代系统一般都提供多用户共享数据文件和程序的方法。大多数系统还提供了程序间传递数据以及用户间进行通信的方法。像谷歌 Docs、即时通信、视频会议等应用程序，对于小型和大型计算机网络，大大扩展了用户协同工作的能力。

在单一系统上，最简单的程序共享形式是将共享程序放在一个公共内存区域里，所有的用户都可以访问这个区域。对于编辑器、编译器、通用工具，以及其他不属于操作系统的部分系统软件，就是这么做的。对于这样的共享程序，许多操作系统甚至允许有几个不同级的控制。例如，所有计算机专业的用户都可以访问本特利大学里所用的"小伙计"计算机模拟器，但其他用户必须经过许可才能访问。

当使用数据库时，数据文件共享是一种重要资源，因为这可以让多个用户访问相同的数据，这种方式又能保护数据的完整性。不用说，系统必须提供严格的安全机制以对数据文件访问进行限制，只有应当使用它的那些用户才能访问。数据文件共享另外一个应用是当两个或多个用户作为一个组共同写一个文档时。所有这些用户都可以访问这个文档。有些只能读它，而另一些可以修改它。有些系统提供了给文档附加注释的方法以便其他用户看到。如同程序共享一样，数据共享也可以设置几级保护。

现代网络通常提供操作系统的消息传递服务，其形式包括电子邮件和新闻组支持、文件传输（FTP）、连接到不同系统的简单终端能力（telnet 或 ssh）、Web 支持（HTTP）、即时通信、音频和视频会议等。对于登录到系统用户之间的快速通信，有些系统还提供了内部消息传递服务，它是直接通信或者通过网络通信。例如，细想一下，使用 Facebook 上的消息通信服务你同朋友之间的通信。

操作系统也提供了内部服务，在执行期间它允许程序之间相互进行通信。现代系统更进一步发展并扩展了这个概念。作为扩展各个程序功能的一种方法，它允许用户控制程序间的通信。

对此，最简单的例子是许多系统都在用的 PIPE 命令，它将一个程序的输出用作另一个程序的输入。更高级的技术可以让用户将两个程序连接在一起，以便电子表格程序能出现在字处理文档中。在电子表格上双击鼠标，实际上就是从字处理器程序内部启动了这个电子表格程序，以便能对其进行修改。最高级的系统实际上允许用户透明地同时使用多个不同的应用程序来工作，那就是说，甚至可以不知道操作系统启动了另一个程序。例如，就在字处理文档中对电子表格进行修改，而用户甚至不知道此时正在执行电子表格程序。

这种方法强烈地依赖于操作系统以用户看不见的方式来支持不同程序间的通信。用户甚至也不知道在某个时刻正在执行哪一个应用。这种技术将文档看作焦点的中心，而非正在执行的应用。

16.2.6 系统状态信息和用户管理

正如在第 15 章里看到的，大多数操作系统都提供了对用户很有用的状态信息，并且该用户知道如何解释数据。这类数据通常对于操作和维护计算机系统的管理员更为重要，但有时候，状态信息对于程序员和普通用户优化工作时也很有用。

通常有一些命令用来确定可用的磁盘空间大小、可用的内存空间大小、系统中的用户数以及他们是谁、CPU 忙和 I/O 通道忙的时间百分比，还有许多其他的统计信息。

作为这种数据可能有用的一个例子，考察一个为大型电力公司计费的应用程序。这个程序需要很多的 CPU 时间以处理一个月的账单。程序里的一个小改变就能大幅度地减少 CPU 时间。CPU 使用时间的度量，对于优化评估十分重要。这种数据可能对于正在为使用时间付费的用户也很重要。

系统上的其他用户名可以组织一个电话会议，或者向另一个用户发送一个即时消息。

许多系统提供了日志记录功能，它维护一个关于所有键盘和屏幕 I/O 的文件。根据日志文件，用户以后可以确定输入了哪些命令，对程序和数据进行了哪些修改。

这里给出的例子只是几个系统状态和信息的可能应用，还有很多其他方面的应用。对于需要自己维护系统的个人计算机用户，状态信息可能特别重要。例如，状态信息允许用户判断一个磁盘的状况：确定磁盘的坏块数，也可以让用户分析并减少磁盘上出现的碎片。比如 Windows 针对这个目的提供了 SCANDISK 和 DEFRAG 命令。

在较大规模的应用中，操作系统一般提供的工具允许用户和系统管理员分析和控制系统。例如，智能手机提供了设置和其他一些工具来启用或关闭某些功能、设置网络连接、关闭程序、改变铃声和其他声音、重置时间和日期、重新安排屏幕、测量当前的数据使用，以及确定可用的存储空间。在较大的系统中，系统的度量和管理功能更多一些。系统日志提供了详细的系统操作分析。图形工具提供了实时的图形以显示动态的性能指标，如 CPU 使用情况、I/O 等级、内存使用量。管理员可以增加和删除用户、改变用户权限、调整程序优先级、限制磁盘使用、改变系统参数以提升性能，还有许多其他选项。

16.2.7　程序服务

实际上，对于操作系统提供的最重要的用户功能之一，用户是看不见的。操作系统直接给用户程序提供了大量的服务。其中最重要的是 I/O 服务和文件服务。同样重要的是使用程序所需系统资源的请求，如额外的内存、更多的 CPU 时间以及支持"共同外观和感受"的 GUI 服务。

操作系统程序服务的使用给程序开发者提供了方便，也保证了多个用户在系统操作中的一致性。更重要的是，程序服务从整体上为系统提供了完整性，确保分配给程序的资源，如内存和磁盘空间，跟其他程序使用的类似资源不会交叠。

为了使用程序服务例程，用户程序通过**应用程序编程接口**（API）来请求操作系统。在大多数系统中，API 是由程序可调用的服务函数库构成的[○]。使用给定机器实现的任何方法，都会调用所需参数并将其传递到选定的服务函数中。最常见的是，使用简单的调用通过一个栈来传递参数。这些服务函数负责与操作系统内的相应例程进行通信，这个操作系统执行请求的操作。软件中断或服务请求就用于这个目的。服务例程将所需的结果，如果有的话，返回给调用程序。在有些系统上，调用程序使用一个软件中断来直接访问 API。Windows API，每个微软视窗系统上的标准 API，给程序提供了数百个服务函数。

16.6 节对操作系统程序服务进行了扩展。

○　API 的概念也适用于应用，该应用允许其他应用"搭载"或"插入"到它们的服务中。例如，Web 浏览器就给其插件提供了 API 服务，几个谷歌工具也是如此。

16.3 用户界面的类型

常用的用户界面有两种。其中一种是**命令行界面**（CLI），在各种操作系统中都能看到它，包括 Windows 中的命令提示符。尽管它是历史上最常用的界面，但对于大多数的日常应用，**图形用户界面**（GUI）已经取代了 CLI。

尽管 Web 浏览器并不是操作系统的实际组成部分，但在很多情况下有许多计算机人士认为 Web 浏览器（及其工具）可以作为标准 GUI 的一个附件或替代品。可以使用 Web 浏览器来执行许多普通的任务，如文件管理。（例如，作为一个实验，在 Windows 的任意 Web 浏览器上尝试把 file:///C:/ 用作一个 URL，并提示你可以把一个文件拖曳到桌面上。或者在浏览器里双击一个文件图标以启动这个文件。）甚至，对于大部分操作，还有一个 Linux 的外壳加快了专用浏览器的使用。

正如已经指出的，用户看到的界面类型依赖于操作系统的关注点。批处理系统需要的界面不同于主要进行交互式应用的系统界面。主要为无经验的端用户设计的系统不同于为专业的技术用户设计的系统。今天，大多数用户在计算机屏幕前是相当舒适的，纯粹的批处理系统的使用一直在下降，主要的计算机用户界面是交互式的，使用键盘、鼠标、触摸屏和视频显示。此外，对于大多数工作，图形用户界面和 Web 浏览器正在快速成为主流的用户界面。

16.3.1 命令行界面

命令行界面是最简单的用户－交互接口形式。操作系统命令外壳提供了提示符，作为响应，用户将文本命令输入到键盘。命令行是逐字符连续地读入到键盘缓存中的，命令解释器在这个缓存中对其进行解释和执行。命令的输入和执行是一次一行，尽管大多数解释器提供的方法可将一条命令扩展到多行。大多数操作系统的命令行解释器对于命令都使用标准格式。命令本身的后面是适合特定命令的操作数，如下所示：

```
command operand1 operand2
```

操作数用来指定参数，这些参数更精确地定义了命令的含义：命令使用的具体文件的名字、列表数据的具体格式、如何执行命令的有关细节。多数情况下，一些或全部操作数都是可选的。这只是意味着，如果不指定操作数，那么就只能使用默认条件。

在有些情况下，命令本身可以在一个逻辑路径名之前，这个路径名指明了命令所在的特定设备或文件位置。然而，大多数操作系统维护一个内部列表，在此可以找到大多数命令。这个表通常称为**路径变量**。

例如，一条 Linux 命令

```
ls - lF pathparta/pathpartb
```

是由命令"ls"和两个参数"-lF""pathparta/pathpartb"构成的。这条命令请求一个路径名为"pathparta/pathpartb"的子目录下的目录列表。没有可选的操作数"pathparta/pathpartb"，不管在哪儿发生，这条命令都列出当前目录（如果你喜欢也可以叫文件夹）。例如，其他的一个操作数可以将输出重定向到一个文件或打印机，而非屏幕。将目录列表存储到 putfilea 里（大概晚一些时候打印）的 Linux 命令如下所示：

```
ls - lF pathparta/pathpartb > putfilea
```

按照 Windows 命令提示符，一样的命令如下所示：

```
DIR PATHPARTA\PATHPARTB > PUTFILEA
```

在每种情况里，还有很多其他可选操作数可以使用，这些操作数可用来修改列出的事实和目录列表的格式。Linux 命令中另外的操作数"lF"告诉系统按照特定的长格式来列出目录，一行一个文件（"1"），并带有指示的子目录（"F"）。

操作数可以是**关键字**，也可以是**位置信息**。在有些系统中，可以两者都是。位置操作数要求操作数位于行内特定的位置上。例如，在下面的 Windows 命令中，

COPY SOURCE-FILE DESTINATION

第一个操作数 SOURCE-FILE，从位置上指定了要复制文件的路径名。第二个操作数 DESTINATION 是可选的，可以为该文件指定一个新的名字，也可以指定一个要将文件复制到某个目录的路径名。如果没有第二个操作数，那么就使用用户当前"附着"的目录。这些位置操作数里位置的重要性是显而易见的：有些较早的操作系统首先指定目的操作数，颠倒位置可能会破坏要复制的文件。

关键字操作数是通过使用特定的关键字来标识的。在许多系统中，关键字后会伴随一个修饰符，它将操作数确认为操作数而不是文件名。关键字确定了操作数的目的。关键字操作数经常是可选的，有时附带一个特定的位置值。在有些系统中，**关键字操作数**和调节器（modifier）可以放在命令后面的任何地方，而不会影响位置操作数的位置。在另一些系统中，关键字操作数，如果有的话，必须放在特定的位置上。Windows 中的斜杠（/）和 Linux 中的连字符（-）都是修饰符。关键字操作数有时称为**转向器**或**调节器**。

Windows 命令

MODE COM1 BAUD=2400 PARITY=N DATABITS=8

使用位置操作数 COM1 来确定一个特定的通信端口或其他设备。BAUD、PARITY 和 DATABITS 都是关键字操作数。各自都有自己的位置操作数，这些操作数用来选择一个特定的选项，但关键字的顺序并不重要。

类似地，命令

DIR /P/A : DH PATHNAME

使用 /P 和 /A 转向器以指定文件一次一页地显示在屏幕上，并修改将要显示的路径名目录文件的列表。命令行解释器还包含其他能力，旨在增加命令的灵活性。最重要的能力包括重定向输入和输出的能力，使用管道组合命令的能力，将命令组合成外壳脚本的能力，有时外壳脚本错误地称为**批处理程序**。（你已经知道了这个术语的正确用法了。在本书中，我们将一直对外壳脚本和批处理程序加以区别。）另一个重要的功能是通配符的使用，用一个或多个字符（符号）来代替操作数中一个或多个不确定的字母。在命令中使用通配符可以进行搜索，或者让命令使用几个不同的参数重复地执行。

尽管 Linux 和 Windows 的工作过程起来有些差别，但两者都使用问号（?）来代替单个字符，都使用星号（*）来代替一组字符（可以是 0 个字符，也可以是多个字符）。Linux 还可以有其他的通配符，在补充第 2 章里的 Linux 案例中，对此进行了展示。例如，Linux 命令

ls - l boo.*

会搜索当前的目录，寻找具有名字 boo 的所有文件。这条命令可能产生下面的结果：

```
-r--r--rwx 1 irv cisdep    221 May 16    7 : 02 boo.dat
---x--xrwx 1 irv cisdep   5556 May 20   13 : 45 boo.exe
-r--rw-rw- 1 irv cisdep     20 Jun  5    2 : 02 boo.hoo
```

在下面的 Windows 命令中，

COPY ABC* B：

会将所有名字以 ABC 开头的文件复制到 B 盘的根目录下。在这种情况下，通配符可对命令进行扩展，从而对几个不同的文件重复这个复制过程。

除了**通配符**功能外，有些操作系统还允许用户通过键盘上的光标键复制和重复前面的命令。这种系统通常也允许用户对命令进行编辑。

命令行界面非常适合有经验的、对系统感到舒适的用户，他们需要 CLI 给其提供功能和灵活性。命令行界面一般是最难学的。伴随很多命令的可能性和选项范围常常让人很难弄明白要执行操作所需的特定语法。当使用命令行界面时，手册和在线帮助是特别有用的。对于所有的 Linux 命令，通过"man commandname"命令都可以获得在线帮助。

尽管在大多数系统上，GUI 是主流的用户界面，但大型系统的管理员通常会禁用服务器上的 GUI，而依赖于 CLI，以便为客户端用户提供最多的可用资源。

16.3.2 批处理系统命令

批处理系统使用的接口在许多方面都类似命令行解释器，但用途是不一样的。命令通过作业控制语言，指定了要执行的程序及要使用的数据位置。作业控制命令的格式类似于命令行解释器的格式：

command operand1 operand2…

批处理命令的操作数也是关键字或位置类型的。这种类型最常见的语言是 IBM zOS/ 作业控制语言。由一个或多个程序组成的批处理作业递交给系统用于执行，执行期间一般不需要与人交互。由于人不能直接与批处理系统进行交互，所以所有的步骤都必须要精心地规划好，包括发生错误时要采取什么动作。批处理程序十分适合日常事务处理应用，如信用卡记账和工资单。

正如我们上面指出的，命令行界面也能提供"批处理命令"的能力，这些命令组合在一起形成伪程序，称为**外壳脚本**或**脚本**，这个脚本作为一个单元来执行。这些不是真正的批处理程序，因为它们仍然是针对交互式使用的。然而，Windows 用户有时候把这些程序叫作批处理程序，或更平常地叫批处理文件。大多数命令行界面都提供有额外的命令，这些命令主要用于创建强大的脚本。总体的命令结构称为**命令语言**或脚本语言。命令语言这个主题会在16.5 节里进一步讨论。在补充第 2 章里，有一个 JCL 程序的例子。

16.3.3 图形用户界面

出于所有实际目的的考虑，鼠标或手指驱动的基于图标的图形用户界面或 GUI 已经替代了命令行界面，成为用户和计算机之间的主流界面。GUI 的实现有很多种形式。例如，苹果机上的界面、Windows 个人机上界面，以及 IPhone、Android 和黑莓智能手机上的界面，还有平板电脑上的界面。其他的计算机系统也都提供了类似的界面。图 16-2 是一张典型的 Windows 7 截屏照片。运行 KDE 壳的 Linux 计算机的截屏如图 16-3 所示。请注意一下两者的相似性。图 16-4 展示的 Windows 8 Modern（这是它的名字）界面看上去有点不同，但操作是类似的。图形用户界面为桌面隐喻（desktop metaphor）提供了方便。用户可以根据自己的喜好来安排桌面，可以轻松地在桌面上移动来执行不同的任务，可以按照 WYSIWYG（what-you-see-is-what-you-get，所见即所得）形式来查看那些结果。

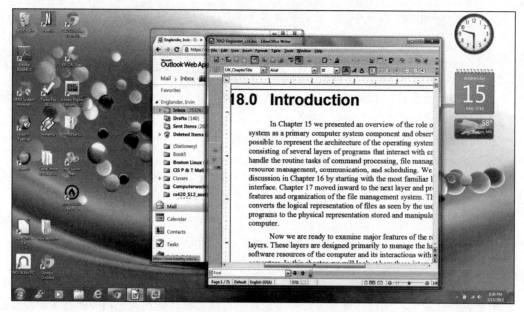

图 16-2　典型的 Windows 7 截屏

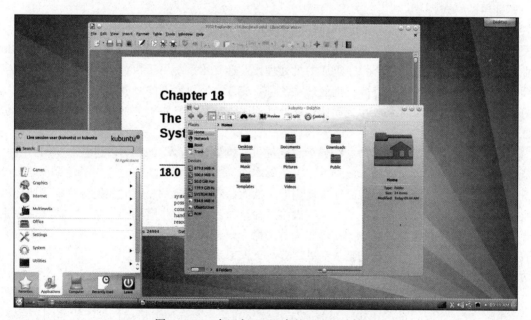

图 16-3　一台运行 KDE 壳的 Linux 计算机

　　不同商家、不同类型设备上的 Windows 系统呈现的外观也不太一样，但共享类似的图形和操作元素。通常，一个图形界面是由一个或多个**屏幕**或**桌面**组成的。一个屏幕或桌面会存放一些图标和小**部件**，也可以包含一个或多个视窗；包含工具、通知、状态或菜单栏；还可以包含其他元素。一个视窗就是一个屏幕或屏幕的一部分，它分配给特定的程序、文档或进程来使用。图标可以代表应用、数据文件，也可以代表操作系统命令。窗口小部件代表小型的应用，就在小部件里面执行和显示，比如时钟或天气信息小部件。

　　毫无疑问，你熟悉小显示器上的 GUI 和功能，比如智能手机或平板电脑。由于显示空间有限，一次只能显示一个主屏或单个窗口（IT 人士将小显示器称为"有限的房产"）。系统操作由手指来控制。简单地触摸一个图标或小部件（点击或轻敲）就打开了一个应用。向下轻扫或轻击显示器就拉下了菜单或滚动了数据。在显示器上收聚或展开两个手指就可以缩小或放大了屏上的数据。拖曳一个图标或数据就将其移动了，等等。

图 16-4　Windows 8 截屏

对于可用空间较大的个人计算机显示器，用户界面在设计上更为灵活。屏幕大小也决定了设备上常用应用的类型。智能手机上较小的显示器，对于电子邮件、日历管理等信息传递和个人通信任务比较理想，而对于字处理、电子表格或数据库分析等业务程序就差一些，这些业务程序需要更复杂的功能来查看和使用。

与智能手机和平板电脑一样，带有较大显示器的系统，如个人计算机，一般会提供一个启动屏幕，由此来启动应用。并且，大多数系统都提供了在屏幕上打开多个窗口的能力。每一个窗口都包含一些**小配件**或小部件，从而用来改变窗口的大小、在屏幕上移动窗口、在窗口内滚动数据和图像，或者在屏幕上将窗口移动到其他窗口的前面或后面。窗口一般也包含一个标识窗口的**标题栏**。

屏幕上通常至少还会有一个某种类型的**菜单栏**。在有些系统上，屏幕上的单个菜单栏总是关联着**活动窗口**（稍后讨论）。在其他系统上，每个窗口都有自己的菜单栏。（在有些应用中，菜单是用制表符或色带实现的，但结果都是一样的。）菜单栏里的每个条项都可以用来激活一层下拉菜单或功能，用来选择正在执行程序里的一些选项。Windows 7 和 Linux 屏幕也提供了**任务栏**，用来实现快速程序启动、任务切换和状态信息显示。通过轻敲或点击，打开的窗口可以缩减为任务栏里的一个图标或小部件。对于当前正在使用的其他窗口，这节省了屏幕上的空间。Macintosh OS X 的**码头**提供了类似的功能。Windows 8 的 Charms 栏既可以作为当前任务的菜单栏，也可以用作系统操作和设置的有限任务栏。（"Charms"这个词似乎是微软市场经理创建的，是他在早餐吃麦片时幻想出来的。）

在一些现代系统中，可以对窗口进行配置，从而以不同的方式展现和操作。正如我们已经指出的，一个重要的选项是 Web 界面，对于窗口内的所有操作，它提供了 Web 浏览器的外观和感觉。

许多系统允许窗口平铺、重叠或层叠。平铺的窗口排列在屏幕上，互相没有交叠，并使用所有可用的屏幕空间。正如在图 16-4 里看到的，这是在 Windows 8 主屏上显示应用的主要方法。在其他系统上，重叠窗口是正常情况，窗口位置和大小由系统或用户来放置。层叠窗口是一种重叠窗口，其中，窗口的重叠方式是：每个窗口的标题栏和另一边界是可以看到的。有些最新的系统还有透明窗口和小型窗口，以减轻用户记录桌面上所有东西的负担。某些系统使用了一种不太常用但很有创意的方法，它将窗口"卷"起来，像是一个窗口的阴影，只显示标题栏。

　　在允许多屏幕的系统里，一组窗口关联在一个特定的屏幕上。各个屏幕连同其关联的窗口都可以最小化，也都可以移到其他屏幕的前面或后面，但大小通常是不可以调整的。当允许多屏幕时，每个屏幕表示一个独立的用户界面。

　　对于用户来说，窗口就是一个框，用来给程序输入文本和命令，也用来显示图形或文本结果。在屏幕上放置多个窗口可为每个程序提供一种方便的方法，从而实现带有独立输入和输出的多道程序设计界面。在任何时间点上，一个窗口都是**活动的**，这就意味着它会响应键盘和鼠标。标题栏的颜色或外观常用来指示屏幕上当前哪一个窗口是活动的。在有些系统上，将鼠标光标移动到窗口里就激活了这个窗口。这种方法称为**鼠标焦点**（mouse focus）。在其他系统中，当光标位于窗口内时，必须点击鼠标或打开窗口才能激活窗口。这称为**点击焦点**（click to focus）。

　　数据和程序文件可以采用文本或图标的形式，这取决于 GUI 设计。在大多数系统中，图标可以是活动的。使用中的图标也可以改变形状或颜色。可以使用光标指针在屏幕上拖曳图标。

　　通过在合适的时间点上移动鼠标和操作鼠标键，可以将许多命令都发送给操作系统。例如，在一个程序中，鼠标光标指向图标并双击鼠标键就会启动程序。一条复制命令的操作过程是，当用户将图标从原来位置拖曳到期望的目录图标上的某个位置或窗口里时，保持鼠标键按下，然后通过释放鼠标键将图标放下。一条删除命令是这样执行的：将图标拖曳到表示垃圾桶图像的图标里。其他命令结合弹出或下拉菜单来使用鼠标。触摸屏的使用方法与此类似。

　　程序和数据文件都存放在文件夹里，文件夹是可以嵌套的。双击一个文件夹就打开了一个窗口，它可以显示文件夹的内容。换句话说，文件夹相当于文件的目录结构。活动窗口对应于当前目录附着点（directory attachment point）。

　　请求者的输入框可用于需要文本输入（如一个新文件名）的命令。其他小工具，比如按钮和滑动条，用于其他类型的界面控制。

　　当配备键盘时，大多数窗口界面的操作系统允许使用键盘上的特殊键来执行命令，就跟那些使用"鼠标 – 图标 – 菜单"命令一样。

　　例子　Macintosh OS X 的界面是由单个屏幕组成的，称为桌面。桌面可用来容纳各种东西，如垃圾桶、文件夹、正在使用的数据。一个典型的 Macintosh OS X 的界面如图 16-5 所示。这个桌面由表示系统中每个**卷**的图标、菜单栏、"码头"、垃圾桶构成。一个卷由一个磁盘或磁盘的一部分构成。

　　在卷图标或码头图标上点击鼠标就打开了一个窗口。在 Macintosh 上，图标可以表示文件夹、应用和文档。点击一个应用会**启动**（装载并执行）这个程序。点击一个文档图标会打**开关联的应用程序**并加载指定的数据。有些窗口也是从这个菜单栏里打开的。

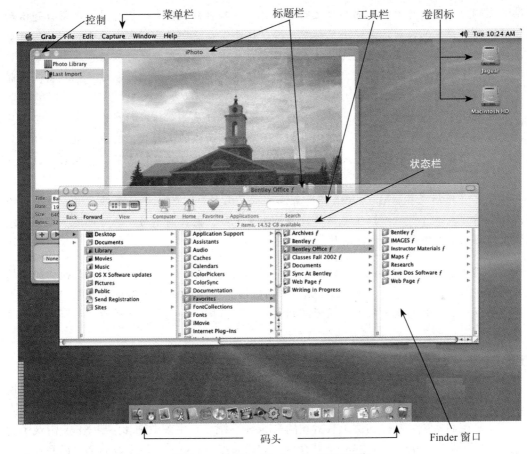

图 16-5　典型的 Macintosh OS X 屏幕

码头作为一个方便的容器，容纳经常访问的应用、文件夹、文档、文件和卷。对于打开的应用，它也存放对应的最小化图标。为了方便永久地把码头放在应用里，对于打开的最小化的应用，Mac OS X 并不进行区别。如果仔细看一下这幅图，你会看到码头被一条垂直线分为了两个部分。码头的左边存放应用，右边存放文件夹、文档等。

在码头里图标的名字是隐藏的。当鼠标指针放到图标上时，它们才显现。码头里的有些图标也会促生弹出菜单。**拖曳**动作（drag-and-drop）用来向码头里添加图标。从码头里拽出图标就将其移除了。码头可以隐藏、缩小或者转到桌面的一个新位置上。

图中打开了两个窗口。打开的窗口有标题栏，其中包含常用的小工具，Macintosh 称其为**控制**。这些小工具可将窗口关闭、将窗口扩展到全屏，使窗口最小化，调整窗口到期望的大小，左右或上下滚动以显露窗口的下层部分。使用鼠标可使窗口在桌面上移动。有些窗口还提供工具栏和状态栏。

Macintosh 桌面使用了单一的菜单栏，它由活动窗口和桌面共享。可以在菜单栏内移动鼠标，从而让下拉菜单显现出来。下拉菜单里的许多菜单项都是标准的，不管用户在做什么。在某个时刻不合适使用的那些菜单项会变为灰色，也就是用较淡的颜色表示。这些菜单项不响应鼠标。标准化使得学习和使用界面更加容易。有些菜单栏项可更改以表示可能的动作，这些动作在特定情形里都是唯一的。

可以同时打开多个窗口，每个窗口有自己的工作，通过使用鼠标标记所需的数据和使用菜单里的相应功能，可以在不同窗口之间剪切、复制和粘贴数据。一次只有一个窗口是活动的。用户在窗口里的任何地方点击鼠标就选择了这个窗口。即使窗口可以重叠，活动的窗口也总会处于最上面，并且是完全显示的。一旦窗口是活动的，用户就可以操作这个窗口和窗口内的数据了。在程序执行期间，使用按钮、对话框和下拉菜单可以控制程序和数据，这简化了用户和程序间的交互。

在这幅图中，iPhoto是一个应用。另一个打开的窗口是一个特殊的**发现者**窗口，它是用来浏览这个系统的。它包含一个工作上类似于浏览器和面板的工具栏，其中面板表示分层的文件夹及其内容。工具栏为了满足具体用户的偏好可以修改。从发现者里，可以启动应用直接打开文档。

除了容易使用之外，Macintosh界面最重要的是它的一致性。在整个界面中，每个操作都以相同的方式工作。这增强了易用性，便于快速学习，也提高了用户的舒适度。操作系统内强大的图形软件例程库可加强这种一致性。

应当指出的是，图形界面完全致力于用户界面的用户端。在内部，操作系统执行命令的方式与其他接口执行命令的方式基本上是一样的。我们提及这一点，以便你能明白在概念上将操作系统分成不同层次的价值。只要层间的接口是自相一致的，修改或改变一层不会影响其他层。

16.3.4　非接触手势及基于声音的界面

前面的讨论假定了存在物理指向设备：鼠标、触摸板或触摸屏、图形平板。一项最近快速发展的革新技术是使用语音命令和手势，并且没有与系统的物理连接：通过手的移动或眼睛的运动来控制系统。具体的例子有微软的Kinect系统，它用来识别和跟踪Xbox游戏中的身体运动；有苹果iPhone上的Siri语音命令，它用来搜索数据；有汽车媒体和电话系统上的语音控制；还有三星S4智能手机上的眼动显示器控制。

基于手势和语音技术的早期实现主要用于计算机游戏，它会使动作以及与系统的交互对用户更为逼真一些。最近以来，开发者一直在为IT和一般用户创建一些应用。例如，在汽车内通过语音控制免提电话的操作。另一个例子是手势可在业务会议上控制可视化演示。眼动追踪（eye tracking）可以在显示器上滚动数据或暂停视频。我们可以预期，假以时日，作为图形用户界面的重要辅助手段，计算机非接触式交互的使用，将在家庭和企业里大量地增加。

有趣的是，执行这些操作的基本技术已经存在相当长的一段时间了。正如第4章里简要描述的，语音识别基于音素识别技术并结合了语言处理技术的进步。虽然提高并不太多，但语音识别已用于文字处理许多年。红外扫描和视频摄像技术与定位分析和图像处理软件相结合可以定位、识别和跟踪三维空间里的目标。人脸定位和面部识别软件也使用一段时间了。将不同的技术组合到非接触式接口的实现里，这就是个时间问题，只是在等待更强大的个人计算机硬件、软件以及更专业算法的持续发展和改进。

16.3.5　用户界面的权衡

图形界面的易用性使它成为大多数用户的理想接口，这一点似乎是显而易见的。对于一般的端用户，图形界面实际上是一个很有吸引力的选择，因为它既容易学习又容易使用。几乎不需要培训，基本操作都是直观的。因此，它满足了用户界面的最重要标准：使用户高效地完成工作。图形界面还有一个不太明显的优点。使用图形界面，用户很容易实现一个多任务系统，在这个系统中将每个正在执行的任务放置到独立的窗口中，用户就可以控制每一个任务。尽管有些命令行系统提供了"后台"执行程序的方式，但这种方法有点笨拙：任务间的切换不太方便，输出的结果是混合在一起的，而且两个程序很难分离和交互。

另外，GUI 反映了当前计算机的使用。现代计算机通常用来显示图形、照片和视频。与 CLI 相比，这种界面更符合这种应用。除了作为计算机的主要应用工具外，移动设备上 Web 浏览器的普遍使用为 GUI 作为普通用户的主要界面提供了进一步的支持。

然而，图形界面并非没有缺点。图形界面更难实现，对软硬件的要求更高一些。这种界面最适合于带有强大图形视频能力的设备。仅是存储图片和程序，它就需要大量的内存。虽然可视化和面向对象的语言以及 API 服务简化了此类程序的编码，但这种软件还是相当复杂的。

相反，命令行界面既简单又直接。它是面向文本的，而且，可以将命令解释器的输入看成简单的顺序的字符流。命令行界面还具有更好的固有灵活性，能力也更强。许多有经验的用户认为，图形界面既慢又笨。他们喜欢输入命令来完成其工作。参数和操作数易于使用和指定。当一个操作重复多次或要进行特殊搜索时，使用通配符命令工作起来更容易。使用图形界面来组合命令或使用管道技术就比较困难。

即使内置在用户程序里的图形 I/O 容易使用，用户程序的图形 I/O 的开发也比较困难，而且程序会很大、很慢，因为服务例程必须要处理大量的细节。显然，阅读和编写文本流比绘制窗口、处理菜单和识别鼠标的移动和动作更容易一些。

最后，将一系列图形动作组合成可工作的命令脚本更为困难，尤其是当需要分支和循环时，尽管 Windows 的 PowerShell 在一定程度上提供了这种能力。命令行界面的一个功能就是对命令"编程"的能力。

尽管存在这些困难，但在大多数情况下，对于大多数用户而言，图形用户界面既方便又有用。它是移动设备和大多数个人计算机的主要界面；相对来说，在大型计算机上它也是常见的界面。

这种界面的问题也在逐渐地被解决。大多数系统现在还提供了命令行界面，如 Windows 里的命令提示符，它用在图形界面不太方便或者比较弱的情形里。现在，应用程序可以帮助程序开发者创建窗口和程序界面所需的其他任务。当然，Web 浏览器提供的简单工具可以产生应用界面，这些界面本身就是图形化的，而且很容易开发。

标准的存在使不同的计算机和终端共享相同的图形界面，即使各自的硬件和软件是不同的。在网络和**分布式计算**环境中，这种能力是很重要的，一个系统上的显示元素必须一模一样地在不同的系统上显示出来。正如我们已经指出的，对于这种能力，一个明显的选择是使用 Web 技术（Java 小应用程序、脚本语言、HTML 以及 XML 等）来产生所需的显示。

在许多情况下，一个很有吸引力的选择是 **X Window**，它允许使用 UNIX、Linux 以及某些其他不同操作系统的计算机，它们以图形的方式一起工作。X Window 提供了描述图形界面的语言；每台计算机在各自操作系统内实现这种语言以此来产生所需要的结果。X Window 系统是 MIT 于 1986 年开发的，作为促进标准图形界面思想的一种方式，它无须考虑硬件且已被大多数制造商接受。在 16.4 节里会进一步讨论 X Window。在很多情况下，Web 浏览器就能起到这个作用，使用 Java 小应用程序、脚本语言、HTML 以及 XML 可以产生所需的显示。

16.3.6   软件方面的注意事项

控制用户界面的程序必须执行两个主要的功能：

- 保持屏幕上用户界面的外观。
- 将用户请求变换为用户服务并启动要提供这些服务的程序。

当然，如果界面是命令行，那么在屏幕上保持界面外观就没什么意义了，因为这只需要显示提示符并等待响应即可。CLI 界面是基于文本的，因此，任何需要通过网络进行的远程显示根本就不是问题。

类似地，将 CLI 命令变换为相应的服务也很简单。只需将用户输入的文本与已知的命令或文件名进行比较，然后执行用户键入的命令。如果是内部命令，那么就在操作系统内部执行。如果命令是外部的，那么就装载并执行它。命令行里的操作数作为参数传递给命令程序。

Windows 界面更为困难一些。界面软件负责画出和维护屏幕的外观；创建下拉菜单和对话框；对用户通过鼠标或触摸屏点击的请求进行响应；在屏幕上维持不同对象的位置；在需要的时候，打开、关闭、移动和改变窗口的大小；完成其他一些任务。

即便在概念上是一个很简单的任务，如在屏幕上移动一个对象（比方说是通过光标、图标、窗口或者滑动控制），也需要相当大的编程工作。（想象一下，尝试用"小伙计"计算机机器语言编写程序来执行这个任务！）当用户移动鼠标时，鼠标会产生一个 CPU 中断。鼠标中断程序可以确定鼠标移动的方向和距离。它在对象的当前位置上按几何方式增加移动量来计算屏幕上对象的新 x 和 y 坐标。然后，在显示内存里存储对象图片，在新的位置上重新画出这个对象。当它这么做的时候，它还必须保存藏在对象新位置背后的图像阴影，并恢复以前位置上对象隐藏的任何图像。这种操作如图 16-6 所示。

（我们注意到，在现代台式计算机和工作站中，执行刚刚描述的图像阴影等任务时，所需的软件实际上内置在某些图形显示控制器内。这个控制器和操作系统之间的工作划分是由与特定图形控制器一起使用的设备驱动器软件来确定的。无论使用哪种方式，任务都必须要执行。）

除了显示维护和处理外，界面程序还必须解释命令并请求相应的服务。例如，双击文档图标，要求软件根据显示器上的位置来识别出图标，确定出关联的应用程序，装载并执行这个应用，以及装载文档数据。因此，对于一个窗口系统来说，命令解释器有一些复杂。请注意，请求一个服务也需要使用显示服务程序，因为新的应用打开一个或多个属于自己的窗口、建立自己的菜单等也会需要这个程序。

拉里·厄文创建 lewing@isc.tamu.edu

最后，考察一下窗口内对象的显示是很有用的，如   图 16-6   在屏幕上移动一个对象照片处理应用中的图像、字处理器中的格式化文本或者 Web 浏览器里的页面。负责其中每个对象显示的就是特定的应用。一个窗口内显示的输出会采取对象和位图的形式，正如在第 4 章里描述的。这些应用使用操作系统里的 API 工具来产生实际的显示。相应地，操作系统组合使用自己的软件和图形显示控制器里的软件来产生全屏显示。

总的来说，你可以看到相比于对应的 CLI 或菜单界面软件，图形用户界面软件要复杂很多。

16.4 X Window 和其他图形显示方法

当计算机和显示器位于同一处时，比如个人计算机或工作站，图形用户界面既吸引人又方便直接。当显示终端与计算机距离很远时，图形用户界面的获取就比较困难了。例如，如果一个用户试图通过网络操作计算机，并使用远程计算机上的显示器和鼠标设备，那么这种情形可能就会发生。麻烦在于必须从一个位置向另一个位置传送大量的图形、图像数据。在第 9 章里我们看到，单幅位图图像就可能包含数千或数百万字节的信息。很明显，通过网络按照位图图像的格式不间断地传送屏幕的显示，是不太可行的。

X Window 标准是解决这个问题的一次成功尝试。X Window 的工作原理是，将实际在屏幕上产生显示图像的软件与创建图像的应用程序分离，并按照有些不太寻常的客户机——服务器约定来请求这个显示。在屏幕上产生图像的程序叫作**显示服务器**。我们提醒你一下，在数据通信术语中，服务器就是为其他程序提供服务的程序。在这种情况里，服务器为一个或多个客户端应用程序提供显示服务。（我们假定客户端应用程序运行在跟显示器距离很远的计算机系统上，尽管这是不必要的假设，正如你很快要看到的。）显示服务器位于显示端、计算机或工作站上，在那儿对图像进行显示。显示服务器可以绘制和控制窗口。它提供有小工具、对话框、下拉菜单和弹出菜单。它能创建并显示各种基础形状，如点、矩形、圆、直线和曲线、图标、光标以及文本字体。结合位于同一终端上的鼠标和键盘，显示服务器可以移动窗口、改变窗口大小或者控制这些窗口。在显示服务器的控制下，鼠标还可以移动位于终端的光标。它只能将光标的最后位置通知给应用程序。

因此，创建图形窗口界面的大部分工作是在显示端本地执行的，不必从运行应用程序的计算机系统中传送过来。应用程序使用显示服务并通过与显示服务器交互来产生所需的图像。同样，在数据通信术语中，应用程序充当着客户端，从显示服务器那里请求它所需的显示服务。例如，这个程序可以请求要显示的下拉菜单；显示服务器根据其对窗口大小和位置的理解，在屏幕的相应位置上绘制出菜单。如果终端上的用户用鼠标点击某个特定的菜单项，那么服务器将这个发生的事件通知给应用。图 16-7 说明了在显示服务器上 X Window 应用的一个操作。

尽管应用仍须将实际的图像数据传输到显示器上，这是不可避免的，但要传送的数据量大大减少了。本质上，显示服务器能够执行很多基本的显示操作，所需的通信量也很少。例如，WYSIWYG 文本只需要选择字体、显示位置和要传送的实际文本数据。字体数据存储在显示服务器上。服务器还提供了所有基本的工具和小工具库，用于绘制窗口、提供下拉菜单、显示控件按钮、响应鼠标点击，还有许多其他的功能。这种方法所需的程序和显示之间的数据通信要远远少于传输实际文本图像和窗口所需的数据量。

X Window 对客户端应用的位置没有限制。因此，应用程序可以驻留在显示服务器所在的计算机系统上，也可以远程驻留在一个不同的系统上。再者，显示服务器能够同时处理来自几个不同客户端的应用请求，每个应用各自在自己的窗口里。你会期望这是真的，因为图形用户界面可以同时有几个打开的窗口。这就导致了一个有趣又令人激动的可能：单个显示器上的不同窗口可以与不同机器上的应用程序进行通信！事实的确如此。图16-8所示的图片说明了这种情形。左上角的窗口正在与程序进行通信，该程序与显示器位于同一台个人计算机上。该计算机正在运行微软 Windows 下的 X Window 服务器。屏幕上其余的窗口连接到位于远端的不同系统上：一个连接在局域网上的 VMS 系统（现在很古老了）和一台通过电话线和调制解调器相连的 Sun UNIX 工作站。这幅图像是很多年前拍摄的，但创建它的 X Window 技术只是在细节上有所变化。

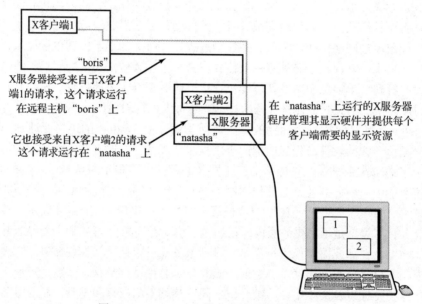

图 16-7　X Window 的客户端－服务器关系

资料来源：来自 UNIX 操作系统，第三版。K. 克里斯蒂安和 S. 里克特。John Wiley&Sons 版权所有 ©1994。经许可后重印。

和其他窗口系统一样，光标的位置用来决定活动窗口。

请注意，只要显示服务器软件对于显示终端上使用的特定操作系统是可用的，那么显示端的操作系统就不需要跟应用程序正在运行的操作系统一样。X Window 显示服务软件对于大多数系统都是可用的，包括 UNIX、Linux、Windows、Macintosh OS，以及其他很多操作系统。事实上，X Window 服务器甚至可以内置在裸机式的显示终端里，跟位于别处的中央处理器一起使用。

类似于 X Window 的系统也是存在的，它们位于服务的应用级，比如，以前提到过的基于 Web 的服务。尽管这些系统的操作有些不同，但概念还是非常相似的：使用位于显示端的软件生成尽量多的显示；要传送的图像数据量尽量最少。这些服务提供了软件，显示的标准格式（如 PNG、PDF 和 SVG），通信协议，特别是专门用于此的 HTML 和 XML。这些服务也存储常用的图像以及显示站点的显示特性。

16.5　命令和脚本语言

在早期批处理系统中，需要一次提交程序的所有部分，包括数据和作为操作部分所需的其他程序。一般来说，穿孔卡就用于这个目的（参见图 4E-3，图中有关于穿孔卡的说明）。

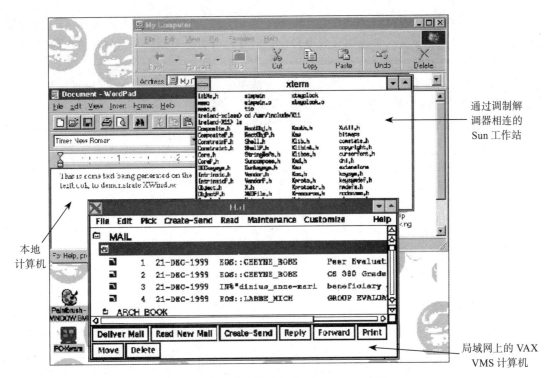

本地
计算机

通过调制解
调器相连的
Sun 工作站

局域网上的 VAX
VMS 计算机

图 16-8 一个多计算机的 X Window 显示

假定你有一个要编译和执行的 COBOL 程序（那些日子里，一直是 COBOL）。你提交给计算机的内容有组成 COBOL 编译器的卡片、COBOL 程序本身、或许还有二进制算术例程库（程序执行时会调用这个库），最后还有程序中的一些数据。你递交的东西还包含给计算机的命令，告诉它用这些卡做什么。（有些命令实际上更具有信息性，比如"加载下面一组卡片，这些卡片是您正在运行的程序数据"。）整个递交过程称为一个"作业"。

后来，COBOL 编译器和算术例程变成了软件的一部分，它们永久地存储在计算机系统的磁盘上，但仍需要告诉系统做什么、从磁盘上调用什么程序（例如，COBOL 编译器）、在哪里找数据以及在哪里输出结果。

如前所述，计算机命令采取穿孔卡的形式，穿孔卡含有所需的信息。这些卡叫作作业控制卡，因为它们告诉计算机系统如何控制作业。不同类型的命令组成了一种语言，叫作**作业控制语言**，更常见地称为 JCL。换句话说，一个作业是由一系列 JCL 命令构成的，并伴有相应的程序和数据。

在这些语言中最著名的是 IBM zOS/JCL，但你应当知道，其他商家也有自己的 JCL 语言。一般来说，不同商家的 JCL 语言之间没有兼容性，事实上，有几个不同版本的"IBM JCL"也不兼容。（顺便说一下，你可能注意到了常用的说法"JCL 语言"是重复的。）直到今天还在继续使用 JCL。将 JCL 语句输入到带屏幕编辑器的系统里，作为一个**卡片信息**文件存储在系统中。之所以这么说，是因为每条语句的存放过程就好像存储在一个 80 列的卡片上。这些卡片信息通常批量地组合在一起形成一个命令文件，执行方式与在程序中相同，只不过每行"程序"实际上是一条操作系统命令。每条 JCL 命令中的操作数指定了相应的文件以及所需的其他细节。既使用位置操作数，也使用关键字操作数。

你在计算机上使用的命令与构成作业控制语言的命令差别并不大。毕竟，计算机就是一台计算机，你执行的任务与一个批处理作业的一部分所执行的任务之间并没有多少真正的差别。虽然你通常按照一次一个地执行命令操作，但有时可能会想到将一组命令组合起来一次执行，这样会比较方便。实际上，你可能已经知道了有一种方法可以实现这个目的。

如前所述，操作系统提供了一种将命令组合成单个文件的方法，这个文件可以像程序一样执行。这个文件本身甚至就包含可执行的程序。除了普通的命令之外，操作系统还提供了其他针对这个目的的命令，例如，允许分支和循环的命令。图 16-9 所示为一个 Windows 命令语言脚本的例子，它准备备份一个文本文件，将一个老版本复制到闪存（E:）上，在硬盘上产生一个新的备份，然后打开字处理器程序。当命令文件执行时，文本文件名是作为参数给出的。"%1"是操作数的一个占位符。

```
@echo
if '%1' == '' go to error
if not exist %1 goto error
if not exist %1.txt goto newtxt
if exist %1.old copy %1.old e:\%.arc
copy %1.txt %1.old
wordproc %1.txt
goto end
:newtxt
echo This is a new file. Opening word processor....
wordproc
goto end
:error
echo proper command format is 'dowp filename'
echo with no extension.
:end
```

图 16-9　Windows 程序 DOWP

大多数现代操作系统都提供了命令语言。或许，这个概念最简练的实现是 UNIX。除了普通的命令之外，UNIX 和 Linux 壳还包含一组强大的实用工具命令，还有其他一些功能，它们可以产生非常专业的命令程序。在 UNIX 和 Linux 中，shell 脚本是完成工作的基本方式。shell 脚本可以像程序一样执行，事实上，由于 shell 脚本语言具有强大的功能，所以经常可以不用编写普通程序，取而代之的是使用 shell 脚本。

您已经看到了 Windows 命令语言脚本的一个实例，它帮助用户执行日常的计算机任务。事实上，许多 Linux 操作系统的操作都是 shell 脚本。shell 脚本也常常用来代替传统的程序。图 16-10 所示的是一个 UNIX Boume shell 程序，它确定距离用户输入的任意一个城市最近的主要机场。

```
export city state lat long port
grep -i "$1 $2" townfile ¦ read city state lat long port
if [ -z "$city" ] then
    echo "this city is not in the file"
elif [ "$port" = "y" ] then
    echo " $city $state has its own airport"
else
    awk '
    BEGIN {close = 10000}
    $5 == "y" {dist = ($3 - '$lat')*($3 - $lat')+($4 - '$long')*($4 - '$long')
        if (dist < close) {
            close = dist
            ccity = $1
            cstate = $2 } }
    END  {print ( "the nearest airport is in " ccity, cstate)
        print ( " approximate distance is " 60* sqrt (close) " miles")
        } ' townfile
fi

A typical line in townfile:
Boston MA 42.3333 71.083 y
```

图 16-10　Linux 机场距离 shell 脚本

脚本语言是命令语言的扩展形式，通常包含的功能远远超过在标准命令语言中所发现的

功能。有些脚本语言甚至还提供了不同操作系统之间的可移植性。Perl、Javascript、PHP 和
Python 都是可移植脚本语言的例子。

16.5.1 命令语言的构成

跟其他编程语言一样，在命令语言中也有一些要素，这些要素影响着语言的使用性。命
令和实用程序的选择是一个重要的考虑因素，但这不是唯一的考虑因素。它还有其他增强语
言价值的特性。这些是命令语言的一些最重要的特性：

- 在屏幕上输出消息，从用户处接受输入并送至脚本的能力。
- 指定变量和方法的能力，这个方法用来分配并改变这些变量的值。
- 分支和循环能力。请注意，作为控制分支和结束循环的一种方法，改变变量值是很重
  要的。
- 通过执行程序的命令指定参数并将这些形参传递给程序里的参数和变量的能力。
  图 16-8 所示的命令脚本就使用了这种技术，允许用户指定要备份的文件名。
- 从命令中检测出错误并完美地恢复的能力。如果操作系统对错误附有数值，则命令程
  序可以根据错误级别做出决定和分支。例如，这可以用来确定一个特定的文件或某个
  特定的硬件组件是否存在。

16.5.2 命令语言启动序列文件

命令语言的一个主要使用方式是系统启动文件。大多数现代操作系统在系统启动和当一
个用户登录系统时，允许执行特定的命令文件。启动文件有两种类型。一种类型用来配置基
本的操作系统，正如我们在第 15 章里讨论的。启动配置文件只能由系统管理员来修改。

第二种类型的启动文件根据用户的喜好对系统进行裁剪。用户启动命令可用来设置各种
参数，如寻找文件的首选位置、用户正在工作的终端类型、**命令外壳**的选择，以及命令行提
示符的外观。在多用户共享的系统上，用户启动命令文件可以针对每个用户进行定制。每当
用户登录时就执行它。UNIX 系统的登录启动文件依赖于系统使用的默认外壳。Bourne Shell
启动脚本叫作 ".login"；C-shell 脚本称为 ".cshrc"。由于这些文件是文本文件，所以它们
很容易通过网络进行通信，给网络上的用户提供统一的功能。这样就允许系统管理员通过修
改单个文件来更改每个用户的配置文件。

16.6 程序服务

在 16.2 节里，我们简单讨论了操作系统通过 API 给程序提供的服务。本章的大部分讨
论都是围绕用户接口、控制方法和使用界面进行的，但是，针对支持并影响用户界面的应用
程序，操作系统也提供了服务，如果对此不再说几句，那我们就失职了。这些服务有很多与
用户可用的命令是相似的，但 API 服务扩展的范围远远超出了用户命令的能力，其中包括对
用户不太明显但仍然很重要的服务，以及简化应用程序创建的服务。

正如我们在第 15 章里指出的，操作系统一直为应用程序提供服务，服务领域有文件管
理、I/O 处理和系统资源管理。如前所述，需要使用操作系统 API 来确保系统的完整性。通
过 API 分配系统资源（如内存）可以确保程序不会覆盖另一个程序正在使用的内存。类似地，
提供一个所有 I/O 都必须通过的单一网关可以确保文件和其他 I/O 的完整性。系统服务的作
用就是正确地排队 I/O 请求并以保护数据的方式来执行它们。目前，没有设备允许用户程序

绕过操作系统服务。如果每个程序独立地将文件放在磁盘上，那么就无法保证文件不会互相破坏。作为另一个例子考察一台两个不同程序正在直接寻址的打印机。两个程序的打印输出会混在一起形成乱码，显然这对任何人都是没有用的。

由操作系统 API 提供的服务也反映了扩展操作系统作用的趋势，一般包括给应用程序和用户提供服务和支持，这些服务和支持提供了许多功能，以前这些功能要由应用程序来实现。如前所述，这些服务使系统能够为不同的应用程序提供标准的外观和感觉，甚至扩展到Web 接口。它们简化并扩展了应用程序的图形能力，改进了程序互相间通信，以及从一个应用向另一个应用传递数据的能力；它们提供了从一个应用程序内部启动另一个应用程序的能力，提供了电子邮件和其他通信能力；它们提供了文档和图形存储服务，其服务水平比以前在传统操作系统文件管理功能中看到的更专业。

通过将这些功能集成到操作系统中，系统可以确保每个应用程序都以类似的方式响应用户的动作。这种集成还提供了不同应用程序之间平滑无缝的交互。正如文件管理器确保跨不同设备的文件操作具有一致的表示和接口一样，这些服务为用户提供了更强大、更容易使用的方法，从而访问其应用程序。整体效果更强调了用户界面和新的工作方式，这些方式更加面向要完成的工作、更少地启动和操作应用程序。尽管许多这样的工具在"壳"中可以找得到，但和以前的壳相比，它们现在更为紧密地集成到操作系统里了。

新增的操作系统服务跟改进编程方法紧密地关联，尤其是面向对象的程序设计。这些服务通常采取对象库的形式，应用程序通过普通的调用机制来请求对象库。对于这些服务，有几个标准一直在发展。标准是必要的，以便在应用程序开发时能保证所需的服务是可用的。这些标准中，最重要的有 **.NET** 和 **CORBA（公共对象请求代理架构）**，这两个标准使得程序可以定位和共享系统上的对象，通过网络来定位或者共享对象。**远程过程调用（RPC）**允许一个程序通过网络在远端调用一个过程。

.NET 和其他类似的操作系统工具，通过提供常需的程序对象在创建新程序时能让程序员的任务轻松一些；也允许网络上的计算机一起来处理负载。特别是在现代系统中，漂亮的用户界面和图形是准则而不是例外，操作系统提供了一个强大的服务例库，用于实现各个程序的用户界面和绘图。在大多数现代计算设备中，程序只需要调用一系列例程来维持对窗口、下拉菜单、对话框、多输入设备、语音输入等的控制。甚至有强大的系统调用可以在屏幕上绘制复杂的图形。构想一下，作为应用程序的一部分，在智能手机上创建虚拟键盘必须要写代码并从中接受输入的情景吧！

随着操作系统进入一个传统意义上属于应用程序的区域，操作系统和应用程序之间的分界线已经变得越来越模糊了。作为主要的用户界面，Web 浏览器的使用提供了一种常见的外观和感觉，它一路延伸，从智能手机和平板电脑到本地文件管理、基于 Web 的企业应用和基于 Web 的服务。这些服务可以视为一个新的操作系统层，称其为应用程序服务。或许将来操作系统的划分会有所不同，分为用户服务和内核，内核只提供基本的内部服务。一些研究人员和操作系统设计者设想出一个模型，这个模型由一个小的操作系统组成，它通过支持用户应用的对象进行了扩展。这种方法表明操作系统越来越强调用户环境和应用集成。

总的来说，在过去的几年里，用户与计算机交互的效果发生了很大的变化，而且，未来的变化会更为深刻。目前，用户通过打开应用程序并在这些应用程序中工作来执行其工作。应用程序级上应用套件（suite）的概念、系统级上对象链的概念，都扩展了允许应用之间进行通信、共享数据的能力；允许通过启动另一个应用来执行这个应用内的操作。对于系统级的软件，不管是操作系统部分还是其他类型的接口壳，可以想象出来的额外功能都会扩展这一过程。最终，可以期望这些系统级的软件能将用户的注意力差不多完全转移到文档、数据集或其他工作实体上，当需要应用来完成一个具体任务时，这些应用就会无形地启动。

小结与回顾

现代操作系统提供了一个接口，这个接口由程序和用户来使用，以便跟系统进行交互。这个接口提供了大量的用户服务和程序服务，包括带有命令功能的用户界面、程序执行和控制功能、用于程序及用户的 I/O 和文件服务、构建命令程序的命令语言、系统信息、安全特性，以及用户间通信和文件共享功能。应用程序编程接口（API）提供了一组标准的服务，应用程序通过它来访问操作系统，同时用户界面提供了常见的外观和感觉。在本章里，我们对这些服务逐一进行了考察。

大多数系统都是交互式的。为此，当前主要有两类用户界面：命令行界面和图形用户界面，各自有各自的优点和缺点。每种界面都能执行相同的操作，尽管各自使用的方法不一样。对于需求有限的用户，基于 Web 的界面通常比较合适，也是比较高效的系统访问方法。

X Window 是一种重要的图形显示方法，特别是在网络和分布式环境中。X Window 试图提供窗口功能，同时还部分解决了从一个位置到另一位置传送大量图形数据的难题。X Window 是围绕着客户机 - 服务器架构构建的。

命令语言允许用户从命令集中构建更强大的功能。大多数命令语言都提供了循环和选择功能，还提供了交互式输入和输出功能。有些命令语言主要用于批处理。IBM zOS/JCL 是批处理语言的一个重要例子。

扩展阅读

详细讨论用户界面的一本通用的书籍是 Sharp 编写的［SHAR11］。对于图形用户界面，Marcus 及其同事［MARC95］提供了容易阅读的讨论和比较。参考文献中给出了其他几本书，包括：Weinschenk［WEIN97］、Tidwell［TIDW11］和 Tufte［TUFT90］。关于网络设计，也有不少书，但这里不包括这类话题。一般操作系统的用户界面和程序服务方面可参见第 15 章中确定的任何操作系统教材。X Window 系统在 Christian 和 Richter［CHRI94］这本书里有很好的介绍，很多书里都有更详细的介绍，包括 Mansfield［MANS93］或 Jones［JONE00］。

复习题

16.1　用户界面的主要用途是什么？

16.2　用户界面的质量对计算机的使用和生产效率有什么影响？

16.3　命令语言或者脚本语言的用途是什么？

16.4　为应用程序、用户程序和命令提供相同的用户界面有什么优点？

16.5　讨论一下命令行界面和图形用户界面的主要利弊。

16.6　描述一下由 CLI 命令 shell 提供的用户界面。

16.7　描述一下 CLI 命令的格式。什么是操作数？关键字操作数和位置操作数有什么不同？

16.8　绘制一个或者"屏幕打印"一个典型的 GUI 屏幕。标记出屏幕上的每一个主要组件。

16.9　除了命令本身外，命令语言还提供了额外的能力，当用户不能直接参与控制和执行每个命令时，这些能力是很重要的。至少列出 3 个需要使命令语言并且有用的特征。

16.10　尽管与 CLI 和 GUI 相比，基于 Web 的用户界面在一定程度上还是有限的，但它们在单位里的使用已经增长了，而且还会继续增长。相对于 CLI 和 GUI，Web 界面提供的优点是什么？

16.11 确定并解释由操作系统 API 提供的几个特征的作用。

习题

16.1 和其他类型的界面相比，请列出并解释使用命令行界面具有的明确优势。图形用户界面也一样吗？基于 Web 的界面呢？每种界面的目标受众是谁？

16.2 讨论一下，将用户界面作为一个单独的壳来提供，而不是操作系统的一个组成部分的优缺点。

16.3 如果你访问两个或多个命令行界面的壳，诸如 Windows 和 Linux 的 *bash* 或者 Linux 的 *bash* 和 *tcsh*，比较各自可用的主要命令。指出它们之间的相同点和不同点，尤其是它们的功能和命令任务的执行方式。

16.4 考察一下命令行界面系统的主要命令，比如 Linux *bash* 的壳。解释一下每个任务在图形用户界面上是如何执行的，比如 Windows 或 Macintosh。

16.5 有些功能在 GUI 上是很容易实现的，但是在 CLI 上却比较难。描述几个这样的功能。

16.6 解释一下管道技术。管道技术给命令语言添加了什么额外的能力？

16.7 解释一下重定向的概念。使用一个重定向有用的场景说明一下你的答案。

16.8 参数在批处理文件或壳脚本中的作用是什么？

16.9 确定出你所使用的 GUI 里的每个组件的名字和作用。

16.10 使用系统提供的批处理文件或者壳脚本功能，创建一个菜单界面，以实现你最常用的命令。

16.11 描述一下在创建显示的计算机的远程位置上，提供 GUI 存在的困难。描述一下在 X Window 中使用的解决这些困难的部分方法。为什么 X Window 不能完全解决这些问题？

16.12 讨论 X Window 系统的客户端 – 服务器架构带来的好处。

16.13 当人们描述客户端 – 服务器架构时，他们通常是指一个大型服务器正在服务一个个人计算机上的客户端的系统。在 X Window 中，通常是相反的事情。解释一下原因。

16.14 UNIX 操作系统的设计者将理想的壳命令语言描述为由一个大的简单命令集组成并且每个命令都是为执行一个特定任务而设计的。他们也提供了各种方法来组合这些简单的命令以形成更强大的命令。

a. 提供了什么工具来组合这些命令？

b. 与提供一个小的命令更强大的命令集相比，这种方法的优点是什么？缺点是什么？

c. 如果你了解 UNIX 或者 Linux 命令集的一些内容，讨论一下能够更容易地、有效地组合这些命令的 UNIX/Linux 命令的特性。

16.15 如果你可以设计一个"通配符"系统，这个系统具有的特征超出了 CLI 通常提供的特征范围，你将会增加什么特征？

16.16 假定你正在为移动设备设计应用程序，比如 iPhone 或者 Android 设备。列出几个你希望在操作系统 API 中找到的服务，来帮助你进行程序设计。

| 第 17 章 |

The Architecture of Computer Hardware, Systems Software, & Networking: An Information Technology Approach, Fifth Edition

文件管理

17.0 引言

用户和计算机之间大多数直接交互，这涉及操作系统的文件管理系统层的重要使用。从用户的角度看，文件管理系统是操作系统最重要、最直观的特性之一。不管是命令行界面里（CLI）输入的还是用鼠标或手指激活的大多数用户命令，都是对文件的操作。尽管对用户隐藏得比较好，但智能手机、平板电脑和电子书也都是基于文件的。程序和操作系统之间的许多交互都是文件请求。当一个用户通过字处理器里的下拉文件菜单检索一个文档文件时，字处理器程序就是在使用操作系统文件管理器这个服务的，来检索文档文件。即使是数据库管理应用软件也需要文件管理系统的服务来执行文件存储和检索操作。正是文件管理系统软件允许用户和程序按照逻辑实体存储、检索和操作文件，而不是按照二进制数据的物理块。由于它对用户的重要性和可见性，所以我们选择了单独讨论文件管理系统，跟操作系统的剩余部分分开讨论了。

本章我们首先回顾一下，文件的逻辑、用户或视图与其存储和检索的物理需求之间的差异。接下来，我们将展示文件管理系统是如何完成向用户和用户程序提供一个**逻辑文件**视图任务的。你将看到逻辑文件系统请求是如何映射到物理文件上的。你也会看到文件是如何物理存储和检索的。你向操作系统发出的逻辑文件命令是如何实现的。你将看到由于特定的用户和程序需求以及不同文件存储方法的局限性，必须做出的一些权衡。你将了解目录系统是如何工作的，并阅读文件系统中用于跟踪和定位文件和目录的一些不同方法。你将看到文件管理器是如何为文件查找和分配空间的，如何在移走或删除文件时，回收和跟踪空出的空间的。

我们希望，作为本章讨论的结果你能更高效地使用和管理计算机文件系统。

17.1 文件的逻辑和物理视图

不管是在计算机上还是在纸上，文件都是有组织的数据集合。文件的组织依赖于数据的使用，并由创建文件的程序或用户来决定。类似地，在文件中数据的含义也是由程序或用户建立的。一个计算机文件可以很简单，就是一个单一的数据流，它代表一次装载的整个程序；也可以是一个按顺序读取的文本数据的集合，或者是一个视频；也可以很复杂，比如由各个记录构成的数据库，每个记录包含很多字段和子字段，按照某种随机顺序一次检索一个或几个记录。

在计算机中，几乎所有的数据都是按文件的形式来存储和检索的。因此，文件可以有许多不同的形式。下面是几个常见的可以采取的文件形式：

- 由二进制数据构成的程序文件。文件中的数据字节表示构成程序指令的顺序。文件存储在磁盘等设备上，并按顺序加载到内存中的连续位置上，以便执行。
- 数据文件由字母数字 Unicode 文本构成，这个文本表示一个源代码形式的程序，并且将会作为 C++ 编译器的"数据"输入。

- 数据文件由按 ASCII 格式存储的数字序列构成，数字序列通过分隔符分开，用作数据分析程序的输入。
- 数据文件由数字字母 ASCII 字符和特殊的二进制码混合构成，表示字处理器或电子表格程序使用的文本文件。
- 数据文件由数字字母 Unicode 字符构成，表示由名字、地址和会计信息组成的记录，用于商业数据库。
- 按某种特殊方式配置的数据文件，表示图像、声音、视频或其他对象。第 4 章里给出了几个这些文件类型的例子。
- 目录文件由其他文件的相关信息构成。

程序和视频通常存储为流（stream）的形式，一个字节接一个字节地按顺序读取。其他数据类型的通用文件表示在**逻辑**上将文件视作一个**记录**集，每个记录由若干个**字段**构成。典型的面向记录的文件如图 17-1 所示。在这种情形中，每个记录由相同的字段构成，每个字段对于所有的记录都有相同固定的长度，但并非所有的情况都有这些限制。有些字段可能并不需要某些记录。图 17-2 所示的公司职员文件不需要退休员工的薪金字段。这种文件也使用评论字段。评论字段是可变长的，以便在必要的时候能增加更多的评论。这幅图还表明文件的呈现形式可能不同，但这并不影响下面的记录结构。图 17-1 所示的布局有时称为**表映像**（table image），而图 17-2 中的布局称为**表格映像**（form image）。

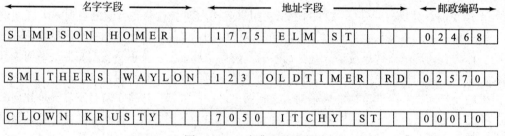

图 17-1　一个典型的文件

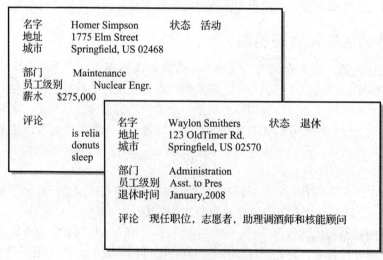

图 17-2　数据库文件——表格映像

通过记录和字段描述一个文件是文件的逻辑表示方式。也就是说，按照用户看它的方式来表示文件。逻辑视图可能与文件的**物理视图**相关，也可能不相关；可能与数据实际存储的方式有关，也可能无关。最常见的是，数据按照物理**块**存储在磁盘或 SSD 上。块大小是固定的，比如 512 字节或 4KB，这取决于磁盘。正如没有理由认为纸上的记录需要完全适配那张纸的大小一样，也没有理由认为计算机文件中逻辑记录的大小与物理记录大小应特别地一致，尽管在某些计算机系统上可能如此。我们很快还会回到这个问题上。

例如，再考察一下图 17-1 所示的文件。这个文件的另一个表示如图 17-3 所示，它更类似于物理上使用的存储方法。作为另一个例子，前面提到的程序文件可以解释为单记录、单字段的逻辑文件，并且记录中有一个可变长度的字段。物理上，这个文件可以按照物理块序列来存储，在检索文件时，一个块接一个块地访问。许多字处理器也按这种方式处理文件。这种类型的文件经常作为单一单元全部加载到内存中。

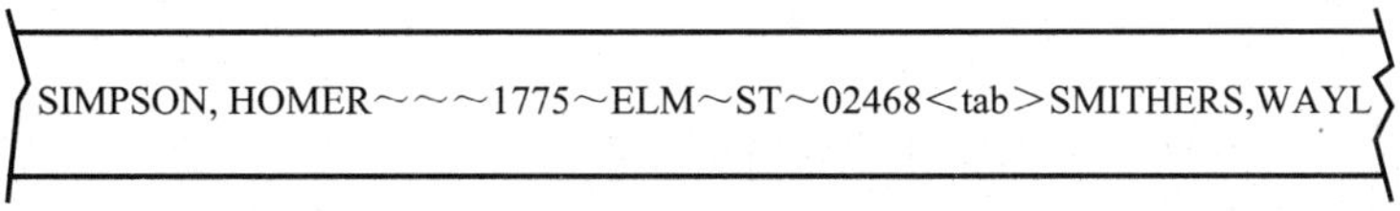

SIMPSON, HOMER~~~~1775~ELM~ST~02468<tab>SMITHERS,WAYL

图 17-3　另一种文件的表示方法

在逻辑表示文件方式上，不同的文件管理系统呈现出了很多能力。有些操作系统识别并操作几种不同类型的文件和记录结构，而另一些操作系统只将所有文件视为字节流，并将其留给实用程序和应用程序来确定文件中的数据含义。例如，Linux 和 Windows 中的文件管理器只在目录和字节流文件之间有差别。在这些系统中，文件管理器将程序文件和数据文件按相同方式来处理。当你使用一个带有程序文件的命令（如 cat、TYPE 或 MORE），并在屏幕上显示一个文件内容时，你可能已经看到了这一点。由于程序文件可以包含字节的任意组合，其中包括控制字符，所以屏幕上的结果就是无意义的数据。IBM z/OS 则代表着另一个极端，在其文件管理系统中提供了非常详细的记录管理。

这两种方法都有很好的论据。例如，将上面提到的程序和字处理文件解释为单一字节流肯定是合理的。此外，我们注意到，文件的结构可能是很复杂的，每个人又都是不同的。以类似的方式处理所有文件会简化文件管理程序，同时又增加了应用程序和实用程序的灵活性，因为每个应用程序都能够以满足自身需要的任何方式来定义文件的内容。输入和输出重定向也变得简单了，因为所有的数据都是以同样的方式处理为一个字节流。第 16 章里描述的程序管道也是如此。

相反，要想将所有文件处理为字节流，需要在应用程序和实用程序的设计上付出更多的努力。例如，当应用程序必须跟踪文件位置时，检索"流中间"的数据就比较困难。一个在文件上采用精心设计标准的文件管理系统，可以简化数据存储和检索、简化应用程序设计，而又不会严重地限制应用程序的灵活性。

一个实际问题是，许多对用户有用的数据在逻辑上都表示为记录的形式。总是从文件的开头按顺序检索记录的数据文件称为**顺序文件**。有些应用要求记录可以从文件的任何地方按照随机顺序来检索。这些称为**随机访问文件**，有时也称为**相对访问文件**（relative access file），因为指定的位置常常是相对于文件开头的（例如，我们想要第 25 个记录）。从文件中随机检索记录的一种常用方法是，使用一个名为**关键字段**的字段作为标识正确记录的索引。图 17-2 所示的关键字段可以是员工的名字，因为文件是按名字的字母顺序排列的。

从文件中检索特定记录还有其他方法。其中一些在 17.3 节里讨论。眼下，唯一重要的是你要知道，对于某些类型的文件，无论是文件管理系统还是应用程序都必须能够在文件中定位和访问单个记录。

除了文件中的数据，通常还将属性附着在文件上，以确定和描述文件特性。显然，最主要的文件属性是文件的名字。名字本身可以按这样的方式来确定：可以识别出一个具体文件类型的方式（通常称为**文件扩展名**）；它还可以扩展以确定出带有特定文件组或特定存储设备的文件。例如，在 Windows 中，扩展名

D:\GROUPA\PROG31.CPP

确定这个文件（如果用户选择合适的名字）为 C++ 程序，名字为 PROG31，存储在文件组 GROUPA 中，位于 D 盘上的 DVD-ROM 上。例如，文件扩展名可能只对用户很重要，也可能是操作系统或应用程序要求的，以便激活正确的应用程序。例如，扩展名".EXE"告诉 Windows，这个文件是一个可执行文件。类似地，文件扩展名可能与文件管理系统相关，也可能无关。

除了名称之外，文件还可以用其他各种有用的方式来描述。一个文件可以是可执行的，比如程序；也可以是可读的，比如数据。可以将一个文件看成是二进制的或字母数字的（当然，即使是字母数字字符实际上也是以二进制形式存储的）。文件可以按照检索数据来描述。一个文件既可以是临时的，也可以是永久的；既可以是可写的，也可以是写保护的。它们还有其他可能性。

文件还可以拥有这些属性，如创建日期、最近一次更新的日期，以及访问权限、更新和删除文件的相关信息。有些系统允许数据文件指定使用它的程序。这种属性叫作**关联**。在这种情况下，调用数据文件会自动装载和启动关联的程序文件。例如，Windows 就是使用文件扩展名来创建必要关联的。其他操作系统可以将关联存储为数据文件的属性。

以前的讨论关注的是文件的逻辑视图、内容含义，以及用户、操作系统实用程序和应用程序看到的属性。所有文件加上描述这些文件的属性和信息，均由文件管理系统来存储、控制和操作。

文件的物理视图是文件在计算机系统中的实际存储方式。我们已经指出，文件的物理视图可能与文件的逻辑视图看起来可能差别很大。

物理上，几乎每一个系统中的文件都是按一组块来存储和操作的。磁盘上的块通常是固定大小的，一般在 256 ~ 4096 字节之间。有些系统将一组块或多个块称为一**簇**（cluster）[⊖]。块或簇对应于单个磁道或柱面上的一个或多个扇区。块或簇是文件管理系统在单次读、写操作中能够存储或检索的最小单位。

当然，逻辑记录的大小与物理块或簇之间没有直接的关系，逻辑记录大小是由程序员或用户针对特定的应用程序设计的，实际上它的大小是可变的；物理块作为计算机系统设计的一部分，它的大小是固定的。

一个文件可能完全位于单个物理块或簇中，也可能需要几个块或几个簇。文件管理系统可以将文件塞进物理块中，而不必考虑逻辑记录，如图 17-4a 所示。它也可能试图维护逻辑记录和物理块之间的某些关系，如图 17-4b 所示。几个逻辑记录可以塞进一个物理记录中，它也可以比物理记录大，每个逻辑记录需要几个物理记录来存储。

　⊖　请注意，磁盘的簇跟计算机系统机群没有关系。相同的英文，但意思大不相同。

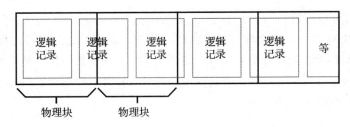

a) 逻辑记录和物理记录无关

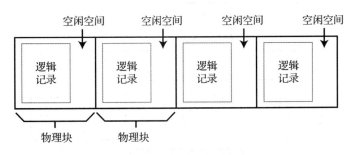

b) 逻辑记录存储在一个物理块上

图 17-4 逻辑记录和物理记录之间的关系

　　每个文件至少需要一个完整的块，即使文件只包含一个字节的数据。依赖于文件管理系统的设计，也许还依赖于文件的属性，存放特定文件的一些块可以是连续的，也就是存储在一起的；也可以不连续地分散在整个磁盘或磁带上。

　　物理块或簇的大小是文件访问速度和浪费空间之间的一种折中。如果块太小，那么大多数文件将需要几次磁盘读或写来检索或存储数据，同时也需要相当多的空间来记录每一个块的使用。相反，如果块太大，那么在块或许大部分块的尾端会存在大量的未使用空间。

　　请注意，是逻辑视图给文件中的数据赋予了含义。物理上，文件只是一个存储在块中的数据位集合。正是文件管理系统，建立了文件的逻辑表示和物理表示之间的连接。磁带的组织有点不太一样。大多数磁带系统使用可变大小的块，因此可以精确地存储文件，没有内部碎片。此外，一些文件管理系统将逻辑记录分隔成不同的块，从而可以在磁带上记录单个记录。

17.2　文件管理系统的功能

　　文件管理系统通常称为**文件管理器**。在本书中，我们将主要使用"文件管理器"一词，所以请记住，我们谈论的是一个软件程序，而不是一个人！文件管理器相当于一个透明接口，位于用户的文件系统逻辑视图与计算机物理实体之间，这些物理实体包括磁盘扇区、磁道、簇、磁带块以及其他一些 I/O 存储块。不管文件类型、文件特性、物理设备的选择或物理存储需求如何，它给用户提供了一组一致的命令和文件视图。它将这些命令转换为适合于设备的形式，并执行所需的操作。为此，它针对每一台设备维护一个**目录**结构。这些也以逻辑的形式呈现给用户和用户程序。

　　用户文件命令和程序文件请求由命令壳进行解释，然后以逻辑的形式将请求传递给文件管理器。程序请求直接提交给文件管理器。这些请求通常采取的形式有" OPEN、READ、WRITE、MOVE FILE POINTER、RESET POINTER TO BEGINNING OF FILE、CLOSE "，还有其他类似的过程或函数调用。

文件管理器检查请求的有效性，然后将请求转换为动作的相应物理过程。目录系统有助于文件的定位和组织。当需要时，文件管理器将特定的 I/O 数据传送请求发送给 I/O 设备处理层以执行传送。当请求完成时，更新目录。如果有必要，控制返回给命令 shell 或程序。这个过程的一般视图如图 17-5 所示。

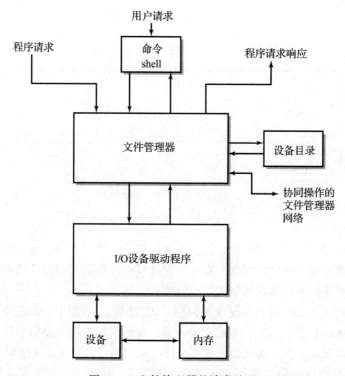

图 17-5　文件管理器的请求处理

作为这个过程的一个具体实例，当典型系统的用户输入命令

COPY D:\FILEX TO C:

（或者用鼠标将 FILEX 图标移动到系统中 C 盘的抽屉里，系统带有图形命令接口——操作是一样的），考察一下在操作系统内发生了什么。

发生了下列步骤（虽然这个描述似乎很长，但是这些步骤是合理的，不应该太难理解）：

1. 命令接口解释命令，确定 D 盘上的文件 FILEX 要形成一个副本，并存储到 C 盘上。命令 shell 将请求传递到文件管理器。通常情况下，shell 将请求文件管理器打开 D 盘上的 FILEX，并在 C 盘上创建出 FILEX。

2. 文件管理器查看 D 盘上的目录，寻找名字为 FILEX 的文件。如果找到了，那么文件管理器会保留一块内存空间，这块空间叫作内存缓存，它足以容纳文件里的一个或多个数据块。

3. 接下来，文件管理器查看 C 盘上目录，确定是否有足够的空闲空间来容纳文件。如果有，那么文件管理器将 FILEX 加入到该目录，给这个文件分配足够的块以存储这个文件。

4. 壳接收到这些请求成功的信息。现在它请求文件管理器从 D 盘上的 FILEX 中读取一个块。文件管理器请求将 FILEX 里的第一个块或一组块读进内存缓存里。这个请求被发送到 D 盘的 I/O 设备处理器中。

5. D 盘 I/O 设备处理器完成传送，并通知文件管理器：所请求的数据在内存缓存里了。

6. 文件管理器现在发出一个请求，要求内存缓存里的数据传送到第一个块或一组块中，这些块是分配给 C 盘的 FILEX 的。这个请求被发送到 C 盘的 I/O 设备处理器中。（如果 C 盘和 D 盘是相同类型的设备，例如，是两个磁盘，那么相同的 I/O 处理器可以服务两个盘。）

7. 最后 3 个步骤是重复的，直到文件复制完成。有些系统允许用户指定内存缓存的大小。注意，使用通过限制单个 I/O 传输的数量较大的内存缓存可以使大文件的复制操作更为快速。

8. 文件管理器通过向命令 shell 发送内部消息，表明复制成功，从而将控制返回到命令接口。

如果 D 盘实际上是位于网络上的某处，而不是本地机器上，那么还需要一些额外的子步骤。必须要调用两台机器上的操作系统网络服务向文件所处机器上的文件管理器请求服务，通过 I/O 设备驱动器将数据读取到远程机器的缓存里，网络驱动程序用来跨过网络将数据移动到本地机器的缓存里；然而，总的来说，这些额外的活动对这里描述的过程并没有大的改变。

COPY 操作是典型的对文件管理器的请求。或许你对很多其他操作比较熟悉。大多数操作系统的用户命令实际上都是对文件管理器的请求。

考察一个文件管理系统要执行的文件操作。这些操作可分为 3 个不同的操作类型：对整个文件的操作、对文件内数据的操作和实际上是操作文件目录而未实际访问文件本身的操作。

作为一个用户，一般来说，下面对整个文件进行操作的示例很可能是您所熟悉的：

- 复制一个文件
- 装载并执行一个（程序）文件
- 移动一个文件（假定是移动到一个不同的设备上）
- 列出或打印一个文件
- 将一个文件装载进内存
- 从内存里存储一个文件
- 编译或汇编一个文件
- 将内存里的数据添加到一个文件里

无论是基于流的还是基于记录的，每个文件管理器的基础都是操作文件内数据的能力。对此，文件管理器提供了一组基本的操作。作为一个用户，你或许不那么熟悉这些操作。这是因为它们通常是由一个程序来请求，而不是直接由用户来请求。

- 打开一个文件用于读或写。当读写数据时，这个过程提供了一个缓存来存放数据，并创建了一个指针，当读写数据时，这个指针通过数据进行移动。
- 从文件中读取一些字节。作为请求的一部分可以指定字节数，或者它可以由一个分隔符来指示，比如回车键或逗号，这取决于系统。
- 将一些字节写入文件。
- 将文件指针向前或向后移动一段距离。
- 将指针"倒回"到文件开头。
- 关闭文件。

为各个记录的存储与检索提供支持的文件管理系统，还包括其他一些操作。下面是一些基于记录操作的例子。这些操作可以按顺序执行，也可以随机执行，这取决于文件的性质、文件管理器的功能以及特定的应用：

- 读（检索）一个记录
- 写（存储）一个记录
- 给文件增加一个记录
- 从文件里删除一个记录
- 改变一个记录的内容

这些操作处理文件目录而不是文件本身：

- 删除一个文件
- 重命名一个文件
- 将一个文件附着在另一文件后面（称为"文件拼接"）
- 创建一个新（空）文件。在有些系统上，这个操作会给文件分配一个存储块，即使这个文件是空的
- 在同一物理设备上，将文件从一个目录移到另一目录下

将一组文件一起操作通常是很方便的，例如，为了备份，将名字以 assign 开头的所有文件从硬盘复制到软盘上。操作这个过程的一种方法是，将你的文件按磁盘的不同区域进行分组。正如我们稍后要讨论的，大多数系统为此都提供了子目录结构。

大多数系统提供的另一种方法是，使用**通配符**来确定一组文件。通配符替代了文件名中的一些字母或几组字母。同命令一起使用时，它们能够识别出一组文件，当通配符替换掉名字中的一些字母时，这些文件名是符合要求的。应用中最常用的通配符是"?"，它替代了文件名中任何单一的字母；还有"*"，它可以替换掉由零个或多个字母构成的一组字母，这些字母是文件名中合法的任何字母。除了一个例外，后面的示例在 UNIX 或 Windows 命令行提示符下，工作过程都是相同的。

例子

- ASSIGN?.DAT 找出 ASSIGN1.DAT 和 ASSIGNX.DAT，但忽略掉 ASSIGN.DAT、ASSIGN1.TXT 和 ASSIGN12.DAT。
- ASSIGN*.DAT 找出 ASSIGN.DAT、ASSIGNXQ.DAT 和 ASSIGN12.DAT，但没有 ASSIGN2.TXT。
- *DE*.DAT 找出 HOWDEDOO.DAT、ADAMBEDE.DAT 和 DESIREE.DAT。
- *.* 找出每一个 Windows 文件，即使没有扩展名。它会找出 UNIX 文件的文本文件，而不是文件的文本文件，因为后者的里面没有"点"。

UNIX 提供了另外的通配符形式："[选项]"。例如，[aeiou]在给定位置上寻找带有单个字母 a、e、i、o 或 u 的文件名。[a-zA-Z]*在给定位置上接受零个或多个大写或小写字母，但不接受数字。

另外，许多系统还在命令结构中提供了文件实用程序，它调用文件管理系统来进行支持。排序程序通过关键字字段或其他某种位置指示器对文件内的记录进行排序。某些实用程序将整个文件加载到内存中，而另一些实用程序则逐一检索和存储记录。在这两种情况中，文件管理系统用来执行实际文件、记录的检索和存储。通常提供的其他实用程序还有逐记录

地归并两个文件的实用程序以及逐记录地比较两个文件的实用程序。

文件管理系统直接负责文件系统维护的所有工作。这就要求文件系统执行 5 个主要功能：

- 文件管理系统提供了逻辑文件系统与其物理实现之间的连接，在本质上允许物理视图保持不可见。它为用户创建一个逻辑视图，屏蔽物理视图，并提供两个视图之间的映射。再非正式地说一下，当用户按名称请求一个文件时，就检索了该文件；用户既不知道文件实际存储在何处，对此也不需要关心。
- 对于每个使用中的 I/O 设备，文件管理系统维护着其目录结构。它还维护每台设备的可用空间记录，并根据需要配置和回收物理空间，以满足文件存储的需要。
- 文件管理系统支持文件内数据的操作。有些系统可能针对几种不同的文件访问方法，它可以识别、定位并操作文件内的单个记录或单个块。对于另外一些系统，操作仅限于读、写和指针的移动。
- 文件管理系统充当一个接口的角色，通过来自操作系统 I/O 设备驱动级的传送请求将数据传送到各种 I/O 设备中或从各种 I/O 设备中传送出去。它还为正在传送的数据在内存中分配缓存空间。实际传送以及物理设备和操作系统之间的接口，由相应的 I/O 设备驱动程序来处理。
- 文件系统管理着文件的安全并对文件进行保护。它试图保护文件的完整性并防止被破坏。它提供了一种控制文件访问的机制。一些文件系统还提供了加密和压缩功能。在使用中，有几种不同类型的访问控制和完整性保护。这些问题在 17.9 节和 17.10 节中进行讨论。

总结一下操作，文件管理器从操作系统的实用程序 / 命令层或应用程序接收请求，确定操作过程，并尝试完成请求。在需要向（或从）I/O 设备传输数据的情况下，文件管理器会向下一内层中相应的 I/O 设备驱动程序发出请求以执行实际的 I/O 传输。文件管理器指定要传输的物理块、传输的方向和要使用的内存位置，但是实际的传送是由 I/O 设备驱动程序执行的。

将文件和 I/O 功能划分为不同的任务有两个很突出的优点。

1. 当添加新的 I/O 设备或者设备发生变化时，只需替换该设备的 I/O 驱动程序即可，文件管理系统保持不变。如果你在个人计算机上曾经安装过新打印机、视频卡或磁盘的驱动程序，那么这种改变 I/O 设备驱动程序的思想，对你来说是不会陌生的。

2. 由于文件管理器控制文件，所以重定向数据的命令请求很容易实现。文件管理器简单地将二进制数据指向不同的 I/O 驱动程序。

一般来说，文件管理器负责并承担着组织、定位、访问和操作文件和文件数据的任务，同时还管理着不同设备和文件类型的空间。文件管理器将请求作为其输入，选择设备，确定适当的格式，并处理请求。它使用 I/O 设备层的服务在设备和内存之间执行数据的实际传送。

17.3 逻辑文件访问方法

有很多种方法可以访问文件中的数据。所使用的方法既反映了文件的结构，也反映了数据的使用方式。例如，一个由可执行代码组成的程序文件会从整体上读入到内存中。一个由库存数据记录组成的文件通常是按照某种随机的系统查询顺序，一次一个记录地访问。正如我们已经看到的，某些文件管理系统支持很多不同的格式，而其他的系统则将文件中的数据结构化和格式化，以留给应用程序和使用该文件的实用程序。

在任何细节上讨论文件的访问方法都超出了本书的范围。那些细节材料最好留给文件和数据结构教材。然而，在一定程度上，使用的访问方法会影响文件的物理存储方式。例如，必须要随机访问且记录可变长的一个文件，就不方便存储在磁带上，系统必须将磁带倒到开始位置才能去寻找需要的记录。文件访问方法的概述会有助于确定物理文件存储的需求。

17.3.1　顺序文件访问

几乎每个文件管理系统都支持**顺序文件访问**。在所有文件中，顺序访问的文件代表着大多数。顺序文件包括源代码和二进制形式的程序、文本文件和许多数据文件。顺序文件中的信息只是简单地按存储顺序来处理。如果文件是面向记录的，则应按照存储顺序对记录进行处理。文件指针维护着文件的当前位置。对于读操作，数据读入缓存，指针向前移动到下一个读数据的位置。对于写操作，将新的数据附加到文件的结尾。指针总是指向结尾处。大多数系统允许将指针重置到文件的开头。这种操作通常叫作"倒带"，因为它与磁带操作相似。有些系统还允许指针移动一个固定量。这种操作有时叫作"寻道"。顺序访问是基于磁带模型的，因为磁带上的文件只能顺序读取。

一个始终整体读取的文件明显是顺序访问的。顺序访问速度很快，因为不需要寻道操作来寻找每一个后继的记录（假定文件是连续存储的）。将新记录附加到文件的结尾也很容易。另一方面，无论如何如果不重写所有的后续记录，那么就不可能将记录添加到顺序访问的文件中间。在有些情形中，这是一个很大的缺点。

17.3.2　随机访问

随机存取假定文件是由固定长度的逻辑记录组成的。文件管理器可以以任何顺序直接走到任意记录跟前，可以在不影响任何其他记录的情况下，在那里读取或写入记录。

有些系统依赖应用程序来确定要访问数据的逻辑块数。其他系统提供了基于许多不同可能的标准来选择位置的机制：例如，按字母顺序按键排序、按输入时间顺序排序或根据数据本身的数学计算排序。最常用的方法叫作**散列技术**（hashing）。散列是基于某种简单数学算法的，在记录号的允许范围内，这个算法计算某个逻辑记录号。这个范围基于文件中预期的记录数。

当记录的数量跟文件的总容量相比相对较小时，散列技术是非常有效的。然而，散列技术依赖于这样一个思想：对于每一个记录，算法会产生唯一的记录号。随着文件增大，这会变得越来越不可能。当两个不同的记录经计算得到相同的逻辑记录号时，就发生了**冲突**。文件管理器必须检测冲突，以防止错误结果。这是通过将散列技术使用的键值与文件中存储的键值进行比较来实现的。当发生冲突时，系统会将另外的记录存储在为此目的而保留的**溢出**区域中。

一旦知道了逻辑记录号，文件管理器就能相对于文件开头定位相应的物理记录。如果逻辑块和物理块之间存在对应的关系，那么这种计算几乎是微不足道的。即使在最困难的情况下，变换只需要使用一个简单的数学公式。

$$P = \text{int}\,(L \times S_\text{L}/S_\text{P})$$

其中，P 为相对的物理块号；L 为相对的逻辑块号；S_L 为一个逻辑块的字节数；S_P 为一个物理块的字节数。

一旦知道了相对物理记录，通过存储在目录中的信息就可以定位实际的物理位置。由于物理记录必须一次一访问块地，所以文件管理器提供了一个大的缓存，足以容纳物理记录或者至少包含单个逻辑记录的那些记录。然后从缓冲区中提取出逻辑记录，并将其移动到数据区用于程序请求访问。

随机访问也称为相对访问，因为要访问的记录号是相对于文件的起始处来表示的。大多数现代文件管理系统都为应用随机地访问文件提供了一种方式。在支持随机访问的系统中很容易模拟**顺序访问**，系统简单地按顺序读取记录。反过来则不是这样。使用顺序访问模拟随机访问文件是可能的，但很困难。随机访问是基于磁盘模型的，磁盘上的磁头可以立即移动到所需的任何块上。

17.3.3　索引访问

索引为访问文件中的特定记录提供了另一种方法。一个文件可能有多个索引，每个索引代表一个查看数据的不同方式。例如，电话清单可以按地址、姓名和电话号码进行索引。索引提供了可以立即定位特定逻辑记录的指针。此外，索引往往足够小，所以可以保存在内存中以便更快地访问。索引通常与顺序访问和随机访问方法相结合以提供更强大的访问方法。

简单的系统通常在文件管理器级别提供顺序和随机访问，并依赖应用程序来创建更复杂的访问方法。大型系统还提供了其他的访问方法。其中最常用的是**索引顺序访问方法**（ISAM）。ISAM 文件都是按键值字段的顺序排序存放的。一个或多个其他索引文件可以确定数据块，块中包含所需的记录以便于随机访问。

IBM 大型机操作系统 z/OS 提供了 6 种不同的访问方法，其中 VSAM 方法又进一步细分为 3 种不同的子方法。所有这些另外的方法都是建立在随机访问或顺序访问，或两者混合的基础上的，并使用索引文件来扩展它们的功能。

17.4　物理文件存储

文件管理器基于 I/O 设备的类型、特定文件的文件访问方法以及文件管理器的特定设计来分配存储空间。用于随机访问设备（如磁盘）的主要文件存储方法有 3 种。对于顺序访问设备，特别是磁带，选项比较有限。我们将分别讨论每种类型的设备。

首先考察一下磁盘或固态设备。正如您已经意识到的，磁盘文件存储在小的且大小固定的存储块中。这给磁盘提供了一个重要的优点，即可以按位置读写单个块，而不影响文件的其他部分。许多文件都需要几个存储块。如果文件大于存储块，则系统需要考虑一种有效的存储方法以便有效地检索文件。如果文件是按顺序访问的，那么文件管理器必须能够快速访问所有文件。如果文件是随机访问的，文件管理器必须能够快速到达正确的数据块。正如你将看到的，最方便的存储方法并不一定符合这些要求。这个问题没有理想的解决方案。选择的物理分配方法可能取决于逻辑检索文件的方式。特别是，如果文件是按顺序检索的，而不是需要随机访问的能力，那么你会看到物理存储方法具有更大的灵活性。

这 3 种方法通常用来为文件分配存储块。这些通常称为连续的、**链接的**和**索引存储分配**。

17.4.1　连续存储分配

分配存储的最简单方法是分配足以容纳文件的连续块。图 17-6 展示了使用**连续存储分**

配的不同大小的一组文件。

从表面上看,这似乎明显是分配存储的方式。只需要一个目录指针来定位整个文件。由于文件是连续的,所以文件恢复相当容易。检索是直接的:文件管理器可以简单地请求一次读取多块,并一次读取整个文件。相对的文件访问也很直接:根据17.3节里给出的公式,很容易确定出正确的块,然后添加上定位文件起始处的指针值。

然而,对于连续存储分配存在着一些重大困难。

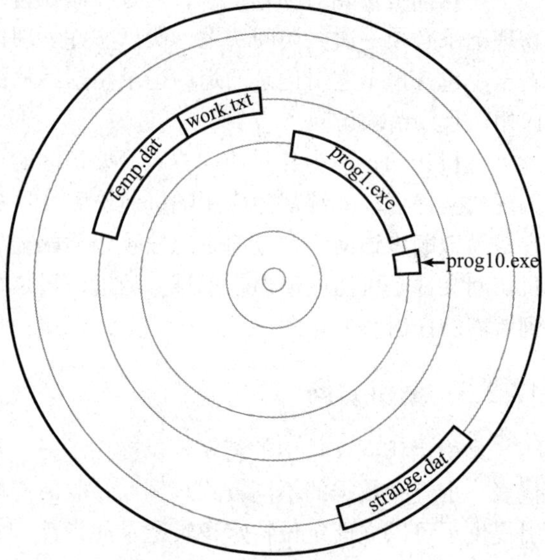

- 文件系统必须找到一个足够大的空间以容纳文件,还要考虑到预期的增长。

图 17-6　连续存储分配

- 除非最初已经分配了足够的空间,否则文件可能会增长到超出其存储分配的容量。在这种情况下,文件可能要移动到另一个区域,或者重新安排其他文件,以便为扩大了的文件腾出空间。

- 使用连续存储分配最终会导致磁盘碎片化。随着文件的不断变化,文件之间就会存在小块区域,但它们不够大,所以无法容纳新文件,除非新文件很小。

当删除或移动一个文件时,也会产生碎片。除非存在的空间可以用一个相同大小的新文件来填充,否则将会有剩余的空间。寻找一个大小刚好的替代文件是不太可能的:文件大小很少有一模一样的,文件空间可能是有限的,若一个新的小一些的文件需要存储,又没有别的空间可用,那么只能使用这个空间。虽然在固态硬盘上碎片不再是一个问题,但目前许多SSD在大的多块区域内同时执行写操作时,这仍然带来了同样的问题。

可以使用分配策略来尽量减少碎片。**最先适配策略**简单地将文件放入到系统发现的第一个可用空间中。**最佳适配策略**找出和文件大小最接近的空间,从而最大限度地减小外部碎片。(曾经也出现过"最差适配策略",它选择最大的可用簇来分配文件空间。其思想是尽可能多地为其他文件剩余下空间,但研究表明这种策略也不比其他方法更好。)

最终,必须要对空间进行周期性地重组,通过将碎片收集起来以消除它,从而形成一个新的可用的空间。这种操作称为**碎片整理**(defragmentation),通常简称为"defragging"。有时也称为压实(compaction)。磁盘碎片整理所需的时间和工作量还是很大的,但带来的是更快的磁盘访问。

17.4.2　非连续存储分配

文件系统通常会尝试连续地分配文件存储空间。当无法连续存储时,文件必须**非连续**地存储在任何可用的块里。对于不连续的存储,在实际需要之前,不需要分配新的块。不会产生存储空间的碎片,尽管碎片整理仍然在使用,它通过最大化连续空间的使用来减少文件访问的次数。

使用非连续空间要求文件系统为系统里的每一个文件块分配详细有序的列表，还要维护一个可用的空闲块表。为了一致，对所有的文件，不管连续存放还是非连续存放的，文件系统都会维护一个有序的表。

有两种基本的方法可以维护分配给每个文件的块表：

1. 每个文件的块号必须按链表来存储，使用从一个块到下一个块的指针。这种方法称为**链接分配**（linked allocation）。

2. 每个文件的块号可以存储在一个表中。这种方法称为**索引分配**（indexed allocation）。通常每个文件都有一个单独的表。

链接分配和文件分配表方法。首先，看起来系统可以简单地放置链接指针以指向每个文件块结束的下一个块。然而，将链接指针放在文件块本身内是不现实的，因为这需要按顺序从文件开头读取每个块来获取后续块的位置。因此，这种方法既慢又笨，不适合只想读写包含相关数据块的相对访问文件。

比较实用的方法是将指针存储在表内的链表中。Windows针对小的磁盘和固态存储设备如小容量的闪存，仍然在使用它。当使用此方法时，Windows在系统的每个磁盘上提供一个表（或磁盘分区，因为这些系统允许磁盘被划分为几个区）。此表称为**文件分配表**或FAT。对于存储在特定磁盘或磁盘分区上的每个文件，每个文件分配表保存相应的链接指针。在系统启动时或在安装可移动设备时，这些文件分配表复制到内存中，只要文件是运行的，这些表就一直保留在内存中。

FAT方法如图17-7所示。当你阅读这段描述时，它有助于你沿着图中的足迹行进。

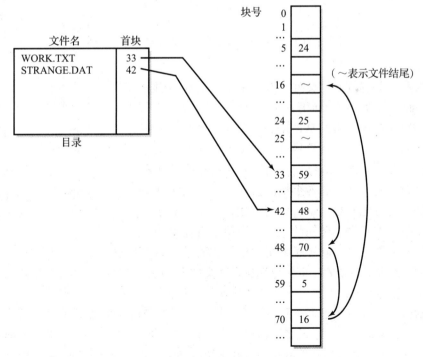

图17-7 文件分配表

每个文件的目录包含一个指向文件中第一个块的条项。FAT中的每个条项对应于磁盘上的一个块或簇。每个条项都包含一个链接指针，它指向文件中的下一个块。一个特殊值用来指示文件的结尾。FAT 中的任何 0 条项都表示未使用的块。因此，当有需要时，系统很容易找到空闲的空间。为了定位特定文件中的一个特定块，文件管理器来到目录条项，并找到文件的起始块。然后，它沿着 FAT 中的链进行寻找直到找到所需的块。由于 FAT 存储在内存中，所以访问特定的块是很快的。

例如，要找图 17-7 所示的文件 STRANGE.DAT，目录条项表明文件的第一个块存储在块号 42 中。该文件的后续块存储在块 48、70 和 16 中。通过寻找图中文件 WORK.TXT 的第三个块，巩固一下你对 FAT 的理解方法。

FAT 方法的一个缺点是，对于存储容量大的设备，它的效率低得令人无法接受，因为 FAT 本身需要大量的内存。我们注意到，FAT 表对于设备上的每一个块都要有一个条项，即便该块未被使用。如果磁盘划分为 2^{16} 或 65 536 个簇，每个簇对应于一个 2 字节的条项，则 FAT 将需要 128KB 的内存。一个 1GB 的硬盘需要簇的大小是 16KB。如果磁盘上的大部分文件都很小，那么磁盘上的许多容量就浪费了。若 1KB 的文件存储在单个簇中，则簇容量的浪费将超过 90%。另外，表中的块数可以随着容纳表的内存需求的增加而相应增加。FAT32 允许多达 2^{28} 或 2.56 亿个簇。每个条项需要 4 字节的存储空间。当然，实际设置的簇数要比理论值少很多。因为这样大小的表会需要数量惊人的内存。更典型地，对于 FAT32，使用 32KB 的簇大小每 GB 的存储就需要 128KB 的内存。

17.4.3　索引分配

索引分配类似于 FAT 链式分配，但有一个主要差别：文件的链接指针都存储在一个块中，称为**索引块**。每个文件都有一个单独的索引块。当文件打开后，将索引块加载到内存可以使链接指针随时可用于随机访问。假定链接关系跟图 17-7 所示一样，那么索引块就会如图 17-8 所示。

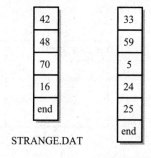

STRANGE.DAT

WORK.TXT

图 17-8　图 17-7 所示的链接文件
索引分配的索引块

由于内存中只有打开的文件才有索引块，因此索引分配代表着一种更有效的内存使用方式。

有些系统包括最新版的 Windows，在这些系统中进一步减少内存使用的一种方法是尽可能地按连续块的组来分配存储。这种方法允许系统存储每组起始块的单个链接和组中的总块数，而不是存储各个块的链接。对于大小逐渐增加的文件，这可能不是一个有用的方法，但是，对于一个要存储在磁盘上且大小已知的文件，即使没有连续的空间来存储整个文件，也可以将这个文件存储在数量不多的几个组中。在创建文件时，一些现代文件系统提供了多余的容量以允许在未来文件大小可以增加。虽然这在早期认为有些浪费，但现代磁盘容量大，这使得这种解决方案在今天是可行的，也是很实用的。

对于索引块应该放在哪里有几种可能的选项。正如您将在 17.6 节中看到的，文件管理系统维护一个目录结构，它通过名称标识和定位每个文件。目录条项还存储我们前面提到的文件属性。作为定位文件的一种方式，有些系统存储一个指针以指向目录项中的索引块。其他系统就在目录条项里存储链接指针。

下面的示例揭示了两种最常见的方法：UNIX 的 i 节点法和 NTFS 的方法。

UNIX 和 Linux 使用索引文件分配方法，如图 17-9 所示。在 UNIX 系统中，每个目录项只包含文件名和一个指针，指针指向一个名为 **i 节点**的索引块。对于一个文件，i 节点里含有索引指针，还有文件的一些属性。

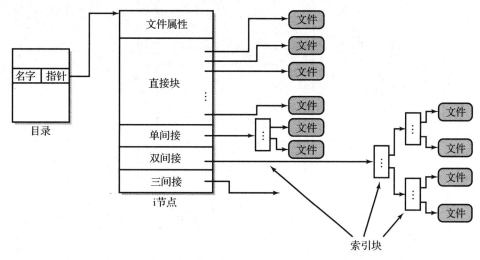

图 17-9 Linux i 节点文件分配

典型的 i 节点在设计上分配了 13 个索引指针。前 10 个指针是链接，正如我们所描述的。这对于小文件来说是足够的。事实上，系统中大多数文件的需求都是通过这种方式来满足的。表中的最后三个条项有特殊的用途。它们称为**单间接**（single indirect）、**双间接**（double indirect）和**三间接**（triple indirect）块指针。单间接块指针指向另一个索引块，在该块中可以找到其他链接。链接的数量完全取决于标准磁盘块的大小。双间接块和三间接块，分别隔开两步和三步。在图中展示了单间接块和双间接块。使用 4KB 的簇，这个方案足以访问数百 GB 的文件。实际上，限制因素就是每个指针所包含的位数。

Windows NTFS 文件系统。Windows **NT 文件系统（NTFS）**最初是为了解决 FAT 文件系统的缺点，尤其是支持大文件和大磁盘而创建的，它提供文件安全性，减少访问时间，并提供文件恢复功能。

NTFS 对卷进行操作。在 Windows NT 中，卷完全由逻辑磁盘分区的结构决定。在 Windows NT 中，使用 Windows NT 容错磁盘管理器通过创建一个逻辑磁盘分区可以创建一个卷。对于遗留的卷，Windows 的当前版本继续支持 Windows NT 磁盘管理器，但 Windows 中的新卷由磁盘管理器创建和管理，它允许动态地创建卷。较新的 Windows 卷不需要与逻辑磁盘分区相对应。当系统运行时，动态卷可以扩大或收缩以满足不断变化的用户需求。卷可能占用部分磁盘或整个磁盘，也可能跨越多个磁盘。

跟其他系统一样，NTFS 的卷也是按簇分配空间的。每个簇由一组连续的扇区组成。在创建卷时，可以设置 NTFS 簇的大小。即便是大的磁盘，默认的簇大小一般也是 4KB 或更少一点。

图 17-10 显示了 NTFS 卷的结构。每个卷的核心都是一个单一的文件，称为**主文件表**（master file table，MFT）。主文件表按照文件记录阵列的形式来配置。不管卷簇的大小如何，每个记录的大小都是 1KB。行数是在卷创建时设置的。对于卷中的每个文件，这个阵列包含一行内容。前 16 行包含元数据文件：描述卷的文件。第一个记录存储了 MFT 本身的属性。第二个记录指向磁盘中间的另一个位置，该位置包含元数据的一个副本，用于磁盘恢复。

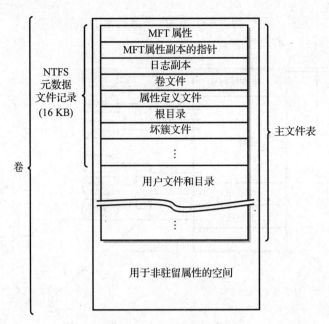

图 17-10   NTFS 卷的结构

资料来源：改编自 D. A. 所罗门《Windows NT 内幕（第 2 版）》雷德蒙，华盛顿州：微软出版，1998。

　　NTFS 文件记录是由**属性**组成的。属性是描述文件某些方面的字节流。标准的属性包括文件名、安全描述符、时间戳、只读和归档标识、链接和数据（即文件的内容）。目录文件拥有索引目录的属性。每个属性都有一个名称或数字再加上表示属性值的字节流。主数据流是未命名的，但可以另外命名一些数据流。因此，在单个文件记录中，可以有多个数据流。

　　小文件可以放在 MFT 记录内。对于大文件，MFT 记录会包含指针，指针指向 MFT 外部磁盘某个区域里的簇。超出 MFT 的属性叫作"非驻留属性"（显然，一般是数据属性）。非驻留的簇叫作"流簇（runs）"。如果属性过度增加超出其空间，文件系统按需继续分配流簇。

　　微软正在逐步引入一个更大功能更强的文件系统，称为**弹性文件系统（ReFS）**，它的工作原理类似于 NTFS，但更灵活、更具伸缩性，参见图 17-11。正如文献［Verma2012］里描述的，MFT 被一个通用对象表替代了，这个表包含目录指针以及指向其他表的指针，其他表管理各种属性，如安全性，这些属性作为一个整体可应用到文件系统中。跟 NTFS 一样，每个目录包含文件的元数据；然而，在 ReFS 中，元数据存储在一个单独的表中。文件的元数据包括一个或多个指向文件数据本身的指针。在写作本书时，ReFS 就是为引入 Windows Server 2012 准备的，但其用途预计能扩展到 Windows 8 以及更高的版本中。

17.4.4   空闲空间管理

　　为了在需要时分配新块，文件管理系统必须在一个磁盘上保存可用空闲空间的表。若想创建新文件或向现有文件添加块时，文件管理器就从空闲空间表中获取空间。当删除一个文件时，就会将其空间返回到空闲空间表中。当然，当使用 FAT 时，空闲空间是显而易见的。对于其他分配方法，目前常用的有两种技术，还有和 ReFS 一起介绍的第三种技术。

　　位图方法。维护空闲空间列表的一种方法是提供一个表，在表中磁盘上的每个块占一位。如果一个块正在使用中，那么对应于这个块的位就设置为 1，否则就设置为 0。（许多系统还将有缺陷的块永久设置为 1，以防止使用它们。）这个表称为**空闲空间位图**，有时候也叫作**位矢量**（bit vector）。**位图**方式如图 17-12 所示。通常将位图保存在内存中，以便快速访问。

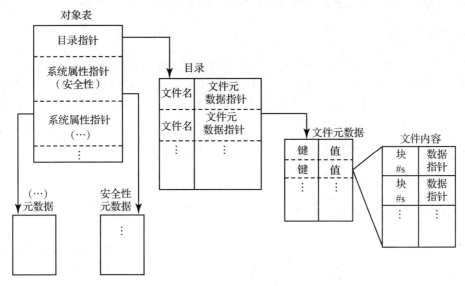

图 17-11　弹性文件系统表的结构

位图方法是跟踪空闲空间的一种十分经济的方法，因为磁盘上的每个块只需要一位。它还有一个优点，即文件管理器可以很容易地找到连续的块或与已经分配给文件的相邻块。这允许文件管理器维护文件，在文件访问时能尽量地减少磁盘寻道时间。

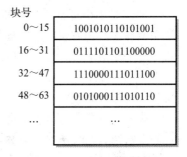

图 17-12　空闲空间位图

尽管位图对于一个字节必须存储 8 位，但 CPU 指令集提供了位操作指令，它能够高效地使用位图。位图方法的一个缺点是当从拥有许多块的大文件中将空间返回给空闲空间表时，存在一定的处理开销。另一个缺点是一旦空间返回到位图，它可以立即重新分配出去。这样就无法确定空间返回的顺序了。因此，可以立即使用删除文件的空间，这就把文件恢复的机会也变没了。

链表方法。另一种方法是按照**链表**来维护磁盘上的所有空闲空间。指向第一个空闲块的指针保存在磁盘上的特定位置上，也存储在内存中。然后将每个空闲块链接到下一个空闲块。文件管理器从链表的起始处分配块。将所删文件的块添加到链表的尾部。

如果要分配大量的块，那么这种方法在磁盘寻道方面有相当多的开销，但对于少量的块，它既简单又有效。若想优化单个文件的分配，用这种方法识别特定位置的块是不太可行的。链表方法的一个优点是文件恢复功能增强了。在链接的空闲空间表中的块按文件被删除的顺序来存储。由于所删文件的空间放在了表尾，所以在该块被重用之前，这些块上的数据都是可以恢复的。

注意，除非专门清除或搅乱文件所用块的所有位，否则删掉文件中的数据是不会真正地从磁盘中删除的。这存在着潜在的安全风险。叫作**碎纸机**的特殊软件可用于这个目的，能真正地从磁盘上删除文件，这些删除的文件不能恢复。新的系统正开始提供"安全删除"的功能。

ReFS 空闲空间分配 ReFS 按照三层分配表来存储空闲空间范围，这三层标记为大、中、小。根据相应的表可以分配文件空间及其对应的表。

17.4.5 磁带分配

磁带分配比磁盘分配简单。块大小可以改变以适配文件的逻辑需求。在磁带中间对空间再分配通常是不可行的，因此，变大的文件必须要重新写入。如果必要的话，可以对磁带进行紧缩，但将磁带内容复制到一个新磁带上，由此来紧缩磁带一般会更容易一些。磁带的块是可以链接的，但一般情况下，文件应尽可能地连续存储。磁带便于顺序访问，但不适合随机访问。存储在磁带上的随机访问文件通常在使用前被整体移动到磁盘上。

17.4.6 CD、DVD 和闪存分配

用于各种光盘和一些闪存的文件系统与在硬盘上建立的文件系统相似。它的标准格式为 UDF，即通用数据格式。盘上可以存放多达 2TB 的数据。目录格式是分层的，这与其他文件目录系统是一致的。它们也进行了扩展，在同一盘上可以存储数据、音频和图像的混合信息。UDF 系统既支持高清格式，也支持蓝光 DVD 格式。

17.5 文件系统、卷、磁盘、分区和存储池

即使是中等规模的计算机系统也可能存储数千甚至几百万个文件。为了高效地定位和使用文件，必须对这些文件进行一定的组织，使其对系统用户和负责管理系统的人员都有意义。对于桌面系统，文件可以都存储在单一的磁盘上。对于较大的系统，文件可以存储在多个不同的磁盘上，既可以本地存储，也可以存储在网络上。有些磁盘可能是固定的，有些则是可移动的。有些可以构建为 RAID 形式的（忘记了 RAID 是什么了？查看一下第 9 章）。

那么，操作系统如何有效地处理所有这些问题呢？从用户的角度看，他们的目标是简单性和方便性；站在系统的角度看，其目标是高效性。系统管理员需要的是可管理性。

尽管在现代系统中操作系统管理大量数据的方式不同，但大多数还是试图提供一种结构，这种结构可以将文件从逻辑和物理上划分为合理的分组，以满足不同方面的目标。

文件系统的定义甚至有点主观。想一下你在文件框里组织和存储大学研究论文的所有不同的方法。你的主要关注点是以最小的代价找到所需文件的能力。您可以选择创建一个文件系统，按标题里的字母顺序来放置论文。或者，你可以创建很多文件系统，其中每个文件框包含特定课程序列的论文。

计算机文件系统的工作原理类似。用户可能会面临一个隐藏所有存储细节的文件系统。另外，她可能正在一个系统上工作，其中每台 I/O 设备都分别编号了。

一个重要的（事实证明是合理的）假设是，可以将文件的逻辑视图与物理存储视图归类为不同的组，作为实现最佳解决方案的一种手段。操作系统的文件管理组件提供了两者之间的连通性。将文件分组使用的主要方法基于将文件系统划分、组织成磁盘、分区、卷、存储池和多个独立的文件系统。有些设计师甚至将独立文件系统的概念进一步扩展为**虚拟文件系统**。

例如，一个廉价的台式计算机可以有单个磁盘、一个 CD 或 DVD 驱动器。默认情况下，Windows 会将此简单的配置视为两个文件系统，每个磁盘一个系统，或许分别标记为 C 盘和 D 盘。在这种情况下，每个磁盘都有一个单一的在逻辑上面向用户的文件和目录系统，还有一个单一的 I/O 接口，它面向每台设备的磁盘控制器。这种配置如图 17-13a 所示。

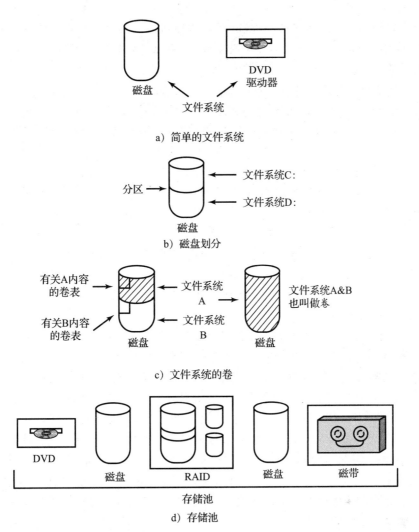

图 17-13 分区、文件系统、卷和池

　　许多系统还提供了将物理设备（特别是磁盘）划分为独立区的方法，这个独立的区叫作**分区**（partition）。磁盘可以在物理上或逻辑上进行划分。（想一下文件柜里的抽屉以及单个抽屉里的分割物。）分区本身可以进一步从概念上分为"主分区"和"扩展分区"。每个分区可以有自己的文件系统和目录结构。图 17-13b 所示为一个磁盘划分成两个独立的文件系统。位于其他分区上的文件对于活动分区上的文件系统，通常是不可见的。例如，在 Windows 系统中，每个分区分配了一个不同的字母，拥有自己的文件系统。通过指定所需文件系统的字母后跟一个冒号，可以选择一个分区。当然，对于文件管理器来说，所有的文件系统都是可访问的，这样用户就可以打开多个窗口，每个窗口代表自己的文件系统，将数据从一个窗口移到另一个窗口里，并执行需要同时访问的其他操作。

　　分区概念包括在不同分区中提供单独的操作系统工具的选项，因此每个分区可以有自己的引导加载程序、操作系统和文件管理系统。如果是这样的话，不同分区上的文件系统可能互不兼容，因此，一个文件系统不可能读取不同分区上的目录或装载不同分区上的文件，哪怕是在同一个物理磁盘上。在大多数情况下，实用程序存在的意义是允许不同的文件格式之间相互转换。例如，内置于 Linux 系统的实用程序可以读写 Windows FAT 和 NTFS 文件系统。相反，免费的 ext2fs.sys 实用程序能够安装在 Windows 系统中，使得 Windows 能够读写 Linux 文件系统。

（简史：最初对磁盘进行划分的目的是，因为早期个人计算机上的文件系统尤其是 MS-DOS 和早期版本的 Windows，勉强能处理很大的数，该数能寻址那个年代小磁盘上的所有块。作为扩展文件系统寻址大磁盘中所有块的能力的一种手段，对磁盘本身进行了划分。随着文件系统寻址能力的增加，作为为用户创建独立逻辑空间的一种手段，磁盘分区保留了下来，它也可以用来在单个磁盘上提供不同类型的文件系统和操作系统。）

图 17-13c 说明了另一种可能性。在许多系统上，不同的磁盘、不同的磁盘或其他设备上的磁盘分区都能够组合成单一的文件系统。

文件系统必须为每个设备或分区维护一个目录结构。在大多数情况下，每个设备的目录都存储在设备本身里。在许多计算机系统中，每个文件系统叫作**卷**。在其中一些系统中，目录称为**内容的卷表**（volume table of contents）。图 17-13 所示的每个文件系统组织都展示了卷。特别要注意的是，卷的概念相对独立于实际的物理磁盘配置，这主要是为了适应用户的需求和系统管理员的需求。

在许多系统中，在使用之前必须先**安装**一个卷、设备或分区。安装一个卷意味着通过将卷的目录结构附加到整个文件结构的某个点上，该卷的目录结构合并到系统的总体文件结构中。这一点称为**安装点**（mount point）。在有些系统中，安装是自动的。在其他系统中，则必须使用"mount"命令，手动安装。例如，如果系统启动时存在 Macintosh 系统中的卷，则会自动安装。当闪存、CD 和 DVD 插入驱动器中时，它们也会自动安装。其他设备则必须手动安装。在较老的 UNIX 系统上，所有目录都是手动安装的。因此，当更换传统 UNIX 工作站上的 CD 驱动器时，用户必须发出"mount"命令。安装点也依赖于系统。在 Macintosh 上，所有的卷都装在桌面上；在 UNIX 和 Linux 系统中，可以在目录结构的任何地方安装卷。Linux 文件系统的设计允许安装多种文件系统，以便跨区、甚至跨网络透明地访问。它也提供了类似于 Macintosh 的自动安装。

另一种文件管理模型，ZFS，实现在 Oracle Solaris 11 操作系统中。Solaris 11 是一种基于 UNIX 的系统，主要针对中大型计算机的应用。该模型将磁盘存储视为单个**存储池**。存储池可以由多个文件系统共享，但文件空间的分配由单个文件管理器来控制。这种组织的一个主要特点是，当需要额外的存储时，可以动态地将磁盘添加到池中作为辅存，而不需要修改用户看到的文件结构。因为文件管理系统可以很容易在多个位置存储数据，RAID 驱动器、数据备份和数据完整性措施的使用可以作为常规操作内置到系统中，由系统无形地处理。数据和程序也将自然均匀地分布在所有可用的物理设备上，这会导致较快的平均访问时间，尤其是在 I/O 需求大的系统上。图 17-13d 说明了存储池方法。

虽然存储池的设计概念是最近才提出的，但它是由 Sun（现在的 Oracle）发布到开源社区的。它已被改编为 FreeBSD 操作系统和部分改编为 OS X，它的使用有可能在将来拓展到其他操作系统中。

17.6 目录结构

目录系统提供了一种组织方式，以便可以轻松高效地定位文件系统中的文件。目录结构提供了通过名字识别的逻辑文件与对应的物理存储区域之间的联系。文件系统中的每个存储文件都表示在该系统的目录里。目录系统是我们已经讨论过的,是所有其他文件操作的基础。它还维护每个文件的属性记录。对于目录中(或者在 UNIX 风格的 i 节点中)经常看到的一个文件来说,某些重要的属性如图 17-14 所示。

名字和扩展名	名字和扩展名,如果有的话,按 ASCII 或 Unicode 形式存储
类型	如果系统支持不同的文件类型,就需要这个属性;也用于特殊的属性,如系统、隐藏、存档;文字数字字符或二进制;需要顺序或随机访问等
大小	文件以字节数、字数或块表示的大小
允许的最大尺寸	允许文件增加到的大小
位置	设备指针、设备上起始文件块的指针或索引块的指针,如果独立于文件存储,可以是 FAT 表入口的指针
保护	访问控制数据,限制谁来访问文件,它可以是一个口令字
所有者名称	文件所有者的用户 ID:用于保护
组名称	某些保护系统中具有特权的组名称
创建日期	文件创建时的时间和日期
修改日期	最近一次对文件进行修改的时间和日期:出于审计的目的,有时也维护用户的身份
最后一次使用日期	最近一次使用文件的时间和日期:有时还有用户 ID

图 17-14 典型的文件属性

文件系统可以支持许多不同的设备,通常包括多个磁盘,以及磁带、CD-ROM、闪存和卡,还有网络上的其他设备。在许多系统中,目录系统对用户隐藏了物理差异,在整个系统中提供了逻辑一致性。在其他系统上,文件驻留的物理设备可以通过文件名中前面的字母变化来表示,在某个 Windows 系统中 F: 或许表示 CD-ROM,M: 表示网络文件服务器。在带有图形界面的系统上,不同的设备可以简单地由不同的磁盘或文件夹图标来表示。

组织目录可以有很多方法。最简单的目录结构就是一个表。它也称为单级或平面目录。系统中存储的所有文件,包括系统文件、应用程序和用户文件,都在单一的目录中排列在一起。单级目录系统有一些明显的缺点:

- 没有办法让用户将工作按逻辑分类来组织,因为目录中所有的文件都具有相同的状态。
- 如果用户在命名文件时不小心,可能会因错误而损坏一个文件。这一点尤其重要,因为目录中的许多文件,特别是系统和应用程序文件,最初不是由用户创建和命名的。不同的商业软件包之间甚至存在潜在的命名冲突。安装一个软件包可能会导致另一个软件包随后失效,并且很难找到问题的所在。
- 单级目录不适合多用户的系统。没有办法区分哪些文件属于哪个用户。用户命名文件将不得不极度小心,以防损坏其他用户的工作。(你将一个程序作业多少次命名为"PROG1.JSP"或"ASSIGN3.C"?猜一下你们班还有多少其他学生这么做?)
- 单级目录系统的实现很简单。然而,随着目录的增加,这个表会超出原始的空间分配,将要求系统分配额外的空间,指针也需要在空间之间移动。尽管其他目录系统也是如此,但单级目录系统不提供任何组织,在检索文件时它能更容易找到文件入口,因此搜索过程必须沿着所有的指针而行,直到该文件找到为止。这有点像为了找到你想要的名字,从开头搜索一本未按字母编址的书。一个大系统有许多文件,这种无方向的搜索可能要花费相当长的时间。

由于具有这些缺点,所以今天人们不希望看到单级目录系统还在使用。

17.6.1 树形结构目录

树结构满足了大多数文件目录的要求，普遍使用在现代计算机系统中。MS-DOS 和旧版本 Windows 中的目录都是**树形结构目录**。树形结构目录的一种变体**无环图目录**结构更为强大，但在实现上也增加了一些困难。所有最近的操作系统都支持无环图目录结构。

一个部分展示树形结构目录（也叫**分层目录**）的例子，如图 17-15 所示。树形结构用一个根目录来描述，所有其他目录都是由此滋生出来的。在大多数系统中，根目录包含很少的文件（如果有的话）。在这个图中，根目录下有两个文件，AUTOEXEC.BAT 和 CONFIG.SYS。根目录下的所有其他项本身也是目录，为清晰起见，有时称为**子目录**。根目录及其所有子目录都可以包含文件或其他目录。其他分支可以从任意目录中派生出来。根目录存储在文件系统所知道的特定位置上。其他目录本身作为文件来存储，并且它们是有特殊用途的文件。这意味着系统可以像处理其他文件一样来处理目录。

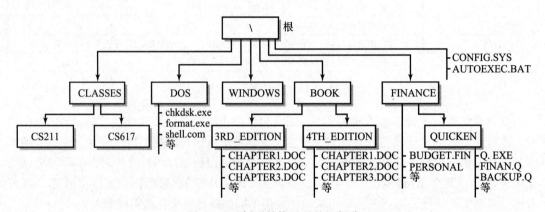

图 17-15　树形结构目录的一部分

根目录、其他目录和文件都由名字来标识。在具体目录内，重名是不合法的，但在不同目录下使用相同的名字还是可以的。系统中的每个文件可以通过其**路径名**来唯一标识。一个文件的路径名是一个完整的名字清单，从根开始，沿着路径，到具体的文件结束。**分隔符**将路径中的每个名称分隔开。在许多系统中，分隔符与根目录的名字相同。Windows 和基于 UNIX 的系统都是如此，Windows 的根名字为 "\"；UNIX 的根名字为 "/"。

虽然视觉外观有很大的不同，但图形界面系统支持类似的结构。文件夹与目录是一一对应的。从桌面开始，打开文件夹可以遍历树形结构，直到到达包含所需文件的文件夹。

在单用户系统中，分层目录结构是由用户建立的，通常是为了适应工作的逻辑安排。在支持多用户的系统上，层次结构的主要部分是由系统管理员建立的，其安排通常与特定类型系统的标准布局是一致的。这使得必须在多台机器之间移动的用户更容易掌握。通常，系统有一个特定的子目录，它作为系统中每个人的账户目录。给每个用户分配了一个树枝，它可以在该子目录和起点下扩展，这个子目录称为初始**工作目录**。在单用户系统中，初始工作目录是由系统建立的。在 Windows 中，它是 C：\users\yourusername。在 Macintosh 中，它是就在根目录下的一个子目录，叫作 "desktop"。

从当前目录开始，用户可以访问系统中任何地方的文件。可以分别使用**相对**或**绝对**的路径名，相对于当前工作目录指定文件名或新工作目录；或者绝对地从根目录开始指定文件名或新工作目录。系统能很容易地确定出其中的差别，因为绝对路径名是从根名或根符号开始的，而相对路径名则不是。在图 17-15 中，名为 BACKUP.Q 的文件可以绝对地指定为 \FINANCE\QUICKEN\BACKUP.Q。如果当前工作目录是 FINANCE，则该文件可以按照 QUICKEN\BACKUP.Q 方式相对地访问。一般情况下，系统不会直接允许使用当前目录之上的**相对路径名**。相反，这些系统提供了一个特殊的名字，这个名字可以用于当前工作目录之上的下一级节点。在 Windows 和 Linux 中，这个名字是 ".."（两个点）。因此，从当前的 3RD_EDITION 工作目录开始，打开目录 4TH_EDITION 里的文件 CHAPTER1. DOC，你就能用绝对的路径名 \BOOK\4TH_EDITION\CHAPTER1.DOC 来指定文件。相同的文件也可以按照 ..\4TH_EDITION\CHAPTER1.DOC 来相对访问。

当用户请求系统里的一个文件时，系统会查找用户当前工作目录中的文件，或者按路径名指定的位置来查找文件。大多数系统还提供了一个名为"路径"的**环境变量**，如果没有给出路径名，也没有在当前工作目录中找到该文件，那么它允许用户指定用于文件搜索的其他路径位置。有一个指定的搜索顺序，以便如果有多个符合条件的文件出现时，则只能访问最先找到的文件。

用户还可以改变当前的工作目录。用户使用 " CHANGE DIRECTORY "命令围绕树来移动。可以使用绝对或相对的路径名。例如，为了改变当前的工作目录，从图中的 3RD_EDITION 目录改变到 4TH_EDITION 目录下，你可以输入命令：CD..\4TH_EDITION，也可以使用全路径名：CD\BOOK\4TH_EDITION。在当前目录之上的相对路径名是非法的系统中，"CD.."命令提供了一种向上移动到下一级节点的方便方法。用户也可以通过 " MAKE DIRECTORY "和 "REMOVE DIRECTORY"命令，在树上增加和删除一些枝，以便提供满足用户需求和期望的文件组织。

在图形界面系统中，当前工作目录是目前打开的文件夹。可以创建和删除文件夹，这相当于向树结构添加和删除分支。由于屏幕上可能有许多打开的文件夹，所以在图形界面系统上，从一个当前工作目录移动到另一个工作目录是很容易的。

树形结构目录系统为本节开头描述的问题提供了解决方案。树形结构具有的灵活性允许用户按自己的意愿组织文件。树形结构解决了拥有大量文件系统的组织问题。它也解决了增长的问题，因为它基本上对系统支持的目录数是没有限制的。它还解决了以有效方式访问文件的问题。一个目录是这样定位的：从当前目录或根目录开始，沿着路径名，一次一个目录文件。这种方法的一个负面后果是，它可能需要从磁盘的不同部分检索几个目录文件，要花费相应的磁盘寻道时间，但至少路径是已知的，因此不需要进行大范围的搜寻。由于在树形结构中重复的名字使用不同的路径，所以相同的文件名之间不会混淆，各自有不同的路径名。例如，对于本书，作者有两组文件，名字为 CHAPTER1.DOC、CHAPTER2.DOC，等等。一组位于（相对）路径名为 BOOK\4TH_EDITION 的目录中。另一组在叫作 BOOK\3RD_EDITION 的目录里。在磁盘发生故障时，这给作者提供了保护。类似地，多用户系统上的一个用户也在不同的路径名下建立文件；因此，不同的用户使用相同的文件名也不是一个问题。

17.6.2 无环图目录

无环图目录是树形结构目录的一个泛化，其扩展包含树上独立分支之间的**链接**。这些链接出现在目录结构中，就像它们是普通的文件或目录入口一样。实际上，它们相当于原始文件名的化名。链接提供了另一种到目录或文件的路径。图 17-16 给出了一个例子。在图 17-16 中，有用粗线表示的两个链接。在用户 " imwoman "的目录 CURRENT 与用户

"theboss"的目录2008之间有一条链接。这使得目录2008下的所有文件对"imwoman"都是有效的。用户jgoodguy的目录MYSTUFF与文件PROJ1.TXT之间也有一条链接。(显然,jgoodguy仅工作在这一个项目上。)用户"theboss"从当前目录开始,通过使用路径名PROJECTS/2008/PROJ1.TXT,可以访问文件PROJ1.TXT。用户jgoodguy使用路径名MYSTUFF/PROJ1.TXT可以访问相同的文件。"imwoman"使用路径名CURRENT/2008/PROJ1.TXT可以到达这个文件。请注意,作为这条链接的一个结果,"imwoman"可以将当前目录改变到2008目录。

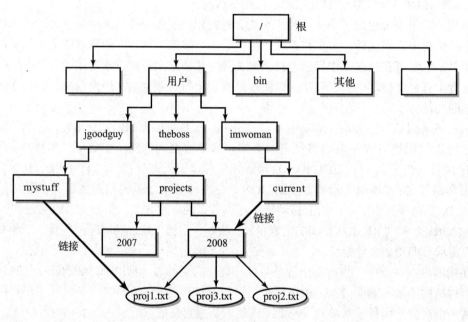

图17-16　一个无环图目录

资料来源:改编自[CHR94]。经John Wiley&Sons公司许可后重印

在树中的分支结构之间增加链接的能力可以创建到单个目录或文件的多条路径和路径名。从系统用户的角度来看,这增加了用户之间能够共享文件的强大功能。每个用户都有到文件的路径,并拥有自己的路径名。例如,对于在文档上协作的一个组,可以使用所有相关文件来创建一个子目录,然后将其链接到每个用户的工作目录上。如果需要这么做的话,单个用户甚至可以创建多个到文件的路径。如果该文件与两个不同的目录相关联,并且用户为了更方便地访问希望将其作为两者的一个入口,那么这个功能会很有用。

实现无环图目录的一个困难是,确保链路不要连接成**环路**,当跟踪到某个文件的路径时,不能多次通过一条路径。考察一下图17-17所示的情形。在current和projects之间以及projects和imwoman之间形成了一个环。因此,到达文件名PROJ1.TXT可以有无数条路径,包括:

```
IMWOMAN/CURRENT/PROJECTS/2008/PROJ1.TXT
IMWOMAN/CURRENT/PROJECTS/IMWOMAN/CURRENT/
    PROJECTS/2008/PROJ1.TXT
IMWOMAN/CURRENT/PROJECTS/IMWOMAN/CURRENT/
    PROJECTS/IMWOMAN/CURRENT/PROJECTS/...
```

等。

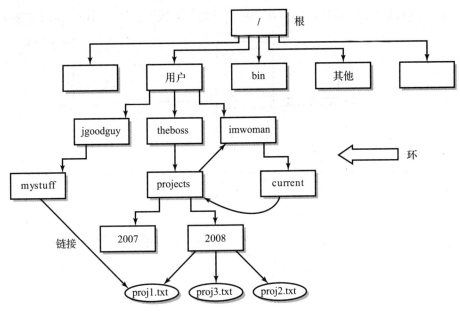

图 17-17　带环的图

资料来源：改编自 K. 克里斯蒂安和 S. 里克特《Unix 操作系统 (第 3 版)》。纽约 .John Wiley，1994

　　这显然不是一个令人满意的情形。当文件系统搜索文件时，它会遇到无数条路径，它认为必须对它们进行检查。系统必须保证，添加一个链接不会产生环路。

　　另外一个困难是，建立一个策略来删除有多个链接的文件。删除文件而不删除链接会留下一些**悬空链接**，这些链接不指向任何地方。在一些系统上，也可能会删除文件的所有链接，留下不能被系统回收的文件空间。

　　此外，针对两个不同用户同时打开的文件，还必须建立文件修改的规则。例如，假设用户 1 和用户 2 工作在同一文件上。用户 1 进行了一些修改，并将变化保存在文件中。然后，用户 2 进行了其他修改并将变化也保存在文件中。在某些条件下，用户 2 所做的更改将破坏用户 1 所做的更改。所以需要一个临时**锁定**文件的系统来防止这类错误。进一步讨论加锁技术，超出了本书的范围。

　　正如您所看到的，提供和使用无环图目录存在一些困难和危险。然而，许多设计师感觉优点还是超过了缺点。

　　UNIX 系统和 Macintosh 都支持无环图目录。Macintosh 链接称为**别名**。Macintosh 使用了简单的实现。别名就是一个指向原始文件的**硬编码链接**。如果原始文件被移动或删除，使用链接将会引起一个错误。Macintosh 并不检查环的存在；然而，Macintosh 界面的视觉特性使得不太可能形成环路，而且问题也比较少。可能引起循环的搜索操作反而是可视化操作的，而且用户没有理由继续打开无用的文件夹。类似地，Windows 用**快捷方式**实现链接。

　　UNIX 系统提供了两种不同的链路。两者的差异如图 17-18 所示。作为文件系统某处的另一个目录条项，硬链接从一条新目录条项指向相同 i 节点。由于两个条项指向相同的 i 节点，所以文件里的任何修改都会自动反映到这两个条项里。i 节点里有一个字段记录指向它的目录条项数。每增加一条链路，计数器就加 1。当一个文件被删除时，数字就减 1。在计数值为零之前，文件实际上不会被删除。硬链接的一个主要缺点是，某些程序 (如编辑器) 通过创建一个新文件来更新文件，然后用原始的名字重命名它。由于新 i 节点里有文件创建结果，所以现在链路指向不同的 i 节点和原始文件的不同版本。换句话说，链路被破坏了。

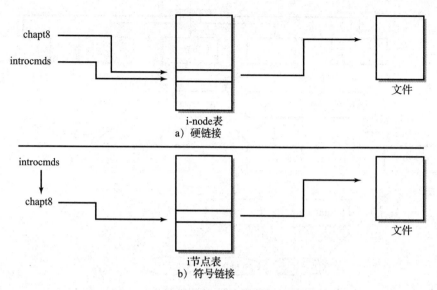

图 17-18　硬链路和符号链路之间的差别

资料来源：改编自 K. 克里斯蒂安和 S. 里克特《UNIX 操作系统（第 3 版）》。纽约 .John Wiley，1994。

　　符号链接的工作方式不同。对于符号链接，新的目录条项创建一个文件，该文件保存一个指向原始文件路径名的指针。然后，当访问新的条项时，符号链接使用这个文件来确定原来的路径。即使原始文件在物理上移动了，只要原始路径名还存在，链路就会保持。当然，如果原始文件在逻辑上移动到另一个目录里、被删除或重命名，那么链接就会被破坏。在这种情况下，试图访问这个链接指定的文件，就会发生错误。就像硬链接那样，UNIX 不会试图记录符号链接。符号链接的另一个小缺点是，符号链接还需要一个额外的文件来保存链接指针。

　　UNIX 系统不试图避免环。相反，它限制系统链接能力的访问。普通用户只可以创建文件的硬链接，但不能创建目录的硬链接。这可以防止普通用户不经意地创建环。只有系统管理员才能创建目录之间的链接。他们的职责就是确保不产生环。

17.7　网络文件访问

　　网络提供的主要功能之一是访问连接到网络上其他系统中的文件。根据所使用的方法，文件可以从一个系统复制到另一个系统，也可以直接访问持有文件的系统。为了将文件从一个系统传输到另一个系统，TCP/IP 协议簇包含 ftp，一个标准的**文件传输协议**。ftp 实现为一系列的命令，这些命令可用于查看远程系统上目录和目录间的移动，也用来上传或下载存储在该系统上的文件或一组文件。HTTP 包含类似的功能。然而，ftp 和 HTTP 并不包含远程访问和使用文件的实用工具。它必须要复制到本地才能使用。为了更广泛的使用，大多数操作系统都提供了从远程位置使用文件的实用工具，而不用将它们复制到本地系统上。实现它有两种不同的方法。一种是主要由微软使用的技术，它是通过名字来标识每个系统上允许访问的连接点，并将本地驱动器字母用作该名字的别名。然后可以使用驱动器字母来处理文件，就像文件存储在本地一样。例如，存储在 Icarus 系统上的 USER/STUDENT/YOURNAME 目录里的文件，在你的个人计算机上可以用驱动器字母 M：作为别名。然后，你可以执行任何文件或目录操作，就好像这些文件和目录存储在本地驱动器 M 上。例如，如果你正在使用 Windows NT、XP 或 Vista，M 驱动器图标会出现在"我的电脑"窗口里。请注意，不需要将文件复制到本地系统来读写，但如果您愿意，可以使用通常的复制命令或通过鼠标拖曳文件图标来实现该功能。

另一种是使用 Sun 公司的**网络文件系统（NFS）**方法。通过 NFS 和类似的系统可以将远程目录安装到本地系统的安装点上。然后，远程文件和目录就像本地文件那样透明地使用。事实上，如果安装过程是系统作为网络连接过程的一部分来执行的，那么用户可能甚至不知道哪些文件和目录是本地的，哪些是远程的。NFS 客户端 / 服务器管理器内置在操作系统内核中，其操作不同于本地文件系统管理器，它要使用 RPC（远程过程调用）协议。典型的 NFS 连接如图 17-19 所示。Linux 和 Macintosh 操作系统的工作原理是类似的。为了将一个文件系统加入到本地目录树上，用户只需要简单地连接到服务器上并确定出本地安装点。不同类型的文件系统由本地系统自动处理。

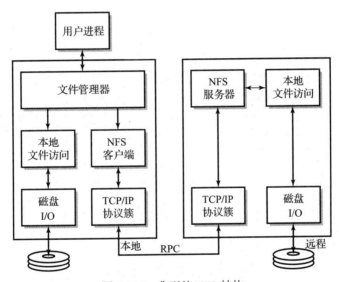

图 17-19　典型的 NFS 结构

最近，已采取了一些措施来提供更广义的分布式网络目录服务。除了文件服务之外，这些还将用于定位其他类型的信息。例如，这种广义服务可以识别出系统配置或企业中员工信息的构造。这些系统是基于广义命名方法的，如互联网域名服务旨在唯一地定位文件和信息，不论信息在哪里。有一个标准的协议，LDAP（**轻量型目录访问协议**），就用于这个目的。广义网络目录服务的一个例子是微软支持的"活动目录"（active directory）。

17.8　存储区域网

传统的网络文件访问使用客户端 – 服务器方法。图 17-20a 展示了这种方法。为了访问文件，用户的客户端从文件服务器请求服务。文件存储在服务器的硬盘上，也可以存在与服务器相连的其他设备上。一个单位里可以有很多台服务器，每台服务器上都带有文件存储。

在大型企业中，这种方法就很笨拙了。用户必须知道目标文件要存放在哪个服务器上。使用的文件数量很大。存储在多个服务器上的文件间的同步既困难又危险。对文件备份需要格外小心和努力。数据仓库技术和数据挖掘应用是很困难的，因为数据可能分散在大量的服务器上。

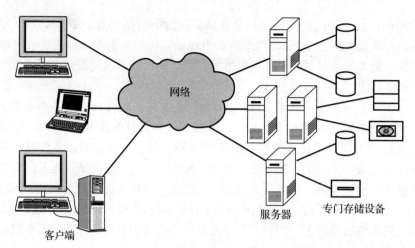

a) 标准的客户端服务器配置

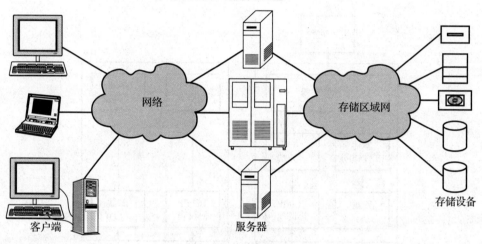

b) 存储区域网配置

图 17-20 数据存储的其他方法

大型企业使用的另一种方法是将数据存储在**存储区域网**（SAN）中。图 17-20b 说明了存储区域网的组成。在存储区域网中，存储设备集中在一个独立的网络中，所有的服务器都可以对其访问。可以使用各种不同的存储设备：硬盘、RAID、磁带和光学存储器。当然，任何服务器都可以通过适当的权限访问任何存储设备。对于服务器来说，网络就像是一个存储池，这和我们前面讨论过的存储池类似。网络技术本身以及网络访问技术都隐藏在云中。在 SAN 术语中，云的意思是 "结构"（fabric）。存储网络可以通过广域网技术扩展到很远的距离，允许使用远程位置上的设备进行备份。

客户端以平常的方式访问文件。服务器相当于一个中介，以后台的方式访问 SAN 里的数据，这个过程对于客户端用户是透明的。

SAN 技术有标准和协议，允许不同厂商的产品混合使用并相互适配。最常用的网络技术是**光纤信道**⊖。然而，其他技术包括 TCP/IP、ATM、iSCSI 和 Ficon，都可以直接与光纤信

⊖ 英国人对纤维的拼写是有意的。最初的网络旨在通过光纤来使用。然而，标准包含了使用铜导线的选项，因此，决定将此技术命名为 "光纤信道"。

道网络连接。

为了更深入地理解 SAN，读者可以参考 Tate 等人的著作［tate06］。

17.9　文件保护

除了在小型单用户系统中，系统必须提供文件保护以限制文件的访问，只有授权使用该文件的人才能访问。文件保护是按文件逐个提供的。文件保护可以采取几种不同的形式。例如，可以允许一个用户执行文件，但不能复制它；或者可以读取但不能修改它。一个文件可能由一组个人共享，并且，文件保护系统应该便于组成员访问该文件同时还要防止其他人访问这个文件。

尽管有些系统提供了其他的保护形式，但大多数系统对文件都提供了 3 种保护：

- 文件可读或不可读（**读保护**）。
- 一个文件可写或不可写（**写保护**）。
- 一个文件可执行或不可执行（**执行保护**）。

尽管还有其他更专业的保护方式，但这些限制就差不多够用了，它们代表着众多实现目的的一个很好的折中。例如，一个特定的用户不能删除某个文件，这可能很重要。写保护防止删除，尽管限制更强一些。如果用户需要修改这样的文件，那么可以复制该文件，只要他或她具有读取并修改该副本的权限。在多用户或基于服务器的系统中，理想的保护形式是为每个文件提供一个用户**访问控制表（ACL）**，针对 3 种保护形式的每一种，这些用户都可以访问这个文件。一个特定文件的表将由该文件的所有者来维护。维护和使用 ACL 所需的开销是巨大的。系统必须提供一些实用工具来维护这些表、表的存储空间以及每当访问一个文件时检查这些表的机制。如果系统上的用户很多，则每个文件的 ACL 可能需要大量的存储空间。由于系统管理员是所有系统文件的实际所有者，所以一个用户有很大的责任来维护大量的 ACL。尽管如此，有些系统确实还提供了 ACL 保护。

一种更简单但更实用的保护方法是将系统的用户群划分为 3 类。对于每个文件，系统定义了一个**拥有者**，一个与该文件相关联的**组**，以及一个由其他人组成的**群体**（universe）。文件系统维护着用户组的表。每个组有一个名字，每个用户可以是多个组的成员。一般来说，这些组由系统管理员进行管理，但在有些系统上，一个组可以由文件的拥有者来创建。

在这种保护方法下，每个文件提供了 9 个保护标记，对于每种类型（拥有者、组和群体）具体是分别有读、写和执行许可。当创建一个文件时，系统将设置默认保护，默认保护是由系统管理员建立的。然后，如果需要改变，文件所有者可以以不同的方式确定和设置保护。在基于 UNIX 的系统中，命令 CHMOD 就是用于这个目的的。9 个保护标识可以存储在目录的单个字中。图 17-21 展示了一个典型的 UNIX 目录列表。在列表中，最左边的标记简单地指示了一个文件是目录（d）、符号链接（1），还是普通的文件（-）。接下来的 9 个标记分别表示拥有者、组和群体的读、写和执行特权。列表中出现的连字符表示该特权被关掉了。接下来是文件的链接数，然后是所有者的名字和组的名字。每一行的剩余部分给出了文件名和各种文件属性。

由于目录本身也是文件，所以，包括 UNIX 在内的大多数系统都对目录提供了类似的保护。对于图 17-21 所示的目录，你会注意到有相同的保护模式列表。例如，没有读访问权限的用户是不能列出一个有读保护的目录的。一个有写保护的目录是不能存储或删除的。而且，没有执行权限的用户不能将当前目录更改为一个受执行保护的目录。

```
$1s -1F
drwx------ 1 iengland csdept 36005 Feb 15 12:02 bookchapters/
-rw-r--r-- 1 iengland csdept   370 Sep 17  1:02 assignment1.txt
--wx--x--- 2 iengland csdept  1104 Mar 5 17:35 littleman*
-rwxrwx--- 1 iengland csdept  2933 May 22  5:15 airport shell*
drwxr--r-- 1 iengland csdept  5343 Dec 3 12:34 class syllabi/
```

图 17-21 显示保护的文件目录

有些系统通过给每个文件或目录分配口令字,提供了另一种形式的文件保护。这种方法给用户带来了一定的负担,他要记住每个文件或目录上附带的不同口令。

不管文件保护是如何实现的,文件保护都给系统增加了相当大的开销,但是文件保护是系统的一个重要组成部分。除了由限制授权用户访问文件所提供的文件保护之外,大多数现代系统也提供文件加密功能,或者对单个文件和目录加密,或者对整个文件系统进行加密。当文件暴露给网络上的用户(也可能是潜在的系统入侵者)时,这个额外的保护层尤其有用。

17.10 日志文件系统

对于许多业务应用程序而言,文件系统的完整性对业务的健康至关重要。当然,防止文件系统故障的第一道防线是一套定义明确的系统备份和文件维护过程。**日志文件系统**对这种保护进行了扩展,它包含了在文件访问操作期间发生磁盘崩溃或系统故障事件时自动的文件恢复过程。

日志系统提供了一个日志文件,它记录了需要对文件系统进行写访问的每个系统事务。在一个文件写操作实际执行之前,日志系统读取相关的文件块,并将其复制到日志中作为独立的文件存储起来。如果在写操作期间发生了系统故障,日志文件系统的日志提供了重建文件所需的信息。当然,为了支持日志文件必须有额外的文件块读写,因此日志技术还是有性能代价的。

日志文件系统提供了两级功能。简单的日志文件系统保护文件系统结构的完整性,但不能保证尚未写入磁盘的数据完整性。磁盘只是简单地恢复到故障前的配置。Windows NTFS文件系统就是一个简单的日志文件系统。它能恢复所有的文件系统元数据,但当发生故障时,不能恢复尚未保存的当前数据。

一个完整的日志文件系统还具有其他功能,能恢复未保存的数据,并将其写到相应的文件位置上,这会保证数据的完整性和文件系统的完整性。

目前,完全日志文件系统有 IBM JFS、Silicon Graphics XFS、Oracle ZFS、微软的 ReFS 以及 Linux ext3 和 ext4。

小结与回顾

文件管理系统使用户和程序能够将文件作为逻辑实体来操作,而不必关心文件存储和处理的物理细节。文件系统打开和关闭文件,提供所有文件传送的机制,并维护目录系统。

文件系统的复杂度和功能变化很大,从最简单的将所有的文件数据按流处理并且只提供很少的操作,到非常复杂的拥有很多文件类型和操作。越简单的文件系统需要每个程序内部付出的努力就越多,但带来的是更多的灵活性。

文件是顺序访问的、随机访问的或者两者的某种组合。更复杂的文件访问通常涉及索引的使用。在某种程度上,存储方法依赖于所需的访问形式。文件可以连续存储,也可以不连续存储。各有优点和缺点。允许非连续访问的各块指针可以按链存储在块本身内，也可以存储在针对这一目的所提供的索引表中。索引表通常与单个文件关联，但有些系统将每个文件的索引存储在单个表中，这个表叫作文件分配表。文件系统还维护一个可用空闲空间的记录，它或者以位图的形式，或者以链的形式来表示。

目录结构提供了逻辑文件名和文件物理存储之间的映射。它还维护文件的属性。大多数现代文件系统都提供分层的目录结构，通常是无环图。分层的文件结构使用户可以以任何看起来合适的方式来组织文件。无环图结构增加了文件的共享功能，代价是结构的维护更为困难。

网络文件访问是通过使用附着在服务器上的文件或存储区域网来完成的。附着到服务器的文件可以通过别名技术或在本地安装目录的方法来访问。服务器就像是存储在 SAN 上的文件中介。

文件系统还提供文件保护。某些文件系统维护访问表，它为每个用户逐文件地建立了权限。大多数系统提供了一种更简单的安全形式，将用户划分为三类并根据类别提供保护。

扩展阅读

文件管理系统的一般性论述在前几章我们提到的操作系统教科书中都能找得到。有关特定操作系统的文件系统细节可以参见描述特定操作系统的书籍。例如，Glass 和 Ables 的［GLAS06］、Christian 和 Richter 的［CHRI94］都描述了 Linux 和 UNIX 文件系统。NTFS 在 Russinovich 和 Solomon 的书［russ09］里有描述。还有许多文件管理系统方面的好书。其中，最好的有 Weiderhold［WEID87］、Grosshans［GROS86］和 Livadas［LIVA90］。

复习题

17.1 文件管理系统提供了文件逻辑视图和文件物理视图之间的连接。文件逻辑视图的含义是什么？文件物理视图的含义是什么？

17.2 考察一个由记录组成的数据文件。创建一个简单的文件，绘制一个表映像和一个表格映像，使它们分别代表示你的文件。在你绘制的每个图中，识别记录和字段。你的文件是逻辑视图还是物理视图？

17.3 文件的属性是什么？给出 2~3 个文件属性的例子。特殊文件的文件属性会在哪里找到？

17.4 存放文件的设备的物理块或者簇大小是访问速度和占用空间的一种折中。请解释原因。

17.5 请至少给出 3 个操作整个文件的文件操作例子。

17.6 请至少给出 3 个操作文件内部数据的文件操作例子。

17.7 请至少给出 3 个操作目录而不是文件本身的文件操作例子。

17.8 程序文件总是整体读取，这个文件是顺序的、随机的、还是索引访问的？请解释原因。

17.9 当文件系统试图连续存储文件时，描述其面临的一些挑战。

17.10 简要地解释链式分配、不连续文件存储的概念。对于一个存储在 5、12、13、14、19、77 和 90 块上的文件，请展示出其链式分配可能的形式。

17.11 用户可以执行什么操作来提高在文件系统中连续文件与非连续文件的比值。

17.12 NTFS 文件记录是由组件组成的，也称为属性，尽管这个词有不同的含义。NTFS 的属性是什么？NTFS 数据属性的内容是什么？

17.13 描述空闲空间位图的内容和格式。

17.14 将一个卷安装到文件系统里，它是什么意思？

17.15 什么是路径名？

17.16 相对路径名和绝对路径名之间的区别是什么？系统如何知道用户在特定时间内指定的是哪一个？

17.17 Windows 和 Linux 使用两种不同的方法来识别网络上的文件。简要地描述每种方法。

17.18 存储区域网与客户端－服务器方式的存储方式有什么不同？

17.19 给定一个图 17E-1 所示的目录树。假设你当前位于图中标记为箭头 A 所指示的点上。对于文件 ourfile.doc，它的相对路径名是什么？假设你是用户 Joan，位于箭头 B 指示的点上，这个文件的绝对路径名是什么？对于文件 ourfile.doc，你的相对路径名是什么？

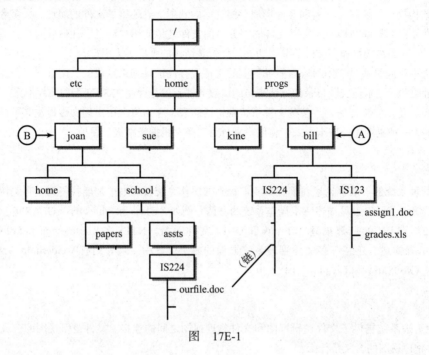

图　　17E-1

习题

17.1 你注意到，从硬盘上加载程序似乎要比以前花费更长的时间。一位朋友建议将硬盘中的文件复制到不同的设备中，一次复制一个，然后返回硬盘。你这样做了，发现现在程序加载速度要快一些。发生了什么？其他什么方法会更容易地获得类似的结果？

17.2 解释一下，为什么从一个设备到另一个设备的 MOVE 操作需要对文件本身进行操作，而在同一设备上，从一个地方到另一个地方的 MOVE 操作只涉及目录操作。

17.3 在许多系统中，将文件作为整体进行的操作是通过处理内部文件数据的操作组合来完成的。请解释一下，使用内部文件操作如何将文件从一个位置复制到另一个位置。这种方法看起来是否与你在个人计算机上将一个大文件从一个磁盘驱动器复制到另一个磁盘驱动器时的经验一致？

17.4 从 Windows 命令行提示符中执行一个 DIR 命令。仔细观察一下磁盘上还剩下多少空间。现在打开记事本，创建一个新文件，它只包含带回车符的句号。将这个文件命名为 PROB174.TXT 并返回提示符。执行 "DIR PROB174.TXT" 命令。你的新文件占用了多少空间？磁盘上还有多少空间？解释一下发生了什么。

17.5 列出一些你期望按照顺序访问的文件类型。对于你期望随机访问的文件执行相同的操作。

17.6 选择一个目录并列出目录中的文件。如果块大小是 512 字节、1KB、4KB 和 8KB，则确认每个文件各需要多少块。对于每个文件和每个块，计算内部碎片。对于每个块，在你的个人计算机上浪费了多少硬盘空间？目录使用的块空间占比是多少？

17.7 解释连续、非连续链式和非连续索引的文件分配之间的权衡。尤其要指出，对顺序访问和随机访问方法的影响。

17.8 假设 UNIX i 节点需要一个 60 字节的数据块，如图 17-9 所示，只使用直接、单个、双向间接索引，分别可以访问多少个磁盘块？

17.9　将硬盘分区而不是将整个硬盘作为一个区的优点是什么？

17.10　安放一个硬盘是什么意思？

17.11　路径的作用是什么？

17.12　对于图 17-21 所示的每个文件，解释一下具体的文件权限。这些文件的拥有者是谁？有权限访问这些文件的组名是什么？

17.13　文件的访问控制表描述了哪些用户可以访问哪个文件，以及如何访问。一些研究人员指出，另一种很有吸引力的方法是用户控制表，它描述了一个用户可以访问哪些文件，以及如何访问。依据表需要的空间以及一个具体的文件操作是否允许所需的步骤来讨论一下这种方式的优缺点。

17.14　打开和关闭操作的用途是什么？

17.15　a. 硬盘缓存技术是一种将硬盘的数据块放到内存来加速硬盘访问的技术。讨论一下，在硬盘缓存技术中可以用来提高系统性能的策略。

　　　b. 已改变的文件回写时间取决于系统。有些系统在文件被修改后立即写回。其他系统则等待到文件关闭、系统不忙，或者某一特定文件上的活动已停止一段时间了。讨论这些不同方法的优缺点。

17.16　考察一个文件，假设它的大小刚刚超出当前的磁盘空间。对于一个连续文件、一个链式不连续文件和一个索引文件，描述一下接下来将分别采取什么步骤。

内部操作系统

18.0 引言

作为计算机系统的一个主要组件，在第 15 章里，我们概述了操作系统的功能，并观察到可以将操作系统的架构表示为层次结构，它由几层互相交互的程序构成来处理这些日常工作：命令处理、文件管理、I/O、资源管理、通信和调度。我们在第 16 章里对其进行继续讨论，从最熟悉的层——用户界面开始。第 17 章深入到了下一层，展示了文件管理系统的功能和组成。文件管理器将由用户或用户程序看到的文件逻辑表示转换为在计算机内存储和操作的物理表示。

现在我们已经准备好检查余下内层的主要特征了。这些层的设计目的是管理计算机的硬件和软件资源，以及与其他计算机的交互。在本章里，我们将审视这些内部操作是如何执行的；考察操作系统程序如何管理进程、内存、I/O、辅存、CPU 时间，以及其他为了用户方便、安全和高效方面的内容。

我们首先将回顾一下第 15 章里的一些概念。然后，扩展一下我们的注意力来审视各种组件、功能和技术，这些都是现代操作系统的特征。我们将向你展示一个简单的例子，其中不同的部分已经组合在一起形成了一个完整的系统。

现代系统必须有办法决定哪些程序可以进入内存，何时这些程序进入内存、它们放在内存的什么地方，CPU 时间如何分配给不同的程序，如何解决 I/O 服务的需求冲突，如何共享程序并维护安全性和程序与数据的完整性，还有，如何解决许多其他疑问和问题。操作系统自己本身就需要几百 MB 的内存，这一点也不奇怪。

本章，我们考察一下操作系统执行的基本操作。分别介绍操作系统要执行的各种任务，考察并比较以有效方式执行这些任务的一些方法和算法。我们讨论程序的加载和执行过程、引导过程、进程管理、内存管理、进程调度和 CPU 派遣、辅存管理，等等。

正如我们以前提到的，现代计算机包括额外的 CPU 硬件特性，它们与操作系统软件协同工作以解决更具挑战性的操作系统问题。在这些进展中，最重要的可以说是虚拟存储。虚拟存储是一个强大的技术，它解决了内存管理的许多难题。18.7 节专门详细介绍虚拟存储器。它也是硬件和操作系统软件集成的一个明显例子，这也是现代计算机系统的特征。

其他例子还有指令集的分层，以包含某种只能由操作系统使用的保护指令，这些指令我们在第 7 章里给出过；还有内存界限检查，操作系统通过它来保护彼此的程序。

操作系统的话题可以很容易地填满一大本教科书，它自己就能占据整个课程。有很多跟操作系统相关的有趣疑问和问题，对于创建一个有用高效的操作系统问题也有很多解决方案。很明显，我们不能用大量的细节来讨论这个话题，但关于操作系统如何工作的一些更为重要、更为有趣的方面，至少你会有一种感觉。

现代操作系统预期执行的许多任务也会扩大操作系统所需的开销，无论是在内存方面还是在执行不同功能所需的时间上。我们还将审视用于确定操作系统有效性的一些措施。最后，你将有机会了解到几个更加有趣的问题，尤其是对用户产生重要影响的那些问题。

18.1　基本的操作系统需求

始终要牢记，任何操作系统的基本目的都是加载并执行程序。不管你碰巧见到的特定操作系统的具体目标、设计功能和复杂性如何，这都是真的。

脑海中有了这样的基本思想，再来审视一下操作系统里提供的各种功能。为了协助完成这个任务，为了方便起见，图 18-1 再次展示了分层模型。

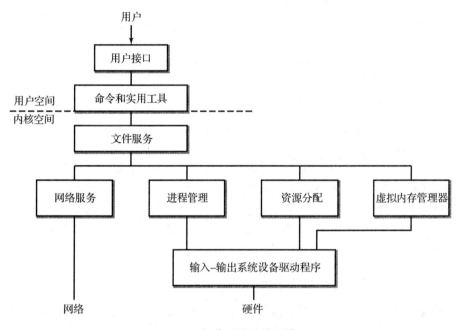

图 18-1　操作系统的分层模型

回忆一下，为了加载和执行程序，系统必须提供一种方法将程序从某台 I/O 设备（比如硬盘）的存储单元读入到内存中；它必须提供程序及数据在内存里的位置；它必须为程序执行提供 CPU 时间；它还必须提供在程序执行过程中对所需 I/O 设施的访问。由于多个程序通常共享系统及其资源，因此它必须以公平的方式完成所有这些工作，它也能满足不同程序偶尔发生的需求冲突。

模型下面的一些层提供了满足这些要求的程序。文件管理器层将来自命令 shell 或用户程序的逻辑文件请求转换成特定的物理 I/O 请求，然后由相应的 I/O 设备管理程序执行。该层还提供了资源分配管理，以解决不同程序之间可能同时需要 I/O 服务的冲突。I/O 设备管理和资源分配程序有时被统称为 I/O 控制系统，或者更常见地称为 IOCS。

资源分配功能里的内存管理和调度操作，决定是否将程序和数据加载到内存；如果要加载到内存，那么程序放在内存的什么地方。一旦程序放在内存中，调度器就为程序执行分配时间。如果内存里有多个程序，调度器就试图以某种公平的方式为它们分配时间。

为了提高安全性，许多操作系统都将这些程序构造成一种层次结构，其中模型中的每一层程序都使用已建立好的调用过程（calling procedure）请求来自下一个最内层的服务。大多数现代计算机为此提供了有特殊保护的硬件指令。回忆一下第 15 章，这并不是操作系统唯一可能的架构。至少，操作系统的关键部分将在保护模式里执行，而其他程序会在用户模式里执行。一个设计良好的操作系统，如果不使用已建立好的调用过程，那么将拒绝试图渗透到系统的内层。它必须隔离并保护每一个程序，但允许程序共享数据，并在需要的时候进行通信。

执行这些功能有很多种不同的方法，各有优缺点。所选择的权衡反映了特定系统的设计目标。给你举个简单的例子，一台严格按批处理方式运行的计算机可能使用简单的调度算法，只要程序不需要停止处理来等待 I/O，则允许每个程序不中断地运行。这种策略在交互式系统里是不可接受的，当用户单击鼠标或键盘输入时，交互式系统需要快速的屏幕响应。或者，一部智能手机的电话铃响起时！在后一种情况里，明显需要更复杂的调度算法。

在我们继续讨论各个资源管理器之前，你应该意识到这些管理器互相之间并不是完全无关的。例如，如果交互式系统的内存里有多个程序，并且要达到令人满意的用户响应，则调度程序必须给每个程序更短的时间。类似地，内存中的多个程序会增加磁盘管理器的工作负担，几个程序同时等待磁盘 I/O 的可能性会增大。设计良好的操作系统会试图平衡各种需求以便最高效地使用系统。

在对多任务操作系统中的每个主要模块进行详细讨论之前，如果你愿意的话，向你介绍一个简单的系统实例，这会有助于你的理解，这个例子是"小伙计多任务操作系统"。但是，这里讨论的系统并没有运行在"小伙计"计算机上。它是为一个真实可工作的计算机系统而设计的。尽管它已经过时、简单、功能有限，但这个例子说明了一个多任务系统的许多重要的需求和操作。

例子：一个简单的多任务操作系统

这个微型操作系统（以下简称 MINOS）是一个极小极简单的多任务系统，拥有较大系统所具有的许多重要的内部特征。它基于一个真实的操作系统，该操作系统是作者 20 世纪 70 年代为很早很原始的微机开发的，这台微机主要用来测量偏远乡村地区的数据。对数据进行计算，并将结果传回到一台较大型的计算机以进一步处理。最初的设计目标是：

- 第一且非常重要的是要简单。当时内存非常昂贵，因此我们不想让操作系统占据太多的内存。那台机器只有 8KB 的内存。
- 实时支持一个非常重要又频繁运行的程序，而且其运行速度必须要非常快。这就是数据测量程序。因此，在选择运行哪一个程序时，系统遵循优先级调度策略。

MINOS 的内部设计更有意思，对于设计者来说，内部设计比用户界面或文件系统更加重要。这台计算机没有磁盘，只有盒式磁带录音机，它经过修改才能保存计算机数据，因此文件系统很简单。（那时候，对于这种系统来说，磁盘太贵太大，也太脆弱！）有一个键盘/打印机用户界面，但没有视频显示器接口。安全不是一个要关心的问题。

这里我们特别感兴趣的功能是内存管理操作、进程调度和派遣操作。尽管它们很简单，但这些模块的设计也是当前操作系统工作方式的特点。下面是 MINOS 的主要指标：

- 键盘/打印机命令行用户界面。为了使事情简单，它只有少数几条命令，其中大部分可以只输入一个字符。例如，字母"1"用来从磁带上装入一个程序，字母"s"将一个程序保存到磁带上。

- 内存分为 6 个不同大小的固定分区。内存映射如图 18-2 所示。一个分区保留给 MINOS，它是完全驻留内存的。分区 P-1 保留给高优先级的程序，通常是数据检索程序，因为它必须要实时地检索数据。分区 P-2、P-3 和 P-4 大小不同，但优先级是一样的，都是中等优先级。分区 P-5 是低优先级区域，用于后台任务，主要是内部系统检查，但有一个简单可用的二进制编辑器，它可以将其加载到低优先级分区以调试和修改程序。

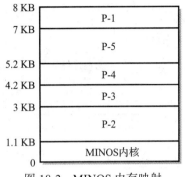

图 18-2　MINOS 内存映射

- 操作系统分为 3 级：命令界面、I/O 子系统和内核，内核中包含内存管理器、通信接口和调度器。默认情况下，操作系统内核的优先级是最高的，因为它必须响应用户命令并提供派遣服务。它可以中断和抢占其他程序。然而，诸如程序加载之类的常规操作则按最低优先级来处理。MINOS 的框图如图 18-3 所示。

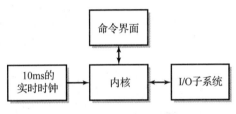

图 18-3　MINOS 的框图

再次注意，MINOS 不支持文件系统或其他用户的便利工具，它主要面向程序加载和执行。这种局限性不是我们要考虑的，因为讨论的主要焦点是系统的内部操作。内核的两个主要组件是进程调度器 / 内存管理器和派遣器。

MINOS 最多一次操作 5 个用户程序。进程调度器处理程序加载请求。要加载的程序头指定了优先级和内存大小的需求。程序加载到最小可用的内存空间中，这个空间中正确的优先级与程序相适配。当然，对于最高优先级和最低优先级的每个程序，只有一个内存区域可用。如果空间不可用，那么进程调度器就会通知用户，由用户来决定哪一个程序（如果有的话）应该卸载，以腾出空间。

对于内存中的每个程序，进程控制表中都有一个条项，如图 18-4 所示。回忆一下第 15 章，在任何时刻，每个 CPU 只运行一个进程，而其他进程准备好运行或者等待某个事件的发生，比如 I/O 完成。进程控制表显示每个程序的状态和程序计数器的位置，程序在下次运行时将在这个位置上重新启动。在 MINOS 中，它还包含用来存储和恢复两个寄存器中每个寄存器的位置信息，这两个寄存器存在于所使用的计算机中。另外还有一个寄存器，它记录哪一个中等优先级的进程（分区 2、3 或分区 4）最近刚刚运行过。我们称这种寄存器为"中等优先级进程最后运行"寄存器，或者 MPRL 寄存器。由于进程表中每个分区都有一个条项，所以操作系统都已经知道了每个程序的优先级。

MINOS 中最有趣的部分是程序派遣器。计算机里的实时时钟每 1/100s 中断计算机一次，并将控制返回给派遣器。派遣器按照优先级顺序查看进程控制表，并检查每个活动条项的状态。（一个不活动的条项是没有程序装入内存，或者内存里的程序已经完成执行并不再运行了。）如果一个条项因等待 I/O 完成而被阻塞了，那么它无法运行，而且会被跳过。选择最高优先级的就绪程序，并将控制传递给它。如果有两三个相同优先级的就绪程序，它们按照轮转方式来选择（程序 2、程序 3、程序 4、程序 2、程序 3……），以便每个程序都轮到一次。MPRL 寄存器就用于这个目的。

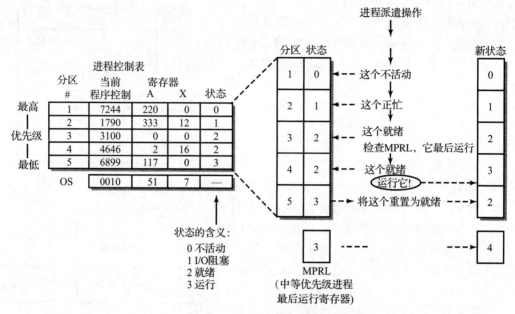

图 18-4　MINOS 进程派遣

　　MINOS 派遣算法保证了最高优先级的实时程序总是最先在 CPU 里运行，在执行之前的最大延时就是 1/100s。这个程序的就绪位实际上是由一个小中断程序来设置的，这个中断程序由测量装置来控制。图 18-4 说明了这个派遣过程。

　　后台任务代表最低优先级。默认情况下，这个分区包含用于测试硬件各个方面的软件程序。因此，当没有选择其他程序时，MINOS 默认执行硬件诊断程序。

　　有了 MINOS 作为背景，本章接下来的几节会更为详细地考察多任务操作系统的各个方面。在开始之前，你也不妨回顾一下 15.3 节，它介绍了现代多任务系统包含的各种服务和模块。

18.2　启动操作系统：引导程序

　　第一步，我们要考虑一下需要什么来启动计算机。你还记得，当计算机刚上电时，RAM 的内容是未知的。此外，你知道内存中必须要有一个程序用于 CPU 的执行。这两个问题是矛盾的，因此，必须有一种特殊的方法才能使系统进入工作状态。

　　初始程序的加载和启动是通过一个引导程序来执行的，这个引导程序永久地存放在计算机的只读存储器中。机器一上电，引导程序就开始执行。引导程序包含一个程序加载器，它将从辅存中选择的程序自动地加载到普通内存中，并将控制权传递给它。这个过程就叫引导过程，或者更简单地称为"引导计算机"。IBM 称这个过程为"初始程序装载"，或 IPL。图 18-5 说明了引导操作。

　　由于引导程序是只读程序，所以它加载的程序必须是预先确定的，必须能在明确的辅存位置上找得到。在个人计算机上，通常可以在硬盘的特定磁道和扇区中找到它，尽管引导程序是可以定制的，可以从另一台设备来启动；如果计算机连接到一个网络上，甚至也可以从另一台计算机来启动。在平板电脑或智能手机上，这个程序可以从内置 ROM 的明确位置上找到。通常引导程序加载一个程序，这个程序本身就能加载程序。（这就是初始程序装载器称为引导程序的原因。）最终，加载的程序包含了操作系统的内核。换句话说，启动过程完成后，内核就加载进来了，计算机就可以正常运行了。驻留的操作系统服务已经存在并准备就绪了。它可以接受命令，并加载和执行其他程序。引导操作通常按两个或多个加载阶段来执行以增加内核位置的灵活性，并维持很小的初始引导程序。

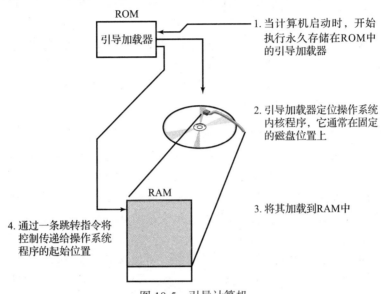

图 18-5　引导计算机

注：操作系统里的加载器程序之后可以用来加载和执行用户程序

例子　个人计算机的启动就是一个合适的、大家都熟悉的引导启动过程。虽然个人计算机采用多步骤启动过程，但方法与我们刚才描述的基本相同。

个人计算机的引导加载器永久地存在于系统的 BIOS 中，或者位于最近的"统一可扩展固件接口"中。这是只读存储器，是计算机的组成部分，以前在第 15 章里介绍过。当打开计算机的电源开关或者按下复位键时，控制就传递到了引导加载程序的起始地址上。个人计算机的引导程序开始对计算机组件进行彻底的测试。这种测试可以验证系统的各个组件是有效的并且能够工作。它检查是否存在监视器、是否安装了硬盘驱动器、键盘是否存在。通过计算 0、1 的布尔函数（称为校验和）并与预先存储的正确值进行比较，它检查 ROM 中的指令执行是否出错。通过将已知的数据加载到每个内存位置上并读回，它检查 RAM 是否正常工作。最后，它初始化各种寄存器，包括指令指针寄存器、标识寄存器，并对各种地址线进行初始化。

在完成这些测试后，引导加载程序确定启动设备。这是一种永久存储在一个特定存储器中的设置，由用户在启动时修改。在现代个人计算机中，系统可以从硬盘或 SSD、CD 或 DVD、一些可插拔的 USB 设备上启动。系统磁盘包含一个名为主引导记录的扇区，并接下来加载引导记录。

现在由引导记录进行控制。它还包含一个加载程序，并带有专门针对特定设备的设备驱动程序。假定加载的是某个版本的 Windows，那么引导记录就会加载一系列文件，包括内核和注册表、硬件接口、各种内核、子程序、API 库以及一些其他组件。根据注册表里的条目装入相关内容。当进行这个过程时，用户很少能对其控制。接下来是登录程序，启动

WINLOGON.EXE。假设用户已被授权并且登录成功，那么内核就设置注册表中定义的用户参数，显示 Windows GUI，并将系统的控制权移交给用户。

不同 BIOS 的测试过程也稍微有些不同，在进行测试时，有些 BIOS 允许用户改变个人计算机建立的设置。用户还可以强制引导程序一次一步地执行，从而解决某些严重的系统问题。除此之外，用户或系统管理员还能使用操作系统提供的标准工具来控制个人计算机的环境。

正如所指出的，当计算机刚上电时，就会执行这里所描述的过程。这个过程也叫作冷启动。个人计算机也提供了另一种称为热启动的过程，当系统由于某种原因必须重启时使用它。从关机菜单中选择的热启动会有一个重新加载操作系统的中断调用，但不会重新测试系统，也不会将各种寄存器重置为初始值。

例子　重要的是应认识到基本的计算机启动过程与计算机的大小无关。大型 IBM 计算机的启动过程与个人计算机的启动过程类似。IBM 大型计算机使用初始程序加载过程来引导。IPL 的工作原理非常类似于个人计算机的引导过程。每当给 IBM 大型计算机上电时，计算机就处于四种运行状态中的一种：运行、停止、加载和检查停止。你已经熟悉了运行和停止状态。检查停止状态是一种特殊的状态，用于诊断硬件错误。加载状态对应于 IPL 的状态。

系统操作员通过设置"加载－单元－地址"控件并激活操作员控制台上的"加载－清除"或"加载－正常"键，使系统进入加载状态。"加载－单元"地址控件可以建立特殊的用于 IPL 的通道和 I/O 设备。"加载－正常"键执行初始的 CPU 复位，将 CPU 里的各种寄存器设置为初始值，并对正确的操作进行验证。"加载－清除"键做同样的工作，但它还执行清除复位操作，这个操作将主要存储器和许多寄存器中的内容置零。

复位操作之后，正如第 11 章里讨论的，IPL 执行一个与"START I/O"等价的通道命令。第一个通道命令字不是从内存读取的，因为内存可能复位为零了。相反，使用一个内置的"READ"命令将 IPL 通道程序读入到内存中来执行。然后，IPL 通道程序读取适当的操作系统代码，并将控制权传递给它。

18.3　进程和线程

在考虑多任务系统时，将每一个正在执行的任务看作一个程序是最容易的。这种表达并非不准确，但在解释计算机系统中可能出现的各种情况时，它不够包容、精确或通用。取而代之，我们可以将每个正在执行的任务定义为一个进程，这样会更有用一些。一个**进程**的定义是包含一个程序及与该程序执行相关的所有资源。那些资源可以是分配给特定进程的 I/O 设备，由键盘输入的数据，已经打开的文件，作为 I/O 数据缓存或栈分配的内存，分配给程序的内存，CPU 时间，可能还有其他一些资源。

进程的另一个视角是将其看成一个执行中的程序。例如，被动地看待一个程序：它是一个文件或一个列表。主动地看待一个进程：它正在处理或正在执行。

在批处理系统中，有时使用不同的术语。用户向系统提交一个**作业**以进行处理，该作业由**作业步骤**组成，每个步骤代表一个**任务**。不难看出作业、任务和进程之间的关系。当作业允许进入系统时，就为该作业创建了一个进程。作业中的每个任务也代表进程，具体来说，执行作业中每个步骤都会创建的进程。本书中，我们倾向于交替地使用术语：作业、任务和进程。

在一般的会话中，程序和进程的区别通常不太重要，但从操作系统的角度看，这种差别可能相当重要，而且意义深远。例如，大多数现代操作系统都有共享单份程序的能力，比如多个并发进程之间共享一个编辑器。每个进程都有自己的文件和数据。这种作法可以节省内存空间，因为只需要单份程序而不是多份，因此，这种技术增加了系统的性能。然而，这个概念的关键是要明白每个进程都可以运行在程序的不同部分中。因此，每个进程在执行期间都维护一个不同的程序计数器值和不同的数据。每个进程都有自己的空间来存储其寄存器值，以便在上下文切换时使用。这个概念如图 18-6 所示。通过为每个用户维护一个单独的进程，操作系统可以以直观的方式跟踪每个用户的需求。

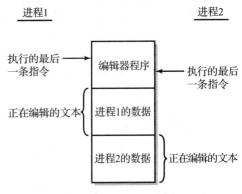

图 18-6　共享单个程序的两个进程

即便在单用户系统中，多个进程也可以共享程序代码。例如，产生 Windows 界面的程序代码，就是由屏幕窗口上打开的所有进程共享。每个进程拥有自己的数据：窗口坐标、该窗口菜单结构的指针，等等。

对于操作系统来说，工作的基本单元就是进程。当一个进程允许进入系统时，操作系统就负责这个操作的各个方面。操作系统必须为它分配初始内存，并且必须继续确保进程根据需要可以使用内存。它必须分配必要的文件和 I/O 设备，并提供栈内存和缓存。它必须调度进程的 CPU 执行时间，并在各种执行进程之间执行上下文切换。操作系统必须保持进程的完整性。最后，当进程完成后，它可以有序地终止进程，并恢复系统设施和资源以使其可用于其他进程。

不需要与其他进程交互的进程称为**独立进程**。在现代系统中，许多进程会一起工作，它们会共享信息和文件。一个大的任务往往是模块化地分解成若干个子任务，每个进程只处理任务的一个方面。一起工作的进程称为**协作进程**。操作系统提供了以某种方式关联的进程之间的同步和通信机制。（例如，如果一个进程需要另一个进程的结果，那么它必须知道这个结果什么时候可以使用，以便能继续进行。这就是所谓的**同步**。它还必须能够接收来自其他进程的结果。这就是**通信**。）操作系统就像一个管理器和导管，管理并传递着这些**进程间**的事件。

为了跟踪内存中并发执行的每一个不同进程，操作系统为系统中的每个进程创建并维护一个数据块。这个数据块称为**进程控制块**，常常缩写为 PCB。进程控制块包含所有与进程有关的信息。在执行与进程相关的功能时，它是各种操作系统模块使用的核心资源。

在 MINOS 中，进程控制块很简单。只需跟踪程序计数器和一对寄存器值，以便进程可以暂停并重新启动，再加上程序的状态和优先级。由于 MINOS 将内存划分为固定大小的分区，因此每个分区刚好有一个进程一个 PCB，所以，操作系统甚至不需要跟踪进程的内存限制。

在较大的系统中，进程控制则相当复杂。可以有更多的进程。可用内存和各种 I/O 资源的竞争可能性更大。不同进程之间可能有通信需求。调度和派遣更为困难。系统的复杂性要求存储许多额外的进程信息，还要求有更正规的进程操作运行控制。

一个典型进程控制块的内容如图 18-7 所示。不同系统的 PCB 按不同的顺序表示这种信息，在存储的信息方面也有所差异，但这些差异对于这种讨论并不重要。

进程 ID
指向父进程的指针
到子进程的指针区域
……
进程状态
程序计数器
寄存器保存区域
……
内存指针
优先级信息
统计信息
指向共享内存区域、共享进程和库、文件以及其他 I/O 资源的指针

图 18-7　一个典型的进程控制块

图 18-7 所示的每个进程控制块都包含一个进程识别名或数字，它唯一地识别这个块。例如，在 Linux 中，这个进程标识号称为**进程标识符**，或者更常见地叫 PID。在 Linux 系统中，使用 ps 命令很容易观察到活动的进程。

接下来，PCB 包含指向其他相关进程的指针。这个问题与创建新进程的方式有关，在下一节里讨论它。这个区域的存在简化了相关进程之间的通信。指针区域的后面是进程状态的指示符。在 MINOS 中，可能有 4 个**进程状态**：不活动、就绪、阻塞和运行。在较大的系统中，还有其他可能的状态，进程状态在本节稍后进行讨论。当进程放弃和重新使用 CPU 时，进程控制块中的程序计数器和寄存器保存区域用来保存和恢复精确的 CPU 上下文关系。

内存限制建立了进程可以访问的合法内存区域。这些数据的存在简化了操作系统的安全任务。类似地，操作系统使用优先级和统计信息来进行调度和记账。

最后，进程控制块通常包含指向共享程序代码和数据、打开的文件和进程所使用的其他资源的指针。这简化了 I/O 和文件管理系统的任务。

18.3.1　进程创建

稍微思考一下你就会明白，当你发出一个请求程序执行的命令时，无论是双击图标还是输入适当的命令都会创建一个进程。还有许多其他方法可以创建进程。尤其是在交互式系统里，进程创建是操作系统执行的基本任务之一。计算机系统中的进程是不断地创建和销毁的。

由于任意一个正在执行的程序都是进程，所以几乎任何输入到多任务交互系统中的命令通常都会创建一个进程。即使是登录，它也会创建一个进程，因为登录需要提供一个程序作为接口，它给你一个提示或 GUI，监视你的击键，并响应你的请求。在许多系统中，这称为**用户进程**。在一些系统中，不是操作系统模块的所有进程都会称为用户进程。

还应当记住的是，操作系统本身也是由程序模块组成的。这些模块也必须共享 CPU 的使用来履行其职责。因此，操作系统的活动部分本身就是进程。例如，当一个进程请求 I/O

或操作系统服务时，它就会为服务这个请求的各种操作系统程序模块或由请求引起的任何其他进程创建一些进程。这些进程有时称为**系统进程**。

在批处理系统中，将作业提交给系统进行处理。这些作业复制或假脱机到磁盘上，并放置在一个队列里以等待系统许可。操作系统中的长时调度器（在 18.5 节中讨论）选择作业作为可用的资源，并将它们加载到内存中执行。当长时调度器确定它能够接受一个批处理作业并允许它进入系统时，就创建了一个进程。

为方便起见，操作系统通常将进程与创建它们的进程关联起来。由一个较早的进程创建一个新进程通常称为**分叉**（forking）或**派生**（spawning）。派生的进程叫父进程。产生的派生进程叫**子进程**。许多系统只是简单地通过**克隆**父进程，将优先级、资源和其他特性分配给子进程。这意味着创建一个进程控制块本身就是一种复制。一旦子进程开始执行，它就按照自己的路径运行。它可以请求自己的资源，并改变它需要改变的任何特性。

进程创建的一个例子是一个 C++ 程序编译器可以创建一些执行不同编译、编辑和调试阶段的子进程。当需要特定的任务时就创建一个子进程，当任务完成时就终止这个子进程。顺便说一下，请注意本例所暗示的进程之间的同步。例如，如果编译进程遇到一个错误，那么就通知父进程，以便它能激活编辑器进程。一个成功的编译进程会产生一个装载进程，它会装载新的执行程序，等等。

去除一个父进程通常会终止掉与之关联的所有子进程。由于子进程本身可以有子进程，所以实际的进程结构可能是几代。使用进程控制块里的指针可以帮助跟踪不同进程间的关系。

当创建进程时，操作系统给它分配一个唯一的名称或标识号，为它创建一个进程控制块，分配进程所需的内存和其他初始资源，并执行操作系统其他的一些记账功能。当进程退出时，就会将资源返回到系统池，并从进程表中删除对应的 PCB。

18.3.2 进程状态

对于一个进程，大部分操作系统都定义了 3 个主要的运行状态。它们是**就绪状态**、**运行状态**和**阻塞状态**。不同进程状态之间的关系如图 18-8 所示。

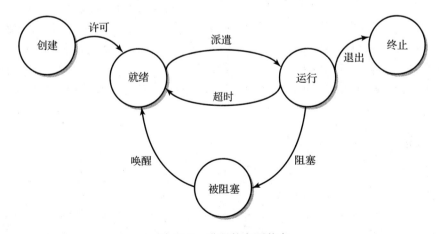

图 18-8 进程的主要状态

一旦一个进程创建完成并进入系统中执行，它就进入了就绪状态，它必须与所有其他处于就绪状态的进程竞争 CPU 的执行时间。处于就绪状态只是意味着如果允许其访问 CPU，进程就能够执行。

大概在某个时间点上，就会给这个进程时间去执行。这个进程就从就绪状态迁移到运行状态。从就绪状态移动到运行状态，称为**派遣**进程。在进程处于运行状态期间，该程序控制 CPU 并能够执行指令。当然，单处理器系统一次只能有一个进程处于运行状态。在操作系统的控制下，如果有多个处理器或一个机群，那么操作系统负责将一个进程派遣到每个空闲的 CPU 里去执行。在典型的多任务系统中，在任意给定的时间点上，可能有许多处于阻塞状态或就绪状态的进程。

当继续执行程序需要 I/O 或其他服务时，正在运行的进程在其需求满足之前，不能再进一步做有用的工作。当发生这种情况时，有些操作系统会挂起程序；其他一些操作系统会允许程序继续保持在运行状态，尽管这个程序不能继续前进了。在后一种情况中，大多数设计良好的程序会挂起自己，除非期望这种暂停极其短暂。这种状态迁移称为**阻塞**，并且这个进程保持在阻塞状态直到其 I/O 需求完成。当 I/O 操作完成后，操作系统将进程从阻塞状态迁移到就绪状态。这种状态迁移通常称为**唤醒**。当一个进程正在等待某个事件而不是 I/O 发生时，例如一个完成信号或一个由其他进程产生的数据，也会发生阻塞。

非抢占式系统会允许一个正在运行的进程继续运行，直到完成或被阻塞。**抢占式系统**会将程序保持在运行状态的时间限制在一个固定的时间内，这个时间对应于一个或多个量子。如果处于运行状态的进程到达了时间限制，操作系统会将这个进程返回到就绪状态，等待时间来继续处理。从运行状态迁移到就绪状态称为**超时**。

当进程完成执行后，控制返回给操作系统，这个进程就被销毁、杀死或终止。

有些操作系统还提供一个或多个其他状态，这些状态用来提高计算机系统的效率。有些进程需要大量的特定资源（比如磁盘驱动器、打印机甚至 CPU），这样一来，其他进程就无法以有效的方式完成其工作了。在这种情况下，操作系统可以将进程置于**挂起状态**，直到所需的资源可用为止。当发生这种情况时，该过程将返回到就绪状态。从挂起状态迁移到就绪状态称为**恢复**（resumption）。有些操作系统还允许用户挂起进程。例如，在 UNIX 系统中，键入"Control-z"就是挂起进程的一种方法。可以通过输入 fg 命令和进程的进程识别号来恢复这个进程。当系统过载时，有些操作系统也会将挂起的进程从内存交换到辅存上，在负载较轻时再将其交换回来。特别是在小型系统中，针对这个目的，**交换文件**是经常使用的。即使在大型计算机系统中，事务处理软件通常也包含很少使用的交互进程。当不使用这些进程时，常常将其交换出去；当一个用户请求激活它们时，再将其返回到内存。这种技术称为**转出**、**转入**（roll-out，roll-in）。为清晰起见，挂起、恢复和交换状态没有放在图中。

18.3.3　线程

现代系统常常具有一种小进程的能力，这种小进程称为**线程**（例如，考虑一下字处理软件中的拼写检查器，它在你键入单词时检查单词）。每个线程拥有自己的上下文关系，这种上下文由程序计数器值、寄存器组和栈空间组成。但线程与进程中的其他线程成员一起共享程序代码、数据以及其他系统资源，如打开的文件。线程可以并发运行。与进程一样，线程可以创建和销毁，有就绪状态、运行状态和阻塞状态 3 种状态。操作系统管理线程间的上下文切换比较容易，因为不需要管理内存、文件和其他资源；进程内也不需要同步或通信，因为这是由进程本身处理的。然而，这种优点意味着编写程序时需要更加小心，以确保线程不会以细微的方式相互影响，从而产生导致程序失败的条件。请注意，一个进程中的多个线程之间并没有保护，因为所有线程都使用相同的程序代码和数据空间。

有些系统甚至提供了一种独立于进程交换机制的线程上下文切换机制。这意味着在这些系统中，线程可以在不涉及操作系统内核的情况下进行切换。如果一个进程被 I/O 阻塞，则在阻塞消解之前，它不能继续前进了。另一方面，如果一个线程被阻塞了，则进程中的其他线程能够在进程分配的时间内继续执行，从而产生更快的执行速度。在这些系统中，由于操作系统的内层甚至不知道线程的上下文切换，所以线程切换极其快速和高效。这些系统中的线程通常称为**用户级线程**。

线程是由**事件驱动程序**的出现而产生的。在传统的基于文本显示和键盘输入的较早程序中，只有单一的控制流。事件驱动程序的不同之处在于，控制流依赖于更加生动的用户输入方式。使用现代图形用户界面，用户可以拉下菜单，随时都可以选择要执行的操作。从菜单中选择一个条目或者以特定方式在特定位置上双击鼠标都称为是一个**事件**。在时间未知和请求顺序未知的情况下，程序必须能够对各种不同的事件做出响应。

大多数这样的事件都太小，以至于无法证明创建了一个新进程。取而代之的是，每个事件的动作按照一个线程来处理。线程可以独立执行，但没有进程那么大的开销。它没有控制块，没有单独的内存，也没有单独的资源。一个线程的主要需求就是当发生上下文切换时，它的上下文存储区域可以存储程序计数器和寄存器。对此，一个非常简单的线程控制块就足够了。线程的处理方式与进程十分相似。

18.4　基本的加载和执行操作

由于 CPU 的能力仅限于指令的执行，所以计算机系统中的每一次操作基本上都源于加载和执行程序的基本能力。应用程序执行用户的工作。操作系统程序和实用程序则管理文件、控制 I/O 操作、处理中断、提供系统安全、管理用户界面、记录系统管理员的分析操作，等等。除了永久驻留在 ROM 中的程序外，这些程序中的每一个在执行之前都必须加载到内存。

在通用计算机系统中，永久驻留在 ROM 中的程序通常只是启动系统所需的几个程序。其他所有的程序都是系统运行后加载的。在这些程序中，有许多是启动时加载到内存的，而且只要开机就会一直驻留在内存中；另一些则是在请求或需要时加载的，但无论哪种情况，程序加载操作都是系统运行的核心。观察一下加载过程中的步骤，就会看到一些操作系统组件基本的工作原理和交互方式。

顺便说一下，程序加载器本身一般也是一个必须要加载的程序；正如我们在 18.2 节中已经注意到的，这个初始加载发生在引导过程中。之后，加载程序仍然驻留在内存中以备使用。

在前一节中你看到了通过操作系统进程管理组件如何按照管理的方式从程序中创建进程。因此，你已经意识到程序加载请求是从已经运行的应用程序或系统程序中派生出来的。现在我们简要地看一下接下来的步骤：进程创建后，在加载到内存执行之前，发生了什么。这会让你准备好更详细地讨论内存管理和调度问题。

图 18-9 展示了加载程序并准备执行所需的基本步骤。

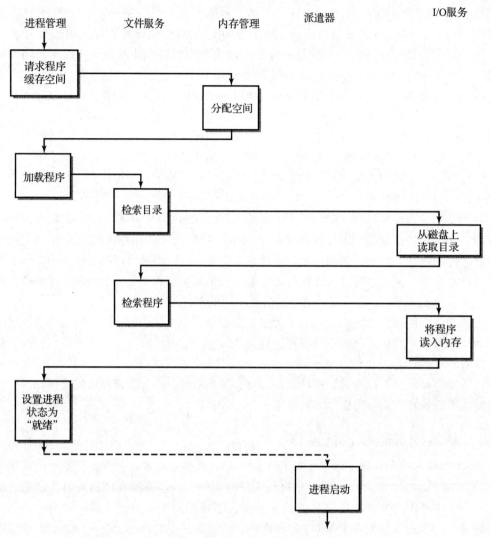

图 18-9 进程的加载和执行

18.5 CPU 调度和派遣

　　CPU 调度技术提供的机制是：令系统接受进程并实际分配 CPU 时间来执行这些进程。多任务技术的一个基本目标就是允许多个进程并发执行，从而优化计算机系统资源的使用，这些资源既包括 CPU 又包括 I/O。CPU 调度技术就是满足这一目标的手段，有很多不同的算法可用于 CPU 调度技术。CPU 调度算法的选择会对系统的性能产生重大影响。

　　作为一种优化系统性能的方法，CPU 调度任务分为两个不同的阶段。一是**高级**或**长时调度阶段**，在此阶段**调度器**负责允许进程进入系统。二是短时调度阶段，其中**派遣器**提供短时调度方法，具体来说，就是立即决定哪一个就绪的进程应当送入 CPU 中执行。派遣器还执行上下文切换。有些系统还包含第三个阶段中级的调度器，它对系统的性能进行监视。如果存在中级调度器，那么它可以通过将进程临时移出内存，将其挂起或**交换**出去，同时将另一个等待进程替换进来。这种操作称为**交换**。交换技术的执行是为了提高系统的整体性能。如果一个特定的进程以防止其他进程执行的方式霸占着资源，就会使用到交换。

18.5.1 高级调度器

高级调度器确定允许哪些进程进入系统。对于在交互式环境中创建的进程，高级调度器的作用是最小的。这样的进程通常是自动许可进入系统的。如果用户请求一个需要创建新进程的服务，那么高级调度器会试图这样操作，除非系统严重过载。在工作过程中，拒绝用户是不可取的。如果这样做会使系统过载，那么高级调度器将拒绝注册一个进程。如果内存中没有空间存放程序或者无法获取其他资源，那么高级调度器会拒绝允许（进程）进入系统。如果是一个用户登录请求，则该用户将不得不等待，过一会再去尝试登录。否则，通常要接受请求，尽管它可能会降低系统速度。当你使用 Windows 工作时，可能遇到过此类速度变慢的情形。如果你试图同时做太多的事情，那么你甚至会收到"内存不足"的消息！

高级调度器对于批处理进程具有更重要的作用。由于大多数现代系统主要是交互式的，所以使用批处理进程一般仅限于资源需求很高的进程，例如，大型公用事业单位或百货连锁店的月度记账程序和带有大量数据以及对这些数据要进行复杂计算的经济学问题。如果是在一天中的繁忙时段执行这些进程，那么这种类型的进程可能导致普通用户很难完成他们的工作。

对于批处理进程，用户通常可以接受延迟处理；因此，在决定何时允许进程进入系统方面，高级调度器具有更好的灵活性。高级调度器能够利用它的能力来均衡系统资源的使用以最大限度地提高系统的效率，并尽量减少对普通用户的影响。

18.5.2 派遣技术

从概念上说，派遣处理很简单。每当一个进程或线程放弃 CPU 时，派遣器就选择另一个就绪的候选者去运行、执行上下文切换、将程序计数器设置为存储在进程控制块或线程控制块里的程序计数器值，并启动执行。这个概念对于单核或对称多核处理器是一样的。实际上，派遣技术比刚开始出现时要复杂很多。导致一个进程放弃 CPU 的因素有很多，有些是自愿的，有些是非自愿的，这是由操作系统决定的。据推测调度器的目标是按照优化系统使用的方式选择下一个候选者。但实际上，有许多不同的度量标准都可以定义"最优"系统性能。这些标准常常相互冲突，参与竞争的候选者特征以及系统里的不同条件也会在任意给定的时间点上影响特定候选者的选择。

类似地，不同进程的需求也不一样。进程在 CPU 里的执行时间可能很长，也可能很短；它们可能需要很多资源，也可能只需要一点资源；它们的 CPU 与 I/O 执行时间的比值也各不相同。不同的调度算法适合不同类型的进程或线程，满足不同的优化标准。例如，总是将短作业置于队列前面的最大化吞吐率算法对一个总被延迟处理的长作业明显是不公平的。

在多核结构中，这些方法是一样的，但还有一些问题要考虑。例如，理论上一个进程可以运行在任意可用的核上，但有些进程具有**处理器亲和**（processor affinity）能力，在整个进程的执行中，喜欢将所有的处理都放在同一核上。例如，当一个进程总要访问某个特定核上的 Cache 时，就会这样做。

因此，有很多不同的调度算法可以使用。所以调度算法的选择依赖于所选定的优化目标，还有预期的不同进程类型。在分析时，要考虑到各种进程混合存在的可能性和动态情形。所考虑的有些目标展示在图 18-10 所示的表中了。在表里的各种目标中，**防止饥饿**是尤其需要注意的。有些算法的其他特性很令人满意，但在某些条件下可能会引起饥饿。所选择的算法不允许发生饥饿情况，这一点尤其重要。

确保公平性	调度器应当平等地对待每一个进程，这意味着每个进程可以公平地共享 CPU 时间
最大化吞吐率	在任一给定的时间段内，调度器应当努力使完成的作业数量多
最小化周转时间	调度器应当使递交作业到完成作业这个时间段最短
最大化 CPU 利用率	调度器应当尽力保持 CPU 时间 100% 的繁忙
最大化资源分配	通过均衡需要大量 CPU 时间的进程和强调 I/O 的进程，调度器应当尽量使资源的使用达到最大化
促进流畅的性能下降	这个目标规定随着系统的负载加重，它在性能方面应当逐渐地下降，这个目标基于这样的假设：用户希望重度过载的系统响应得慢一点，但不要快速或突然变慢
最小化响应时间	这个目标在交互式系统中特别重要。进程应当尽可能快速地完成
提供一致的响应时间	用户期望长作业比短作业需要更多的实际时间。他们也期望一个作业在每次执行时都花费大约相同的时间。允许响应时间变化很大的算法可能是用户无法接受的
防止饥饿	不应当允许进程饥饿。当一个进程从未得到它执行所需的 CPU 时间时，就会发生饥饿情况，饥饿也称"无限期延期"

图 18-10 系统派遣目标

对于支持线程的操作系统，派遣通常发生在线程级。另一个标准是候选选择决策可以在进程级或线程级上进行。有些系统选择满足标准的候选者，其标准是在进程级上测量的。选中一个进程，之后就派遣进程内的线程。其他系统会基于线程性能标准来选择线程去派遣，不考虑其属于哪一个进程。

有些系统只实现一个算法，这个算法最初是由系统设计师选择的。其他系统则提供一些选项，这些选项由具体安装系统的管理员来选择。不同于防止饥饿，在选择调度算法方面，最重要的考虑是在抢占式还是在非抢占式条件下执行派遣。

早期的批处理系统主要是非抢占式的。在非抢占式系统中，允许派遣器分配给 CPU 的进程运行完成，或者运行到自愿放弃 CPU。非抢占式派遣效率很高。在抢占式系统中，派遣器选择候选者和执行上下文切换所需的开销，占据了整个 CPU 可用时间的很大一部分，尤其是当量子时间很短时。

非抢占式派遣在现代交互系统中并不是很有效。某些中断，尤其是用户按键和鼠标（或类似的输入）移动，都需要立即响应。对于坐在终端前等待结果的用户来说，**响应时间**是一个重要指标。一个正在非抢占式中执行的长进程会引起系统"挂起"一小段时间。非抢占式处理技术的另一个缺点是，带有无限循环的一个有漏洞的程序会无限期地挂起系统。为此，大多数非抢占式系统实际上都内置有超时机制。一种折中的方案是，对于正在执行的、不需要立即响应的进程，使用非抢占式处理技术，但允许重要的进程临时中断它们，（中断完成后）总是将控制返回给非抢占式进程。较早的 Windows 从 3.1 版本开始展现了另一种折中，这种折中依赖于各进程本身的协作。这种方法假定进程将定期自愿放弃控制权，以允许有机会执行其他进程。在很大程度上，这种方法是有效的，尽管不如真正的抢占式多任务方法；然而，各个进程可能发生的错误，它也容易发生，这会阻碍其他进程的执行。

Linux 展示了另一种折中方法：用户进程（即一般程序）抢占式地运行，但操作系统程序非抢占式地运行。这种方法有一个重要要求是，操作系统的进程要运行快速且非常可靠。这种方法的优点是，关键的操作系统进程可以有效地完成工作，而不会被用户进程中断。

下一节介绍几个典型的调度算法例子。还有许多其他的方法，其中包括组合使用这些例子的算法。

18.5.3　非抢占式派遣算法

先进、先出　先进、先出（FIFO）可能是最简单的派遣算法，它简单地认定进程按照到到达的顺序来执行。这种方法不会发生饥饿，而且广义上说也肯定是公平的；然而，它不能满足其他目标。具体来说，FIFO 不利于短作业和 I/O 密集型的作业，而且会经常导致资源利用不充分。当分析一个算法行为时根据出现的具体困难说明，考察查一下当一个或多个短的主要基于 I/O 的作业，在 FIFO 队列里排在一个很长的 CPU 密集型作业之后，这会发生什么。我们假定调度器是非抢占式的，但当正在执行的作业因 I/O 而阻塞时，它允许另一个作业来使用 CPU。这种假定对于充分利用 CPU 至关重要。

在我们开始观察的时候，长作业正在执行。当这种情况发生时，短作业必须坐在那等待，不能做任何事情。最终，长作业需要 I/O 并进入阻塞状态。最后，它允许短作业使用 CPU。由于它们主要是基于 I/O 的作业，所以执行很快并进入阻塞状态，等待使用 I/O。现在，短作业必须再次等待，因为长作业正在使用 I/O 资源。与此同时，CPU 进入空闲状态，因为长作业正在使用 I/O，短作业也是空闲的，它在等待 I/O。因此，FIFO 会导致长等待，资源（CPU 和 I/O）使用的均衡性也很差。

最短作业优先（SJF）方法通过选择只需要少量 CPU 时间的作业，使得吞吐率最大化。当递交作业时，派遣器会使用提供给作业的基础时间估计值。为了防止用户撒谎，对于运行时间略微超过估计值的作业，使用这个算法的系统会进行严厉的惩罚。由于短作业会优先于较长作业的推送，所以饥饿是有可能发生的。当 SJF 实现后，它一般会包含一个动态优先级因子，当作业等待时，这个因子会提高作业的优先级，直到它们到达接下来就要处理的优先级，不管其运行时间的长短。尽管 SJF 将吞吐率最大化了，或许你注意到了，其**周转时间**是非常不一致的，因为完成一个作业所需的时间完全依赖于之前也可能是之后递交的作业。

优先级调度技术假定每一个作业都有一个分配给它的优先级。派遣器将给具有最高优先级的作业分配 CPU 时间。如果多个作业具有相同的优先级，则派遣器将按照 FIFO 的原则选择一个。

优先级可以按不同的方式来分配。在有些支持用户自定义 CPU 时间的系统中，用户可以选择优先级。费用跟优先级成正比，因此，较高的优先级花销也大一些。在其他系统中，优先级由系统来分配。许多因素都可以影响性能，而且优先级可以静态分配，也可以动态分配。例如，一个系统可以根据进程需要的资源来分配优先级。如果目前系统是 CPU 密集型的，那么它可以给一个 I/O 密集型的进程分配一个高优先级，以均衡这个系统。

优先级调度的另一种变异基本上就是非抢占式的，但引入了抢占式的元素。当执行进程时，派遣器周期性地将其中断，根据其使用的 CPU 时间，一次一点地降低优先级。如果其优先级低于正在等待进程的优先级，则它就被较高优先级的进程替换掉。

18.5.4　抢占式派遣算法

轮转。最简单的抢占式算法**轮转**方式给每个进程一定量的 CPU 时间。如果一个进程在这个时间量内没有完成，那么就将其返回到就绪队列，等待下一轮次。轮转算法简单且具有内在的公平性。由于较短作业的处理很快，所以它在吞吐率最大化方面做得相当好。轮转方法不去试图均衡系统资源，实际上，当进程使用 I/O 资源时，它会强迫它们再次进入就绪队列，从而来惩罚这些进程。某些 UNIX 操作系统使用的轮转方法的一个变化是，基于 CPU 时间与进程进入系统总时间的比值来计算动态优先级。比值最小的按最高优先级来处理，接下来就分配 CPU 时间。如果没有进程在使用 I/O，那么这个算法就简化回轮转方式，因为刚刚使用过 CPU 的进程将拥有最低的优先级，随着进程的等待，这个优先级会慢慢地爬升。轮转技术如图 18-11 所示。

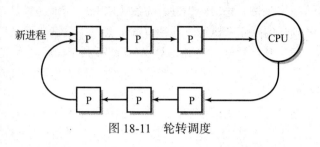

图 18-11 轮转调度

多级反馈队列。多级反馈队列算法会尽力将几个不同算法的最好特征组合起来。这个算法特别适合短作业，它给短作业提供了简洁且几乎是立即的系统访问。它有利于 I/O 密集型的作业，具有很好的资源利用率。它提供了高吞吐率，并具有相当一致的响应时间。这种技术如图 18-12 所示，派遣器还提供了一些队列。图 18-12 中展示了 3 个。一个进程刚开始时进入顶级的队列里，顶级队列具有最高的优先级，因此，新进程将很快地接受一定量的 CPU 时间。此时，短进程会执行完毕。由于 I/O 密集型的进程通常只需要很短的初始化时间来建立 I/O 需求，因此，许多 I/O 密集型的进程将会很快地初始化完毕，并因等待 I/O 而退出 CPU。

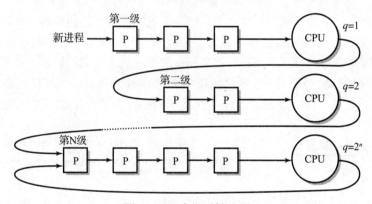

图 18-12 多级反馈队列

没有完成的进程发送到第二级队列中。只有当第一级队列为空时第二级队列里的进程才能接受 CPU 时间。尽管饥饿是有可能发生的，但可能性并不大，因为新进程通过第一个队列非常快。当第二级里的进程进入 CPU 时，它们一般得到更多的 CPU 时间。一个经验法则是，每一后继级里的进程得到的 CPU 时间会翻倍。因此，CPU 密集型的进程最终接受了更长的时间来完成执行。对于系统所能提供的多级数，这种方法也是如此。

最后一级是轮转方法，它会继续提供时间直到该进程完成。某些多级反馈队列给满足某种标准的进程提供了良好的行为升级。

动态优先级调度。如上所述，**动态优先级再计算**技术也可用作抢占式派遣技术。Windows 和 Linux 都使用动态优先级算法作为派遣选择的主要标准。这两个系统里的算法根据资源的使用情况来调整优先级。Windows 和 Linux 派遣算法在补充第 2 章里给出了。

18.6 内存管理

内存管理是有计划地将程序和数据组织进内存。内存管理的目的是，让程序寻找空间尽量简单以便能装载和执行，同时还包括各种缓存所需的额外空间。次要的相关目标是最大限度地利用内存，也就是说，尽可能少地浪费内存。

今天，几乎所有的内存管理都通过虚拟存储技术来进行，虚拟存储呈现出的系统具有的内存比物理实际存在的内存要大得多。虚拟存储在 18.7 节里进行讨论。

然而，直到虚拟存储出现之前，高效的内存管理一直就是一个难题。可能有多个要运行的程序，其所需的空间有可能会超过给定的物理内存空间。甚至单个程序也可能太大，以至于无法装入所提供的内存里。回想一下，更加困难的是编写的大多数程序都是连续加载到一个单一的空间内，以至于每个空间必须足够大才能容纳各自的程序。将多个程序装入到可用的物理内存中，需要内存管理模块相当费力地执行。

前面我们曾指出过，调度和内存管理之间也存在着潜在的关系。内存空间的大小限制了可以调度和派遣的进程数。一个极端的例子，如果内存空间的大小只能容纳一个进程，那么派遣算法就简单地缩减为单任务方法，因为内存中没有其他可运行的进程。随着更多程序可以装入内存，系统效率也得到了提高。同一时间周期内，更多进程得到了并发执行，因为当进程被阻塞时浪费的时间现在富有成效地利用了。随着进程数的进一步增加，在超过某个点时，每个进程的驻留时间也开始增加，因为可用的 CPU 时间是根据所有可以使用它的进程而划分的，并且不断添加的新进程也需要 CPU 时间。

尽管如此，当新进程产生时，还是希望能装载新进程，尤其是在交互式系统中。一般来说，稍微地降低一下速度会比用户被告知"没有资源可以继续工作"更好一些。正如我们很多次暗示的，虚拟存储技术为内存管理问题提供了一种既有效又有价值的解决方案，尽管以额外的硬件、程序执行速度、磁盘使用和操作系统的复杂性为代价。然而，在解释使用虚拟存储的内存管理方法之前，对传统的内存管理技术进行简要地介绍有助于我们透视内存管理的问题。

内存分区

最简单的内存管理形式是将内存空间划分为若干个单独的分区。这是在引入虚拟存储之前使用的方法。今天，它只用于小型的嵌入式系统，其中在给定的时间内运行的程序数少，同时又控制得很好。每个分区分配给一个单独的程序。

有两种不同的内存分区形式可以使用。**固定分区**将内存划分为固定的空间。MINOS 内存就是使用固定分区管理的。每当有足够的可用空间时，**可变分区**就装载程序，程序装载使用**最佳适配**、**最先适配**或**最大适配算法**。最佳适配算法使用适合程序的最小空间。最先适配算法就是简单地抢占第一个适合程序的空间。最大适配算法有时候也称**最差适配**，使用了最大的可用空间，理论上这可能会为另一程序留下最大的空间。图 18-13 展示了工作中的可变分区。请注意，程序的起始位置随着新程序使用的空间而变化。

实际上，分区并不适合现代计算系统。对此，有两个原因：

- 首先，不管使用哪一种方法，内存分区都会导致内存**碎片化**。这一点从图 18-13 里可以看出。碎片化意味着一些小的内存片是可用的，如果它们聚集在一起足以装载一个或更多个另外的程序。**内部碎片**意味着有内存分配给了不需要它的程序，但又不能在其他地方使用。固定分区会导致内部碎片。**外部碎片**意味着没有分配内存，但是它太小了不能使用。可变分区会在一段时间后导致外部碎片，因为在可用空间内，将一个程序替换为另一个程序总会剩下一点空间。最后，可能要让内存管理器移动程序以回收可用的空间。内部和外部碎片如图 18-14 所示。

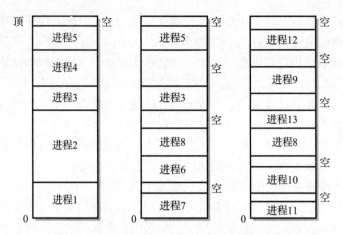

图 18-13　3 个不同时间点上的可变分区内存

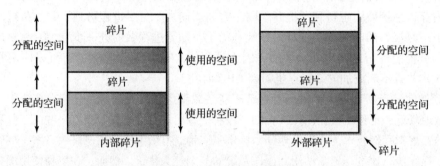

图 18-14　内部和外部碎片

尽管当装载的程序数量很少且每个程序的大小事先已知时，碎片是可以管理的，但对任意通用的系统，情况并非如此。

- 其次，大多数现代程序的规模都很大，以至于在分区内存中很难找到足够大的内存空间来容纳一般用户通常期望同时运行的所有程序和数据。（在第 17 章里，你已经看到磁盘文件在存储中发生的碎片和分区问题。）

18.7　虚拟存储

18.7.1　概述

前一节描述的传统（现在已过时）内存管理方案有 3 个主要的问题：

1. 随着系统的运行，当一些新程序进入系统时，碎片使它越来越难找到足够大的空间以装载这些新程序。

2. 回想第 6 章和第 7 章，你应该还记得"小伙计"程序，实际上所有程序在编码时都假设它们将被加载到内存中，并从内存位置 0 开始执行。在许多（但不是所有）指令中，地址字段指向一个可以找到数据的地址，或者指向转移指令的目标地址。当然，在现实中，只能从内存的位置加载一个程序。所有其他程序都必须从别的地址开始加载到内存中。这意味着操作系统的程序加载器必须小心地调整所有受指令影响的地址字段，以补偿实际找到数据或转移目标的实际地址。

3. 通常没有足够的内存来加载我们希望立即执行的所有程序及资源。

　　对于内存管理固有的一些问题，**虚拟存储**（或者叫**虚拟内存**，两个词是同意的）差不多是一种普遍接受的解决方案。虚拟存储使用操作系统软件和专用硬件的组合来模拟满足现代系统管理需求的存储器。实现虚拟存储的主要方法名为**分页技术**（paging）。

18.7.2　页和帧

　　首先，假设内存被划分成块，这些块称为**帧**。通常，所有的帧都是等大小的，典型地是 1～4KB。有个例外，另一种叫**分段**的方法使用比较少，稍后将对其进行描述。作为特定硬件架构的一个设计参数，块的大小是基于许多因素设定的。块大小最重要的标准是它必须与具体的地址位数精确地对应。这保证了块中的每个地址都用相同的位数表示。例如，在"小伙计"计算机中，块大小 10 是唯一合理的选择，因为块内每个地址都是一个数字位（0～9）来表示的。类似地，在实际的二进制计算机中，一个 12 位地址能访问的地址空间刚好是 4KB。

　　块数依赖于机器中内存的大小，但是（当然），不能超出指令集架构所决定的最大可能的内存地址。例如，在"小伙计"计算机中，我们可以安放 60 个邮箱；这将给我们 6 帧，满足约束条件：LMC 指令的地址字段限制我们最多有 100 个邮箱，或 10 帧。

　　这些块是从 0 开始编号的。因为所选的块大小使用了特定固定的位数（对于"小伙计"计算机，是十进制数字），所以一个实际的内存地址就是由块号跟块内地址连接而成的。通过选择一个与给定位数完全对应的帧，我们可以简单地连接来获取整个地址。

　　例子　假设"小伙计"的内存由 60_{10} 个邮箱组成，分为 6 帧。每个帧是大小为 10 的一位数字块。帧的编号从 0 到 5，帧内特定位置的地址为 0～9 之间的数字。那么，第 3 帧里的位置 6 在内存中对应的位置是 36。类似地，内存地址 49 将位于第 4 帧中，地址对应于帧内的位置 9。图 18-15a 说明了这个例子。

　　例子　现在考察一个带有 1GB 内存的二进制计算机，它的内存分成 4KB 个帧。这将会有 256K 或大约 25 万个帧（我们将 1G 除以 4K 得到 256K）。审视这个的另一种方法是要意识到寻址 1GB 内存需要 30 位地址。4KB 的帧大小将需要 12 位地址，因此，帧数将对应 18 位，或者是 256K 帧。

　　为方便起见，我们用十六进制来说明这个例子。请记住，每位十六进制数字表示 4 位。那么，内存位置 $3A874BD7_{16}$ 将位于第 $3A874_{16}$ 帧，而且具体会在该帧的 $BD7_{16}$ 位置上找到。请注意，帧块号最多需要 18 位，帧内的位置使用 12 位。为了清晰地说明，请参见图 18-15b。类似地，第 $15A3_{16}$ 帧里的位置 020_{16}，对应于内存位置 $15A3020_{16}$。

　　事实上，我们将每个内存地址分成两部分：帧号和特定帧内的具体地址。帧内地址叫作**偏移量**，因为它代表着相对于帧开始处的偏移量。（你应当清楚帧里的第一个地址是 0，这是帧的开头，当然它必须有正确的数字位数。因此，地址 1 相对于开头的偏移量为 1，如此等）。

　　我们将内存划分为帧块的原因并不是马上就能明显看到，但很快原因就会很清楚。这里给一个提示：注意一下构成内存空间的帧块与构成硬盘空间的块之间的相似性。然后回想一下，即便在硬盘上存储的文件是不连续的，那么我们也能找到文件里的数据。

　　假定我们也将程序分成块，其中，程序里的每个块和帧一样大。程序里的块称为**页**，参见图 18-16。程序中的页数显然取决于程序的大小。我们将程序中的指令和数据内存地址访问称为**逻辑**或**虚拟内存访问**，与物理内存访问相反，物理内存访问实际上到达内存，存储并检索指令和数据。术语"逻辑"和"虚拟"交替地使用。这里有另一种方法可以记住这个术语：

程序代码的构成→页→页的地址是逻辑（或虚拟）地址

程序按帧执行→帧→帧的地址是物理地址

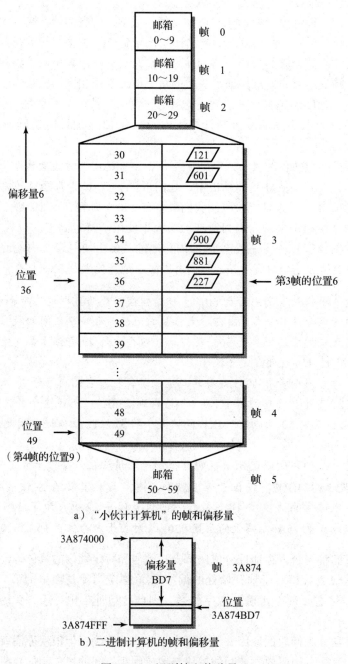

a）"小伙计计算机"的帧和偏移量

b）二进制计算机的帧和偏移量

图 18-15　识别帧和偏移量

像帧一样，页数也受限于指令集架构，但正如我们后面将要介绍的，它不受限于所插内存的大小。换一个说法，一个程序可以大于计算机内所插的内存容量，它仍然能够成功地执行，尽管可能会慢一点。

这种神奇手法的关键是一个名为**动态地址变换**（DAT）的技术。动态地址变换嵌入在每台现代计算机的CPU硬件里，不管是大型计算机还是小型计算机。硬件将程序中的各个地址（虚拟地址）自动地、看不见地转换为对应的不同物理位置（物理地址）。这允许操作系统的程序加载器一页一页不连续地将程序里的页放入物理内存的可用帧里，因此，没有必要找到一个连续的足以容纳整个程序的大空间。任何程序的任何页面都可以放入任意可用的物理内存帧中。由于每个帧基本上都是独立的，所以唯一的碎片也是很小的空间，即每个程序最后一页尾部剩下的那点空间。

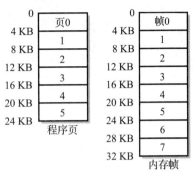

图 18-16　帧和页

对于每个程序，操作系统都会产生一个**页表**，它记录着每页在物理内存中对应的帧位置。程序的每页在表中都有一个条项。条项中包含页号和其对应的帧号。

由于每一页刚好放在一帧里，所以特定地址相对于页头的偏移量也刚好与物理上装载该页的帧相对于帧头的偏移量相同。为了将虚拟地址变换为物理地址，虚拟地址划分为页号和一个偏移量；查找程序页表以定位到表中该页号的条项，然后进行变换或映射，这时虚拟地址变为物理内存位置，这个位置由相应的帧号和相同的偏移量构成。我们再次提醒你：这个操作用硬件来实现，由处理器的**内存管理单元**（MMU）来完成。"取 – 执行"周期中的每次内存访问都会经历这个相同的变换过程。通常发送到内存地址寄存器（MAR）的地址通过页表进行映射，然后发送到 MAR 中。同样重要的是，要记住这个变换过程对程序完全是不可见的。只要程序能够知道每次内存访问就是程序所说的地方。

一个简单的例子说明了这个变换过程。

例子　考察一个程序，它刚好装在虚拟内存的一页中。程序的放置如图 18-17a 所示。当然，这个程序页的编号是 0。如果我们假定页大小是 4KB，那么在这个程序内任何逻辑内存位置将位于 0000 ～ 0FFF 范围内。假定第 3 帧是可用的，并且这个程序在物理内存中就放置在这一帧中。这个程序正确执行的物理地址必须都位于 3000 和 3FFF 之间。在每种情况下，通过改变页码（0）到帧号（3），同时保持偏移量不变，我们都能获得正确的地址。如一条 LOAD 指令：LOAD 028A 在进行变换后，在物理内存的 328A 单元上可以找到对应的数据。

另一个例子有所不同，更清晰地展示了这个变换过程，如图 18-17b 所示。

在虚拟存储技术下，多任务系统中的每一个进程都有自己的虚拟内存和页表。不同的进程共享物理内存。由于所有的页大小一样，所以任何一个帧都可以放在内存的任何地方。选定的页不必是连续的。将任何一页加载到任何一帧的能力解决了"寻找足够大的连续内存空间以加载不同大小程序"的问题。

图 18-18 展示了位于内存里的 3 个程序的映射。请注意，每个程序在装入时，好像都从地址 0 开始加载，从而消除了加载器根据程序加载位置调整程序内存地址的需要。由于每个程序的页表指向物理内存的不同区域，所以使用相同虚拟地址的不同程序之间不会发生冲突。

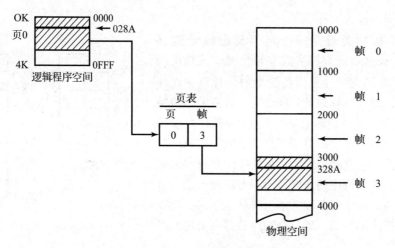

a）一个简单的页表变换

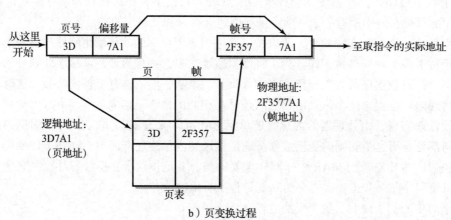

b）页变换过程

图   18-17

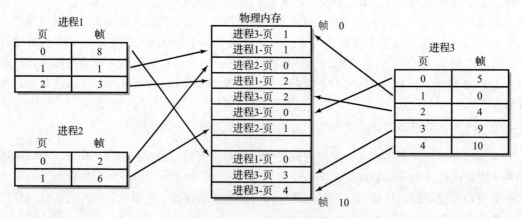

图 18-18   3 个进程的映射

为了完成这部分的讨论，让我们回答两个你可能遇到过的问题：

- 页表放在哪里？地址变换的硬件如何访问它们？
- 内存帧如何管理？如何分配给页？

简单地回答第一个问题：跟其他程序或数据一样，页表驻留在内存中。CPU 里的一个页表地址寄存器存放一个指针，它指向页表所存放的内存起始地址。这个指针作为进程控制块的一部分进行存储。作为上下文转换机制的一部分，当前进程页表的地址装入到这个寄存器里。

尽管这个回答是准确的，但还不够完整。还有几个附加的特性能提高性能，稍后，本节的稍后部分将对其进行讨论。

第二个问题的答案是，在一个系统中，所有的活动进程共享物理内存。由于每一个进程拥有自己的页表，所以通过累积所有表中的数据来确定可用的内存帧是不切实际的。相反，必须有一种资源可以确定整池的可用内存帧，在需要的时候，内存管理器可以从中抽出可用帧。实践当中，有两种常用的方法。一种是提供一个**倒置页表**，它给出每一个带有关联进程和页的内存帧。这张表显示了物理内存在每一个瞬间的实际使用情况。任何没有关联页面条项的帧都可用于分配。图 18-19 给出了一个倒置页表。我们将识别出可用的帧作为一个简单的练习留给你。

帧	进程号	页	
0	3	1	
1	1	1	
2	2	0	
3	1	2	
4	3	2	
5	3	0	
6	2	1	
7			空闲页帧
8	1	0	
9	3	3	
10	3	4	

图 18-19　图 18-18 所示进程页表的倒置页表

第二种方法是维护一个可用帧的表，通常是一个简单的链表。当一个进程需要帧时，它从列表的顶部取出它们。当一个进程退出时，就将其帧加到链表的尾部。由于多个帧是否连续并不重要，所以这是管理空闲帧池的一种有效方法。

18.7.3　虚拟存储的概念

到此，我们解决了最初提出的内存管理的前两个问题。但是，就像电视广告里说的，"等一下，还有更多！"

正如我们前面提到的，内存管理的第三个主要挑战是总的可用物理内存是有限的。即便是几百兆字节的内存也只能容纳几个现代程序。到此为止，我们一直假定每个需要帧的页都有一个帧是可用的。当页到帧的变换解决了程序与现有内存空间是如何适配的问题后，下一步更加重要，也更加有用。我们将向你揭示虚拟存储的概念如何允许系统扩展地址空间，并且扩展后的地址空间远远超过了已有的实际内存。正如你将要看到的，存储大量程序所需的额外地址空间实际上是以一种辅助的存储形式提供的，通常是磁盘或 SSD，尽管现在某些系统可能是使用闪存来实现这个目的的。

到目前为止，我们假设了一个正在执行的程序所有页面都位于物理内存某处的一些帧中。假定情况并非如此——当程序装载时，没有足够的可用帧填写在页表中。取而代之的，只有部分程序页出现在物理内存中。没有对应帧的页表条项就简单地令其为空。程序能够执行吗？

答案取决于哪些页实际存在于物理内存的对应帧中。为了执行一个程序指令或者访问数据，有两个需求必须要满足：

- 指令或数据必须在物理内存里。
- 这个程序的页表必须包含一个条项，它将访问的虚拟地址映射为包含指令或数据的物理位置。

这两个需求是关联的。在页表中页名单的存在意味着所需的值在内存中，反之亦然。如果两个条件都满足，那么指令可以照常执行。这正确地表明未被访问的指令和数据不一定在内存中。在程序执行过程中的任意给定的时间点上，都有活动的页和不活动的页。只有活动的页需要在页表和物理内存中有对应的帧。因此，只加载执行一小部分程序还是可以的。

18.7.4　页故障

真正的问题是，当一个指令或数据访问出现在一个页上而这个页在内存里没有对应的帧时会发生什么。内存管理软件维护了每个程序的页表。如果当内存管理硬件试图访问一个页表条项时，页表中没有对应的条项，那么"取－执行"周期将不能完成。

在这种情况下，CPU 硬件就会引起一个特殊类型的中断，称为**页故障**或**页故障陷阱**。这种情形听起来像是错误，但实际上却不是。页故障的概念是整个虚拟存储设计的一部分。

加载程序时，精确的一页一页的程序映像也保存在已知的辅存位置上。这个辅存区域称为**后备存储区**（backing store），有时也称**交换区**或**交换文件区**。如前所述，它通常是在磁盘或 SSD 上，但也可能在闪存上。还要假设辅存设备上的页大小和物理块的大小是整体相关的，以便映像中的一个页在辅存和内存的帧之间能够快速地识别、定位和传送。

当发生页故障中断时，操作系统的内存管理器会响应这个中断。现在，硬件和操作系统软件之间的重要关系就变得更清楚了。为了响应中断，内存管理软件会选择一个内存帧来放置所需的页。然后它从后备存储区的程序映像中加载该页。如果每一个内存帧都已经使用了，那么这个软件必须选择内存里的一个页替换出去。如果被替换的页已经修改过，那么在新页加载之前，它必须先存回自己的映像里。这样，随着程序的执行，后备存储区里总是包含最新版本的程序和数据。这是一个要求，因为这个页在后面可能还要加载进来。本节稍后对页替换算法进行讨论。页替换过程也称为**页交换**。处理页故障涉及的步骤如图 18-20 所示。

作为页故障的结果，大部分系统都是在需要时才执行页交换。这个过程叫作**按需分页**（demand paging）。一些系统试图在页需要之前，预测页面需求，以便在需要之前可将页面交换进来。这种技术叫作**预调页**。到今天为止，预调页算法在精确预测程序未来页的需求方面还不是很成功。

当页交换完成后，进程可能从离开处再次启动。大多数系统都是返回到页故障发生处的"取－执行"周期的开头，但也有少数系统在周期的中间重新启动指令。不管使用哪一种方式，现在所需的页都已存在，指令可以完成了。页交换的重要性在于，它意味着一个程序不必完全装入内存中去执行。事实上，为了执行一个进程必须加载进内存的页数是相当少的。在下一节里，对这个问题会进行更深入的讨论。

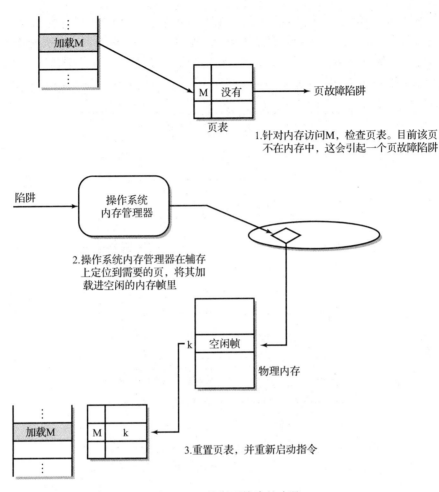

图 18-20 处理页故障的步骤

因此，虚拟存储可用来将大量的程序装入少量的物理内存中，而且这会使计算机看起来拥有比物理内存要大很多的内存。只有每个程序的一部分加载到内存中。页面交换就是处理所需的页面在物理上不存在时的情形。此外，由于虚拟内存映射确保任何程序页都可以加载到内存的任何地方，因此不需要关心它在内存中分配的具体位置。任何空闲的帧都行。

18.7.5 工作集与局部性概念

应当给刚刚进入系统的一个新进程分配多少个页呢？似乎是这样的，开始分配给一个进程的页越多，在进程的执行过程中，页故障发生的可能性就越低。相反，分配给一个进程的页越多，内存中能装入的进程数就越少。对于要分配的页面数，有一个较低的限制，这取决于具体计算机使用的指令寻址方式。例如，在间接寻址的计算机中执行单条指令至少需要 3 个页：指令所在页、存储间接地址的页以及数据所在页。这里假定了每一项都是在不同的页上，但还是有必要做出最坏情况的假设，以避免在这种方式中指令失败。其他指令集可以进行类似分析。

实际上，在 20 世纪 70 年代早期所做的一些实验表明，在程序执行过程中任意给定的时间段内，程序呈现出位于内存小范围区域内的趋势。尽管这个小区域本身随着时间会变化，但在整个程序执行过程中，这个特性是一直保持的。这个特性称为**局部性概念**。这个概念工作时的示意图如图18-21所示。局部性的概念很容易理解。大多数编写优良的程序都是模块化地，按一些小实体来编写的。在程序执行的初始阶段，一小部分程序初始化变量，并一般性地令程序向前执行。在程序的主体阶段，可能的操作是由一些小循环体和函数调用构成的。这些循环体和函数代表着不同时间执行的不同内存区域。

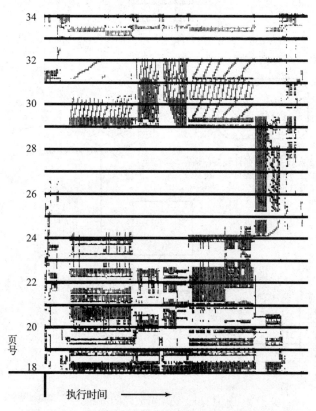

图18-21　随时间推移使用的内存，展现出的局部性

资料来源：《操作系统（第2版）》。斯托林斯.W.©1995。经Prentice-Hall经纽约、马鞍河上游的Prentice-Hall公司许可后重印。

一种有效的折中方案是分配足够数量的页来满足一个特定程序的局部性。这个页数可满足正常运行的程序。当程序使用的局部区域移动到程序的另一部分时，有可能发生页故障。满足局部性需求的页数称为**工作集**（working set）。某种程度上，不同程序的工作集是不一样的，但安排一个合理的页数是有可能的，它在满足大多数程序需求的同时又不会引起过度的页故障次数。有些系统更进了一步，监视每一个进程实际发生的页故障数。然后，它们动态地调整每一个进程工作集的大小来尽力满足其需求。

18.7.6　页共享

虚拟存储的另一个特征是在不同的进程中共享一些页的能力，这些进程正在执行同一程序或相同的一些实体。只要代码没有修改，也就是说代码是干净的，那么就没有必要在内存中存储两套一样的程序代码。相反，每一个进程共享相同的程序代码页帧，为数据提供自己的工作空间。每个进程的页表将简单地指向同一物理内存帧，这简化了执行相同程序的多个进程的管理。

18.7.7　页替换算法

在重负载系统上，有时在内存中会出现每一个有效页都在使用的情形。当页故障发生时，内存管理器必须选择一个页从内存中清出去，为所需的新页腾出空间。当然，其目标是替换最近一段时间内不再需要的一个页。有一些不同的算法可以使用。跟操作系统算法一样，每个替换算法各有优缺点，因此，算法的选择就是一种权衡。有些系统从相同的进程中选择要替换的页，另一些系统则允许替换系统中任意进程里的页。前者称为**局部页替换**；后者叫作**全局页替换**。全局页替换更加灵活一些，因为有更多的页数可以选择。然而，全局页替换影响不同进程工作集的大小，必须要小心地管理。

作为另一种考虑，有些页决不能从内存里移出去，因为这样做最终会导致系统不能运行。例如，将磁盘驱动程序移出去会无法再交换进来新的页，包括磁盘驱动程序在内！为了防止出现这种情况，对应于关键页的帧都在内存中加上了锁。这些帧叫作**加锁帧**。页表的每一行都有一个额外的位，若设置这个位可以指示该帧加了锁。加锁帧是决不能替换的。

最优页替换算法。值得一提的是有一个最优页替换算法：把将来最远时间内不会使用的页替换出去。这将会让页故障发生的次数最少。当然，现实当中这个算法是不能实现的，因为当一个程序在执行时，它不可能预测将来。但它确实提供了一种理论上的页故障计数，它可作为实际使用算法质量的比较对象。

先进先出替换算法。最简单可使用的**页替换算法**是"先进先出"算法。选择页表中停留时间最久的页替换出去。FIFO 没有考虑页的使用情况。逻辑上说，长时间存在于内存中的一个页，或许还要在内存里，因为它是频繁使用的。要移出的页可能是当前正在使用的，这会导致第二个页故障，并强迫系统要立即重新加载这个页。FIFO 还有一个有意思的缺点。你会认定，给一个进程增加可用的页数会降低该进程的页故障数。然而，在某些条件下使用 FIFO 页替换算法随着页数的增加会引起更多的页故障，而不是更少。这种条件称为贝拉迪异常（Belady's anomaly）。如果你对贝拉迪异常的例子有兴趣，可以参考 Deitel［DEIT03］和 Silberschatz 等［SILB12］文献。由于这些原因，所以 FIFO 并不被认为是一个好的页替换算法。

最近最少使用页替换算法。最近最少使用（LRU）算法替换最长时间没有使用的页，基于这样的假设：这个可能不会再需要了。这个算法性能相当好，但开销也相当大。为了实现 LRU 算法，页表必须记录下每次访问该页的时间。然后，当需要页替换时，必须要检查每一页以找到具有最长记录时间的页。如果页数很多，这可能要花费相当多的时间。

最近未使用页替换算法。最近未使用（NUR）算法是最近最少使用算法的一种简化。在这种方法中，对于页表中的每个条项，计算机系统硬件都另外提供了两位。每当访问（使用）了该页就有一位置 1；每当修改了（也就是写）该页数据时，另一位置 1。其中第二个位叫作**脏位**（dirty bit）。周期性地，系统重置所有访问位。

内存管理器将试图寻找两个位都置为 0 的页。它就是一段时间内没有使用过的页。另外，它也是未修改过的页，因此，只需用新页覆盖它即可。被替换的页不必存回后备存储区，因为它未被修改过。其次的选择会是脏位置位但访问位未置位的页。

如果一段时间内该页未被访问过，但在重置访问位之前访问时修改过数据，这种情况就会发生。在新帧读入到这个位置之前，该页必须先写回到后备存储区。第三个选择将是访问过但未被修改过的页。最后，最不期望的是最近访问过也修改过的页。这是一种常用的算法。

　　这个算法的一个难题是：渐渐地所有的使用位都置 1 了，因此选择变得困难，甚至无法选择。这个算法有一些变种，它们通过按一定的间隔有选择地重置使用位或者每个页替换重置一次来解决这个问题。最常用的方法是将进程的页描绘成时钟上的数字。当必须要找到一个替换页时，时钟指针向前移动直到找到一个未置 1 的使用位，这时将对应的页替换掉。指针经过的那些使用位已置 1 的页重新置位。指针停留在所找到的替换页上，等待下一个替换需求。NUR 的这个变种叫作**时钟页替换算法**。

　　第二次机会页替换算法。第二次机会算法使用了有趣的 FIFO 变种，它使用了一个类似于 NUR 的访问位。当最老的页选择作为替换页时，检查其访问位。如果这个访问位是 1，就重置这个位并增加时间值，好像这个页刚刚进入内存一样。这就给了该页第二次通过页清单的机会。如果访问位未置 1，那么就替换这个页，因为假设一定时间内它未被访问过且是安全的。

　　另一个第二次机会算法会保持一个小的空闲页池，这些页尚未分配。当一个页被替换时，它没有移出内存而是移进空闲池中。将空闲池中最老的页移出以腾出空间。当该页在空闲池中时，如果它被访问，就将其移出空闲池，通过替换另一页将其变回活动页。

　　这两种第二次机会算法，通过将要交换出去的页保存在内存中减少了磁盘交换次数。然而，第一个算法可能会一直保持一个页，而不考虑其有用性；第二个算法使用了空闲池里的某些页，这减少了内存中可能的页数。

　　例子　我们希望一个详细的示例将有助于澄清你对虚拟存储概念的理解。这个例子基于威尔逊·黄博士给出的家庭作业分配，黄博士是作者在本特利大学的一个同事。我们将使其变为一位十进制的计算机，这样更容易阅读。

　　你将在计算机上加载和执行 5622 行程序（包括数据），这台计算机最多有 10 000 个物理内存位置。在这台计算机的一个页或帧上的位置数是 100。因此，任何位置的最后两位数都将是一个偏移量，相同的值连接在页号或帧号的尾部。假定我们程序的工作集有 4 帧，编号为 6、15、70 和 80。

　　首先，注意一下我们需要 57 个页（它的范围是 0～56），来容纳程序。由于工作集是 4 帧，所以在任何给定的时间内，页表将只有 4 个页填写有条项。其余页对应的帧条项将是空的。

　　假定页表初始为空。假设发生了以下逻辑内存访问序列：

　　开始，0、951、952、68、4730、955、2217、3663、2217、4785、957、2401、959、2496、3510、962，结束。

　　这个练习的目的是确定何时会发生页故障，并对每个页故障分别使用两种替换算法：FIFO 和 LRU。对于手工计算而言，使用倒置页表更容易，因为它比较小，只有 4 行而不是 57 行，而且帧不会变化。

　　只要有一个空帧，一个页故障就会简单地在表中加入一个新条项。因此，第 0、9、47 和 22 页将是首先要填到表里的页。（顺便注意一下，条项 68 实际上是页 0 内的一个偏移量。）图 18-22a 展示了在这个点上此时的存储状态。因为这个程序的所有可用帧现在都填到页表里了，这个点之后的页替换将取决于使用的页替换算法。例如，下一个页故障将发生在下一次访问：3663。对于 FIFO 算法，页 0 会被页 36 替换；对于 LRU，将替换页 47（向前浏览找一下最近最少使用算法）。

a）刚填入帧时的倒置页表

帧	页
6	0
15	9
70	47
80	22

b）FIFO页替换

FIFO	0	951	952	68	4730	955	2217	3663	2217	4785	957	2401	959	2496	3510	962	END
6	0	0	0	0	0	0	0	36	36	36	36	36	36	36	36	36	36
15		9	9	9	9	9	9	9	9	9	9	24	24	24	24	24	24
70					47	47	47	47	47	47	47	47	9	9	9	9	9
80							22	22	22	22	22	22	22	22	35	35	35

FIFO页替换期间的倒置页表

帧	页
6	36
15	24
70	9
80	35

结束时的倒置页表

页	帧
0-8	
9	70
10-23	
24	15
25-34	
35	80
36	6
37-56	

结束时的页表

c）LRU页替换

LRU	0	951	952	68	4730	955	2217	3663	2217	4785	957	2401	959	2496	3510	962	END
6	0	0	0	0	0	0	0	36	36	36	36	36	36	36	36	36	36
15		9	9	9	9	9	9	9	9	9	9	24	24	24	24	24	24
70					47	47	47	47	47	47	47	47	9	9	9	9	9
80							22	22	22	22	22	22	22	22	35	35	35

LRU页替换期间的倒置页表

帧	页
6	36
15	24
70	9
80	35

结束时的倒置页表

页	帧
0-8	
9	70
10-23	
24	15
25-34	
35	80
36	6
37-56	

结束时的页表

图 18-22　页表例子的答案

你应当完成例子的剩余部分以确认你的工作与图 18-22b、c 给出的倒置页表答案是否一样。图中每一种页替换算法都用了粗体。最后的页表忽略掉了未填的页，这也在图中展示了。

18.7.8　颠簸

系统有重负载时可能出现的一种情况称为**颠簸**。颠簸是每个系统管理员的噩梦。当每一帧内存都在使用，程序分配的页勉强满足最低需求时，就会发生颠簸。一个程序发生了页故障，一个页替换另一页，而进来的这一页几乎立即就要替换出去。当使用全局页替换算法时，颠簸是最严重的。在这种情况下，被盗页可能来自另一个程序。当第二个程序试图执行时，它立即面临着自己的页故障。不幸的是，与CPU执行时间相比，从磁盘中交换一页所需的时间是很长的，而且，随着页故障在程序之间传递，没有程序能够执行，整个系统会很慢或者崩溃掉。这些程序只是继续互相窃取页。对于局部页替换算法，颠簸程序数就比较有限了，但颠簸仍会严重地影响系统的性能。

18.7.9　页表的实现

如前所述，页表里的数据必须存储在内存中。你应该意识到在"取－执行"周期里，必须要访问页表里的数据；如果"取－执行"周期正在执行一条有复杂寻址方式的指令，页表里的数据很可能要访问很多次。因此，尽可能快速地访问页表十分重要，因为不这样的话，分页机制的使用可能会对系统的主要性能产生负面影响。为了加快访问，许多系统提供了一个小容量特殊类型的存储器，叫作**关联存储器**。关联存储器不同于普通的内存，关联存储器里的地址不是连续的。相反，关联存储器里的地址是作为标签分配给每个位置的。访问关联存储器时，会同时检查每个地址，只有地址标签与被访问的地址位置相匹配才被激活。然后，才能读写该位置上的数据。（Cache存储器的行就是这样访问的。）

用邮箱类比或许有助于你理解关联存储器。不同于使用连续编号的邮箱，想象一下邮箱上嵌了小铜片，并在铜片上贴了一个纸标签。具体邮箱的地址写在每个标签上。通过查询所有的邮箱，你可以找到有你邮件的邮箱。对于人来说，这种技术比直接进入已知邮箱的位置要慢一些。然而，计算机能够同时查看每一个地址标签。

然后，假定最常使用的页存储在关联存储器中。它们可以按任意的顺序存储，因为所有位置上的地址标签是同时检查的。页号作为要访问的地址标签。那么，唯一可读取的帧号就是对应于该页的帧号。按这种方式构建的页表称为**转换后备缓存（TLB）**表。

在TLB表中，有效的位置不多，因为关联存储器价格昂贵。必须有第二个更大的页表，它可以包含程序所有页的条项。当在TLB表中找到了所需页后，称为**命中**，该帧可以立即使用。当所需页在TLB表中未找到时，称为**未中**，内存管理部件默认访问常规内存，在那里存储了更大的页表。实际上，访问内存里的页表确实还需要另外的内存访问，这会大大降低"取－执行"周期的执行速度，但这是没有办法的。

为了在较大的页表里查找正确的条项，大多数计算机在内存管理部件中都提供了一个特殊的寄存器，它存放内存中页表的起始地址。然后，可以快速定位第 n 页，因为它在内存中的地址是起始地址再加上偏移量。页表查找的过程如图18-23所示。图18-23a展示了如何在关联存储器里找到该页，图18-23b展示了当TLB里没有所需页时的过程。

除了固定位数的帧或页大小需求之外，帧或页的大小是计算机系统设计师确定的，它是系统的一个基本特征，不可改变。在确定页大小方面有几种权衡。程序的页表对于程序中的每一个页都必须包含一个条项。页数跟页大小成反比，因此随着页大小的减小，所需的页表条项数就会增加。另一方面，我们假设程序的大小与程序所需页占用的内存量完全一样。但

这并非总如此。最常见地，最后一页会空出一部分，所浪费的空间就是内部碎片。图 18-24
展示了一个例子。

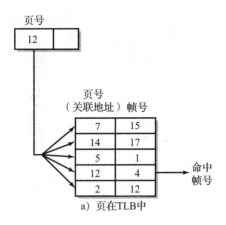

a) 页在TLB中

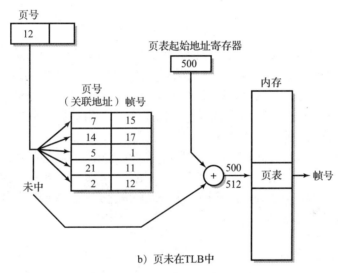

b) 页未在TLB中

图 18-23 帧查找过程

此外，如果页很小，那么内存将
包含更多的页，这会允许更多的程序驻
留。相反，较小的页需要更多的交换次
数，因为在任何给定的时间内，每个程
序都有较少的可用代码和数据。通过实
验，设计师确定了容量为 2KB 或 4KB
的页，这似乎优化了整体性能。

大型机上的页表本身就需要相当大
的内存空间。一种解决方案是将页表存
储在虚拟内存中。当前使用的页表或部
分页表会跟普通页一样占据一些帧。其
余部分或其余页表将保留在虚拟内存中直到需要为止。

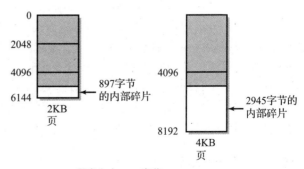

程序大小:5247字节

图 18-24 内部碎片

18.7.10　分段

分段在概念上与分页基本相似，但在许多细节上不一样。段通常定义为程序中在逻辑上独立的部分，如由程序员或编译器翻译程序确定的一个对象。因此，在大多数系统中，段的大小可以是可变的。（少数几个系统反而将段定义为有固定大小的一些大页，而大小有1MB、2MB、4MB或更大。我们对这种定义不感兴趣，因为以前讨论的分页机制也适合这种情况。当一个固定大小的段进一步划分成页时，程序地址也分成了3部分：段、页和偏移量，并且映射过程分两步进行，过程与我们以前讨论的完全相同。）程序段可以表示程序的一部分，如主例程、子程序或函数，也可以表示程序代码和数据，甚至可以是单独的一些数据表。段和页的主要区别是，由于段大小的变化，段之间的边界不会像页那样落在自然的边界上。

因此，在**段表**中，必须为段起始提供完整的物理地址，而不只是页号。还需要记录段的大小或上限位置，以便系统进行检查来确保所请求的位置不会落在段的边界之外。否则，它将有可能读写属于另一个段的某个位置上的数据，这将危及系统的完整性。这对于分页机制并不是个问题，因为偏移量不可能超过页的大小。

对于每个段，程序的段号都要存储，它处理起来与页号类似。对于每个段号，段表里都有一个条项，它包含该段在物理内存里的起始位置，外加段的界限。物理地址是这样计算的：程序段相对于段起始位置的偏移量加上段在内存里的起始位置，并检查这个值是否超过界限。就像页表一样，部分段表也可以存储在关联存储器中以便更快地访问。当分段和分页机制都使用时，可以有两个TLB表，每种机制使用一个。当提供两种机制时，变换过程分两步来执行映射。首先，使用段表来确定组成该段的页位置。然后，页表定位所需的帧。由于程序员建立了段，所以对程序员来说，分段的不可见性比分页要强一些，即使在操作过程中，它仍然是看不见的。这给程序员带来了一些好处，因为每个段都可以独立处理。这意味着一个特定的段可以在不同的程序间共享。然而，分段比分页更难操作和维护，它作为一种虚拟存储技术已经迅速失宠了。

18.7.11　进程隔离

这应该提一下，虚拟存储的使用提供了一个额外的好处。在没有虚拟存储的正常程序执行中，每次内存访问都有可能寻址一部分属于不同进程的内存。这违反了系统安全和数据完整性。例如，分区内存里的一个程序通过溢出一个数组就可能访问属于另一个进程的数据。在使用虚拟存储内存管理之前，这是一个难题。对于每一个进程，有必要用硬件来实现相应的内存访问限制，因为在程序执行时操作系统软件没有办法对每次试图的内存访问进行检查。有了虚拟存储，每次内存访问请求都指向逻辑地址，而非物理地址。由于逻辑地址是在进程本身的空间里，所以变换过程保证了它不可能指向属于另一进程的物理地址，除非页表建立时有意让不同的进程共享一些帧。因此，虚拟存储在进程之间提供了简单有效的隔离保护。

18.8　辅存调度

在繁忙的系统中，在给定的时间内，常常有许多挂起的磁盘请求。操作系统软件会试图按照某种方式来处理这些请求以增强系统的性能。正如你现在期望的，有几种不同的磁盘调度算法可以使用。

18.8.1 先来先服务调度

先来先服务（FCFS）调度机制是最简单的算法。当请求到达时，就将其放置在队列中，并按顺序进行服务。尽管这看起来似乎是一个公平的算法，但其低效性可能会给队列中的每个请求带来质量较差的服务。存在的问题是磁盘的寻道时间很长，一定程度上与磁头移动的距离成正比。对于 FCFS，人们期望磁头在盘上四处移动，以满足这些请求。最好还是使用一种能使寻道时间最小的算法。这就意味着要优先处理磁道附近的请求。所使用的另一个算法就是试图这么做的。

18.8.2 最短距离优先调度

最短距离优先（SDF）调度算法查看队列中的所有请求，处理距离当前磁头位置最近的那个请求。这个算法存在着**无限期延迟**的可能性。如果磁头位于磁盘中间磁道附近，如果不断有请求加入到队列中，那么位于磁盘边缘附近的一个请求，可能永远得不到服务。

18.8.3 扫描调度

扫描调度算法试图解决 SDF 调度的局限性。磁头在磁盘表面上来回扫描，当它经过磁道时，就处理相应的请求。尽管这种方法比 SDF 公平，但它会带来另一个不足，即位于中间磁道的数据块的处理次数是位于边缘数据块处理次数的两倍。为了更清楚地看到这一点，观察一下图 18-25 所示的示意图。考虑一下，磁头以恒定的速度在磁盘上平稳地来回移动。这幅图展示了磁头跨越不同磁道数的时间。请注意，中间磁道在两个方向上都被跨越了，跨越的时间间隔大致相等。而内道或外道附近的磁道则是被快速地跨越了两次。然后，在很长的间隔内再未触及。当中间磁道被触及两次时，最边缘的磁道才被触及一次，不管是内道还是外道。

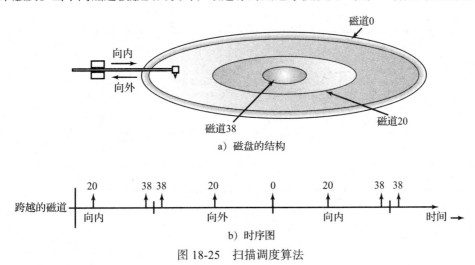

图 18-25　扫描调度算法

资料来源：承蒙 IBM 公司，©1971 IBM 公司

18.8.4 *n* 步 c 扫描调度

两个变化改善了 *n* 步 c 扫描调度算法。一个是只向一个方向上前进，在再次访问数据块之前返回到另一端。这保证了可均等地处理每个块，即便将磁头返回到起始位置会浪费一点时间。另一个变化是维护两个单独的队列。一旦磁头开始横越磁盘，它将只读取在横跃开始

时已经在等待的数据块。这可以防止在磁头前面的块请求跳入队列。相反，这样的块将放入另一个队列以等待下次经过。对于已经等待的请求，这一作法更为公平。实际上，没有理由将磁头移动到所寻找的最后一个块之外，并在那个时刻发生反转。有些作者将其称为 **c 查看调度**。

图 18-26 对不同调度算法下的磁头移动进行了比较。这些是根据一个例子和西尔伯斯查兹等人 [SILB12] 的一些画绘制的，假定一个磁盘队列包含一些数据块，这些数据块位于磁道 98、183、37、122、14、124、65 和 67 里。磁头从磁道 53 开始。

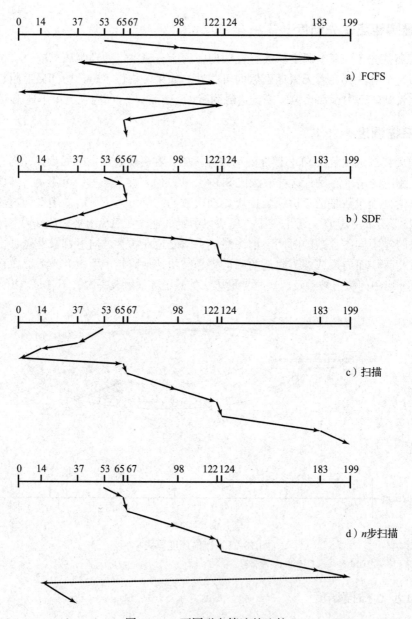

图 18-26　不同磁盘算法的比较

资料来源：A. 希尔伯查兹、J. P. 高尔文、G. 加涅的《操作系统概念（第 5 版）》。©1998 WileySons 公司。经该公司许可后重印。

18.9　网络操作系统服务

为了利用网络，操作系统必须包含支持网络的服务，并提供网络能力所给出的功能。这些服务包括网络软件协议的实现、增强文件系统来支持传送和使用其他位置上的文件，远程登录功能，以及其他的实用程序和工具。作为基本系统的一个组成部分，现代操作系统都包含网络通信能力。

操作系统的协议支持和其他服务

操作系统实现了网络通信所需的协议，并向用户和应用程序提供多种其他服务。大多数操作系统都能识别并支持许多不同的协议。这有助于开放系统的连接，因为这样，网络就能传递数据包而较少地关心网络节点上的可用协议。除了标准的通信协议支持外，操作系统还通常还提供部分或全部下列服务：

- 文件服务将程序文件和数据文件从网络中的一台计算机传送到另一台计算机上。网络文件服务需要在操作系统层次的文件管理器之前识别出网络节点。这可以将文件请求定向到相应的文件管理器上。本地请求传送到本地文件管理器；其他请求则通过网络利用文件所在机器上的文件管理器请求服务。这个概念如图 18-27 所示。

- 有些文件服务要求在网络文件请求中包含计算机的逻辑名。例如，Windows 给文件系统分配伪驱动器字母，然后通过网络可对其进行访问。对于用户而言，一个文件可以存在驱动器 "M ："上。尽管这个系统很简单，但也有一个潜在的缺点。如果不加以预防的话，网络上的其他计算机可能会通过不同的字母来访问同一个驱动器。当用户在计算机间移动时，这会令其很难找到属于它们的基于网络的文件。其他系统允许网络管理员给每个

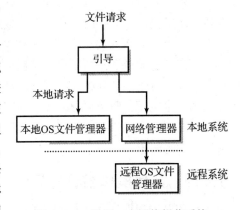

图 18-27　访问一个网络操作系统

机器分配名字。例如，许多本特利大学的机器被命名为希腊诸神。为了访问"宙斯"计算机上的一个文件，用户在路径面前面应输入"宙斯："。

- 一些操作系统提供了对网络文件的透明访问。在这些系统上，网络文件安装到文件系统中，这样网络文件就像其他任何文件一样，简单地出现在目录结构中。操作系统可以使用任何合适的方法来访问所请求的文件，不管是本地的还是网络的。用户不需要知道文件的实际位置。

- 打印服务跟文件服务的工作原理类似。打印请求由操作系统重定向到管理所请求打印机的网络计算机上。这使得用户可以共享昂贵的打印机资源。

- 其他外设和设施也可以作为网络服务来管理。系统密集型的操作，如数据库服务，可以放在具有此功能的大型计算机上处理，然后通过网络传送给其他计算机。这种技术将处理放在最有资格处理它的系统上，并具有其他优点：数据在需要它的地方总是可用的。

- Web 服务接受来自网络连接的请求，并以 HTML 文件、图像文件等形式返回应答。网页常常需要在服务器上处理数据，来准备创建动态的页面。操作系统脚本和服务器

通常用于此目的。公共网关接口（CGI）协议提供了 Web 服务器、脚本和操作系统服务之间的标准连接。

- 报文传送服务允许用户和应用程序将报文从一个地方传送到另一个地方。最熟悉的报文传递服务的应用是电子邮件和聊天程序。网络操作系统不仅传送报文，而且还将其格式化，以便在不同的系统上显示。

- 应用程序接口服务允许程序访问网络服务。有些网络操作系统还提供了对远程机器的服务访问，这些服务可能在本地并不可用。这些服务叫作**远程过程调用（RPC）**。RPC 可以用来实现分布式计算。

- 安全和网络管理服务提供了跨网络的安全性，并允许用户通过网络上的计算机来管理和控制网络。当多台计算机同时访问数据时，有可能发生数据丢失，因此这些服务还包括保护数据，防止数据丢失。

- 远程处理服务允许用户或应用程序登录到网络上的另一个系统上，并使用其设施进行操作。因此，处理的工作负载可以分布在网络上的多个计算机中，而且用户通过自己的系统可以访问远程的计算机。最熟悉的这类服务或许就是远程登录和 SSH。

当综合考虑时，由强大的网络操作系统提供的网络服务可将用户的计算机转变为**分布式系统**。塔嫩鲍姆［TAN07］将分布式系统定义如下：

一个分布式系统就是一组独立的计算机，但呈现给系统用户的是单台计算机。

网络操作系统通过所提供的控制分布来表征。**客户端－服务器**系统将控制集中在服务器计算机上。客户端计算机只能通过网络访问服务器提供的服务。诺维网就是客户端－服务器系统的一个例子。服务器上的操作系统软件可以跟网络上的每台计算机进行通信，但客户端软件只能同服务器通信。相反，**对等网络软件**则允许网络上任意两台计算机进行通信，当然要在安全限制内。

18.10 其他操作系统的问题

操作系统的设计存在着很多挑战。在众多有趣的操作系统问题中，本节对其中的一个死锁，进行简单的评述。

18.10.1 死锁

多个进程需要相同计算机资源的情况并不少见。如果资源能够处理多个并发请求，那就没有问题。但是，有些资源一次只能供一个进程来操作，打印机就是一个例子。如果一个进程正在打印，那么同一时刻是不允许其他进程访问这台打印机的。

当一个进程具有另一个进程前行所需的资源，而另一个进程具有第一个进程需要的资源时，然后，这两个进程都在等待可能永远不会发生的事件，即由其他进程释放所需的资源。这种情形可以扩展到任意数量排成环形的进程。

这种情形叫作**死锁**，在其他形式中，你对此并不陌生。最熟悉的例子是图 18-28 所示的堵车情形。每辆车都在等待其右侧的一辆车移动，当然没有车能够移动。

在计算机系统中，死锁是一个严重的问题。在死锁方面已经做了大量的理论研究，并且产生了 3 种基本的死锁管理方法，分别是死锁预防、死锁避免和死锁检测与恢复。

死锁预防是最安全的方法，然而，它对系统性能的影响也最严重。死锁预防一般是通过消除任何可能造成死锁的条件来实现的。它相当于关闭一条街道。

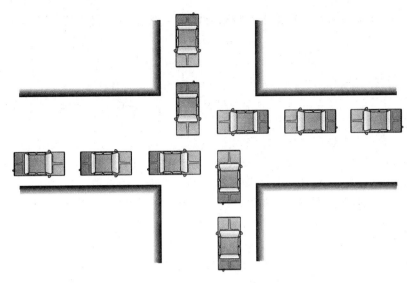

图 18-28 一种熟悉的死锁情形

死锁避免提供了一种稍微较弱的保护形式。它的工作过程是连续监测资源需求，查找死锁可能存在的情形，而且不允许这种情形发生。如果第四辆车不允许进入街道，因为交叉口上已经有三辆车了，这就是死锁避免。在计算机系统中，类似的是操作系统拒绝分配资源，因为这样做会潜在地引起死锁。

死锁检测和恢复是实现起来最简单的方法，但死锁发生时其代价也最高。这种方法允许死锁发生，操作系统监视着资源。如果所有的事情都停止了，那么它就假定发生了死锁。它可能要花一些时间来注意条件，损失掉的这些时间是生产性的系统工作时间。恢复技术包括终止进程和抢占资源。终止掉的进程必须重新运行。许多工作可能丢失了，需要重新产生。死锁恢复通常认为是最不令人满意的方法。对于司机来说，也是这样！

18.10.2 其他问题

设计操作系统时还有一些其他问题必须要考虑。操作系统需要一种进程间进行通信的方法。在有些系统中，进程间通信可以很简单，就如共享特殊池中的变量或者发送信号灯消息指示任务完成一样简单。在其他的系统中，有很复杂的消息传递安排，并为每个进程设置邮箱。在过去的一些年中，由于希望数据和程序执行更容易地从一个应用移动到另一个应用，所以，进程间通信的重要性已经提高了。

有时非常重要的一种通信形式是进程之间相互同步的能力。两个或多个进程在求解一个复杂的问题时可能要协作，一个进程可能会依赖另一个进程提供的解。再者，两个进程可能需要访问相同的数据，访问的顺序和时序可能极其重要，这些条件可能会影响整个结果。这就需要解决**进程同步**问题。

作为一个简单的例子，考虑一下你和室友或同伴共享的地址卡片文件。一个朋友打电话告诉你，她已经搬家了并将她的新电话号码给了你。你将带有这个信息的新卡片放入卡片盒内。同时，你的室友已经从盒子里拿出了那张旧卡片并用它写了一封信。他回到盒子前看到了新卡片，认为它肯定过时了，于是扔掉它，并用原先的卡片代替了它。新的数据现在丢失了。当多个进程共享数据时，可能会出现类似的情况。

作为另一个简单的例子，考察两个进程，目标是产生结果 c，其中进程 1 对求解程序语句

$$a = a + b$$

其中初始值 $a = 2$，$b = 3$。

第二个进程求解语句

$$c = a + 5$$

其中，a 的值将从第一个进程中提取。

很明显，第一个进程在进程 2 使用 a 值之前要完成，这十分重要。如果进程 2 访问 a 值太早，那么结果 c 将是 $2 + 5 = 7$。而正确的值是 $5 + 5 = 10$。解决进程间通信和进程同步问题超出了本书的范围。这些内容一方面很难，另一方面又很有趣。各类书，如斯托林斯的［STAL11］、希尔博斯恰兹等人的［SILB12］、塔嫩鲍姆的［TAN07］，都详细讨论了这些问题。

18.11 虚拟机

从第 11 章里你知道了，可以将一些计算机的处理能力组合起来形成一个机群，从而作为单一更强大的计算机来使用。反过来也是如此。可以用一台强大的计算机来模拟许多较小的计算机。这么做的过程就叫作**虚拟化**。所产生的各个模拟机叫作**虚拟机**。每个虚拟机都可以自主访问宿主机的硬件资源，都有一个作为宿主机**客户**（guest）来运行的操作系统。在台式机或笔记本电脑上，每个虚拟机的用户界面一般使用独立的 GUI 窗口出现在显示器上。用户通过在不同的窗口里点击可以简单地从一个虚拟机切换到另一个虚拟机。

近年来，虚拟化使用的数量和重要性迅速地增加了。形成这种情况的因素有很多：

- 尽管计算机硬件购买起来相对便宜，但开销成本：软件、网络、功耗、空间需求和各种支持成本，使得拥有另外机器的总体成本成为了沉重的负担。云能够轻松快速地提供所需的虚拟机，且成本也很低。
- 现代计算机的处理能力通常远远超过了实际的使用或需要。
- 虚拟化技术的发展已经达到这样的状态：即使是小的计算机也可以轻松、有效、安全地虚拟化，同时，在同一主机上运行的虚拟机之间实现了完全的隔离。最近的虚拟化软件和硬件也广泛支持不同的操作系统。

虚拟机的明显应用是，通过操作同一硬件平台上的多台服务器加强了服务器的能力，但也有许多其他的用途：

- 可以对服务器进行设置从而为每一个客户端创建一个单独的虚拟机。这保护了底层系统，还保护了其他客户端免受恶意软件的影响和免受其他客户端产生的问题影响。
- 系统分析人员可以在虚拟机上评估软件，而不用关心其行为。如果软件崩溃或破坏了操作系统，分析人员可以简单地终止虚拟机，这样不会损害底层的系统，也不会损害在该主机上正在运行的其他虚拟机。
- 一个软件开发人员或网络开发人员可以在不同的操作系统上测试软件，这些软件具有不同的配置，都运行在同一主机上。例如，数据库专家可以在不影响生产系统的情况下测试数据库的更改，然后轻松高效地将其投入生产中。
- 用户可以在**沙箱**（sandbox）中操作。沙箱就是一个用户环境，其中所有的活动都限制在沙箱内。一个虚拟机就是一个沙箱。例如，用户可以访问互联网上的危险资源，以便安全地测试带有反恶意软件的系统。当虚拟机关闭时，加载到虚拟机中的恶意软件会消失。对于那些安全性无法保证的网站，沙箱也很有用。

虚拟化创造了一种重要的幻觉。虚拟化机制使每个虚拟机感觉拥有了整个计算机系统。它在共享的基础上分配物理资源,不同机器上的进程可以使用内置的网络协议相互通信,而且,有一组由虚拟化软件控制的公共中断例程。实际上,每个虚拟机都提供了系统硬件的一套精确副本,给出有多台机器的印象,每一台虚拟机都相当于一个单独的配置完备的系统。虚拟机可以执行任何与硬件兼容的操作系统软件。每台虚拟机都支持自己的操作系统,并与实际的硬件和其他虚拟机相隔离。虚拟机机制对于在虚拟机上执行的软件是不可见的。

例如,IBM z/VM 操作系统模拟多套 IBM 大型机上的所有硬件资源、寄存器、程序计数器、中断等。这允许系统在 z/VM 之上加载和运行一个或多个操作系统,甚至还包括 z/VM 的其他副本。每个加载进来的操作系统都认为它们正在与硬件进行交互,但实际上它们在与 z/VM 进行交互。使用虚拟化技术,一台 IBM 大型机可以同时支持成百上千个虚拟 Linux 机器。

图 18-29 展示了基本的虚拟化设计。一个叫作**虚拟机管理器**(hypervisor)的额外层将一个或多个操作系统与硬件隔离开来。如果 CPU 提供了硬件虚拟化支持,虚拟机管理器可以由软件组成,也可以由软件和硬件混合组成。大多数近期的 CPU 都是这么做的。虚拟机管理器有两种基本类型。

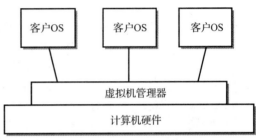

图 18-29 虚拟机的结构

- 本地的(native)或类型 1 虚拟机管理器是软件,直接与计算机硬件进行交互。虚拟机管理器提供了所需的软件驱动器、管理中断,并将其工作的正确结果定向到合适的虚拟机。对于操作系统或系统来说,虚拟机管理器看起来像是一个硬件接口。实现类型 1 虚拟机管理器的一种方法是,使用一种精简操作系统的功能。

- 宿主的或类型 2 管理器是在标准操作系统上作为程序运行的软件。有些操作系统通常作为标准软件包的一部分提供虚拟机管理器软件。然后,客户操作系统运行在虚拟机管理器之上。

小结与回顾

操作系统的内部相当复杂。本章较为详细地考察了操作系统中一些更为重要的组件。我们首先审视了一个简单多任务系统的关键组件,特别是调度和内存管理。

然后我们将注意力转向更一般的多任务处理系统,讨论了进程和线程的概念。我们向你展示了操作系统如何创建和管理进程,包括对标准进程状态的描述。线程在当前的系统中很重要,我们是将线程作为简化的不需要开销的进程来讨论的。

接下来,我们介绍了两种、有时候是三种 CPU 调度技术。描述了抢占式多任务和非抢占式多任务的区别,描述了不同的性能度量目标,并介绍了几种 CPU 调度算法,比较了它们实现不同目标的方式。

内存管理的焦点是以提高系统性能的方式来加载程序。作为引入虚拟存储的一种方式,我们简要地介绍了分区方法的缺点。本章强调的是硬件和操作系统之间的共生关系,两者一起提供了一种内存管理技术,它克服了其他内存管理技术的许多缺点。虚拟存储方法消除了这样的需求:加载的所有程序必须一次都装入可用内存中;取而代之的是只将每个程序的活动部分装进来就够了。它允许每个程序存在于在相同的虚拟内存空间里。它允许程序加载到内存的任何地方,不需要连续存放。同时,它还消除了对再定位过程的需求。

我们解释了页故障过程，并讨论了几种页替换算法。我们考虑了成功、高效地执行一个程序所需的页数，还考虑了颠簸问题。

接着，我们讨论了用于辅存中的算法。随后，我们介绍了支持网络的操作系统组件。接下来，我们简要介绍了死锁、进程同步和进程间通信问题。这些问题代表了操作系统设计者和管理员必须面对的一些更为复杂的问题。最后，我们介绍了虚拟机的概念。我们解释了为什么虚拟化如此重要，解释了它是如何使用的，并揭示了它是如何工作的。虚拟机操作系统提供的虚拟机可以视为独立的机器，每台机器都有自己的操作系统、应用程序和用户。

扩展阅读

第 15 章中提到的任何参考文献都与本章的话题有关。如果你对操作系统感兴趣，并想知道更多，那么有大量的有趣问题和算法并带有诱人的名字，如"进餐的哲学家问题"。我们只触及操作系统设计和运行的表面，尤其是在死锁、进程同步和进程间通信方面。为了全面、详细地解决这些话题和其他一些话题，我们强烈地推荐这些书籍：戴特尔［DEIT03］、塔嫩鲍姆［TAN07］、希尔博斯恰兹等人的［SILB12］，以及斯托林斯［STAL11］。希尔博斯恰兹等人对虚拟机还给出了不错的介绍。关于网络和分布式操作系统的信息可以参见塔嫩鲍姆和伍德希尔［TAN/WOOD06］、塔嫩鲍姆和范斯坦［TAN/VANS06］，以及最新的操作系统和网络原理教材。其他参考文献请参见第 15 章。

虚拟化是当前的一个热门话题。许多信息，包括易懂的导论，可参见 vmware.com 和 xen.org 网站。还有许多关于虚拟化的书籍和杂志文章。其中一些列在本书后面的参考文献里了。

复习题

18.1 操作系统的主要功能是什么？文件管理器扮演什么角色？操作系统必须具备哪些其他基本功能？

18.2 计算机存储的引导装载程序的第一阶段在哪里？它执行什么任务？

18.3 在进程控制块中，发现的主要条目是什么？

18.4 进程和程序是如何区分的？

18.5 什么是用户进程？什么是系统进程？

18.6 派生操作的用途是什么？派生操作完成时，结果是什么？

18.7 绘制并标记出用于给 CPU 派遣工作的进程状态图。解释每个状态及其每个连接器的作用。

18.8 线程的特征是什么？如何使用线程？

18.9 什么是事件驱动程序？

18.10 在交互式系统中，使用非抢占式调度可能发生的潜在困难是什么？

18.11 解释"先进先出"调度算法。讨论该算法的优缺点。这是抢占式算法还是非抢占式算法？

18.12 解释最短作业优先算法是如何引起饥饿的？

18.13 UNIX 系统使用动态优先算法，在这个算法中，优先级是基于进程的 CPU 时间与进程在系统中的总时间比值的。解释一下在没有任何 I/O 的情况下，它是如何减少"轮转"的。

18.14 内存管理要解决的基本问题是什么？作为一种解决方法，内存分区的缺点是什么？

18.15 在虚拟存储中页是什么？程序和页的关系是什么？

18.16 在虚拟存储中帧是什么？帧和物理内存的关系什么？

18.17 页表的内容有哪些？解释一下，页表是如何将页和帧关联起来的。

18.18 解释一下，页变换是如何使执行在内存中非连续存储的程序成为可能的。

18.19 程序的页表如图 18Q-1 所示。假设每个页大小为 4KB（4KB=12 位）大小。当前正在执行的指令从位置 5E24₁₆ 加载数据。数据存储在物理内存的什么位置呢？

页	帧
0	2A
1	2B
2	5
3	17
4	18
5	2E
6	1F

图 18Q-1　程序

18.20　虚拟存储使比可用内存大的程序也可以执行。使之成为可能的程序代码具有的明显特性是什么？

18.21　描述页故障发生时产生的过程？当页故障发生时，如果没有可用的帧将会发生什么？

18.22　解释一下工作集的概念。

18.23　"最近未使用页替换算法"在每页中使用两位来确定适合替换的页。每个位表示什么？哪种位组合可使一个页最合适替换。验证你的答案。第二合适的是哪种组合？

18.24　解释一下颠簸。

18.25　除了协议服务之外，描述一下大多数操作系统提供的 3 个网络服务。

18.26　解释一下"死锁"。操作系统可以处理死锁问题的 3 种可能方式分别是什么？

18.27　请至少说出使用虚拟机带来的 3 个优点。

18.28　描述一下由虚拟机管理器执行的任务。

习题

18.1　在多用户分时系统中，按步骤描述一下操作系统从一个用户切换到另一个用户的过程。

18.2　你希望在进程控制块的进程状态条项中找到哪些值？在进程控制块中，提供程序计数器和寄存器保存区域的作用是什么？（请注意，PCB 中的程序计数器条项与程序计数器是不一样的！）

18.3　讨论一下，下面进程迁移时所需的步骤：（a）进程从就绪状态迁移到运行状态。（b）进程从运行状态到阻塞状态。（c）进程从运行状态到就绪状态。（d）进程从阻塞状态到就绪状态。

18.4　在进程图上为什么没有从阻塞状态到运行状态的路径？

18.5　在一个连接到多任务系统的终端上，用户输入按键时发生了什么。对于一个抢占式或非抢占式系统，系统的响应是否不同？为什么相同或者为什么不同？如果不同，有什么不同呢？

18.6　多级反馈队列调度方法类似于上一层的 FIFO 和最底层的轮转调度，然而，针对文中提到的性能目标，它常常比两者表现得更好，为什么会如此？

18.7　针对文中提到各种目标，讨论一下"最短作业优先调度"方法。

18.8　按照本文的讨论，Linux 采用的非抢占式和抢占式混合调度系统可能有什么风险？

18.9　VSOS（非常简单的操作系统）使用了一个非常简单的方式来进行调度。调度是在直接轮转的基础上完成的，其中每个作业都给予一定的时间量，这个时间量足以完成很短的作业。一旦完成一个作业，就会允许另一个作业进入系统，并立即给予一定的时间。然后，这个作业进入轮转队列。考察一下文中给出的调度目标。针对这些目标，讨论一下 VSOS 调度方法。

18.10　Windows 的较早版在本质上使用的是非抢占式派遣技术，该技术被微软称为"协同多任务处理"。在协同多任务处理中，期望每个程序自愿周期性地放弃 CPU，以便给其他进程机会来执行。讨论一下，这种方法可能会引起什么潜在的困难？

18.11 在早期操作系统使用的内存管理方案中，当程序加载到内存时，大部分程序的地址都必须要修改，因为它们通常不会从位置 0 开始加载到内存里。操作系统的程序加载器承担了这个任务，这称为程序重定位。当内存管理使用虚拟存储时，为什么不需要程序重定位了？

18.12 讨论一下虚拟内存对操作系统设计的影响。考察一下必须执行的任务、执行这些任务使用的不同方法，以及对系统性能产生的影响。

18.13 有很多不同因素影响虚拟存储系统的操作速度，包括硬件和操作系统软件。详细解释每个因素及它们对系统性能产生的影响。

18.14 绘制一个类似于图 18-18 所示的图，相同逻辑地址空间的两个不同程序如何通过虚拟存储，转换为物理内存中的不同部分。

18.15 绘制一个类似于图 18-18 所示的图，相同逻辑地址空间的两个不同程序如何通过虚拟存储，一部分转换成物理内存中的相同部分，而另一部分转换成物理内存中的不同部分。假设这两个程序使用相同的程序代码，位于逻辑地址 0 ～ 100 之间，并且它们都有自己的数据区域，位于逻辑地址 101 ～ 165 之间。

18.16 创建一个页表可以满足图 18E-1 所示的变换需求。假设页大小为 10。

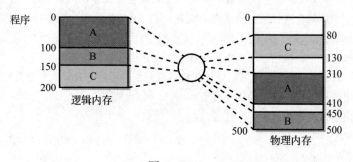

图   18E-1

18.17 解释一下，为什么在虚拟内存系统中再插上一些物理内存，通常会大幅提升整个系统的性能。

18.18 创建一个例子以便清楚地解释颠簸。

18.19 在虚拟存储中，你会发现有什么类型的碎片？这是一个严重的问题吗？验证你的答案。讨论碎片和页大小之间的关系。

18.20 解释一下，在虚拟存储系统中页共享为什么可以减少页故障的次数。

18.21 旧操作系统的手册指出，如果用户正在共享程序，如编辑器、邮件阅读器或者编译器，系统上并发用户的数量可以增加。虚拟存储的什么特征使得这成为可能？

18.22 解释一下"死锁"。

18.23 CPU 调度算法（在 UNIX 中）是一个简单的优先级算法。进程的优先级是这样计算的：进程实际使用的 CPU 时间与进程经历的实际时间的比值。数字越小，优先级越高。优先级每 0.1s 重新计算一次。

a. 这种类型的算法适合什么类型的作业？

b. 如果没执行 I/O 操作，那么这种算法可减少为轮转算法。请解释原因。

c. 针对文中给出的调度目标，讨论一下该算法。

18.24 解释工作集的概念。工作集的概念和局部性原理之间有什么关系？

18.25 如果动态实现工作集，即在进程执行中重新计算，工作集概念会更有效。为什么？

18.26 在实现死锁预防、死锁避免与死锁检测和恢复的操作系统之间，它们的区别、折中、优缺点分别是什么?

18.27 操作系统设计者提出,在每次内存访问时,每个进程可以使用倒置页表来代替传统的页表作为查找表。由于页表中帧数总是少于页数,所以这会减少页表本身所需的内存量。这是一个好的想法吗? 为什么是或者为什么不是?

18.28 对于给定的进程,虚拟存储系统中的页故障率随着页大小的增大而增大,然后,当页大小接近进程的大小 P 时,减小到 0,如图 18E-2 所示。请对曲线的各个部分进行解释。

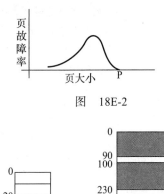

图 18E-2

18.29 假设你有一个程序运行在"小伙计"计算机上,它提供了虚拟存储分页技术。每个页包含 10 个位置(换句话说,一位十进制的数字)。该系统最大可以支持 100 页的内存。如图 18E-3 所示,你的程序有 65 条指令。物理内存中可用的帧也在图中给出了。所有已填充的区域已经被共享使用"小伙计"的其他进程所占用。

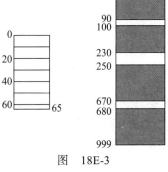

图 18E-3

a. 为你的程序创建一个起始页表。假设程序从位置 0 开始执行。

b. 假设你的程序中发生了一次页故障,操作系统必须决定程序的一个较早页交换出去,还是将别人的一个页交换出去。哪种策略引起颠簸的可能性小? 为什么?

18.30 什么是实时系统? 讨论实时系统对操作系统设计的影响,特别要注意一下所使用的各种组件和算法。

18.31 考察一下一台点唱机的操作。每张桌子有一个点唱机终端,客户可以投币来播放歌曲(50 分一曲,一元 3 曲)。实际上在 iPod 时代之前,在繁忙的餐厅中,听到你点播的歌曲的排队时间可能相当长,有时甚至比用餐时间还长。

作为选择播放所请求歌曲顺序的方法,讨论一下各种磁盘调度算法。根据公平性、每位食客听到其歌曲的概率、实施的方便性,以及你认为应该考虑的任何其他重要因素,仔细考察一下每种方法的优点和缺点。你可能注意到,多位食客有时可能要点同一首歌。

18.32 塔嫩鲍姆指出,高楼中的电梯调度问题和磁盘臂调度问题类似。请求不间断地进来,把电梯叫到任意楼层。有一点不同的是,一旦有人进入,乘坐电梯的人请求电梯移动到不同的楼层。就公平性、服务性、易实现性这些电梯调度的选项,讨论一下各种磁盘调度算法。

18.33 对于一台磁带控制器,考察一下可能的磁带调度算法。假设文件连续地存储在磁带上。不连续的链式文件,对你的算法有什么影响?

18.34 你可能已经注意到虚拟存储分页技术和 Cache 内存分页技术之间有一些相似。当然主要的不同是内存比磁盘访问快很多。

考察一下内存缓存系统中的各种分页算法的适用性和性能,并讨论它们的优缺点。

18.35 专门用于实时应用的新操作系统设计者建议使用虚拟存储内存管理,以便系统可以处理那些很大的程序,有时这些程序无法装入实时系统提供的有限内存空间里。对虚拟存储工作方式而言,这个决定意味着什么?

18.36 讨论任务派遣中涉及的各种权衡和决策,以及为了实现这些权衡和决策使用的选项和方法。

18.37 一个虚拟存储操作系统的系统状态报告表明,在 14:00 ~ 16:00 之间,CPU 和 I/O 的使用量都稳步上升。在 16:00,I/O 的使用量到达 100%,但还持续上升。可是在 16:00 之后,CPU 的使用量急剧下降。对于这种行为,你如何解释?

18.38 讨论一下操作系统中提供的网络功能和服务。哪些服务是强制性的? 为什么?

18.39 解释无盘工作站的启动过程。

18.40 考察一下在具有对称多处理技术的一台多核计算机上操作系统派遣器的操作。假设正在执行的进程数多于存在的核数，派遣器负责通过让每个核尽可能地忙来确保工作负载最大化。除了通常的派遣标准和算法之外，还有两个选择方法来挑选进程应在哪个核上执行。第一个选择方法是，在每次挑选进程去运行时，允许进程在任意可用的核上执行。使用这个选择，进程在运行期间可能在几个不同的核里执行。第二种选择要求进程在每次挑选时，都在同一个核中运行。

a. 第一种选择的优点是什么？

b. 第二种选择的优点是什么？（提示：考虑进程和分配给每个核的 Cache 缓存之间的交互。）

推荐阅读

计算机系统：系统架构与操作系统的高度集成

作者：Umakishore Ramachandran 译者：陈文光
ISBN：978-7-111-50636-2 定价：99.00元

计算机系统：核心概念及软硬件实现（原书第4版）

作者：J. Stanley Warford 译者：龚奕利
ISBN：978-7-111-50783-3 定价：79.00元

数字逻辑设计与计算机组成

作者：Nikrouz Faroughi 译者：戴志涛
ISBN：978-7-111-57061-5 定价：89.00元

计算机组成与设计：硬件/软件接口（原书第5版·RISC-V版）

作者：David A.Patterson, John L.Hennessy 译者：易江芳
预计2019年9月出版

计算机网络：自顶向下方法（原书第7版）

作者：[美] 詹姆斯·F. 库罗斯（James F. Kurose）基思·W. 罗斯（Keith W. Ross）
译者：陈鸣 ISBN：978-7-111-59971-5 定价：89.00元

　　自从本书第1版出版以来，已经被全世界数百所大学和学院采用，被译为14种语言，并被世界上几十万的学生和从业人员使用。本书采用作者独创的自顶向下方法讲授计算机网络的原理及其协议，即从应用层协议开始沿协议栈向下逐层讲解，让读者从实现、应用的角度明白各层的意义，进而理解计算机网络的工作原理和机制。本书强调应用层范例和应用编程接口，使读者尽快进入每天使用的应用程序环境之中进行学习和"创造"。

计算机网络：系统方法（原书第5版）

作者：[美] 拉里 L. 彼得森（Larry L. Peterson） 布鲁斯 S. 戴维（Bruce S. Davie）
译者：王勇 张龙飞 李明 薛静锋 等 ISBN：978-7-111-49907-7 定价：99.00元

　　本书是计算机网络方面的经典教科书，凝聚了两位顶尖网络专家几十年的理论研究、实践经验和大量第一手资料，自出版以来已经被哈佛大学、斯坦福大学、卡内基-梅隆大学、康奈尔大学、普林斯顿大学等众多名校采用。

　　本书采用"系统方法"来探讨计算机网络，把网络看作一个由相互关联的构造模块组成的系统，通过实际应用中的网络和协议设计实例，特别是因特网实例，讲解计算机网络的基本概念、协议和关键技术，为学生和专业人士理解现行的网络技术以及即将出现的新技术奠定了良好的理论基础。无论站在什么视角，无论是应用开发者、网络管理员还是网络设备或协议设计者，你都会对如何构建现代网络及其应用有"全景式"的理解。